辽宁省战略性新兴领域
“十四五” 高等教育教材体系建设项目系列教材

JICHU HUAXUE SHIYAN

基础化学实验

熊 英◎主编

化学工业出版社
·北京·

内容简介

本书为辽宁省战略性新兴领域“十四五”高等教育教材体系建设项目系列教材之一，以四大基础化学实验为基础，是兼顾普适性和前瞻性的基础化学实验教材。

全书共 11 章，前 4 章介绍了化学实验基础知识、基本操作及化学实验中常用仪器；第五章至第九章精选了 11 个基础操作实验和 81 个专业基础实验；第十章编写了太阳能电池、半导体光电气体传感、锌空气电池等 11 个与战略性新兴领域相关，涉及先进技术、新反应、新理念的综合实验；第十一章设置了 5 个与能源材料领域相关的省级虚拟仿真教学实验。附录部分附有常用数据表，方便学生查询。

本书可作理工科或综合性大学能源能力类、材料类、化学类、化工与制药类、环境科学与工程类等相关专业的基础化学实验教材，也可供师范类相关专业化学实验课程选用或化学实验操作人员参考使用。

图书在版编目（CIP）数据

基础化学实验 / 熊英主编. -- 北京 : 化学工业出版社, 2025. 3. --（辽宁省战略性新兴领域“十四五”高等教育教材体系建设项目系列教材）. -- ISBN 978-7-122-46861-1

Ⅰ. O6-3

中国国家版本馆 CIP 数据核字第 20241D6F79 号

责任编辑：蔡洪伟　林　媛　　　文字编辑：王丽娜
责任校对：张茜越　　　装帧设计：王晓宇

出版发行：化学工业出版社
（北京市东城区青年湖南街 13 号　邮政编码 100011）
印　　装：北京云浩印刷有限责任公司
787mm×1092mm　1/16　印张 25½　字数 634 千字
2025 年 9 月北京第 1 版第 1 次印刷

购书咨询：010-64518888　　　售后服务：010-64518899
网　　址：http://www.cip.com.cn
凡购买本书，如有缺损质量问题，本社销售中心负责调换。

定　　价：68.00 元　

编写人员名单

主　　编： 熊　英

副 主 编： 姜晓庆　林　觅　王月娇　洪　梅

编写人员（按姓氏笔画排序）：

王月娇　王知微　朱俊泳　杨宇轩

佟　静　林　觅　孟　阳　姜玉春

姜晓庆　洪　梅　崔俊硕　熊　英

前言

PREFACE

根据《“十四五”国家战略性新兴产业发展规划》，辽宁大学开展了战略性新兴领域“十四五”高等教育教材体系建设项目工作。我们结合辽宁大学面向新工科的新能源材料领域教材研究与建设方案，依据国家战略性新能源领域面临的科学问题和发展趋势，联合教育界、企业界的专家，系统梳理了相关专业学生应该了解和掌握的知识及内在的逻辑体系，在四大基础化学实验的基础上，根据辽宁大学科研成果和学科前沿热点，去粗取精，删繁就简，重新架构整合，融合数字化、虚拟仿真、课程思政等新概念，形成了兼顾普适性和前瞻性的，具有战略性新兴领域特色的基础化学实验教材。

教材本着夯实基础、更新内容、联系实际、突出特色、培养创新、绿色环保的主导思想，立足课程的基础性和整体性，重新架构，按照基础知识—基础操作—专业基础实验—综合实验—虚拟仿真实验层次编写，包含以强化基本能力训练为目的的基本实验，精选以培养分析与解决较复杂问题能力为目的的综合性实验，增加以培养创新思维、提高科研素养为目的的虚拟仿真实验等共计 105 个实验内容。

在第二章加强了绿色环保意识，选编了产物和溶剂的回收、“三废”处理等内容，还增加了计算机处理数据的方法等内容。第二章和第三章配套了相关化学实验操作的视频、动画等数字资源，学生扫码即可观看。考虑到实验教学改革的多样化和不同读者的适应性，本书对化合物的制备和化学基本物理量及有关参数的测定两大部分中的无机制备、有机合成、分析实验和物理化学实验做了分章节编写的处理。书后附录还附有多个实验常用数据表及有关内容。

在第六至第九章末，特别增加了中国稀土之父——徐光宪、中国盐湖事业的拓荒者——柳大纲院士等思政案例，潜移默化地引导学生树立正确的世界观、人生观和价值观，构建思政融入的实验教材。

在第十章编选设计了半导体光电气体传感、锌空气电池、电化学反应实验等与能源、电池、催化有关的，具有战略性新兴领域特色的综合实验，将先进技术、新反应、新理念化学实验编入教材。

在第十一章将我们自主研发的涉及易燃易爆、无水无氧、化学气相沉积法、低维半导体材料制备、以废治废 5 个省级虚拟仿真一流课程实验项目写入教材，将高危、复杂、难开展的实验项目通过虚拟仿真技术呈现出来，并配套虚拟仿真实验操作视频数字资源（扫码即可观看），使学生能够接触到研究领域的新知识，培养学生科研精神和创新能力。

本书在编写过程中参阅了辽宁大学及部分兄弟院校已出版的教材和有关著作，从中借鉴了一些有益的内容，在此一并表示衷心的感谢。

由于编者学识水平与经验有限，书中难免有不当之处，恳请有关专家和读者批评指正。

编者

2025 年 1 月

目录

CONTENTS

第一章

绪 论

化学是一门建立在实验基础上的学科，化学实验是大学化学课程的重要组成部分。当代科学技术的发展日新月异，交叉学科、新学科不断涌现，加强基础、拓宽专业知识口径、更新教学内容势在必行。随着实验教学改革的不断深入，化学实验已经不再是化学教学中的附属课，而是化学教学中一门不可缺少的涵盖理论知识、操作技能、实验能力的独立课程。

通过化学实验教学，学生能初步了解化学的基本研究方法，熟练掌握化学实验的基本操作技能，包括实验仪器的正确洗涤、常用玻璃仪器的规范使用，以及实验现象的记录、实验条件的选择、实验数据的处理和可靠程度判断等，从而培养解决化学实际问题的能力。通过化学实验教学，还可以加深学生对化学基本理论和基本概念的理解，培养学生的综合能力，为学生打下良好的科学研究基础。化学实验课旨在通过化学实验培养学生独立解决化学中实际问题的能力，增强学生的创新意识和探索精神。

1.1 基础化学实验课程的目的

化学实验是化学学科形成和发展的基础，是检验化学科学理论知识是否正确的标准和手段。考虑到化学各分支学科的相互交叉和紧密融合，基础化学实验作为理工科高等院校化工、材料、药学、生命科学等专业的主要基础课程，已经打破了原四大化学实验分科设课的界限，它作为一个整体，统一按照制备、结构、性能的基本关系，突出化学实验技能的培养，重新组织实验教学，强化对化学实验基本原理的掌握和对化学实验基本方法和技术的运用。通过实验教学达到以下目的：

① 通过化学实验教学，学生能规范地掌握化学实验的基本操作和基本技能，树立“安全化学”“绿色化学”的意识和可持续发展的理念。

② 通过对实验现象的观察、记录和分析，对实验数据的记录、处理，以及对实验结果可靠程度的判断和归纳等，培养学生科学的思维方法和严谨认真、实事求是的科学态度。

③ 通过化学实验教学，巩固和加深学生对化学基本原理和基本理论的理解和应用。

④ 初步了解化学研究或化学品设计、生产、开发和应用等的基本方法和手段，培养学生以化学实验为工具获取新知识的能力。

⑤ 掌握必要的信息技术，能够获取、加工和应用相关的化学信息。学生经过严格的实验训练后，具有一定的查阅、收集和处理化学信息的能力，分析和解决较复杂问题的实践能

力，并初步具备自主学习、自我发展的能力。

⑥ 通过由基础到综合，由简到难，逐步深入的实验教学，加深对化学基础理论的理解和运用，强化化学基础理论与实践的结合，提高学生的综合能力和实践能力，培养学生的创新精神和团队协作意识。

⑦ 在学生掌握科学知识的同时，还要培养学生的科学精神和科学品德，使学生从一开始就要逐步树立严谨务实的科学态度、勤奋好学的思想品质、认真细致的工作作风、条理整洁的良好习惯和互助协作的团队精神。

1.2 基础化学实验课程的要求

1.2.1 实验预习

实验课前应做好预习，主要内容有：实验目的、原理、反应式、所用仪器、药品性能、操作步骤、注意事项、实验进度、时间的充分利用、安全事项、问题等。根据要求书写预习报告，一目了然，做到心中有数。

1.2.2 实验记录

实验记录是关于实验的原始资料，必须及时记录，做实验时随做随记，杜绝写“回忆录”。做实验记录应该不忘 6 个字：“真实”“详细”“及时”。“真实”是指实验记录应该反映实验中的真实情况，不是抄书，也不是抄袭他人的数据或内容，而是根据自己的实验事实如实地、科学地记叙，绝不可做不符合实际的虚假记录。“详细”是要求对实验中的任何数据、现象以及上述预习内容里的各项内容做详细记录，甚至包括自己认为无用的内容都要不厌其烦地记录下来。有些数据、内容，宁可在整理总结实验报告时舍去，也不要因为缺少数据而浪费大量时间重新实验。再有，记录应该清楚和明白，不仅自己目前能看懂，而且在几十年后也应该看得懂。“及时”是指实验时要边做边记，不要在实验结束后补做“回忆录”。回忆容易造成漏记、误记，影响实验结果的准确性和可靠程度。

具体记录的内容是：①实验目的、反应式和有关的参考资料；②使用的仪器品种、大小及仪器装置名称，所有测试仪器的规格与型号；③药品试剂的规格（包括纯化方法）和用量；④反应的操作步骤及现象；⑤产品的分离提纯方法；⑥产品的产量、产率、测定的物理常数数据及光谱分析谱图；⑦实验中的问题及处理手段。

实验记录无统一格式要求，但均应做到：①记录本要编写页号；②要记录实验名称和日期；③若有实验谱图也要注意编写号码；④实验记录本最好能将实验项目编成目录。

1.2.3 实验报告

实验操作完成后，必须根据自己的实验记录进行归纳总结，分析讨论，整理成文。实验报告的书写在文字和格式方面都有较严格的要求，应该做到：叙述简明扼要，文字通顺，条理清楚；字迹工整，图表清晰。另外，必须强调的是：在根据实验记录整理成文之后，还要认真写出“实验讨论”，对实验原理、操作方法、反应现象给予解释说明，对操作中的经验教训和实验中存在的问题提出改进性建议以及回答思考题等。通过讨论，可达到从感性认识上升到理性认识的飞跃。只有完成了实验报告的整理后，才能算真正完成了一个实验的全过程。

实验报告格式大体包括 7 项内容：①实验目的；②实验原理；③试剂规格与用量；④仪器装置图；⑤操作步骤；⑥实验结果和讨论；⑦产品及主要试剂的物理常数。

1.3　实验报告格式举例

实验报告是实验结束后对操作过程的整理、归纳、总结，是对实验现象和结果的分析、讨论和思考，是学生把实验中的感性认识提高到理性认识的必要步骤，是培养学生综合能力的重要环节，必须认真对待。

实验报告中要求写明：实验题目、实验目的、实验原理、仪器和药品、实验步骤、实验装置图（标明各仪器名称）、实验记录、实验结果和讨论（如果数据不符合要求需要对结果进行讨论）。实验数据必须是原始数据，实验结果有效数字必须与测量数据相匹配。

不同类型的化学实验报告模板如下：

“分析测定实验”实验报告模板

实验题目<u>　有机酸（草酸）摩尔质量的测定　</u>　　专业、班级________________

编　　号________________________________　　姓　　名________________

________年________月________日

一、实验目的

① 掌握酸碱滴定的基本条件。

② 了解有机酸摩尔质量测定的原理和方法。

二、实验原理

对于各级解离常数都较大的草酸，当浓度为 0.1mol/L 时，由于 $cK_a \geqslant 10^{-8}$，n 个 H^+ 能够一次被滴定。草酸钠是强碱弱酸盐，滴定突跃在弱碱性范围内，故常选用酚酞作指示剂。

NaOH 的标定反应：$C_6H_4(COOH)(COOK) + NaOH = C_6H_4(COONa)(COOK) + H_2O$（苯环结构式）

NaOH 溶液浓度的计算：$m_{KHC_8H_4O_4}/M_{KHC_8H_4O_4}=c_{NaOH}V_{NaOH}$（$M_{KHC_8H_4O_4}=204.23$）

有机酸的滴定反应：$n\text{NaOH}+\text{H}_n\text{A}$（有机酸）$=\!=\!=\text{Na}_n\text{A}+n\text{H}_2\text{O}$

有机酸摩尔质量的计算：$n_{NaOH}=c_{NaOH}V_{NaOH}$　　$M_s=2\times m_s/n_{NaOH}$

三、实验仪器与药品

① 仪器：烧杯、容量瓶、锥形瓶、滴定管等。

② 药品：邻苯二甲酸氢钾、0.1mol/L NaOH 溶液、酚酞指示剂、草酸试样。

四、实验步骤

1. 0.1mol/L NaOH 溶液的配制和标定

① 配制：托盘天平称取 NaOH 2g→500mL 试剂瓶→加 500mL 蒸馏水，摇匀。

② 标定：分析天平称邻苯二甲酸氢钾 0.4～0.6g（三份）→ →加 20～30mL 蒸馏水，2～3 滴酚酞，用 NaOH 溶液滴定，无色→粉红色 30s 不褪，记下 V_{NaOH}。

2. 草酸摩尔质量的测定

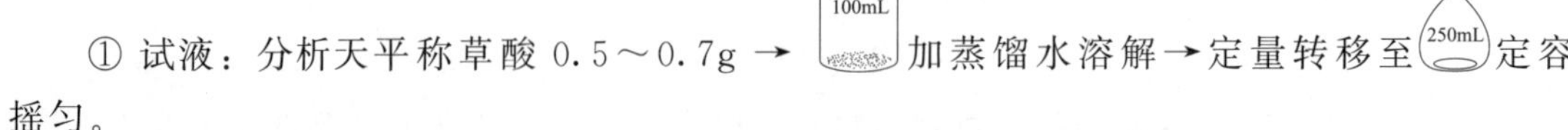

① 试液：分析天平称草酸 0.5～0.7g → 加蒸馏水溶解→定量转移至 定容摇匀。

② 滴定：移液管移取试液 25.00mL 三份→ →加 2 滴酚酞，用 NaOH 溶液滴定，无色→粉红色 30s 不退，记下 V'_{NaOH}。

五、实验数据记录与处理

1. 0.1mol/L NaOH 溶液的标定

项目	1	2	3
称量瓶＋基准物质(倾倒前)质量 m_1/g 称量瓶＋基准物质(倾倒后)质量 m_2/g 基准物质 $KHC_8H_4O_4$ 质量 $m_{KHC_8H_4O_4}$/g			
消耗 NaOH 体积，终读数：V_2/mL 初读数：V_1/mL 消耗 NaOH 体积 V_{NaOH}/mL			
c_{NaOH}/(mol/L)			
$\overline{c}_{NaOH}$/(mol/L)			
相对平均偏差 $\frac{\overline{d}}{\overline{c}}\times 100\%$			

2. 草酸摩尔质量的测定

项目	1	2	3
称量瓶＋待测试样(倾倒前)质量 m_1/g 称量瓶＋待测试样(倾倒后)质量 m_2/g 待测试样(草酸)质量 m_s/g			
移取待测试样体积 V/mL			
消耗 NaOH 体积，终读数：V_2/mL 初读数：V_1/mL 消耗 NaOH 体积 V_{NaOH}/mL			
草酸的摩尔质量 M_s/(g/mol)			
$\overline{M_s}$/(g/mol)			

续表

项目	1	2	3
相对平均偏差$\frac{\overline{d}}{M_s}\times 100\%$			
$M_T/(g/mol)$			
绝对误差 $E=\overline{M_s}-M_T$			

六、注意事项与思考

① 取固体物质时，应轻而缓地抖动药匙，切不可造成试样抛撒在称量瓶之外的地方，并且药匙中多出的试剂不能倒回原试剂瓶；读数时应待电子天平示数稳定后再读取。

② 溶解固体物质后定量转移至容量瓶时，应注意“棒不离杯”，防止液体飞溅；用蒸馏水冲洗烧杯和玻璃棒多次，并将洗液一并转入容量瓶中。

七、课后思考题

答：每次将溶液加至滴定管零点，是为了保证滴定时使用滴定管的同一段，防止由仪器自身带来的误差。

“有机制备实验”实验报告模板

实验题目 正溴丁烷的制备　　专业、班级________

编　　号________　　姓　　名________

________年________月________日

一、实验目的

① 了解由正丁醇制备正溴丁烷的原理及方法。

② 初步掌握回流、气体吸收装置和分液漏斗的使用。

二、实验原理

主反应：

$$NaBr+H_2SO_4 \longrightarrow HBr+NaHSO_4$$

$$n\text{-}C_4H_9OH+HBr \xrightarrow{H_2SO_4} n\text{-}C_4H_9Br+H_2O$$

副反应：

$$CH_3CH_2CH_2CH_2OH \xrightarrow{H_2SO_4} CH_3CH_2CH{=\!=}CH_2+H_2O$$

$$2n\text{-}C_4H_9OH \xrightarrow{H_2SO_4} (n\text{-}C_4H_9)_2O+H_2O$$

$$2HBr+H_2SO_4(浓) \longrightarrow Br_2+SO_2+2H_2O$$

三、主要试剂、产物的理化性质

名称	分子量	性状	折射率 n_D^{20}	密度 $/(g/cm^3)$	熔点 /℃	沸点 /℃	溶解度/(g/100mL 溶剂)		
							水	醇	醚
正丁醇	74.12	无色透明液体	1.3993	0.8098	−89.5	117.2	7.9	∞	∞
正溴丁烷	137.03	无色透明液体	1.4401	1.2758	−112.4	101.6	不溶	∞	∞

四、主要试剂规格及用量

正丁醇	5.02g（6.2mL，0.068mol）
溴化钠	8.3g（0.08mol）
浓硫酸	15mL（27.6g，0.28mol）

五、实验装置图

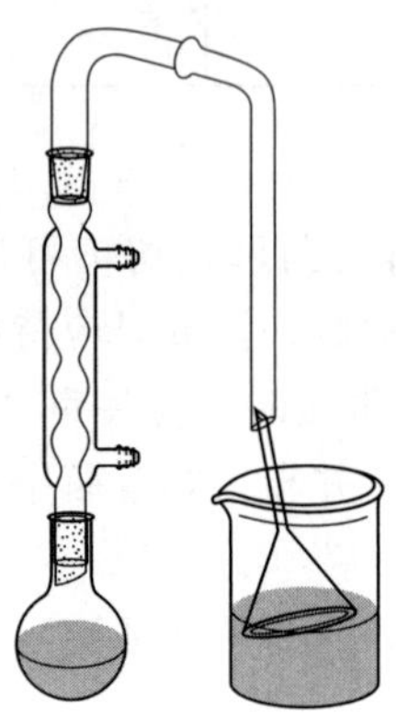

六、实验步骤及现象

步骤	现象
（1）在 50mL 圆底烧瓶中加入 10mL 水＋10mL 浓硫酸，振摇冷却	放热
（2）加 6.2mL 正丁醇＋8.3g 溴化钠，加磁子，开启搅拌	有许多溴化钠未溶解，瓶中产生少量雾气（HBr）
（3）安装球形冷凝管、气体吸收装置，开启冷凝水，小火加热，回流 1 小时	溶液逐渐沸腾，固体减少，雾气增多，从冷凝管进入气体吸收装置。液体由一层变为三层，上层开始极薄，中层为橙黄色。随反应进行，上层变厚，中层变薄直至消失。上层颜色由淡黄→橙黄色
（4）稍冷，改成蒸馏装置，蒸出正溴丁烷	馏出液开始为白色浑浊油状物，分层。后油状物减少，逐渐澄清。烧瓶中上层越来越少，最后消失，稍等片刻，停止蒸馏。冷却后，烧瓶内析出结晶（$NaHSO_4$）
（5）粗产物用 10mL 水洗，	产物在下层，呈乳浊状
在干燥的分液漏斗中用： 5mL 浓硫酸洗涤 10mL 水洗 10mL 饱和碳酸氢钠 10mL 水洗	上层清亮，下层棕黄色。滴加 H_2SO_4 沉至下层，证明产物在上层 两层交界处有絮状物
（6）将粗产物转入锥形瓶中，加 1g 左右 $CaCl_2$ 干燥 30min，间或振摇	开始浑浊，后变澄清
（7）产品滤入圆底烧瓶，加磁子，蒸馏，收集 99～103℃馏分	前馏分很少，温度计示数稳定在 101～102℃，最后升至 103℃。温度突然下降，烧瓶中剩少许中黄色液体，停止加热
（8）产品称重，记录	得到无色透明液体，重 5g

七、粗产品纯化过程及原理

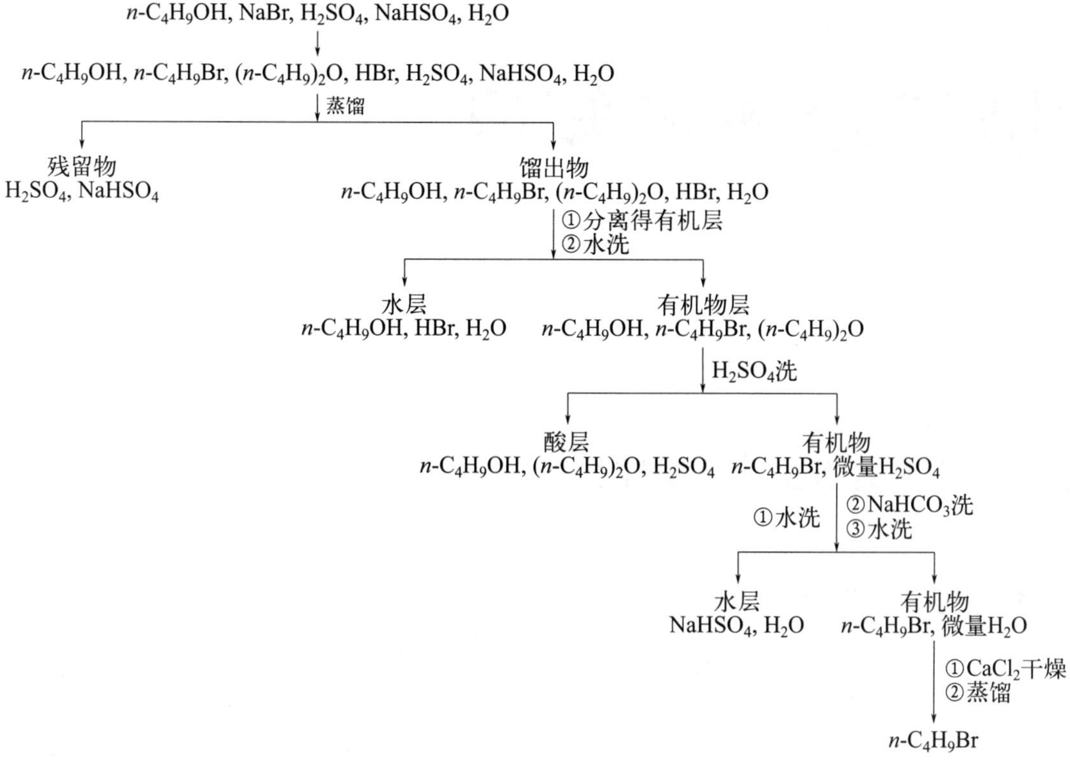

八、产率计算

理论产量：其他试剂过量，理论产量按正丁醇计算。

$$n\text{-}C_4H_9OH + HBr \longrightarrow n\text{-}C_4H_9Br + H_2O$$

1　　　　　　　　1

0.068　　　　　　0.068

即理论产量为：　　$0.068 \times 137 = 9.316\ (g)$

产率：　$\frac{实际产量}{理论产量} \times 100\% = \frac{5}{9.316} \times 100\% = 53.67\%$

九、实验问题及讨论

（略）

第二章

化学实验基本知识

2.1 化学实验室安全知识

2.1.1 化学实验规则

① 实验前必须认真预习，明确实验目的和要求，掌握实验的基本原理，了解实验操作技术和基本仪器的使用方法，熟悉实验内容以及注意事项，写好预习报告。

② 未穿实验服、未写实验预习报告者不得进入实验室进行实验。不迟到，不早退，不穿拖鞋，不披长发，实验过程中必须戴防护眼镜。

③ 自觉遵守课堂纪律，维护课堂秩序。实验过程中要听从教师的指导，严肃认真地按操作规程进行实验，保持安静，仔细观察，准确记录实验现象和数据，科学分析，不得擅自离开岗位。

④ 节约使用药品、试剂和各种物品；注意保持药品和试剂的纯净，严防混杂；取完试剂瓶盖应及时盖上。

⑤ 废液、废纸或火柴头及其它固体废物和带渣、沉淀的废液都应倒入废品缸内，不能倒入水槽或到处乱扔。

⑥ 保持实验台面、试剂架的整洁，公用试剂用毕应立即盖紧放回原处，勿使试剂药品洒在实验台面和地上。

⑦ 实验室内一切物品，未经本实验室负责教师批准严禁携出实验室外，借物必须办理登记手续。

⑧ 实验完毕，将试剂排列整齐，实验台面擦拭干净，玻璃仪器洗净放回指定地点。实验数据经指导教师检查合格并登记后才能离开实验室。

⑨ 值日生对讲台、边台、窗台、药品架和地面等公共场所卫生进行全面清洁，并将实验室内垃圾倒入指定地点，关闭实验室的水、电、煤气和窗户，然后在值日生签到簿上签字，经指导老师允许方可离开实验室。

⑩ 实验后须及时处理实验数据，认真分析实验现象，对实验结果进行讨论和总结，根据不同的实验要求写出不同格式的实验报告。

⑪ 学生在开放实验室做自行设计的实验时，应提前预约，提供实验的目的、内容和所

需要的实验仪器设备及药品，经审查同意后，在规定的时间内进行。

⑫ 实验中要严格遵守“实验室安全管理规定”及相关的操作规定，仪器设备损坏应及时报告老师。对违反操作规定损坏仪器的要追究责任，酌情赔偿。

2.1.2　实验室安全守则

化学实验室中许多试剂具有易燃性、易爆性和腐蚀性、毒性，存在不安全因素。因此必须在思想上让学生高度认识和重视，绝不可麻痹大意。为了顺利地做好化学实验，保证实验的成功开展，保护实验仪器设备的正常运转，维护每个师生的安全，防止一切实验事故，制订实验室安全守则。

① 未进实验室时，就应对本次实验进行预习，掌握操作过程及原理，了解所有药品的性质，估计可能发生危险的实验，在操作时注意防范。

② 实验开始前，检查仪器是否完整无损，装置是否正确稳妥；实验进行时，应该经常注意仪器有无漏气、碎裂，反应进行是否正常等情况。

③ 有危险的实验在操作时应使用防护眼镜、面罩、手套等防护设备，能产生有刺激性或有毒气体的实验必须在通风橱内进行。需要借助于嗅觉辨别气体时，应用手轻轻扇动少量的气体进行嗅闻，而不能把鼻子直接对准容器嗅闻气体。

④ 充分熟悉安全用具，如灭火器、急救箱的存放位置和使用方法，并妥加爱护，安全用具及急救药品不准移作他用。

⑤ 实验结束，必须将工作台、仪器设备、器皿等清洁干净，并将仪器设备和器皿按规定归类放好，不能任意搬动和堆放。

⑥ 严禁在实验室内饮食、吸烟，或把餐具带进实验室，化学实验药品禁止入口。

⑦ 不要用湿的手、物接触电源，以免发生触电事故。

⑧ 易燃、易爆物质的实验，必须在远离火源的地方进行。

⑨ 不能俯视正在加热的液面。加热试管时，不得将试管口对着自己，也不可指向别人，避免溅出的液体烫伤人。

⑩ 稀释浓硫酸时，应将浓硫酸慢慢倒入水中，并不断搅拌，切不可将水倒入硫酸中！以免产生局部过热使硫酸溅出，引起烧伤。

⑪ 使用强腐蚀性的浓酸、浓碱时，应避免接触皮肤和衣服，更要避免溅入眼睛里。

⑫ 取用在空气中易燃烧的钾、钠和白磷等物质时，要用镊子，不要用手去接触。

⑬ 有毒药品不得进入口内或接触伤口。剩余的废液不允许倒入下水道，应倒入废液缸或教师指定的容器里。

⑭ 点燃的火柴用后应立即熄灭，不得乱扔。

⑮ 不得将实验室的化学药品带出实验室。

⑯ 未经指导教师允许，严禁在实验室内做与实验无关的事情。

⑰ 水、电、煤气一经使用完毕，应立即关闭开关。

⑱ 实验结束后，请将手洗干净，再离开实验室。

2.1.3　意外事故的预防

（1）火灾的预防

在实验中使用易燃的试剂时，应远离火源，无论是在敞口还是在密封容器里的易燃试剂都切勿用明火加热，易燃试剂必须密封存放，易燃试剂的废液须统一回收、统一处理。

（2）爆炸的预防

爆炸性事故多发生在有易燃易爆物品和压力容器的实验室，酿成这类事故的直接原因是：违反操作规程使用设备、压力容器（如高压气瓶）而导致爆炸；设备老化，存在故障或缺陷，造成易燃易爆物品泄漏，遇火花而引起爆炸；对易燃易爆物品处理不当，导致燃烧爆炸；该类物品（如三硝基甲苯、苦味酸、硝酸铵、叠氮化物等）受到高热摩擦、撞击、震动等外来因素的作用或与氧化剂接触，发生剧烈的化学反应，产生大量的气体和高热，引起爆炸；强氧化剂与还原性物质、可燃物质等混存发生分解，引起燃烧和爆炸；由火灾事故发生引起仪器设备、药品等的爆炸。

（3）中毒的预防

毒害性事故多发生在有化学药品和剧毒物质的实验室和有毒气排放的实验室。造成这类事故的直接原因是：将食物带进有有毒物质的实验室，造成误食中毒；设备、设施老化，存在故障或缺陷，造成有毒物质泄漏或有毒气体排放不出，处理具有刺激性、恶臭和有毒的化学药品时，如 H_2S、NO_2、Cl_2、Br_2、CO、SO_2、SO_3、HCl、HF、浓硝酸、发烟硫酸、浓盐酸、乙酰氯等，必须在通风橱中进行，通风橱开启后，不要把头伸入橱内，并保持实验室通风良好，以免造成人员中毒；管理不善、操作不慎或违规操作、实验后有毒物质处理不当，造成有毒物品散落流失，引起人员中毒、环境污染；废水排放管路受阻或失修改道，造成有毒废水未经处理而流出，引起环境污染。实验中所用的装有毒物质的器皿要贴标签注明，用后及时清洗，经常进行有毒物质实验的操作台及水槽要注明，实验后的有毒残渣必须按照实验室规定进行处理，不准乱丢。

2.1.4 意外事故的处理

① 割伤：伤口处不能用手抚摸，也不能用水洗涤。应先把异物从伤口内挑出。轻伤可涂以红汞或碘酒，必要时撒些消炎粉或敷些消炎膏，再用绷带包扎。

② 烫伤：不要用冷水洗涤伤处。伤口处皮肤未破时，可抹红花油或烫伤膏；如果伤处皮肤已破，可涂些紫药水。

③ 酸腐蚀致伤：先用大量水冲洗，再用饱和碳酸氢钠溶液（或稀氨水、肥皂水）洗，最后再用水冲洗。如果酸液溅入眼睛内，先用大量水冲洗，再用 3%碳酸氢钠冲洗后送医院处理。

④ 碱腐蚀致伤：先用大量水冲洗，再用 2%醋酸溶液或饱和硼酸溶液洗，最后用水冲洗。如果是碱液溅入眼中，先用大量的水冲洗，再用 3%硼酸溶液冲洗后送医院处理。

⑤ 溴腐蚀致伤：先用 2%硫代硫酸钠溶液洗至伤处呈白色，或用甘油洗伤口，再用水洗。

⑥ 磷烧伤：先用 1%硝酸银、5%硫酸铜或浓高锰酸钾溶液洗伤口，再水洗，然后包扎。

⑦ 吸入刺激性或有毒气体：吸入氯气、氯化氢气体时，可吸入少量酒精和乙醚的混合蒸气使之解毒。吸入硫化氢或一氧化碳气体而感到不适时，应立即到室外呼吸新鲜空气。切记氯气、溴中毒不可进行人工呼吸，一氧化碳中毒不可用兴奋剂。

⑧ 毒物进入口内：将 5～10mL 稀硫酸铜溶液加入一杯温水中，内服后，用手指伸入咽喉部，促使呕吐，吐出毒物，然后立即送医院。

⑨ 触电：首先切断电源，然后在必要时进行人工呼吸。

⑩ 为了对实验室内意外事故进行紧急处理，每个实验室都应配备一个急救药箱。药箱内可准备下列药品：红药水、碳酸氢钠溶液（饱和）、饱和硼酸溶液、獾油或烫伤膏、醋酸溶液（2%）、氨水（5%）、碘酒（3%）、硫酸铜溶液（5%）、高锰酸钾溶液（10%）、消炎粉、氯化铁溶液（止血剂）、甘油、凡士林、消毒棉、氧化锌橡皮膏、绷带、棉签、剪刀、纱布、创可贴等。

2.1.5 “三废”处理

在化学实验中会产生各种有毒的废气、废液和废渣，称为“三废”。“三废”不仅污染环境，而且其中的贵重和有用的成分没能回收，在经济上也是损失。因此，在学习期间就应进行“三废”处理以及减免污染的教育，树立环境保护和绿色化学实验观念。

（1）废气

产生少量有毒气体的实验应在通风橱中进行，通过排风设备将少量毒气排到室外。产生毒气量较大的实验必须有吸收或处理装置。例如，卤化氢、二氧化硫等酸性气体可以用氢氧化钠水溶液吸收后排放，碱性气体用酸溶液吸收后排放，一氧化碳可点燃使其生成二氧化碳后排放。

（2）废液

酸性和碱性废液中和为中性后再处理。含有汞、铅、镉、砷、氰化物等有毒物质的废液，根据其化合物性质，采用化学反应使其转化为固体、沉淀或无毒化合物，送交专业人员和部门处理。含有机物的废液，须经萃取后处理。

（3）废渣

无毒废渣可在指定地点深埋，有毒废渣必须交有关专业部门处理。

2.1.6 消防

当实验室不慎起火时，要冷静地观察和了解火势，选择恰当的方式降温或将燃烧物与空气隔绝。

① 小火时用湿布、石棉布覆盖燃烧物即可灭火，大火时可用泡沫灭火器灭火。对活泼金属 Na、K、Mg、Al 等引起的着火，应用干燥的细沙覆盖灭火，绝对不能用水、泡沫灭火器、二氧化碳灭火器、四氯化碳灭火器等灭火。有机溶剂着火，切勿用水灭火，而应用二氧化碳或干粉灭火器、沙子等灭火。

② 如加热时着火，应立即停止加热，关闭气体阀门，切断电源，把一切易燃、易爆物移至远处。

③ 电气设备着火，须先切断电源，再用四氯化碳灭火器灭火，也可用干粉灭火器灭火。常用灭火器见表 2-1。

④ 发现烘箱有异味或冒烟时，应迅速切断电源，使其慢慢降温，并准备好灭火器备用。不要急于打开烘箱门，以免突然供入空气，产生助燃（爆）现象，引起火灾。

⑤ 当衣服着火时，不要跑动或用手拍打，应当立即脱下衣服或就地打滚，压灭火苗。

⑥ 有些类型的化合物具有爆炸性，如过氧化物、干燥的重氮盐、硝酸铵、多硝基化合物等，使用时必须严格按照操作规程进行实验，以防爆炸。

⑦ 当火情有蔓延趋势时，要立即报火警。

表 2-1　常用灭火器种类及其适用范围

名称	适用范围
泡沫灭火器	用于一般失火及油类着火。此种灭火器是由 $Al_2(SO_4)_3$ 和 $NaHCO_3$ 溶液作用产生大量的 $Al(OH)_3$ 及 CO_2 泡沫，泡沫把燃烧物质覆盖住与空气隔绝而灭火。因为泡沫能导电，所以不能用于扑灭电气设备着火
四氯化碳灭火器	用于电气设备及汽油、丙酮等着火，内装液态 CCl_4。CCl_4 沸点低，相对密度大，不会被引燃，所以把 CCl_4 喷射到燃烧物的表面时，CCl_4 液体迅速汽化，覆盖在燃烧物上，从而灭火
二氧化碳灭火器	用于电气设备失火及忌水的物质着火，内装液态 CO_2
干粉灭火器	用于油类、电气设备、可燃气体及遇水燃烧等物质的着火，内装 $NaHCO_3$ 等物质和适量的润滑剂和防潮剂。此种灭火器喷出的粉末能覆盖在燃烧物上，形成阻止燃烧的隔离层，同时它受热分解出 CO_2，能起中断燃烧的作用，因此灭火速度快

发生火灾时要做到三会：

① 会报火警；

② 会使用消防设施扑救初起火灾；

③ 会自救逃生。

【附注】

干粉灭火剂是用于灭火的、干燥且易于流动的微细粉末，由具有灭火效能的无机盐和少量的添加剂经干燥、粉碎、混合而成的微细固体粉末组成。它是一种在消防中得到广泛应用的灭火剂，主要用于灭火器中。除扑救金属火灾的专用干粉化学灭火剂外，干粉灭火剂一般分为 BC 干粉灭火剂和 ABC 干粉灭火剂两大类。干粉灭火剂主要通过在加压气体作用下喷出的粉雾与火焰接触、混合时发生的物理、化学作用灭火。

手提式干粉灭火器正确使用方法是：

① 使用手提式干粉灭火器时，应手提灭火器的提把，迅速赶到着火处。

② 在距离起火点 5m 左右处，放下灭火器。在室外使用时，应占据上风方向。

③ 使用前，先把灭火器上下颠倒几次，使筒内干粉松动。

④ 使用内装式或贮压式干粉灭火器时，应先拔下保险销，一只手握住喷嘴，另一只手用力压下压把，干粉便会从喷嘴喷射出来。

⑤ 用干粉灭火器扑救流散液体火灾时，应从火焰侧面对准火焰根部喷射，并由近而远，左右扫射，快速推进，直至把火焰全部扑灭。

⑥ 用干粉灭火器扑救容器内可燃液体火灾时，亦应从火焰侧面对准火焰根部，左右扫射。当火焰被赶出容器时，应迅速向前，将余火全部扑灭。灭火时应注意不要把喷嘴直接对准液面喷射，以防干粉气流的冲击力使油液飞溅，引起火势扩大，造成灭火困难。

⑦ 用干粉灭火器扑救固体物质火灾时，应使灭火器喷嘴对准燃烧最猛烈处，左右扫射，并应尽量使干粉灭火剂均匀地喷洒在燃烧物的表面，直至把火全部扑灭。

⑧ 使用干粉灭火器应注意灭火过程中始终保持直立状态，不得横卧或颠倒使用，否则不能喷粉；同时注意干粉灭火器灭火后要防止复燃，因为干粉灭火器的冷却作用甚微，在着火点存在着炽热物的条件下，灭火后易产生复燃。

注意：干粉灭火器指针范围——绿色表示正常，红色表示压力不足，黄色表示压力过大。若压力超过临界值少许，则无需顾虑；若超过太多，则需多加注意，防止超压爆炸。

2.2　常用玻璃仪器

2.2.1　玻璃仪器简介

常用玻璃仪器及辅助仪器如表 2-2 所示。

表 2-2　常用玻璃仪器及辅助仪器

名称	示意图	主要用途、用法	备注
普通试管、离心试管		普通试管主要用作少量试剂的反应容器，也可用于收集少量气体； 离心试管主要用于离心机的沉淀分离	为了防止振荡或受热时液体溅出，反应液体不能超过试管容积的 1/2，加热时不能超过 1/3；加热后不能骤冷，以防炸裂，普通试管可直接加热，加热时应用试管夹夹持；离心试管不能用火直接加热
试管架		放置试管用	加热后的试管应用试管夹夹好，悬放于试管架上
试管夹		夹持试管	防止损坏和锈蚀
毛刷		洗刷玻璃器皿	使用前应检查是否秃顶，以避免顶部铁丝损坏玻璃仪器
烧杯		用作反应容器、配制溶液的容器、简易水浴加热的盛水容器	使用明火加热时应置于石棉网上，所盛反应液体一般不能超过容积的 2/3，加热后不可直接置于桌面，应垫石棉网后放置
锥形瓶		用作反应容器，振荡方便，特别适用于滴定操作	应置于石棉网上加热，使其受热均匀，所盛反应液体一般不能超过容积的 2/3
圆底烧瓶		用作反应容器，加热时烧瓶应放置在石棉网上，不能用火焰直接加热	放于桌面时要垫以适当的器具，以防止滚动打碎；加热时，外壁应无水滴；反应液一般不超过容积的 2/3，不低于 1/3
量筒		用于量取一定体积的室温液体	不能加热，不能量取热的液体，不能用作反应容器

续表

名称	示意图	主要用途、用法	备注
移液管		用于精确量取一定体积室温液体	管口无“吹出”字样者，使用时末端的溶液不允许吹出；不能加热
酸式滴定管、碱式滴定管	0 1 47 48 49 50 酸式 0 1 47 48 49 50 碱式	主要用于滴定和量取精准体积的液体	不能加热；不能量热的液体；不能用毛刷洗刷内壁；两种滴定管不能互换使用；酸式滴定管的玻璃塞与滴定管配套使用，不能互换
容量瓶		配制标准浓度的溶液时使用	不能加热，不能用毛刷洗刷；瓶口的磨口塞配套使用，不能互换
称量瓶		准确称取固体样品时使用	瓶与盖配套，不能互换
干燥器		内存放干燥剂，用于样品的干燥与存放	盖子打开时口朝上，应防止滑动而损坏；灼烧后的样品应稍冷后才能放入，且在冷却过程中需要每隔一段时间打开盖子，以调节干燥器内压力
坩埚钳		夹持坩埚时使用	使用后钳尖朝上放在桌面上或者石棉网上
坩埚		灼烧固体样品时使用，根据固体性质选用不同材质	灼热的坩埚应置于石棉网上
药匙		取固体样品时使用	用后洗涤干净
滴瓶、细口瓶、广口瓶		滴瓶和细口瓶用于盛放液体药品，广口瓶用于盛放固体药品	瓶塞不能互换，盛放碱性液体要用橡胶塞

续表

名称	示意图	主要用途、用法	备注
集气瓶		用于气体的收集或气体燃烧	做燃烧实验时，应在瓶底放少许砂子或水
表面皿		用途广泛，如固体样品的自然风干，盖在烧杯上防止液体进溅	不能用明火直接加热
漏斗		用于过滤操作以及倾注液体	不能用明火直接加热
吸滤瓶和布氏漏斗		两者配套，用于较大颗粒沉淀的减压过滤	不能用火加热；过滤时，先倒入少许溶剂或水，使滤纸在负压作用下与底部贴紧后再倒入待滤物
砂芯漏斗（烧结漏斗、细菌漏斗）		用作细粒沉淀以至细菌的分离，也可用于气体洗涤和扩散实验	不能用于对玻璃有腐蚀的溶液及活性炭等物质体系的分离，不能用明火加热，用后及时清洗
分液漏斗		萃取用装置，也可用于少量气体发生装置中加液	不能用明火加热；玻璃塞、磨口漏斗塞子与漏斗配套使用，不能互换
蒸发皿		蒸发浓缩液体用，根据液体性质不同，选择不同材质的蒸发皿	不宜骤冷
石棉网		加热时隔在热源与加热物之间，使受热均匀	使用前检查石棉是否完整，石棉脱落的不能使用；不能与水接触或卷曲
铁夹（烧瓶夹）、铁环、铁架（台）	铁夹 铁圈 铁架台	用于固定和放置反应容器	使用时仪器的重心应处于铁架台底盘中心

续表

名称	示意图	主要用途、用法	备注
泥三角		灼烧坩埚时放置坩埚用	使用前应检查是否损坏，灼热的泥三角应放在石棉网上
三脚架		上端放置较大的加热容器，底部放置热源	
研钵		用于研磨固体样品及固体样品的混合，材质根据所研磨物的性质、硬度及研磨所要达到的效果选用	不能用明火直接加热；研磨时不能捣碎，只能碾压；不能研磨易爆物质
燃烧匙		检验物质的可燃性，进行气固燃烧实验	用完后立即清洗并擦干
点滴板		用作同时进行多个少量的无需分离的沉淀反应的容器，根据产物的颜色选用合适的点滴板	不能加热
碘量瓶		主要用作碘的定量反应容器	瓶塞与瓶配套使用，不能互换
洗瓶		盛放纯净水，用于配制溶液、洗涤玻璃仪器等	不能加热
三口圆底烧瓶		用作反应容器，三个口可安装不同的配件，例如：搅拌器、回流冷凝管、温度计等	放于桌面时要垫以适当器具，以防止滚动打碎；加热时外壁应无水滴；反应液一般不超过容积的 2/3，不低于 1/3
直形冷凝管		用于蒸馏，起冷凝作用。使用时，将靠下端的连接口以塑胶管接上水龙头，当作进水口，上端则是出水口	适用于蒸馏气体温度低于 140℃

续表

名称	示意图	主要用途、用法	备注
空气冷凝管		用于蒸馏，起冷凝作用	适用于蒸馏气体温度高于 140℃
球形冷凝管		用于回流，内管的冷却面积大，对蒸气的冷凝有较好的效果	
蒸馏头		在有机合成中连接烧瓶、冷凝管的玻璃仪器	口径的规格不同，使用时要注意是否与圆底烧瓶等玻璃仪器相匹配
克氏蒸馏头		主要用于减压蒸馏，可同时安装作为汽化中心的毛细管和温度计，并防止减压蒸馏过程中液体因剧烈沸腾而冲入冷凝管	
接引管		用于常压蒸馏，在蒸馏时接收蒸馏液	
多尾接引管		适用于减压蒸馏	
恒压滴液漏斗		当体系内有压力时，可顺利加料，并能控制加料速度；还可以避免易挥发或有毒蒸气从漏斗上口逸出	

2.2.2　玻璃仪器的洗涤和干燥

（1）玻璃仪器的洗涤

化学实验室经常使用玻璃容器和瓷器，用不干净的容器进行实验时，往往由于污物和杂质的存在而得不到准确的结果，所以容器应该保证干净。

洗涤容器的方法很多，应根据实验的要求、污物的性质和沾污的程度加以选择。

扫码看视频

玻璃仪器的洗涤

① 用水刷洗。用自来水和毛刷刷洗容器上附着的尘土和水溶物。

② 用洗涤剂刷洗。用毛刷蘸去污粉或洗涤剂刷洗容器上附着的油污和有机物质，若仍洗不干净，可用热碱液洗。

③ 超声波清洗。用超声波清洗可以达到仪器全面洁净的清洗效果，特别对深孔、盲孔、凹凸槽是最理想的洗涤方法。把用过的仪器放在配有洗涤剂的溶液或水中，接通电源，利用声波的振动和能量进行清洗。清洗过的仪器再用自来水和蒸馏水冲洗干净即可。

④ 铬酸洗液洗。容量仪器不能用去污粉和毛刷刷洗，避免磨损器壁，使体积发生变化，常用铬酸洗液（简称洗液）洗涤。铬酸洗液的配制方法：称 5g 粗重铬酸钾溶于 10mL 热水中，稍冷，在搅拌下慢慢加入 100mL 浓硫酸，冷却后使用。使用洗液时要注意以下几点：

a. 使用洗液前最好先用水或去污粉（容量仪器除外）将容器洗一遍。

b. 使用洗液前应尽量去除容器内的水，以免将洗液稀释。洗液用后应倒回原瓶内，可重复使用。

c. 不要用洗液洗涤具有还原性的污物（如某些有机物），这些物质能把洗液中的重铬酸钾还原为硫酸铬（洗液的颜色则由原来的深棕色变为绿色）。已变为绿色的洗液不能继续使用。

d. 洗液具有很强的腐蚀性，会烧伤皮肤和破坏衣物。如果不慎将洗液洒在皮肤、衣物和实验桌上，应立即用水冲洗。

e. 重铬酸钾污染环境，应尽量少用洗液。

用上述方法洗涤后的容器还要用水洗涤以除去洗涤剂，并用蒸馏水洗涤三次。

洗涤容器时应遵循少量（每次用少量的洗涤剂）多次的原则，既节约，又提高效率。

玻璃仪器清洗干净的标准是用水冲洗后，仪器内壁能均匀地被水润湿而不黏附水珠。如果仍有水珠黏附内壁，说明仪器还未洗净，需要进一步进行清洗。

⑤ 特殊污垢的洗涤。一些仪器上常有不溶于水的污垢，尤其是未清洗而长期放置后的仪器。这时需要视污垢的性质选用合适的试剂，使其经化学作用而除去。常见污垢的处理方法见表 2-3。

表 2-3 常见污垢的处理方法

污垢	处理方法
碱土金属的碳酸盐、$Fe(OH)_3$、一些氧化剂如 MnO_2 等	用稀 HCl 处理，MnO_2 需要用 6mol/L 的 HCl 处理
沉积的金属如银、铜	用 HNO_3 处理
沉积的难溶性银盐	用 $Na_2S_2O_3$ 洗涤，Ag_2S 则用热、浓 HNO_3 处理
黏附的硫黄	用煮沸的石灰水处理 $4Ca(OH)_2+4S \longrightarrow 3CaS+CaSO_4+4H_2O$
高锰酸钾污垢	草酸溶液（黏附在手上也用此法）
残留的 Na_2SO_4、$NaHSO_4$ 固体	用沸水使其溶解后趁热倒掉
沾有碘迹	可用 KI 溶液浸泡；用温热的稀 NaOH 或 $Na_2S_2O_3$ 溶液处理
瓷研钵内的污迹	用少量食盐在研钵内研磨后倒掉，再用水洗
有机反应残留的胶状或焦油状有机物	视情况用低规格或回收的有机溶剂（如乙醇、丙酮、苯、乙醚等）浸泡，或用稀 NaOH 或浓 HNO_3 煮沸处理
一般油污及有机物	用含 $KMnO_4$ 的 NaOH 溶液处理
被有机试剂染色的比色皿	可用体积比为 1∶2 的盐酸-乙醇溶液处理

（2）仪器干燥的方法

① 空气晾干。又称“风干”，是最简单的干燥方法，放置在空气中一段时间即可。特别适用于带刻度的仪器（如量筒、容量瓶、移液管、温度计等）和不宜加热和冷却的仪器。

② 烘干。将洗净的仪器放在干净的托盘里，再放入电热恒温干燥箱（电烘箱）（如图 2-1）内，温度设置在 100～120℃。

③ 烤干。此法适用于可用于加热的仪器，如试管、烧瓶、蒸发皿等。加热时应注意把仪器外壁的水擦干，对于烧杯、蒸发皿等仪器可置于石棉网上小火烤干。而试管用小火烤干时应注意，管口向下倾斜，以免水珠倒流，炸裂试管（如图 2-2）；同时火焰不能集中加热一个部位，应从底部开始缓慢移至试管顶部，如此反复，直至水珠消失，再将管口向上，赶走水汽。

④ 有机溶剂干燥。先用少量易挥发的溶剂（如工业乙醇或丙酮）润湿玻璃仪器内壁并倒出，再用吹风筒向仪器内部吹风，使溶剂快速挥发。

电烘箱的使用

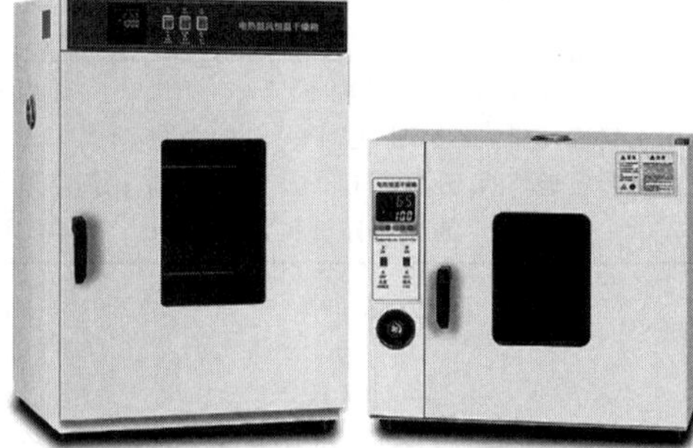

图 2-1 电烘箱

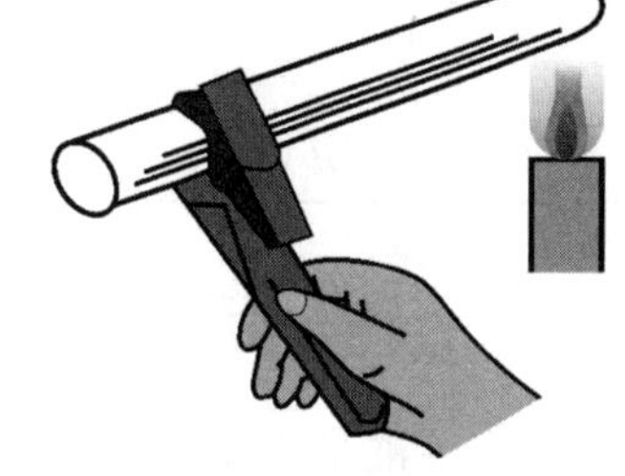

图 2-2 烤干试管

2.2.3 干燥器的使用

干燥器是一种有磨口盖子的厚质玻璃器皿，磨口上涂有一薄层凡士林，以防水汽进入。分上下两层，下层放干燥剂，中间放置一带孔的圆形瓷板，用来承放需要保持干燥的物品。开启干燥器时，左手按住干燥器的下部，右手按住盖顶，向左前方推开盖子；加盖时，也应当拿着盖顶，平推着盖好。热的物体应稍微冷却再放入干燥器内，放入后，要在短时间打开盖子 1～2 次，以调节干燥器内的气压。在搬动干燥器时，用两手的拇指同时按住盖子，防止盖子因滑落而被打碎（图 2-3）。

图 2-3 干燥器的使用方法

2.3 化学试剂的规格、存放及取用

2.3.1 化学试剂的规格

根据化学试剂中杂质含量的多少，通常把试剂分成五种规格（见表 2-4），并规定了试剂包装的标签颜色及应用范围。

表 2-4 化学试剂等级标志和符号

项目	一级品	二级品	三级品	四级品	其它
标志	优级纯	分析纯	化学纯	实验试剂	生物试剂
符号	G. R.	A. R.	C. P.	L. R.	B. R. 或 C. R.
标签颜色	绿色	红色	蓝色	棕色	黄色
用途	纯度最高，杂质含量最少的试剂，适用于最精确的分析及研究工作	纯度较高，杂质含量较低，适用于精确的微量分析，为分析实验广泛使用	质量略低于二级试剂，适用于一般的微量分析实验，及要求不高的工业分析和快速分析	纯度较低，但高于工业用的试剂，适用于一般化学实验	根据说明使用

2.3.2 试剂的存放

在实验准备室中分装化学试剂时，一般把固体试剂装在广口瓶中，液体试剂或配制成的溶液则盛放在细口瓶或带有滴管的滴瓶中，见光易分解和氧化的试剂（如硝酸银、碘化钾等）盛放在棕色瓶内。每一试剂瓶上都贴有标签，上面写明试剂的名称、规格或溶液的浓度以及日期，在标签外面涂一薄层蜡来保护它。

① 盛放化学试剂的容器都应贴有标签，写明试剂的名称、规格等。使用时一定要先仔细看标签，以免取错。没有标签的试剂不能随便使用。

② 取用试剂时应保持清洁。使用时，取下的瓶盖应倒放在桌面上，不能任意放置。取用后应立即盖好瓶盖，以保持密封。用剩的试剂不能倒回原试剂瓶，防止试剂被污染或变质。

③ 取用固体试剂时，应用洁净、干燥的药匙。用后的药匙立即洗净，以防腐蚀和污染。

④ 容易腐蚀玻璃容器而影响试剂纯度的试剂应保存在塑料瓶中。如氢氟酸、含氟盐（KF、NaF、NH_4F）、苛性碱（NaOH、KOH）等。

⑤ 强氧化性试剂应存放在阴凉通风处，不可与还原性物质或可燃性物质一起存放，避免受热、受撞击。如 $KMnO_4$、$K_2Cr_2O_7$、$KClO_3$、硝酸盐和过氧化物等。

⑥ 易挥发、易分解的试剂应放入棕色瓶子保存。如氨水、乙醚、溴水等。

⑦ 吸水性强的试剂应蜡封保存。如过氧化钠、无水碳酸钠、苛性钠（NaOH）等。

⑧ 有机溶剂等易燃液体试剂应保存在阴凉通风处，单独存放，远离火源。

2.3.3 试剂的取用

（1）取用化学试剂的原则

① 倒出试剂后，瓶塞要马上盖在原来的试剂瓶上，拧紧，绝对不能弄混。取完试剂后，

要将试剂瓶放回原处。

② 注意不要多取试剂。取多的试剂不能倒回原瓶，可放在指定的容器中供他人使用。

（2）固体试剂的取用

要用干净的药匙取用。用过的药匙必须洗净和擦干后才能再使用，以免沾污试剂。有毒药品要在教师指导下取用。普通固体试剂可以放在干净的称量纸或表面皿上称量。具有腐蚀性、强氧化性或易潮解的固体试剂不能在纸上称量。不准使用滤纸来盛放称量物。

（3）液体试剂的取用

① 在滴瓶中取用液体试剂时，滴管决不允许触及所用的容器器壁，以免沾污（图 2-4）。滴管放回原滴瓶时不要放错。不允许使用自己的滴管到瓶中取试剂。装有试剂的滴管不能平放或管口向上斜放，以免试剂流到橡胶头内。

② 在细口瓶中取用液体试剂时，先将瓶塞倒放在桌面上。拿试剂瓶时，要使瓶上贴有标签的一面向手心方向，逐渐倾斜瓶子，使瓶口靠住容器壁，缓缓倒出所需液体。若所用容器为烧杯，可沿着洁净的玻璃棒注入烧杯（图 2-5）。取出所需量后，逐渐竖起瓶子，把瓶口剩余的一滴试剂“碰”到容器口内或用玻璃棒引入烧杯中去，以免液滴沿着瓶子外壁流下。

③ 定量量取液体试剂时可用量筒或移液管。

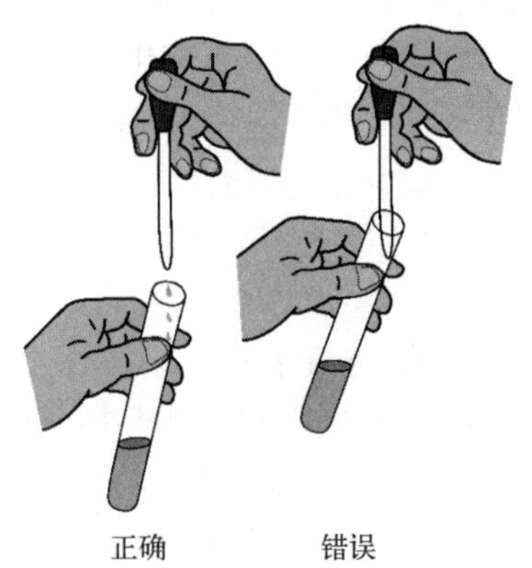

图 2-4　往试管中滴加溶液

图 2-5　液体试剂倒入烧杯

2.3.4　溶液的浓度

浓度是表示在一定量的溶液或溶剂中所含溶质的量，溶液浓度的表示方法有许多种，常用的有以下几种。

（1）质量分数和质量浓度

质量分数是指溶质质量与溶液质量的百分比，即质量分数（%）={溶质质量(g)/[溶质质量(g)+溶剂质量(g)]}× 100%。例如：市售盐酸的浓度通常为 36%，即 100g 的盐酸溶液中含有 36g 的 HCl 和 64g 的水。

质量浓度是指单位体积混合物中某组分的质量，即质量浓度（g/L）(%)=溶质质量(g)/溶液体积(L)。

（2）体积比浓度

液体用水稀释或液体相互混合时，用配制时其体积之比来表示溶液的浓度。体积比=液体体积(溶质体积，mL)/溶剂体积（一般指水，mL)。例如：配制 1∶1 的氨水溶液，取 500mL 的氨水原液，加 500mL 去离子水混合；如配制为 1∶2，则加 1000mL 去离子水。

(3) 体积分数

体积分数是指溶质（液体）的体积占全部溶液体积的百分数。例如：配制 10% 的 HCl 溶液 250mL，即用量筒量取盐酸 25mL，加水至 250mL。

(4) 物质的量浓度

是指 1000mL 溶液中含有溶质的物质的量，单位 mol/L。例如：配制 0.02mol/L 的 EDTA-2Na 溶液 500mL：$m=cVM/1000=0.02\times500\times372.2\div1000=3.70(\mathrm{g})$，即在天平上称取 EDTA-2Na 3.7g，加水稀释定容 500mL，所得的 EDTA 溶液的浓度为 0.02mol/L。

2.3.5 溶液的配制

根据配制试剂纯度和浓度的要求，选用不同级别的化学试剂并计算溶质的用量。配制饱和溶液时，所用溶质的量应稍多于计算量，加热使之溶解、冷却，待结晶析出后再用，这样可保证溶液饱和。

如果配制溶液时会产生较大的溶解热，一定要在烧杯或敞口容器中进行操作。溶液配制过程中，加热和搅拌可加速溶解，但搅拌不宜太剧烈，不能使搅拌棒触及烧杯壁。

配制易水解的盐溶液时，必须把试剂先溶解在相应的酸溶液［如 $SnCl_2$、$SbCl_3$、$Bi(NO_3)_3$ 等］或碱溶液（如 Na_2S 等）中以抑制水解。对于易氧化的低价金属盐类［如 $FeSO_4$、$SnCl_2$、$Hg_2(NO_3)_2$ 等］，不仅需要酸化溶液，而且应在该溶液中加入相应的纯金属，防止低价金属离子的氧化。

(1) 一般溶液的配制

配制一般溶液常用以下三种方法：

① 直接水溶法　固体试剂如 KOH、NH_4NO_3 等易溶于水且不发生水解反应的物质，在配制溶液时，用托盘天平或电子天平称取一定量的固体试剂于烧杯中，加入少量纯净水，搅拌溶解后稀释至所需体积，再转入试剂瓶中。

② 介质水溶法　对易水解的固体如 $SnCl_2$、$BiCl_3$ 等，在配制溶液时，称取一定量的固体，加入适量的酸使其溶解，再用纯净水稀释，摇匀后转入试剂瓶。$SnCl_2$ 因具有强还原性，还需在盛有其溶液的试剂瓶中加入锡粒，防止被氧化。

在水中溶解度较小的固体试剂，可选用合适的溶剂溶解后，稀释，摇匀转入试剂瓶。例如固体 I_2，可先用 KI 水溶液溶解。

③ 稀释法　配制液态试剂的稀溶液时，如 H_3PO_4、H_2SO_4、$NH_3\cdot H_2O$、HAc 等，先用量筒量取所需用量的浓溶液，然后用适量去离子水稀释。配制 H_2SO_4 溶液时，需特别注意，应在不断搅拌下，将浓硫酸缓慢地倒入盛水的容器中，切不可将顺序颠倒。

(2) 标准溶液的配制

已知准确浓度的溶液称为标准溶液。配制的方法也有三种：

① 直接法　用分析天平准确称取一定量的基准试剂于烧杯中，加入适量的去离子水溶解后，转入容量瓶，再用去离子水稀释至刻度，摇匀。其准确浓度可由称量数据及稀释体积求得。

② 标定法　不是基准试剂的物质如氢氧化钠，可先配成近似于所需要浓度的溶液，然后用基准试剂或已知准确浓度的标准溶液标定它的浓度。

③ 稀释法　当需要用较浓标准溶液配制较稀的标准溶液时，可用移液管准确吸取其浓溶液至适当的容量瓶中稀释。

2.4　气体的制备、净化及气体钢瓶的使用

2.4.1　气体的发生

实验室制备气体，根据使用原料的状态及反应条件，选择不同的反应装置。

（1）块状或大颗粒固体与液体反应制备气体

启普发生器由一个葫芦状的玻璃容器、球形漏斗和导气管活塞三部分组成（图 2-6）。固体药品通过中间球体的侧口或上口放入中间圆球内，加入固体的量不得超过球体容积的 1/3，圆球内放置胶皮垫用来承受固体，以免固体掉至下部球内。从球形漏斗加入适量的酸液。

使用时，打开导气管活塞，由于压力差，酸液自动下降进入中间球内，与固体接触而产生气体。要停止反应时，只要关闭活塞，继续产生的气体会把酸液从中间球内压入下球及球形漏斗内，使酸液与固体不再接触而停止反应。再次使用时，只需重新打开活塞即可。

当启普发生器内的固体即将用完或酸液浓度太稀而不能产生气体时，应补充固体或更换酸液。补充固体时，应关闭导气管活塞，使球内酸液压至球形漏斗中，然后用橡胶塞塞紧漏斗的上口，取下导气管上的塞子，从侧口加入固体。更换酸液时，应关闭导气管活塞，使废液压入球形漏斗中，用移液管把废液吸出；或用橡胶塞塞紧球形漏斗口，把发生器仰放在废液缸上，使下口塞附近无酸液，再拔下塞子，使发生器下倾，让废液慢慢流出，从下球的侧口放出废液，当废液流完后，从球形漏斗加入新的酸液。

（2）粉状或小颗粒固体与液体反应制备气体

当反应需要加热，或固体反应物是小颗粒或粉状时，就不能使用启普发生器，而改用图 2-7 所示的气体发生装置。固体装在蒸馏瓶内，把酸液装在分液漏斗中。使用时，打开分液漏斗的活塞，使酸液均匀地滴加到固体上，就产生气体。当反应缓慢或不产生气体时，可以加热。如果加热后，仍不起反应，则需要更换固体药品。

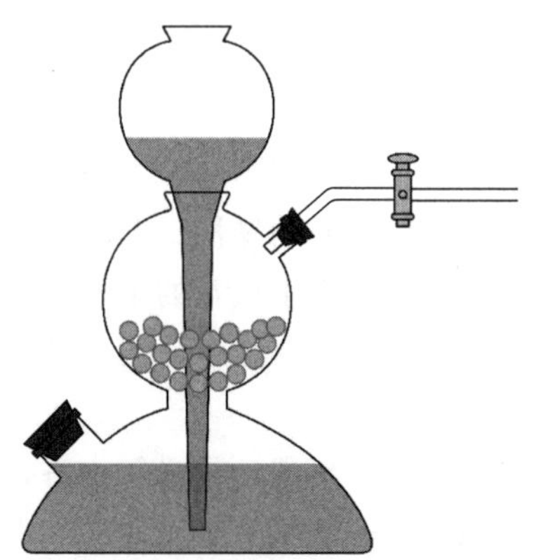

图 2-6　启普发生器

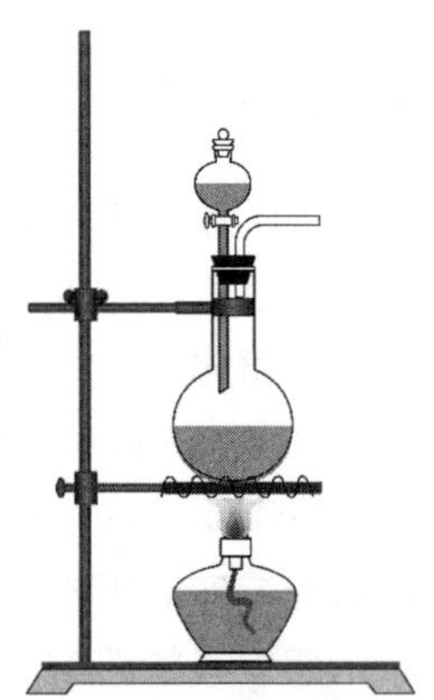

图 2-7　气体发生装置

（3）分解固体物质制备气体

在洁净干燥的大试管内加入固体试剂，然后将试管固定在铁架台高度合适的位置上，试管口稍向下倾斜，在试管口塞紧橡胶塞（如图 2-8）。点燃酒精灯，先用小火均匀加热试管，再放到有试剂的部位固定加热，制备气体。

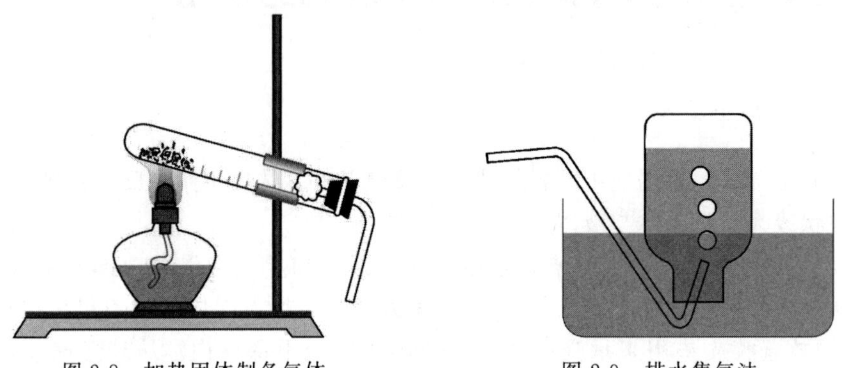

图 2-8 加热固体制备气体　　图 2-9 排水集气法

2.4.2 气体的收集

根据气体在水中的溶解情况，一般采取以下方法收集。

① 难溶于水且不与水发生化学反应气体如氮气、氧气，可用排水集气法收集（图 2-9）。

② 能溶于水而比空气轻的气体如氨气，可用瓶口向下的排气集气法收集（图 2-10）。

③ 能溶于水而比空气重的气体如氯、二氧化碳等，可用瓶口向上的排气集气法收集（图 2-11）。

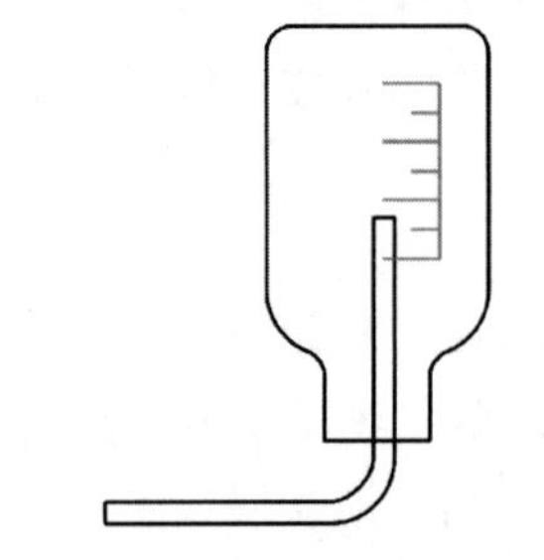

图 2-10 排气集气（比空气轻）法

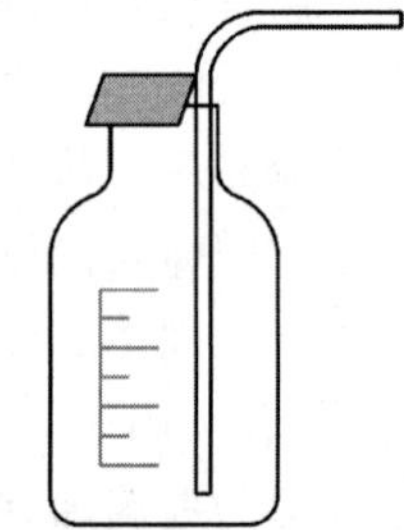

图 2-11 排气集气（比空气重）法

2.4.3 气体的净化与干燥

由于实验室制备的气体常常带有酸雾和水汽，在精度较高的实验中就需要净化和干燥。气体净化的原则：①尽量用化学方法，一般酸性气体杂质用碱性试剂除去，还原性气体杂质用氧化性试剂除去；②净化试剂只与杂质发生反应；③不生成新的杂质。通常选用某些液体或固体试剂，分别装在洗气瓶或吸收干燥塔、U 形管等装置中，通过化学反应或者吸收、吸附等物理化学过程将杂质去除，以达到净化的目的。

通常酸雾可用水洗或玻璃棉吸附除去，水蒸气用浓硫酸、无水氯化钙、固体氢氧化钠或硅胶等干燥剂吸附。液体（如碳酸氢钠、浓硫酸等）一般装在洗气瓶内（图 2-12），固体如玻璃棉、硅胶等则装在干燥塔或干燥管（图 2-13）中。气体中如还含有其它杂质，则应根据具体情况分别用不同试剂吸收。前提是气体不能与所选用的试剂反应。

图 2-12　洗气瓶

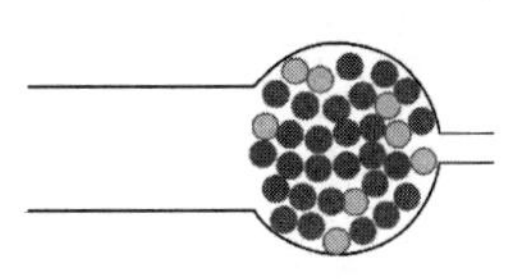

图 2-13　干燥管

除掉气体杂质以后，还需要将气体干燥。常用于干燥气体的仪器有干燥管（气体由大口进，小口出）和洗气瓶（气体由长管进、短管出）。干燥的原则：干燥剂只能吸收气体中含有的水分而不能与气体发生反应。不同性质的气体应根据其特征选择不同的干燥剂，常用气体干燥剂见表 2-5。

表 2-5　常用气体干燥剂

干燥剂	适于干燥的气体
CaO、KOH	NH_3、胺类
碱石灰	NH_3、胺类、O_2、N_2（同时可除去气体中的 CO_2 和酸气）
无水 $CaCl_2$	H_2、O_2、N_2、HCl、CO_2、CO、SO_2、烷烃、烯烃、氯代烷、乙醚
$CaBr_2$	HBr
CaI_2	HI
H_2SO_4	O_2、N_2、Cl_2、CO_2、CO、烷烃
P_2O_5	O_2、N_2、H_2、CO、CO_2、SO_2、乙烯、烷烃

2.4.4　气体钢瓶、减压阀及其使用

（1）气体钢瓶

气体钢瓶是储存压缩气体或液化气的高压容器，实验室中常用它直接获取各种气体。钢瓶（图 2-14）是用无缝合金钢或碳素钢等制成的圆柱形容器，器壁很厚，一般最高工作压力为 15MPa。钢瓶口内外壁均有螺纹，以连接钢瓶启闭阀门 3 和钢瓶帽 4。钢瓶底座 5 通常制成方形，便于钢瓶竖直立稳。瓶外还装有两个橡胶制的防震圈。钢瓶阀门侧面接头具有左旋或右旋的连接螺纹，可燃性气体为左旋，非可燃性及助燃气体为右旋。各种高压气体钢瓶都涂有特定颜色的油漆以及用特定颜色标明气体名称及字样（表 2-6）。

表 2-6　高压气体钢瓶颜色

充装气体(字样)	钢瓶颜色	字样颜色	充装气体(字样)	钢瓶颜色	字样颜色
氧(氧)	淡(酞)蓝	黑	氯(液氯)	深绿	白
氢(氢)	淡绿	大红	二氧化碳(液化二氧化碳)	铝白	黑
氮(氮)	黑	白	氩(氩)	银灰	深绿
空气(空气)	黑	白	乙炔(乙炔　不可近火)	白	大红
氨(液氨)	淡黄	黑	液化石油气(液化石油气)民用	银灰	大红

(2) 减压阀

高压钢瓶内气体的压力一般很高，而使用压力往往比较低，单靠钢瓶启闭阀门不能使气体输入使用系统（CO_2、NH_3 可例外），需借助减压阀。最常用的减压阀为氧气减压阀，简称氧气阀，结构见图 2-15。

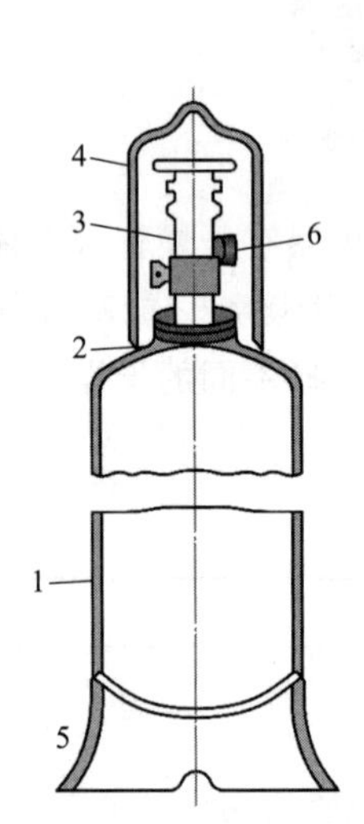

图 2-14 钢瓶剖视图

1—瓶体；2—钢瓶口；3—启闭阀门；4—钢瓶帽；5—钢瓶底座；6—侧面接头

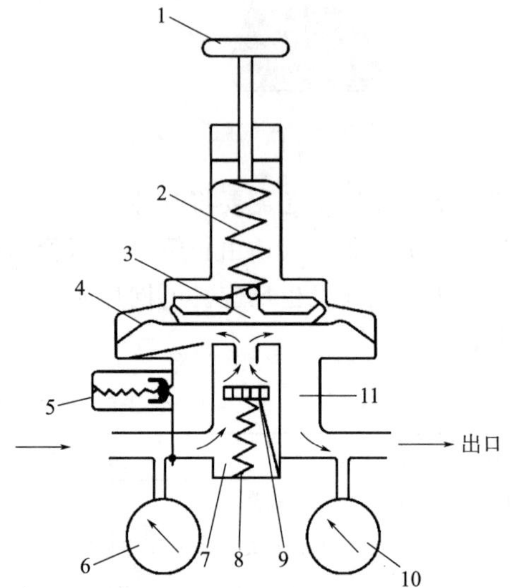

图 2-15 氧气减压阀结构

1—手柄（调节螺杆）；2，8—压缩弹簧；3—弹簧垫块；4—弹簧；5—安全阀；6—高压表；7—高压气室；9—减压活门；10—低压表；11—低压气室

氧气减压阀的高压气室与钢瓶连接，低压气室为气体出口，并通往使用系统。高压表的示值为钢瓶内储存气体的压力，低压表的出口压力可由调节螺杆控制。使用时先打开钢瓶总开关，然后顺时针转动低压表压力调节螺杆，使其压缩主弹簧并传动薄膜、弹簧垫块和活门顶杆而将减压活门打开。这样进口的高压气体由高压气室经节流减压后进入低压气室，并经出口通往使用系统。转动调节螺杆，改变减压活门开启的高度，从而调节高压气体的通过量并达到所需的压力值。

有些气体如氮气、空气、氩气等永久性气体，可以采用氧气减压阀，但还有一些气体如氨等腐蚀性气体，则需要专用减压阀。专用减压阀的使用方法及注意事项与氧气减压阀基本相同。但为了防止误用，有些专用减压阀与钢瓶之间采用特殊连接口。例如，氢气和丙烷均采用左牙螺纹，也称反向螺纹，安装时应特别注意。

(3) 钢瓶安全使用注意事项

① 钢瓶应存放在阴凉、干燥、远离热源的地方。钢瓶受热后，瓶内压力增大，易造成漏气甚至爆炸事故。钢瓶直立放置时要加以固定，搬运时要避免撞击及强烈震动。

② 氧气钢瓶要与可燃气体钢瓶分开存放，与明火距离不得小于 10m。氢气钢瓶最好放置在楼外专用小屋内，以确保安全。

③ 氧气钢瓶及其专用工具严禁与油类接触，要使用专门的氧气减压阀。

④ 钢瓶上的减压阀要专用，安装时扣要上紧。开启减压阀时，要站在钢瓶接口的侧面，以防被气流射伤。

⑤ 钢瓶内的气体绝对不要全部用完，一定要保持 0.05MPa 以上的残余压力。可燃性气体应保留 0.2～0.3MPa，氢气应保留更高的压力，以防重新充气或以后使用时发生危险。

2.5 试纸与滤纸

2.5.1 用试纸检验溶液的酸碱性

试纸的作用是通过颜色变化来检测溶液的性质或定性检验某些物质是否存在，其特点是简单、方便、快速和精确。

（1）碘化钾-淀粉试纸

定性检验氧化性气体（如 Cl_2、Br_2 等）。氧化性气体遇湿润的碘化钾-淀粉试纸可将试纸上的 I^- 氧化为 I_2，I_2 立即与试纸上的淀粉作用而使试纸变蓝。如果气体氧化性太强而使 I_2 进一步氧化为 IO_3^-，会使试纸上的蓝色褪去。

（2）醋酸铅试纸

定性检验反应是否有 H_2S 气体产生。湿润的醋酸铅试纸遇 H_2S 气体试纸变黑。

（3）石蕊试纸和 pH 试纸

石蕊试纸和 pH 试纸都是用来检测溶液的酸碱性的。使用石蕊试纸时，可先将石蕊试纸剪成小块，放在洁净干燥的容器内，用玻璃棒蘸取待测的溶液，滴在试纸上，于半分钟以内观察试纸的颜色。蓝色试纸遇酸性溶液显红色，红色试纸遇碱性溶液显蓝色。不能将试纸投入溶液中进行检验。检测挥发性物质的酸碱性时，可先将石蕊试纸用纯净水润湿，然后悬空放在气体出口处，观察试纸颜色变化。

pH 试纸的使用方法与石蕊试纸基本相同，差别在于：pH 试纸显色后半分钟以内，需将所显示的颜色与比色卡对比，读出其 pH 数值。广泛 pH 试纸的色阶变化为一个 pH 单位；精密 pH 试纸的色阶变化小于一个 pH 单位。试纸应密闭保存，不要用沾有酸性或碱性药品的湿手去取试纸，以免变色。

2.5.2 用试纸检验气体

pH 试纸或石蕊试纸也常用于检验反应所产生气体的酸碱性。用蒸馏水润湿试纸并黏附在干净玻璃棒的尖端，将玻璃棒尖端放在试管口的上方（不能接触试管），观察试纸颜色的变化。不同的试纸检验的气体不同，用 KI 淀粉试纸检验 Cl_2，当 Cl_2 遇到试纸时，将 I^- 氧化为 I_2，I_2 立即与试纸上的淀粉作用而使试纸变蓝；用 $Pb(OAc)_2$ 试纸检验 H_2S 气体时，H_2S 气体遇到试纸后，生成黑色 PbS 沉淀而使试纸呈黑褐色。

2.5.3 滤纸

化学实验室中常用的有定量分析滤纸和定性分析滤纸两种，按过滤速度和分离性能的不同，又分为快速、中速和慢速三种。一般情况下，定性滤纸用于化学定性分析和相应的过滤分离，定量滤纸用于化学定量分析中重量分析实验和相应的分析实验。国家标准《化学分析滤纸》（GB/T 1914—2017）对定量滤纸和定性滤纸产品的分类、型号和技术指标以及实验方法等都有规定。其中优等品的主要技术指标及规格列于表 2-7。

表 2-7　定量和定性分析滤纸优等品的主要技术指标及规格

型号				
型号	定性滤纸	101	102	103
	定量滤纸	201	202	203
滤水时间/s		≤35	>35～70	>70～140
分离性能		合格		
湿耐破度/mmH_2O		≥130	≥ 150	≥200
干耐破度/kPa		≥85	≥90	≥90
水抽提液 pH 值		6.0～8.0（定性）5.0～8.0（定量）		
灰分	定性滤纸	≤ 0.11%		
	定量滤纸	≤ 0.009%		
定量/（g/m^2）		80.0 ± 4.0		
圆形纸直径/nm		55、70、90、110、125、150、180、230、270		
方形纸尺寸/nm		600×600、300×300		

2.6　常用溶剂

水是许多物质，尤其是许多无机化合物的良好溶剂，许多无机反应是在水溶液中进行的，人们所说的物质的许多性质、反应也是在水溶液中才具备的。

经初步处理后的自来水，除含有较多的可溶性杂质外，是比较干净的，在化学实验中常用作粗洗仪器用水、实验冷却用水、水浴用水及无机制备前期用水等。自来水再经进一步处理后所得的纯水，在实验中常用作溶剂用水、精洗仪器用水、分析用水及无机制备的后期用水。因制备方法不同，常见的纯水有蒸馏水、电渗析水、去离子水和高纯水。

在有机实验中还常用到许多有机溶剂，它们不仅作为反应介质，而且在有机产物的纯化和后处理中也经常使用。溶剂的纯度对反应速率、产物的产率和纯度都有影响，因此应尽量提高溶剂的纯度。在有机合成中一般要用大量的溶剂，若只依靠从社会上购买高纯度的溶剂，不仅价格较贵，有时也不一定能满足某些反应的要求。因此，了解常用溶剂的性质及其纯化方法是十分必要的。

2.6.1　纯水与水的纯化方法

化学实验对水的要求较高，既不能直接使用自来水，也不应一概使用蒸馏水，根据具体实验要求不同，对水的纯度要求也不同。

常用的制备纯水的方法有蒸馏法、离子交换法、电渗析法、反渗透法等。其中离子交换法是利用称为离子交换树脂的具有特殊网状结构的人工合成有机高分子化合物净化水的一种方法，方便有效，在化工、冶金、环保、医药、食品等行业得到广泛应用。

（1）蒸馏水

是将自来水（或天然水）蒸发成水蒸气，再通过冷凝器将水蒸气冷凝下来，所得到的水。所用蒸馏器皿主要有玻璃、石英蒸馏器。根据蒸馏次数不同，可分为一次、二次和多次蒸馏法。此外，为了除掉一些特殊的杂质，还需采取一些措施。例如，预先加入一些高锰酸钾可除去易氧化物；加入少许磷酸可除去三价铁；加入少许不挥发酸可制取无氨水等。蒸馏水可以满足普通分析化学实验室的用水要求。

（2）电渗析水

是在外加直流电场作用下，利用阴、阳离子交换膜分别选择性地允许阴、阳离子透过，使一部分离子透过离子交换膜迁移到另一部分水中，从而使一部分水纯化，另一部分水浓缩。电渗析产出水的纯度能满足一些工业用水的需要。例如，用电阻率为 1.6 kΩ · cm（25℃）的原水可以获得 1.03 MΩ · cm（25℃）的产出水。

（3）离子交换水

自来水经过离子交换树脂处理后，称为离子交换水。因为溶于水的杂质离子被去掉，所以又称为去离子水。去离子水的纯度很高，常温下的电阻率可达 5×10^6 Ω · cm 以上。

离子交换树脂是一种人工合成的高分子化合物，其主要组成部分是交联成网状的立体的高分子骨架，另一部分是连在其骨架上的许多可以被交换的活性基团。树脂的骨架特别稳定，不受酸、碱、有机溶剂和一般弱氧化剂的作用。当它与水接触时，能吸附并交换溶解在水中的阳离子和阴离子。根据交换的离子种类的不同，离子交换树脂可分为阳离子交换树脂和阴离子交换树脂两大类。每种树脂都有型号不同的几种类型，它们的性能略有区别，可根据用途来选择所需树脂。

阳离子交换树脂含有酸性的活性基团，如磺酸基—SO_3H、羧基—COOH 和酚羟基—OH，酸性基团上的 H^+ 可以和水溶液中的其他阳离子进行交换（称为 H 型）。因为磺酸是强酸，所以含磺酸基的树脂又称为强酸性阳离子交换树脂，可用 R—SO_3H 表示，其中 R 代表树脂中网状骨架部分。R—COOH 和 R—OH 均为弱酸性阳离子交换树脂。强酸性阳离子交换树脂交换速率快，与所有阳离子均可交换，能在中性、酸性和碱性溶液中使用；而弱酸性阳离子交换树脂的交换能力受外界酸度影响较大，羧基在 pH>4、酚羟基在 pH>9.5 时才有离子交换能力，但其选择性较好，可用于分离不同强度的有机碱。

阴离子交换树脂含有碱性的活性基团，如含有季铵基—$N(CH_3)_3$ 的强碱性阴离子交换树脂 R—$N(CH_3)_3{}^+OH^-$，含有叔胺基—$N(CH_3)_2$、仲胺基—$NH(CH_3)$、氨基—NH_2 的弱碱性阴离子交换树脂 R—$NH(CH_3)_2{}^+OH^-$、R-$NH_2(CH_3)^+OH^-$ 和 R—$NH_3{}^+OH^-$，它们所含的 OH^- 均可与水溶液中的其他阴离子进行交换（称为 OH 型）。强碱性阴离子交换树脂可在中性、酸性和碱性介质中与强酸或弱酸的酸根离子交换，广泛用于处理水和分析化学领域中；而弱碱性阴离子交换树脂在碱性介质中就失去交换能力。

当水流过两种离子交换树脂时，阳离子和阴离子交换树脂分别将水中的杂质阳离子和阴离子交换为 H^+ 和 OH^-，从而达到净化水的目的。使用一段时间后，离子交换树脂的交换能力下降，可以分别用 5%～10%的 HCl 和 NaOH 溶液处理阳离子和阴离子交换树脂，使其恢复离子交换能力，这叫作离子交换树脂的再生。再生后的离子交换树脂可以重复使用。

阳离子交换树脂与水中的杂质阳离子发生交换：

$$\underset{Pb^{2+}}{RSO_3H+Ca^{2+}} \underset{再生}{\overset{交换}{\rightleftharpoons}} \underset{Pb}{R(SO_3)_2Ca+2H^+}$$

（再生：5% ～ 10% HCl）

阴离子交换树脂与水中的杂质阴离子发生交换：

$$\text{R-}\overset{+}{N}R_3\overset{-}{O}H + NaCl \underset{\text{再生}}{\overset{\text{交换}}{\rightleftharpoons}} \text{R-}NR_3Cl + NaOH$$

$$\searrow 5\% \sim 10\%\,NaOH$$

处理水时，先让水流过阳离子交换柱和阴离子交换柱，然后再流过阴阳离子混合交换柱，以使水进一步纯化。净化水的质量与交换柱中树脂的质量、柱高、柱直径以及水流量等因素都有关系。一般树脂量多、柱高和直径比适当、流速慢，交换效果好。

在科学实验中，用来表示水的纯度的主要指标是水中的含盐量（即水中各种盐类的阳、阴离子的数量）的大小，而水中含盐量的测定较为复杂，所以通常用水的电阻率或电导率来间接表示。一般将 1mL 水的电阻值称为水的电导率（又称比电阻），电阻率的倒数称为电导率（又称比电导）。电阻率与电导率的关系为

$$\rho=\frac{1}{\kappa}$$

式中　ρ——电阻率，欧姆·厘米（$\Omega\cdot cm$）；

κ——电导率，欧姆$^{-1}$·厘米$^{-1}$（$\Omega^{-1}\cdot cm^{-1}$，即 $S\cdot cm^{-1}$）。

25℃时水的电阻率应为 $0.1\times10^6\sim1.0\times10^6\Omega\cdot cm$（电导率为 $1.0\times10^{-6}\sim10\times10^{-6}\ \Omega^{-1}\cdot cm^{-1}$）。

（4）化学意义上纯水

理论电导率为 18.3 $\Omega^{-1}\cdot cm^{-1}$，一般生产的纯水达不到这个理论值。人们把实际电导率能达到 18 $\Omega^{-1}\cdot cm^{-1}$ 的水，称为高纯水或超纯水。

超纯水器制备超纯水步骤大体如下：

① 准备原水。可用自来水、普通蒸馏水或普通去离子水作原水。

② 机械过滤。通过砂芯滤板和纤维柱滤除机械杂质，如铁锈和其他悬浮物等。

③ 活性炭过滤。活性炭是广谱吸附剂，可吸附气体成分，如水中的余氯等，还能吸附细菌和某些过渡金属等。氯气会损害反渗透膜，因此应力求除尽。

④ 反渗透膜过滤。反渗透膜可滤除 95%以上的电解质和大分子化合物，包括胶体微粒和病毒等。绝大多数离子的去除，使离子交换柱的使用寿命大大延长。

⑤ 紫外线消解。借助于短波（180～254nm）紫外线照射分解水中的不易被活性炭吸附的小分子有机物，如甲醇、乙醇等，使其转变成二氧化碳和水，以降低总有机碳的指标。

⑥ 离子交换。混合离子交换床是除去水中离子的重要手段，借助于多级混床可以获得超纯水。该方法使用化学稳定性好，不分解，不含低聚物、单体和添加剂等的高质量树脂能进一步保证超纯水的质量。

2.6.2 纯水的检定

水中所含的主要阳、阴离子可作定性鉴定，常用下列方法：

① 用镁试剂检验 Mg^{2+}：镁试剂（对硝基苯偶氮间苯二酚）是一种有机染料，在酸性溶液中呈黄色，在碱性溶液中呈紫色，当它被 $Mg(OH)_2$ 沉淀吸附后呈天蓝色，反应必须在碱性溶液中进行。

② 用钙指示剂检验 Ca^{2+}：游离的钙指示剂呈蓝色，在 pH>12 的碱性溶液中，它能与 Ca^{2+} 结合显红色。在此 pH 值时，Mg^{2+} 不干涉 Ca^{2+} 的检验，因为 pH>12 时，Mg^{2+} 已生

成 $Mg(OH)_2$ 沉淀。

③ 用 $AgNO_3$ 溶液检验 Cl^-。

④ 用 $BaCl_2$ 溶液检验 SO_4^{2-}。

蒸馏水和去离子水中杂质含量如表 2-8 和表 2-9 所示。

表 2-8 蒸馏水中杂质含量

仪器名称	杂质含量/(mg/mL)				
	Mg^{2+}	Cu^{2+}	Zn^{2+}	Fe^{3+}	Mo^{6+}
铜蒸馏器	1	10	2	2	2
石英蒸馏器	0.1	0.5	0.04	0.02	0.001

表 2-9 去离子水中杂质的含量

杂质项目	Mg^{2+}	Cu^{2+}	Zn^{2+}	Fe^{3+}	Mo^{6+}	Mg^{2+}	Ca^{2+}	Sr^{2+}
含量 mg/mL	<0.02	0.05	<0.02	0.02	<0.02	2	0.2	<0.06
杂质项目	Ba^{2+}	Pb^{2+}	Cr^{3+}	Co^{2+}	Ni^{2+}	B、Sn、Si、Ag		
含量 mg/mL	0.06	0.02	0.02	<0.002	0.002	可以检出		

2.6.3 化学实验室用水规格

不同等级水质的各项指标见表 2-10。

一级水用于有严格要求的分析实验，包括对颗粒有要求的实验，如高效液相色谱分析用水。一级水可用二级水经过石英设备蒸馏或交换混床处理后，再经 0.2μm 微孔滤膜过滤来制取。

二级水用于无机痕量分析等实验，如原子吸收光谱分析用水。二级水可用多次蒸馏或离子交换等方法制取。

三级水用于一般的化学实验。三级水可用蒸馏或离子交换等方法制取。

表 2-10 不同等级水质的各项指标

指标	一级	二级	三级
pH 值范围（25℃）	—	—	5.0～7.5
电导率（25℃）/（mS/m）	≤0.01	≤0.01	≤0.50
可氧化物质含量（以 O 计）/（mg/L）	—	≤0.08	≤0.4
吸光度（254nm，1cm 光程）	≤0.001	≤0.01	—
蒸发残渣（105℃±2℃）/（mg/L）	—	≤1.0	≤2.0
可溶性硅（以 SiO_2 计）/（mg/L）	≤0.01	≤0.02	—

注：1. 由于在一级水、二级水的纯度下，难以测定其真实的 pH 值，因此对一级水、二级水的 pH 值范围不做规定。

2. 由于在一级水的纯度下，难以测定可氧化物质和蒸发残渣，故对其限量不做规定。可用其他条件和制备方法来保证一级水的质量。

2.6.4 常用有机溶剂及纯化

（1）乙醚

普通乙醚常含有 2%乙醇和 0.5%水，久置的乙醚常含有少量过氧化物，用下述方法进行处理，可制得纯化乙醚。

① 过氧化物的检验和除去：在干净的试管中放入 2～3 滴浓硫酸，1mL2%碘化钾溶液（若碘化钾溶液已被空气氧化，可用稀亚硫酸钠溶液滴到黄色消失）和 1～2 滴淀粉溶液，混合均匀后加入乙醚，出现蓝色即表示有过氧化物存在。除去过氧化物可用新配制的硫酸亚铁稀溶液（配制方法是 60g $FeSO_4$，加 100mL 水和 6mL 浓硫酸）。将 100mL 乙醚和 10mL 新配制的硫酸亚铁溶液放在分液漏斗中洗数次，至无过氧化物为止。

② 醇和水的检验和除去：乙醚中放入少许高锰酸钾粉末和一粒氢氧化钠，放置后，氢氧化钠表面附有棕色树脂，即证明有醇存在。水的存在用无水硫酸铜检验。可先用无水氯化钙除去大部分水，再经金属钠干燥。其方法是：将 100mL 乙醚放在干燥锥形瓶中，加入 20～25g 无水氯化钙，瓶口用软木塞塞紧，放置一天以上，并间断摇动，然后蒸馏，收集 33～37℃的馏分。用压钠机将 1g 金属钠直接压成钠丝放于盛乙醚的瓶中，用带有氯化钙干燥管的软木塞塞住。或在木塞中插一末端拉成毛细管的玻璃管，这样，既可防止潮气浸入，又可使产生的气体逸出。放置至无气泡发生即可使用；放置后，若钠丝表面已变黄变粗时，须再蒸一次，然后再压入钠丝。

（2）乙醇

制备无水乙醇的方法很多，根据对无水乙醇质量的要求不同而选择不同的方法。若要求 98%～99%的乙醇，采用下列方法：

① 利用苯、水和乙醇形成低共沸混合物的性质，将苯加入乙醇中，进行分馏，在 64.9℃时蒸出苯、水、乙醇的三元恒沸混合物，多余的苯在 68.3℃与乙醇形成二元共沸混合物被蒸出，最后蒸出乙醇。工业多采用此法。

② 用生石灰脱水。于 100mL 95%乙醇中加入新鲜的块状生石灰 20g，回流 3～5h，然后进行蒸馏。

若要制备 99%以上的乙醇，可采用下列方法：

① 在 100mL 99%乙醇中，加入 7g 金属钠，待反应完毕，再加入 27.5g 邻苯二甲酸二乙酯或 25g 草酸二乙酯，回流 2～3h，然后进行蒸馏。

金属钠虽能与乙醇中的水作用，产生氢气和氢氧化钠，但所生成的氢氧化钠又与乙醇发生平衡反应，因此单独使用金属钠不能完全除去乙醇中的水。须加入过量的高沸点酯（如邻苯二甲酸二乙酯），与生成的氢氧化钠作用，抑制上述反应，从而达到进一步脱水的目的。

② 在 250mL 干燥的圆底烧瓶中，加入 0.6g 干燥纯净的镁丝和 10mL 99.5%的乙醇，安装回流冷凝管，冷凝管上口附加一支无水氯化钙干燥管。

③ 在沸水浴上加热至微沸，移去热源，立刻加入几粒碘（注意此时不要振荡），可见随即在碘粒附近发生反应。若反应较慢，可稍加热，若不见反应发生，可补加几粒碘。当金属镁全部作用完毕后，再加入 100mL 99.5%乙醇和几粒沸石，水浴加热回流 1h。改成蒸馏装置，补加沸石后，水浴加热蒸馏，收集 78.5℃馏分，贮存在试剂瓶中，用橡胶塞或磨口塞封口。此法制得的绝对乙醇，纯度可达 99.99%。

由于乙醇具有非常强的吸湿性，所以在操作时，动作要迅速，尽量减少转移次数以防止空气中的水分进入，同时所用仪器必须事前干燥好。

（3）丙酮

市售丙酮中往往含有少量的水及甲醇、乙醛等还原性杂质，可以采用下述两种方法提纯。

① 在 250mL 圆底烧瓶中，加入 100mL 丙酮和 0.5g 高锰酸钾，安装回流冷凝管，水浴

加热回流。若混合液紫色很快消失，则需补加少量高锰酸钾，继续回流，直到紫色不再消失为止。

改成蒸馏装置，加入几粒沸石，水浴加热蒸出丙酮，用无水碳酸钾干燥1h。

将干燥好的丙酮倾入250mL圆底烧瓶中，加入沸石，安装蒸馏装置（全部仪器均须干燥!）。水浴加热蒸馏，收集55.0～56.5℃馏分。用此法纯化丙酮时，须注意丙酮中含还原性物质不能太多，否则会过多消耗高锰酸钾和丙酮，使处理时间增长。

② 将100mL丙酮装入分液漏斗中，先加入4mL 10%硝酸银溶液，再加入3.6mL 1mol/L氢氧化钠溶液，振摇10min，分出丙酮层，并向其中加入无水硫酸钾或无水硫酸钙进行干燥。最后蒸馏收集55～56.5℃馏分。此法比方法①要快，但硝酸银较贵，只宜做小量纯化用。

（4）乙酸乙酯

市售的乙酸乙酯含量一般为95%～98%，常含有微量水、乙醇和乙酸。可采用下列两种方法进行纯化：

① 可先用等体积的5%碳酸钠溶液洗涤，再用饱和氯化钙溶液洗涤，酯层倒入干燥的锥形瓶中，加入适量无水碳酸钾干燥1h后，蒸馏，收集77.0～77.5℃馏分。

② 于1000mL乙酸乙酯中加入100mL乙酸酐，10滴浓硫酸，加热回流4h，除去乙醇和水等杂质，然后进行蒸馏。馏液用20～30g无水碳酸钾振荡，再蒸馏。产物沸点为77℃，纯度可达99%以上。

（5）石油醚

石油醚为轻质石油产品，是低分子量的烷烃类混合物。其沸程为30～150℃，收集的温度区间一般为30℃左右。根据沸程范围不同可分为30～60℃、60～90℃和90～120℃等不同规格。石油醚中常含有少量沸点与烷烃相近的不饱和烃，难以用蒸馏法进行分离，此时可用浓硫酸和高锰酸钾将其除去。方法如下：

在150mL分液漏斗中，加入100mL石油醚，用10mL浓硫酸分两次洗涤，再用10%硫酸与高锰酸钾配制的饱和溶液洗涤，直至水层中紫色不再消失为止。用蒸馏水洗涤两次后，将石油醚倒入干燥的锥形瓶中，加入无水氯化钙干燥1h。蒸馏，收集需要规格的馏分。若需绝对干燥的石油醚，可加入钠丝（与纯化无水乙醚相同）。

（6）氯仿

氯仿在日光下易氧化成氯气、氯化氢和光气（剧毒），故氯仿应贮于棕色瓶中。市场上供应的氯仿多用1%酒精作稳定剂，以消除氯仿分解产生的光气。氯仿中乙醇的检验可用碘仿反应；游离氯化氢的检验可用硝酸银的醇溶液。

除去乙醇的方法是用水洗涤氯仿5～6次后，将分出的氯仿用无水氯化钙干燥24h，再进行蒸馏，收集60.5～61.5℃馏分。

另一种纯化方法：将氯仿与少量浓硫酸一起振动两三次，每200mL氯仿用10mL浓硫酸，分去酸层以后的氯仿用水洗涤，干燥，然后蒸馏。

除去乙醇后的无水氯仿应保存在棕色瓶中并置于暗处避光存放，以免光化产生光气。

（7）四氢呋喃

四氢呋喃与水能混溶，并常含有少量水分及过氧化物。如要制得无水四氢呋喃，可用氢化铝锂在隔绝潮气下回流（通常1000mL需2～4g氢化铝锂）除去其中的水和过氧化物，然后蒸馏，收集66℃的馏分（蒸馏时不要蒸干，剩余少量残液时即可倒出）。精制后的液体加入钠丝并应在氮气气氛中保存。

处理四氢呋喃时，应先用小量进行实验，在确定其中只有少量水和过氧化物，作用不致过于激烈时，方可进行纯化。四氢呋喃中的过氧化物可用酸化的碘化钾溶液来检验。如过氧化物较多，应另行处理为宜。

(8) 二氧六环

二氧六环能与水任意混合，常含有少量二乙醇缩醛与水，久贮的二氧六环可能含有过氧化物（鉴定和除去参阅乙醚）。二氧六环的纯化方法：在500mL二氧六环中加入8mL浓盐酸和50mL水，回流6～10h，在回流过程中，慢慢通入氮气以除去生成的乙醛。冷却后，加入固体氢氧化钾，直到不能再溶解为止，分去水层，再用固体氢氧化钾干燥24h。然后过滤，在金属钠存在下加热回流8～12h，最后在金属钠存在下蒸馏，压入钠丝密封保存。精制过的1,4-二氧环己烷应当避免与空气接触。

(9) 吡啶

分析纯的吡啶含有少量水分，可供一般实验使用。如要制得无水吡啶，可将吡啶与粒状氢氧化钾（钠）一同回流，然后隔绝潮气蒸出备用。干燥的吡啶吸水性很强，保存时应将容器口用石蜡封好。

(10) 甲醇

普通未精制的甲醇含有0.02%丙酮和0.1%水，而工业甲醇中这些杂质的含量达0.5%～1%。为了制得纯度达99.9%以上的甲醇，可将甲醇用分馏柱分馏，收集64℃的馏分，再用镁除去水（与制备无水乙醇相同）。甲醇有毒，处理时应防止吸入其蒸气。

(11) 二甲基亚砜（DMSO）

二甲基亚砜能与水混合，可用分子筛长期放置加以干燥，然后减压蒸馏，收集76℃/1600Pa（12mmHg）的馏分。蒸馏时，温度不可高于90℃，否则会发生歧化反应生成二甲砜和二甲硫醚。也可用氧化钙、氢化钙、氧化钡或无水硫酸钡来干燥，然后减压蒸馏。也可用部分结晶的方法纯化。二甲基亚砜与某些物质混合时可能发生爆炸，例如氢化钠、高碘酸或高氯酸镁等应予注意。

(12) *N*,*N*-二甲基甲酰胺（DMF）

N,*N*-二甲基甲酰胺，无色液体，与多数有机溶剂和水可任意混合，对有机和无机化合物的溶解性能较好。

N,*N*-二甲基甲酰胺含有少量水分。常压蒸馏时有些分解，产生二甲胺和一氧化碳。在有酸或碱存在时，分解加快。所以加入固体氢氧化钾（钠）在室温放置数小时后，即有部分分解。因此，最常用硫酸钙、硫酸镁、氧化钡、硅胶或分子筛干燥，然后减压蒸馏，收集76℃/4800 Pa（36mmHg）的馏分。其中如含水较多时，可加入其1/10体积的苯，在常压或80℃以下的条件下蒸去水和苯，然后再用无水硫酸镁或氧化钡干燥，最后进行减压蒸馏。纯化后的*N*,*N*-二甲基甲酰胺要避光贮存。*N*,*N*-二甲基甲酰胺中如有游离胺存在，可用2,4-二硝基氟苯产生颜色来检查。

(13) 二氯甲烷

使用二氯甲烷比氯仿安全，因此常常用它来代替氯仿作为比水重的萃取剂。普通的二氯甲烷一般都能直接作萃取剂用。如需纯化，可用5%碳酸钠溶液洗涤，再用水洗涤，然后用无水氯化钙干燥，蒸馏收集40～41℃的馏分，保存在棕色瓶中。

（14）二硫化碳

二硫化碳为有毒化合物，能使血液神经组织中毒。它具有高度的挥发性和易燃性，因此，使用时应避免与其蒸气接触。

对二硫化碳纯度要求不高的实验，可在二硫化碳中加入少量无水氯化钙干燥几小时，在水浴55～65℃下加热蒸馏、收集。如需要制备较纯的二硫化碳，可在试剂级的二硫化碳中加入0.5%高锰酸钾水溶液洗涤三次，除去硫化氢，再用汞不断振荡以除去硫；最后用2.5%硫酸汞溶液洗涤，除去溶液中所有的硫化氢（洗至没有恶臭为止），再经氯化钙干燥后，蒸馏收集。

2.7　数据处理

定量分析的目的是通过一系列分析步骤来准确测定试样中待测组分的含量。但是，在实验及分析过程中，由于受某些主观因素和客观条件的限制，所得结果不可能绝对准确，也就是说分析过程中存在误差，且它是不可能完全避免或消除的。常见的测量方法可归纳为直接测量法和间接测量法两类。使用某种测量仪器直接测量出物理量的结果称为直接测量，如用量筒量出某液体体积、用温度计测定反应温度等；某些物理量需要进行一系列直接测量后再根据化学原理、计算公式或图表经过计算才能得到结果，如平衡常数、滴定分析结果等，这些都属于间接测量。无论哪一种测定过程，测量结果和真实值之间或多或少存在误差，因此必须对分析结果的可靠性和准确度做出合理的判断和正确的表达，分析各个测量环节中可能产生的误差及其规律，得出尽可能接近客观真实值的结果。

2.7.1　误差的分类

根据误差的来源和性质，可将误差分为系统误差和随机误差两类。

（1）系统误差

系统误差是由某种固定的原因造成的，具有重复性、单向性。理论上，系统误差的大小、正负是可以测定的，所以系统误差又称可测误差。根据系统误差产生的具体原因，可将其分为以下几类。

① 方法误差　这种误差是由不适当的实验设计或所选择的分析方法不恰当造成的。例如，在重量分析中，沉淀的溶解损失、共沉淀和后沉淀、灼烧时沉淀的分解或挥发等；在滴定分析中，反应不完全、有副反应发生、存在干扰离子影响、滴定终点与化学计量点不一致等，都会引起测定结果系统偏高或偏低。

② 仪器和试剂误差　仪器误差来源于仪器本身不够精确，如天平砝码质量、容量器皿刻度和仪表刻度不准确等。试剂误差来源于试剂或蒸馏水不纯，如试剂和蒸馏水中含有少量的被测组分或干扰物质，会使分析结果系统偏高或偏低。

③ 操作误差　在进行分析测定时，由分析人员的操作不够正确所引起的误差称为操作误差。例如，称样前对试样的预处理不当；对沉淀的洗涤次数过多或不够；灼烧沉淀时温度过高或过低；滴定终点判断不当等。

④ 主观误差　这种误差是由分析人员本身的一些主观因素造成的，又称个人误差。例如，在滴定分析中辨别滴定终点颜色时，有人偏深，有人偏浅；在读滴定管刻度时个人习惯

性地偏高或偏低等。在实际工作中，没有分析工作经验的人往往以第一次测定结果为依据，第二次测定时主观上尽量向其第一次测定结果靠近，这样也容易引起主观误差。

（2）随机误差

随机误差亦称偶然误差，它是由某些难以控制且无法避免的偶然因素造成的。例如，测定过程中环境条件（温度、湿度、气压等）的微小变化，分析人员对各份试样处理时的微小差别等。这些不可避免的偶然因素使分析结果在一定范围内波动而引起随机误差。由于随机误差是由一些不确定的偶然原因造成的，其大小和正负不定，有时大，有时小，有时正，有时负。因此，随机误差是无法测量的，是不可避免的，也是不能加以校正的。例如，一个很有经验的人，进行很仔细的操作，对同一试样进行多次分析，得到的分析结果并不会完全一样，而是有高有低。随机误差的产生难以找出确定的原因，似乎没有规律性，但是当测量次数足够多时，从整体看随机误差是服从统计分布规律的，因此可以用数理统计的方法来处理。

除了系统误差和随机误差外，在分析过程中往往会遇到由疏忽或差错引起的所谓“过失误差”，其实质就是一种错误，不能称为误差。例如，操作过程中有沉淀的溅失或沾污；试样溶解或转移时不完全或损失；称样时试样洒落在容器外；读错刻度；记录和计算错误；不按操作规程加错试剂等。这些都属于不允许的过失，一旦发生只能重做实验，这种结果决不能纳入平均值的计算中。

2.7.2 提高分析结果准确度的方法

由于误差在分析过程中的不可避免性，要减少分析误差，可从以下几个方面来考虑。

（1）选择合适的分析方法

各种分析方法在准确度和灵敏度等方面各有侧重，互不相同，在实际工作中要根据具体情况和要求来选择分析方法。化学分析法中的滴定分析法和重量分析法的相对误差较小，准确度较高，但灵敏度较低，适于高含量组分的分析；而仪器分析法的相对误差较大，准确度较低，但灵敏度高，适于低含量组分的分析。例如，用 $K_2Cr_2O_7$ 滴定法测得铁矿石中铁的质量分数为 40.20%，若方法的相对误差为 ±0.2%，则铁的质量分数范围是 40.12%～40.28%。这一试样如果用直接比色法进行测定，由于方法的相对误差为±2%，测得铁的质量分数范围为 39.4%～41.0%，显然化学分析法测定结果相当准确，而仪器分析法的结果不能令人满意。反之，若对铁含量为 0.40%的标样进行测定，因化学分析法灵敏度低，难以检测。若采用灵敏度高的分光光度法，因方法的相对误差为±2%，则分析结果的绝对误差为$\pm 0.02 \times 0.40\% = \pm 0.008\%$，对于低含量的铁的测定，这样大小的误差是允许的。因此，选择分析方法时要考虑试样中待测组分的相对含量。

此外，还要考虑试样的组成情况，有哪些共存组分，选择的分析方法干扰要尽量少，或者能采取措施消除干扰以保证一定的准确度。在这样的前提下再考虑分析方法尽量步骤少，操作简单、快速，当然，所用试剂是否易得、价格是否便宜等也是选择分析方法时所要考虑的。

（2）减少测量误差

测量时不可避免地会有误差存在，但是如果对测量对象的量进行合理地选取，就会减少测量误差，提高分析结果的准确度。例如，一般分析天平的一次称量误差为±0.0001g，无论直接称量还是间接称量，都要读两次平衡点，则两次称量引起的最大误差为±0.0002g。

为了使称量的相对误差小于±0.1%，试样质量就不能太小。从相对误差的计算中可得

$$相对误差=\frac{绝对误差}{试样质量}\times 100\%$$

$$试样质量=\frac{绝对误差}{相对误差}=\frac{0.0002g}{0.001}=0.2g$$

可见试样质量必须在 0.2g 以上。

在滴定分析中，一般滴定管一次读数误差为±0.01mL，在一次滴定中，需要读数两次，因此，可能造成的最大误差是±0.02mL。所以，为了使滴定时的相对误差小于±0.1%，消耗滴定剂的体积必须大于 20mL，最好使体积在 25mL 左右，以减小相对误差。

应该指出，不同分析方法的准确度要求不同，应根据具体情况来控制各测量步骤的误差，使测量的准确度与分析方法的准确度相适应。例如，在微量组分的光度测定中，因一般允许较大的相对误差，故对于各测量步骤的准确度就不必要求像重量法和滴定法那样高。假定用比色法测定铁，设方法的相对误差为±2%，则在称取 0.5g 试样时，试样的称量误差小于±0.5g×2%＝±0.01g 就行了，没有必要称准至±0.0001g。但是，为了使称量误差可以忽略不计，最好将称量的准确度提高一个数量级，即±0.001g。

（3）消除系统误差和减少随机误差

由于系统误差是由某种固定的原因造成的，检验和消除测定过程中的系统误差，通常采用对照实验、空白实验、校准仪器、分析结果的校正等方法来实现。

在消除系统误差的前提下，增加平行测定次数可以减少随机误差，平行测定次数越多，平均值就越接近真值，因此，增加测定次数，可以提高准确度。但测定次数超过 10 次后，不仅收效甚微，而且耗费太多的时间和试剂等。因此，在一般化学分析工作中平行测定 3～5 次就够了。

2.7.3　有效数字

用来表示量的多少，同时反映测量准确程度的各数字称为有效数字（significant figure）。具体说来，有效数字就是指在分析工作中实际上能测量到的数字。

有效数字的位数，直接影响测定的相对误差。在测量准确度的范围内，有效数字位数越多，表明测量越准确；但一旦超过了测量准确度的范围，则过多的位数是没有意义的，而且是错误的。确定有效数字位数时应遵循以下几条原则：

① 一个量值只保留一位不确定的数字。在记录测量值时必须记一位不确定的数字，且只能记一位。

② 数字 0～9 都是有效数字，0 在仅起定小数点位置作用时不是有效数字。例如，1.0080 是五位有效数字，0.0035 则是两位有效数字。

③ 不能因为变换单位而改变有效数字的位数。例如，0.0345g 是三位有效数字，用毫克（mg）表示时应为 34.5mg，用微克（μg）表示时则应写成 3.45×10^{4}μg，不能写成 34500μg，因为这样表示比较模糊，有效数字位数不确定。

④ 在分析化学计算中，常遇到倍数、分数关系。这些数据都是自然数而不是测量所得到的，因此它们的有效数字位数可以认为没有限制。

⑤ 在分析化学中还经常遇到 pH、pM、lg$K$ 等对数值，其有效数字位数取决于小数部分（尾数）数字的位数，其整数部分（首数）只代表该数的方次。例如，pH＝10.28，换算

为 H^+ 浓度时，应为 $[H^+]=5.2\times10^{-11}$ mol/L，有效数字的位数是两位，不是四位。

在数据处理过程中，涉及的各测量值的有效数字位数可能不同，因此需要按有效数字的修约规则，确定各测量值的有效数字位数。各测量值的有效数字位数确定之后，就要将它后面多余的数字舍弃。修约的原则是既不因保留过多的位数使计算复杂，也不因舍掉任何位数使准确度受损。舍弃多余数字的过程称为数字修约（rounding data），按照国家标准采用“四舍六入五成双”规则。

“四舍六入五成双”规则规定，当测量值中被修约的数字等于或小于 4 时，该数字舍去；等于或大于 6 时，则进位；等于 5 时，要看 5 前面的数字，若是奇数则进位，若是偶数则将 5 舍掉，即修约后末位数字都成为偶数；若 5 的后面还有不是“0”的任何数，则此时无论 5 的前面是奇数还是偶数，均应进位。

修约数字时，只允许对原测量值一次修约到所要求的位数，不能分几次修约。例如将 0.5749 修约为两位有效数字，不能先修约为 0.575，再修约为 0.58，而应一次修约为 0.57。

在计算过程中，为提高计算结果的可靠性，可以暂时多保留一位数字，而在得到最后结果时，舍弃多余的数字，使最后计算结果恢复到与准确度相适应的有效数字位数。现在由于普遍使用计算器运算，虽然在运算过程中不必对每一步的计算结果进行修约，但应注意根据其准确度要求，正确保留最后计算结果的有效数字位数。

在计算分析结果时，高含量（＞10％）组分的测定，一般要求四位有效数字；含量在 1％～10％的一般要求三位有效数字；含量小于 1％的组分只要求两位有效数字。分析中的各类误差通常取 1～2 位有效数字。

2.7.4 数据的记录与表达

（1）实验数据记录的基本要求

① 实验者应准备专门的实验记录本。不得将文字或数据记录在单页纸或小纸片上，或随意记录在其他地方。

② 应清楚、如实、准确地记录实验过程中所发生的重要实验现象、所用的仪器及试剂、主要操作步骤、测量数据及结果。记录中切忌掺杂个人主观因素，绝不能拼凑和伪造数据。

③ 实验记录应用钢笔、圆珠笔、签字笔等书写，不得用铅笔，不得随意涂改实验记录。遇有读错数据、计算错误等需要修正时，应将错误数据用线划去，在旁边重新写上正确数据，并加以说明。

（2）实验结果的表达

从实验得到的数据中包含许多信息，用科学的方法对这些数据进行归纳与整理，提取有用的信息，发现事物的内在规律，是化学实验的主要目的。所有测得的物理量均可以看作受各种因素（自变量）影响的函数。因此，实验结果常用列表法、作图法和解析法三种方法来表达。

① 列表法　做完实验后，将实验数据按自变量、因变量的关系一一对应地列出，这种表达方式称为列表法。列表法直观、简单易行、便于处理和运算，不引入处理误差。

列表时应注意以下几点：

a. 一个完整的数据表应包括表的序号、名称、项目、说明及数据来源。

b. 原始数据表格应记录包括重复测量结果的每个数据，表内或表外适当位置应注明如室温、大气压、温度、日期与时间、仪器与方法等条件。

c.将表分为若干行，每一变量占一行，每行中的数据应尽量化为最简单的形式，一般为纯数，根据物理量＝数值×单位的关系，将量纲、公共乘方因子放在第一栏名称下，以量的符号除以单位来表示，如 $t/℃$、p/kPa 等。

d.每一行所记录的数字排列要整齐，有效数字要记至第一位可疑数字，小数点对齐。如用指数表示，可将指数放在行名旁，但此时指数上的正、负号应易号。例如，测得的 K_a 为 1.75×10^{-5}，则行名可写为 $K_a\times10^{-5}$。

e.自变量通常选择最简单的，要有规律地递增或递减，最好为等间隔。

② 作图法　作图法可以形象、直观地表示出各个数据连续变化的规律性，以及如极大、极小、转折点等特征，并能从图上求得内插值、外推值、切线的斜率以及周期性变化等。

为了得到与实验数据偏差最小而又光滑的曲线图形，必须遵照以下规则：

a.一般以横轴表示自变量，纵轴表示因变量，选择合理的比例尺，确定图形的最大值与最小值的大致位置。分度以 1、2、5 等为好，切忌 3、7、9 或小数，使分度能表示出测量的全部有效数字。坐标起点不一定从“0”开始，应充分合理地利用图纸的全部面积。

b.坐标轴旁注明该轴代表变量的名称及单位，纵轴左面及横轴下面每隔一定距离标出变量的数值，横轴从左向右，纵轴自下而上。

c.将数据点以圆圈、方块、三角或其他符号标注于图中，各图形中心点及面积大小要与所测数据及其误差相适应，不能过大或过小。在一张图中有数组不同测量值时，应以不同符号表示，并在图上注明。

d.用作图工具（直尺或曲线尺）将各点连成光滑的线，当曲线不能完全通过所有点时，应尽量使其两边数据点个数均等，且各点离曲线距离的平方和最小。曲线与代表点的距离应尽可能小，距离表示测量的误差。若作直线求斜率，应尽量使直线呈 45°。

e.写图题，数据点上不要标注数据，实验报告上应有完整的数据表。整个图形应清晰，大小、位置合理。

f.目前，随着计算机的普及，各种软件均有作图或列表的功能，应尽量使用。但在利用计算机作图时，也要遵循上述原则。

③ 解析法　用数学解析式表示实验结果以反映其内部规律，既能简明扼要地把全部实验数据包括进去，又能在实验范围内计算与任何自变量对应的函数值，还能对所得的解析式进行数学处理和理论探讨，以及求算出有关的参量，而这些参量通常都具有一定的物理意义。

求算解析式一般分为两种情况：一种情况是两个变量间本身就存在已知的理论导出方程式。例如，在分光光度分析描绘工作曲线的过程中，吸光度 A 与物质的量浓度 c 的关系本身就符合朗伯-比尔（Lambert-Beer）定律：$A=\varepsilon lc$，这种情况较为简单，此处不予讨论。

另一种情况是不知道两个变量间存在的具体的理论方程式，此时应该用曲线拟合的方法，求出经验解析式，即在图形的基础上，由图形的形状，根据解析几何知识判断曲线的类型，确定公式的形式，求出解析式。由于在测定数据和作图的过程中都包含误差，因此所得的解析式也只是近似公式，是几个物理量间关系的近似模型，称为经验公式。这里应注意，只有对具有普遍意义的重要曲线，才有必要求算解析式。

2.7.5　计算机处理数据的方法

（1）Excel 软件在物理化学实验中的应用

Microsoft Excel 是物理化学实验数据处理中最常用的软件，它采用电子表格形式进行数据处理，直观方便，提供了丰富的函数，可以进行各种数据处理、统计分析，具有强大的制图功能，可以方便绘制各种专业图表。将其应用到物理化学实验数据处理中，可使原本比较麻烦费时的数据处理过程变得简单、快捷并减少误差。下面以液体饱和蒸气压测定的数据处理为例，介绍 Excel 软件处理实验数据的方法。

在液体饱和蒸气压测定实验中，直接测量了 8 个温度及对应的真空度。数据处理时，要计算蒸气压、$1/T$、$\ln p$，作 $\ln p$-$1/T$ 图，拟合直线求斜率，计算平均摩尔汽化焓。用 Excel 处理数据及作图步骤如下：

① 启动 Excel，将大气压、8 个温度及对应的真空度数据填入表格的 A、B、C 列中，在 D2～D9 格中输入公式计算蒸气压。例如先选定 D2 格，然后在函数栏（f_x）中输入函数"＝A2－C2"，回车即得 D2 值 18.04，如图 2-16 所示。依次输入公式"＝A2－Ci"，计算出 D 列其它各值。在 E2～E9 格中依次输入公式"＝1000/（Bi＋273.15）"计算 $1000/T$，在 F2～F9 格中输入公式"＝LN(Di *1000）"计算 $\ln p$，如图 2-17 所示。

D2 | fx =A2-C2

	A	B	C	D	E	F
1	大气压/kPa	温度/℃	真空度/kPa	蒸气压/kPa	[1/(T/K)]×1000	ln(p/Pa)
2	101.12	32.80	83.08	18.04		
3		36.80	79.00			
4		40.10	76.08			
5		44.90	70.48			
6		49.70	63.82			
7		54.40	56.10			
8		60.30	44.80			
9		66.00	31.80			

图 2-16　在表格中输入原始数据及计算公式

F9 | fx =LN(D9*1000)

	A	B	C	D	E	F
1	大气压/kPa	温度/℃	真空度/kPa	蒸气压/kPa	[1/(T/K)]×1000	ln(p/Pa)
2	101.12	32.80	83.08	18.04	3.27	9.80
3		36.80	79.00	22.12	3.23	10.00
4		40.10	76.08	25.04	3.19	10.13
5		44.90	70.48	30.64	3.14	10.33
6		49.70	63.82	37.30	3.10	10.53
7		54.40	56.10	45.02	3.05	10.71
8		60.30	44.80	56.32	3.00	10.94
9		66.00	31.80	69.32	2.95	11.15

图 2-17　在表格中输入原始数据及计算公式后所得结果

② 选定需要作图的两列数据，横坐标在左，纵坐标在右，依次点击菜单栏中的"插入""图表"，在"图表类型"中选择"XY 散点图"，并在"子图表类型（T）"中选择"散点图"，如图 2-18 所示。然后点击"完成"即得所需散点图，如图 2-19 所示。

③ 然后对所得散点图进行线性拟合，用左键点击选择图中数据点，右键弹出快捷菜单，选"添加趋势线"，在"类型"选项中选择"线型（L）"，在"选项"中选择"显示公式"，然后点"确定"即得拟合直线，并给出了拟合直线的线性方程，如图 2-20 所示。

④ 从拟合直线的线性方程中可获得直线的斜率及截距等信息。在 Excel 表中任选一空单元格，输入计算平均摩尔汽化焓的公式，即可获得平均摩尔汽化焓，如图 2-21 所示。

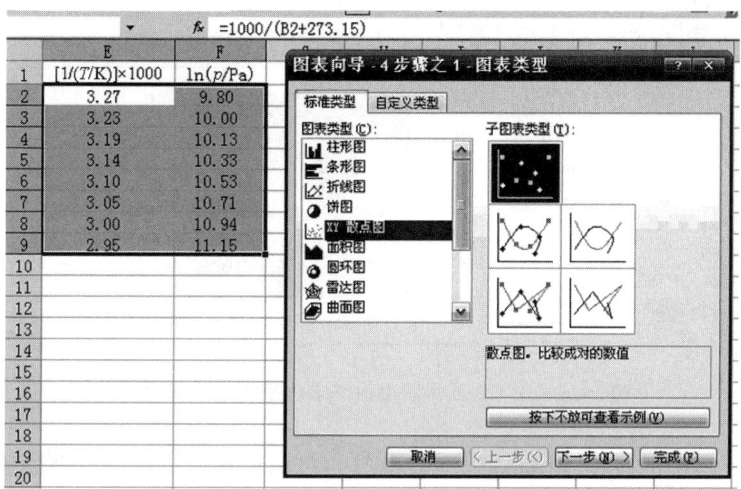

图 2-18　用 Excel 作图图表类型的选择

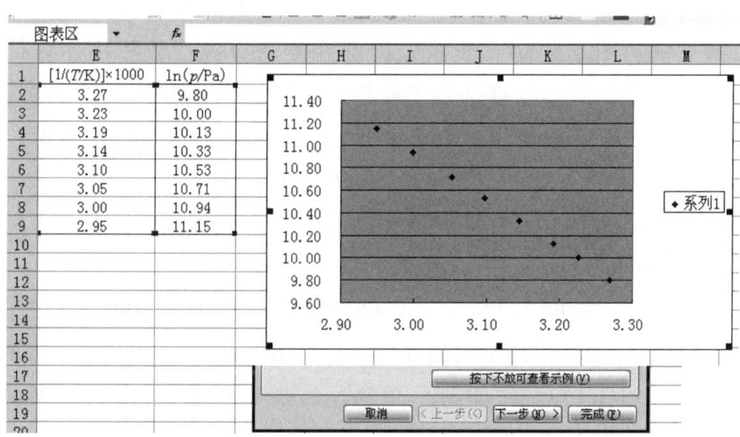

图 2-19　用 Excel 作图所得散点图

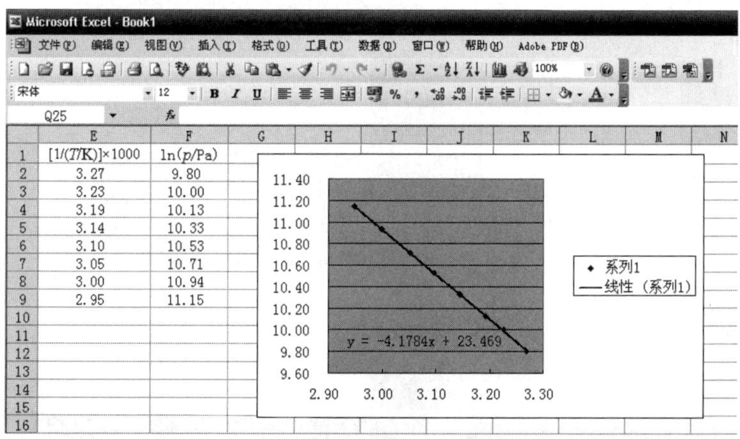

图 2-20　用 Excel 作图对数据进行线性拟合

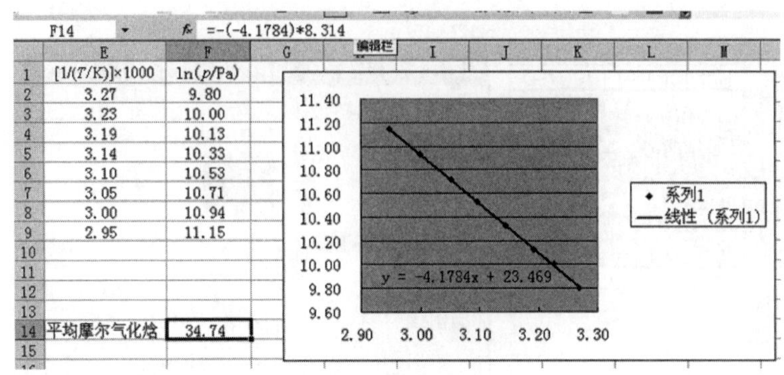

图 2-21　用 Excel 作图由斜率求出平均摩尔汽化焓

⑤ 最后将表格中的数据及图形拷贝到 word 中打印即可，也可以对表格及图形作进一步编辑，以使其更加美观。

（2）Origin 软件在物理化学实验中的应用

Origin 是由 Origin Lab 公司开发一个功能强大的数据处理及作图软件。Origin 软件具有两大功能：数据分析和图形绘制。数据分析可方便用户进行数据排序、计算、统计、平滑、拟合、积分、微分等。图形绘制是基于模板的，用户可以使用软件内置的 50 多种模板或根据自己的需要设计模板，方便地绘出各种清晰、美观的 2D 和 3D 图形。以下给出两个示例说明介绍 Origin 软件对于物理化学实验数据处理的方法。

例 1：用 Origin 处理二元液系气液平衡相图实验数据并作图，步骤如下：

1）工作曲线的绘制

① 启动 Origin 程序，将正丙醇含量、所测的两组折射率数据填入表格的 A、B、C 列中，然后左键点击选定 D 列，右键点击选择“Set Column Values”，在弹出的对话框中输入计算公式“（col(B)＋col(C))/2”，如图 2-22 所示。点击“OK”完成 D 列值的设置，即求得两次折射率的平均值，如图 2-23 所示。

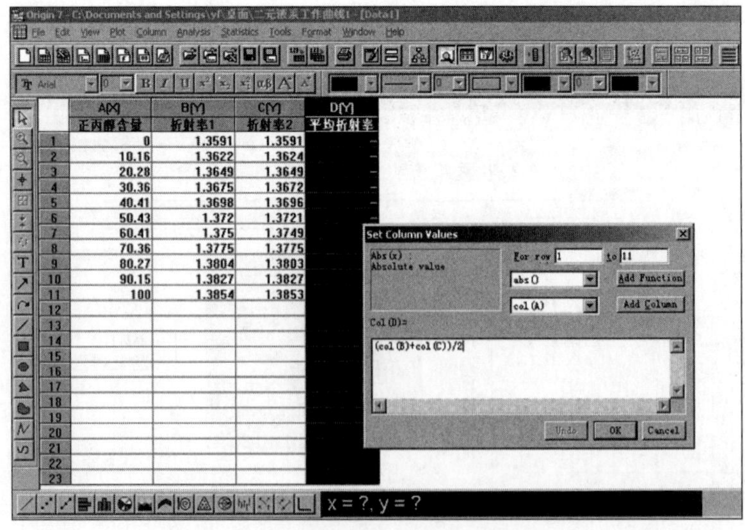

图 2-22　用 Origin 进行折射率数据处理

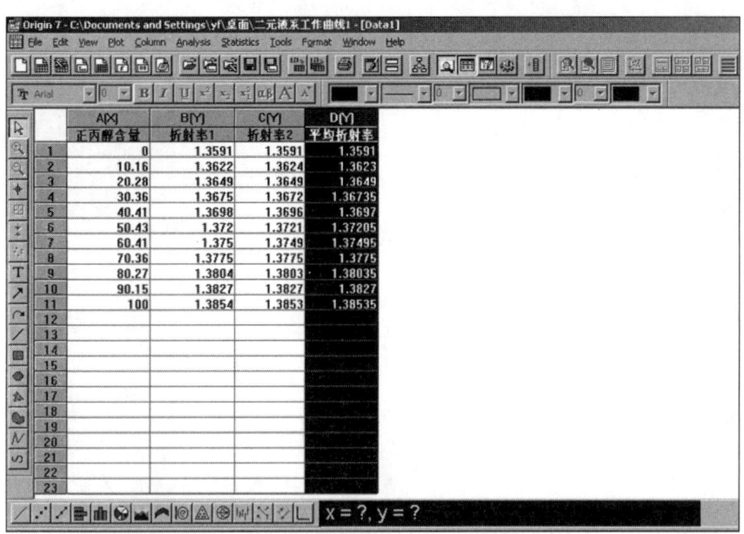

	A(X) 正丙醇含量	B(Y) 折射率1	C(Y) 折射率2	D(Y) 平均折射率
1	0	1.3591	1.3591	1.3591
2	10.16	1.3622	1.3624	1.3623
3	20.28	1.3649	1.3649	1.3649
4	30.36	1.3675	1.3672	1.36735
5	40.41	1.3698	1.3696	1.3697
6	50.43	1.372	1.3721	1.37205
7	60.41	1.375	1.3749	1.37495
8	70.36	1.3775	1.3775	1.3775
9	80.27	1.3804	1.3803	1.38035
10	90.15	1.3827	1.3827	1.3827
11	100	1.3854	1.3853	1.38535

图 2-23　用 Origin 进行折射率数据处理结果

② 选中 D 列（Y），以 D 列对 A 列（X）作图，点击工具栏中的散点图快捷按钮，如图 2-24 箭头所指，即给出所需散点图，如图 2-25 所示。

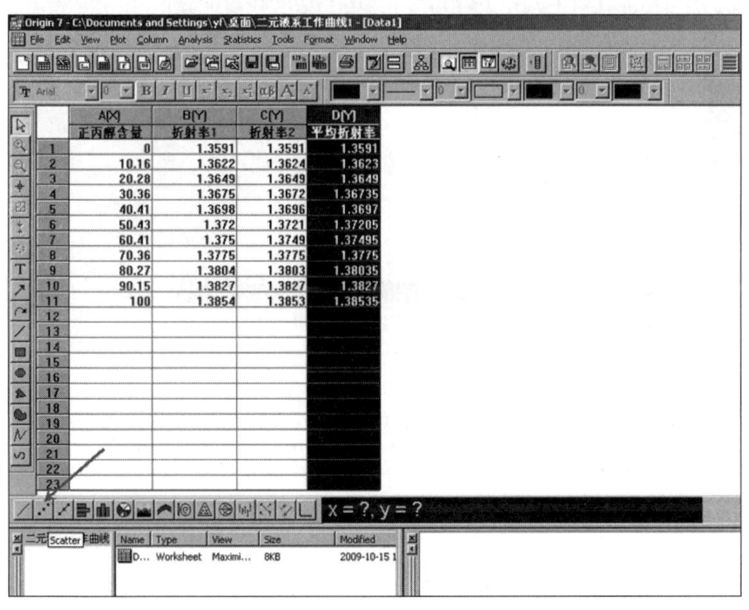

	A(X) 正丙醇含量	B(Y) 折射率1	C(Y) 折射率2	D(Y) 平均折射率
1	0	1.3591	1.3591	1.3591
2	10.16	1.3622	1.3624	1.3623
3	20.28	1.3649	1.3649	1.3649
4	30.36	1.3675	1.3672	1.36735
5	40.41	1.3698	1.3696	1.3697
6	50.43	1.372	1.3721	1.37205
7	60.41	1.375	1.3749	1.37495
8	70.36	1.3775	1.3775	1.3775
9	80.27	1.3804	1.3803	1.38035
10	90.15	1.3827	1.3827	1.3827
11	100	1.3854	1.3853	1.38535

图 2-24　用 Origin 进行折射率对正丙醇含量作散点图

③ 对所得散点进行拟合，方法是左键点击“Analysis”选择“Fit linear”，即得拟合的直线，并在右下端窗口给出了拟合后的线性方程，其斜率 B、截距 A 以及相关性 R 等信息，如图 2-26 所示。如果右下端窗口未显示相关信息，则点击菜单栏中“View”→“Results Log”即可显示，记录下所得线性方程。

2）二元液系相图的绘制

① 启动 Origin 程序，将实验所得沸点、对应的液相折射率及气相折射率数据分别输入表格的 A、B、C 列中，根据上述线性方程，用“Set Column Values”设定 D 列和 E 列的

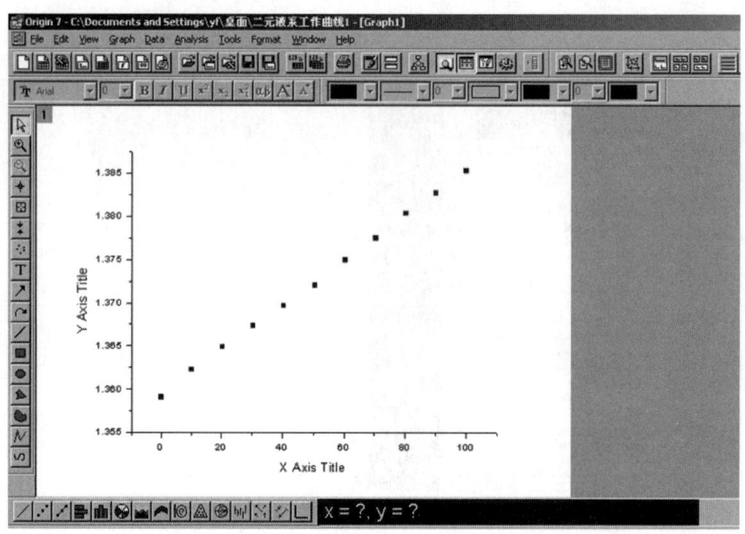

图 2-25　用 Origin 作折射率对正丙醇含量散点图结果

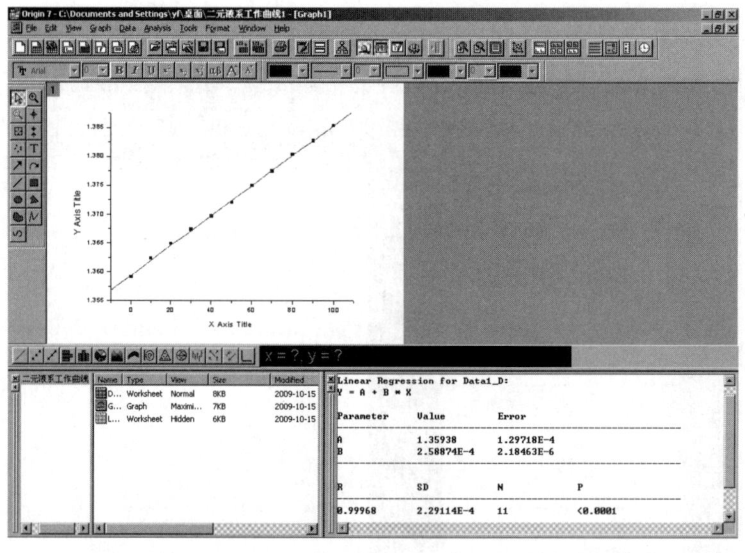

图 2-26　用 Origin 拟合后的工作曲线及拟合出的线性方程

值，本例中 D 列值设定公式为“（col(B)－1.35938)/0.000258874”，E 列值设定公式为“(col(C)－1.35938)/0.000258874”，即得不同沸点及对应的液相/气相中正丙醇的组成，如图 2-27 所示。

② 新建一个 Origin 工作表，选择菜单栏“Column”中的“Add New Columns”添加两列，并将 C 列设为 X，方法是先用鼠标左键选中 C 列，然后选择菜单栏“Column”中的“Set as X”，然后在 A 列中输入上步中所得液相正丙醇的组成，C 列中输入上步中所得气相正丙醇的组成，在 B 列和 D 列中输入相应沸点，并将正丙醇组成为 0（即纯乙醇）时的沸点 78.5℃和正丙醇组成为 100（即纯正丙醇）时的沸点 97.4℃同时输入，结果如图 2-28 所示。

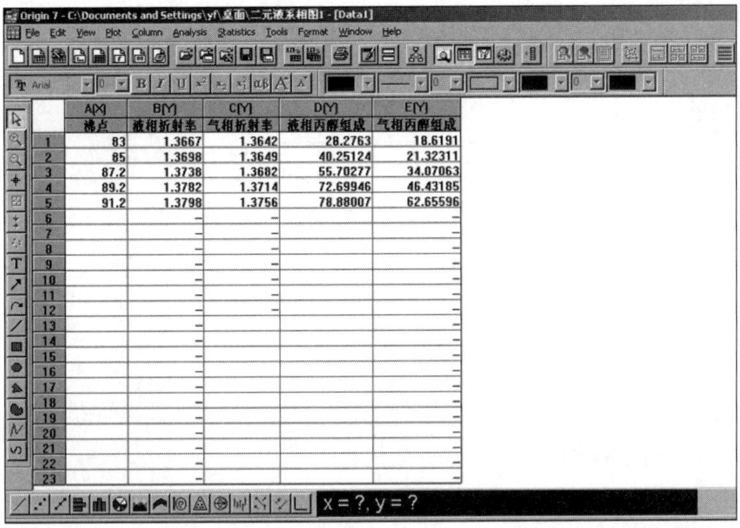

	A(X) 沸点	B(Y) 液相折射率	C(Y) 气相折射率	D(Y) 液相丙醇组成	E(Y) 气相丙醇组成
1	83	1.3667	1.3642	28.2763	18.6191
2	85	1.3698	1.3649	40.25124	21.32311
3	87.2	1.3738	1.3682	55.70277	34.07063
4	89.2	1.3782	1.3714	72.69946	46.43185
5	91.2	1.3798	1.3756	78.88007	62.65596

图 2-27　用 Origin 处理折射率和组成数据

	A(X1) 液相丙醇组成	B(Y1) 沸点	C(X2) 气相丙醇组成	D(Y2) 沸点
1	0	78.5	0	78.5
2	28.2763	83	18.6191	83
3	40.25124	85	21.32311	85
4	55.70277	87.2	34.07063	87.2
5	72.69946	89.2	46.43185	89.2
6	78.88007	91.2	62.65596	91.2
7	100	97.4	100	97.4

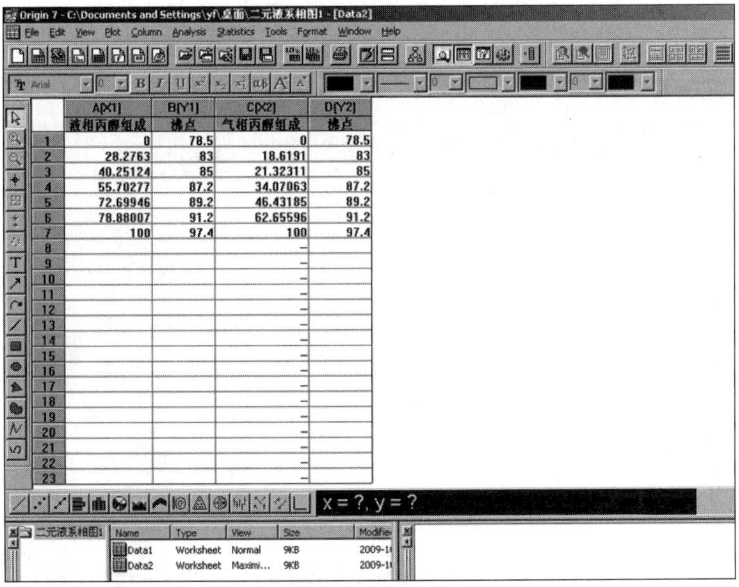

图 2-28　用 Origin 处理折射率和组成数据结果

③ 选中图 2-28 所示 4 列数据，选择菜单栏“Plot”→“Special line/symbol”→“Double-Y”进行作图，结果如图 2-29 所示。点击图层 1，点击下端工具栏中的散点图快捷键将曲线 1 中线去掉，同样方法点击图层 2，点击下端工具栏中的散点图快捷键将曲线 2 中线去掉，详细如图 2-29 中箭头所指，结果如图 2-30 所示。

④ 对所得两条曲线散点进行拟合，方法是分别选择图层 1 和图层 2，左键点击菜单栏中的“Analysis”选择“Fit Gaussian”或“Fit Sigmoldal”进行拟合，并调节好坐标轴，将横坐标改成 0～100，坐标轴标识分别为“正丙醇组成（%）”和“沸点（℃）”，完成相图，结果如图 2-31 所示。

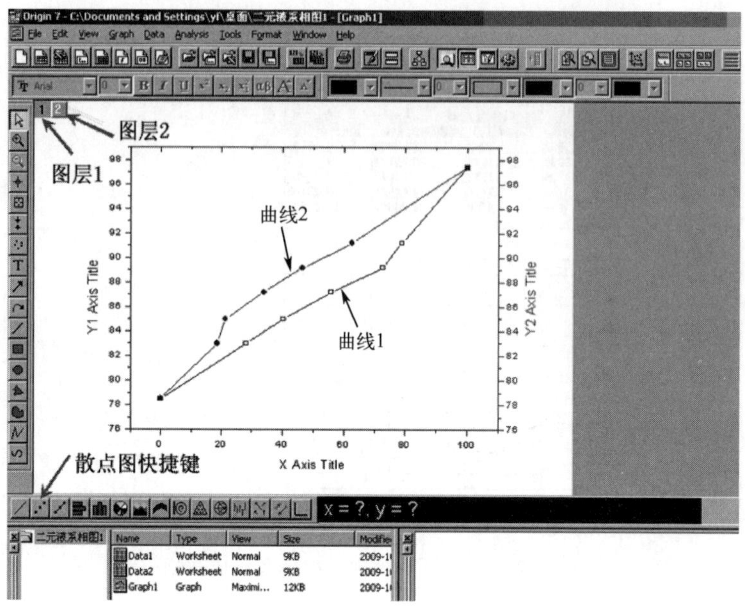

图 2-29 用 Origin 作沸点-组成（气相及液相）图

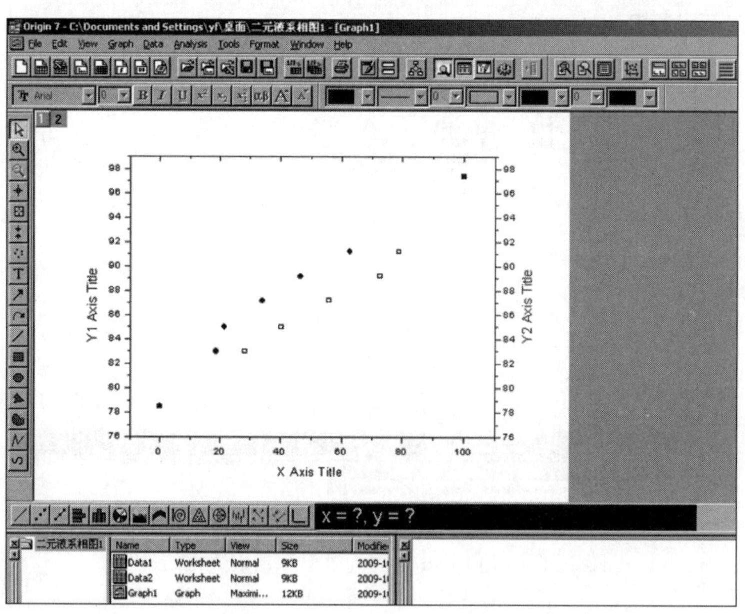

图 2-30 沸点-组成（气相及液相）散点图

将所得工作曲线及相图结果直接用 Origin 软件打印或点击菜单栏中“Edit”→“Copy Page”，然后粘贴到 Word 文档中打印。

Origin 软件处理物理化学实验数据，所得图形美观，可准确反映实验数据变化规律。学生运用 Origin 软件处理实验数据、绘图，方便快捷，实验结果误差小；灵活运用 Origin 软件，可使学生的物理化学实验数据处理更加符合规范，并提高效率和客观性，而且可以快速地比较实验得出的数据并分析其原因。

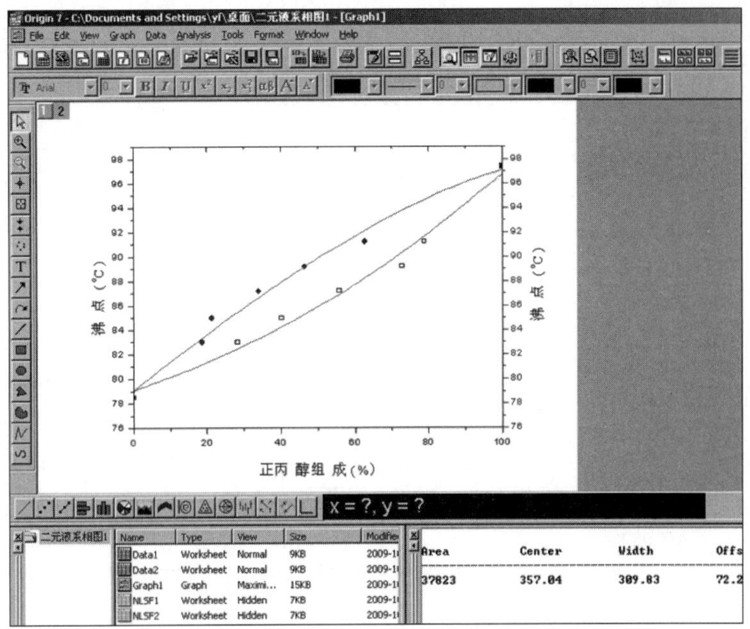

图 2-31　二元液系气液平衡相图

（3）Matlab 软件在物理化学实验中的应用

Matlab 是美国 MathWorks 公司出品的商业数学软件，用于数据分析、图像处理与计算机视觉、信号处理、量化金融与风险管理、控制系统等领域。该软件主要面对科学计算、可视化以及交互式程序设计的高科技计算环境。它将数值分析、矩阵计算、科学数据可视化以及非线性动态系统的建模和仿真等诸多强大功能集成在一个易于使用的视窗环境中，为科学研究、工程设计以及必须进行有效数值计算的众多科学领域提供了一种全面的解决方案，并在很大程度上摆脱了传统非交互式程序设计语言（如 C、Fortran）的编辑模式。以下给出示例说明介绍 Matlab 软件对于物理化学实验数据处理的方法。

例 2： 用 Matlab 处理固体二组分相图实验数据

基于热分析法绘制固体二组分相图，Bi 和 Sn 按一定比例取样配制，将样品加热熔化成液相合金，然后使其自然冷却。以合金温度对时间作图为步冷曲线，曲线的转折点代表发生相变，由合金的组成 x 和相变点的温度 T 作 T-x（温度-组成）曲线，得到固体二组分相图。

① 启动 Matlab，导入数据，如图 2-32 所示，实验数据列于表 2-11 中。

② 如图 2-33 所示，在固体二组分 Bi-Sn 二元合金相图中，可直观分析 Bi-Sn 二元合金的状态。

表 2-11　Bi-Sn 步冷曲线的转折点及水平线温度值

w_{Sn}/%	0	30	40	45	55	75	100
转折点/℃	271.3	217.2	177.6	169.2	159.1	193.3	232
水平线/℃	130	130	130	130	130	130	130

上述实例表明 Matlab 软件可以快速地完成实验数据处理及相关图的绘制，从图中能及时发现实验数据存在的问题，加强实验效果，提升绘图质量。

```
Command Window
New to MATLAB? Watch this Video, see Demos, or read Getting Started.

  MATLAB desktop keyboard shortcuts, such as Ctrl+S, are now customizable.
  In addition, many keyboard shortcuts have changed for improved consistency
  across the desktop.

  To customize keyboard shortcuts, use Preferences. From there, you can also
  restore previous default settings by selecting "R2009a Windows Default Set"
  from the "Active settings" drop-down list. For more information, see Help.

  Click here if you do not want to see this message again.

>> W=[0 30 40 45 55 75 100];
>> t=[271.3 217.2 177.6 130.2 159.1 193.3 230];
>> plot(W,t,'O',W,t)
>> hold on
>> x=[0 0];y=[0 290];
>> x1=[0 100];y1=[130 130];
>> plot(x,y,x1,y1)
>> gtext('t/℃'),gtext('W/%'),gtext('L'),gtext('Bi+L'),gtext('Bi+Sn'),gtext('L+Sn')
fx >>
```

图 2-32　Matlab 数据导入界面

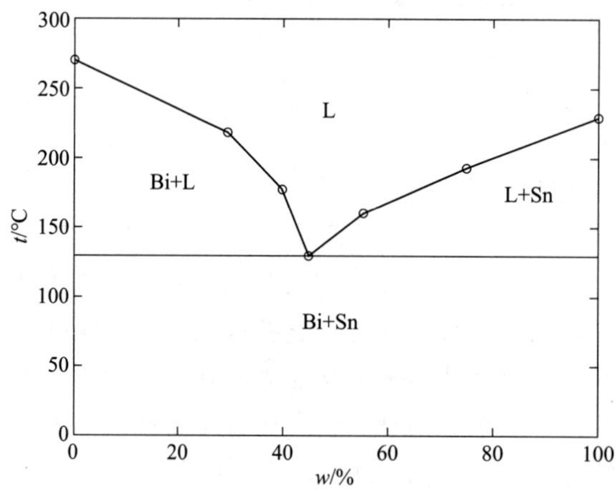

图 2-33　Bi-Sn 二元合金相图

第三章

化学实验的基本操作

3.1 玻璃量器及其使用

实验室中常用的玻璃量器主要有量筒、量杯、容量瓶、移液管和滴定管等。

3.1.1 容量瓶（单标线容量瓶）及其使用

容量瓶是细颈梨形的平底玻璃瓶，带有玻璃磨口塞或塑料塞。它是用于测量容纳液体体积的一种“量入式量器”。容量瓶的容量定义为：在 20℃时，充满至刻度线所容纳水的体积，以 mL 计。容量瓶主要用于配制标准溶液或试样溶液，也可用于将一定量的浓溶液稀释成准确容积的稀溶液。

3.1.1.1 容量瓶的使用

（1）试漏容量瓶

容量瓶在使用前应先检查密合性，其方法是：加自来水至容量瓶的最高标线处，盖好瓶塞，一手用食指按住瓶塞，其余手指拿住瓶颈标线以上部分，另一手用指尖托住瓶底边缘，将瓶倒置 2min，如图 3-1 所示。然后用滤纸片检查瓶塞周围是否有水渗出，如不漏水，将瓶直立，把瓶塞旋转 180°后，再试一试，如不漏水，即可使用。

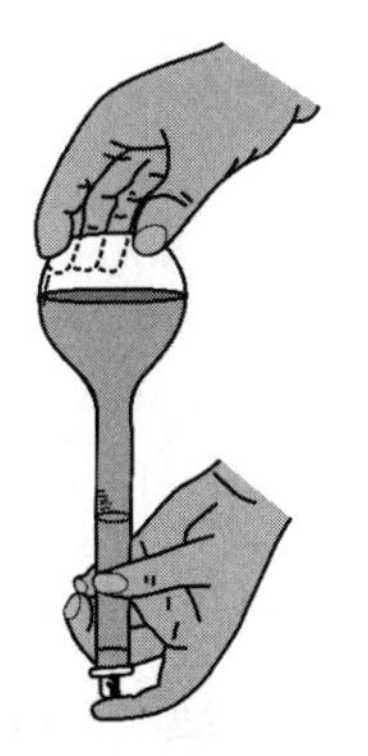

图 3-1　容量瓶的试漏

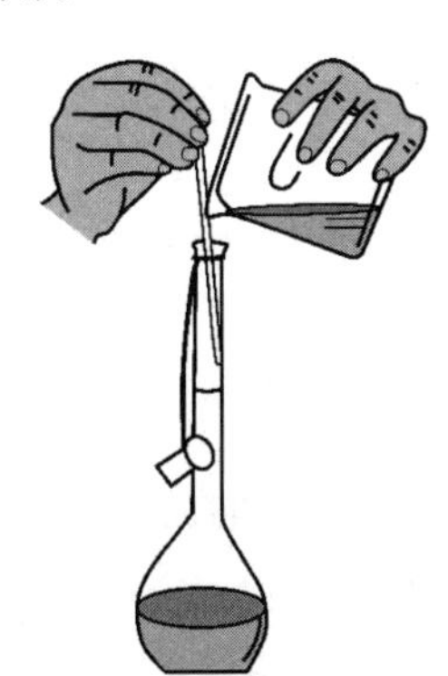

图 3-2　溶液转移操作

（2）溶液转移

如用水为溶剂溶解固体物质配制一定体积的标准溶液时，先将准确称取的固体物质置于洁净的大小合适的烧杯中，用纯水将其溶解。然后再将溶液定量转移到预先洗净的容量瓶中，转移方法是：用右手拿玻璃棒并将其伸入容量瓶使下端靠住颈内壁，上端不碰瓶口，左手拿烧杯并将烧杯嘴边缘紧贴玻璃棒中下部，慢慢倾斜烧杯，使溶液沿着玻璃棒和容量瓶内壁流入，要防止溶液从瓶口溢出，如图 3-2 所示，待溶液全部流完后，将烧杯沿玻璃棒轻轻上提，同时将烧杯直立，在将烧杯直立时，要保持玻璃棒垂直且与烧杯嘴贴紧，然后沿水平方向使烧杯嘴果断地与玻璃棒分开，使附在玻璃棒与烧杯嘴之间的液滴流回到烧杯中，并将玻璃棒放回烧杯中。注意勿使溶液流至烧杯或容量瓶外壁而引起损失。残留在烧杯内和玻璃棒上的少许溶液，用纯水自上而下吹洗 5～6 次（每次加 5～6mL），再按上述方法将洗涤液全部转移至容量瓶中以完成定量转移。

（3）定容

将溶液定量转入容量瓶后，加纯水至容量瓶总容量的三分之二左右时，右手拿起容量瓶，按水平方向旋转几周，使溶液初步混匀。继续加纯水至距离标线约 1cm 处，放置 1～2min，使附在瓶颈内壁的溶液流下后，再用洗瓶或细长滴管滴加纯水（注意切勿使滴管接触溶液）至弯液面下缘与标线相切为止，盖紧瓶塞。

（4）摇匀

溶液在容量瓶中定容后，用一只手的食指按住瓶塞上部，其余四指拿住瓶颈标线上部分，用另一只手的指尖托住瓶底边缘将容量瓶倒置并振摇数次，使瓶内气泡上升至顶部，然后使其正立，待溶液完全流下至标线处，如图 3-3 所示。如此反复操作 15 次以上将溶液充分混合均匀。最后将容量瓶放正，打开瓶塞，如图 3-4 所示，使瓶塞周围的溶液流下后，重新盖紧瓶塞，再倒置振摇 3～5 次使溶液全部混匀。

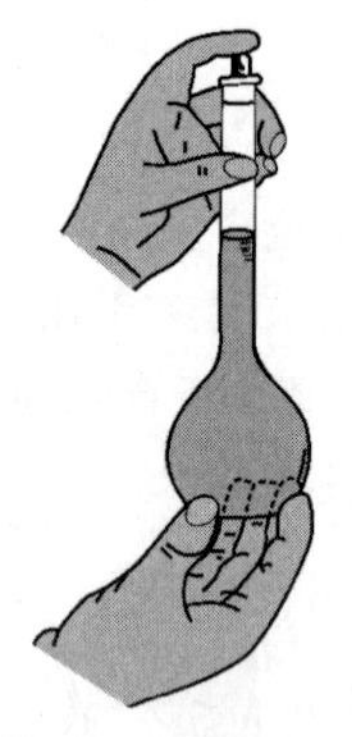

图 3-3　溶液摇匀操作

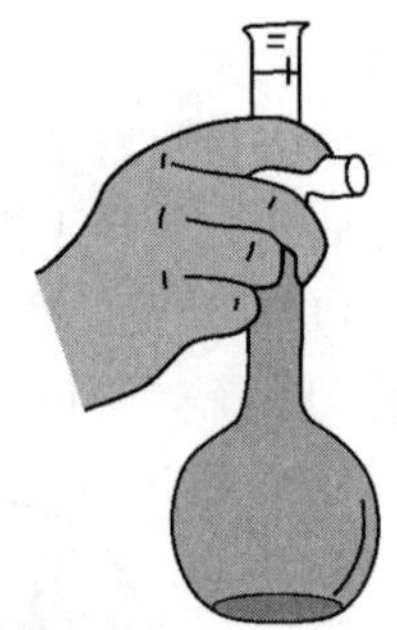

图 3-4　瓶塞不离手及溶液平摇操作

3.1.1.2　注意事项

① 选择容量瓶的环形刻线应在颈部的适中位置。

② 为了防止瓶塞沾污、丢失或用错，操作时可用食指与中指（或中指与无名指）夹住瓶塞的扁头，也可用橡皮筋或细绳将瓶塞系在瓶颈上，绝不能将其放在桌面上。

③ 容量瓶不允许放在烘箱内烘干，以免由于容积变化而影响测量的准确度，也不允许放热溶液。

④ 不要把容量瓶当作试剂瓶使用，配制好的溶液应转移到干燥、洁净的磨口试剂瓶中保存。

⑤ 容量瓶用完后应立即用水冲洗干净，若长期不用，磨口塞处应衬有纸片，以免久置黏结。

3.1.2 吸管及其使用

吸管是用来准确量取一定体积液体的玻璃量器，吸管包括单标线吸管（移液管）与分度吸管（吸量管）。

单标线吸管是一根细长而中间有膨大部分（称为球体）的玻璃管，管颈上部刻有环形标线，膨大部分标有指定温度下容积，即表示在一定温度下（一般是 20℃）移出溶液的体积。洁净的单标线吸管吸入溶液至标线以上 5mm，除去黏附于管下口外面的液体，在单标线吸管垂直状态和容量瓶内液流完全直立时，要果断地把多余的液体放入烧杯中，并旋转外壁而引起液体从上而下流下，使液面固定于标线，即弯液面的最低点与刻线的上边缘水平相切为零点。然后将管内溶液垂直放入另一稍倾斜（约 30°）的容器中，当液面降至管尖处静止后，再等待 15s，这样所流出的体积即为该单标线吸管的容量。

分度吸管是具有均匀刻度的玻璃管，它可以准确量取标示范围内任意体积的溶液。使用时，将溶液吸入到与弯液面最低点相切的某一刻度，然后将溶液放出至适当刻度，两刻度之差即为放出溶液的体积。分度吸管分为完全流出式、不完全流出式和吹出式三种。

3.1.2.1 使用方法

（1）单标线吸管的使用

在用单标线吸管移取溶液前，为避免管壁及尖端上残留的水进入所要移取的溶液中，使溶液浓度改变，应先用吸水纸或滤纸将管尖内外的水吸干。

吸取溶液时，一般用右手大拇指及中指拿住管颈标线上方，将吸管直接插入待吸溶液液面下 2～3cm 处，不要插入太深，以免管外壁黏附有过多的溶液，影响量取溶液体积的准确性；也不要插入太浅，以免液面下降后造成吸空。左手拿洗耳球，将食指或拇指放在球体上方，先把球内空气压出，然后把球的尖端紧按到管口上，慢慢松开手指，溶液逐渐吸入管内，如图 3-5 所示。与此同时眼睛既要注意管中正在上升的液面，又要注意管尖的位置，管尖应随液面下降而下降。移取溶液前，要将待移取溶液倒入干燥洁净的小烧杯中一小部分，用来润洗单标线吸管内壁，先吸入单标线吸管容积的 1/3 左右，迅速移去洗耳球，用右手食指按住上管口，将管取出后用左手扶住管的下端，慢慢松开右手食指，一边转动管子，一边降低上管口，使溶液接触到标线上部位和全管内壁，以置换内壁上的水分，然后将吸取的溶液从管的下口放出并弃去，如此润洗三次，以保证移取溶液浓度不变。最后再到待吸取溶液原瓶中吸至标线以上 5mm 左右，迅速移去洗耳球，立即用右手的食指按住管口，将管向上提使其离开液面，并将管下部黏附的少量溶液用滤纸擦干。如图 3-6 所示，另取一洁净的小锥形瓶，将管垂直管尖紧贴已倾斜的小烧杯内壁，微微松动食指，并用拇指和中指轻轻捻转吸管，使液面平稳下降，直至调至零点，立即用食指按住管口，使溶液不再流出，此时管尖不能有气泡。左手改拿接收容器，并使倾斜 30°，将管尖紧贴接收容器内壁，松开右手食指，使溶液自然流出吸管。

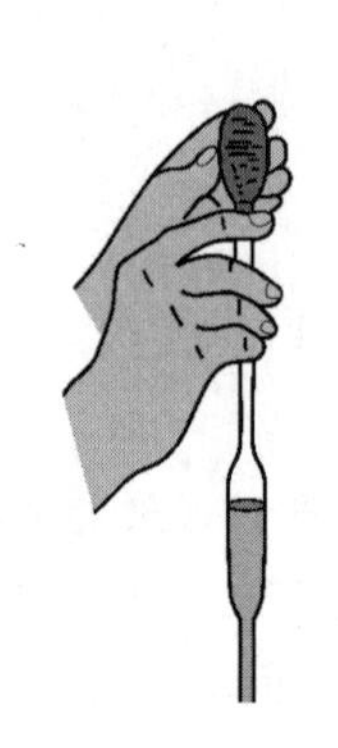

图 3-5 吸取溶液

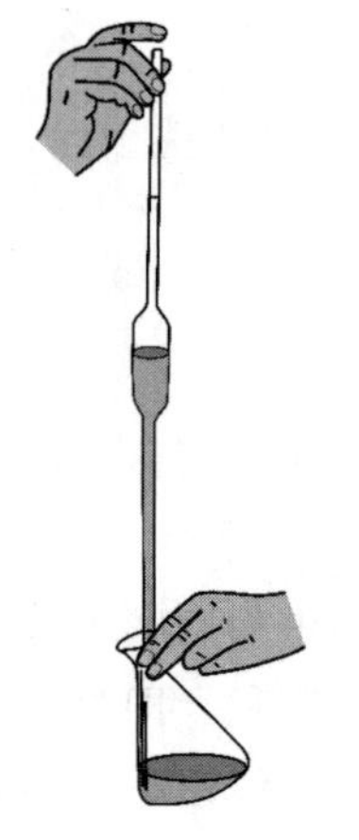

图 3-6 溶液的移取

(2) 分度吸管的使用

使用分度吸管吸取溶液时，大体与上述单标线吸管操作相同。但若分度吸管的分度刻至管尖，管上标有“吹”并且需要从最上面的标线放至管尖时，则在溶液流至管尖后管口轻轻吹一下即可。若无“吹”字的吸管则不要吹出。对于不完全流出式分度吸管，分度刻到离管尖尚差 1～2cm，应让液放出即可。

3.1.2.2 注意事项

① 吸管不允许放在烘箱中或加热烘干。单标线吸管和单标线容量瓶一般应配合使用，因此，使用前应作相对容积的校准。

② 为了减小测量误差，使用分度吸管吸取溶液后，不能随便放在实验台上或其他地方。

3.1.3 滴定管的准备和使用

3.1.3.1 滴定管的准备

(1) 滴定管的选择

要根据实验的要求选择合适的滴定管。例如实验滴定的相对误差不大于 0.4%，设滴定耗用标准溶液的体积为 20mL，则体积的测量误差必须小于 20×0.4%＝0.08mL。根据滴定管的规格，A 级 50mL 的容量 1mL±0.05mL，加上读数误差 0.02mL，小于实验允许的体积测量误差；B 级 50mL 的容量允许误差为±0.1，本身已大于实验允许的容量误差。所以，应该选用 A 级滴定管。选好后的滴定管要进行密合性检定（即试漏）。

(2) 酸式滴定管的密合性检定（试漏）

采用水压法检定。将不涂油脂的活塞芯用水润湿，插入活塞套内，滴定管应夹在垂直的位置上，然后充水至最高标线，活塞全关闭，静止 15min，漏水不得超过一小格（最小分度值），否则不能使用。

(3) 涂油

涂油前要将活塞取出，用干净的滤纸擦干活塞及塞套腔，用少量凡士林油在活塞两头

（图 3-7 中 1 和 2 处），沿圆周涂一薄层，不宜过多；在紧靠活塞孔两旁不要涂凡士林，以防凡士林堵住活塞上小孔处的出口。将涂好凡士林的活塞直插入塞套腔中（不要转着插），按紧后向一个方向转动（图 3-8），使活塞内的油脂均匀布满空隙。然后用橡皮筋套住，将活塞控制在塞套腔内，以防活塞滑出打碎。然后检查以下几点：

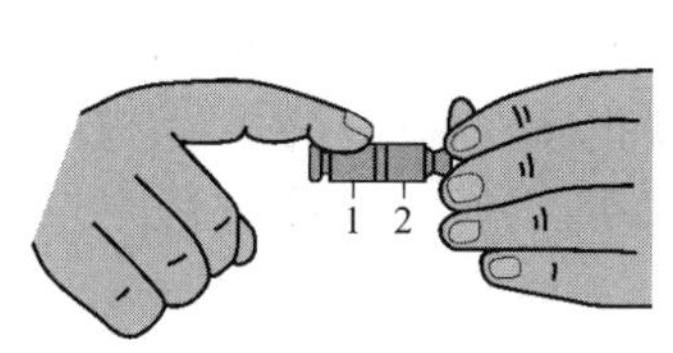

图 3-7　玻璃活塞涂凡士林

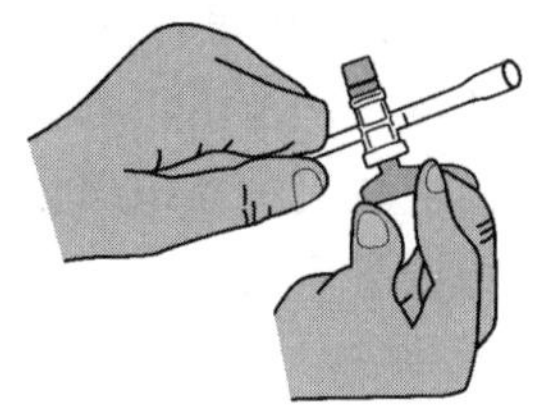

图 3-8　转动活塞

a. 活塞孔、塞腔孔和出口管孔是否有凡士林堵住；

b. 油膜涂得是否均匀，活塞转动是否灵活；

c. 是否漏水。

如果凡士林堵塞小孔，可用细铜丝轻轻将其捅出。如果还不能除尽，则用热洗液浸泡一定时间。然后按上述方法重新涂油。碱式滴定管不涂油，只要用洗净的胶管将滴头和滴定管主体部分连接好即可。

（4）碱式滴定管试漏

碱式滴定管要求橡胶管内的玻璃球大小合适，能灵活控制液滴。

碱式滴定管试漏时，只需装水至一定刻度直立约 2min，仔细观察刻度线上的一面是否下降，及滴定管下端尖嘴上有无水滴滴下。如有漏水，应更换胶管中的玻璃球再试。然后检查玻璃球控制液滴是否灵活。不合要求时，可将下端的橡胶管取下更换橡胶管或玻璃球。玻璃球太小或不圆滑都可能漏水，太大捏挤不方便。滴定管密合性检定合格后，用铬酸洗涤液洗涤。

（5）洗涤

无油污的滴定管可直接用自来水冲洗，或用肥皂水或洗衣粉泡洗但不可用去污粉刷洗以免划伤内壁，影响体积的准确测量。若有油污不易洗涤时，用铬酸洗液洗涤。

滴定管的洗涤

酸式滴定管洗涤时，先将管中的水放尽，关闭活塞，倒入洗液 10～15mL。然后一手拿住滴定管上端，另一手拿住活塞上部，边转动边向管口倾斜，使洗液布满滴管壁为止。直立后打开活塞将洗液放回原洗液瓶中。如果滴定管内壁很脏，则用洗液充满滴定管（包括活塞下部的出口管），浸泡数分钟以至数小时。

用洗液洗过的滴定管，用自来水充分冲洗后，再用少量蒸馏水洗 3 次（每次 10～15mL）。洗净的滴定管其内壁应完全被水均匀地润湿而不挂水珠。

碱式滴定管洗涤时，为了避免洗液腐蚀橡胶管，取下橡胶管，套上一个旧橡胶管先用自来水检查是否漏水，再用洗液洗涤，洗涤方法同前。

（6）装溶液和赶气泡

在滴定管装入滴定溶液之前，用该滴定溶液润洗（置换）3 次，每次 5～10mL，以除去管内残留的水分，确保滴定溶液浓度不变。操作时下口放出少量溶液以洗涤尖嘴部分，然后关闭活塞，倾斜滴定管并慢慢转动，使溶液与管内壁各处接触，最后将溶液从管口倒出，反复 3 次后即可装入滴定溶液待用。

滴定管用滴定溶液置换后还要检查其下端有无气泡。如有气泡，应将其排出。酸式滴定管排气时打开活塞迅速放出液流，把气泡带走。如果这种方法不行，可用右手拿住滴定管，使滴定管出口倾斜约 30°角，左手迅速打开活塞，使溶液冲出，赶走气泡。如图 3-9 所示，碱式滴定管的橡胶管内及出口处如果有气泡，可把橡胶管向上弯曲，再用手捏挤玻璃球上方的橡胶管，使溶液从尖嘴喷出以使气泡完全排出。碱式滴定管的气泡一般藏在玻璃球附近，必须对光检查橡胶管内气泡是否排尽。最后调液面至 0.00mL 处或记下初读数。

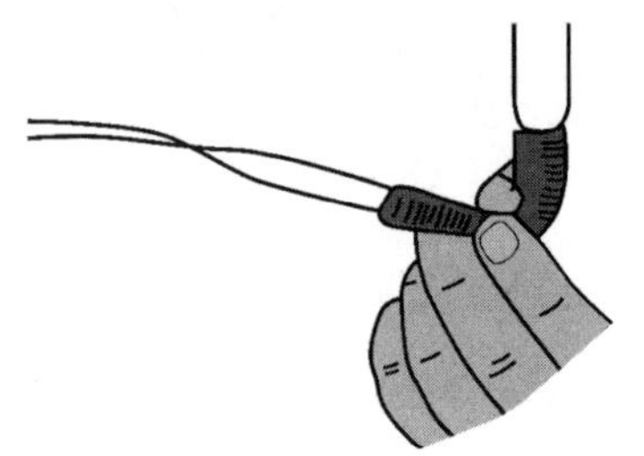

图 3-9　碱式滴定管赶气泡

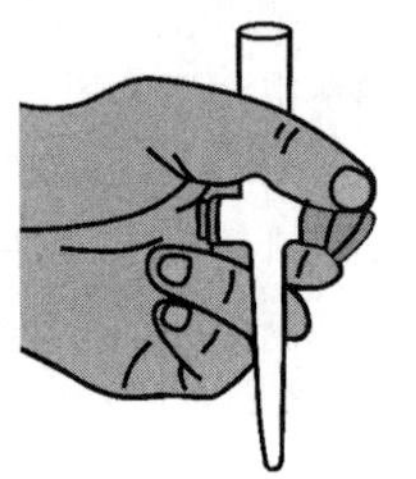

图 3-10　活塞的控制

3.1.3.2　滴定管的使用

（1）活塞及玻璃球的控制与滴定

使用酸式滴定管时，左手拇指在前食指和中指在后，转动活塞（图 3-10）使溶液流出。转动时手指微微弯曲，轻轻用力把活塞向内扣住，手心空握，以免活塞松动或可能顶出活塞，使溶液从活塞缝隙渗出。

滴定前，要先记下滴定管液面的初读数，并用干净的小烧杯内壁碰一下滴定管尖端的液滴。

滴定时，左手控制酸式滴定管的活塞或碱性滴定管玻璃球上方的橡胶管滴入滴定溶液，右手拿住锥形瓶的瓶颈（图 3-11）。一边滴定一边晃动，均匀沿同一方向做圆周旋转，不要前后晃动，也不要使瓶口碰滴定管的下端。

（2）碱式滴定管的操作

用左手无名指和小指夹住管出口，拇指在前，食指在后，捏住橡胶管内玻璃球偏上部，往一旁捏橡胶管，使橡胶管与玻璃球之间形成一条缝隙，溶液即从缝隙处流出，如图 3-12 所示。

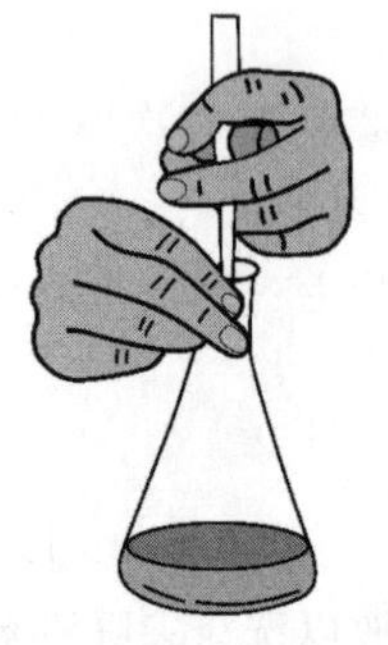

图 3-11　酸式滴定管的使用

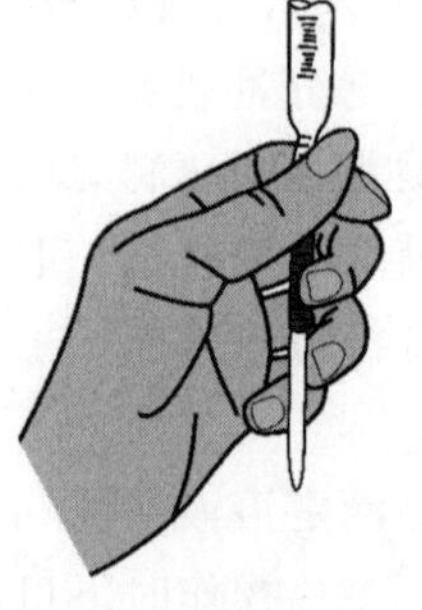

图 3-12　碱式滴定管的使用

操作时应注意不要用力捏玻璃球，不能使玻璃球上下移动；不能捏玻璃球下部的橡胶管，以免空气进入形成气泡；停止滴定时，应先松开大拇指和食指，然后再松开无名指和小指。滴定操作滴定最好在锥形瓶中进行，必要时也可在烧杯中进行。滴定开始前，应将滴定管尖部的液滴用一洁净的小烧杯内壁轻轻碰下。

在锥形瓶中滴定时，用右手前三指（拇指在前，食指、中指在后）握住瓶颈，无名指、小指辅助在瓶内侧，使锥形瓶底部离滴定台 2～3cm，使滴定管的尖端伸入瓶口下 1～2cm。左手按前所述规范操作控制滴定管旋塞滴加溶液，右手用腕力摇动锥形瓶，注意左右两手配合默契，做到边滴定边摇动，使溶液随时混合均匀，以利于反应迅速进行完全，操作姿势如图 3-11（a）所示。

若在碘量瓶等具塞锥形瓶中滴定时，瓶塞要夹在右手的中指与无名指之间，如图 3-11（b）所示，注意不允许放在其他地方，以免沾污。

在烧杯中进行滴定时，滴定管伸入烧杯内左后方 1～2cm，但不要靠壁太近，右手持玻璃棒在烧杯的右前方搅拌溶液，左手滴加溶液，注意用玻璃棒搅拌时要做圆周运动，但不要接触烧杯壁和底，如图 3-13 所示。

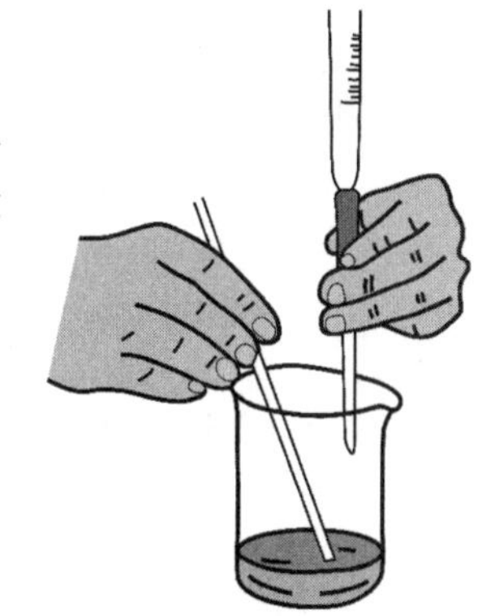

图 3-13　在烧杯中滴定操作

滴定操作应注意以下几点：

a. 滴定时左手不能离开旋塞让溶液自行流下，锥形瓶也不能离开滴定管尖端。

b. 摇动锥形瓶时，应用腕力，使溶液向同一方向做圆周运动，而不能来回振荡，以免将溶液溅出，同时不准使瓶口接触滴定管尖端。

c. 滴定时眼睛要注意观察液滴滴落点周围溶液颜色的变化，而不要盯着滴定管读数。滴定速度要适当，刚开始滴定，滴定速度可稍快些，一般为 3～4 滴/s 为宜，切不可成液柱流下；接近终点滴定速度要放慢，加一滴，摇几下；最后加半滴甚至四分之一滴溶液摇动几下，直至溶液出现明显的颜色变化，准确到达终点为止。加半滴（或四分之一滴）溶液的方法如下：

微微转动旋塞，使溶液悬挂在出口尖端上，形成半滴（或四分之一滴），用锥形瓶内壁将其沾落，再用洗瓶以少量纯水将附于瓶壁上的溶液冲下，注意用纯水冲洗次数最多不超过三次，用水量不能太多，否则溶液太稀，导致终点时变色不敏锐。在烧杯中进行滴定时，加半滴（或四分之一）溶液，用玻璃棒下端承接悬挂的溶液，但不要接触滴定管尖。

用碱式滴定管滴加半滴溶液时，应先松开拇指和食指，将悬挂的半滴溶液沾在锥形瓶内壁上，以免出口管尖端出现气泡。

d. 在平行测定中，每次滴定都必须从“0.00”mL 处开始（或都从“0”mL 附近的某一固定刻度线开始），这样可以固定使用滴定管的某一段，以减少体积误差。

（3）滴定管的读数

滴定开始前，首先将装入滴定管中的溶液调至“0”刻度上 5mm 左右，静置 1～2min，再调至“0.00”刻度处，即为初读数。滴定结束后停留 0.5～1min（因滴定至近终点时放出溶液速度较慢），进行终读数。每次读数前要检查一下管壁是否挂液珠，下管口是否有气泡，管尖是否挂液珠。

规范化的读数应遵循以下规则：

a. 读数时应将滴定管从滴定台上取下，用右手大拇指和食指捏住滴定管上部无刻度处(终读数捏住无溶液处即可)，其他手指从旁辅助，使滴定管保持自然垂直向下。

b. 由于水溶液浸润玻璃，在附着力和内聚力的作用下，管内的液面呈弯月形，无色或浅色溶液的弯液面比较清晰，读数时（操作者身体要站正）应读弯液面下缘实线的最低点，即视线应与弯液面下缘线的最低点处在同一水平面上，如图 3-14 所示。对于有色溶液（如高锰酸钾、碘等溶液），其弯液面是不够清晰的，读数时，可读液面两侧最高点，即视线应与液面两侧最高点成水平，如图 3-15 所示。注意初读数与终读数应采用同一标准。

c. 对于蓝线衬背滴定管的读数，如是有色溶液读数方法与上述普通滴定管相同；如是无色溶液，视线应与溶液的两个弯液面与蓝线相交点保持在同一水平面上，如图 3-16 所示。

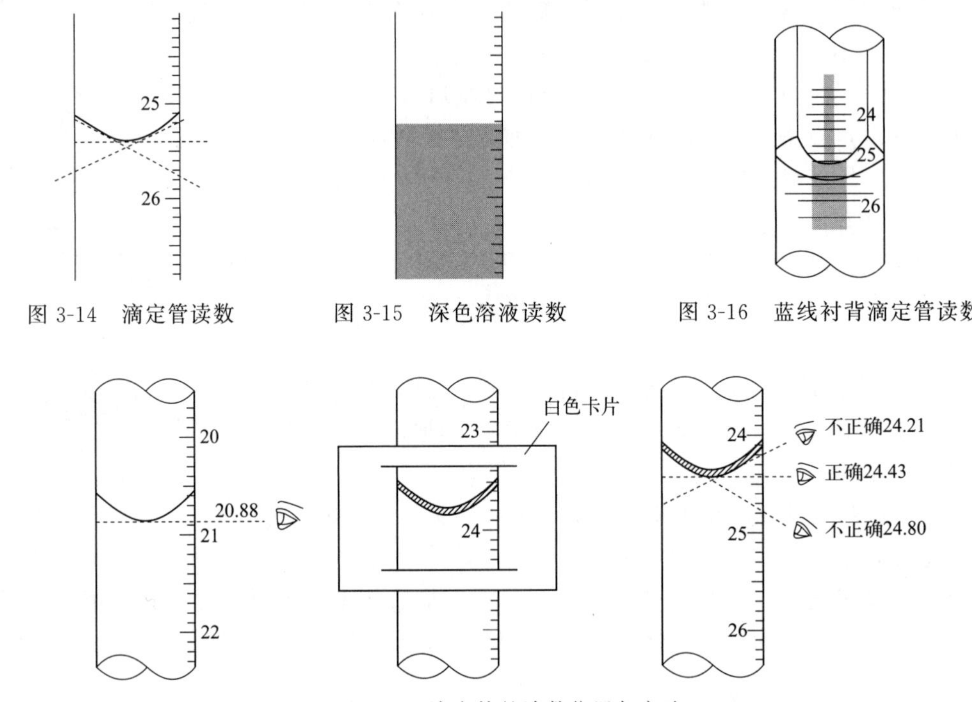

图 3-14　滴定管读数

图 3-15　深色溶液读数

图 3-16　蓝线衬背滴定管读数

图 3-17　滴定管的读数位置与方法

d. 为了便于读数，可采用读数卡，这种方法有利于初学者练习读数。对于无色或浅色溶液，可以用黑色读数卡作为背景，读数时，将读数卡衬在滴定管背后，使黑色部分在弯液面下约 1cm 处，此时弯液面的反射层全部成为黑色，然后读取与此黑色弯液下缘的最低相切的刻度，如图 3-17 所示。对于有色溶液，可改用白色读数卡作为背景。

e. 读数要求读到小数点后第二位，即估计到±0.01mL。并将数据立即记录在原始记录本上。

f. 操作溶液不宜长时间放在滴定管中，滴定结束后，应将管中溶液弃去（不得将其倒回原试剂瓶中，以免沾污整瓶溶液），并立即将滴定管洗净倒置在滴定台上。如果滴定管长期不使用，酸式滴定管洗净后，将旋塞部分垫上纸，以免时间长久，塞子不易打开；碱式滴定管则应取下胶管，以免腐蚀。

3.1.4　量筒及其使用

量筒的精度低于上述几种量器，是用来量取要求不高的溶液体积的仪器。量取液体时，应用左手拿量筒，并以大拇指指示所需体积的刻度处，右手拿试剂瓶，将液体小心倒入量筒内。读取刻度时，应让量筒垂直，使视线与量筒内液面的弯月形最低处保持水平（图 3-18），偏高或偏低都会造成误差。

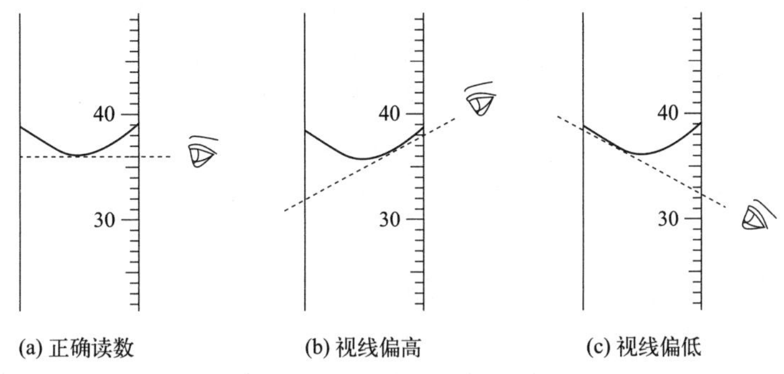

图 3-18　观看量筒内液体的体积

3.2　称量仪器的使用

3.2.1　分析天平

（1）简介

分析天平是分析化学实验中最主要、最常用的衡量仪器之一，化学工作者尤其是分析化学工作者都必须熟悉如何正确地使用天平。在定量分析实验中，总是希望得到具有一定准确度的分析结果，而所要求的准确度是由分析任务所决定的。在常量分析中，允许的测定误差常常不超过测量结果的千分之几。如果分析天平能称准到 0.0001g，称取一份样品需要进行两次称量，称量误差为 0.2mg，若称得样品为 0.2g，则称量的相对误差为 0.1%。能满足这个准确度要求的天平，通常称为常量分析天平，或感量为万分之一克（0.1mg）的天平，它们的最大载荷一般为 100～200g。

（2）分析天平的使用规则

分析天平是精密的称量仪器，正确地使用和维护，不仅称量快速、准确，而且能保证天平的精度，延长天平的使用寿命。

① 分析天平应安放在室温均匀的室内，并放置在牢固的台面上，避免振动、潮湿、阳光直接照射，防止腐蚀气体的侵蚀。

② 称量前先将天平罩取下叠好，放在天平箱上面，检查天平是否处于水平状态，天平是否处于关闭状态，各部件是否处于正常位置。砝码、环码的数目和位置是否正确。用软毛刷清刷天平，检查和调整天平的零点。

③ 称量物必须干净，过冷和过热的物品都不能在天平上称量（会使水汽凝结在物品上，或引起天平箱内空气对流，影响准确称量）。不得将化学试剂和试样直接放在天平盘上，应放在干净的表面皿或称量瓶中；具有腐蚀性的气体或吸湿性物质，必须放在称量瓶或其他适当的密闭容器中称量。

④ 天平的前门主要供安装、调试和维修天平时使用，不得随意打开。称量时，应关好

两边侧门。

⑤ 旋转升降枢旋钮时必须缓慢，轻开轻关。加减砝码和取放称量物时，必须关闭天平，以免损坏玛瑙刀口。

⑥ 取放砝码必须用镊子夹取、严禁手拿。加减砝码应遵循“由大到小，折半加入，逐级试验”的原则。称量物和砝码应放在天平盘中央。指数盘应一挡一挡慢慢转动，防止圈码跳落碰撞。试加砝码和圈码时应慢慢半开天平，通过观察指针的偏转和投影屏上标尺移动的方向，判断加减砝码或称量物，直到半开天平后投影屏上标线缓慢且平稳时，才能将升降枢旋钮完全打开，待天平达平衡时，记下读数。称量的数据应及时记录在实验记录本上，不得记录在纸片上或其他地方。

⑦ 天平的载重不应超过天平的最大载重量。进行同一分析工作，应使用同一台天平和相配套的砝码，以减小称量误差。

⑧ 称量结束，关闭天平，取出称量物和砝码，清刷天平，将指数盘恢复至零位。关好天平门，检查零点，将使用情况登记在天平使用登记本上，切断电源，罩好天平罩。

⑨ 如需搬动天平时，应卸下天平盘、吊耳、天平梁，然后搬动。短距离搬动，也应尽量保护刀口，勿使振动损伤。

3.2.2 电子天平

电子天平的基本功能、操作方法及注意事项同分析天平，称准至0.01g。

3.2.3 试样的称取方法

3.2.3.1 固体样品称量方法

根据不同的称量对象，须采用相应的称量方法。就分析天平而言，常用的几种称量方法如下：

（1）直接称量法

按“TARE”键并显示零点后，将被称物直接放在称量盘上，所得读数即被称物的质量。这种称量方法适用于称量洁净干燥的器皿、棒状或块状的金属等。注意：不得用手直接取放被称物，但可采用戴汗布手套、垫纸条、用镊子或钳子等适宜的办法。

（2）固定质量称量法

将干燥的小容器（例如小烧杯）轻轻放在天平秤盘上，待显示平衡后按“TARE”键扣除皮重并显示零点，然后往容器中缓缓加入试样并观察屏幕，当达到所需质量时停止加样。此法用于称不易吸水、在空气中能稳定存在的粉末状或小颗粒试样。采用此法进行称量，最能体现电子天平称量快捷的优越性。

（3）差减法

取适量待称样品置于一洁净干燥的容器（称固体粉状样品用称量瓶，称液体样品可用小滴瓶）中，在天平上准确称量后，转移出欲称量的样品置于实验器皿中，再次准确称量，两次称量读数之差即所称取样品的质量。如此重复操作，可连续称取若干份样品。这种称量方法适用于一般的颗粒状、粉状及液态样品。由于称量瓶和滴瓶都有磨口瓶塞，该方法多用于称量较易吸湿、易氧化、易挥发、易与 CO_2 反应的试样。对于称出试样的质量不要求固定的数值，只需在要求的称量范围内即可。

称量瓶的使用：取一个干燥洁净的称量瓶，先在托盘天平上粗称适量试样装入其中，盖上瓶盖，用洁净的小纸条套在称量瓶上［图 3-19（a）］，将称量瓶放于分析天平称量盘上，在天平上精确称量盛有试样的称量瓶，记录质量为 m_1。取出称量瓶，于盛放试样容器的上方［图 3-19（b）］，取下瓶盖，将称量瓶倾斜，瓶盖轻敲瓶口，使试样慢慢落入容器中，接近所需要的重量时，用瓶盖轻敲瓶口，使沾在瓶口的试样落下，同时将称量瓶慢慢直立，然后盖好瓶盖。再称称量瓶质量为 m_2。两次质量之差，就是倒入容器中的第一份试样的质量。

按上述方法可连续称取多份试样。

第一份试样质量 $= m_1 - m_2$(g)；

第二份试样质量 $= m_2 - m_3$(g)；

第三份试样质量 $= m_3 - m_4$(g)。

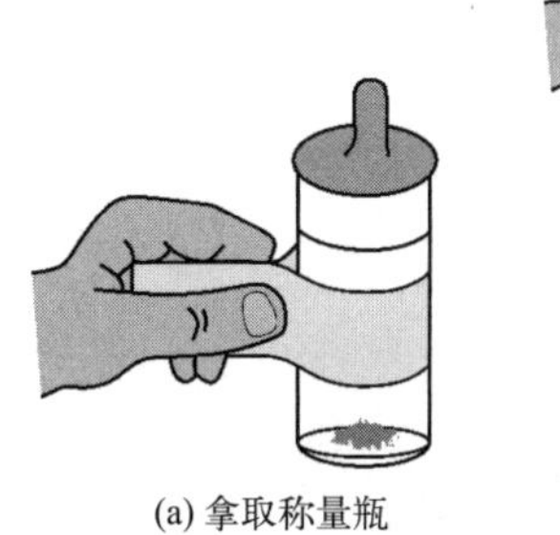

(a) 拿取称量瓶

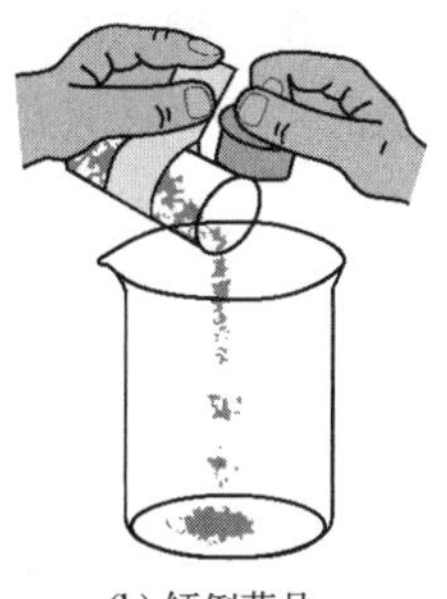

(b) 倾倒药品

图 3-19　称量瓶称量药品

3.2.3.2　液体样品的称量

液体样品的准确称量比较麻烦。根据不同样品的性质而有多种称量方法，主要有以下三种：

① 性质较稳定、不易挥发的样品：可装在干燥的小滴瓶中用差减法称量，最好预先粗测每滴样品的大致质量。

② 较易挥发的样品：可用增量法称取。例如，称取浓盐酸试样时，可先在 100mL 具塞锥形瓶中加入 20mL 水，准确称量后快速加入适量的样品，立即盖上瓶塞，再进行准确称量，随后即可进行测定（例如用 NaOH 溶液滴定 HCl 溶液）。

③ 易挥发或与水作用强烈的样品：需要采取特殊的办法进行称量。例如，冰乙酸样品可用小称量瓶准确称量，然后连瓶一起放入已装有适量水的具塞锥形瓶，摇动使称量瓶盖子打开，样品与水混合后进行测定。

3.3　加热与冷却

3.3.1　加热

在许多化学反应中，经常需要用一定的方式给反应体系加热，以控制反应速率；有些实验操作过程也需要加热，比如溶解、蒸发、灼烧等。

（1）加热的器具及其使用

① 酒精灯、酒精喷灯和煤气灯　酒精灯为玻璃制品，有一个带有磨口的玻璃帽（图 3-20），加热温度在 400～500℃。酒精喷灯是金属制成的（图 3-21），灯管下部有一个预热盆，盆的下方有一支管，经过橡胶管与酒精储罐相通。酒精喷灯加热温度在 700～900℃。

酒精灯的使用方法：拿掉玻璃帽，提起灯芯瓷质套管，用口轻轻向灯内吹一下，以赶走聚集的酒精蒸气。放下套管，拨正灯芯，然后用火柴点燃。使用完毕后要盖上玻璃帽，使火焰隔绝空气后自行熄灭，火焰熄灭片刻后，将玻璃帽打开，再盖上，否则下次使用时会打不开帽子。添加酒精必须熄灭火焰之后进行，每次添加的量不超过灯的容积的 2/3。

酒精喷灯的使用方法：先将储罐挂在高处，将预热盆装满酒精并点燃。待盆内酒精近干时，灯管已被灼热，开启空气调节器和储罐下部开关，从储罐流进热灯管的酒精立即汽化，并与由气孔进来的空气混合，即可在管口点燃。调节灯管旁的开关，可以控制火焰的大小。用毕，关闭开关可使火焰熄灭。

在点燃前必须保证灯管充分预热，否则酒精在管内不能完全汽化，会有液态酒精从管口喷出，形成“火雨”，甚至引起火灾。

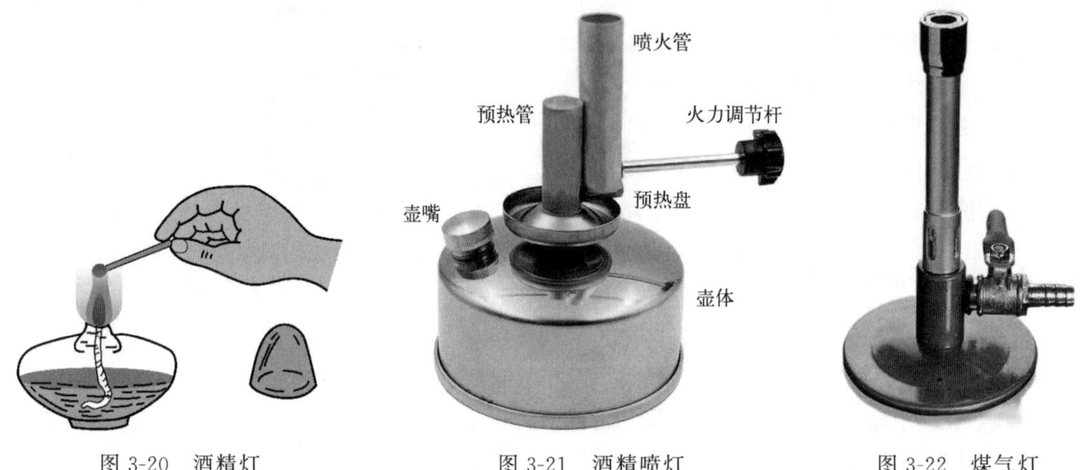

图 3-20 酒精灯　　图 3-21 酒精喷灯　　图 3-22 煤气灯

煤气灯由金属灯管和灯座两部分组成，金属管下部有螺旋可与灯座相连，其下有几个圆孔为空气入口，如图 3-22 所示。

螺旋金属管既可完全关闭也可不同程度地开启圆孔，以调节空气的进入量。灯座侧面有煤气的入口，可用橡胶管把它和煤气的气门相连，将煤气导入灯内。灯座下面有一螺旋针 4（有的煤气灯是在侧面），用以调节煤气的进入量。将它向下旋转时，灯座内进入煤气的孔道放大煤气的进入量即增加。

煤气灯的使用方法：

a. 关闭空气入口，稍打开开关，将煤气点燃，调节煤气灯座螺旋针阀，使火焰保持适当的高度，此时火焰呈黄色。

b. 旋转灯管，逐渐加大空气进入量，黄色火焰逐渐变蓝，并出现三层正常火焰。

c. 关闭煤气时，关闭煤气龙头，使煤气灯熄灭，旋转灯管完全关闭空气入口，拧紧螺旋针阀。

d. 煤气灯使用中，若有异常情况出现，应立即关闭煤气龙头，待灯管冷却后，再重新点燃。

② 电炉、管式炉、马弗炉和电热套

a. 电炉（图 3-23）是可以替代酒精灯的加热器具，温度的高低可以通过调节电阻来控制。加热时容器和电炉之间要垫一块石棉网，使受热均匀。

b. 管式炉（图 3-24）有一管状炉膛，利用电热丝或硅碳棒来加热，温度可以调节。炉膛中插入一根耐高温的瓷管或石英管，反应物放在瓷舟中在瓷管内加热。管中可设定所需的气氛。

c. 马弗炉（图 3-25）也是一种用电热丝或硅碳棒加热的炉子。它的炉膛是长方体，有一炉门，打开炉门就很容易地放入要加热的坩埚或其它耐高温的器皿。最高使用温度可达 1300℃。

图 3-23 电炉

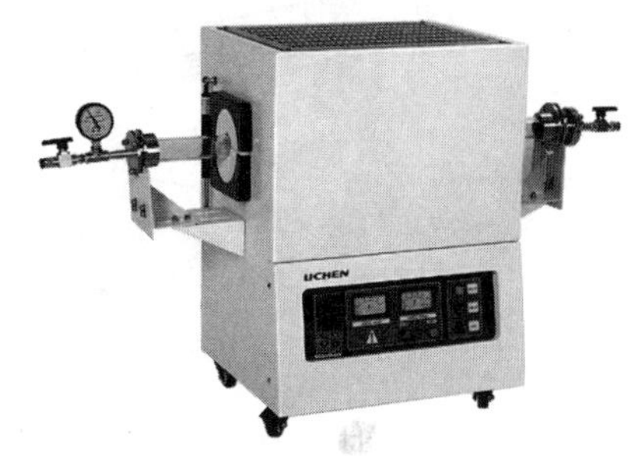

图 3-24 管式炉

管式炉和马弗炉的温度控制是由热电偶和一只接入电路的温度控制器连接起来，通过交替断电、通电，将炉温控制在一定范围。

d. 电热套（图 3-26）是实验室常用电加热仪器的一种，此设备无需明火，使用较为安全。它是由无碱玻璃纤维和金属加热丝编制的半球形加热内套和控制电路组成的，根据内套直径分为多种规格，以适用于不同容积的烧瓶。具有升温速度快、控温容易、操作简便、经久耐用的特点，常用于有机实验的蒸馏、回流等操作。

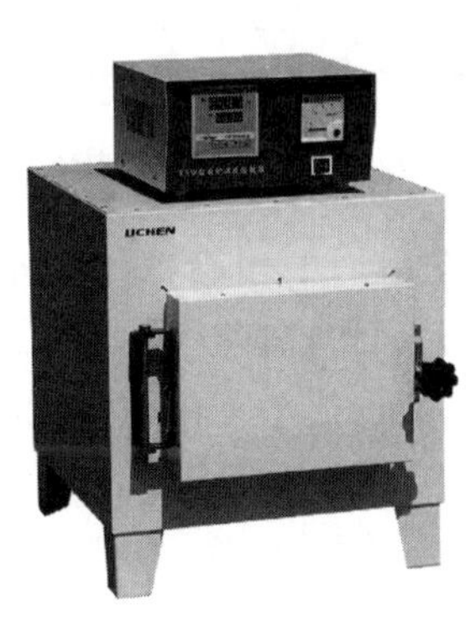

图 3-25 马弗炉

图 3-26 电热套

(2) 常用的加热操作

① 直接加热

a. 直接加热试管中的液体时应擦干试管外壁，用试管夹夹住试管中上部，不要用手拿试管，以免烫伤。试管应稍倾斜（图 3-27），管口向上，管口不能对着别人或自己，以免溶液在煮沸时喷溅到脸上，造成烫伤。液体量不能超过试管高度的 1/3。加热时，应使液体各部分受热均匀，先加热液体的中上部，再慢慢往下移动，然后不时地上下移动。不要集中加热某一部分，否则易造成局部沸腾而喷溅。

加热烧杯、烧瓶、锥形瓶等玻璃仪器中的液体时，必须在器皿下放置石棉网，以免受热不均匀而使仪器破裂（图 3-28），烧瓶还要用铁夹固定在铁架上。所盛液体不应超过烧杯容量的 1/2 和烧瓶容量的 1/3。烧杯加热时还要适当搅动内容物，以防止暴沸。

直接加热蒸发皿中的液体时，可将蒸发皿放在泥三角上加热，先小火预热，然后再调大火焰。蒸发皿内盛放溶液的量不能超过其容量的 2/3。

图 3-27 加热试管中的液体

b.加热试管中的固体时，管口应略低于管底，防止冷凝的水珠倒流到试管的灼热部位而使试管破裂（图 3-29）。

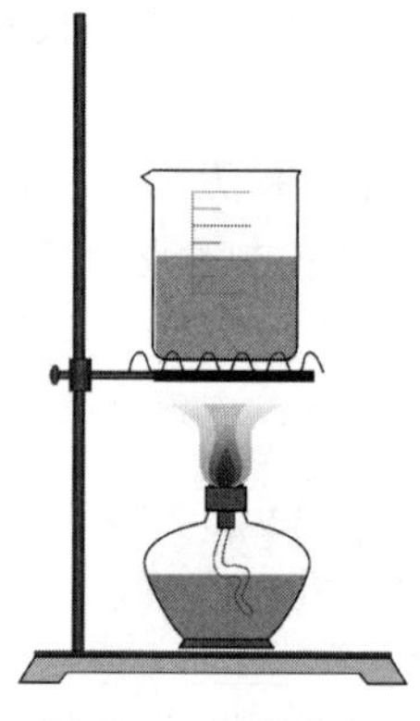

图 3-28 加热烧杯

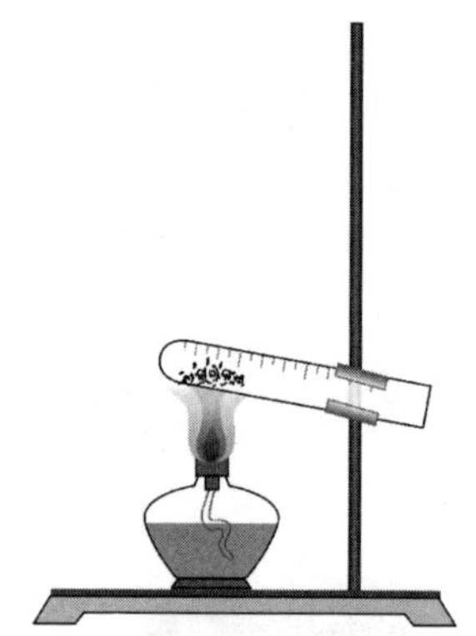

图 3-29 加热试管中的固体

c.灼烧：当需要在高温加热固体时，可把固体放在坩埚中用酒精灯的外焰灼烧（图 3-30）。先用小火焙烧坩埚，使坩埚受热均匀，然后加大火焰灼烧。

使用干净的坩埚钳夹取高温下的坩埚时，先在火焰旁预热一下钳的尖端，再去夹取。坩埚钳使用后，应按图 3-31 平放在桌上。如果温度很高，则应放在石棉网上，尖端向上，保证坩埚钳尖端洁净。

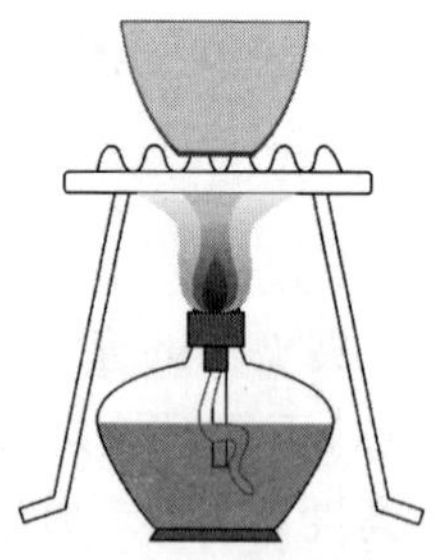

图 3-30 灼烧坩埚

图 3-31 坩埚钳放法

当灼烧温度要求不很高时，也可在瓷蒸发皿内进行。

② 水浴加热：当被加热物质要求受热均匀，而温度又不能超过 100℃时，可用水浴加热。当需要加热的温度在 100℃以下时，可将容器浸在水浴中但不能触及水浴锅底部，小心加热以保持所需的温度。如需加热到约 100℃，可用沸水浴，也可用水蒸气加热（图 3-32）。将容器放在水浴锅的铜圈或铝圈上，用酒精灯将水浴锅的水煮沸。水浴加热时，水浴锅盛水量不要超过其容量的 2/3，加热时要随时向水浴锅补充适量的水。在无机化学实验中一般用

一大小合适的烧杯代替水浴锅。

③ 油浴和砂浴加热：当要求加热温度高于100℃时，被加热物质又要受热均匀，可使用油浴或砂浴加热。

以油代替水浴锅中的水即是油浴，油浴所能达到的最高温度与所用油的沸点相同。使用油浴要小心，防止着火。

砂浴是将均匀细砂盛在一个铁制器皿内，用电陶炉加热，被加热的器皿的下部埋置在砂中（图3-33）。若要测量温度，可把温度计插入砂中。

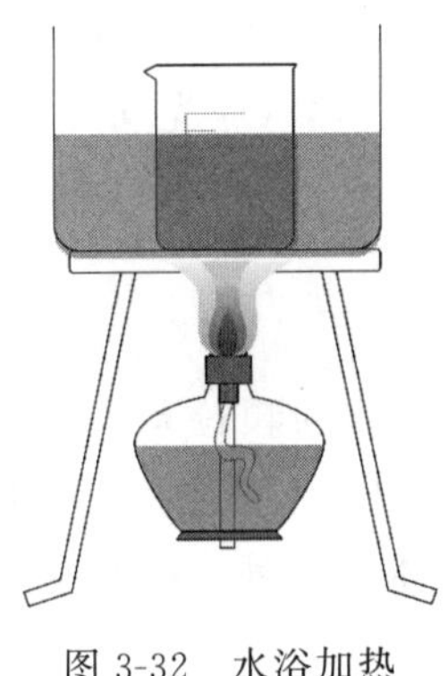

图3-32　水浴加热

图3-33　砂浴加热

3.3.2　冷却

与加热相对的是冷却。有些反应需要在低温下进行；有时候反应迅速放出大量热，需要中和过剩的热量；有些操作如气体液化、结晶、液体凝固等也需要冷却，这就需要采用一定的方法制造一个低温的环境。

简单的冷却方法是用冷水、冰水冷却，如果需要更低的温度，可以用冷却剂（表3-1）冷却。

表3-1　冷却剂

冷却剂	最低温度/℃	冷却剂	最低温度/℃
氯化钠＋冰(质量比1∶3)	－21	干冰＋乙醇	－72
硝酸钠＋冰(质量比3∶5)	－20	干冰＋丙酮	－78
六水氯化钙＋冰(质量比1∶1)	－29	干冰＋乙醚	－100
液氨	－33	液氨＋乙醚	－116
干冰	－60	液氮	－196

杜瓦瓶是保存和使用冷却剂常用的设备；使用冷却剂时要注意安全，防止低温冻伤；水银的凝固点是－38.87℃，因此，在测量更低温度时应使用酒精等装有有机溶剂的温度计。

3.4　溶解、蒸发（浓缩）、结晶与重结晶

3.4.1　溶解

固体物质溶解于溶剂中时，常用搅拌、加热等方法促进溶解。搅拌时不能使搅拌棒接触

容器底部及器壁。如果固体颗粒较大，可先用研钵将固体颗粒研细。如果需要加热溶解，则根据待溶固体物质的热稳定性选用直接加热或水浴加热。

3.4.2 蒸发（浓缩）

通过加热使溶液中部分溶剂除去，提高溶液的浓度或使溶质析出的过程称为蒸发。蒸发是在蒸发皿中进行的，蒸发皿的面积越大，蒸发速度越快。蒸发皿内所盛溶液的体积不能超过蒸发皿体积的2/3。当物质的溶解度较大时，必须蒸发到溶液表面出现晶膜时才能停止加热。当物质的溶解度较小或高温时溶解度较大而室温时溶解度较小，则不必蒸发到溶液表面出现晶膜就可冷却。若物质对热是稳定的，可以用酒精灯直接加热（应先均匀预热），否则用水浴间接加热。

3.4.3 结晶

溶液蒸发到一定浓度下冷却，溶质就会析出晶体。析出晶体的颗粒大小与结晶条件有关。如果溶液的浓度较高，骤冷、搅拌或摩擦器壁，有利于析出细小的晶体。若将溶液慢慢冷却或静置，则有利于大晶体的生成。特别是加入一颗小晶体（晶种）更有利于大晶体的形成。

3.4.4 重结晶

如果第一次结晶所得物质的纯度不符合要求，则可进行重结晶。即在加热条件下使被纯化的物质溶于一定量的溶剂中，形成饱和溶液，趁热过滤，除去不溶性杂质，然后使滤液冷却，被纯化物质即结晶析出，而杂质则留在母液中，过滤便可得到较纯净的物质。若一次重结晶达不到要求，可再次重结晶。重结晶适用于溶解度随温度有明显变化的化合物的提纯。

经过反应合成的有机化合物，一般总含有很多杂质，这就需要从混合物中分离提纯目标产物。重结晶是提纯固体化合物最常用的方法。

3.4.4.1 重结晶原理

将晶体置于溶剂中加热溶解，经冷却重新析出的过程即是重结晶，它是纯化固体有机化合物最常用的方法之一。

固体有机化合物的溶解度与温度有密切关系，一般随温度升高而增大。固体溶解在热溶剂中达到饱和，冷却后溶解度降低，溶液变成过饱和而析出晶体。利用溶剂对被提纯物质及杂质的溶解度不同，可以使被提纯物质析出，而令杂质全部或大部分留在溶液中（若溶解度极小，过滤时会被除去），从而达到提纯目的。

重结晶过程中溶剂是一个关键的因素，合适的溶剂必须符合下列条件：

① 与重结晶物质不发生反应；

② 高温时溶解度大，低温时溶解度小；

③ 杂质溶解度或者很大或者很小；

④ 容易挥发，与重结晶物质易分离；

⑤ 毒性小。

重结晶常用溶剂如表3-2所示。

表 3-2　重结晶常用溶剂

化合物	沸点/℃	对水的溶解性	极性	危险性
丙酮	56.5	溶	中等	有毒，易燃
石油醚	40～90	难溶	非极性	易燃
甲基叔丁基醚	55.3	难溶	中等	有毒，易燃
氯仿	61.3	难溶	中等	有毒
甲醇	64.7	易溶	极性	有毒，易燃
己烷	68.7	难溶	非极性	有毒，易燃
乙酸乙酯	77.2	微溶	中等	易燃
乙醇	78.5	易溶	极性	易燃
水	100	—	高极性	—

注：溶解度 10g 以上易溶，1～10g 可溶，0.01～1g 微溶，0.01g 以下难溶。

选择溶剂时，可以先从化学试剂手册或文献资料入手，查找化合物对各种溶剂的溶解度数据，然后通过试验选择。

单溶剂的选择方法：将 0.1g 固体置于小试管中，滴加 1mL（根据相似相溶原理选择）溶剂，室温下摇动试管，若全部溶解，则此溶剂是该固体的良溶剂，不适合作为重结晶的溶剂；若加热能够溶解大部分或全溶，则该溶剂比较合适；若加热后也不溶解，则此溶剂是该固体的不良溶剂，也不适用。

混合溶剂的选择方法：混合溶剂由良溶剂和不良溶剂组成。重结晶常用的混合溶剂对如表 3-3 所示。

先将固体溶解于沸腾的或接近沸腾的良溶剂中，过滤除去不溶杂质（包括活性炭），趁热向滤液中加不良溶剂，至滤液浑浊，再加热或滴加良溶剂使浑浊消失即可。

也可以将溶剂先混合，按照单溶剂的方法进行试验。

表 3-3　重结晶常用的混合溶剂对

乙醇-丙酮	乙醇-石油醚
乙醇-水	丙酮-水
乙酸-水	氯仿-石油醚
石油醚-己烷	乙酸乙酯-己烷

3.4.4.2　重结晶操作的一般过程

（1）溶解

将含有杂质的固体粗产物置于锥形瓶或烧瓶中，加入少量溶剂，安装球形冷凝管（如果用水作溶剂，容器可以用烧杯），加热至沸腾，滴加溶剂直至固体全部溶解，继续加入大约 20%溶剂，以补充溶剂的挥发和防止热过滤时晶体析出。

重结晶操作

（2）脱色

如果粗产物含有有色杂质，可以将上述溶液稍微冷却后加入大约 5%的活性炭，再次加热至沸腾，有色杂质即可被吸附在活性炭上。

不可将活性炭加入沸腾的溶液中，防止暴沸；活性炭也不要加入过多，因为它在吸附杂质的同时也会吸附产物，造成产物的损失。

（3）趁热过滤

趁热将溶液过滤以除去不溶性杂质。热过滤的要点是系统要“热”，操作要“快”，因此在进行热过滤前应做好充分的准备工作，使操作步骤周详、紧凑，尽量减少产物损失。

将锥形瓶固定在铁架台上，下面放置烧杯，在烧杯中加入适量的水；锥形瓶上放置短颈漏斗，里面放入折叠滤纸即组成一个简易热过滤装置［图 3-34（a）］，可以用于少量固体的热过滤。也可以用专门的热过滤漏斗［图 3-34（b）］或减压抽滤装置［图 3-34（c）］进行热过滤操作。

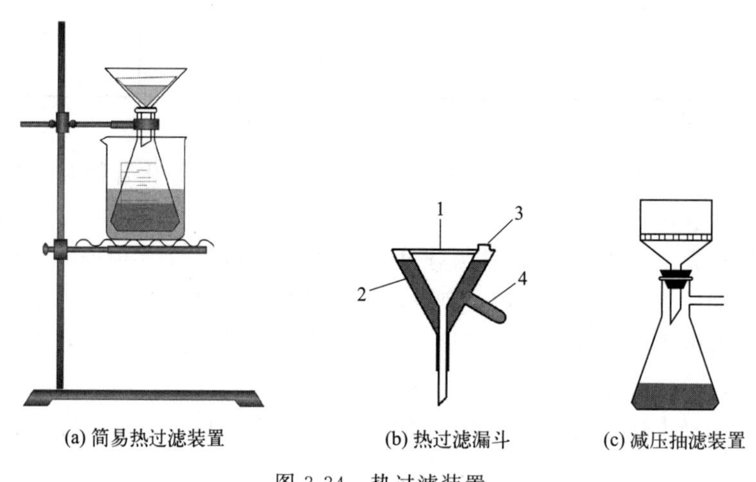

图 3-34　热过滤装置

1—玻璃漏斗；2—铜制外壳；3—注水孔；4—支管（可加热）

在用图 3-34（a）的装置进行热过滤前，将玻璃漏斗放在干燥箱中预热，同时准备热过滤用的折叠滤纸。折叠滤纸的有效面积大，可以减少产物损失，折叠方法见图 3-35：先将滤纸对折，然后再对折成 4 等分；展开成半圆，将 2 与 3 对折出 4，1 与 3 对折出 5，见图 3-35（a）；2 与 5 对折出 6，1 与 4 对折出 7，见图 3-35（b）；2 与 4 对折出 8，1 与 5 对折出 9，见图 3-35（c）。这时，折好的滤纸边全部向外，角全部向里，见图 3-35（d）；再将滤纸反方向折叠，相邻的两条边对折即可得到图 3-35（e）扇形形状；然后将图 3-35（f）中的 1 和 2 向相反的方向折叠一次，可以得到一个完好的折叠滤纸，见图 3-35（g）。

将简易热过滤装置烧杯里的水加热至沸腾。从烘箱里取出玻璃漏斗，将折叠滤纸放入漏斗中，并用热的溶剂润湿。将溶液沿玻璃棒倒在滤纸上进行热过滤。溶液不要倒得太满，也不要等到溶液已经滤净再添加。

（4）冷却结晶

将热过滤的溶液冷却使晶体析出，从而与溶液中的部分杂质分离。

快速冷却得到的晶体较小，自然冷却得到的晶体较大。如果晶体不易析出，可以用玻璃棒摩擦容器的内壁引发结晶或加入晶种。

（5）抽滤和洗涤

将晶体与溶液（一般称为母液）分离，并以合适的溶剂洗涤。

用布氏漏斗和安全瓶组成减压抽滤装置［图 3-34（c）］，将略微小于漏斗内径的滤纸置于漏斗底部用溶剂润湿，用真空管连接装置和真空泵，开泵抽气，将溶液用玻璃棒转移到漏斗中进行抽滤。

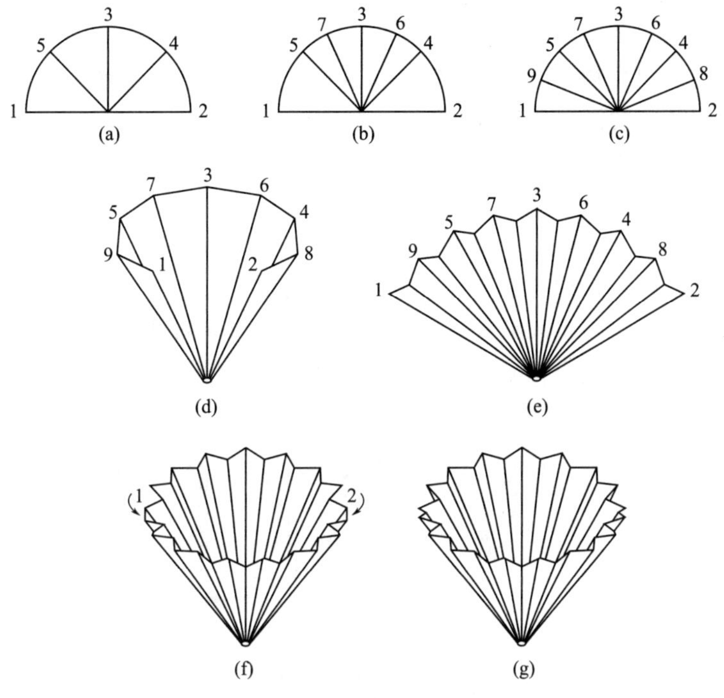

图 3-35　折叠滤纸的折叠方法

拔掉安全瓶上的真空管，从安全瓶中取少量母液冲洗容器 2～3 次并转移至漏斗中，再次抽滤，待液体抽干后，用玻璃塞挤压晶体使尽量干燥。

再次拔掉安全瓶上的真空管，用玻璃棒松动晶体，用少量溶剂洗涤，再次抽滤、挤压晶体，重复 2～3 次，然后转移到表面皿上进行干燥。

（6）干燥

晶体可以在室温下自然晾干；也可以视晶体的性质用干燥箱等设备强制干燥。

重结晶要点：学生在重结晶操作时回收产物较少，主要由以下原因造成：溶解时加入过多溶剂；热过滤时动作太慢，导致结晶析出在滤纸或堵塞漏斗颈；结晶析出不完全时抽滤等。

3.5　固液分离

固液分离一般有三种方法：倾析法、过滤法和离心分离法。

3.5.1　倾析法

当沉淀的结晶颗粒较大或密度较大，静置后能很快沉降到容器的底部时，可用倾析法分离或洗涤。就是把沉淀上面的清液用玻璃棒小心地倾入另一个容器中，然后在盛有沉淀的容器内加入少量洗涤剂，充分搅拌后静置，沉降，再小心地倾析出洗涤液。如此重复操作两三遍，即可洗净沉淀。

3.5.2 过滤法

当溶液和沉淀的混合物通过过滤器时，沉淀就留在滤纸上，溶液则通过过滤器而滤入接收的容器中。过滤所得的溶液叫作滤液。

常用过滤方法有三种：常压过滤、减压过滤和热过滤。

（1）常压过滤

根据漏斗角度的大小，先把滤纸折叠成四层，展开成圆锥形（图 3-36）。放入漏斗中，试验它与漏斗壁是否密合，如不密合，可适当改变角度，直到密合为止。然后将三层厚的紧贴漏斗的外层撕去一小角，将滤纸放入漏斗中，滤纸边缘应略低于漏斗的边缘。用食指把滤纸按在漏斗内壁上，用少量水将滤纸润湿，轻压滤纸赶去气泡。

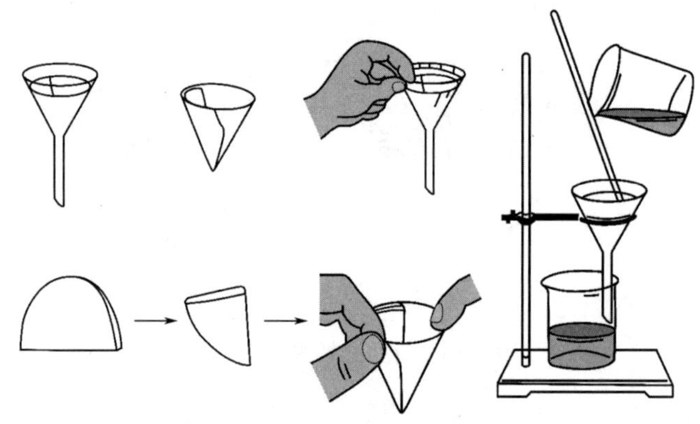

图 3-36 常压过滤

过滤时应注意，漏斗要放在漏斗架上，漏斗颈要靠在接受容器的壁上；先转移溶液，后转移沉淀；转移溶液时，应把它滴在三层滤纸处并使用玻璃棒引流，每次转移量不能超过滤纸高度的 2/3。

如果需要洗涤沉淀，则等溶液转移完毕后，往盛着沉淀的容器中加入少量洗涤剂，充分搅拌并放置，待沉淀下沉后，把洗涤液转移入漏斗，如此重复操作两三遍，再把沉淀转移到滤纸上。洗涤时应采取少量多次的原则。检查滤液中的杂质含量，可以判断沉淀是否已经洗净。

（2）减压过滤（简称“抽滤”）

在减压过滤时，循环水式真空泵将吸滤瓶中的空气吸走，使吸滤瓶内的压力减小，从而使布氏漏斗中的液面和吸滤瓶内产生了一个压力差，提高了过滤速度。减压过滤不适用于胶状沉淀和颗粒太细的沉淀的过滤。减压过滤装置如图 3-37 所示，抽滤用的滤纸比布氏漏斗的内径略小，但又能把瓷孔全部盖没。将滤纸放入并湿润后，打开循环水式真空泵，先稍微抽气使滤纸紧贴，然后用玻璃棒往漏斗内转移溶液，加入的溶液不要超过漏斗容积的 2/3。等溶液流完后再转移沉淀，继续减压抽滤，直至沉淀抽干。滤毕，先拔掉橡胶管，再关电源。用玻璃棒轻轻揭起滤纸边，取出滤纸和沉淀。滤液则由吸滤瓶的上口倾出。

洗涤沉淀时，应关掉水泵循环水式真空泵，加入洗涤剂使其与沉淀充分接触后，再开水泵循环水式真空泵将沉淀抽干。

有些浓的强酸、强碱或强氧化性的溶液会与滤纸发生化学反应，因此过滤时不能使用滤纸，可用的确良布或尼龙布来代替滤纸。浓的强酸溶液也可使用烧结漏斗（也叫砂芯漏斗）

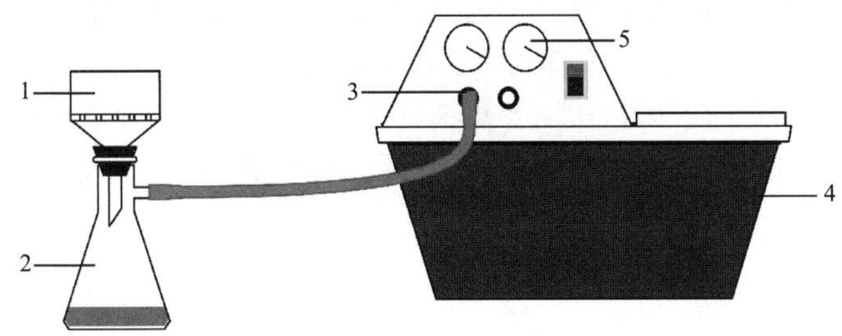

图 3-37　减压过滤
1—布氏漏斗；2—吸滤瓶；3—吸气口；4—真空循环水泵；5—真空表

过滤，这种漏斗在化学实验中常见的规格有四种，即 1、2、3、4 号。1 号的孔径最大。可以根据沉淀颗粒不同来选用。但它不能用于强碱性溶液的过滤，因为强碱会腐蚀玻璃。

（3）热过滤

如果溶液中的溶质在温度下降时容易大量结晶析出，而又不愿意它在过滤过程中留在滤纸上，这时就要趁热进行过滤。过滤时可把玻璃漏斗放在铜质的热漏斗内，热漏斗内装有热水，用来维持溶液的温度。也可以在过滤前把普通漏斗放在水浴上用蒸汽加热，然后使用。热过滤时选用的漏斗的颈部越短越好，过滤时溶液在漏斗颈内停留越短，越能避免因散热降温析出晶体而发生的堵塞。

3.5.3　离心分离法

当被分离的沉淀的量很少时，可以应用离心分离法。实验室常用的离心仪器为 800 型离心机（图 3-38）。将盛有沉淀和溶液的离心试管放在离心机套管中，开动离心机，沉淀受到离心力的作用迅速聚集在离心试管的尖端而和溶液分开。用滴管将溶液吸出。如需洗涤，可往沉淀中加入少量的洗涤剂，充分搅拌后再离心分离，重复操作两三遍即可。

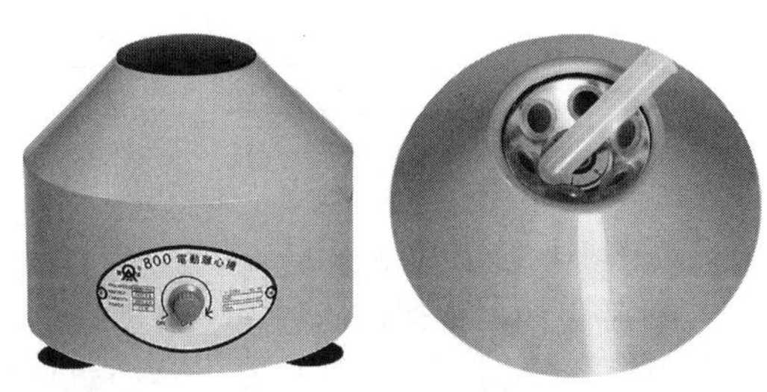

图 3-38　离心机

3.6　熔点的测定

3.6.1　熔点测定的基本原理

熔点是固体化合物在一定大气压下固液两态达到平衡时的温度。物质的熔点并不是固定不变的，有两个因素对熔点影响很大。一个是压强，另一个就是物质中的杂质，我们平时所说的物质的熔点，通常是指纯净的物质。对于纯粹的有机化合物，一般都有固定熔点。即在一定压力下，固-液两相之间的变化都是非常敏锐的，初熔至全熔的温度不超过 0.5～1℃（熔点范围或称熔距、熔程）。但如混有杂质则其熔点下降，且熔程也较长。因此熔点测定可以作为辅助测定未知化合物的手段之一，也是纯度测定的重要方法之一。

从图 3-39 可以看出，固相和液相的蒸气压都随温度的增高而增大，但是固相的曲线变化速率更大，两相曲线在 M 点处相交，说明在该点固液两相能够同时并存，此时的温度 T_M 就是该化合物的熔点，并且只有在这一温度时，固液两相的蒸气压才相同，这也是纯粹的晶体有固定、敏锐熔点的原因。所以要想精确测定熔点，在接近熔点时升温一定要缓慢，每分钟升高温度 1～2℃。如果温度超过熔点，哪怕只有很小的波动，只要时间足够长，就会发生相的转变。

3.6.2 测定熔点的装置和方法

测定熔点的方法一般有毛细管法、冷却曲线法和显微熔点仪法。其中用显微熔点仪测定熔点具有样品量少、测温范围大、可以清晰观察到晶体细微变化等优点。该类仪器型号较多，图 3-40 是一种显微熔点仪，主要包括调压测温仪（控制器）、温度传感器、加热台、显微镜等部件。

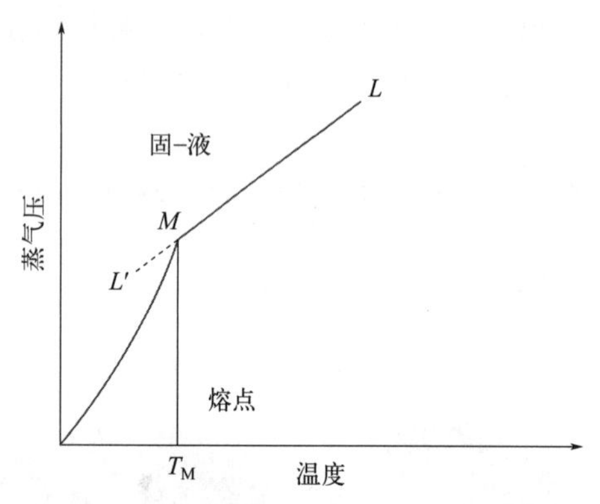

图 3-39 物质的温度-蒸气压关系

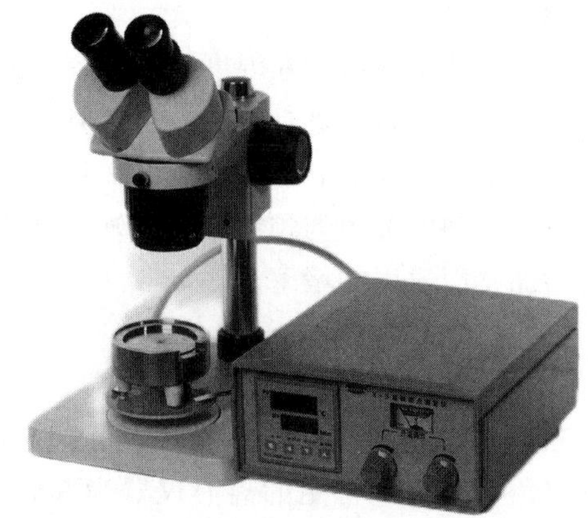

图 3-40 显微熔点仪

具体操作步骤如下：

① 按说明书将调压测温仪、温度传感器、加热台和显微镜相互连接。

② 用镊子取微量样品放在干净的载玻片上，然后再盖上一片载玻片，轻压载玻片，使样品捻成均匀的薄薄的一层，将载玻片放置在加热台中心。然后盖上隔热玻璃。

③ 接通显微镜的光源。松开显微镜的升降手轮，上下调整显微镜，直至在目镜中能看见待测样品轮廓，旋紧手轮；然后调节调焦手轮，直至能够清晰地看到待测物。

④ 调压测温仪不但可以控制加热速率，还可以显示出加热台的即时温度。根据待测样品的熔点，通过调温旋钮控制温度上升速率。在测熔点过程中，前段升温迅速、中段渐慢，后段平缓。尤其是后段升温控制，当温度上升到距待测熔点值 10℃左右时，一定要将升温速度控制在大约每分钟 1℃。

⑤ 观察晶体的熔化过程，记录初熔和全熔时的温度值。当晶体棱角开始变圆，表示融化开始，当晶体完全变成小液珠时，表示融化完全。

⑥ 测试完成，停止加热。稍冷，用镊子取下隔热玻璃和载玻片。如需要继续测样，要将散热器放在加热台上，使温度降至熔点值以下 40℃即可。

⑦ 对已知熔点物质，可参照上述步骤进行精确测量，而对未知物可先用较高电压快速粗测一次，找到物质的熔点大约值，再根据该值适当调节和控制进行精确测量。

在测定熔点前，应该用已知熔点的物质对仪器进行校正，得出校正温度，公式如下：

校正温度＝标准样品熔点真值－标准样品熔点实测值

未知物熔点计算公式：未知物熔点＝未知物熔点实测值＋校正温度

3.7 升华

升华是指固体物质不经熔融直接汽化为蒸气，然后由蒸气直接凝固为固体物质的过程。升华也是纯化有机化合物的重要方法之一，但不是所有固体物质都能用升华来纯化的。它只适用于那些在熔点温度以下有足够大的蒸气压［高于 2.67kPa（20mmHg）］的固态物质。升华可以用来除去不挥发性杂质，或用来分离不同挥发度的固体混合物。升华可以得到较高纯度的产物，但是操作时间长，损失大，在实验室内只适用于分离、纯化较少量（1～2g）物质。

3.7.1 基本原理

一般升华操作应该在熔点以下温度进行。严格来讲，应该是三相点，即固、液、气三相并存之点，由于三相点与熔点只有几分之一度的差别，所以用熔点近似说明。若某物质在熔点以下具有很高的蒸气压，因而汽化速率很大，就很容易从固态转变为气态，且此物质蒸气随温度降低而下降非常显著，稍微降低温度即能由蒸气直接变为固体。

升华的原理可以用固液气三相平衡图（图 3-41）来说明。图中 *S-T* 曲线表示固相与气相平衡时的蒸气压曲线，*T-W* 表示液相气相平衡时的蒸气压曲线，两线在 *T* 处相交，此点就是三相点，固、液、气三相共存。*T-V* 曲线表示固、液两相平衡时的温度和压力。它指出了压力对熔点的影响并不大。由于三相点与熔点的差别非常小，在一定压力范围内，*T-V* 曲线偏离垂直方向很小。

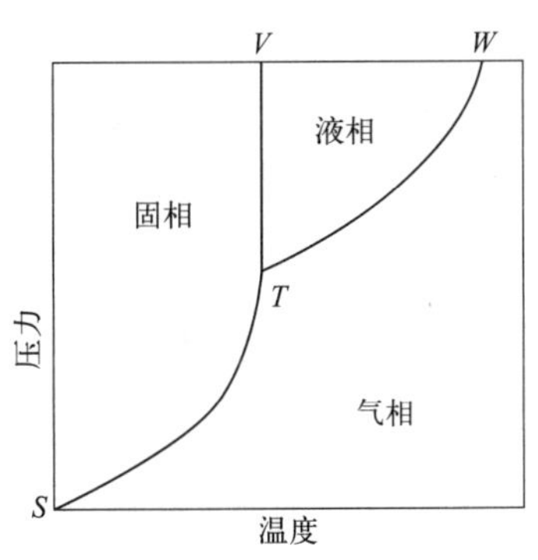

图 3-41　物质三相平衡图

在三相点以下，物质只有固、气两相。这时，只要将温度降到三相点以下，蒸气就可以不经过液态直接变成固体。反之，若将温度升高，固体又会直接变成气态。如果有些物质在三相点时的平衡蒸气压比较低，可以在减压条件下升华，提高效果。

3.7.2 装置及操作

把待升华的物质放入蒸发皿，选取一个直径小于蒸发皿的玻璃漏斗，在其颈部疏松地塞一小团脱脂棉，防止蒸气逸出。用一张扎有许多小孔的滤纸包住玻璃漏斗口，把漏斗倒扣在蒸发皿上，加热蒸发皿，升华物质的蒸气通过滤纸的小孔凝结在漏斗内壁和滤纸上。滤纸上的小孔一方面可以使蒸气通过，另一方面可以防止升华形成的晶体回落到蒸发皿里［图 3-42（a）］。也可以把待升华的物质放入烧杯中，烧杯口上放置一个圆底烧瓶，烧瓶口用橡胶塞塞住，插入两根玻璃管，一根导入冷水，一根用作出水管。当烧杯受热后有机物开始升华，蒸气遇到通有冷凝水的圆底烧瓶后便凝成固体结晶［图 3-42（b）］。减压升华操作与常压相差不大。首先将待升华物质放于吸滤瓶底部，在吸滤瓶中放入装有碎冰的试管或指形冷凝器，接通冷凝水，抽气口与水泵相连，打开水泵，关闭安全瓶上的二通旋塞，开始抽气。将此装置放入电热套或水浴中加热，使固体在一定压力下升华，冷凝后的固体将凝聚在试管或指形冷凝器的底部［图 3-42（c）］。

图 3-42　升华装置

减压升华时，停止抽滤前，一定要打开安全瓶上的放空阀，待装置通大气后，再关水泵。否则，循环水真空泵内的水会倒吸进入吸滤瓶，导致实验失败。

3.8　萃取

萃取是有机化学实验中用来提取或纯化有机化合物的常用操作之一。应用萃取可以从固体或液体混合物中提取所需要的物质，也可以用来洗去混合物中的少量杂质。通常前者称为“抽提”或“萃取”，后者称为“洗涤”。

3.8.1　基本原理

萃取是利用化合物在两种不互溶（或微溶）溶剂中溶解度或分配比不同来达到分离、提取或纯化目的的一种操作。将含有有机化合物的水溶液用有机溶剂萃取时，有机化合物就在两液相间进行分配。在一定温度下，该有机物在有机相中和水相中的浓度之比为一常数，此即“分配定律”。假如一物质在两液相 A、B 中的浓度分别为 c_A 和 c_B，只要温度不变，c_A 和 c_B 的值都不会因为时间改变，因此，在一定温度条件下，$c_A/c_B=K$，K 是一固定值，称为分配系数（Distribution coefficient）。当两种溶剂体积相等时，它可以近似地看作该物质在两种溶剂中溶解度之比。由此可推出，若用一定量的溶剂进行萃取，分次萃取比一次萃取效率高，一般以 3 次为宜。

还有一类萃取，其原理是利用萃取剂和被萃取物质发生化学反应，通常用于移去少量杂质或分离混合物。这类萃取剂有 5%的氢氧化钠、10%碳酸钠或碳酸氢钠或稀酸等。碱性萃取剂可从有机相中移出有机酸，或除去酸性杂质；稀盐酸或稀硫酸可以从混合物中萃取出有机碱性物质或除去碱性杂质；用浓硫酸除去饱和烃中的不饱和烃、卤代烷中的醇、醚等。

萃取效率与溶剂的选择密切相关。用于提取所需要物质的溶剂叫萃取剂。选择萃取剂应遵循以下原则：不与原溶剂混溶；不与溶质或原溶剂发生化学变化；对被提取物溶解度要大；对杂质的溶解度要小；沸点低，利于分离和回收；稳定、毒性小等。实际中几乎没有溶剂能满足所有条件，常用的萃取剂有乙醚、石油醚乙酸乙酯、氯仿等（表 3-4）。

表 3-4 常用萃取剂

化合物	沸点/℃	密度/(g/mL)	水中溶解度/(g/100mL)	危险性
乙醚	34.6	0.71	微溶	易燃,易制毒
二氯甲烷	39.8	1.32	微溶	有毒
石油醚	40～60	0.64	难溶	易燃
甲基叔丁基醚	55.3	0.74	难溶	有毒,易燃
石油醚	60～90	0.65	难溶	易燃
氯仿	61.3	1.48	难溶	易制毒
正己烷	68.7	0.69	难溶	有毒,易燃

注：溶解度 10g/100mL 以上易溶，1～10g/100mL 可溶，0.01～1g/100mL 微溶，0.01g/100mL 以下难溶。

3.8.2 液体物质的萃取

常见的萃取操作是从水相中萃取有机相，萃取操作的基本仪器是分液漏斗，它的基本操作（图 3-43）如下：

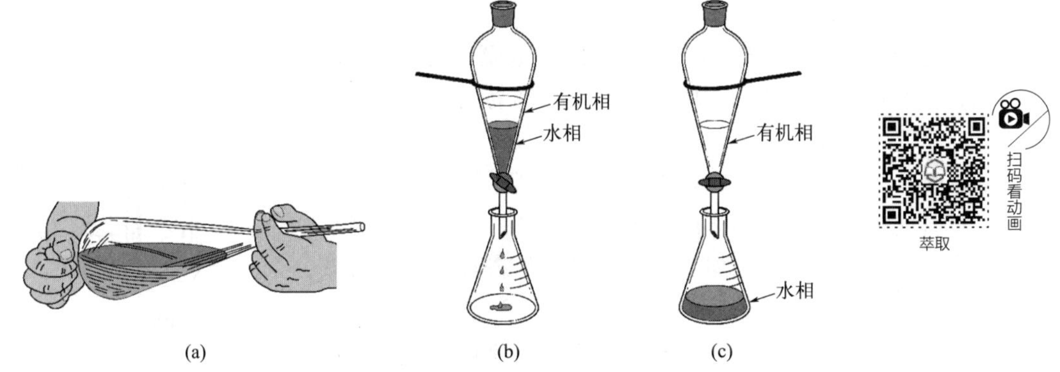

图 3-43 分液漏斗操作示意图

① 应选择容积比液体体积大一倍以上的分液漏斗。在离活塞孔稍远处薄薄地涂一层润滑脂，塞好后旋转活塞，使油脂均匀分布，看上去透明即可。使用前在分液漏斗中放水摇荡，检查塞子与旋塞是否渗漏。

② 确认不漏水后，将漏斗放在固定在铁架台上的铁圈中，关好旋塞。将液体和萃取剂（一般为溶液体积的 1/3）由上口倒入，溶液总体积大约为分液漏斗体积的一半。

③ 盖上顶塞，取下分液漏斗，一手手掌顶住顶塞并握住漏斗，另一手握住活塞处，食指和中指夹住下口管，同时，食指和拇指应该可以灵活地转动下口旋塞。漏斗平放，前后摇动或做圆周运动。

④ 振荡溶液，使两相充分接触。振荡过程中不断放气，以免萃取时内部压力过大，冲开塞子，液体喷出。放气时，漏斗下口向上倾斜，朝向无人处放气。振荡不要太剧烈，防止形成乳浊液分离困难。

⑤ 振摇几次放气后，将分液漏斗放在铁架台的铁圈上静置分层。

⑥ 待液体分层后，将漏斗的下端靠在接收容器的器壁上，打开顶塞或将顶塞的凹槽对准上口的小孔，使液体缓缓流出。如果需要保留下层液体，从下口放出下层的液体即可；如

果需要保留上层液体，则先从下口放出不需要的液体，再从上口放出需要保留的上层液体，避免残留在漏斗颈的第一种液体污染。

⑦ 分液时尽可能分干净，两相中间的絮状物一并舍去。

⑧ 在萃取或洗涤时，上下两层液体都应该保留到实验完毕时，防止发生错误而无法补救。

⑨ 当分层难以判断时，可取任一层几滴液体于试管中，滴少量水，若分为两层，则是有机相，若不分层，就是水相。

⑩ 在萃取时，可以在水相中加入氯化钠等电解质，利用盐析效应降低有机物在水中的溶解度，提高萃取效率。

⑪ 在萃取时，由于溶液呈碱性、溶剂互溶等原因产生乳化现象，可以通过长时间静置、加入电解质或稀酸等消除。

3.8.3 固体物质的萃取

固体物质的萃取，通常使用长期浸出。将固体混合物粉碎研细，放入容器中，选择适当的溶剂，通过长期浸润溶解，将所需物质提取出来。这种方法简单，无需特殊仪器，但是效率不高，溶剂用量需求较大。

如果待提取物溶解度小，可用脂肪提取器-索氏提取器（图 3-44）。利用溶剂回流和虹吸原理，使固体物质连续不断地被纯溶剂萃取，因而效率高。

萃取前可将固体物质研碎，增加浸润面积，将固体物质放入滤纸套筒或市售的纤维套筒内置于提取器内。提取器下端与烧瓶相连，上端接冷凝器。加热烧瓶，当溶剂沸腾时，蒸气沿支管上升并被冷凝管冷凝成液体滴入提取器，当溶剂液面超过虹吸管的最高处时即虹吸流回烧瓶，如此循环纯化溶剂、浸提就可以将固体中的所需物质萃取出来。这样，利用溶剂回流和虹吸作用，使固体可溶解物质富集到烧瓶中，最后选用恰当方法将萃取出来的物质从溶剂中分离出来。

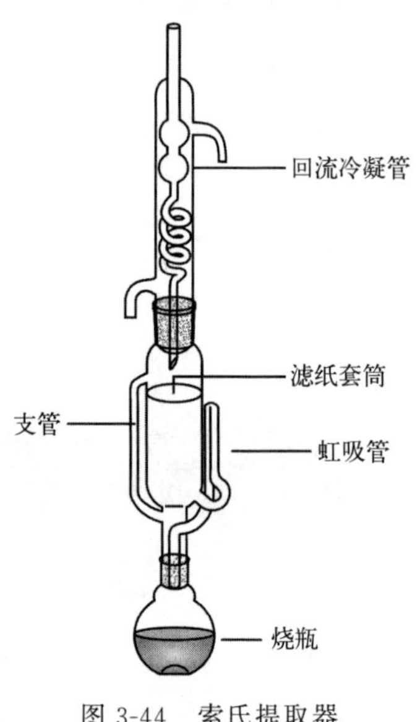

图 3-44 索氏提取器

3.9 液体有机化合物的干燥

在进一步提纯液体有机化合物之前必须除掉其中的水，常用的方法是向液体中加入干燥剂。

3.9.1 干燥剂的选择

干燥方法大概分为物理和化学法两种。物理法有吸附、分馏、共沸等。化学法是以干燥剂进行去水，去水作用可分为两类：一类是能与水可逆结合生成水合物；另一类是与水发生不可逆反应生成一种新化合物，如金属钠等。

在选择干燥剂时要考虑干燥剂不能与需要提纯的化合物反应，也不能溶解在化合物中，还要考虑干燥剂的干燥能力、干燥速度、被干燥化合物的含水量及价格。下面是一些常用的干燥剂：

① 无水氯化钙：与水形成水合物，最高含六个结晶水，吸水量大，干燥时间较长。可以用来干燥烃类、醚类化合物，不能干燥酸性化合物和醇、酚、酰胺等能与之发生反应的化合物。30℃以上易失去结晶水。

② 无水硫酸镁：中性干燥剂，干燥速度快，可干燥醛、酯、酮、酰胺等不能用氯化钙干燥的化合物。

③ 碳酸钾：弱碱性，可干燥醇、酯、酮、胺、杂环等化合物。

④ 无水硫酸钠：中性干燥剂，吸水量大，适用于含水量多的液体化合物的初步干燥。

⑤ 氧化钙：碱性，适用于低级醇干燥，如制备无水乙醇。

⑥ 金属钠：干燥速度快，可以除去醚类、烃类中痕量水分。在使用金属钠干燥液体前，应先用无水硫酸镁等干燥剂除去大部分水，防止发生爆炸、着火。

⑦ 浓硫酸：用于干燥器中。不能用于烯烃、醚、醇、酮等的干燥。

⑧ 分子筛：干燥速度快，用途较广，使用后可以活化再生。

各类有机化合物常用干燥剂如表 3-5 所示。

表 3-5　各类有机化合物常用干燥剂

化合物类型	干燥剂
烃	氯化钙、金属钠
卤代烃	氯化钙、硫酸镁、硫酸钠
醇	碳酸钾、硫酸镁、硫酸钠、氧化钙
醚	氯化钙、金属钠、硫酸镁
醛	硫酸镁、硫酸钠
酮	碳酸钾、硫酸镁、硫酸钠、氯化钙
酸、酚	硫酸镁、硫酸钠
酯	碳酸钾、硫酸镁、硫酸钠
胺	碳酸钾、氢氧化钠、氢氧化钾、氧化钙
硝基化合物	硫酸镁、硫酸钠、氯化钙

3.9.2　干燥剂的用量

干燥剂用量很重要，用量不足不能达到干燥效果，用量太多会吸附产物造成损失。一般干燥剂用量为每 10mL 液体需 0.5～1g，但是由于含水量不等、干燥剂差异，以及干燥剂颗粒大小、温度不同等因素，很难具体定量。因此，干燥剂应少量多次加入。先加少量干燥剂，摇动片刻，干燥剂如果呈稀糊状附着在容器壁上或相互粘连，表明用量不足需要继续添加，直到新加入的干燥剂呈松散状，棱角分明，不结块，不粘附，而液体由浑浊变为清澈透明，表示干燥合格。

干燥剂的干燥效果有限，只适合除去少量水，因此应该在萃取时尽量除去水，然后再进行干燥。干燥剂颗粒大小要适宜，干燥剂颗粒太大，其内部起不到吸水的作用；颗粒太小，液体被吸附得太多。

将待干燥液体置于锥形瓶中，向其中加入干燥剂，盖上塞子，振摇。如果有机液体中含有较多水分，可能会出现水层，必须将水层分去或用吸管将水层吸去，再加入一些新的干燥剂。放置液体 30min 以上并时常摇动，如果放置 24h 以上则干燥效果更好。

干燥结束后，将干燥过的液体滤入烧瓶进行蒸馏提纯。对于某些干燥剂，由于它们和水生成的产物比较稳定，有时可以不必过滤，直接蒸馏。

3.10 蒸馏

3.10.1 蒸馏的基本原理

液体受热后，当它的饱和蒸气压与外界压强（通常指一个大气压）相等时开始沸腾，此时的温度称为该液体的沸点。纯粹的液体有机化合物在一定的压力下具有一定的沸点。但是，具有固定沸点的液体不一定是纯粹的，一些化合物形成的共沸混合物也具有固定的沸点。

将液体加热至沸腾，使液体变为气体，然后再将蒸气冷凝为液体，这两个过程的联合操作称为蒸馏。

当加热液体时，液体不断汽化，低沸点物质易挥发，首先被蒸出，高沸点物质因不易挥发或挥发的少量气体易被冷凝而滞留在蒸馏瓶中，从而使混合物得以分离。

蒸馏是分离和纯化液体有机混合物的重要方法之一，主要用于以下几个方面：

① 分离沸点有显著区别（相差 30℃以上）的液体混合物。

② 常量法测定沸点及判断液体的纯度。

③ 除去液体中所含的不挥发性物质。

④ 回收溶剂或因浓缩液体的需要而蒸出部分的溶剂。

3.10.2 常压蒸馏装置和仪器选择

常压蒸馏系统（图 3-45）是有机化学实验最基本的装置，安装顺序通常是从加热一端开始，按自下向上，从左到右顺序进行连接，安装完毕后，整套仪器处于一个垂直平面内。先平行放置两个铁架台，依次安装加热装置、圆底烧瓶、蒸馏头、冷凝管、接引管、接收器等，可最后安装温度计。可在电热套下放置升降台，通过调节升降台高度，以能方便地取下

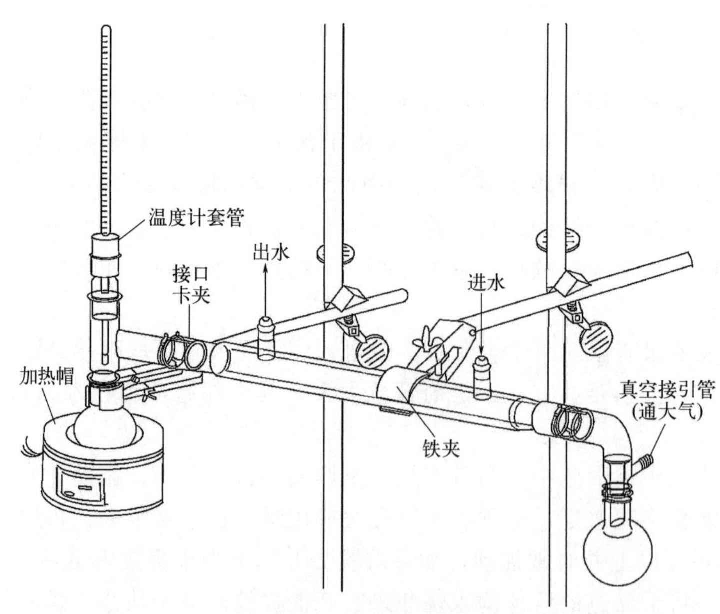

图 3-45 常压蒸馏系统

电热套为宜，能够迅速地撤走热源为宜。

根据实验的具体情况和实际要求，需要选择适当的仪器。首先，选择合适的蒸馏烧瓶，液体试剂的体积一般为烧瓶体积的 1/3～2/3。其次，蒸馏头口径要与烧瓶一致，温度计的量程要大于沸点，水银球上端与蒸馏头支管口下端相平行（图 3-46）。冷凝管与蒸馏头支管相连，铁夹夹在冷凝管中心处。再次，根据接收物沸点，选择不同功能的冷凝管。沸点低于 140℃，选择直形冷凝管；高于 140℃，选择空气冷凝管。最后，接引管应尽可能深地插入接收器中，减少馏出液的挥发，如果接收物沸点较低，还可以将接收装置置于冷却装置中。如果蒸馏的是易挥发、易燃物质，需要选择带支管的接引管，尾气可通过支管引入吸收装置，无污染气体可通过橡胶导管排至室外或下水道。接收器一般选用锥形瓶或圆底烧瓶等小口接收器。

图 3-46　温度计位置

安装过程应注意：

① 用十字头和烧瓶夹固定烧瓶或冷凝管，夹子内侧有软胶套，以免损伤玻璃仪器。

② 十字头的螺口应该朝上，烧瓶夹的螺栓也应该朝向易于操作的方向。

③ 蒸馏头和冷凝管之间、冷凝管和接引管之间都应及时地用卡夹固定。

④ 常压蒸馏系统不能完全密闭，防止体系受热后压力过大发生事故。

3.10.3　蒸馏装置的使用

① 将称量好的液体试剂通过玻璃漏斗倒入烧瓶中。

② 放 2 粒沸石到烧瓶中，或使用搅拌子，目的是防止蒸馏过程发生“暴沸”。

③ 接通冷凝水，使冷凝水下进上出，始终保持冷凝管夹套中充满水。

④ 加热。在蒸馏过程中，若发现未加沸石，则应先停止加热，待液体温度下降到沸点以下，方可加入沸石。

⑤ 通过调节加热装置，使蒸馏速度保持在每秒 1～2 滴。蒸馏过程中，保证温度计水银球下端始终有一滴悬凝的液滴，此时温度即气液两相平衡温度，测得温度就是沸点。

⑥ 用接收器接收预期温度之前的馏出液即前馏分，然后换一个干净的接收器接收所需的馏分。

⑦ 温度计示数由稳定而突然下降或突然上升表示该温度的馏分已被蒸出。任何时候都不要将烧瓶内的液体蒸干，防止发生意外、有机物碳化等情况。

⑧ 先撤走热源，再关闭冷凝水，稍冷，从后向前拆除装置，顺序与安装相反。

⑨ 称量馏出液的体积或质量。液体回收，清洗仪器。

3.11　分馏

3.11.1　分馏的基本原理

分馏又称精馏，原理同蒸馏，也是利用液体的沸点不同，蒸馏时低沸点液体先馏出，高沸点后馏出，以实现分离的目的。不同的是，分馏采用特殊的装置，使被蒸馏物质多次部分汽化、多次部分冷凝，也就是相当于多次蒸馏，从而提高分离效率。

加热具有不同沸点而又完全互溶的几种液体的混合物，当蒸汽的总压力等于外界大气压时液体沸腾汽化，蒸汽中低沸点液体比例比液体中高。上升的蒸汽接触下降的冷凝液时发生热量交换，上升的蒸汽部分冷凝放出热量使下降的冷凝液部分汽化，这样，上升蒸汽中低沸点物质增加，下降的冷凝液中高沸点物质增加，如此多次，就等于进行了多次蒸馏，分馏柱顶部的低沸点物质比例高，底部高沸点物质比例高，从而达到分馏液体混合物的目的。

3.11.2 分馏装置的安装和使用

图 3-47 是实验室常用的分馏装置。安装在烧瓶和冷凝管之间的是刺形分馏柱，又叫韦氏柱，柱子的内壁每隔一段距离就有三根刺状物，是常用的分馏柱。

分馏装置的安装和使用与常压蒸馏相似。

分馏时要注意以下几点：

① 分馏柱柱高是影响分馏效率的重要因素之一。一般来讲，分馏柱越高，上升的蒸汽与冷凝液之间的热交换次数越多，分离效果越好。但是，分馏柱过高会影响馏出速度。

② 当室温较低或者待分馏液体的沸点较高时，分馏柱的绝热性能就会对分馏效率产生显著的影响。如果分馏柱的绝热性能差，其散热就快，因而难以维持柱内气液两相间的热平衡，从而影响分离效果。在这种情况下，为了提高分馏柱的绝热性能，可以用石棉绳、玻璃布等保温材料将柱身包裹起来。

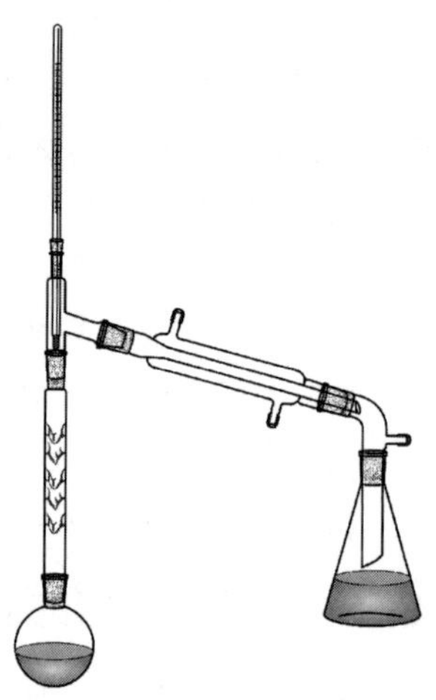

图 3-47 分馏装置

③ 在分馏过程中，要注意调节加热温度，保持馏出速度 1～2 滴/s，太快则分离效果差。

3.12 减压蒸馏

3.12.1 减压蒸馏的基本原理

减压蒸馏是分离和提纯有机化合物的一种重要方法，特别适用于那些在常压蒸馏时未达到沸点就已经受热分解、氧化或聚合的物质。

液体的沸点是指它的蒸气压等于外界压力时的温度，因此液体的沸点是随外界压力的变化而变化的，如果降低液体表面压力，就可以降低液体的沸点，液体在较低压力下就可以沸腾汽化。减压蒸馏时物质的沸点与压力有关。

有时文献中查不到与减压蒸馏选择的压力相应的沸点，可根据图 3-48 中的一条经验曲线找出该物质在此压力下的近似沸点。可以对选择温度计、加热温度及馏分收集提供参考。利用表中两个数据，连线，其延长线与第三条曲线相交，即可得到第三个数据。例如，已知某物质常压下沸点，和减压下水泵压力，可将两点连线，其延长线与 A 曲线的交点，即该物质在此压力下的沸点。同时要注意压力单位的换算：1mmHg＝133Pa。

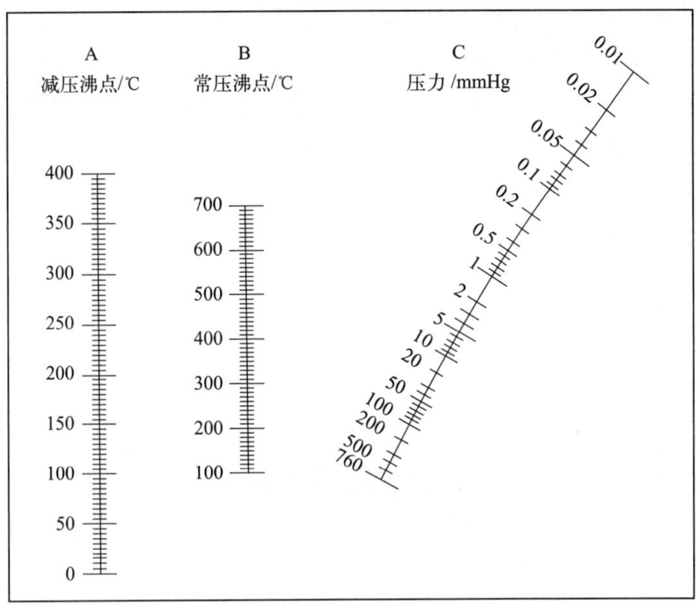

图 3-48 沸点-压力关系

给定压力下的沸点还可近似地从下式求出：

$$\lg p = A + \frac{B}{T}$$

式中，p 是蒸气压；T 是沸点；A、B 是常数。以 $\lg p$ 为纵坐标，以 $1/T$ 为横坐标，可近似地得到一条直线。利用已知的两组数据，能够求出 A、B 的值，再将所选的压力代入上式，便能计算出沸点。

当压力降低到 2.67kPa 时，大多数有机化合物的沸点比常压下低 100～120℃，当减压蒸馏在 1.33～3.33kPa 进行时，大体上压力每相差 0.133kPa，沸点相差约 1℃。

3.12.2 减压蒸馏装置

减压蒸馏装置主要由蒸馏、保护、测压和抽气几个部分组成，如图 3-49 所示。

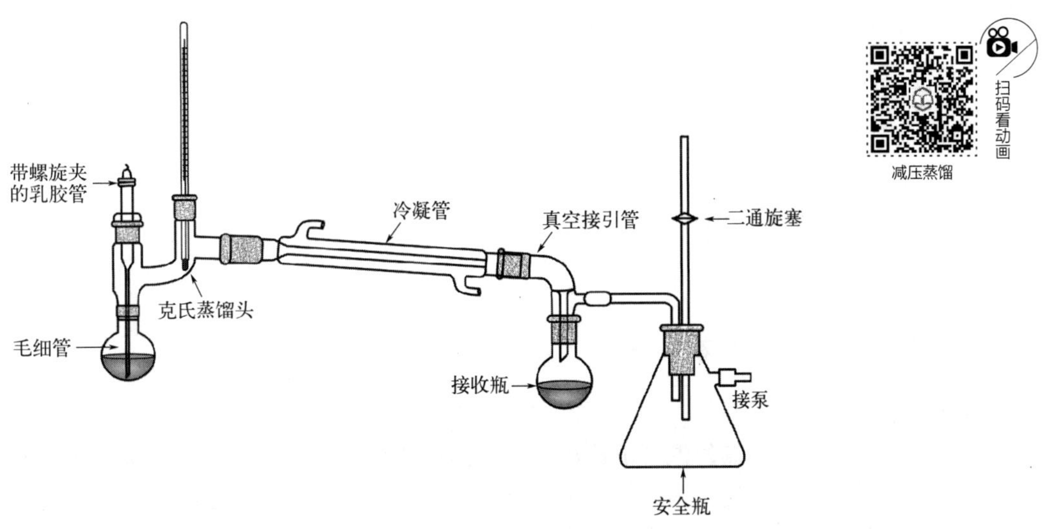

图 3-49 减压蒸馏装置

蒸馏部分由烧瓶、克氏蒸馏头、毛细管、温度计、冷凝管、真空接引管、接收瓶等组成。克氏蒸馏头可防止液体剧烈沸腾直接进入冷凝管，两个瓶口分别插温度计和毛细管，毛细管口距瓶底约 1～2mm；毛细管是一端拉制成毛细管的玻璃管，玻璃管上套一段乳胶管，用螺旋夹夹住。减压蒸馏时，气体由毛细管进入液体中成为液体沸腾的汽化中心，同时搅拌液体，使蒸馏平稳。通常在多尾接引管上连接烧瓶接收馏分，转动接引管即可接收不同温度下的馏分。在减压蒸馏系统中不能使用有裂缝或薄壁的玻璃仪器。不能用不耐压的平底瓶如锥形瓶，以防止内向爆炸。各玻璃仪器磨口间一般涂抹凡士林或真空酯进行密封。

抽气部分常用水泵和油泵。水泵最大真空度：水温 3～4℃，最大真空度能达到 6mmHg；20～25℃，最大真空度 17～25mmHg。油泵的真空度更大一些。

安全保护部分在蒸馏部分和抽气部分之间，如果用水泵抽气，在多尾接引管的小支管和水泵之间用真空管连接安全瓶（缓冲瓶）即可；若使用油泵，还必须有冷阱及分别装有粒状氢氧化钠、块状石蜡及活性炭或硅胶、无水氯化钙等吸收剂的干燥塔，以避免低沸点溶剂特别是酸和水汽进入油泵而降低泵的真空效能。所以在使用油泵减压蒸馏前必须在常压或水泵减压下蒸除所有低沸点液体、水以及酸性气体。

测压部分采用测压计或真空泵本身带有的真空压力表。

3.12.3 减压蒸馏的操作过程

① 按减压蒸馏装置图安装装置。

② 向烧瓶中加入液体的体积为烧瓶体积的 1/3～1/2，旋紧毛细管上的螺旋夹。

③ 打开安全瓶上的二通旋塞使装置通大气。

④ 开水泵，关闭安全瓶上的二通旋塞，观察水泵上的指针能否达到所需真空度。如果不能达到要求，检查各个接口的连接，尤其是使用胶塞密封或真空管的接口部分。

⑤ 慢慢打开螺旋夹，使液体中产生连续平稳的小气泡。

⑥ 调整二通旋塞，使压力达到需要的真空度范围。

⑦ 通冷凝水，加热，调整电压使烧瓶中液体平稳沸腾，保持温度计水银球始终附着有冷凝的液滴，并控制蒸馏速度在 1～2 滴/s。

⑧ 转动多尾接引管收集馏分，记录馏分对应的温度、真空度。

⑨ 蒸馏完毕，移走热源，稍冷，松开螺旋夹，慢慢打开安全瓶二通旋塞通大气，关闭水泵，停冷凝水，拆除仪器。

⑩ 称量馏分体积、质量，计算产率，产物倒在指定的回收瓶中。

3.13 水蒸气蒸馏

3.13.1 水蒸气蒸馏的基本原理

根据道尔顿分压定律和气态方程可以知道，当对水和不溶于水的液体混合物蒸馏时，液体混合物会在低于水的沸点的温度下蒸出，然后温度才会上升。蒸出的混合物互不相溶而分层，可以很容易地分离提纯。因此，含水的有机物（不溶于水）必须先进行彻底的干燥，否则蒸馏时有机物会随水被蒸出而产生损失。

水蒸气蒸馏主要用于下面的情况：

① 从树脂状物质或不挥发性物质中分离有机物。

② 分离高沸点的有机物，防止高温变质。

③ 从固体反应物中分离被吸附的液体。

被提纯物应符合下面的条件：

① 和水不互溶。

② 对水稳定。

③ 100℃左右有一定蒸气压，一般不小于 1.33kPa（10mmHg）。

3.13.2　水蒸气蒸馏装置

图 3-50（a）是水蒸气蒸馏装置，常用于较为大量的蒸馏。一般按照水蒸气发生器、圆底烧瓶、直形冷凝管、接引管和接收瓶的次序依次安装。水蒸气发生器一般是用金属制成（可用大圆底烧瓶代替），通常其盛水量以其容积的 2/3 为宜，如果太满，沸腾时水将冲至烧瓶中，太少，则不够用。在水蒸气发生器的上端插入长 1m、内径约 5mm 的玻璃管作为安全管，安全管需几乎插到水蒸气发生器的底部。当水蒸气发生器内蒸气压过大时，水可沿着安全管上升，以调节体系内部压力。如果系统发生阻塞，水便会从安全玻璃管的上口喷出。蒸馏瓶的容量通常在 500mL 以上，烧瓶内的液体不超过其容积的 1/3。蒸馏瓶的位置应向水蒸气发生器的方向倾斜 45°，防止瓶中的液体因跳溅而冲入冷凝管内。也可以使用圆底烧瓶加上克氏蒸馏头来代替。

水蒸气导管的末端应弯曲，使之垂直地正对瓶底中央并伸到接近瓶底的位置。馏出液导管（弯角约 30°）的孔径最好比水蒸气导管稍大一些，一端插入圆底烧瓶，露出约 5mm，另一端和冷凝管连接。馏出液通过接引管进入接收瓶，接收瓶可置于冷水浴中冷却。在水蒸气发生器与水蒸气导管之间应装上一个 T 形管，并在 T 形管下端连一个螺旋夹，以便及时除去冷凝下来的水滴。要尽量缩短水蒸气发生器与蒸馏瓶之间的距离，以减少水蒸气的冷凝。

图 3-50（b）是一种简易的水蒸气蒸馏装置。将要分离的物质置于圆底烧瓶中，加水，加热烧瓶，蒸气经恒压漏斗的侧管进入球形冷凝管，被冷却后滴入恒压漏斗里。

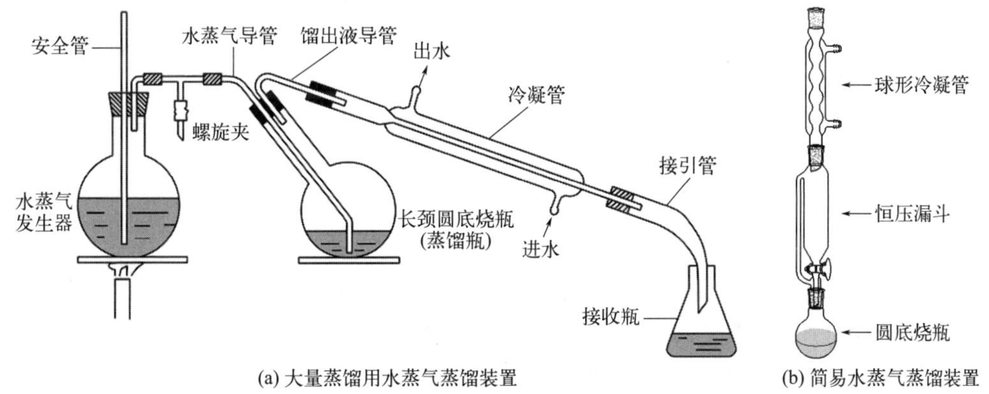

图 3-50　水蒸气蒸馏装置

被水带出的物质密度小于水时，水在下面，可通过调整恒压漏斗的活塞把水放到烧瓶里，被水带出的物质仍然留在恒压漏斗里；被水带出的物质密度大于水时，水在上面，可通过恒压漏斗的侧管流回烧瓶里，被水带出的物质留在恒压漏斗里。也可以在恒压漏斗里预先加入有机萃取剂如乙酸乙酯，这样被水蒸出的物质被萃取到萃取剂中，因为密度小而处于水面上，调整恒压漏斗的活塞把下面的水放到烧瓶里。还可以用分水器代替恒压滴液漏斗，被水带出的物质密度小，沉在下层，可以通过活塞放出；上层的水通过分水器的支管口流回到烧瓶中。

该装置适用于水溶性较大的化合物的分离提纯，是从植物中提取挥发油的实用装置。

3.13.3 水蒸气蒸馏装置的使用

① 把待蒸馏物质加入蒸馏瓶中，水蒸气发生器内装入其容积 2/3 的水。

② 打开螺旋夹，加热，水蒸气发生器内的水沸腾，产生大量水蒸气。

③ 拧紧螺旋夹，使水蒸气进入蒸馏瓶中。为了防止水蒸气大量冷凝积累在蒸馏瓶中，可在蒸馏瓶下增加一个加热装置。

④ 注意观察蒸馏情况，及时调节加热火力，并适当调节螺旋夹，使蒸馏平稳进行。

⑤ 当馏出液澄清，没有油状物时，可以结束蒸馏。

⑥ 蒸馏结束或中断时，先打开螺旋夹通大气，再停止加热。以免蒸馏瓶中液体倒吸进水蒸气发生器中。

⑦ 蒸馏过程中，如果发现安全管中水位迅速上升，说明体系中发生堵塞。此时应该立即打开螺旋夹，移去热源，排除堵塞后再进行蒸馏。

3.14 薄层色谱和柱色谱

色谱法是分离、提纯和鉴定有机化合物的重要方法之一。与经典分离纯化方法（蒸馏、重结晶、升华）相比，具有微量、高效、灵敏、准确等优点。广泛应用于产品的分离提纯、定性定量分析以及反应跟踪等方面。

色谱法的基本原理是：利用混合物中各组分在固定相和流动相中分配平衡常数的差异。简单说，当流动相经过固定相时，由于固定相对各组分的吸附或溶解性能不同，使吸附能力较弱或溶解度较小的组分在固定相中移动速度较快，在多次反复平衡中，导致各组分在固定相中形成了分离的“色带”，从而实现分离。

色谱法按其操作不同可分为薄层色谱、柱色谱、纸色谱、气相色谱等；按工作原理又可分为吸附色谱、分配色谱、离子交换色谱和凝胶渗透色谱等。

3.14.1 薄层色谱

薄层色谱（thin layer chromatography，TLC），是固-液吸附色谱，样品在薄层板上的吸附剂和展开剂间进行吸附分离，是一种微量、快速、简单的色谱法。

薄层色谱可以用来分离混合物，鉴定和精制化合物、跟踪化学反应进程及作为探索柱色谱条件的先导。它分离速度快，分离效率高，需要样品少；特别适用于挥发性小，高温易发生变化、不宜用气相色谱分析的化合物。

薄层色谱是在干净的玻璃板上均匀地铺一层吸附剂，待干燥、活化后将样品溶液用管口平整的毛细管滴加于离薄板一端 1cm 处的起点线上，晾干后置于盛有展开剂的展开缸内，浸入深度 0.5cm。待展开剂前沿离顶端 1cm 时，将薄板取出，干燥后显色，记录原点至主斑点中心、至展开剂前沿的距离，计算比移值 R_f。可以通过比移值（R_f）评价分离效果。量取每个组分斑点的中心位置到起始线距离 D_a 和溶剂前沿到起始线的距离 D_s，计算比移（R_f），公式如下：

$$R_f=\frac{\text{溶质的最高浓度中心至原点中心的距离}}{\text{溶剂前沿至原点中心的距离}}=\frac{D_a}{D_s}$$

二组分展开前后如图 3-51 所示。

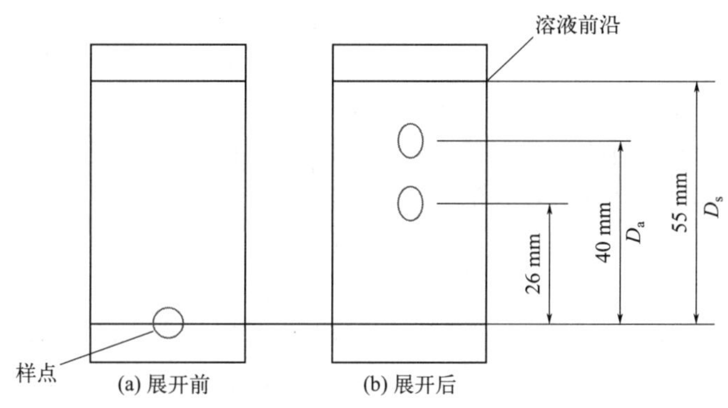

图 3-51　二组分展开示意图

各种物质的 R_f 和物质结构、吸附剂、展开剂、温度等有关。一般数值在 0.15～0.75 之间表示分离良好。

（1）吸附剂

常用吸附剂是硅胶和氧化铝。硅胶是无定形多孔物质，略具酸性，适用于酸性物质的分离和分析，如羧酸、醇、胺等。硅胶吸附剂类型分为硅胶 G（含有煅石膏黏合剂）、硅胶 H（不含黏合剂）、硅胶 HF_{254}（含有荧光物质，可以在波长 254nm 紫外光下观察荧光）、GF_{254}（含有煅石膏黏合剂和荧光物质）。

氧化铝的极性比硅胶大，适用于极性小的物质分离分析，如烃类、醚、醛、酮等化合物。因为极性化合物被氧化铝强烈吸附，分离差，R_f 值较小；相反，硅胶适用于分离极性大的化合物，而非极性化合物在硅胶板上吸附较弱，分离较差、R_f 较大。和硅胶吸附剂类似，氧化铝吸附剂分为氧化铝 G（含有煅石膏黏合剂）、氧化铝 HF_{254}。

制备薄层板使用的黏合剂有煅石膏（$2CaSO_4 \cdot H_2O$）、淀粉、羧甲基纤维素钠（CMC-Na）。添加了黏合剂的薄层板称为硬板，不加黏合剂的薄层板称为软板。

（2）展开剂

展开剂的选择原则主要是根据样品的极性、溶解度和吸附剂等。极性化合物选择极性展开剂，非极性化合物选择非极性展开剂。当一种展开剂不能将样品分开时，可以选用混合展开剂，以适应含有多种基团的化合物的分离。溶剂的极性越大，对化合物的展开能力越强。

常用展开剂的极性：石油醚＜甲苯＜二氯甲烷＜乙醚＜氯仿＜乙酸乙酯＜丙酮＜乙醇＜甲醇＜水。

烃类化合物一般用石油醚、正己烷或甲苯等极性小的溶剂作为展开剂，相应的，醛、酮、醇、有机酸类等含有极性基团的化合物就要用极性大的乙酸乙酯甚至乙酸、水作为展开剂。

(3) 薄层色谱的制备

吸附剂涂层应该牢固，厚度（0.25～1mm）均匀一致。如果涂层太厚，展开时出现拖尾；如果涂层太薄，则混合物不能分离开。

通常用玻璃板作为薄层板的板基。在教学实验中，可称取 3g 硅胶 G，逐渐加入 7～9mL 0.5%的羧甲基纤维素钠（CMC-Na）溶液，边加边搅拌至成均匀的浆料，用药匙或玻璃棒将浆料转移到干净的载玻片上，晃动载玻片，使糊状物均匀地铺在载玻片上，晾干、活化，这样制备的薄层板可以满足一般的教学需要。

(4) 活化

自然干燥后的薄层板一般需要活化，根据活化程度分Ⅱ～Ⅴ级（勃劳克曼活性级）。晾干的硅胶薄层板一般放在干燥箱中逐渐升温，在 105～110℃活化 30min 即可得到活性Ⅱ级的薄层。以氧化铝为吸附剂的薄层板需要在 200℃干燥 4h 得到活性Ⅱ级的薄层。当薄层板用于分离较易吸附的物质时可不用活化。

(5) 点样

将样品溶于低沸点的溶剂中，配制成 1%左右的稀溶液。在薄层板上距两端 1cm 用铅笔各画一条横线。以其中的一条横线作为起始线，用点样毛细管吸取样品溶液，轻轻点在起始线上，注意不要戳破薄层板，点样时，应使毛细管轻轻接触板面后立即移开，以防溶剂扩散造成斑点直径太大，样点直径在 2mm 左右；如果溶液过稀，可待样点干后重复点样。若平行点样，则距离应在 1～1.5cm，防止样点展开过程发生重叠。等溶剂干燥后可放入展缸中进行展开。

样品用量影响化合物的分离效果，同时，样品用量与吸附剂的种类、薄层厚度、显色剂的灵敏度都有关系。样品量太大，斑点也大或出现拖尾，化合物分离不开；样品量少，斑点不清楚。

(6) 展开

薄层板上的样点需要用合适的溶剂分散、分离，这个过程就是展开。在密闭的容器内放入展开剂，将点样的薄层板置于容器内，展开剂不能浸没薄层板的样点，盖上盖子以密封，当展开剂前沿到达另一端的横线时立即拿出薄层板。

图 3-52（c）所示的分离情况比较好，而图 3-52（a）、（b）的分离效果不理想，应重新选择展开剂展开。

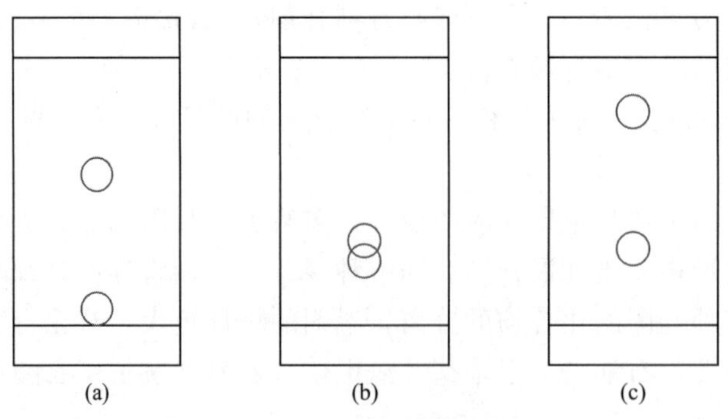

图 3-52 薄层色谱分离的几种情况

常见的展开容器有层析缸，用玻璃或透明的塑料制作，长方体或圆柱体，有可以密封的盖子。使用时，在层析缸里面衬一张滤纸可以防止溶剂挥发时的边缘效应。

① 单向展开：倒入展开剂，将点样的薄层板放入展开剂中，无黏合剂的软板以15°倾斜放置，含有黏合剂的薄层板可以垂直放置（垂直上行展开）。

② 双向展开：对于组分较多的混合物的分离可以采用此法。使用面积较大的板基制备薄层板，将样品点在角上，先沿一个方向展开，然后将板转动90°，同时换另一种展开剂再次展开。

（7）显色

对于有颜色的物质可以直接看到斑点，对于无色的化合物可以用下面的方法显色：

① 紫外灯显色：有荧光的物质可以在紫外灯下观察斑点；对于本身不发荧光的物质，可以在制备薄层板时加入荧光剂，在紫外灯的照射下，不发荧光的物质呈现暗点。

② 用显色剂显色：没有荧光的物质可以利用显色剂（表3-6）显色，如碘熏、喷洒显色剂。

表3-6　常用显色剂

显色剂	配制方法	适用化合物及现象
硫酸	90%浓硫酸	多数有机化合物经加热后显黑色
碘蒸气	碘单质置于密闭容器中	多数有机化合物显棕色
硝酸铈铵	6%硝酸铈铵的硝酸（2mol/L）溶液	醇类显红色
2,4-二硝基苯肼	0.4%2,4-二硝基苯肼的盐酸（2mol/L）溶液	醛、酮显红色
溴酚蓝	0.05%溴酚蓝的乙醇溶液	有机酸显黄色

3.14.2　柱色谱

柱色谱是用色谱柱分离化合物的方法。将吸附剂装在色谱柱内制成色谱柱，将已经溶解的样品从柱顶加入，吸附剂将各组分从溶液中吸附到其表面，然后加入溶剂（洗脱剂）淋洗。样品中各组分在吸附剂（固定相）中的吸附能力不同，极性大的，吸附能力强；极性小的吸附能力弱。洗脱剂淋洗时，各组分在洗脱剂中的溶解度也不同，因此，被吸附的能力也就不同。溶剂流经吸附剂时发生无数次的吸附和脱附的过程，吸附力强的组分移动慢，吸附力弱的组分移动快，经过一段时间后，各组分在柱中形成了一段一段的“色带”，从而实现各组分分离。随着洗脱过程的逐渐进行，每个色带从柱底端口流出，一段色带代表一个组分，分别收集，再将溶剂蒸发，可得到纯物质。

（1）吸附剂

氧化铝、硅胶、碳酸钙和活性炭都可以作为吸附剂。对吸附剂来说，粒子小、表面积大，吸附能力就高，色带就窄，但是颗粒太小会导致流速变慢，常用吸附剂的粒度一般为100～150目，要求颗粒均匀，并且经过加纯化和活性处理。吸附剂用量是被分离样品的30～50倍，对难以分离的混合物，吸附剂用量可达到100倍或更高。

常用的氧化铝吸附剂分为酸性、中性和碱性，酸性氧化铝用于分离有机酸类化合物；碱性氧化铝用来分离胺、生物碱及烃类化合物；中性氧化铝用于分离醛、酮、酯类化合物。

硅胶是中性的吸附剂，可用于分离各种有机物，是应用最为广泛的固定相材料之一。活性炭常用于分离极性较弱或非极性有机物。

化合物的吸附能力与其结构有关，含有极性较大基团的化合物，吸附能力也强。氧化铝对各种化合物的吸附性按照以下次序递减：

酸、碱＞醇、胺、硫醇＞酯、醛、酮＞芳香化合物＞卤代物、醚＞烯烃＞饱和烃。

（2）溶剂

通常根据化合物中各成分的极性、溶解度和吸附活性来考虑。溶剂要求较纯；溶剂不能与吸附剂反应；溶剂的极性比样品的极性小，否则样品不易被吸附；样品在溶剂中的溶解度太大或太小都会影响吸附。常用的溶剂有石油醚、甲苯、乙醇、乙醚、氯仿等，可以混合使用。

（3）洗脱剂

吸附在吸附剂上的样品需要使用合适的溶剂解吸，这个溶剂称为洗脱剂。根据相似相溶原理，极性化合物易溶于极性溶剂中，非极性化合物易溶于非极性溶剂中。还可以在非极性溶剂中加入极性溶剂制成混合洗脱液。一般先用非极性溶剂淋洗。

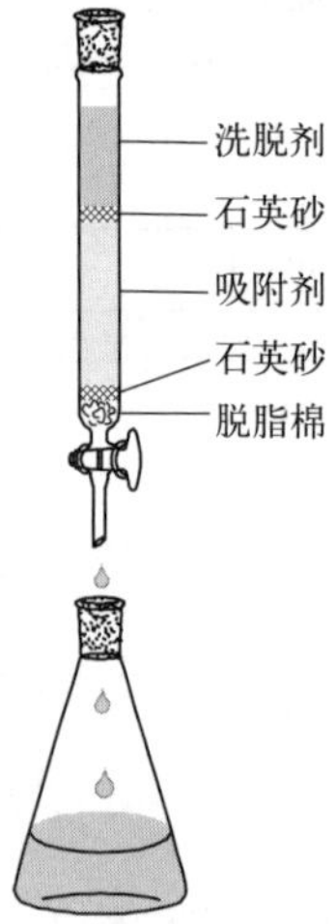

选择洗脱剂的另一个原则就是：洗脱剂的极性不能大于样品中各组分的极性，否则洗脱剂在固定相上被吸附，迫使样品一直留在流动相中。

常用洗脱剂的极性和洗脱能力按照以下次序递增：

石油醚＜环己烷＜二氯甲烷＜氯仿＜乙醚＜乙酸乙酯＜丙酮＜丙醇＜乙醇＜甲醇＜水＜乙酸。

（4）基本操作

① 填装色谱柱：柱色谱的分离效果与色谱柱装填有极大关系。色谱柱的长度和直径根据要分离的化合物的量决定。一般来说，柱的长度是直径 10～20 倍，吸附剂用量大约是待分离物质的量的 30～50 倍。

图 3-53　柱色谱装置

色谱柱是一端带尖头的玻璃管，市售的色谱柱有些还带砂芯或活塞，见图 3-53。

将色谱柱洗净、烘干，垂直固定在铁架台上，关闭活塞。先在柱底铺一层玻璃棉或脱脂棉（带砂芯的柱子不需要），再铺上一层约 0.5 cm 厚的石英砂；然后将吸附剂装入柱子，必须装填均匀，排除空气，吸附剂不能有裂缝。装填方法有湿法和干法两种：

a. 湿法：在柱内先加入约柱高 1/4 的洗脱剂，用洗脱剂中极性最低的将吸附剂调成糊状，再将调好的吸附剂倒入柱中。同时，将柱子下端活塞打开，使洗脱剂流出，吸附剂渐渐下沉。当吸附剂全部加完后，用流下来的洗脱剂将柱壁残留的吸附剂淋洗干净，继续让洗脱剂流出，至吸附剂表面平整，高度不变为止。最后在吸附剂的表面盖上一层平整的约 0.5 cm 厚的石英砂（或滤纸片），防止向柱中加入液体时破坏吸附剂表面，影响分离效果。

注意：在装柱子的过程中，洗脱剂的液面始终要高于吸附剂的表面，防止吸附剂发生断裂或出现气泡，影响分离效果。为了使色谱柱填装均匀、没有气泡，可以边向柱中加入吸附剂边用橡胶棒或洗耳球轻轻敲击柱身。

b. 干法：在柱子的上端放一漏斗，用漏斗将吸附剂均匀装入柱内，轻轻敲打柱身，使其填充均匀，再覆盖一层 0.5 cm 厚的石英砂，然后加入洗脱剂润湿。也可以先加入约柱高 1/4 的洗脱剂，然后再倒入干的吸附剂。由于硅胶和氧化铝的溶剂化作用容易使柱内产生缝隙，因此这两种吸附剂不宜使用干法装柱。

注意：无论采用哪种方法填装柱子，都要保持柱子垂直，吸附剂表面和石英砂表面平整，吸附剂内没有气泡，没有裂缝，紧密适度。

② 样品制备：用尽可能少的溶剂溶解样品，但也要保证样品溶液有良好的流动性，不宜黏稠。溶剂一般选择洗脱剂或极性低于洗脱剂的溶剂。这主要用于“湿法上样”。当样品在低极性溶剂中的溶解度很低，需要用极性高的溶剂溶解时，如果将该样品加入色谱柱中，将严重影响分离效果，甚至可能导致失败。此时可采用“干法上样”，用适当的溶剂溶解样品，将其与等质量的吸附剂搅拌均匀后得到浆状物。然后可通过旋转蒸发、红外干燥或自然挥发（通风橱内进行）等方法除去溶剂。最后将干燥的样品-吸附剂混合物装入色谱柱中。

③ 上样

a. 湿法上样：将已填装好的色谱柱的活塞打开，当洗脱剂下降至与吸附剂表面齐平时，关闭活塞，用长滴管沿柱内壁旋转 1～2 周把样品加完，使样品均匀吸附在吸附剂表面。

b. 干法上样：上样前，洗脱剂要略高于吸附剂上表面一段。将得到的样品-吸附剂固体粉末通过加料漏斗加入色谱柱中，确保样品层平整。上样后，可以用少量的溶剂冲洗柱子，以确保附着在柱壁上的样品完全沉降下去。最后在上面再覆盖一层石英砂（或滤纸片）。

④ 洗脱：打开活塞，使样品溶液进入石英砂层后，关闭活塞。用少量洗脱剂洗涤柱壁上黏附的样品溶液，打开活塞放出液体，当液体与吸附剂表面齐平时，关闭活塞。重复上述步骤 2～3 次，然后加入洗脱剂，开始洗脱。洗脱过程中，应先用极性最小的洗脱剂淋洗。样品中的化合物在柱中不断地吸附、解吸，由于极性不同而被分离，在柱中形成谱带。当色谱带出现拖尾时，可适当提高洗脱剂极性。

整个洗脱过程中，始终保持一定液面高度，避免空气进入。由于常压柱色谱的流速通常较慢，在实际工作中常用加压柱色谱。

⑤ 收集组分：可用锥形瓶作接收器。分离有色物质时，可直接观察到色带，用洗脱剂将分离后的色带依次洗脱出来。当有色组分即将流出时更换新接收器收集，直至有色物质全部流出，分别收集在不同容器中。对于无色化合物，常用的方法是收集一系列固定体积的洗脱液，然后用薄层色谱检测，直至所需组分洗脱完毕，合并相同组分。

第四章

化学实验中常用的仪器

4.1 酸度计

酸度计也称 pH 计，是测定溶液 pH 值的精密仪器，也可用来测量电动势，由电极和电动势测量部分组成。实验室使用的酸度计有雷磁 25 型、pHS-2 型和 PHSJ-3F 型等，虽然型号不一样，但原理是相同的。

4.1.1 工作原理

（1）电极

① 玻璃电极　pH 玻璃电极是对氢离子活度有选择性响应的电极。在电位分析法中，pH 玻璃电极是指示电极。pH 玻璃电极的结构如图 4-1 所示。电极的下端是用特殊玻璃吹制成的薄膜小球，内部装有 pH 值特定的内参比液，溶液中插入一个 Ag-AgCl 内参比电极。玻璃电极在初次使用前必须在纯净水中浸泡 24h 以上，不用时也应浸泡在其中。

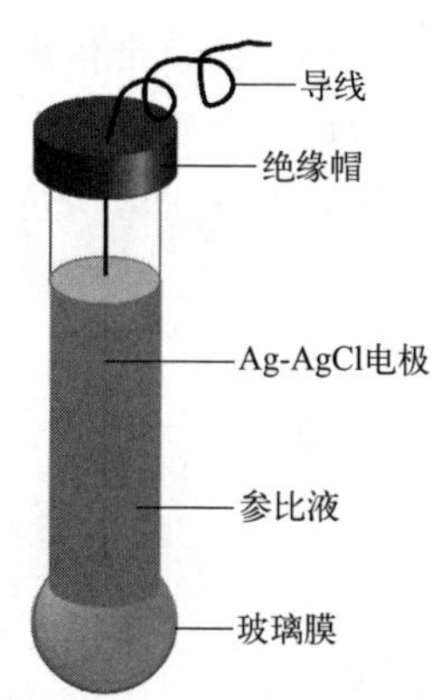

图 4-1　pH 玻璃电极

② 参比电极　电位分析法中常用饱和甘汞电极作参比电极。饱和甘汞电极由汞、甘汞和氯化钾饱和溶液组成，如图 4-2 所示。甘汞电极在初次使用前，应浸泡在饱和氯化钾溶液内，不能与玻璃电极一样浸泡在纯净水中。不使用时应浸泡在饱和氯化钾溶液中或用橡胶帽套住甘汞电极的下端毛细孔。

饱和甘汞电极的电位稳定，不随溶液 pH 值的变化而变化。当玻璃电极和饱和甘汞电极以及待测溶液组成工作电池时，测量这一电动势（例如，在 25℃时其值为 0.242V）就可获得待测溶液的 pH 值。

③ 复合电极　把 pH 玻璃电极和参比电极组合在一起的电极就是 pH 复合电极。pH 复合电极主要由电极球泡、玻璃支撑杆、内参比电极、内参比溶液、外参比电极、外参比溶液等组成，结构如图 4-3 所示。相对于两个单电极而言，pH 复合电极最大的优点就是使用方便。

pH 复合电极的特点是参比溶液有较高的渗透速度、液接界电位稳定重现、测量精度较高。当外参比溶液减少或受污染后可以补充或更换 KCl 溶液。使用时应将加液孔打开，以增加液体压力，加速电极响应，当参比液液面低于加液孔 2cm 时，应及时补充新的参比液。

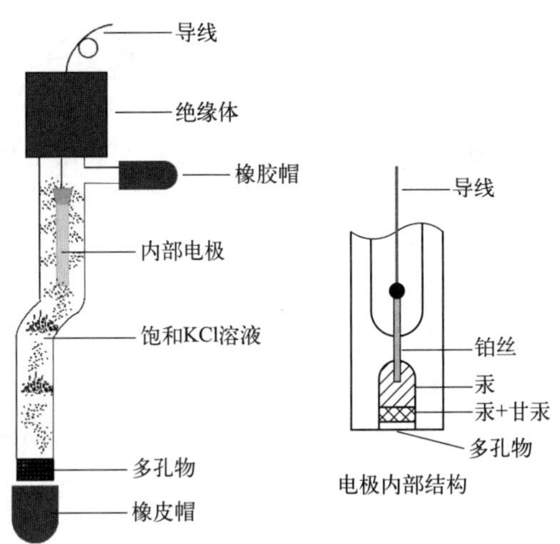

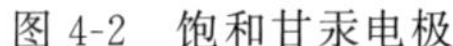
图 4-2　饱和甘汞电极

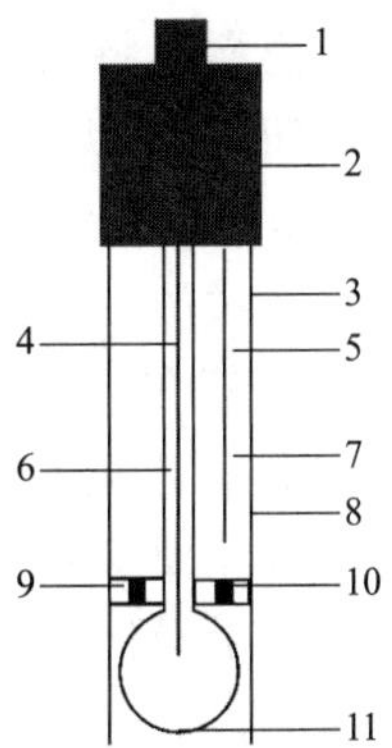

图 4-3　pH 复合电极结构示意图

1—导线；2—密封塑料；3—加液孔；
4—Ag/AgCl 内参比电极；5—Ag/AgCl 外参比电极；
6—0.1mol/L HCl；7—3mol/L KCl；8—聚碳酸树脂；
9—密封胶；10—细孔陶瓷；11—玻璃薄膜球

电极头部配有一个用于密封的塑料小瓶，内部装有电极浸泡液，电极头长期浸泡其中，使用时拔出洗净即可。塑料小瓶中的浸泡液不能受污染，要注意更换。

pH 复合电极使用前必须浸泡，因为 pH 球泡是一种特殊的玻璃膜，在玻璃膜表面有一很薄的水合凝胶层，它只有在充分湿润的条件下才能与溶液中的 H^+ 有良好的响应。同时，电极球泡经过浸泡，可以使不对称电势大大下降并趋向稳定。

（2）电动势测量

酸度计可用于测量电动势，测出的电动势经阻抗变换后进行直流放大，带动电表直接显示出溶液的 pH 值。目前，国产的酸度计型号众多，精度不同，使用的方法也存在差异。

4.1.2　使用方法

下面以 PHSJ-3F 型酸度计（图 4-4）为例说明溶液 pH 值的测定方法。PHSJ-3F 型酸度计是一种精密的数字显示 pH 计，其测量精度为 0.01pH 或 1mV。具体操作如下：

（1）开机前准备

将电极梗旋入电极梗插座，调节电极夹到适当位置，将复合电极夹在电极夹上，拉下电极前端的电极套，拉下橡皮套，露出复合电极上端小孔，用蒸馏水清洗电极。

（2）开机

将电源线插入电源插座，按下电源开关，电源接通后，预热 30min，接着进行标定。

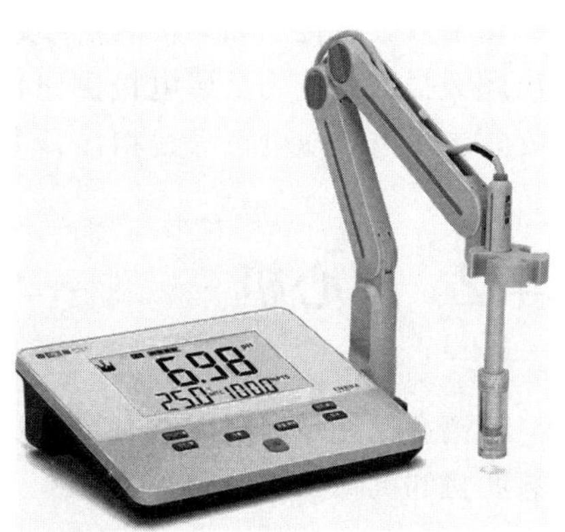

图 4-4　PHSJ-3F 型酸度计

(3) 标定

仪器使用前，先要标定。一般来说，仪器在连续使用时，每天要标定一次。

在测量电极插座处拔去Q9短路插头，插上复合电极，如不用复合电极，则在测量电极插座处插上电极转换器。将玻璃电极插头插入转换器插座处，参比电极接入参比电极接口处。把选择开关旋钮调到pH档，调节“温度”补偿旋钮，使旋钮白线对准溶液温度值，把“斜率”调节旋钮顺时针旋到底（即调到100%位置）。

把用蒸馏水清洗过的电极插入pH=6.86的缓冲溶液中，调节“定位”调节旋钮使仪器显示读数与该缓冲溶液在当时温度下的pH值相一致（如用混合磷酸盐定位温度为10℃，pH=6.92）。然后用蒸馏水清洗电极，再插入pH=4.00（或pH=9.18）的标准缓冲溶液中，调节“斜率”旋钮使仪器显示读数与该缓冲溶液在当时温度下的pH值一致。如果数值不一致，那么重复以上操作直到不用再调节“定位”或“斜率”两调节旋钮为止。仪器完成标定。

(4) 测量pH值

经过标定的仪器，即可用来测量被测溶液的pH值。被测溶液与标定溶液温度相同与否，测量步骤会有所不同。

① 被测溶液与标定溶液温度相同，测量步骤如下：用蒸馏水清洗电极头部，再用被测溶液清洗一次，然后把电极浸入被测溶液中，用玻璃棒搅拌溶液使溶液均匀，在显示屏上读出溶液的pH值。

② 被测溶液和标定溶液温度不同时，测量步骤如下：用蒸馏水清洗电极头部，再用被测溶液清洗一次，用温度计测出被测溶液的温度值，调节“温度”调节旋钮，使白线对准被测溶液的温度值，然后再把电极插入被测溶液内，用玻璃棒搅拌溶液，使溶液均匀后在显示屏上读出该溶液的pH值。

(5) 测量电极电位（mV）值

把离子选择电极或金属电极和参比电极夹在电极架上，用蒸馏水清洗电极头部，再用被测溶液清洗一次，把电极转换器的插头插入仪器后部的测量电极插座处；把离子电极的插头插入转换器插座处，把参比电极接入仪器后部的参比电极接口处；把两种电极插在被测溶液内，将溶液搅拌均匀后，即可在显示屏上读出该离子选择电极的电极电位（mV值），还可自动显示±极性。如果被测信号超出仪器的测量范围，或测量端开路时，显示屏会不亮，发出超载报警。使用金属电极测量电极电位时，电极用带夹子的Q9插头接入测量电极插座处，夹子与金属电极导线相接，参比电极接入参比电极接口处。

4.2 离心机

离心机就是利用离心力使需要分离的不同物料得到加速分离的机器。其主要分为过滤式离心机和沉降式离心机两大类。

4.2.1 工作原理

过滤式离心机的主要原理是通过高速运转的离心转鼓产生的离心力（配合适当的滤材），将固液混合液中的液相加速甩出转鼓，而将固相留在转鼓内，从而达到分离固体和液体的效果，或者俗称脱水的效果。沉降式离心机的主要原理是通过转子高速旋转产生的强大离心力，加快混合液中不同密度成分（固相或液相）的沉降速度，把样品中不同沉降系数和浮力密度的物质分离开。

4.2.2　使用方法

下面以 800 台式沉降式离心机（图 4-5）为例进行说明，具体操作如下：

① 本机采用三眼安全插座，使用前应接地线。

② 本机底部装有三个吸盘型橡胶吸脚，应将仪器放置在平整坚实的台面上。

③ 使用时，先查看转速旋钮，应处在“0”位置，然后将试样小心地放置于离心试管内。注意：离心试管必须对称放置，且对称的离心试管内必须放入同样重量的试样，以免由于重量偏差较大而产生严重晃动。

图 4-5　800 台式离心机

④ 顺时针转动转速旋钮至所需的转速位置，转头开始旋转，离心机开始工作。

⑤ 工作一定时间之后，当需要停止离心机工作时，将转速旋钮逆时针转回“0”位置，转头开始减速直至停止转动。注意：必须让转头自行减速，切勿施外力强行制动，以免发生危险。等到转头完全停转之后，方可取出试样。

⑥ 本机试用完毕后，必须切断电源，置于干燥、通风、阴凉处，并保持清洁。

4.3　电导率仪

4.3.1　工作原理

电解质溶液在电势场作用下能导电，其导电能力的大小常以电导或电阻表示。测量溶液电导的方法通常是将两个电极插入溶液中，测出两极间的电阻。根据欧姆定律，在温度一定时，两电极间的电阻与两电极间的距离成正比，与电极的截面积成反比。

4.3.2　使用方法

现以 DDS-307 型电导率仪（图 4-6）举例说明电导率仪的使用方法如下。

（1）开机

电源线插入仪器电源插座，仪器必须有良好的接地。按电源开关，接通电源，预热 30min 后，进行校准。

（2）校准

仪器使用前必须进行校准！将“选择”开关指向“检查”，“常数”补偿调节旋钮指向“1”刻度线，“温度”补偿调节旋钮指向“25”刻度线，调节“校准”调节旋钮，仪器显示 100.0μS/cm，至此校准完毕。

图 4-6　DDS-307 型电导率仪

(3) 测量

① 在电导率测量过程中，正确选择电导电极常数，对获得较高的测量精度是非常重要的。可配用常数为0.01、0.1、1.0、10四种不同类型的电导电极。用户应根据电导率测量范围参照表4-1选择相应常数的电导电极。

表4-1　测量范围和电导电极常数

电导率测量范围/(μS/cm)	推荐使用电导电极的常数/cm^{-1}
0～2	0.01、0.1
0～200	0.1、1.0
200～2000	1.0
2000～20000	1.0、10
20000～100000	10

注：对常数为1.0、10类型的电导电极有"光亮"和"铂黑"两种形式，镀铂电极习惯称作铂黑电极，对光亮电极其测量范围为（0～300）μS/cm为宜。

② 电极常数的设置方法如下：目前电导电极的电极常数为0.01cm^{-1}、0.1cm^{-1}、1.0cm^{-1}、10cm^{-1}四种不同类型，但每种类型电极具体的电极常数值制造厂均粘贴在每只电导电极上，根据电极上所标的电极常数值调节仪器面板"常数"补偿调节旋钮到相应的位置。

a. 将"选择"箭头指向"检查"，"温度"补偿调节旋钮指向"25"刻度线，调节"校准"调节旋钮，使仪器显示100.0μS/cm。

b. 调节"常数"补偿调节旋钮，使仪器显示值与电极所标数值一致。

例如：电极常数为0.01025cm^{-1}，则调节常数补偿调节旋钮使仪器显示为102.5（测量值=读数值×0.01）。

③ 温度补偿的设置

a. 调节仪器面板上的"温度"补偿调节旋钮，使其指向待测溶液的实际温度值，此时，测量得到的将是待测溶液经过温度补偿后折算为25℃下的电导率值。

b. 如果将"温度"补偿调节旋钮指向"25"刻度线，那么测量的将是待测溶液在该温度下未经补偿的原始电导率值。

④ 常数、温度补偿设置完毕后，应将"选择"开关按表4-2置于合适位置。当测量过程中，显示屏熄灭时，说明测量超出量程范围，此时，应切换"开关"至上一档量程。

表4-2　测量参数及"选择"开关位置

序号	"选择"开关位置	量程范围/(μS/cm)	被测电导率/(μS/cm)
1	Ⅰ	0～20.0	显示读数×C
2	Ⅱ	20.0～200.0	显示读数×C
3	Ⅲ	200.0～2000	显示读数×C
4	Ⅳ	2000～20000	显示读数×C

注：C为电导电极常数值。例：当电极常数为0.01cm^{-1}时，C=0.01。

4.4　直流电位差计

4.4.1　工作原理

直流电位差计是用比较测量法测量电动势或电压的一种比较式仪器，其工作原理如图4-7所示。

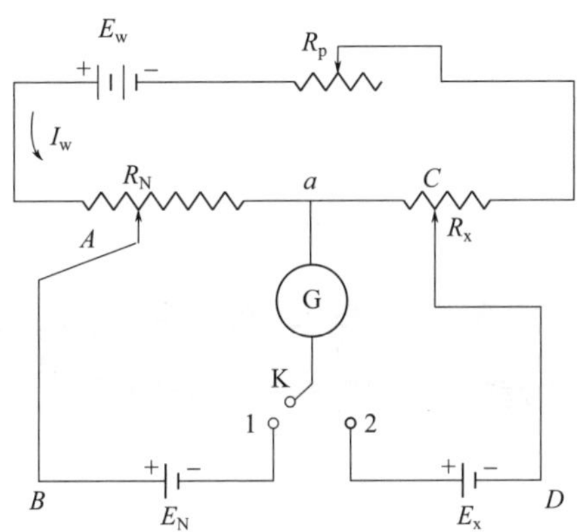

图4-7　直流电位差计工作原理图

E_w—工作电池；E_N—标准电池；E_x—待测电池；R_p—调节电阻；R_x—“测量”电阻；R_N—配合标准电池电动势用电阻；K—转换电键

由图4-7可知，一台完善的电位差计应由三个回路构成：①工作回路，主要由E_w、R_N、R_x、R_p所构成；②标准回路，主要由E_N、R_N、G、K等所构成；③测量回路，则由E_x、R_x、G、K所组成。用直流电位差计测量未知电动势时，是通过与标准电池的已知电动势E_N进行比较而得到的。其比较过程为：由工作电源E_w在工作回路中产生工作电流I_w，于是标准电池E_N的调定电阻R_N上产生电势差I_wR_N，当开关K拨向“1”后，调节工作电流的调节电阻R_p，直到检流计指针指向零，此时说明I_wR_N与E_N相互抵消，即$I_wR_N=E_N$，为此

$$I_w=E_N/R_N \tag{4-1}$$

E_N为标准电池的电动势，是已确定的值，R_N对一台电位差计也是固定值，即对于一台电位差计其工作电流在出厂时已规定为某一固定数值I_0，但是在实际测量时，因标准电池所处环境和温度不同，而其电动势E_N随温度变化，故需调整标准回路上可移触点A的位置，使E_N/R_N仍为I_0。

还有，电位差计工作电源一般用电池，电池长时间放电会使工作电源的电动势下降，达不到电位差计的规定而使工作电流$I_w \neq I_0$。为了保持工作回路工作电流I_w为电位差计所要求的I_0，需要调节工作回路上的工作电流调节电阻R_p，直到标准回路上检流计G无电流通过，此时工作电流重新为I_0。这一调整操作称为“标准化”。上述操作完成后，再将转向开关K拨向“2”位置，以进行未知电动势E_x的测量。根据对消法原理，要得知E_x就要令E_x与E_C抵消，即

$$E_x=E_C=I_0R_x \tag{4-2}$$

由于 I_w 经“标准化”操作已达规定值 I_0，R_x 的值就需调节 R_x 上 C 触点位置，当测量回路上检流计 G 无电流通过时，则 E_C 就与 E_x 相互抵消。由式（4-2）可得

$$E_x = I_0 R_x = (E_N/R_N)R_x = (R_x/R_N)E_N \tag{4-3}$$

由式（4-3）可知，用电位差计测量未知电动势 E_x 的过程，实质上是将 E_x 与 E_N 进行比较的过程。当 E_N 准确度高时，则 E_x 的测量精度取决于 R_x/R_N 比值之误差。

ZD-WC 数字式电子电位差计是采用对消法测量原理设计的电压测量仪器，它将普通电位差计、检流计、标准电池及工作电池合为一体，保持了普通电位差计的测量结构，并在电路设计中采用了对称设计，保证了测量的高精度。它具有测量简便、读数直观、误差较小、性能可靠等特点。其正面如图 4-8 所示。

4.4.2 使用方法

（1）开机

插上电源插头，打开电源开关，开机预热 15min。

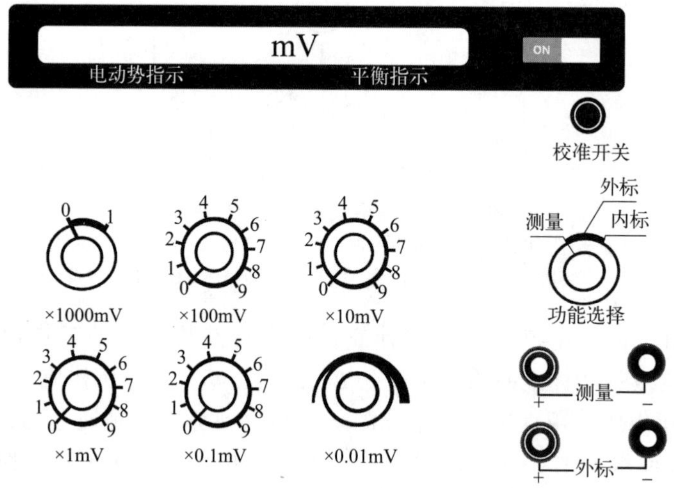

图 4-8 ZD-WC 数字式电子电位差计正面图

（2）仪器校正

一般精度要求不高时可用内标校正仪器，当精度要求较高时，可使用高精度的饱和标准电池进行外标校正。

① 内标校正 将“功能选择”旋钮旋至“内标”，调节“×1000mV～×0.01mV”旋钮，使电动势值与仪器内部标准电动势值相等，待“平衡指示”稳定后，按下“校准开关”，使“平衡指示”置零。

② 外标校正 将“功能选择”旋钮旋至“外标”，将红黑测量线按正负极接在“外标”端口上，并与标准电池按“+”“−”接好。调节“×1000mV～×0.01mV”旋钮，使电动势值与标准电池的电动势值相同，待“平衡指示”稳定后，按下“校准开关”，使“平衡指示”置零。

（3）测量

将测量线按正负极接在“测量”端口上，再与待测电池按“+”“−”接好。将“功能选择”旋钮旋至“测量”位置，观察右边 LED 显示值，依次调节测量“×1000mV～×

0.01mV”旋钮，直至电位差计右边“平衡指示”值在“00000”附近稳定下来。此时，“电动势指示”的值即为被测电池电动势值。需注意的是，“电动势指示”和“平衡指示”数码显示在小范围内摆动属正常，摆动数值在±1个数字之间。

4.4.3　注意事项

① 仪器不要放置在有强电磁场干扰的区域内。因仪器精度高，测量时应单独放置，不可将仪器叠放，也不要用手触摸仪器外壳。

② 仪器的精度较高，每次调节后，“电动势指示”处的数码显示需经过一段时间才可稳定下来。

③ 测量过程中，若“平衡指示”显示溢出符号“OUL”，说明“电动势指示”与被测电动势相差过大。

4.5　磁天平

4.5.1　结构

ZJ-2B磁天平常用于分子结构的顺磁和逆磁磁化率的测定实验。

ZJ-2B磁天平外观结构如图4-9所示。它是由电磁铁、稳流电源、数字特斯拉计等构成的。

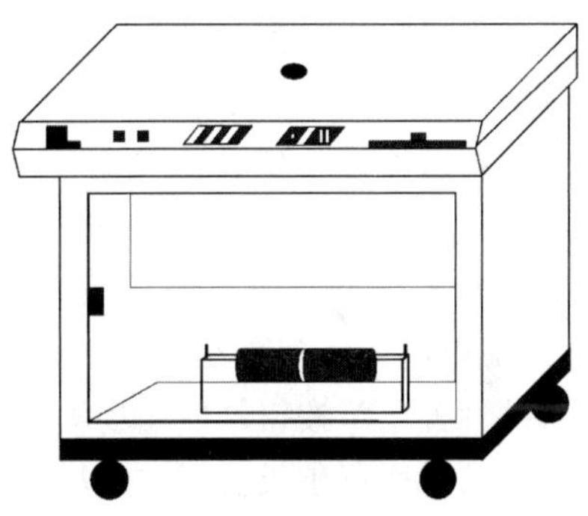

图4-9　ZJ-2B磁天平外观结构

（1）磁场

磁天平的磁场由电磁铁构成，磁极材料用软铁，使励磁线圈中无电流时，剩磁最小。磁极端为双截锥的圆锥体，磁极的端面须平滑均匀，使磁极中心磁场强度尽可能相同。磁极间的距离连续可调，便于实验操作。

（2）稳流电源

励磁线圈中的励磁电流由稳流电源供给。电源线路设计时，采用了电子反馈技术，可获得很高的稳定度，并能在较大的幅度范围内任意调节其电流强度。

（3）分析天平

ZJ-2B磁天平需与分析天平配套使用。在做磁化率测量时，常配以电子天平。在安装时需做些改装，将天平左边盘的托盘拆除，里面露出一挂钩，将一根细的尼龙线一端系在挂钩上，另一端与样品管相连。

（4）样品管

样品管由硬质玻璃制成，直径0.6～1.2cm，长度大于16cm，底部是平底，要求样品管圆而均匀。测量时，则将样品管悬挂于天平盘下。注意：样品管底部应处于磁场中部。样品管为逆磁性，可予以校正，并注意受力方向。

（5）样品

金属或合金物质可做成圆柱体直接挂在磁天平上测量；液体样品则装入样品管测量；固体粉末状物质要研磨后再均匀、紧密地装入样品管测量。古埃磁天平不能测量气体样品。微量的铁磁性杂质对测量结果影响很大，故制备和处理样品时要特别注意防止杂质的沾污。

4.5.2 使用方法

（1）测试前准备

检查两磁头间的距离，磁天平两电极（见图 4-10）的间距大于或小于 20mm 时，前后转动电极距离调节器调整两电极的间距至 20mm，样品管尽可能在两磁头的正中间。

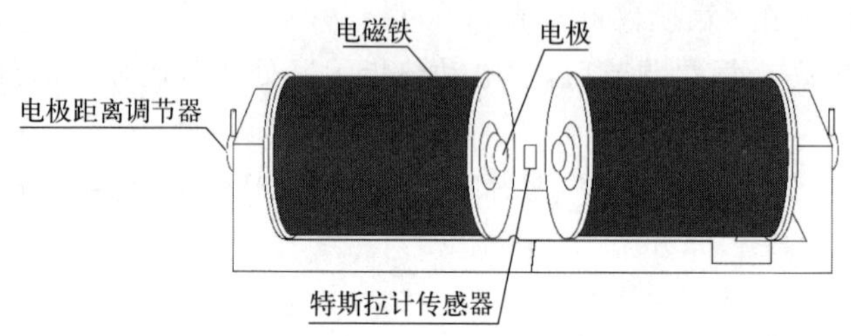

图 4-10　ZJ-2B 磁天平电极

（2）开机

样品管悬挂在分析天平的挂钩上，将励磁电流调至最小，接通电源，仪器预热 5min。

（3）调零

旋动“励磁电流”旋钮，将“励磁电流”旋钮旋至 0A 时，按下“置零”按键，“磁场强度指示”显示为“0” mT。

（4）特斯拉计传感器位置调节

特斯拉计传感器（见图 4-11）不在两个电极中间附近或传感器平面没有平行于电极端面时，调节传感器位置，检查探头是否处于磁场最强处。在未通电源时，逆时针将“励磁电流”调到最小，打开电源开关，按下特斯拉计传感器的“置零”按钮，使磁场输出显示为零。

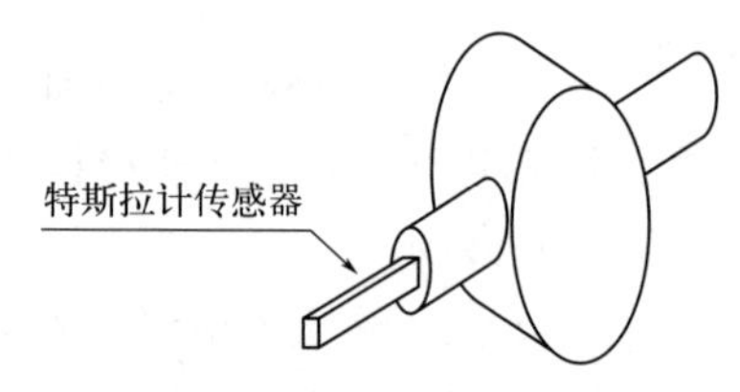

图 4-11　ZJ-2B 磁天平特斯拉计传感器

（5）用莫尔氏盐标定磁场强度

① 取一干净的空样品管悬挂在磁天平挂钩上，样品管应与磁极中心线平齐（样品管不要与磁极相触，并与探头有合适的距离）。准确称取空样品管质量（$H=0$）得 m_1（H_0），调节“励磁电流”旋钮，使特斯拉计显示为“300” mT（H_1），迅速称重得 m_1（H_1）；逐渐增大电流，使特斯拉计显示为“350” mT（H_2），称量得 m_1（H_2）；然后略增大电流，接着退回“350” mT（H_2），称量得 m_2（H_2）；将电流降至显示为“300” mT（H_1），再称量得 m_2（H_1）；再缓慢降至显示为“000.0” mT（H_0），又称取空管质量 m_2（H_0）。这样调节电流由大到小，再由小到大是为了抵消实验时磁场剩磁现象的影响。$\Delta m_{空管}(H_1)$ 及 $\Delta m_{空管}(H_2)$ 的计算公式为

$$\Delta m_{空管}(H_1)=\frac{1}{2}[\Delta m_1(H_1)+\Delta m_2(H_1)] \tag{4-4}$$

$$\Delta m_{空管}(H_2)=\frac{1}{2}[\Delta m_1(H_2)+\Delta m_2(H_2)] \tag{4-5}$$

式中，$\Delta m_1(H_1)=m_1(H_1)-m_1(H_0)$；$\Delta m_2(H_1)=m_2(H_1)-m_2(H_0)$；$\Delta m_1(H_2)=m_1(H_2)-m_1(H_0)$；$\Delta m_2(H_2)=m_2(H_2)-m_1(H_0)$。

② 取下样品管，将事先研细并干燥过的莫尔氏盐通过漏斗装入样品管，边装边将样品

管的底部在软垫上轻轻碰击，使样品均匀填实，直至达到所要求的高度 H（用尺准确测定）。按上述方法将装有莫尔氏盐的样品管置于磁天平上称重。与①中相同步骤称取得 $m_{1空管+样品}(H_0)$、$m_{1空管+样品}(H_1)$、$m_{1空管+样品}(H_2)$ 和 $m_{2空管+样品}(H_0)$、$m_{2空管+样品}(H_1)$、$m_{2空管+样品}(H_2)$，求出 $\Delta m_{空管+样品}(H_1)$ 和 $\Delta m_{空管+样品}(H_2)$。测量完毕将莫尔氏盐倒入试剂瓶中。

（6）用铁盐测定磁场强度

同一样品管中，用同样方法分别测定 $FeSO_4\cdot 7H_2O$、$K_4Fe(CN)_6\cdot 3H_2O$ 的 $\Delta m_{空管+样品}(H_1)$ 和 $\Delta m_{空管+样品}(H_2)$。

4.5.3　注意事项

① 磁天平的总机架必须水平放置，分析天平应做水平调整。

② 吊绳和样品管必须与其他物品至少相距 3mm。

③ 励磁电流的升降应平稳、缓慢。

④ 测试样品时，应关闭仪器的玻璃门，避免环境变化引起整机的振动。

⑤ 关闭电源时，应调节励磁电源电流，使输出电流为零。

4.6　阿贝折射仪

折射率是物质的重要物理常数之一，可借助它定量求出物质的光学性能、浓度、纯度等。阿贝折射仪是一种能测定透明、半透明液体或固体的折射率 n_D 和平均色散率 $n_F \sim n_C$ 的仪器（其中以测透明液体为主）。如在仪器上接恒温器，则可测定在 0～70℃温度范围的折射率 n_D。该仪器操作方便、试液用量少、测量精度高、重现性好，是物理化学实验室常用的光学仪器。

4.6.1　工作原理

当一束单色光从介质 A 进入介质 B（两种介质密度不同）时，光线在通过界面时改变了方向，这一现象称为光的折射，如图 4-12 所示。

光的折射遵循史耐尔（Snell）折射定律：

$$\frac{\sin\alpha}{\sin\beta}=\frac{n_B}{n_A}=n_{A,B} \tag{4-6}$$

式中，α 为入射角；β 为折射角；n_A、n_B 为交界面两侧两种介质的折射率；$n_{A,B}$ 为介质 B 对介质 A 的折射率。

若介质 A 为真空，因规定 $n_A=1.0000$，故 $n_{A,B}=n_B$ 为绝对折射率。但介质 A 通常为空气，空气的绝对折射率为 1.00029，这样得到的各物质的折射率称为常用折射率，也称作对空气的相对折射率，同一种物质两种折射率之间的关系为：

$$绝对折射率=常用折射率\times 1.00029 \tag{4-7}$$

根据式（4-6）可知当光线从折射率小的介质 A 射入折射率大的介质 B 时（$n_A<n_B$），入射角一定大于折射角（$\alpha>\beta$）。当入射角增大时，折射角也增大，设当入射角 $\alpha=90°$时，折射角为 β_0，将此折射角称为临界角。因此，当在两种介质的界面上以不同角度射入光线

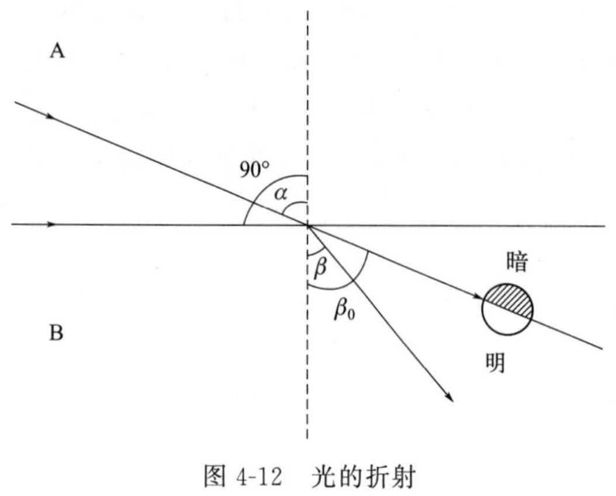

图 4-12 光的折射

时（入射角从 0～90°），光线经过折射率大的介质后，其折射角 $\beta \leqslant \beta_0$。其结果是大于临界角的部分无光线通过，成为暗区；小于临界角的部分有光线通过，成为亮区。临界角成为明暗分界线的位置，如图 4-12 所示。

根据式（4-6）可得

$$n_A = n_B \frac{\sin\beta}{\sin\alpha} = n_B \sin\beta_0 \tag{4-8}$$

因此在固定一种介质时，临界折射角 β_0 的大小与被测物质的折射率是简单的函数关系。阿贝折射仪就是根据这个原理而设计的。

4.6.2 结构

阿贝折射仪外形如图 4-13 所示。

阿贝折射仪光学结构如图 4-14 所示，它的主要部分是由两个折射率为 1.75 的玻璃直角棱镜所构成。上部为测量棱镜，是光学平面镜；下部为辅助棱镜，其斜面是粗糙的毛玻璃。两者之间有 0.1～0.15mm 厚度空隙，用于装待测液体，并使液体展成一薄层。当从反光镜反射来的入射光进入辅助棱镜至粗糙表面时，产生漫散射，以各种角度透过待测液，从各个方向进入测量棱镜而发生折射，其折射角都落在临界角 β_0 之内。因为棱镜的折射率大于待测液的折射率，所以入射角为 0～90°的光线都透过测量棱镜发生折射。具有临界角 β_0 的光线从测量棱镜出来反射到目镜上。此时，若将目镜十字线调节到适当位置，则会在目镜上看到半明半暗的状态，折射光都应落在临界角 β_0 内，成为亮区，其他部分为暗区，构成明暗分界线。

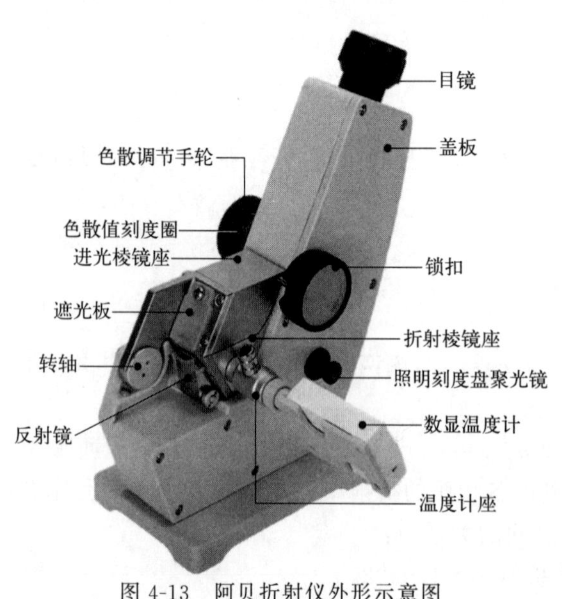

图 4-13 阿贝折射仪外形示意图

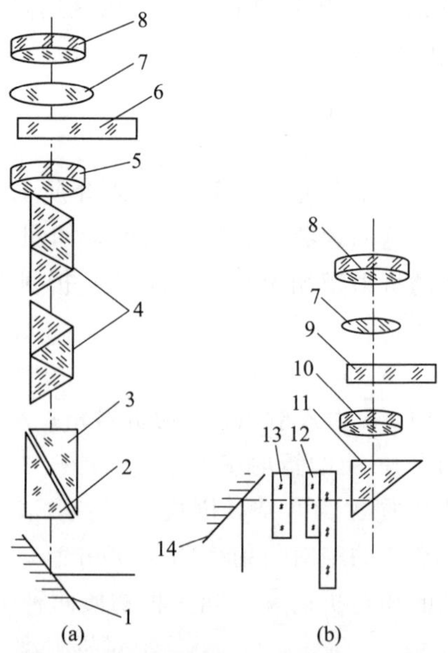

图 4-14 阿贝折射仪光学结构示意图

1—反射镜；2—辅助棱镜；3—测量棱镜；4—消色散棱镜；5—物镜；6，9—划分板；7，8—目镜；10—物镜；11—转向棱镜；12—照明度盘；13—毛玻璃；14—小反光镜

根据式（4-8）可知，只要已知棱镜的折射率 $n_{棱}$，再通过测定待测液体的临界角 β_0，就能求得待测液体的折射率 $n_{液}$。实际上测定 β_0 很不方便，当折射光从棱镜出来进入空气时又会产生折射，折射角为 β_0'，$n_{液}$ 与 β_0'之间的关系为：

$$n_{液}=\sin r\sqrt{n_{棱}^2-\sin^2\beta_0'}-\cos r\sin\beta_0' \tag{4-9}$$

式中，r 为常数；$n_{棱}=1.75$。则测出 β_0'即可求出 $n_{液}$。因为设计折射仪时已将 β_0'换算成 $n_{液}$ 值，故从折射仪的标尺上可直接读出液体的折射率。

在实际测量折射率时，使用的入射光不是单色光，而是由多种单色光组成的普通白光。因不同波长的光的折射率不同而产生色散，所以在目镜中看到一条彩色的光带，而没有清晰的明暗分界线。为此，在阿贝折射仪中安装了一套消色散棱镜（又叫补偿棱镜）。通过调节消色散棱镜，测量棱镜出来的色散光线消失，明暗分界线清晰，此时测得的液体折射率相当于用单色钠光 D 线所测得的折射率 n_D。

4.6.3　使用方法

（1）准备工作

① 仪器的安装　将折光仪放于光亮处，但应避免阳光直射。调节反光镜，使目镜视场最亮，并调节目镜焦距使视场准线（即十字线）最清晰。连接超级恒温水浴，调节到所需测量温度（通常为 20℃或 25℃±0.20℃）。

② 仪器校正

a. 用蒸馏水校准　将棱镜锁紧旋钮松开，棱镜擦干净（注意：用脱脂棉蘸无水酒精或其他易挥发溶剂擦拭，最后用镜头纸擦干）。查出实验温度时蒸馏水的标准折射率值，用滴管将 2～3 滴蒸馏水滴入两棱镜中间，合上并锁紧。调节棱镜转动手柄轮，使折射率读数恰为 1.3330。从测量镜筒中观察黑白分界线是否与×线交点重合。若不重合，则调节刻度调节螺丝，使叉线交点准确地和分界线重合。若有色散，可调节微调手轮至色散消失。

b. 用标准玻璃块校准　旋开棱镜锁紧旋钮，将进光棱镜拉开。在玻璃块的抛光底面上滴溴化萘（高折射率液体），把它贴在折光棱镜的面上，玻璃块的抛光侧面应向上，以接受光线，使测量镜筒视场明亮。调节大调手轮，使折射率读数恰为标准玻璃块已知的折射率值。从测量目镜中观察，若分界线不与×线交点重合，则调节螺丝使它们重合。若有色散，则调节微调手轮消除色散。

c. 校正完毕后，在以后的测定过程中不允许随意再动此部位。每次测定工作之前及进行示值校准时必须将进光棱镜的毛面、折射棱镜的抛光面及标准试样的抛光面，用无水酒精与乙醚（1∶4）的混合液和脱脂棉花轻擦干净，以免留有其他物质，影响成像清晰度和测量精度。

（2）测定工作

① 测定透明和半透明液体　旋开棱镜锁紧旋钮，使辅助棱镜的磨砂斜面处于水平位置，将被测液用干净滴管滴几滴于辅助棱镜的毛镜面上，迅速合上辅助棱镜，旋紧棱镜锁紧旋钮。若液体易挥发，可先将两棱镜闭合，然后用滴管从加液口中注入被测液试样。要求液层均匀，充满视场，无气泡。转动手柄，使刻度盘表尺上的示数最小，调节反光镜，使目镜视场最亮，调节目镜焦距使视场准线最清晰。旋转手柄，使旋转手柄刻度盘标尺上的示数逐渐增大，直至观察到视场中出现彩色光带或黑白分界线为止。转动消色散手柄，使视场呈现一

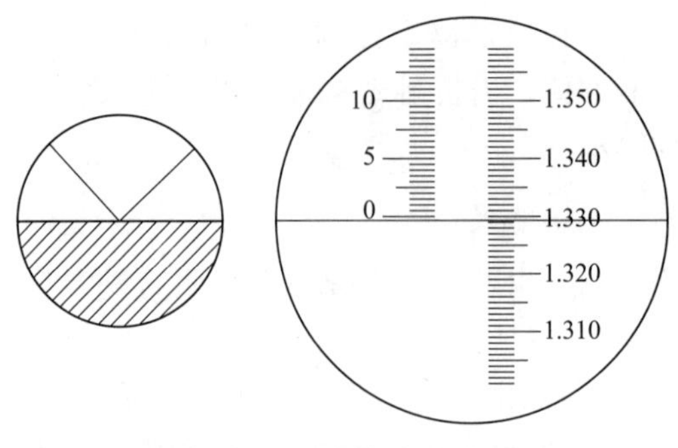

图 4-15　阿贝折射仪读数系统

清晰的明暗分界线。再仔细旋转手柄，使黑白分界线与×线交点中心重合时，读数镜视场右边的刻度值（如图 4-15 所示）即为被测液的折射率 n_D。

② 测定透明固体　被测物体上需要有 1～2 个平整的抛光面，把进光棱镜打开，在折射棱镜的抛光面上滴加 1～2 滴溴化萘，并将被测物体的抛光面擦干净放上去，使其接触良好。此时便可在目镜视场中寻找分界线，瞄准和读数的操作方法如前所述。

③ 测定半透明固体　被测半透明固体上也需要有一个平整的抛光面。测量时将固体的抛光面用溴化萘粘在折射棱镜上，取下保护罩作为进光面，调整反射镜角度并利用反射光来测量，具体操作同上。

④ 测量蔗糖溶液浓度　操作与测量液体折射率时相同，此时读数镜视场左边的读数即为蔗糖溶液的质量分数。

⑤ 测定平均色散值　基本操作方法与测量折射率时相同，转动消色散调节手柄，使视场中明暗分界线无彩色为止，此时需记下每次在色散值刻度圈上指示的刻度值 Z，再记下其折射率 n_D。根据折射率 n_D 值，在阿贝折射仪色散表的同一横行中找出 A 和 B 值（若 n_D 在表中两数值中间时，用内插法求得）。再根据 Z 值在表中查出相应的 σ 值，当 $Z>30$ 时，σ 取负值；当 $Z<30$ 时 σ 取正值。将所求出的 A、B、σ 值代入色散公式（4-10），就可求出平均色散值。

$$色散公式:n_F-n_C=A+B\sigma \tag{4-10}$$

4.7 分光光度计

物质对入射光会产生选择性吸收，被吸收光的强度的减弱程度与吸光物质的性质有关，也与吸光物质的浓度、光程大小等因素有关。可见分光光度计能在可见光谱区域对样品物质作定性和定量的分析，可判断物质的内部结构和化学组成。分光光度计广泛地应用于石油化工、医药卫生、生物化学、材料冶金、环境保护、质量控制等领域，是理化实验室常用的分析仪器之一。

4.7.1 工作原理

分光光度计的工作原理是溶液中的物质在光的照射激发下产生了对光的吸收效应，物质对光的吸收是具有选择性的，各种不同的物质都具有各自的吸收光谱，因而当某单色光通过溶液时，其能量就会被吸收而减弱，光能量减弱的程度和物质的浓度有一定的比例关系，也即符合比色原理——朗伯-比尔定律。

$$T=I/I_0 \tag{4-11}$$

$$\lg(1/T)=\lg(I_0/I)=\varepsilon cl \text{ 或 } A=\varepsilon cl \tag{4-12}$$

式中，T 为透射比；I_0 为入射光强度；I 为透射光强度；A 为吸光度；ε 为吸光系数；

l 为溶液的光径长度（即光程）；c 为溶液的浓度。

分光光度计的基本原理见图 4-16。由式（4-12）可知，当入射光、吸光系数和溶液的光径长度不变时，透射光是根据溶液的浓度而变化的，分光光度计就是依据这种物理光学现象而设计的。

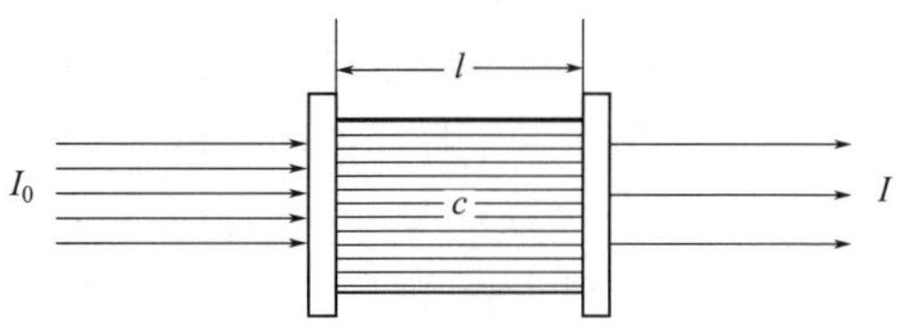

图 4-16　分光光度计的基本原理

4.7.2　光学原理

可见分光光度计采用自准式色散系统和单光束结构光路，原理见图 4-17。卤素灯发出的连续辐射光经球面聚光镜聚光后，通过滤光片投向单色器进狭缝。此狭缝正好在聚光镜及单色器内准直镜的焦平面上，因而进入单色器的复合光通过平面反射镜反射及准直镜准直后变成平行光射向色散元件光栅，光栅将入射的复合光通过衍射作用形成按照一定顺序均匀排列的连续的单色光谱。此单色光谱再重新回到准直镜上，因为仪器出射狭缝设置在准直镜的焦平面上。这样，从光栅色散出来的光谱经准直镜后利用聚光原理成像在出射狭缝上，出射狭缝选出指定带宽的单色光通过聚光镜落在试样室被测样品中心，样品吸收后透射的光经光门射向光电池接收。

4.7.3　使用方法

国内外不同档次的分光光度计型号繁多，现以 T6 新锐可见光分光光度计（图 4-18）做示例说明，操作步骤如下：

① 打开电源开关，仪器开始初始化，约 3min 时间初始化完成。确认光路未挡。

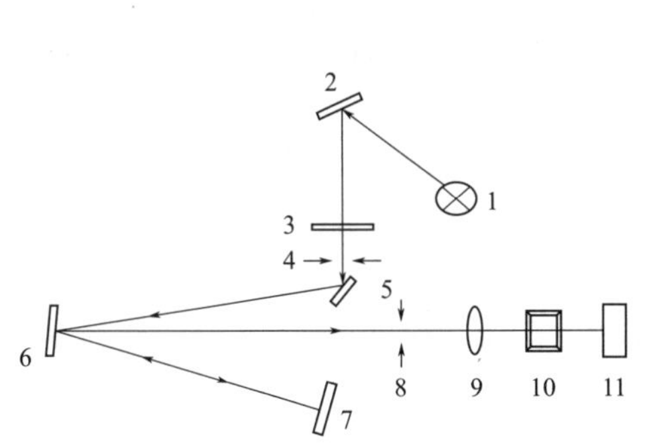

图 4-17　可见分光光度计光学原理

1—卤素灯；2—聚光镜；3—滤光片；4—进狭缝；5—反射镜；6—准直镜；7—光栅；8—出狭缝；9—聚光镜；10—样品槽；11—光电池

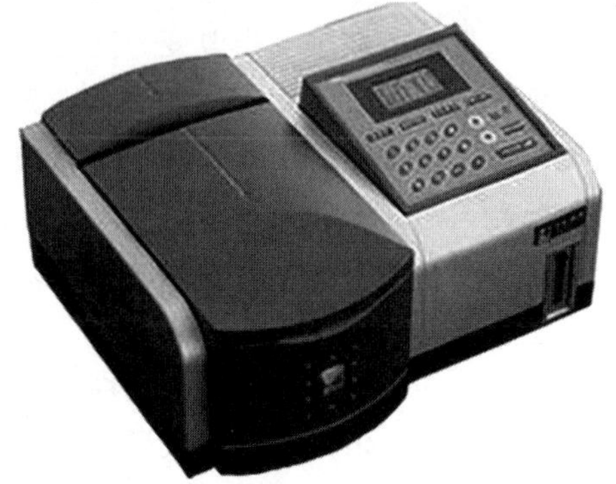
图 4-18　T6 新锐可见光分光光度计

② 设置测量波长：按下“GOTOλ”键，设置所测量的波长，按下“ENTER”键确认。

③ 设置样品池个数：按下“SHIFT/RETURN”键，根据使用比色皿个数按“▼”键确定使用样品池个数。

④ 自动校零：样品池设置完成后，按下“SHIFT/RETURN”键返回测量界面。在 1

号样品池放入空白溶液，按“ZERO”键进行空白校正。

⑤ 测量样品：自动校零完成后，在 2 号样品池中放入样品，按“START”键进行测量。屏幕只显示一个样品的吸光度值，若需要查看记录数据按“▼”键翻页。

⑥ 改变参数后测量：如果需要更换波长，按“SHIFT/RETURN”键可返回光度测量主界面，再按照步骤②进行即可（注意：更换波长后必须重新放入空白溶液，按“ZERO”键进行空白校正）。

⑦ 结束测量：确保已从样品池中取出所有比色皿，清洗干净以便下一次使用。按“SHIFT/RETURN”键直到返回到仪器主菜单界面后再关闭仪器电源。

4.7.4 仪器的维护

① 当仪器停止工作时，应关闭仪器电源开关，再切断电源。

② 为了避免仪器积灰和沾污，在停止工作的时间里，用防尘罩罩住仪器，同时在罩子内放置数袋防潮剂，以免灯室受潮、反射镜镜面发霉或沾污，影响仪器日后的工作。

③ 仪器工作数月或搬动后，要检查波长准确度，以确保仪器的使用和测定精度。

④ 每次使用仪器后应对比色皿架进行清洁，防止样品对比色皿架的腐蚀。

4.8 旋光仪

4.8.1 工作原理

一般光源发出的光，其光波在垂直于传播方向的一切方向上振动，这种光称为自然光，或称非偏振光。而只在一个方向上有振动的光称为平面偏振光。当一束平面偏振光通过某些物质时，其振动方向会发生改变。此时，光的振动面旋转一定的角度，这种现象称为物质的旋光现象，这个角度称为旋光度，以 α 表示。物质这种使偏振光的振动面旋转的性质叫作物质的旋光性，凡是具有旋光性的物质称为旋光物质。

偏振光通过旋光物质时，对着光的传播方向看，如果使振动面向右（即顺时针方向）旋转，则该旋光物质叫作右旋性物质；如果使振动面向左（即逆时针方向）旋转，则该旋光物质叫作左旋性物质。

旋光度是旋光物质的一种物理性质，除主要决定于物质的立体结构外，还受实验条件如温度、光波波长、溶液浓度、液层厚度等影响。因此，人们又提出“比旋光度”的概念作为度量物质旋光能力的标准。规定以钠光 D 线 589nm 为光源，温度 20℃时，一根 10cm 长的样品管中，每毫升溶液中含有 1g 旋光物质所产生的旋光度，称为该物质的比旋光度，即

$$[\alpha]_D^t=\frac{10\alpha}{lc} \tag{4-13}$$

式中，D 为光源，通常为钠光 D 线；t 为测定时的温度；α 为旋光度；l 为液层厚度，cm；c 为被测物质的浓度［每毫升溶液中含有样品的质量（g）表示］。为区别左旋和右旋，常在左旋光度前加“－”号。例如，蔗糖的比旋光度 $[\alpha]_D^t=52.5°$，表示蔗糖是右旋物质；而果糖的比旋光度 $[\alpha]_D^t=-91.9°$，表示果糖是左旋物质。

4.8.2　构造原理和结构

旋光度是由旋光仪进行测定的，旋光仪的主要元件是两块尼柯尔棱镜。尼柯尔棱镜是由两块方解石直角棱镜沿斜面用加拿大树脂黏合而成的，如图 4-19 所示。

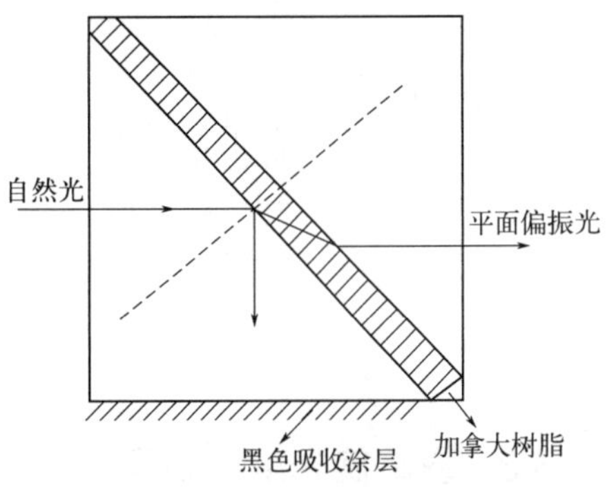

图 4-19　尼柯尔棱镜

当一束单色光照射到尼柯尔棱镜上时，分解为两束相互垂直的平面偏振光，一束折射率为 1.658 的寻常光，一束折射率为 1.486 的非寻常光，这两束光线到达加拿大树脂黏合面时，折射率大的寻常光（加拿大树脂的折射率为 1.550）全反射到底面上的黑色涂层被吸收，而折射率小的非寻常光则通过棱镜，这样就获得了一束单一的平面偏振光。用于产生平面偏振光的棱镜称为起偏镜，如让起偏镜产生的偏振光照射到另一个透射面与起偏镜透射面平行的尼柯尔棱镜上，则这束平面偏振光也能通过第二个棱镜；如果第二个棱镜的透射面与起偏镜的透射面垂直，则由起偏镜出来的偏振光完全不能通过第二个棱镜；如果第二个棱镜的透射面与起偏镜的透射面之间的夹角 θ 在 0°～90°之间，则光线部分通过第二个棱镜。此第二个棱镜称为检偏镜。调节检偏镜，能使透过的光线强度在最强和零之间变化。如果在起偏镜与检偏镜之间放有旋光性物质，则由于物质的旋光作用，来自起偏镜的光的振动面改变了某一角度，只有检偏镜也旋转同样的角度，才能补偿旋光线改变的角度，使透过的光的强度与原来相同。旋光仪就是根据这种原理设计的，如图 4-20 所示。

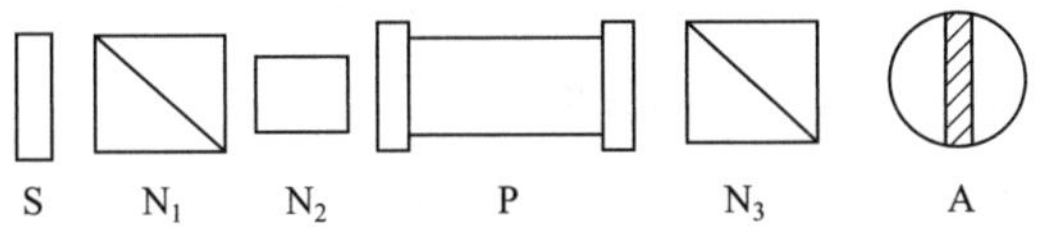

图 4-20　旋光仪的纵断面

S—钠光光源；N_1—起偏镜；N_2—石英片；P—旋光管；N_3—检偏镜；A—目镜视野

通过检偏镜用肉眼判断偏振光通过旋光物质前后的强度是否相同是十分困难的，这样会产生较大的误差，为此设计了一种在视野中分出三分视界的装置。原理是在起偏镜后放置一块狭长的石英片，由起偏镜透过来的偏振光通过石英片时，由于石英片的旋光性，偏振光旋转了一个角度，通过镜前观察，光的振动方向如图 4-21 所示。A 是通过起偏镜的偏振光的振动方向，A'是通过石英片旋转一个角度后的振动方向，这两偏振方向的夹角 ϕ 称为半暗角（$\phi=2°\sim3°$）。如果旋转检偏镜使透射光的振动面与 A'平行时，在视野中将观察到中间狭长部分较明亮，而两旁较暗，这是由于两旁的偏振光不经过石英片，如图 4-21（c）所示。如果检偏镜的振动面与起偏镜的振动面平行（即在 A 的方向时），在视野中将观察到中间狭长部分较暗而两旁较亮，如图 4-21（b）所示。当检偏镜的振动面处于 $\phi/2$ 时，两旁直接来自起偏镜的光的振动面被检偏镜旋转了 $\phi/2$，而中间被石英片转过角度 ϕ 的振动面相当于被检偏镜旋转角度 $\phi/2$，这样中间和两边的光的振动面都被旋转了 $\phi/2$，故视野呈微暗状态，且三分视野内的暗度是相同的，如图 4-21（d）所示。将这一位置作为仪器的零点，在每次测定时，调节检偏镜使三分视界的暗度相同，然后读数。

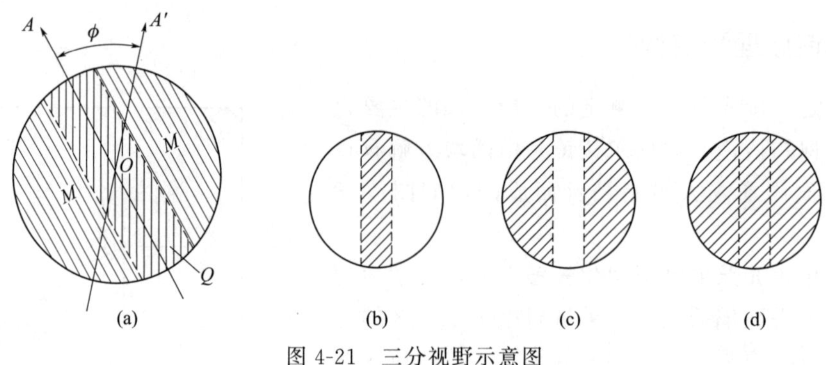

图 4-21 三分视野示意图

4.8.3 影响旋光度的因素

（1）溶剂的影响

旋光物质的旋光度主要取决于物质本身的结构，另外，还与光线透过物质的厚度、测量时所用光的波长和温度有关。如果被测物质是溶液，影响因素还包括物质的浓度，溶剂也有一定的影响。因此，在不同的条件下，旋光物质的旋光度的测定结果通常不一样。由于旋光度与溶剂有关，故测定比旋光度 $[\alpha]_D^t$ 时，应说明使用什么溶剂，如不特别说明，则认为以水为溶剂。

（2）温度的影响

温度升高会使旋光管膨胀而长度加长，从而导致待测液体的密度降低。另外，温度变化还会使待测物质分子间发生缔合或解离，使分子本身的旋光度发生改变。一般来说，温度效应方程表达如下：

$$[\alpha]_\lambda^t=[\alpha]_D^t+Z(t-20) \tag{4-14}$$

式中，Z 为温度系数；t 为测定时的温度。

各种物质的 Z 值不同，一般均在 $-0.01 \sim -0.04℃^{-1}$。因此测定时必须恒温，在旋光管上装恒温夹套与超级恒温槽配套使用。

（3）浓度和旋光管长度的影响

在一定的实验条件下，常将旋光物质的旋光度与浓度视为成正比，因而可将比旋光度作为常数。然而实际旋光度和溶液浓度之间并不是严格的线性关系，因此严格讲比旋光度并非常数。在精密测定中比旋光度和浓度间的关系可用下面的三个方程之一表示：

$$[\alpha]_\lambda^t=A+Bc\text{；}[\alpha]_\lambda^t=A+Bc+Dc^2\text{；}[\alpha]_\lambda^t=A+\frac{Bc}{D+c} \tag{4-15}$$

式中，c 为被溶液的浓度；A、B、D 为常数，可通过不同浓度的几次测量来确定。

旋光度与旋光管的长度成正比。旋光管通常有 10cm、20cm、22cm 三种规格，经常使用的为 10cm 长的。但对旋光能力较弱或者较稀的溶液，为提高准确度，降低读数的相对误差，需用 20cm 或 22cm 长度的旋光管。

4.9 自动指示旋光仪

WZZ-2B 自动指示旋光仪是测定物质旋光度的仪器，通过对样品旋光度的测定，可以分析确定物质的浓度、含量及纯度等。其三分视野检测、检偏镜角度的调整采用光电检测器，减少了人为误差。通过电子放大、机械反馈及电子自动示数装置，可直接读数。它具有体积小、灵敏度高、读数方便等特点，对目视旋光仪难以分析的低旋光度样品也能适应。广泛应用于农业、医药、食品、有机化工等各个领域。

4.9.1 结构

WZZ-2B 自动指示旋光仪结构如图 4-22 所示。

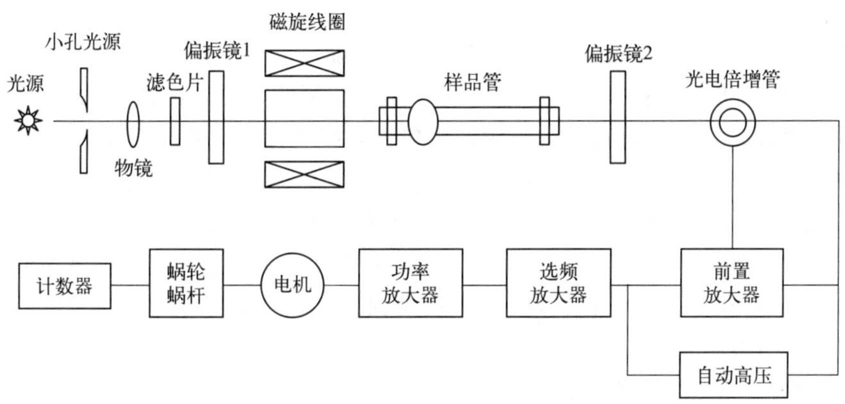

图 4-22　WZZ-2B 自动指示旋光仪结构

4.9.2 工作原理

WZZ-2B 自动指示旋光仪以 LED 作光源，由干涉滤光片和物镜组成一个简单的点光源平行光管（见图 4-22），平行光经偏振镜变成平面偏振光，这束偏振光经过有法拉第效应的磁旋线圈时，其振动面产生 50Hz 的一定角度的往复振动，该偏振光线通过检偏镜透射到光电倍增管上，产生交变的光电信号。当检偏镜的透光面与偏振光的振动面正交时，即为仪器的光学零点，此时出现指示平衡。而当偏振光通过一定旋光度的测试样品时，偏振光的振动面旋转过一个角度 α，此时光电信号就能使工作频率为 50Hz 的伺服电机转动。伺服电机通过蜗轮，蜗杆将偏振镜转动 α 角，仪器回到光学零点，此时读数盘上的示值即为所测物质的旋光度。

4.9.3 使用方法

（1）操作方法

①将仪器电源插头插入 220V 直流电源插座，并将接地线可靠接地。

② 按 ↵ 键进入测量界面。

③ 在测试过程中，如果出现黑屏、乱屏或者测量结束后想返回测量原始界面，请按“清屏”键。

④ 测量界面如图 4-23 所示。

中间可显示 3 组测量数据，下方为实测数值。等 3 组数据测量完毕，α 会变为 $\bar{\alpha}$，此时显示的即为 3 组数据的平均值。

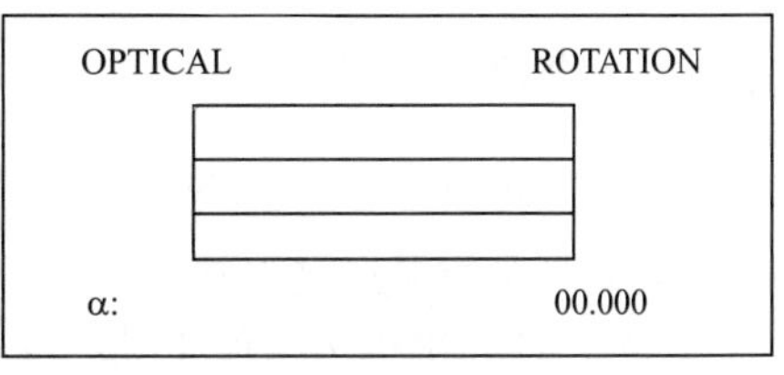

图 4-23　测量界面

等显示数值不动后，按“清零”键进行清零，然后再进行测量。

仪器提供的测量方法有两种：一种为自动测量；另一种为手动测量。

a. 自动测量　如果进入测量界面以后，按“自测”键，仪器就会自动测量 3 组数据（每组间，电机正转 0.5 度左右），并在屏幕上显示平均值。若想重新测量，可直接按“自测”键。

b. 手动测量　如果进入测量界面以后，按“手测”键，然后松开按键（控制电机正转较长的角度，以检测机器的稳定性），仪器在测量一组后停下，等待用户再次按键。用户可重复该动作，直至测量次数满 3 次。满 3 次后，若继续按“手测”键，屏幕会被清掉，在第一组位置显示被测数据。

⑤ 将装有蒸馏水的旋光管放入样品室，盖上箱盖，待示数稳定后，按“清零”键，显示“0”读数。旋光管中若有气泡，应先让气泡浮在凸颈处。通光面两端的雾状水滴应用软布擦干。旋光管螺帽不宜旋得过紧，以免产生应力，影响读数。旋光管安放时应注意标记的位置和方向。

⑥ 取出旋光管，将待测样品注入旋光管，按相同的位置和方向放入样品室内，盖好箱盖，示数盘将转出该样品的旋光度。仪器显示该样品的旋光度，左旋为（－），右旋为（＋）。

⑦ 如样品超过测量范围，仪器在 $\pm 45°$ 处来回摆动。取出旋光管，仪器即自动转回零位，此时可稀释样品后重测。

⑧ 仪器使用完毕后，应依次关闭示数、直流电源开关。

（2）测定物质浓度或含量

先将已知纯度的标准品或参考样品按一定的比例释成若干不同浓度的试样，分别测出其旋光度。然后以横轴为浓度，纵轴为旋光度，绘制旋光曲线（见图 4-24）。一般旋光曲线均按算术插值法制成查对表形式。

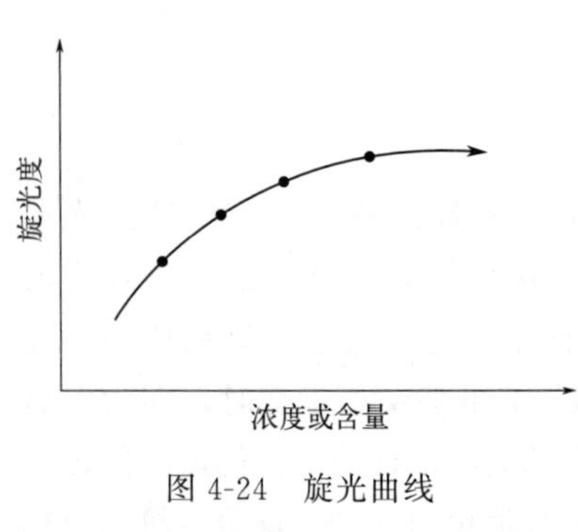

图 4-24　旋光曲线

测定时，先测出样品的旋光度，然后根据旋光度从旋光曲线上查出该样品的浓度或含量。

注意：旋光曲线应用同一台仪器、同一支旋光管来做，测定时应予注意。

（3）测定比旋度和纯度

先按《药典》规定的浓度配制好溶液，依次测出旋光度，然后按下列公式计算出比旋度（α）：

$$(\alpha)=\frac{\alpha}{lc} \tag{4-16}$$

式中，α 是测得的旋光度，(°)；c 是溶液的浓度，g/mL；l 是溶液的长度，dm。由测得的比旋度，可求得样品的纯度：

$$纯度=\frac{实测比旋度}{理论比旋度} \tag{4-17}$$

4.9.4　维修及保养

① 仪器应放在干燥通风处，防止潮气侵蚀。尽可能在 20℃的工作环境中使用仪器，搬动仪器应小心轻放，避免震动。

② LED 光源积灰或损坏时，可打开机壳进行擦净或更换。

③ 机械部件摩擦阻力增大，可以打开后门板，在伞形齿轮、蜗轮蜗杆处加少许润滑油。

第五章

基础操作实验

实验1　分析天平的称量练习

一、实验目的

① 学习分析天平的基本操作和固体样品的称量方法。

② 经过多次练习，尽量能够在15min内完成本实验中差减称量法操作。

③ 培养准确、简明地记录原始实验数据的习惯。

二、实验原理

天平是定量分析化学实验中最基本的仪器，定量分析的结果通常都基于待测物质的准确称量。因此，分析测定的第一步常常是用天平称量。

参照第三章3.2.1小节分析天平的使用。

三、实验仪器与药品

①仪器：分析天平、称量瓶、烧杯、锥形瓶。

② 试剂：NaOH(s)、去离子水、石英砂。

四、实验内容

1.固定质量称量法（称取NaOH 2.00g）

配制0.10mol/L NaOH溶液：用分析天平迅速称取2.00g NaOH固体于100mL小烧杯中，加约50mL无CO_2的去离子水溶解，然后转移至试剂瓶中，用去离子水稀释至500mL，摇匀后，用橡胶塞塞紧。贴好标签，写好试剂名称、浓度（空一格，留待填写准确浓度）。

2.差减称量法（称取0.3～0.4g石英砂三份）

准备一个干燥、洁净的称量瓶和三个锥形瓶，按照差减称量法称取石英砂三份，每份0.3～0.4g，分别置于三个锥形瓶中。反复练习，直至熟练掌握分析天平使用规则，并掌握差减称量法要领为止。

五、实验数据记录与处理

称量编号	1	2	3
敲出前称量瓶＋样重/g			
敲出后称量瓶＋样重/g			
敲出试样重/g			

六、思考题

① 试述分析天平的称量方法。

② 分析天平的灵敏度越高，是否称量的准确度就越高？

③ 差减法称量过程中能够用小药匙取样，为什么？

实验 2 滴定分析的基本操作练习——酸碱滴定

一、实验目的

① 掌握滴定分析常用仪器的洗涤和使用方法。

② 掌握酸碱标准溶液的配制方法、酸碱溶液相互滴定比较。

③ 熟悉甲基橙、酚酞指示剂的使用和终点的正确判断，初步掌握酸碱指示剂的选择方法。

二、实验原理

滴定是常用的测定溶液浓度的方法，将标准溶液（已知其准确浓度的溶液）由滴定管加入待测溶液中（也可反过来滴加），直至反应达到终点，这种操作称为滴定。

滴定反应的终点是借助指示剂的颜色变化来确定的，强酸滴定强碱一般用甲基橙作指示剂，而强碱滴定强酸一般用酚酞作指示剂。

利用酸碱中和反应的酸碱滴定很容易测得酸碱的物质的量浓度，根据化学方程式来计算，例如：$NaOH+HCl \longrightarrow NaCl+H_2O$。

三、实验仪器与药品

① 仪器：分析天平、烧杯、量筒、酸式滴定管、碱式滴定管、锥形瓶、移液管。

② 药品：NaOH(s)、6mol/L 盐酸、0.2%酚酞指示剂（0.2g 酚酞溶于 100mL 95%乙醇溶液中）、0.2%甲基橙指示剂（0.2g 甲基橙溶于 100mL 水中）。

四、实验内容

1. 0.1mol/L NaOH 溶液的配制

用分析天平迅速称取 2.00g NaOH 固体于 100mL 小烧杯中，加约 50mL 无 CO_2 的去离子水溶解，然后转移至试剂瓶中，用去离子水稀释至 250mL，摇匀后用橡胶塞塞紧。贴好标签，写好试剂名称、浓度（空一格，留待填写准确浓度）。

2. 0.1mol/L HCl 溶液的配制

用洁净量筒量取 6mol/L HCl 约 4.2mL，倒入 500mL 试剂瓶中，用去离子水稀释至 250mL，盖上玻璃塞，充分摇匀。贴好标签，备用。

3. 酸碱溶液的相互滴定操作练习

(1) 酸式和碱式滴定管的准备

准备好酸式和碱式滴定管各一支，分别用 5～10mL HCl 和 NaOH 溶液润洗酸式和碱式滴定管 2～3 次。再分别装入 HCl 和 NaOH 溶液，排出气泡，调节液面至零刻度或稍下一点的位置，静置 1min 后，记下初读数。

(2) 以酚酞作指示剂用 NaOH 溶液滴定 HCl

从酸式滴定管中准确放出 25.00mL HCl 于锥形瓶中，加入 1～2 滴酚酞，在不断摇动下，用 NaOH 溶液滴定，注意控制滴定速度。当滴加的 NaOH 落点处周围红色褪去较慢时，表明临近终点，用洗瓶洗涤锥形瓶内壁，控制 NaOH 溶液一滴一滴地或半滴半滴地滴出。滴至溶液呈微红色，且 30s 不褪色即为终点，记下读数。又由酸式滴定管放出 1～2mL HCl，再用 NaOH 溶液滴定至终点。如此反复练习滴定、终点判断及读数若干次。

（3）以甲基橙作指示剂用 HCl 溶液滴定 NaOH

从碱式滴定管中准确放出 25.00mL NaOH 于锥形瓶中，加入 1～2 滴甲基橙，在不断摇动下，用 HCl 溶液滴定至溶液由黄色恰呈橙色为终点。再由碱式滴定管中放入 1～2mL NaOH，继续用 HCl 溶液滴定至终点，如此反复练习滴定、终点判断及读数若干次。

4. HCl 和 NaOH 溶液体积比 V_{HCl}/V_{NaOH} 的测定

用移液管准确移取 25mL HCl 于锥形瓶中，加 1～2 滴酚酞，用 NaOH 溶液滴定至溶液呈微红色，且 30s 不褪色即为终点。读取并准确记录所用 NaOH 溶液的体积，平行测定三次。计算 V_{HCl}/V_{NaOH}，要求相对平均偏差不大于 0.3%。

体积比的测定也可以采用甲基橙作指示剂，以 HCl 溶液滴定 NaOH，平行测定三次。如果时间允许，这两个相互滴定均可进行，将所得结果进行比较，并讨论之。

五、实验数据记录与处理

项目	1	2	3
NaOH 溶液体积/mL			
V_{HCl} 初读数/mL V_{HCl} 终读数/mL V_{HCl}/mL			
HCl 溶液体积/mL			
V_{NaOH} 初读数/mL V_{NaOH} 终读数/mL			
V_{HCl}/V_{NaOH}			
V_{HCl}/V_{NaOH} 的平均值			
$\overline{d}_i$			
相对平均偏差/%			

六、思考题

① 在实验中，用酚酞作指示剂时，为什么要求 NaOH 溶液滴定至溶液呈微红色，且 30s 不褪色即为终点？

② 下列操作是否正确？

a. 每次洗涤的操作液从吸管的上口倒出。

b. 为了加速溶液的流出，用洗耳球把吸管内溶液吹出。

c. 吸取溶液时，吸管末端伸入溶液太多；转移溶液时，任其临空流下。

d. 烧杯只用自来水冲洗干净。

e. 滴定过程中活塞漏水。

f. 滴定管下端起泡未赶尽。

g. 滴定过程中，往烧杯内加少量蒸馏水。

h. 滴定管内壁挂有液滴。

③ NaOH 和 HCl 能否直接配制准确浓度的溶液？为什么？

④ 怎样合理选择指示剂？

实验3　容量仪器的校准

一、实验目的

① 了解容量仪器校准的意义和方法。

② 初步掌握移液管的校准和容量瓶与移液管间相对校准的操作。

③ 掌握滴定管、容量瓶、移液管的使用方法。

④ 进一步熟悉分析天平的称量操作。

二、实验原理

滴定管、移液管和容量瓶是分析实验中常用的玻璃量器，都具有刻度和标称容量。量器产品都允许有一定的容量误差。在准确度要求较高的分析测试中，对使用的一套量器进行校准是完全必要的。

校准的方法有称量法和相对校准法。称量法的原理是：用分析天平称量被校准量器中量入和量出的纯水的质量 m，再根据纯水的密度 ρ 计算出被校准量器的实际容量。由于玻璃的热胀冷缩，所以在不同温度下，量器的容积也不同。因此，规定使用玻璃量器的标准温度为20℃。各种量器上标出的刻度和容量，为在标准温度 20℃时量器的标称容量。但是，在实际校准工作中，容器中水的质量是在室温下和空气中称量的。因此必须考虑如下三方面的影响：

① 由于空气浮力质量改变的校正；

② 由于水的密度随温度而改变的校正；

③ 由于玻璃容器本身容积随温度而改变的校正。

考虑了上述的影响，可得出 20℃容量为 1000mL 的玻璃容器，在不同温度时所盛水的质量，查得不同温度时水的密度（见表 5-1），然后根据此计算量器的校正值十分方便。

表 5-1　不同温度下的纯水密度（ρ_w）

温度 t/℃	ρ_w/（g/cm^3）	温度 t/℃	ρ_w/（g/cm^3）	温度 t/℃	ρ_w/（g/cm^3）
8	0.9886	15	0.9979	22	0.9968
9	0.9985	16	0.9978	23	0.9966
10	0.9984	17	0.9976	24	0.9963
11	0.9983	18	0.9975	25	0.9961
12	0.9982	19	0.9973	26	0.9959
13	0.9981	20	0.9972	27	0.9956
14	0.9980	21	0.9970	28	0.9954

如某支 25mL 移液管在 25℃放出的纯水的质量为 24.921g，密度为 0.99617g/mL，计算该移液管在 25℃时的实际容积。

$$V_{25}=24.921/0.99617=25.02\text{mL}$$

则这支移液管的校正值为 25.02mL－25.00mL＝＋0.02mL

需要特别指出的是：校准不当和使用不当是产生容量误差的主要原因，其误差甚至可能超过允许误差或量器本身的误差。因而在校准时务必正确、仔细地进行操作，尽量减小校准误差。凡是使用校准值的，其允许次数不应少于两次，且两次校准数据的偏差应不超过该量器允许误差的1/4，并取其平均值作为校准值。

有时，只要求两种容器之间有一定的比例关系，而不需要知道它们各自的准确体积，这时可用容量相对校准法。经常配套使用的移液管和容量瓶，采用相对校准法更为方便。例如，用25mL移液管取蒸馏水于干净且倒立晾干的100mL容量瓶中，到第4次重复操作后，观察瓶颈处水的弯月面下缘是否刚好与刻线上缘相切，若不相切，应重新作一记号为标线，以后此移液管和容量瓶配套使用时就用标准的标线。

三、实验仪器与药品

仪器：分析天平、滴定管（50mL）、容量瓶（250mL）、移液管（25mL）、锥形瓶（50mL）、温度计。

四、实验内容

1. 滴定管的校准（称量法）

① 将已洗净且外表干燥的带磨口玻璃塞的锥形瓶放在分析天平上称量，得空瓶质量 $m_{瓶}$，记录至0.01g位。

② 将已洗净的滴定管盛满纯水，调至0.00mL刻度处，从滴定管中放出一定体积（记为 V_x），如放出5mL的纯水于已称量的锥形瓶中，塞紧塞子，称出“瓶＋水”的质量，两次质量之差即为放出水的质量 $m_{水}$。用同法称量滴定管从0～10mL、0～15mL、0～20mL、0～25mL、0～30mL、0～35mL、0～40mL、0～45mL、0～50mL等刻度间的 $m_{水}$，用实验水温时水的密度来除每次 $m_{水}$，即可得到滴定管各部分的实际容量 V。

重复校准一次，两次相应区间的水质量相差应小于0.02g（为什么?），求出平均值，并计算校准值 ΔV $(V-V_x)$。以 V_x 为横坐标，ΔV 为纵坐标，绘制滴定管校准曲线。移液管和容量瓶也可用称量法进行校准。校准容量瓶时，当然不必用锥形瓶，且称准至0.001g即可。

2. 移液管和容量瓶的相对校准

用洁净的25mL移液管移取纯水于干净且晾干的100mL容量瓶中，重复操作4次，观察液面的弯月面下缘是否恰好与标线上缘相切，如不相切则用胶带在瓶颈上另作标记，以后实验中，此移液管和容量瓶配套使用时，应以新标记为准。

3. 分别测定酸式、碱式滴定管一滴或半滴溶液的体积（想一想如何测定）。

五、注意事项

① 取锥形瓶时，可像拿取称量瓶那样用纸条（三层以上）套取。

② 锥形瓶磨口部位不要沾到水。

③ 测量实验水温时，须将温度计插入水中后再读数，读数时温度计球部位仍浸在水中。

六、实验数据记录与处理

校准分段/mL	称量记录/g				纯水的质量 $m_{水}$/g			实际体积 V/mL	校正值 ΔV/mL $(\Delta V=V-V_x)$
	瓶	瓶＋水	瓶	瓶＋水	第一次	第二次	平均		
0～10.00									
0～15.00									

续表

校准分段/mL	称量记录/g				纯水的质量 $m_水$/g			实际体积 V/mL	校正值 ΔV/mL ($\Delta V=V-V_x$)
	瓶	瓶+水	瓶	瓶+水	第一次	第二次	平均		
0～20.00									
0～25.00									
0～30.00									
0～35.00									
0～40.00									
0～45.00									
0～50.00									

七、思考题

① 校正滴定管时，为何锥形瓶和水的质量只需称到 0.01g？

② 容量瓶校准时为什么要晾干？在用容量瓶配制标准溶液时是否也要晾干？

③ 分段校准滴定管时，为什么每次都要从 0.00mL 开始？

实验 4　酸碱溶液的配制与标定

一、实验目的

① 掌握酸、碱标准溶液的配制方法和浓度的标定原理。

② 练习移液管的正确使用。

③ 进一步熟练掌握滴定操作。

④ 进一步熟悉及观察指示剂颜色的变化。

二、实验原理

标准溶液是指已知准确浓度的溶液。其配制方法通常有两种：直接法和标定法。

1. 直接法

准确称取一定质量的物质，经溶解后定量转移到容量瓶中，并稀释至刻度，摇匀。根据称取物质的质量和容量瓶的体积即可算出该标准溶液的准确浓度。使用此方法配制标准溶液的物质必须是基准物质。

2. 标定法

大多数物质的标准溶液不宜用直接法配制，此时可选用标定法。即先配成近似所需浓度的溶液，再用基准物质或已知准确浓度的标准溶液标定其准确浓度。HCl 和 NaOH 标准溶液在酸碱滴定中最常用，但由于浓盐酸易挥发，NaOH 固体易吸收空气中的 CO_2 和水蒸气，故只能选用标定法来配制。其浓度一般在 0.01～1mol/L 之间，通常配制 0.1mol/L 的溶液。

3. 标定碱的基准物质

常用标定碱标准溶液的基准物质有邻苯二甲酸氢钾、草酸等。

(1) 邻苯二甲酸氢钾

它易制得纯品，在空气中不吸水，容易保存，摩尔质量较大，是一种较好的基准物质。

标定反应如下：

$$\text{C}_6\text{H}_4(\text{COOH})(\text{COOK}) + \text{NaOH} \longrightarrow \text{C}_6\text{H}_4(\text{COONa})(\text{COOK}) + H_2O$$

化学计量点时，溶液呈弱碱性（pH＝9.20），可选用酚酞作指示剂。

邻苯二甲酸氢钾通常在 105～110℃下干燥 2h，干燥温度过高，则脱水成为邻苯二甲酸酐。

（2）草酸（$H_2C_2O_4 \cdot 2H_2O$）

它在相对湿度为 5%～95%时不会风化失水，故将其保存在磨口玻璃瓶中即可。草酸固体状态比较稳定，但溶液状态的稳定性较差，空气能使草酸溶液慢慢氧化，光和 Mn^{2+} 能催化其氧化，因此草酸溶液应置于暗处存放。

标定反应如下：

$$2NaOH + H_2C_2O_4 = Na_2C_2O_4 + 2H_2O$$

反应产物为 $Na_2C_2O_4$，在水溶液中显碱性，可选用酚酞作指示剂。

4.标定酸的基准物质

常用于标定酸的基准物质有无水碳酸钠和硼砂。酸的浓度还可通过与已知准确浓度的 NaOH 标准溶液比较进行标定。

（1）无水碳酸钠

它易吸收空气中的水分，先将其置于 270～300℃干燥 1h，然后保存于干燥器中备用。标定反应如下：

$$Na_2CO_3 + 2HCl = 2NaCl + H_2O + CO_2\uparrow$$

计量点时，为 H_2CO_3 饱和溶液，pH 值为 3.9，以甲基橙作指示剂应滴至溶液呈橙色为终点。为使 H_2CO_3 的饱和部分不断分解逸出，临近终点时应将溶液剧烈摇动或加热。

（2）硼砂（$Na_2B_4O_7 \cdot 10H_2O$）

它易制得纯品，吸湿性小，摩尔质量大。但由于含有结晶水，当空气中相对湿度小于 39%时，有明显的风化而失水的现象，常保存在相对湿度为 60%的恒温器（下置饱和的蔗糖溶液）中。其标定反应为：

$$Na_2B_4O_7 + 2HCl + 5H_2O = 2NaCl + 4H_3BO_3$$

产物为 H_3BO_3，其水溶液 pH 值约为 5.1，可用甲基红作指示剂。

（3）与已知准确浓度的 NaOH 标准溶液比较进行标定

0.1mol/L HCl 和 0.1mol/L NaOH 溶液的比较标定是强酸强碱的滴定，化学计量点时 pH＝7.00，滴定突跃范围比较大（pH＝4.30～9.70）。因此，凡是变色范围全部或部分落在突跃范围内的指示剂，如甲基橙、甲基红、酚酞、甲基红-溴甲酚绿混合指示剂，都可用来指示终点。比较滴定中可以用酸溶液滴定碱溶液，也可用碱溶液滴定酸溶液。若用 HCl 溶液滴定 NaOH 溶液，选用甲基橙为指示剂。

三、实验仪器与药品

① 仪器：分析天平、容量瓶（250mL）、移液管、滴定管、锥形瓶。

② 药品：盐酸（0.1mol/L）、NaOH 溶液（0.1mol/L）、酚酞指示剂（0.2%乙醇溶液）、甲基橙指示剂（0.1%）、邻苯二甲酸氢钾（基准试剂）、无水碳酸钠（基准试剂）。

四、实验内容

1. 0.1mol/L HCl 溶液浓度的标定

(1) 方法一：以无水碳酸钠为基准物质

用称量瓶在分析天平上准确称量（　）～（　）g 无水 Na_2CO_3（摩尔质量 105.99g/mol）一份，加适量水溶解后，定量转移至 250mL 容量瓶中，用水稀释至刻度，摇匀。用移液管移取 25.00mL 试液于 250mL 锥形瓶中，加入 1～2 滴甲基橙指示剂，用待标定的 HCl 溶液滴定至溶液由黄色变橙色即为终点。在接近终点时，为除去溶液中溶解的 CO_2，应剧烈振动，或加热驱赶 CO_2，冷却后再滴定至终点。平行测定三次，根据基准物质 Na_2CO_3 质量和消耗的 HCl 体积，计算 HCl 溶液的浓度 c_{HCl} 和相对平均偏差 $\frac{\bar{d}}{c}\times 100\%$。

(2) 方法二：以硼砂为基准物质

准确称取（　）～（　）g $Na_2B_4O_7 \cdot 10H_2O$（摩尔质量 381.37g/mol）三份，分别置于 250mL 锥形瓶中，加入 20～30mL 水溶解，加入 1～2 滴甲基橙指示剂，用待标定的 HCl 溶液滴定至溶液由黄色变橙色即为终点。根据硼砂的质量和消耗的 HCl 体积，计算 HCl 溶液的浓度 c_{HCl} 和相对平均偏差 $\frac{\bar{d}}{c}\times 100\%$。

2. 0.1mol/L NaOH 溶液浓度的标定

(1) 方法一：以邻苯二甲酸氢钾为基准物质

准确称取（　）～（　）g $KHC_8H_4O_4$（摩尔质量 204.23g/mol）三份，分别置于 250mL 锥形瓶中，加入 20～30mL 水溶解，加入 2～3 滴酚酞指示剂，用待标定的 NaOH 溶液滴定至溶液由黄色变微红色且在 30s 不褪色即为终点。根据称取的基准物质 $KHC_8H_4O_4$ 的质量和消耗的 NaOH 体积，计算 NaOH 溶液的浓度 c_{NaOH} 和相对平均偏差 $\frac{\bar{d}}{c}\times 100\%$。

(2) 方法二：以草酸为基准物质

准确称取（　）～（　）g $H_2C_2O_4 \cdot 2H_2O$（摩尔质量 126.07g/mol）三份，分别置于 250mL 锥形瓶中，加入 20～30mL 水溶解，加入 2～3 滴酚酞指示剂，用待标定的 NaOH 溶液滴定至溶液由黄色变微红色且在 30s 不褪色即为终点。根据称取的基准物质草酸的质量和消耗的 NaOH 体积，计算 NaOH 溶液的浓度 c_{NaOH} 和相对平均偏差 $\frac{\bar{d}}{c}\times 100\%$。

五、实验数据记录与处理

参照第一章 1.3 节实验报告格式举例中实验报告模板自行设计表格。

六、思考题

① 如何计算称取基准物邻苯二甲酸氢钾或 Na_2CO_3 的质量范围？称得太多或太少对标定有何影响？

② 溶解基准物质时加入 20～30mL 水，是用量筒量取，还是用移液管移取？为什么？

③ 如果基准物未烘干，将使标准溶液浓度的标定结果偏高还是偏低？

④ 用 NaOH 标准溶液标定 HCl 溶液浓度时，以酚酞作指示剂，用 NaOH 滴定 HCl 时，若 NaOH 溶液因贮存不当吸收了 CO_2，对测定结果有何影响？

实验5 蒸馏乙醇

一、实验目的

① 了解蒸馏的原理和仪器。

② 练习安装蒸馏装置。

二、实验原理

参照第三章3.10.1小节蒸馏的基本原理。

三、实验仪器与药品

① 仪器：圆底烧瓶、蒸馏头、温度计、直形冷凝管、接引管、量筒、锥形瓶、玻璃漏斗、沸石、铁架台、磁力搅拌加热套、升降台。

② 药品：25mL乙醇。

四、实验内容

① 按图3-45安装常压蒸馏装置，加入2粒沸石或搅拌子。

② 用量筒量取25mL乙醇，通过玻璃漏斗加入50mL圆底烧瓶中。

③ 开通冷凝水。

④ 加热，通过调整热源控制馏出液的流出速度为每秒1～2滴。

⑤ 用锥形瓶收集77～79℃的馏分。

⑥ 当烧瓶中剩余1mL液体时停止加热，撤走热源，关闭冷凝水。

⑦ 称量、记录馏出液的体积、沸点，计算收率。

⑧ 从接引管开始拆除仪器并清洗、回收。

⑨ 将冷凝水管、铁架台等实验器材放回原处。

五、实验数据记录与处理

参照第一章1.3节实验报告格式举例中实验报告模板自行设计表格。

六、思考题

① 如果液体物质具有恒定的沸点，能否认为一定是纯物质?

② 蒸馏前为什么要加入沸石? 一旦停止沸腾或中途停止蒸馏，则原有的沸石还能用吗?

③ 为什么蒸馏时要控制馏出液的速度为1～2滴/s?

④ 加热套内的温度、烧瓶内液体的温度、温度计显示的温度三者一致吗?

实验6 减压蒸馏乙酰乙酸乙酯

一、实验目的

① 了解减压蒸馏的原理和应用。

② 熟悉减压蒸馏装置的安装和使用。

二、实验原理

参照第三章3.12.1小节减压蒸馏的基本原理。

三、实验仪器与药品

① 仪器：烧瓶、克氏蒸馏头、毛细管、带胶塞温度计、冷凝管、多尾接引管、螺旋夹、安全瓶、真空泵、真空管、乳胶管、磁力搅拌加热套。

② 药品：乙酰乙酸乙酯。

四、实验内容

① 按减压蒸馏装置图3-49安装装置。

② 向烧瓶中加入小于1/2容量的乙酰乙酸乙酯，旋紧毛细管上的螺旋夹。

③ 打开安全瓶上的二通活栓使装置通大气。

④ 打开真空泵，关闭安全瓶上的二通活栓，观察水泵上的指针能否达到−0.095MPa左右。如果不能达到要求，检查各个接口的连接，尤其是使用胶塞密封或真空管的接口部分。

⑤ 慢慢打开螺旋夹，使液体中产生连续平稳的小气泡。

⑥ 慢慢调整二通活栓，使真空泵指针达到以下数据记录表中的真空度范围。

⑦ 通冷凝水，加热，调整电压使烧瓶中液体平稳沸腾，保持温度计水银球始终附着有冷凝的液滴，并控制蒸馏速度在1～2滴/s。

⑧ 转动多尾接引管收集馏分，将真空泵实际的真空度，所收集馏分对应的温度记录（实际沸点）在表格中。

⑨ 蒸馏完毕，移走热源，稍冷，慢慢打开二通活栓使装置通大气，打开螺旋夹，关闭真空泵，停冷凝水。称量乙酰乙酸乙酯馏分体积，记录在表格中，计算产率。产物倒在指定的回收瓶中，拆除仪器。

五、实验数据记录与处理

真空度范围/MPa	实际真空度/mmHg	参考沸点/℃	实际沸点/℃	馏分体积/mL	产率
−0.095～−0.09					
−0.09～−0.085					
−0.085～−0.080					

注：1. 绝对真空度(mmHg)＝[(测量地大气压＋相对真空)×10^6(Pa)]÷133。

2. 参考沸点是根据实际真空度、乙酰乙酸乙酯常压沸点通过沸点-压力关系图（图3-48）查得的，是判断乙酰乙酸乙酯馏分的参考。

表5-2是乙酰乙酸乙酯的沸点（℃）与压力（kPa，mmHg）的关系。

表5-2 乙酰乙酸乙酯的沸点（℃）与压力（kPa，mmHg）的关系

压力	/mmHg	12	14	18	20	30	40	60	80	760
	/kPa	1.6	1.87	2.4	2.67	4	5.33	8	10.67	101.33
沸点/℃		71	74	78	82	88	92	97	100	181

六、思考题

① 当使用循环水真空泵时，某同学发现原本干净的安全瓶里进了好多液体，液体成分是什么？分析原因。

② 如果被蒸馏的液体容易氧化，应该用什么操作避免氧化？

③ 打开螺旋夹后发现液体里始终不产生气泡，分析原因。

④ 减压蒸馏操作时，有气体出现在安全瓶中，分析可能的原因。

实验 7　重结晶乙酰苯胺

一、实验目的

① 了解重结晶的原理和装置。

② 掌握重结晶的操作方法。

二、实验原理

参照第三章 3.5.1 小节重结晶原理。

三、实验仪器与药品

① 仪器：锥形瓶、烧杯、短颈玻璃漏斗、安全瓶、布氏漏斗、玻璃棒、滤纸、磁力搅拌加热套、真空泵。

② 药品：粗乙酰苯胺、苯甲酸、活性炭。

四、实验内容

① 在锥形瓶中放入 1.0g 粗乙酰苯胺，加 35mL 水，盖上表面皿，加热至完全溶解。如刚刚停止加热的液体表面出现晶膜或有油珠可加少量水继续加热至全溶。

② 停止加热，放置稍冷，加适量活性炭，用玻璃棒搅拌均匀，继续加热沸腾 5min。

③ 将热过滤漏斗加水并加热。如果使用玻璃漏斗进行热过滤，则需将玻璃漏斗放在烘箱中加热（80℃即可）。同时准备折叠滤纸。

④ 把折叠滤纸放在热过滤漏斗里，用热水润湿，把上述热溶液趁热沿着玻璃棒倒入折叠滤纸里，尽快过滤完毕，然后用少许热水洗涤锥形瓶和滤纸。

⑤ 过滤完毕后稍冷，用冷水冷却，结晶很快出现，但结晶较小。如加热滤液，室温自然冷却可得到较大的晶体。

⑥ 将布氏漏斗安装在安全瓶上，用真空管将安全瓶的侧管与真空泵的抽气口连接。在布氏漏斗上放置滤纸，用冷水润湿，开真空泵抽气，然后将溶液倒在滤纸上进行抽滤操作，用玻璃塞挤压尽量除去母液。

⑦ 拔掉安全瓶上的真空管，加少量冷水润湿晶体，用玻璃棒搅松晶体，重新抽滤，如此洗涤重复两次。

⑧ 最后将晶体转移到表面皿上，自然干燥。

⑨ 称重，计算产率。

【附注】

① 溶解乙酰苯胺时，停止加热的液体表面出现晶膜或油珠，可加水加热处理，每次加 3～5mL 热水，加热后不溶物未减少，则可能是不溶性杂质，此时不必再加溶剂。为防止过滤时有晶体在漏斗中析出，溶剂用量可比沸腾时饱和溶剂所需用量适当多一些。

② 乙酰苯胺在水中的溶解度如下：

t/℃	20	25	50	80	100
溶解度/(g/100mL)	0.46	0.56	0.84	3.45	5.5

③ 2g 粗苯甲酸，用 75mL 水重结晶，操作同乙酰苯胺重结晶。

五、实验数据记录与处理

参照第一章 1.3 节实验报告格式举例中实验报告模板自行设计表格。

六、思考题

① 加入活性炭有何目的？

② 能否在沸腾时加入活性炭？为什么？

③ 为什么要折叠“菊花”状滤纸？

④ 判断重结晶时下列操作会引起产率怎样变化（增加、减少或者不变）？

a. 溶解样品时使用溶剂太多。

b. 用大量的活性炭脱色。

c. 热过滤时没有用热水湿润滤纸。

d. 抽滤得到的晶体没有用冷水洗涤。

e. 出现油珠。

f. 未折叠滤纸。

实验 8　薄层色谱法鉴定 APC 药片组分

一、实验目的

① 练习使用薄层色谱法分离化合物。

② 学习紫外分析仪的使用。

二、实验原理

普通镇痛药如复方阿司匹林（APC）通常含有多种药物组分，大多含有阿司匹林、咖啡因和其他成分。APC 的 3 个主要成分是非那西丁、阿司匹林和咖啡因。阿司匹林含酸性基团羧基，咖啡因的互变异构体含弱碱性基团亚氨基。

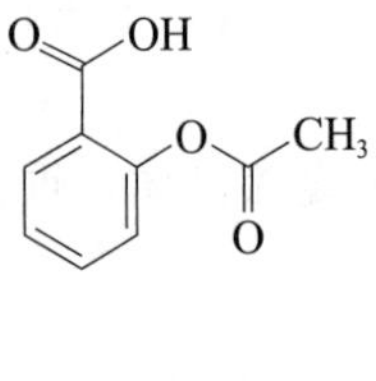

阿司匹林 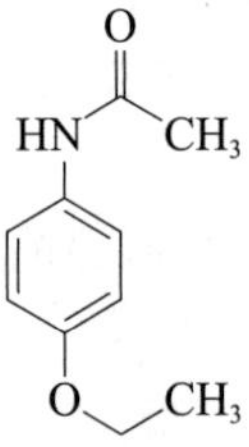　　非那西丁 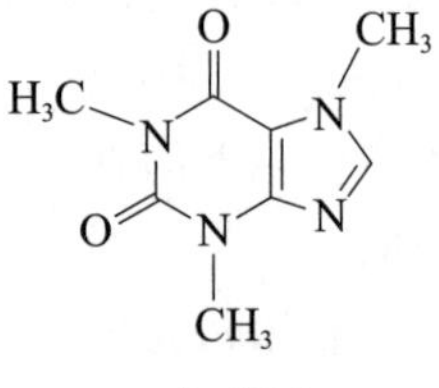　　咖啡因

由于药物组分本身无色，故需要通过紫外灯显色。通过与标准品的 R_f 值比对进行判定。

三、实验仪器与药品

① 仪器：薄层板、毛细管、展缸、紫外分析仪。

② 药品：镇痛药 APC、2%阿司匹林乙醇溶液、2%咖啡因乙醇溶液、石油醚、乙酸乙酯、冰醋酸。

四、实验内容

（1）样品的制备

将药片研成粉末，用一小团棉花塞住滴管的细口，将粉末状 APC 转入滴管中，从滴管上口加入 5 mL 乙醇，然后将通过 APC 药品粉末的萃取液收集于小试管中。

（2）点样

取 2 块薄层板，在薄层板上下距两端各 1cm 处用铅笔各画一条横线，以其中的一条横线作为起始线。用毛细管[1] 在一块板上点 APC 萃取液和标样 2%阿司匹林乙醇溶液的 2 个点，另一块板上点 APC 萃取液和 2%咖啡因乙醇溶液的 2 个点[2]。样点间距 1～1.5cm，直径在 2mm 内。

（3）展开

待样点干燥后，将薄层板放在展缸中，下端浸入展开剂约 0.5cm，待溶剂前沿到上端横线处立即拿出。可用石油醚（3mL）和乙酸乙酯（4mL）以及冰醋酸（6 滴）[3] 的混合溶剂作为展开剂。可做 2 种展开剂的对比实验，一种含冰醋酸，一种不含，石油醚和乙酸乙酯的比例不变，进而观察有什么区别。

（4）鉴定

干燥后将薄层板放入 254 nm 紫外分析仪中观察，可清晰看到有色斑点，说明镇痛药中三种成分都是荧光物质。用铅笔在斑点处做记号，分别计算样品与 APC 每个点的 R_f 值，并与标准品比较，判断混合液中每个点是哪种物质。如测定值和参考值误差在 20%以下，即可确定为一种物质。

【注释】

［1］点样毛细管必须专用，不得混用，否则会污染试剂。点样时，毛细管不要戳破薄层。

［2］如果技术熟练，可以在一块板上中间点 APC，左、右两侧分别点标样 2%阿司匹林乙醇溶液和 2%咖啡因乙醇溶液。

［3］在展开剂中加入冰醋酸以增加展开剂的极性，能够减少拖尾，抑制阿司匹林与硅胶的作用，进而得到更集中的显色斑点。用硅胶鉴定其他含酸性基团的有机化合物时，在展开剂中加冰醋酸也可得到集中的显色斑点，说明冰醋酸的作用在于：影响含酸性基团的化合物在薄层色谱实验过程中的吸附与解吸。

五、实验数据记录与处理

参数	混合溶液			阿司匹林	混合溶液			咖啡因
D_a								
D_s								
R_f								

六、思考题

① 在一定条件下，为什么可以利用 R_f 来鉴定化合物？

② 在混合物薄层色谱中，如何判定各组分在薄层板上的位置？

③ 展开剂的高度若超过点样线，对薄层色谱有何影响？

实验 9 柱色谱分离荧光黄和碱性湖蓝 BB

一、实验目的

① 理解柱色谱的原理。

② 练习使用柱色谱分离化合物。

③ 分离荧光黄和碱性湖蓝 BB。

二、实验原理

荧光黄为橙红色，稀溶液呈荧光黄色，分子中含有羟基、羧基等极性基团，因而极性较强，较难被洗脱。

碱性湖蓝 BB 又称为亚甲基蓝，稀溶液为蓝色，极性较弱，先于荧光黄被洗脱。

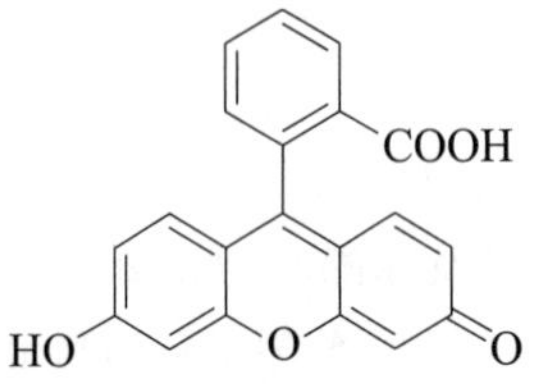

COOH
HO O O
荧光黄

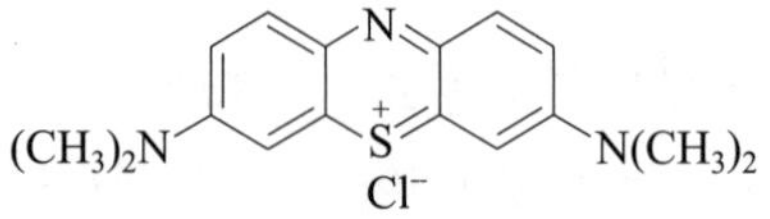

N
$(CH_3)_2N$ $\overset{+}{S}$ $N(CH_3)_2$
Cl^-
碱性湖蓝BB

三、实验仪器与药品

① 仪器：色谱柱、玻璃漏斗、锥形瓶、烧杯、脱脂棉。

② 药品：混合溶液（含湖蓝 BB 和荧光黄各 100mg/100mL 的 95%乙醇溶液）、石英砂、中性氧化铝、硅胶、乙醇、水。

四、实验内容

① 湿法装色谱柱：取一支洁净、干燥的色谱柱，将一小块（不可过多）脱脂棉放入底部，用长玻璃棒轻轻压实（不可太紧），脱脂棉上面盖一层厚约 0.5cm 的石英砂。将色谱柱垂直固定在铁架台上，下面放锥形瓶作接收器。

注意：色谱柱用前必须是干燥的。

② 关闭活塞，加入少量乙醇，调整活塞使乙醇的滴下速度大约为每秒 1 滴，并且始终保持这个速度。

注意：装填过程液面始终不能低于装填物的表面。

③ 量取适量中性氧化铝，加入乙醇，搅拌均匀制成浆料。通过干燥的玻璃漏斗把浆料加入色谱柱中，边加边轻轻敲击柱身下部，使装填紧密均匀，表面平整。每次当液面刚到氧化铝表面时，用滴管取少量乙醇冲洗管壁，直到洗掉管壁上的氧化铝。在氧化铝表面盖一层约 0.5cm 厚的石英砂（或一张比柱内径略小的滤纸片）作为保护层，防止将氧化铝冲起，影响分离效果。

④ 当液体刚进入石英砂表面时，关闭活塞，用长滴管沿柱壁一周加入少许混合溶液。当液面刚进入石英砂表面时，关闭活塞，用滴管取少量乙醇洗柱壁，将挂在柱壁的样品冲下去，打开活塞，直至液体完全进入石英砂，关闭活塞，再加少许乙醇。如此重复，直到洗净柱壁上的样品。然后向柱中加入适量乙醇，打开活塞进行洗脱，直至碱性湖蓝 BB 完全被洗脱。

注意：在碱性湖蓝 BB 洗出之前的乙醇可以重复利用。

⑤ 用水洗脱荧光黄。

【附注】

吸附剂也可用硅胶。

五、思考题

① 如果被分离的物质没有颜色，那么如何判断洗脱液的成分？

② 柱色谱分离中为什么极性大的组分要用极性大的溶剂洗脱？

③ 柱中若留有空气或填装不均，对分离效果有什么影响？如何避免？

④ 试解释为什么荧光黄比碱性湖蓝 BB 在色谱柱上吸附得更牢固？

⑤ 石英砂有什么作用？

⑥ 何时更换洗脱剂？

⑦ 如果吸附剂改用硅胶，先洗脱出来的是哪种物质？为什么？

实验 10 提取茶叶中的咖啡因

一、实验目的

① 了解咖啡因的性质和提取原理。

② 学习提取原理和装置。

③ 学习升华原理和装置。

④ 提取茶叶中的咖啡因并升华纯化。

二、实验原理

咖啡因是嘌呤的衍生物，化学名称为 1,3,7-三甲基-2,6-二氧代嘌呤，含有结晶水的咖啡因呈白色针状，味苦，溶于水、乙醇、丙酮、氯仿等，100℃时失去结晶水开始升华，120℃升华显著，178℃升华加快。无水咖啡因的熔点为 238℃。茶叶中的咖啡因含量为 2%～5%，可以用乙醇作为萃取剂从茶叶中提取出来，用生石灰中和其中的鞣酸，再用升华操作进一步提纯。

咖啡因具有增加肾脏血流量、强心、利尿、兴奋神经中枢、消除疲劳等作用，大剂量和长期服用可以成瘾。

将茶叶中的咖啡因萃取出来时常用脂肪提取器——索氏提取器，也可以用烧瓶、恒压漏斗和回流冷凝管组成简易提取装置（图 5-1）。

将要提取的物质置于恒压漏斗中，加萃取剂浸泡一定时间后将萃取剂放入烧瓶中，加热，萃取剂蒸气经恒压漏斗的侧管进入球形冷凝管，冷却后滴入恒压漏斗里。

调整萃取剂冷凝后滴下的速度和恒压漏斗里的萃取剂流回烧瓶的速度使之一致，从而达到连续提取的目的。

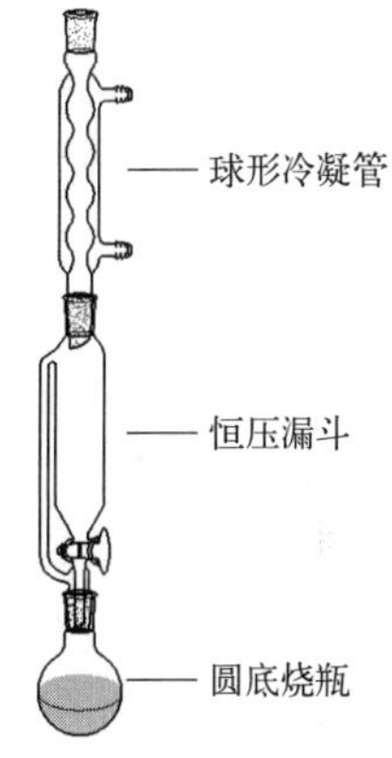

图 5-1 简易提取装置

三、实验仪器与药品

① 仪器：烧瓶、恒压漏斗、球形冷凝管、玻璃漏斗、瓷蒸发皿、玻璃棒、滤纸。

② 药品：袋装茶叶（10.0g）、60mL 乙醇、3.0g 生石灰。

四、实验内容

① 在 100mL 烧瓶中加入 2 粒沸石或搅拌子，在恒压漏斗下端垫一小团棉花[1]，加入 10.0g 茶叶[2]，关闭漏斗的旋塞，加入 60mL 乙醇，安装提取装置。

② 打开漏斗旋塞，将乙醇放入烧瓶中，接通冷凝水后开始加热。

③ 关闭漏斗旋塞。当冷凝液滴到能浸没漏斗里的茶叶后，调整漏斗旋塞使恒压漏斗放液速度与冷凝液滴下速度一致。抽提 1～2h，漏斗中的液体基本无色后停止加热。

④ 冷却，在烧瓶上安装常压蒸馏装置蒸出乙醇约 40mL[3]。

⑤ 趁热将烧瓶中剩余液体倒在瓷蒸发皿里，加入 3.0g 生石灰，用玻璃棒不断搅拌，并用电热套小火加热至固体变成粉末，务必使水分全部除去。如果液体残留过多，加热过程可

能会产生迸溅。

⑥ 制作简易常压升华装置，控制空气浴温度在 220℃。加热至产生棕色烟雾[4] 时停止，取下滤纸，用药匙将滤纸和漏斗上的白色针状结晶刮到称量纸上，称重，计算产率。

【注释】

［1］ 棉花能够防止茶叶将恒压滴液漏斗堵住。

［2］ 茶叶可以碾碎，有利于咖啡因的析出。

［3］ 乙醇不可蒸得太干，否则残液会变得黏稠，转移过程会有大量损失。

［4］ 如有水分残留，升华时会产生烟雾，咖啡因会溶解，故需要将水擦除。

五、实验数据记录与处理

茶叶/g	咖啡因/g	产率/%

六、思考题

① 本实验用乙醇作为萃取剂，还可以用哪些溶剂作为萃取剂呢？依据是什么？

② 生石灰有什么作用？

③ 为什么要在蒸发皿上覆盖有小孔的滤纸？

④ 升华时，漏斗颈为什么要塞棉花？

⑤ 你认为咖啡因的产率高低主要是由哪个操作决定的？怎样提高产率？

实验 11　水蒸气蒸馏提取柠檬烯

一、实验目的

① 了解水蒸气蒸馏的原理及装置。

② 用水蒸气蒸馏提取柠檬烯。

二、实验原理

工业上常用水蒸气蒸馏的方法从植物中获取精油，本实验中用水蒸气蒸馏的方法提取新鲜橙子皮中的 D-柠檬烯。柠檬烯又称苎烯，属单萜类化合物，无色或淡黄色油状液体，有类似柠檬的令人愉快的香味。橙子等果皮中含有的柠檬烯有左旋、右旋和消光三种旋光异构体，沸点 175.5～176.5℃，可与乙醇混溶，几乎不溶于水，空气中不稳定。柠檬烯是一大类天然产物萜烯的一种，萜烯和萜类化合物是很多植物和花的精油重要成分。香料油作为天然香料得到了广泛应用，可用于生产香料、橡胶、医药、农药等。

三、实验仪器与药品

① 仪器：烧瓶、恒压漏斗、球形冷凝管、分液漏斗、减压蒸馏装置、锥形瓶、磁力搅拌加热套。

② 药品：新鲜橙子皮、水、无水硫酸钠、二氯甲烷。

四、实验内容

① 取 2 个新鲜橙子，用削皮器将表皮刮掉，然后将表皮剪成小块，称重。将剪碎的表皮转移至 250mL 烧瓶中，向烧瓶中加水没过橙皮。按图 3-50（b）安装恒压漏斗和球形冷凝管。

② 通冷凝水，加热回流。水蒸气通过支管上升回流，聚集在恒压滴液漏斗中。观察馏

出液，当馏出液水面上的油层不再变化时，需 2～3h，停止加热。在加热过程中，可随时将恒压漏斗中的水放回到烧瓶中。

③ 冷却，将恒压漏斗中的水相放出，分出油层，转移至干燥锥形瓶中，加无水硫酸钠干燥 30min，间或摇动锥形瓶。

④ 将产物滤入烧瓶中，按图 3-49 安装减压蒸馏装置，减压蒸馏，收集馏分，称重计算产率。

⑤ 水蒸气蒸馏结束后，也可将馏出液转移至分液漏斗中，用 10mL 二氯甲烷萃取 2 次，舍去水层，有机相合并，置于干燥的锥形瓶中，加入适量加无水硫酸钠干燥。将干燥后的溶液滤入 50mL 圆底烧瓶，蒸馏，除去大部分二氯甲烷，再改用减压蒸馏，除去残留二氯甲烷，剩余物就是橙油。

五、实验数据记录与处理

橙皮/g	柠檬烯/g	产率/%

六、思考题

① 闻一下收集的馏分具有何种香气？

② 取少许收集到的馏液于试管中，加入 2～3 滴高锰酸钾溶液，有何变化？

③ 你认为天然产物的提取有什么意义？

④ 如何判断水蒸气蒸馏的反应终点？

第六章

元素及化合物的性质实验

实验 12 氧和硫

一、实验目的

① 掌握过氧化氢的性质。

② 掌握硫化氢、硫代硫酸盐的还原性以及二氧化硫的氧化还原性。

③ 掌握过硫酸盐的强氧化性。

二、实验原理

过氧化氢俗称双氧水，其分子中含有过氧键（—O—O—），具有较强的氧化性，也具有较弱的还原性，同时还会发生歧化反应。

H_2S 微溶于水，是较强的还原剂。本实验用硫代乙酰胺代替 H_2S 进行实验。

$$CH_3CSNH_2 + H_2O \longrightarrow CH_3CONH_2 + H_2S$$

$Na_2S_2O_3$ 是较强的还原剂。

过二硫酸盐结构中含有过氧键，在酸性介质中具有强氧化性。

三、实验仪器与药品

① 仪器：酒精灯、离心机、烧杯、离心试管、小试管。

② 药品：H_2S（CH_3CSNH_2，0.1mol/L）、碘水、$MnSO_4$（0.002mol/L、0.1mol/L）、$KMnO_4$（0.1mol/L）、SO_2 水溶液、$AgNO_3$（0.1mol/L）、NaOH（2mol/L）、H_2SO_4（3mol/L）、KI（0.1mol/L）、HCl（2mol/L）、K_2CrO_7（0.1mol/L、0.5mol/L）、H_2O_2（3%）、$(NH_4)_2S_2O_8$（0.2mol/L）、$Na_2S_2O_3$（0.1mol/L）、乙醚（l）、CCl_4（l）、MnO_2（s）。

③ 待鉴别溶液：Na_2CO_3、Na_2S、Na_2SO_3、$Na_2S_2O_3$、Na_2SO_4、$K_2S_2O_8$（均为0.1mol/L）。

四、实验内容

1.过氧化氢的性质

（1）氧化性

取 5 滴 3% H_2O_2 溶液，滴加 3 滴 3mol/L H_2SO_4 溶液酸化，再滴加 5 滴 CCl_4 溶液及 5 滴 0.1mol/L KI 溶液，振摇试管。观察现象，写出反应方程式。

（2）还原性

取 5 滴 3% H_2O_2 溶液，滴加 5 滴 3mol/L H_2SO_4 溶液酸化，滴加 0.1mol/L $KMnO_4$

溶液，振摇试管。观察现象，写出反应方程式。

（3）H_2O_2 的分解

① 加热 10 滴 3% H_2O_2 溶液，有何现象？用火柴余烬检验生成气体，写出反应方程式。

② 取 5 滴 3% H_2O_2 溶液，加入米粒大小的固体 MnO_2，观察现象。用火柴余烬检验生成气体，写出反应方程式。

（4）介质酸碱性对 H_2O_2 氧化还原性的影响

取 5 滴 3% H_2O_2 溶液，加入 3 滴 2mol/L NaOH 溶液，再滴加 5 滴 0.1mol/L $MnSO_4$。观察现象，写出反应方程式。待溶液静止后，倾去清液，在沉淀中加入少量 3mol/L H_2SO_4 酸化，再滴加 3% H_2O_2 溶液，观察现象有何变化。解释现象并写出反应方程式。

（5）H_2O_2 的鉴定

在试管中加入 10 滴 3% H_2O_2 溶液、5 滴乙醚和 5 滴 3mol/L H_2SO_4 溶液，再加入 2 滴 0.5mol/L $K_2Cr_2O_7$ 溶液，振摇试管。观察乙醚层颜色，写出反应方程式。

2. 硫化氢的还原性

① 取 5 滴 0.1mol/L $KMnO_4$ 溶液，加入 5 滴 3mol/L H_2SO_4 酸化，加入 5 滴 0.1mol/L H_2S 水溶液酸化，水浴加热试管。观察现象，写出反应方程式。

② 在离心试管中加入 5 滴 0.1mol/L $K_2Cr_2O_7$ 溶液，5 滴 3mol/L H_2SO_4，再加入 5 滴 0.1mol/L H_2S 水溶液酸化，水浴加热试管，观察现象。将离心试管置于离心机中离心沉降后，观察试管壁上附着固体的颜色，写出反应方程式。

3. SO_2 的性质

（1）SO_2 氧化性

取 5 滴自制的 SO_2 水溶液，加入 5 滴 0.1mol/L H_2S 水溶液，水浴加热试管。观察现象，写出反应方程式。

（2）SO_2 还原性

取 5 滴自制的 SO_2 水溶液，加入 5 滴 3mol/L H_2SO_4 酸化，再滴加 5 滴 0.1mol/L $KMnO_4$ 溶液。观察现象，写出反应方程式。

4. 硫代硫酸盐的性质

① 取 5 滴 0.1mol/L $Na_2S_2O_3$ 溶液，向其中滴加碘水。观察现象，写出反应方程式。

② 取 5 滴 0.1mol/L $Na_2S_2O_3$ 溶液，向其中滴加 2mol/L HCl 溶液。观察现象，写出反应方程式。

5. 过二硫酸盐的性质

① 取 5 滴 0.1mol/L KI 溶液，加入 5 滴 3mol/L H_2SO_4 酸化，再滴加 5 滴 0.2mol/L $(NH_4)_2S_2O_8$ 溶液。观察现象，写出反应方程式。

② 取 5 滴 0.002mol/L $MnSO_4$ 溶液，加入 5 滴 3mol/L H_2SO_4 酸化，滴加 2 滴 0.1mol/L $AgNO_3$ 溶液，再滴加 5 滴 0.2mol/L $(NH_4)_2S_2O_8$ 溶液，水浴加热试管。观察现象，写出反应方程式。另取一支试管，不加 $AgNO_3$ 溶液，进行上述实验。比较两个实验结果有何不同，为什么？

6. 小设计

现有六种已失去标签的溶液，分别是 Na_2CO_3、Na_2S、Na_2SO_3、$Na_2S_2O_3$、Na_2SO_4

和 $K_2S_2O_8$，用实验室现有试剂设计实验方案，进行鉴别。

五、注意事项

① 二氧化硫有刺激性气味，会对人体黏膜和呼吸道造成损害，引起流泪、流涕、咽干、咽痛等呼吸系统炎症，大量吸入会窒息死亡。因此凡涉及它的实验都要在通风橱中进行。

② 硫化氢是有臭鸡蛋气味的有毒气体，主要引起中枢神经系统中毒，轻度会头晕、头痛、呕吐，重度可使人昏迷、窒息而致死亡。因此凡涉及它的实验都要在通风橱内进行。

六、思考题

① 实验中用 $S_2O_8^{2-}$ 将 Mn^{2+} 氧化成 MnO_4^- 时，如果不用 $MnSO_4$ 而用 $MnCl_2$ 可否？为什么？

② 如何判断亚硫酸钠溶液已经失效？

实验 13　氮和磷

一、实验目的

① 掌握氨气的制备方法及性质。

② 掌握铵盐的性质。

③ 掌握硝酸及其盐的性质。

④ 掌握亚硝酸及其盐的性质。

⑤ 掌握磷酸盐的性质。

二、实验原理

氨能与各种酸反应生成铵盐，铵盐与强碱反应会放出氨气。

HNO_3 具有强酸性和强氧化性，其氧化性与酸的浓度成正比。浓硝酸与非金属反应一般被还原为 NO，与金属反应被还原为 NO_2；极稀的硝酸与活泼金属（如 Zn）反应还能被还原为 NH_4^+，稀硝酸与非金属一般不反应。

固体硝酸盐受热时能分解，分解产物因金属离子性质的不同而不同。固体铵盐受热易分解，分解产物因组成铵盐的酸的性质不同而不同。

亚硝酸不稳定，但亚硝酸盐是稳定的，亚硝酸及其盐既具有强于硝酸的氧化性，同时又具有弱还原性。

在磷的含氧酸中，根据含水量的不同可分为正磷酸、偏磷酸及焦磷酸，酸性依次增强。正磷酸的二氢盐易溶于水，而磷酸一氢盐及磷酸盐，除钠、钾及铵盐外，都不溶于水。

三、实验仪器与药品

① 仪器：温度计、酒精灯、铁架台、铜片、锌片、硫黄粉、铝屑、硬质试管、表面皿、弯管附带胶塞、pH 试纸、电子天平。

② 试剂：NH_4Cl(s)、$Ca(OH)_2$(s)、KNO_3(s)、$Cu(NO_3)_2$(s)、$AgNO_3$(s)、$FeSO_4 \cdot 7H_2O$(s)、$(NH_4)_2SO_4$(s)、NH_4Cl(0.1mol/L)、$NaNO_2$(饱和、0.1mol/L、0.5mol/L、0.01mol/L)、$Na_4P_2O_7$(0.1mol/L)、$NaPO_3$(0.1mol/L)、Na_2HPO_4(0.1mol/L)、NaH_2PO_4(0.1mol/L)、$NaNO_3$(0.5mol/L)、$NH_3 \cdot H_2O$(浓)、KI(0.1mol/L)、$AgNO_3$(0.1mol/L)、HNO_3(1mol/L、2mol/L、6mol/L、浓)、$KMnO_4$(0.1mol/L)、H_2SO_4(1mol/L、3mol/L、浓)、H_2S(0.1mol/L)、HAc(2mol/L、6mol/L)、$CaCl_2$(0.1mol/L)、

HCl（2mol/L、浓）、Na_3PO_4（0.1mol/L）、NaOH（6mol/L、2mol/L 40%）、$FeSO_4$（0.1mol/L）、对氨基苯磺酸(l)、α-萘胺(l)、四氯化碳(l)、蛋白溶液(l)、酚酞溶液(l)、钼酸铵溶液(l)、$BaCl_2$(0.1mol/L)、$MgCl_2$(0.1mol/L)。

③ 未知物：$NaNO_2$、$NaNO_3$、Na_2HPO_4、$Na_4P_2O_7$、$NaPO_3$。

四、实验内容

1. 氨和铵盐的性质

（1）氨的实验室制备及其性质

① 制备（在通风橱进行）　将 1.5g NH_4Cl(s) 和 1.5g $Ca(OH)_2$(s) 混合均匀后装入一支干燥的大试管中，按装置图 6-1 连接好，试管口稍稍向下倾斜，用塞子塞紧氨气收集管管口，留作下列实验使用。写出反应方程式。

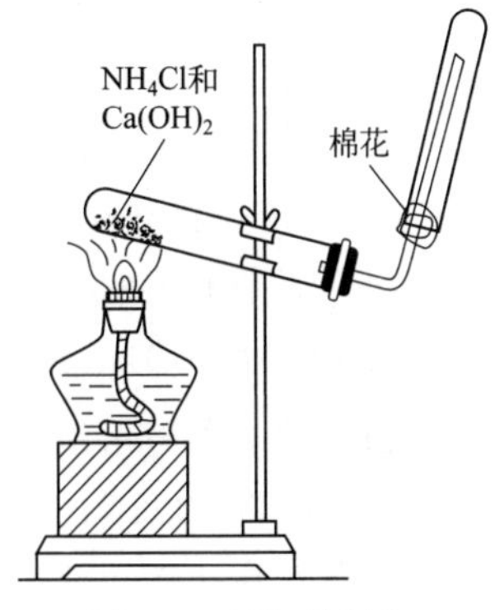

图 6-1　氨气的制备

② 性质

a. 在水中的溶解　把盛有氨气的试管倒置在盛有水的大烧杯中，在水下打开塞子，轻轻摇动试管，观察现象，写出反应方程式。当水柱停止上升后，用手指堵住管口并将试管从水中取出。供下面实验使用。

b. 氨水的酸碱性　取一干净玻璃棒蘸取上述氨水滴到 pH 试纸上，试纸放在表面皿上，半分钟内进行读数，对照比色卡读出具体 pH 数值。

c. 氨的加和作用　在一个表面皿上滴加 3 滴浓氨水，再把一只内壁用浓盐酸润湿过的小烧杯倒扣在表面皿上。观察现象，写出反应方程式。

（2）铵盐的性质及检出

① 铵盐的热分解　在一支干燥的小试管中加入少量 NH_4Cl（s），用试管夹夹好，管口贴上一条湿润的 pH 试纸，均匀加热试管底部，观察试纸颜色的变化。继续加热有何变化？写出反应方程式。

在另一支干燥试管中加入少量 $(NH_4)_2SO_4$(s)，加热，用湿润的 pH 试纸检验气体产物，写出反应方程式。

比较两种铵盐热分解的异同，说明铵盐分解的一般规律。

② 铵盐的检出反应

a. 取 5 滴 0.1mol/L NH_4Cl 溶液，加入 5 滴 6mol/L NaOH 溶液，加热，在试管口附有一条湿润的 pH 试纸。观察现象，写出反应方程式。

b. 取几滴铵盐溶液，取 5 滴 0.1mol/L NH_4Cl 溶液，加入 2 滴 2mol/L NaOH 溶液，然后加入 2 滴奈斯勒试剂（$K_2[HgI_4]+KOH$），观察红棕色沉淀的生成。反应式为：

$$NH_4Cl+2K_2[HgI_4]+4KOH = \left[O\begin{matrix}Hg\\ \\Hg\end{matrix}NH_2\right]I\downarrow+KCl+7KI+3H_2O$$

2. 亚硝酸及其盐的性质

（1）亚硝酸的生成与分解

将 5 滴饱和 $NaNO_2$ 溶液与 5 滴 3mol/L H_2SO_4 在试管中混合均匀，观察现象。溶液放置一段时间后又有什么变化？为什么？反应式为：

$$NaNO_2+H_2SO_4 = 2HNO_2+Na_2SO_4$$

$$2HNO_2 = N_2O_3(\text{蓝色}) + H_2O$$

$$N_2O_3 = NO + NO_2(\text{棕色})$$

（2）亚硝酸的还原性

取 5 滴 0.1mol/L $KMnO_4$ 溶液于试管中，用 3 滴 3mol/L 硫酸酸化后滴加 0.1mol/L $NaNO_2$ 溶液，观察现象，写出反应式。

（3）亚硝酸的氧化性

取 5 滴 0.1mol/L $FeSO_4$ 溶液，用 3 滴 2mol/L HAc 酸化，再加入几滴 0.1mol/L $NaNO_2$ 溶液。如何验证反应是否进行？写出反应式。

取 5 滴 0.1mol/L H_2S 溶液，用 3 滴 3mol/L H_2SO_4 酸化，再加入几滴 0.1mol/L $NaNO_2$ 溶液，微热试管，观察反应现象，写出反应式。

（4）亚硝酸根的检出

① 取 1 滴 0.01mol/L $NaNO_2$ 溶液，加入 5 滴 6mol/L HAc 酸化后再加入一滴对氨基苯磺酸和一滴 α-萘胺溶液，溶液应显红色，表面溶液中有 NO_2^- 的存在。（注意：NO_2^- 的浓度不宜太大，否则红紫色将很快褪去，生成褐色沉淀与黄色溶液）

②在 5 滴 0.01mol/L $NaNO_2$ 溶液中加入 0.1mol/L KI 溶液 3 滴，用 3mol/L H_2SO_4 酸化后加入 5 滴四氯化碳，振荡试管，观察现象，写出反应式。四氯化碳层显紫色，表明 NO_2^- 的存在。

3. 硝酸及其硝酸盐的性质

（1）硝酸的氧化性（在通风橱进行）

① 浓硝酸与单质硫的反应　在一支试管中加入绿豆粒大小的硫黄粉，然后加入 0.5mL 浓 HNO_3，水浴加热。检验有无 SO_4^{2-} 的生成，写出反应方程式。

② 浓硝酸与金属的反应　取一小块铜片放入试管中，滴加浓硝酸。观察现象并写出反应方程式。

③ 稀硝酸与金属的反应

a. 取一小块铜片放入试管中，加入 0.5mL 1mol/L HNO_3。观察现象并写出反应方程式。

b. 取一小块锌片放入试管中，加入 0.5mL 1mol/L HNO_3，静置片刻。检验溶液中的 NH_4^+，写出反应方程式。

（2）硝酸盐的热分解（在通风橱进行）

在干燥的试管中分别加入黄豆粒大小的 KNO_3(s)、$Cu(NO_3)_2$(s)、$AgNO_3$(s)，加热，用火柴余烬检验气体产物。观察现象，写出反应方程式。

根据以上实验总结硝酸盐热分解的规律。

（3）硝酸盐的检验

① 在 5 滴 0.01mol/L $NaNO_3$ 溶液中加入 NaOH（40%）溶液至强碱性，再加入少量铝屑，用 pH 试纸检验反应产生的气体，证实 NO_3^- 的存在，写出反应式。

② 取绿豆粒大小的 $FeSO_4 \cdot 7H_2O$（s）于试管中，滴加 2 滴 0.5mol/L $NaNO_3$ 溶液及 2 滴浓硫酸，观察现象。反应式为：

$$3Fe^{2+} + NO_3^- + 4H^+ = 3Fe^{3+} + NO + H_2O$$

$$Fe^{2+} + NO + SO_4^{2-} = Fe(NO)SO_4(\text{棕色})$$

4. 磷酸盐的性质

（1）磷酸盐的酸碱性

① 用 pH 试纸分别检验 0.1mol/L 焦磷酸钠盐，0.1mol/L 偏磷酸钠盐水溶液的 pH 值，记录具体数值。

② 分别检验 0.1mol/L Na_3PO_4、0.1mol/L Na_2HPO_4、0.1mol/L NaH_2PO_4 水溶液的 pH 值。将等量的 0.1mol/L $AgNO_3$ 溶液分别加入这些溶液中，产生沉淀后再测各溶液 pH 值，记录反应前后 pH 值并加以解释。

（2）磷酸钙盐的生成与性质

分别向 5 滴 0.1mol/L Na_3PO_4、0.1mol/L Na_2HPO_4 和 0.1mol/L NaH_2PO_4 溶液中加入 5 滴 0.1mol/L $CaCl_2$ 溶液，观察有无沉淀生成？再加入 5 滴 $NH_3 \cdot H_2O$（浓）后又有何变化？继续加入 2mol/L HCl 后又有什么变化？写出反应式并解释。

（3）磷酸根、焦磷酸根、偏磷酸根的鉴别

① 分别向试管中滴加 5 滴 0.1mol/L Na_2HPO_4、0.1mol/L $Na_4P_2O_7$、0.1mol/L $NaPO_3$ 溶液，再滴加 0.1mol/L $AgNO_3$ 溶液，各有什么现象发生？生成的沉淀溶于 2mol/L HNO_3 吗？

② 用 2mol/L HAc 溶液酸化磷酸盐溶液，焦磷酸盐和偏磷酸盐溶液酸化后分别加入蛋白溶液，各有什么现象发生？

根据以上结果，说明磷酸根、焦磷酸根、偏磷酸根的鉴别方法。

（4）磷酸根的鉴定

取 2 滴 0.1mol/L Na_3PO_4 溶液，加入 4 滴 6mol/L HNO_3 及 10 滴钼酸铵溶液，摩擦试管壁。观察黄色沉淀产生。

5. 小设计

① 无色强酸性混合液体中含有 PO_4^{3+}、Cl^-，设计实验方案检验 PO_4^{3+}、Cl^- 离子。

② 失落标签的五种试剂，分别是 $NaNO_2$、$NaNO_3$、Na_2HPO_4、$Na_4P_2O_7$、$NaPO_3$，设计实验方案进行鉴别。

五、注意事项

① 除 N_2O 外，所有氮的氧化物都有毒，其中尤以 NO_2 为甚，在大气中的允许含量为每升空气不得超过 0.005mg。目前 NO_2 中毒尚无特效药物治疗，一般只能输入氧气以帮助呼吸和血液循环。二氧化氮主要对人体造成黏膜损害，引起肿胀充血；呼吸系统损害，引起各种炎症；神经系统损害，引起眩晕、无力、痉挛、面部发绀等；造血系统损害，破坏血红素等。吸入高浓度的氮氧化物将迅速出现窒息以至死亡。因此，凡涉及氮氧化物生成的反应均应在通风橱内进行。

② 大剂量的亚硝酸盐能够引起高铁血红蛋白症，导致组织缺氧，还可使血管扩张血压降低。人体摄入 0.2～0.5g 即可引起中毒，3g 可致死。因此在使用时应避免入口。废液应集中处理，不要倒入下水道。

六、思考题

① 如何鉴定 NO_3^- 离子？

② 如何鉴定 NH_4^+ 离子？

③ 在氧化还原反应中，一般不用浓 HCl、HNO_3 作为反应的酸性介质，为什么？

实验 14　碱金属和碱土金属

一、实验目的

① 比较碱金属、碱土金属的活泼性。

② 比较碱土金属氢氧化物及其盐类的溶解度。

③ 比较锂、镁盐的相似性。

④ 了解焰色反应的操作并熟悉使用金属钾、钠的安全措施。

二、实验原理

碱金属和碱土金属常见的氧化数值分别为＋1 和＋2，它们是化学活泼性很强的金属，能直接或间接地与电负性较大的非金属元素生成相应的化合物。碱金属及碱土金属的还原性很强，都能与水反应，并生成氢气。钙、锶、钡及碱金属的挥发性化合物在高温火焰中，电子易被激发，使火焰呈现出特征颜色。钙为橙红色，锶为洋红色，钡为绿色，锂为红色，钾、铷、铯为紫色，钠为黄色。在分析化学中，常利用这种性质来鉴定这些元素。

三、实验仪器与药品

① 仪器：离心机、镊子、砂纸、镍丝、滤纸、点滴板、钴玻璃片。

② 药品：钾（s）、钠（s）、镁（s）、钙（s）；$KMnO_4$(0.01mol/L)、NaOH(2mol/L，新制)、$NH_3\cdot H_2O$(2mol/L，新制)、$K[Sb(OH)_6]$(饱和)、$NaHC_4H_4O_6$(饱和)、$(NH_4)_2C_2O_4$(饱和)、HAc（2mol/L)、H_2SO_4(3mol/L)、HCl(2mol/L)、$(NH_4)_2HPO_4$(2mol/L)、$(NH_4)_2SO_4$（饱和)；LiCl、NaF、Na_2CO_3、Na_2HPO_4、NaCl、KCl、$CaCl_2$、$SrCl_2$、$BaCl_2$、K_2CrO_4、$MgCl_2$、Na_2SO_4、$(NH_4)_2CO_3$、Na_3PO_4、$NaHCO_3$（均为 1mol/L)。

③ 未知液 1(均为 1mol/L)：Na_2SO_3、NaOH、NaCl、Na_2SO_4、K_2CO_3、Na_2CO_3。

④ 未知液 2(均为 1mol/L)：$NaNO_2$、$(NH_4)_2SO_4$、HNO_3、Na_2CO_3、$BaCl_2$、NaOH、NaCl、H_2SO_4。

四、实验内容

1. 碱金属、碱土金属活泼性的比较

① 向教师领取一小块金属钠，用滤纸吸干表面的煤油，立即放在蒸发皿中，加热。一旦金属钠开始燃烧时即停止加热，观察现象，写出反应式。产物冷却后，往蒸发皿中加入少量水令其溶解，测定溶液的 pH 值，以 3mol/L 硫酸酸化后加入 2 滴 0.01mol/L $KMnO_4$ 溶液，观察现象，写出反应式。

② 取一小段金属镁条，用砂纸擦去表面氧化层，点燃，观察现象，写出反应式。

③ 与水作用

a. 分别取一小块大米粒大小的金属钠及金属钾，用滤纸吸干表面煤油后放入两个盛有水的烧杯中，观察现象。在两只烧杯中各加入一滴酚酞指示剂有何变化？写出反应式。

b. 除去表面氧化膜的镁条和金属钙，分别实验它们与冷水和热水的作用，用酚酞作指示剂比较反应的不同，写出反应式。

根据以上反应，总结碱金属、碱土金属的活泼性。

2. 碱金属及碱土金属的难溶盐

(1) 钠、钾的微溶盐

① 钠盐　往 5 滴 1mol/L NaCl 溶液中加入 5 滴饱和 $K[Sb(OH)_6]$ 溶液，用玻璃棒摩擦

试管内壁，并放置数分钟，观察晶体沉淀 $Na[Sb(OH)_6]$ 的生成。此反应可用于钠离子的鉴别。

② 钾盐　往 5 滴 1mol/L KCl 溶液中加入 1mL 饱和酒石酸氢钠（$NaHC_4H_4O_6$）溶液，观察难溶盐 $KHC_4H_4O_6$ 晶体的析出。

（2）锂、镁的微溶盐

① 取 5 滴 1mol/L LiCl 溶液与 5 滴 1mol/L Na_2CO_3 溶液作用及 5 滴 1mol/L $MgCl_2$ 溶液与 1mol/L $NaHCO_3$ 溶液作用，观察各有什么现象？写出反应式。

② 在 5 滴 1mol/L LiCl 溶液与 5 滴 1mol/L $MgCl_2$ 溶液中分别滴加 1mol/L Na_3PO_4 溶液，观察现象，写出反应方程式。

③ 在 5 滴 1mol/L LiCl 溶液与 5 滴 1mol/L $MgCl_2$ 溶液中分别滴加 1mol/L NaF 溶液，观察现象，写出反应式。

（3）碱土金属难溶盐

① 碳酸盐　在三只离心试管分别加入 5 滴 1mol/L $MgCl_2$、$CaCl_2$、$BaCl_2$ 溶液，再各加入 3 滴 1mol/L Na_2CO_3 溶液反应，制得的沉淀经离心分离后分别与 2mol/L HAc 及 2mol/L HCl 反应，观察沉淀是否溶解。

② 草酸盐　在三只离心试管分别加入 5 滴 1mol/L $MgCl_2$、$CaCl_2$、$BaCl_2$ 溶液，再各加入 3 滴饱和（NH_4）$_2CO_3$ 溶液，制得的沉淀经离心分离后分别与 2mol/L HAc 及 2mol/L HCl 反应，观察现象，写出反应式。

③ 硫酸盐　在三只离心试管分别加入 5 滴 1mol/L $MgCl_2$、$CaCl_2$、$BaCl_2$ 溶液，滴加 1mol/L Na_2SO_4 溶液，观察是否有沉淀生成？沉淀经离心分离后再实验其在饱和 $(NH_4)_2SO_4$ 溶液中及浓硝酸中的溶解性。写出反应式并比较碱土金属硫酸盐溶解度大小。

④ 磷酸镁铵的生成　在 5 滴 1mol/L $MgCl_2$ 溶液中加入 5 滴 2mol/L $NH_3 \cdot H_2O$ 及 5 滴 2mol/L $(NH_4)_2HPO_4$ 溶液，振荡试管，观察现象，写出反应式。此反应可用于镁离子的鉴别。

3. 钙、镁、钡氢氧化物溶解度比较

用 1mol/L $MgCl_2$、$CaCl_2$、$BaCl_2$ 及新配制的 2mol/L 的 NaOH 及 $NH_3 \cdot H_2O$ 溶液作试剂，根据表 6-1 钙、镁、钡氢氧化物溶解度比较进行实验，说明碱土金属氢氧化物溶解度的大小顺序。

表 6-1　钙、镁、钡氢氧化物溶解度比较

项目	$MgCl_2$	$CaCl_2$	$BaCl_2$
2mol/L NaOH			
2mol/L $NH_3 \cdot H_2O$			
氢氧化物溶解度顺序			

4. 焰色反应

在点滴板上分别滴入 1～2 滴 1mol/L LiCl、NaCl、KCl、$CaCl_2$、$SrCl_2$、$BaCl_2$ 溶液，用对应离子的洁净的镍丝蘸取溶液后在氧化焰中灼烧，分别观察火焰颜色。对于钾离子的焰色，应通过钴玻璃观察。记录各离子的焰色（注：镍丝在使用前，应反复蘸取浓盐酸溶液后在氧化焰中烧至近于无色。在使用时应避免把镍丝弄串）。

5. 未知物及离子的鉴别

① 现有六种溶液，分别为 Na_2SO_3、NaOH、NaCl、Na_2SO_4、K_2CO_3、Na_2CO_3，试采用合适试剂加以鉴别。

② 现有 $NaNO_2$、$(NH_4)_2SO_4$、HNO_3、Na_2CO_3、$BaCl_2$、NaOH、NaCl、H_2SO_4 溶液，试利用它们之间的相互反应加以鉴别。

五、注意事项

金属钾、钠通常应保存在煤油中，放在阴凉处。使用时，应在煤油中切割成小块，用镊子夹取，再用滤纸吸干其表面煤油，切勿与皮肤接触。未用完的金属碎屑不能乱丢，可加少量酒精，令其缓慢分解。

六、思考题

① 为什么在实验中比较 $Mg(OH)_2$、$Ca(OH)_2$、$Ba(OH)_2$ 的溶解度时所用的 NaOH 溶液必须是新配制的？如何配制不含 CO_3^{2-} 的 NaOH 溶液？

② 镍丝在使用前应如何处理？

实验 15　碳、硅、硼、铝

一、实验目的

① 掌握活性炭的吸附作用。

② 掌握二氧化碳和碳酸盐的性质。

③ 掌握硅酸盐的性质。

④ 掌握硼酸的性质。

⑤ 掌握铝及其铝的化合物的性质。

二、实验原理

B、Al 原子的价电子结构为 ns^2np^1，易形成+3 氧化态的化合物；C、Si 原子的价电子结构为 ns^2np^2，易形成+4 氧化态的化合物。硼酸是一元弱酸，在硼酸中加入甘油或甘露醇可以使其酸性增强。Al 及 $Al(OH)_3$ 都具有两性，能溶于酸亦能溶于碱。碳酸是二元弱酸，碳酸盐有正盐和酸式盐之分。硅酸是比碳酸还弱的酸，易水解，它与 CO_2、HCl、NH_4Cl 在一定条件下反应都能形成硅酸凝胶。

三、实验仪器与药品

① 仪器：离心机、启普发生器、电陶炉。

② 药品：$CaCO_3$(s)、$CaCl_2$(s)、$CuSO_4$(s)、$Co(NO_3)_2$(s)、$NiSO_4$(s)、$ZnSO_4$(s)、$Fe_2(SO_4)_3$(s)、$Na_2B_4O_7 \cdot 10H_2O$(s)、H_3BO_3(s)；$Pb(NO_3)_2$(0.01mol/L)、K_2CrO_4(0.1mol/L)、NaOH(6mol/L)、Na_2CO_3(0.1mol/L)、$NaHCO_3$(0.1mol/L)、Na_2SiO_3(20%)、HCl(2mol/L、6mol/L)、NH_4Cl(饱和)、HNO_3(浓)、H_2SO_4(浓)、甘油、无水乙醇、$Al_2(SO_4)_3$(饱和、0.1mol/L)、$NH_3 \cdot H_2O$(2mol/L)、铝试剂(l)、$CuSO_4$(0.1mol/L)、K_2SO_4（饱和）、活性炭、品红溶液、镁条、铝片。

③ 待测试剂：$Al_2(SO_4)_3$(s)、$Na_2B_4O_7$(s)、$NaHCO_3$(s)、Na_2CO_3(s)、$NaNO_2$(s)、Na_2SO_3(s)。

④ 其他：冰、pH 试纸、火柴。

四、实验内容

1. 活性炭的吸附作用

① 在 1mL 品红溶液中加入一小勺活性炭，振摇试管，过滤。观察滤液的颜色变化，说明原因。

② 取 5 滴 0.01mol/L $Pb(NO_3)_2$ 溶液，加入 3 滴 0.1mol/L K_2CrO_4 溶液；在另一支盛有 5 滴 0.01mol/L $Pb(NO_3)_2$ 溶液的试管中，加入 1 小勺活性炭，振摇试管并过滤，在滤液中加入 3 滴 0.1mol/L K_2CrO_4 溶液。观察现象，说明原因。

2. CO_2 的性质

① CO_2 的溶解性：用试管收集 CO_2，将盛有 CO_2 的试管倒置于盛有水的水槽中，摇动试管，观察现象。向水中加入 1mL 6mol/L NaOH 溶液振摇试管。观察现象，说明原因并写出反应方程式。

② CO_2 与金属的反应：将点燃的镁条迅速放入充满 CO_2 的广口瓶中。观察现象，写出反应方程式。

③ CO_2 与非金属的反应：在燃烧匙内放入绿豆大小的红磷，点燃后放入充满 CO_2 的广口瓶中。观察现象，写出反应方程式。

3. 碳酸盐的性质

(1) 碳酸盐的碱性

用 pH 试纸测定 0.1mol/L Na_2CO_3、$NaHCO_3$ 的 pH 值。

(2) CO_3^{2-} 与 HCO_3^- 之间的相互转化

在试管中滴入 10 滴新配制的澄清石灰水，通入 CO_2，观察现象。继续通入 CO_2，观察现象。将所得溶液分成两份，分别进行如下实验：①加热溶液；②加入 5 滴澄清石灰水。观察两者现象。写出反应方程式，总结 CO_3^{2-} 与 HCO_3^- 之间相互转化的条件。

(3) 碳酸盐的热分解

将分别盛有黄豆粒大小的 Na_2CO_3 和 $NaHCO_3$ 的试管在酒精灯上加热。观察现象，写出反应方程式。

(4) 与金属离子的双水解反应

取 5 滴 0.1mol/L $CuSO_4$ 溶液，加入 5 滴 0.1mol/L Na_2CO_3 溶液。观察现象，写出反应方程式。

4. 硅酸盐的性质

(1) 硅酸凝胶的形成

① 在 5 滴 20% Na_2SiO_3 溶液中通入 CO_2，静置片刻。观察现象，写出反应方程式。

② 在 5 滴 20% Na_2SiO_3 溶液中，加入 5 滴 2mol/L HCl 溶液，水浴加热。观察现象，写出反应方程式。

③ 在 5 滴 20% Na_2SiO_3 溶液中，加入 5 滴饱和 NH_4Cl 溶液。观察现象，写出反应方程式。

(2) 硅酸盐的酸碱性

用 pH 试纸测定 20% Na_2SiO_3 溶液的 pH 值。

(3) 难溶硅酸盐的生成——“水中花园”

在一个 100mL 烧杯中加入约 2/3 体积的 20% Na_2SiO_3，将固体 $CaCl_2$、$CuSO_4$、

$Co(NO_3)_2$、$NiSO_4$、$ZnSO_4$、$Fe_2(SO_4)_3$ 各一小粒放入烧杯内，并记住它们的位置，放置1～2小时后，观察现象。

5. 硼

(1) 硼酸的制备

取1g硼砂（$Na_2B_4O_7 \cdot 10H_2O$）晶体于5mL水中加热，然后加入2mL浓 H_2SO_4，用冰水冷冻，趁冷过滤。观察产物的颜色及状态，写出反应方程式。

(2) 硼酸的酸性

取绿豆粒大小的硼酸（H_3BO_3）固体于2mL水中，水浴加热至其溶解。待其冷却后，测定溶液pH值。向溶液中加5滴甘油，混匀，再次测定溶液的pH值。写出反应方程式，并作出解释。

(3) 含硼化合物的鉴别

将绿豆大小的硼酸晶体放入蒸发皿中，加5滴无水乙醇、5滴浓硫酸，混匀后点燃。观察绿色火焰，写出反应方程式。

6. 铝

(1) 金属铝的酸碱性

用砂纸除去铝片表面的氧化膜，将铝片分别与：①冷水；②热水；③2mol/L HCL溶液；④2mol/L NaOH溶液；⑤冷浓硝酸；⑥热浓硝酸反应。观察现象，写出反应方程式，总结铝的性质。

(2) 氢氧化铝的酸碱性

① 在三支分别盛有5滴0.1mol/L $Al_2(SO_4)_3$ 的试管中，滴加2mol/L $NH_3 \cdot H_2O$ 至沉淀生成，然后分别实验 $Al(OH)_3$ 与2mol/L HCl、2mol/L NaOH及过量的 $NH_3 \cdot H_2O$ 反应。观察现象，写出反应方程式。

② 取5滴0.1mol/L $Al_2(SO_4)_3$ 于试管中，滴加2mol/L $NH_3 \cdot H_2O$ 至 $Al(OH)_3$ 沉淀生成，然后慢慢滴加2mol/L NaOH至沉淀刚好溶解，将溶液加热。观察现象，写出反应方程式。

③ 明矾的生成：取5滴饱和 K_2SO_4 与5滴饱和 $Al_2(SO_4)_3$ 混合，在冷水中冷却。观察现象，写出反应方程式

④ Al^{3+} 的鉴定：取5滴0.1mol/L $Al_2(SO_4)_3$ 溶液，加5滴2mol/L NH_4Cl 和2滴铝试剂，水浴加热，红色沉淀生成，表明有 Al^{3+} 存在。

7. 小设计

有六种失落标签的固体试剂，分别是 $Al_2(SO_4)_3$、$Na_2B_4O_7$、$NaHCO_3$、Na_2CO_3、$NaNO_2$、Na_2SO_3，设计实验方案进行鉴定。

五、思考题

① 在硼酸溶液中加入甘油酸度会有什么变化？为什么？

② 为什么不能用磨口的玻璃瓶装碱液？

③ 金属铝具有什么性质？

实验16　锡、铅、锑、铋

一、实验目的

① 掌握锡、铅、锑、铋氢氧化物的酸碱性。

② 掌握不同价态锡、铅、锑、铋的氧化还原性。

③ 了解Sn(Ⅱ)、Sb(Ⅲ)、Bi(Ⅲ)、Pb(Ⅱ)的水解作用。

二、实验原理

锡和铅都能生成+2及+4价化合物。+2价锡是强还原剂，过量的锡（Ⅱ）能将氯化汞还原为单质汞。+4价铅是强氧化剂，能与浓盐酸反应生成氯气。

锑、铋都能生成+3及+5价化合物。+5价化合物的氧化能力是Bi(Ⅴ)>Sb(Ⅴ)，铋酸钠在酸性条件下能将Mn(Ⅱ)氧化为MnO_4^-。+3价化合物的还原能力是Bi(Ⅲ)<Sb(Ⅲ)，如Sb(Ⅲ)在一定条件下能被I_2氧化。

锡、锑、铅的氢氧化物都具有两性，而铋的氢氧化物呈碱性。用Sn(Ⅳ)与碱反应得到的白色胶状物质是α锡酸，α锡酸具有两性。用锡粒与浓硝酸在加热条件下制得的白色物质是β锡酸，β锡酸在酸、碱中都不溶解。

三、实验仪器与药品

① 仪器：离心机。

② 药品：锡粒(s)、氯水(l)、碘水(l)、四氯化碳(l)、铅丹(s)；PbO_2(s)、$NaBiO_3$(s)、$SnCl_2$(s)、$SbCl_3$(s)、$Bi(NO_3)_3$(s)、$Pb(NO_3)_2$(s)；$FeCl_3$(0.1mol/L)、$NH_3\cdot H_2O$(2mol/L)、$SnCl_4$(0.1mol/L)、NaAc(饱和)、$NaHCO_3$(饱和)、HNO_3(2mol/L、6mol/L、浓)、HCl(2mol/L、6mol/L、浓)、H_2SO_4(1mol/L、3mol/L)、NaOH(2mol/L、6mol/L、40%)、$Pb(NO_3)_2$(0.1mol/L)、$SnCl_2$(0.1mol/L)、$Bi(NO_3)_3$(0.1mol/L)、$MnSO_4$(0.1mol/L)、KI(0.1mol/L)、K_2CrO_4(0.1mol/L)、KOH(40%)、$KMnO_4$(0.1mol/L)、$SbCl_3$(0.1mol/L)、$BiCl_3$(0.1mol/L)、HAc(6mol/L)、$BaCl_2$(0.1mol/L)、Na_2SO_3(0.1mol/L)、$AgNO_3$(0.1mol/L)、KCNS(0.1mol/L)。

四、实验内容

1. 氢氧化物性质

(1) α锡酸及β锡酸的生成与性质

① α锡酸的制备与性质　取5滴0.1mol/L $SnCl_4$溶液，滴加2mol/L $NH_3\cdot H_2O$观察现象，把沉淀分成两份并实验其与2mol/L NaOH、2mol/L HCl溶液的作用，观察现象，写出反应方程式。

② β锡酸的生成与性质　在放有少量浓HNO_3的试管里加入一粒金属锡，在通风橱中小火加热几分钟，观察现象。分别实验沉淀与6mol/L HCl和6mol/L NaOH作用。写出反应方程式。

根据以上结果，比较α锡酸和β锡酸在性质上的异同。

(2) 锡（Ⅱ）、铅、锑、铋氢氧化物的性质

分别用0.1mol/L $Pb(NO_3)_2$、0.1mol/L $SbCl_3$、0.1mol/L $SnCl_2$、0.1mol/L $Bi(NO_3)_3$与2mol/L NaOH反应制得相应的氢氧化物，按表6-2进行反应，将反应现象记录在表中。写出反应方程式，并总结锡、铅、锑、铋氢氧化物的性质。

表 6-2　锡、铅、锑、铋氢氧化物的性质

项目	$Pb(OH)_2$	$Sb(OH)_3$	$Sn(OH)_2$	$Bi(OH)_3$
2mol/L HCl				
2mol/L NaOH				
氢氧化物性质				

2. 水解反应

用 $SnCl_2(s)$、$SbCl_3(s)$、$Bi(NO_3)_3(s)$、$Pb(NO_3)_2(s)$、浓盐酸、浓硝酸及纯净水按表 6-3 进行反应，将反应现象记录在表中。说明原因。

表 6-3　锡、铅、锑、铋的水解反应

试剂	$SnCl_2(s)$	$SbCl_3(s)$	$Pb(NO_3)_2(s)$	$Bi(NO_3)_3(s)$
H_2O				
浓 HCl			—	—
浓 HNO_3	—	—		

3. 氧化还原反应

（1）Sn(Ⅱ) 的还原性

① 取 5 滴 0.1mol/L $SnCl_2$，加入过量的 2mol/L NaOH 使生成的沉淀溶解，然后滴加 0.1mol/L $Bi(NO_3)_3$ 溶液，观察黑色金属铋生成。写出反应方程式。此反应可以用来鉴别 Sn^{2+}、Bi^{3+}。

② 在 5 滴 0.1mol/L $FeCl_3$ 溶液中滴加 0.1mol/L $SnCl_2$，有何现象？如何验证 Fe^{3+} 被还原？写出反应方程式。

（2）Sb(Ⅲ)、Bi(Ⅲ) 的还原性

① 在盛有 5 滴 0.1mol/L $AgNO_3$ 的试管中加入过量的 2mol/L $NH_3 \cdot H_2O$，至沉淀完全溶解。在另一支试管中加入 5 滴 0.1mol/L $SbCl_3$ 及过量的 2mol/L NaOH 使生成的沉淀溶解。将两种溶液混合，观察现象，写出反应方程式。

② 往自制的 $Bi(OH)_3$ 上滴加氯水，观察现象，写出反应方程式。

根据以上实验比较 Sb(Ⅲ)、Bi(Ⅲ) 的还原性。

（3）Pb(Ⅳ) 的氧化性

① 往少量的 $PbO_2(s)$ 上滴加浓盐酸，观察现象，并用淀粉碘化钾试纸检验气体产物，写出反应方程式。

② 在 10 滴 3mol/L H_2SO_4 和 2 滴 0.1mol/L $MnSO_4$ 的混合溶液中加入少量 $PbO_2(s)$，水浴加热，观察现象，写出反应方程式。

（4）Bi(Ⅴ) 氧化性

在 10 滴 3mol/L H_2SO_4 和 2 滴 0.1mol/L $MnSO_4$ 的混合溶液中加入 $NaBiO_3$（s），观察现象，写出反应方程式。

4. 铅的难溶盐

（1）卤化物

① $PbCl_2$　取 5 滴 0.1mol/L $Pb(NO_3)_2$ 加入 2mL 水稀释，然后滴加稀盐酸至白色沉淀

$PbCl_2$ 生成，将所得沉淀及溶液一起加热，有何变化？再把溶液冷却，又有什么变化？

取少量白色 $PbCl_2$ 沉淀，加入浓盐酸，观察现象，写出反应方程式。

② PbI_2　取 5 滴 0.1mol/L Pb（NO_3）$_2$ 加入 2mL 水稀释，再滴加 0.1mol/L KI 溶液至橙黄色 PbI_2 沉淀的生成。实验沉淀在冷、热水中的溶解度。

根据以上实验，说明卤化铅溶解度与温度的关系。

（2）铬酸铅

取 5 滴 0.1mol/L $Pb(NO_3)_2$ 加入 5 滴 0.1mol/L K_2CrO_4 溶液，观察黄色 $PbCrO_4$ 沉淀生成。分别实验 $PbCrO_4$ 在 NaAc（饱和）、6mol/L HAC、6mol/L NaOH、2mol/L HNO_3 中的溶解情况，写出反应方程式。

（3）硫酸铅

取 5 滴 0.1mol/L $Pb(NO_3)_2$ 加入 2mL 水稀释，再滴加 1mol/L H_2SO_4 观察白色沉淀 $PbSO_4$ 的生成。实验沉淀在 NaAc（饱和）、6mol/L NaOH 中的溶解情况，写出反应方程式。

5. 小设计

用铅丹（s）、HNO_3（浓）、0.1mol/L $MnSO_4$、0.1mol/L K_2CrO_4 四种药品设计实验，分析铅丹由几种价态组成。

五、注意事项

锡、铅、锑、铋等化合物均有毒性，因此使用时必须格外注意，废液应集中回收处理，不能倒入下水道。

六、思考题

① 实验室如何配制硝酸铋、氯化锑及氯化亚锡溶液？为什么？

② 如何分离 Sb^{3+}、Bi^{3+}？

实验 17　铜、银、锌、镉

一、实验目的

① 掌握铜、银、锌、镉氢氧化物的性质。

② 掌握铜、银、锌、镉形成配合物的特征。

二、实验原理

铜、锌、镉通常形成＋2 价化合物，铜也可生成＋1 价化合物，银通常形成＋1 价化合物。$Cu(OH)_2$ 和 $Zn(OH)_2$ 都是两性的氢氧化物，$Cd(OH)_2$ 是碱性的氢氧化物。其中，氢氧化铜不稳定，在 90℃ 即脱水生成黑色的氧化铜。银与氢氧化钠反应生成氧化银，因为氢氧化银极其不稳定，在室温下就脱水生成氧化银。氢氧化物热稳定顺序是 $Zn(OH)_2 > Cd(OH)_2 > Cu(OH)_2$。铜、银、锌、镉离子都具有较强的接受配体的能力，能与多种配体结合形成配离子。铜离子、银离子都有氧化性。

三、实验仪器与药品

① 仪器：离心机。

② 药品：$CuSO_4$（0.1mol/L）、$AgNO_3$（0.1mol/L）、$ZnSO_4$（0.1mol/L）、$CdSO_4$（0.1mol/L）、NaCl(0.1mol/L)、KBr(0.1mol/L)、$Na_2S_2O_3$(0.1mol/L、2mol/L)、$CuCl_2$(s)、KBr(s)、盐酸(浓)、H_2SO_4(3mol/L)、HNO_3(2mol/L)、NaOH(2mol/L、6mol/

L)、$NH_3 \cdot H_2O$(2mol/L、浓)、葡萄糖［10%(质量分数)］、Na_2SO_3(2mol/L)。

③ 待测试液：$CdSO_4$、$ZnSO_4$、$AgNO_3$、$Na_2S_2O_3$、KBr、KI（都为0.1mol/L)。

四、实验内容

1.铜的化合物

① 取少量0.1mol/L $CuSO_4$ 与2mol/L NaOH反应，观察产生沉淀的颜色形态。将沉淀分成3份，一份加热，另外两份分别与6mol/L NaOH和3mol/L H_2SO_4 反应，观察现象，写出反应方程式。

② 在5滴0.1mol/L $CuSO_4$ 溶液中滴加2mol/L $NH_3 \cdot H_2O$，观察沉淀的生成，继续滴加2mol/L $NH_3 \cdot H_2O$ 至沉淀完全溶解。将溶液分成两份，一份加热至沸，另一份滴加3mol/L H_2SO_4 溶液，观察现象，写出反应方程式。

③ 在5滴0.1mol/L $CuSO_4$ 溶液中加入过量的6mol/L NaOH溶液，使最初生成的沉淀完全溶解。然后再加入数滴10%（质量分数）葡萄糖溶液，摇匀，微热，观察现象。离心分离，并用纯净水洗涤沉淀。往沉淀中加入3mol/L H_2SO_4 溶液，再观察现象，写出反应方程式。

④ 取绿豆粒大小的固体 $CuCl_2$，然后加入浓盐酸，温热，使固体溶解，再加入少量纯净水，观察溶液的颜色，写出反应方程式。

取少量固体KBr，慢慢加入上述溶液中，直到振荡后不再溶解为止。观察现象，写出反应方程式，并说明原因。

⑤ 在0.1mol/L $CuSO_4$ 溶液中加入0.1mol/L KI溶液，观察现象。再加入0.1mol/L $Na_2S_2O_3$ 又有何变化？写出反应方程式。

⑥ 取绿豆粒大小的固体 $CuCl_2$，加入5mL 2mol/L Na_2SO_3 溶液，搅拌，观察现象。离心分离，用纯净水洗涤沉淀，分别实验沉淀与浓氨水和浓盐酸作用，观察现象，写出反应方程式。

2.银的化合物

① 在0.1mol/L $AgNO_3$ 溶液中滴加2mol/L NaOH，观察产生沉淀的颜色形态。将沉淀分成两份，分别实验沉淀与2mol/L HNO_3 和2mol/L $NH_3 \cdot H_2O$ 反应，观察反应现象，写出反应方程式。将 Ag_2O 与2mol/L $NH_3 \cdot H_2O$ 反应溶液留着，做下面实验。

② 在上述溶液中，加入少量10%（质量分数）的葡萄糖溶液，并在水浴上加热，观察现象，写出反应方程式。

③ 用自制的卤化银、2mol/L $Na_2S_2O_3$、2mol/L $NH_3 \cdot H_2O$ 按表6-4进行实验，根据实验结果，比较卤化银溶解度的大小，及银的配合物稳定性的大小，写出反应方程式。

表6-4　卤化银溶解度及银的配合物稳定性比较

项目	AgCl	AgBr	AgI
2mol/L $NH_3 \cdot H_2O$			
2mol/L $Na_2S_2O_3$			
氯化银的溶解度顺序			
银配合物稳定性顺序			

3. 锌的化合物

① 取少量 0.1mol/L $ZnSO_4$ 与 2mol/L NaOH 反应，观察产生沉淀的颜色形态。将沉淀分成两份，分别与 2mol/L NaOH 和 3mol/L H_2SO_4 反应，观察现象，写出反应方程式。

② 在 5 滴 0.1mol/L $ZnSO_4$ 溶液中滴加 2mol/L $NH_3 \cdot H_2O$，观察沉淀的生成，继续滴加 2mol/L $NH_3 \cdot H_2O$ 至沉淀完全溶解。将溶液分成两份，一份加热至沸，另一份滴加 3mol/L H_2SO_4 溶液，观察现象，写出反应方程式。

4. 镉的化合物

① 取少量 0.1mol/L $CdSO_4$ 与 2mol/L NaOH 反应，观察产生沉淀的颜色形态。将沉淀分成三份，一份加热，另外两份分别与 2mol/L NaOH 和 3mol/L H_2SO_4 反应，观察现象，写出反应方程式。

② 在 5 滴 0.1mol/L $CdSO_4$ 溶液中滴加 2mol/L $NH_3 \cdot H_2O$，观察沉淀的生成，继续滴加 2mol/L $NH_3 \cdot H_2O$ 至沉淀完全溶解。将溶液分成两份，一份加热至沸，另一份滴加 3mol/L H_2SO_4 溶液，观察现象，写出反应方程式。

5. 小设计

有六种失落标签的溶液 $CdSO_4$、$ZnSO_4$、$AgNO_3$、$Na_2S_2O_3$、KBr、KI（都为 0.1mol/L），设计实验方案进行鉴别。

五、注意事项

① 镉会对呼吸道产生刺激，镉化合物可经呼吸被人体吸收，积存于肝或肾脏造成危害。含镉废液应集中回收处理，不能倒入下水道。

② 含有银氨的溶液不宜长久保存，因为会从溶液中析出爆炸性很强的雷银（AgN_3）沉淀。使用含有银氨的溶液一定要现用现配，剩下的废液一定要用酸处理掉。

六、思考题

① 铜、银、锌、镉的氢氧化物具有什么特点？

② 进行银镜反应时，为什么要把银离子转换为银氨配离子？

③ 比较 Cu(Ⅱ) 和 Cu(Ⅰ) 的稳定性，说明 Cu(Ⅱ) 和 Cu(Ⅰ) 相互转化的条件。

实验 18　氟、氯、溴、碘

一、实验目的

① 掌握卤素单质的性质。

② 掌握卤素离子的性质。

③ 掌握次氯酸钠及卤酸盐的性质。

二、实验原理

卤素都可以生成氧化数为 −1 的化合物，除氟外，还可生成氧化数为 +1、+3、+5 或 +7 的化合物。

卤素单质氧化性顺序如下：$F_2 > Cl_2 > Br_2 > I_2$。卤素离子还原性顺序如下：$I^- > Br^- > Cl^- > F^-$。

卤素单质在碱存在的条件下可以发生以下两种歧化反应：

$$X_2 + 2OH^- \longrightarrow X^- + OX^- + H_2O$$

$$3X_2 + 6OH^- \longrightarrow 5X^- + XO_3^- + 3H_2O$$

卤素含氧酸的氧化性顺序：HClO＞HBrO＞HIO；$HClO_3$＞$HBrO_3$＞HIO_3。

高氯酸与高溴酸都是极强的酸，但是高碘酸是五元弱酸。

三、实验仪器与药品

① 仪器：离心机、酒精灯、锤子。

② 药品：淀粉碘化钾试纸、醋酸铅试纸、pH 试纸、氯水(l)、溴水(l)、I_2(s)、$KClO_3$(s)、KI(s)、KBr(s)、NaCl(s)、CaF_2(s)、石蜡、S(s)、CCl_4(l)、淀粉溶液[1%(质量分数)]、品红溶液、$KClO_3$（饱和）、$KBrO_3$（饱和）、KI（0.01mol/L、0.1mol/L）、KBr（0.1mol/L）、NaOH（2mol/L）、HCl（浓）、H_2SO_4（浓、3mol/L）、$FeCl_3$（0.1mol/L）、$NH_3 \cdot H_2O$（浓）、HNO_3（2mol/L）、$MnSO_4$（0.1mol/L）、NaF（0.1mol/L）、$AgNO_3$(0.1mol/L)、NaCl(0.1mol/L)、CaF_2（0.1mol/L）、KIO_3（0.1mol/L）、Na_2SO_3(0.1mol/L)、NaClO(0.1mol/L)。

③ 待鉴别溶液：NaCl、KBr、KI、$KClO_3$、KClO（浓度都为 0.1mol/L）。

④ 待分离鉴定混合溶液：F^-、Cl^-、Br^-、I^-。

四、实验内容

1. 卤素单质的性质

（1）溴和碘在不同溶剂中的溶解性

① 取 5 滴溴水，加入 5 滴 CCl_4，振摇试管，观察水层及 CCl_4 层颜色变化，比较溴在 CCl_4 和水中的溶解性。

② 取米粒大小的固体碘于试管中，加入 2mL 纯净水，振摇试管，观察现象。再加入 5 滴 0.1mol/L KI 溶液，振摇试管，有何变化？说明原因，并写出反应方程式。

③ 取 5 滴上述碘溶液，加入 5 滴 CCl_4 溶液，振摇试管，观察水及 CCl_4 层颜色变化，比较 I_2 在水及 CCl_4 中的溶解性。再用滴管吸取上层的碘溶液，移到另一盛有 5 滴淀粉溶液的试管中，有何现象？以上两种方法都可以用来鉴别单质碘。

（2）卤素的氧化性

① 在 2 支试管中分别加入 5 滴 0.1mol/L 的 KI、KBr 溶液，并分别加入 5 滴 CCl_4 溶液，然后向上述溶液各滴加 5 滴氯水并振摇试管，观察 CCl_4 层颜色变化，写出反应方程式。

② 取一支试管加入 5 滴 0.1mol/L KI 溶液及 5 滴 CCl_4 溶液，然后再往试管中加入 5 滴溴水，振摇试管，观察 CCl_4 层颜色变化，写出反应方程式。

③ 在试管中加入 5 滴 0.1mol/L KBr 溶液，取 1 滴 0.01mol/L KI 溶液，5 滴 CCl_4 溶液，逐滴加入氯水，边加边振摇试管，观察 CCl_4 层颜色变化，写出反应方程式。

根据以上实验比较 Cl_2、Br_2、I_2 的氧化性顺序。

（3）溴和碘的歧化反应

在试管中加入 2 滴溴水，再加 2 滴 2mol/L NaOH 溶液，振摇试管，观察现象。再加入 5 滴 3mol/L 的 H_2SO_4 溶液，又有何现象？以碘水代替溴水进行上述实验，观察现象，写出反应方程式。

2. 卤素离子的还原性

① 在一支盛有米粒大小 KI 固体的试管中加入 5 滴浓硫酸，观察现象。并把湿润的醋酸铅试纸移到试管口，检验生成的气体产物。写出反应方程式。

② 在一支盛有米粒大小 KBr 固体的试管中加入 5 滴浓硫酸，观察现象。并把湿润的淀

粉-碘化钾试纸移到试管口，检验生成的气体产物。写出反应方程式。

③ 在一支盛有米粒大小 NaCl 固体的试管中加入 5 滴浓硫酸，水浴加热，观察现象。用玻璃棒蘸取浓氨水，检验生成的气体产物。写出反应方程式。

④ 分别在 2 支试管中各加入 5 滴 0.1mol/L KI 和 0.1mol/L KBr 溶液，然后各加 5 滴 CCl_4 溶液及 5 滴 0.1mol/L $FeCl_3$ 溶液，振摇试管，观察 CCl_4 层颜色变化，写出反应方程式。

综合上述实验，比较 Cl^-、Br^-、I^- 的还原性。

3. 次卤酸及卤酸盐的氧化性

(1) 次卤酸盐的氧化性

① 在 5 滴 0.1mol/L NaClO 溶液中加入两滴品红溶液，观察现象。

② 在 5 滴 0.1mol/L NaClO 溶液中加入 5 滴 0.1mol/L $MnSO_4$，观察现象，写出反应方程式。

③ 在 5 滴 0.1mol/L NaClO 溶液中加入 5 滴 CCl_4，5 滴 0.1mol/L KI，5 滴 3mol/L H_2SO_4 溶液。观察现象，写出反应方程式。

根据以上实验，总结次氯酸钠的性质。

(2) 卤酸盐的氧化性

① 氯酸钾的氧化性

a. 取 5 滴饱和氯酸钾溶液，加入 3 滴浓 HCl，观察现象，并用湿润的淀粉碘化钾试纸在试管口检验气体产物，写出反应方程式。

b. 在 5 滴 CCl_4、5 滴 0.1mol/L KI 混合溶液中滴加饱和 $KClO_3$ 溶液，并不断振荡试管，观察现象。再加入 5 滴 3mol/L H_2SO_4，并振荡试管，观察 CCl_4 层的变化，写出反应方程式。

c. 把黄豆大小的 S 粉与黄豆大小的 $KClO_3$ 晶体混匀，用纸包紧，用铁锤锤击纸包。观察现象，写出反应方程式。

② 溴酸钾的氧化性

a. 取 5 滴饱和 $KBrO_3$ 溶液和 5 滴 CCl_4 溶液，再加 5 滴 0.1mol/L KBr 溶液，振摇试管，观察现象。继续滴加 5 滴 3mol/L H_2SO_4，振摇试管，观察 CCl_4 层颜色变化。

b. 用 0.1mol/L KI 代替上述实验中的 0.1mol/L KBr 溶液，进行上述实验。观察现象，写出反应方程式。

c. 取 10 滴饱和 $KBrO_3$ 溶液，加入 5 滴 CCl_4 溶液，5 滴 3mol/L H_2SO_4 溶液，再加入小米粒大小的碘固体，振摇试管。观察现象，写出反应方程式。

③ 碘酸盐的氧化性　在 5 滴 0.1mol/L KIO_3 溶液中加入 5 滴 CCl_4 溶液，再加入 3 滴 0.1mol/L Na_2SO_3 溶液，振摇试管，观察现象。继续加入 5 滴 3mol/L H_2SO_4 溶液，振摇试管，有何变化？再加入 7 滴 0.1mol/L Na_2SO_3 溶液，又有何变化？写出反应方程式。

4. 氟化氢的制备及性质

在一块涂有石蜡的载玻片上，用钉子刻下印记，然后将 CaF_2 固体填充在印记上，在 CaF_2 上滴几滴浓硫酸。2 个小时后，用水冲洗载玻片，将石蜡除去，在载玻片上可以看到清晰的印记。写出反应方程式，说明原因。

5. 金属卤化物的溶解性

① 分别取 5 滴 0.1mol/L NaF、NaCl、KBr、KI 于 4 个试管中，各加 5 滴 0.1mol/L

CaF_2 溶液。观察现象，写出反应方程式。

② 分别取 5 滴 0.1mol/L NaF、NaCl、KBr、KI 于 4 个试管中，各加 10 滴 0.1mol/L $AgNO_3$ 溶液。观察现象，写出反应方程式。

根据以上实验总结金属氟化物与其它金属卤化物的区别。

6. 小设计

① 混合液中含有 F^-、Cl^-、Br^-、I^- 四种离子，设计实验进行分离鉴定。

② 现有五种已失去标签的溶液，分别是 KCl、KBr、KI、$KClO_3$、KClO，用实验室现有试剂设计实验方案，进行鉴别。

五、注意事项

① 氯气是有毒的刺激性气体，少量吸入会引起咳嗽气短、胸闷，大量吸入会对身体造成严重危害甚至死亡。因此，凡涉及氯气的操作都要在通风橱中进行。

② 溴蒸气对黏膜有刺激作用，易引起流泪、咳嗽。液体溴与皮肤接触能引起严重的伤害，取用时需戴橡胶手套。如果不小心溅在皮肤上，可先用水冲洗，再用乙醇洗涤。另外，溴可以腐蚀橡胶制品，因此在进行有关溴的实验时要避免使用胶塞和胶管。

③ 氟化氢是有剧毒的强腐蚀性气体，能灼烧皮肤，吸入会使人中毒。因此，凡涉及氟化氢的实验都要在通风橱中进行。取用氟化氢时，必须戴橡胶手套，用塑料滴管吸取。

④ 氯酸钾是强氧化剂，易爆炸，不宜用力研磨、烘干和烤干。它与硫、磷混合易爆炸，因此不能把它们放在一起。进行氯酸钾实验时，应把残留物收回，不能倒入废酸缸里。

六、思考题

① 在一个未知溶液中加入硝酸银，没产生沉淀，能否判定溶液中没有卤离子？

② NH_4HF_2 不能用玻璃器皿盛装，为什么？

③ 如何鉴别 Cl_2、Br_2、I_2？

实验 19　离子的分离与鉴定（设计）

一、实验目的

① 掌握常见元素的性质。

② 根据元素及其化合物的性质，对混合溶液中的离子进行分析鉴定。

二、实验要求

向指导老师领取阴、阳离子混合液各一组，设计实验方案，进行实验并编写实验报告。

三、实验内容

1. 阳离子混合溶液的分离检出

① K^+、Na^+、Ag^+、Cu^{2+}、Ba^{2+} 的混合溶液。

② Zn^{2+}、Ag^+、Cu^{2+}、Pb^{2+}、Bi^{3+} 的混合溶液。

③ Ba^{2+}、Cr^{3+}、Al^{3+}、Mn^{2+} 的混合溶液。

④ Ag^+、Cu^{2+}、Sb^{3+}、Bi^{3+} 的混合溶液。

2. 阴离子混合溶液的检出

① NO_3^-、NO_2^-、CO_3^{2-}、Cl^-、SO_4^{2-}、S^{2-} 的混合溶液。

② $S_2O_3^{2-}$、NO_2^-、CO_3^{2-}、I^-、Br^-、PO_4^{3-}、F^- 的混合溶液。

阅读1　传奇女性——居里夫人

我从来不曾有过幸运，将来也永远不指望幸运，我的最高原则是：不论对任何困难都决不屈服！

——玛丽・居里

玛丽・居里（Marie Curie，1867 年 11 月 7 日—1934 年 7 月 4 日），出生于华沙，世称“居里夫人”，全名玛丽亚・斯克沃多夫斯卡・居里（Maria Skłodowska Curie），法国波兰裔著名科学家、物理学家、化学家。

玛丽・居里，这位科学界的传奇女性，出生于波兰华沙一个教师家庭。自小聪慧的她，对知识有着无尽的渴求。然而，当时波兰处于俄国的统治之下，女性接受高等教育的机会极为有限。但玛丽并未因此而放弃自己的梦想。1891 年，24 岁的她怀揣着对知识的强烈渴望，毅然离开波兰，前往巴黎求学。初到巴黎，她面临着诸多困难，生活拮据，只能居住在简陋狭小的阁楼里。然而，艰苦的生活条件并没有阻挡她追求知识的脚步。她凭借着顽强的毅力和非凡的才智，在巴黎大学以优异的成绩毕业。1895 年，玛丽与皮埃尔・居里喜结连理。婚后的他们不仅在生活中相互扶持，更是在科学研究的道路上携手并肩。他们把目光聚焦在了铀盐的放射性研究上，在设备简陋、环境恶劣的实验室里，夫妇二人废寝忘食地工作着。经过无数次的实验和探索，他们发现了一种新的元素——钋。这一发现让他们备受鼓舞，更加坚定了继续探索的决心。不久之后，他们又迎来了另一个重大发现——镭。然而，要从数吨铀矿渣中提取出极其微量的镭元素绝非易事，他们需要克服无数的技术难题和艰苦的实验条件。为了提取镭，他们在一个破旧的棚屋里搭建起实验装置，棚屋夏天闷热潮湿，冬天寒冷刺骨。夫妇俩整天搅动着锅里的矿渣，在烟熏火燎中辛勤劳作。经过漫长而艰辛的努力，他们终于成功地分离出了镭，为科学界做出了巨大的贡献。玛丽・居里的科学成就举世瞩目，她的精神更是激励着一代又一代的人在追求真理和科学的道路上勇往直前。

阅读2　中国稀土之父——徐光宪院士

我们做科研的有一个信念，就是立足于基础研究，着眼于国家目标，不跟外国人跑，走自己的创新之路。

——徐光宪

徐光宪（1920 年 11 月 7 日—2015 年 4 月 28 日），浙江省上虞县（今绍兴市上虞区）人，著名的物理化学家、无机化学家、教育家，2008 年“国家最高科学技术奖”获得者，被誉为“中国稀土之父”“稀土界的袁隆平”。

1944 年，徐光宪毕业于上海交通大学化学系；1951 年 3 月，获美国哥伦比亚大学博士学位；1957 年 9 月，任北京大学技术物理系副主任兼核燃料化学教研室主任；1980 年 12 月，当选为中国科学院学部委员（院士）；1986 年 2 月，任国家自然科学基金委员会化学学部主任；1991 年，被选为亚洲化学联合会主席。

徐光宪被誉为“中国稀土之父”，他的故事充满了坚持与奉献。1920 年徐光宪出生于浙江绍兴，他自幼勤奋好学。年少时，他经历了诸多波折，但始终没有放弃学业。在美国留学期间，他成绩优异，获得博士学位后，面对国外的优厚待遇和科研条件，他毅然选择回国，与妻子高小霞一同投身祖国建设。20世纪70年代，为改变我国稀土工业落后的状况，徐光宪开始研究稀土分离方法。当时，分离镨、钕是国际公认的难题，国外采用的离子交换法和分级结晶法存在成本高、纯度低等问题。徐光宪决定采用萃取法另辟蹊径，这一想法在当时并不被看好。此后，他付出了巨大努力，日夜奋战在实验室，频繁往返于北京和包头矿山之间。经过无数次试验，徐光宪和他的团队终于取得突破。1975年，他提出的串级萃取理论在科学界引起了巨大的轰动。不仅如此，他还实现了串级萃取体系从设计到应用的“一步放大”，极大地降低了生产成本。

徐光宪的研究成果使我国稀土分离技术走在世界前列，打破了发达国家的垄断，让中国稀土产业实现了从“资源大国”到“生产强国”的转变。中国高纯度稀土的大量出口，还导致了国际稀土价格下降。然而，他并没有满足于此。面对稀土资源的大量出口和流失问题，年逾八十的他四处奔走，呼吁加强我国稀土生产的宏观控制，以保护珍贵的稀土资源。徐光宪为中国的稀土事业奉献了一生，不仅培养了大批稀土领域的工程技术人员，还为国家的科技发展和资源保护做出了不可磨灭的贡献。

第七章

化合物的制备实验

7.1 无机化合物制备实验

实验 20 粗食盐的提纯

一、实验目的

① 掌握化学方法提纯氯化钠的过程。

② 掌握 Ca^{2+}、Mg^{2+}、Ba^{2+}、SO_4^{2-} 等离子的定性鉴定和去除方法。

二、实验原理

粗食盐中含有 K^+、Ca^{2+}、Mg^{2+}、SO_4^{2-} 等相应盐类的可溶性杂质，还含有泥沙等不溶性杂质。不溶性杂质可用过滤的方法除去，可溶性杂质则要用化学方法处理才能除去。可溶性杂质中的 Ca^{2+}、Mg^{2+}、SO_4^{2-} 可以用两种方法除去。一种是加入 $BaCl_2$、NaOH 和 Na_2CO_3 溶液除去：

$$SO_4^{2-} + Ba^{2+} = BaSO_4 \downarrow$$

$$Ca^{2+} + CO_3^{2-} = CaCO_3 \downarrow$$

$$Ba^{2+} + CO_3^{2-} = BaCO_3 \downarrow$$

$$2Mg^{2+} + 2OH^- + CO_3^{2-} = Mg_2(OH)_2CO_3$$

$$CO_3^{2-} + 2H^+ = CO_2 \uparrow + H_2O$$

另一种是加入 $BaCO_3$ 固体和 NaOH 溶液除去：

$$BaCO_3 \rightleftharpoons Ba^{2+} + CO_3^{2-}$$

$$Ba^{2+} + SO_4^{2-} = BaSO_4 \downarrow$$

$$Ca^{2+} + CO_3^{2-} = CaCO_3 \downarrow$$

$$Mg^{2+} + 2OH^- = Mg(OH)_2 \downarrow$$

少量的 KCl 等可溶性的杂质，由于它们的含量少而溶解度较大，在最后的浓缩结晶过程中仍留在母液内而与氯化钠分开。

三、实验仪器与药品

① 仪器：电子天平、电陶炉、温度计、烧杯、玻璃漏斗、减压过滤装置、蒸发皿、坩

埚钳、玻璃棒、小试管、pH 试纸、滤纸。

② 药品：HCl(6mol/L)、NaOH(6mol/L)、$BaCl_2$(1mol/L)、$(NH_4)_2C_2O_4$(饱和)、食盐(s)、$BaCO_3$(s)、NaOH (2mol/L)、Na_2CO_3(饱和)、NaOH-Na_2CO_3 混合溶液、镁试剂、H_2SO_4 (3mol/L)。

四、实验内容

1. 粗盐的溶解

称取 8.0g 粗盐，放入烧杯内，加入约 30mL 水，加热搅拌使之溶解。

2. 除去 Ca^{2+}、Mg^{2+} 和 SO_4^{2-}

(1) $BaCl_2$—NaOH、Na_2CO_3 法

① 去除 SO_4^{2-}　加热溶液至沸，边搅拌边滴加 1mol/L 的 $BaCl_2$ 溶液，直至 SO_4^{2-} 除尽为止。继续加热煮沸数分钟，过滤。

检验 SO_4^{2-} 是否除尽的方法：将烧杯从电陶炉上移开，待沉降后取 2 滴上清液于小试管内，加几滴 6mol/L HCl，再加几滴 1mol/L $BaCl_2$ 溶液，如有浑浊，表示 SO_4^{2-} 尚未除尽，需再加 $BaCl_2$ 溶液直至完全除尽。

② 去除 Ca^{2+}、Mg^{2+} 和过量的 Ba^{2+}　将滤液加热至沸，边搅拌边滴加 NaOH-Na_2CO_3 混合溶液至不生成沉淀为止。继续加热煮沸数分钟，常压过滤。

检验 Ba^{2+} 是否除尽的方法：用滴管取 2 滴上清液放在试管中，再加几滴 3mol/L H_2SO_4，如有浑浊现象，则表示 Ba^{2+} 未除尽，继续加 Na_2CO_3 溶液，直至除尽为止。

③ 去除 CO_3^{2-}　加热搅拌溶液，滴加入 6mol/L HCl 至溶液 pH 值等于 3～4。

(2) $BaCO_3$—NaOH 法

① 去除 Ca^{2+} 和 SO_4^{2-}　在粗食盐水溶液中，加入约 0.5g $BaCO_3$，搅拌煮沸溶液 30min。取 2 滴清液，用饱和 $(NH_4)_2C_2O_4$ 检验 Ca^{2+}，如有浑浊，则表示 Ca^{2+} 尚未除尽，需继续加热搅拌溶液，至除尽为止。

② 去除 Mg^{2+}　用 6mol/L NaOH 调节上述溶液至 pH 值约等于 11，取 2 滴清液于小试管中，分别加入 2～3 滴 6mol/L NaOH 和镁试剂，若没有天蓝色沉淀生成，证实 Mg^{2+} 除尽，再加热数分钟，过滤。

③ 溶液的中和　用 6mol/L HCl 调节溶液的 pH 值等于 3～4。

3. 蒸发、结晶

加热蒸发浓缩上述溶液，并不断搅拌至稠状，趁热抽干后转入蒸发皿内用小火烘干。冷至室温，称重，计算产率。

4. 产品质量检验

称取各 0.5g 粗食盐和提纯后的产品分别溶于 5mL 纯净水中，定性检验溶液中是否有 SO_4^{2-}、Ca^{2+} 和 Mg^{2+} 的存在，比较实验结果。

五、注意事项

① 在提纯过程中，检验杂质是否除尽，应取清液在反应体系外检验。

② 减压过滤时一定要拿住吸滤瓶和布氏漏斗，防止滑落摔碎。

③ 测定溶液 pH 值时，将 pH 试纸放在洁净干燥的容器内，用玻璃棒蘸取待测的溶液，滴在试纸上，于 30s 以内读数。不能将试纸放在溶液中。

六、实验数据记录与处理

将实验现象和数据记录在表 7-1 和表 7-2 中。

表 7-1　产品质量检验

检验项目	检验方法	被检溶液	实验现象	结论
SO_4^{2-}	6mol/L HCl 和 0.2mol/L $BaCl_2$	1mL 粗 NaCl 溶液		
		1mL 纯 NaCl 溶液		
Ca^{2+}	饱和溶液 $(NH_4)_2C_2O_4$	1mL 粗 NaCl 溶液		
		1mL 纯 NaCl 溶液		
Mg^{2+}	6mol/L NaOH 和镁试剂	1mL 粗 NaCl 溶液		
		1mL 纯 NaCl 溶液		

表 7-2　产率

粗氯化钠/g	
产品/g	
产率/%	

七、思考题

① 为什么不能用重结晶的方法提纯氯化钠？为什么氯化钠溶液不能蒸干？

② 除去可溶性杂质的顺序是否可以任意调换，为什么？

③ 可否用其他酸代替盐酸来除去多余的 CO_3^{2-}？

实验 21　由胆矾制备五水硫酸铜

一、实验目的

① 学习并掌握下列基本操作：固体的加热溶解、水浴蒸发浓缩、减压过滤、结晶与重结晶。

② 了解重结晶法提纯固体物质的原理。

二、实验原理

本实验用过氧化氢将胆矾（工业硫酸铜）溶液中的硫酸亚铁氧化为硫酸铁：

$$2FeSO_4 + H_2O_2 + H_2SO_4 = Fe_2(SO_4)_3 + 2H_2O$$

在 pH≈4.0 时，Fe^{3+} 离子水解为 $Fe(OH)_3$ 沉淀：

$$Fe_2(SO_4)_3 + 6NaOH = 2Fe(OH)_3\downarrow + 3Na_2SO_4$$

过滤除去氢氧化铁。溶液中的其他可溶性杂质可通过五水硫酸铜溶解度随温度升高而增大的性质，用重结晶的办法将它们保留在母液中，进而得到较纯的硫酸铜晶体。

三、实验仪器与药品

① 仪器：电子天平、减压过滤装置、烧杯、电陶炉、蒸发皿、玻璃棒、pH 试纸、滤纸。

② 药品：工业硫酸铜(s)、NaOH(3mol/L)、KSCN(0.1mol/L)、H_2O_2[3%(质量分数)]、H_2SO_4(3mol/L)、无水乙醇(l)。

四、实验内容

① 称取 5g 工业硫酸铜于烧杯中，加入 25mL 蒸馏水，放在电陶炉上加热并搅拌至固体溶解，减压过滤除去不溶物。

② 冷却后，在滤液中加入 1.5～2mL 3%（质量分数）的 H_2O_2，然后用 3mol/L 的 NaOH 溶液调节至 pH≈4.0，取清液 2 滴，检验 Fe^{3+} 除尽后，加热溶液至沸腾，10min 后趁热减压过滤。

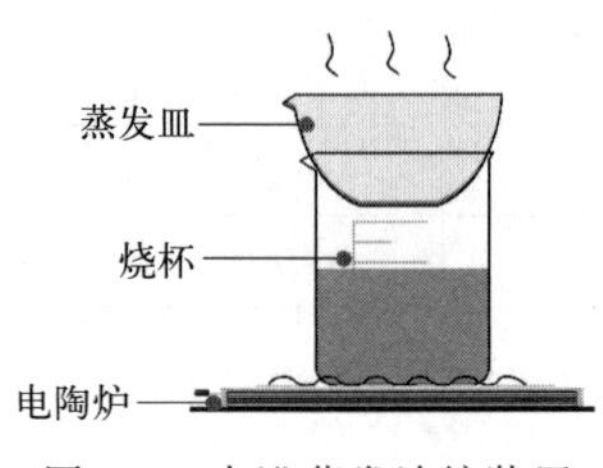

图 7-1　水浴蒸发浓缩装置

③ 将滤液转入蒸发皿中，滴加 2～3 滴 3mol/L H_2SO_4 使溶液酸化，水浴加热（见图 7-1）溶液至其表面刚好形成一层完整的晶膜。冷却至室温，减压过滤，抽干，称重。

④ 将上述产品放于烧杯中，按每克产品加 1.2mL 水的比例加入纯净水，加热，使固体全部溶解，趁热过滤（如没有不溶性杂质，不用过滤）。滤液冷却至室温后，减压过滤。用少量乙醇洗涤晶体 1～2 次，晾干，称重。然后放入干燥器内，待实验 22 “硫酸铜结晶水的测定和硫酸铜晶体的生成”使用。

⑤ 取绿豆粒大小的产品溶于 1mL 纯净水中，用 KSCN、H_2O_2 检验溶液中 Fe^{2+} 是否除尽。说明产品质量。

五、注意事项

① 使用天平时不要把药品撒到天平上，并保证天平的整洁。

② 减压过滤时一定要拿住吸滤瓶和布氏漏斗，防止滑落摔碎。

③ 使用电陶炉时不要把液体洒在电陶炉上，以防电陶炉烧坏。

④ 产品回收。

六、实验数据记录与处理

将实验数据及有关实验现象记录在表 7-3 和表 7-4 中。

表 7-3　称量 $CuSO_4 \cdot 5H_2O$ 的质量

$CuSO_4 \cdot 5H_2O$ 粗产品	质量/g	
	加水体积/mL	
$CuSO_4 \cdot 5H_2O$ 重结晶后产品质量/g		

表 7-4　产品质量检验

检验项目	检验方法	被检溶液	实验现象	结论
Fe^{3+}	H_2O_2（3%）、3mol/L H_2SO_4、0.1mol/L KSCN	绿豆粒大小产品溶于 1mL 纯净水中		

七、思考题

① 减压过滤适用于什么样的沉淀过滤？

② 若硫酸铜溶液的浓度是 0.8mol/L，计算开始生成氢氧化铜时的 pH 值是多少？在 pH ＝ 4 时，溶液中的 Fe^{3+} 的浓度是多少？

实验 22　硫酸铜结晶水的测定和硫酸铜晶体的生成（综合）

一、实验目的

① 掌握分析天平的使用方法。

② 掌握砂浴及干燥器的使用方法。

③ 测定硫酸铜晶体中的结晶水。

二、实验原理

五水硫酸铜晶体是一种比较稳定的结晶水合物，当加热到 260℃ 左右时将全部失去结晶水：

$$CuSO_4 \cdot 5H_2O \xrightarrow{102℃} CuSO_4 \cdot 3H_2O \xrightarrow{113℃} CuSO_4 \cdot H_2O \xrightarrow{258℃} CuSO_4$$

本实验控制温度在 260～280℃ 之间，根据加热前后的质量差，可推算出其晶体的结晶水数量。

将硫酸铜饱和溶液慢慢蒸发，就可以得到蓝色三斜晶体硫酸铜。

三、实验仪器与药品

① 仪器：分析天平、研钵、砂浴锅、瓷坩埚、坩埚钳、干燥器、温度计（300℃）。

② 药品：$CuSO_4 \cdot 5H_2O(s)$。

四、实验内容

1. 硫酸铜结晶水的测定

① 将一干燥过的坩埚称重，在其中放入约 1.1g 研细的 $CuSO_4 \cdot 5H_2O$，再次称重坩埚。

② 将盛有硫酸铜晶体的坩埚放在砂浴锅内，使其 3/4 体积埋入砂中，再在靠近坩埚的砂浴内插入一支 300℃ 温度计，其末端应与坩埚底部大致处于同一水平（图 7-2）。

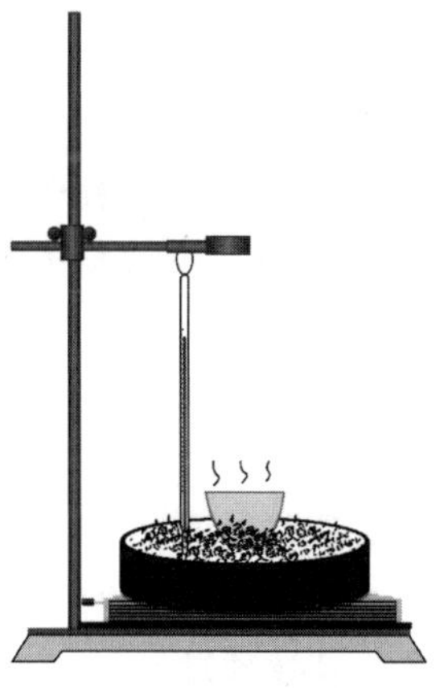

图 7-2　砂浴加热硫酸铜晶体

③ 将砂浴慢慢加热至 240℃，关闭电陶炉，让其自然升温，控制砂浴温度在 260～280℃之间。观察硫酸铜颜色的变化，当硫酸铜颜色变为灰白色时，用干净的坩埚钳将坩埚移入干燥器内，冷至室温。

④ 用干净滤纸碎片将坩埚外部擦干净，称重后，再将坩埚及内容物用上面的方法加热 15min，冷却、称重。如两次称量结果之差不大于 0.005g，可认为五水硫酸铜已经恒重。否则应重复加热操作，直至恒重为止。

⑤ 由实验数据计算 1mol $CuSO_4$ 结合的结晶水的数目。

2. 硫酸铜晶体的生成

将测完结晶水的硫酸铜配制成一定温度下的热饱和溶液，冷却至室温结晶，得到小晶粒，放置一段时间，小晶体就会慢慢长大，观察 $CuSO_4 \cdot 5H_2O$ 的晶型。

五、注意事项

① 前后几次称量坩埚时要用同一台天平。

② 使用分析天平时不要挪动仪器，不要把药品撒到天平上，并保证天平的整洁。

③ 使用研钵研磨时不要把药品撒出去。

④ 沙浴加热时不要把砂子弄到瓷坩埚中，以免影响实验结果；要保证加热温度不能过高，防止温度计炸裂。

⑤ 坩埚一定要冷到室温才能称量。

六、实验数据记录与处理

将实验数据记录在表 7-5 中。

表 7-5 硫酸铜结晶水的测定

记录项目	结果
空坩埚的质量/g	
坩埚＋五水硫酸铜的质量/g	
五水硫酸铜的质量/g	
坩埚＋五水硫酸铜的质量/g	第一次： 第二次： 平均：
五水硫酸铜的质量 m_1/g	
结晶水的质量 m_2/g	
五水硫酸铜物质的量 n_1/mol	
水的物质的量 n_2/mol	
1mol 硫酸铜结合结晶水的数目＝n_2/n_1	
相对误差/%	

七、思考题

① 在加热过程中，可否用药匙搅拌坩埚内的硫酸铜晶体？为什么？

② 前后几次称量坩埚时不使用同一台天平对实验结果有何影响？

实验 23 硫代硫酸钠的制备

一、实验目的

掌握 $Na_2S_2O_3 \cdot 5H_2O$ 的制备方法。

二、实验原理

本实验是用硫与亚硫酸钠反应制得 $Na_2S_2O_3$ 溶液：

$$Na_2SO_3 + S \xlongequal{\Delta} Na_2S_2O_3$$

然后将溶液水浴蒸发浓缩，冷却结晶，过滤得 $Na_2S_2O_3 \cdot 5H_2O$ 晶体。

$Na_2S_2O_3 \cdot 5H_2O$ 的含量用碘量法进行分析。准确称取一定量的 $K_2Cr_2O_7$ 基准试剂，配成溶液，与过量的 KI 在酸性条件下发生如下反应：

$$6I^- + Cr_2O_7^{2-} + 14H^+ \xlongequal{} 2Cr^{3+} + 3I_2 + 7H_2O$$

生成的游离 I_2 立即用 $Na_2S_2O_3$ 标定。

$$I_2 + 2S_2O_3^{2-} \xlongequal{} 2I^- + S_4O_6^{2-}$$

$K_2Cr_2O_7$ 和 $Na_2S_2O_3$ 反应的物质量比为 1∶6，因此根据滴定时使用的 $Na_2S_2O_3$ 体积和称取的 $K_2Cr_2O_7$ 的质量，即可算出产品中 $Na_2S_2O_3 \cdot 5H_2O$ 的含量。

三、实验仪器与药品

① 仪器：电子天平、电陶炉、减压过滤装置、蒸发皿、量筒（10mL、100mL)、烧杯、容量瓶（250mL)、碘量瓶（100mL)、洗瓶、滴定管、玻璃棒、称量纸、药匙、滤纸等。

② 药品：Na_2SO_3(s)、硫粉(s)、乙醇(95%)、$K_2Cr_2O_7$(基准物质)(l)、盐酸(6mol/L)、KI(3mol/L)、淀粉[0.1%(质量分数)]。

四、实验内容

1.硫代硫酸钠的制备

称取 5g Na_2SO_3 于锥形瓶中，加入 40mL 纯净水，在电陶炉上加热溶解。另取 2g 硫粉，与 2mL 乙醇充分搅拌混合后加入 Na_2SO_3 溶液中，继续加热至沸腾，约 50min 后停止加热。如果溶液呈黄色，表明有多硫离子生成，可加少许固体 Na_2SO_3 除去。趁热减压过滤，除去多余的硫粉。将滤液转入蒸发皿中，水浴蒸发浓缩至表面出晶膜。冷却至室温，减压过滤，并用乙醇洗涤晶体 2 次。把晶体晾干，称重计算产率。

2.产品含量分析

准确称取 2g 产品，加少量纯净水溶解，转移至 100mL 容量瓶中定容。准确称取 3 份基准物 $K_2Cr_2O_7$ 0.10～0.12g 于碘量瓶中，加入 30mL 纯净水溶解。再加入 3mol/L KI 溶液 6mL 和 6mol/L HCl 溶液 4mL，混匀，盖好塞子，并用少量水水封，在暗处放置 5min 后，加 40mL 水稀释，摇匀。用 $Na_2S_2O_3$ 溶液滴定，当溶液呈黄绿色时，加入 1mL 淀粉指示剂，继续滴定至溶液由蓝色突变为亮绿色为止，计算产品中 $Na_2S_2O_3 \cdot 5H_2O$ 含量。

五、注意事项

产品含量测定的废液中含有 Cr^{3+}，不能直接倒入下水道，要倒入指定的废液缸内。

六、实验数据记录与处理

将实验数据记录在表 7-6 和表 7-7 中。

表 7-6 $Na_2S_2O_3 \cdot 5H_2O$ 的产率

$Na_2S_2O_3 \cdot 5H_2O$ 理论产量/g	
$Na_2S_2O_3 \cdot 5H_2O$ 实际产量/g	
$Na_2S_2O_3 \cdot 5H_2O$ 产率/%	

表 7-7 $Na_2S_2O_3 \cdot 5H_2O$ 的含量分析

项目	1	2	3
$K_2Cr_2O_7$ 的质量/g			
$Na_2S_2O_3$ 的体积/mL			
$Na_2S_2O_3 \cdot 5H_2O$ 的真实浓度/(mol/L)			
$Na_2S_2O_3 \cdot 5H_2O$ 真实浓度的平均值/(mol/L)			
$Na_2S_2O_3 \cdot 5H_2O$ 的表观浓度/(mol/L)			
$Na_2S_2O_3 \cdot 5H_2O$ 的含量/%			

七、思考题

① 在制备硫代硫酸钠时，硫粉为什么要用乙醇浸湿？

② 产品在减压过滤时为什么用乙醇洗？可否用纯净水洗？

实验 24　氧化铁黄的制备

一、实验目的

掌握用亚铁盐制备氧化铁黄的原理和方法。

二、实验原理

氧化铁黄分子式是 FeO(OH)，是呈柠檬黄至褐色的粉末状晶体，无毒，具有良好的着色力和遮盖力，同时又具有耐酸、耐碱、耐光和耐热性，不溶于水和醇，溶于酸，是一种广泛应用的无机颜料。

本实验用湿法亚铁盐氧化法制备铁黄。除空气参加氧化外，用氯酸钾作为主要的氧化剂。具体步骤如下：

(1) 制备晶种

在硫酸亚铁铵溶液中加入碱液，立即有胶状氢氧化亚铁生成：

$$(NH_4)_2Fe(SO_4)_2+4NaOH = Fe(OH)_2+2Na_2SO_4+2NH_3 \cdot H_2O$$

在 20～25℃，控制溶液 pH 值保持在 3～4 时，将氢氧化亚铁进一步氧化，生成 FeO(OH) 晶种。

$$4Fe(OH)_2+O_2 = 4FeO(OH)+2H_2O$$

(2) 制备铁黄（氧化阶段）

提高温度，控制在 80～85℃，溶液的 pH 值控制在 3～4，氧化剂是 $KClO_3$，空气中的氧作为助氧化剂也参与化学反应：

$$4FeSO_4+O_2+6H_2O = 4FeO(OH)+4H_2SO_4$$

$$6FeSO_4+KClO_3+9H_2O = 6FeO(OH)+6H_2SO_4+KCl$$

在此过程中，沉淀的颜色由灰绿→墨绿→红棕→淡黄。

三、实验仪器与药品

① 仪器：烧杯、恒温水浴锅、蒸发皿、表面皿、电子天平、量筒（25mL）、减压过滤装置。

② 药品：$(NH_4)_2Fe(SO_4)_2 \cdot 6H_2O$(s)、$KClO_3$(s)、NaOH(2mol/L，6mol/L)、乙醇(95%)、$BaCl_2$(0.1mol/L)。

四、实验内容

称取 $(NH_4)_2Fe(SO_4)_2 \cdot 6H_2O$ 3.0g，置于 50mL 烧杯中，加水 12mL，在恒温水浴锅中加热至 20～25℃，搅拌使大部分晶体溶解。使用 pH 试纸测试溶液的 pH 值，用 2mol/L NaOH 溶液调节溶液 pH 值为 3～4。观察反应过程中沉淀的生成过程，注意观察沉淀的颜色。

另取 0.1g $KClO_3$ 倒入上述溶液中，搅拌后检验溶液的 pH 值。将水浴温度升到 80～85℃进行氧化反应。滴加 1 滴 6mol/L NaOH 溶液，观察溶液颜色变化，搅拌 8～10min（pH 值约为 3)，至溶液中出现明显的棕黄色沉淀为止。减压过滤，使用 60℃的去离子水多次洗涤制得的铁黄沉淀，至溶液中无 SO_4^{2-} 为止，再用乙醇洗涤 2 次，转入表面皿中，晾干，称重并计算产率。

五、注意事项

① 制备晶种时 pH 值和反应温度要严格控制在规定范围内，同时还要保证溶液中留有部分未反应的硫酸亚铁晶体。

② 制备铁黄阶段必须升温到指定温度，同时严格控制溶液的 pH 值在规定的范围内。

六、实验数据记录与处理

将实验数据记录在表 7-8 中。

表 7-8　氧化铁黄的产率

FeO(OH)理论产量/g	
FeO(OH)实际质量/g	
FeO(OH)产率/%	

七、思考题

① 为何制得铁黄后要用乙醇洗涤？

② 制备晶种时为什么要控制温度和 pH 值？

实验 25　硫酸铝钾的制备及晶体的培养

一、实验目的

① 掌握由 Al 制备硫酸铝钾的原理和方法。

② 掌握从溶液中培养晶体的原理和方法。

二、实验原理

表 7-9　$Al_2(SO_4)_3$、K_2SO_4、$KAl(SO_4)_2\cdot 12H_2O$ 的溶解度　单位：g/100g H_2O

物质	0℃	10℃	20℃	30℃	40℃
K_2SO_4	7.4	9.3	11.1	13.0	14.8
$Al_2(SO_4)_3$	31.2	33.5	36.4	40.4	45.8
$KAl(SO_4)_2\cdot 12H_2O$	3.0	3.99	5.9	8.39	11.7

由表 7-9 可知，在 0～40℃ 的温度范围内，$KAl(SO_4)_2\cdot 12H_2O$ 在水中的溶解度比 $Al_2(SO_4)_3$ 和 K_2SO_4 都要小，因此很容易从 $Al_2(SO_4)_3$ 和 K_2SO_4 的混合溶液制得 $KAl(SO_4)_2\cdot 12H_2O$。各物质的溶解度见表 7-9。

本实验用金属铝与氢氧化钠溶液反应，生成可溶性的四羟基铝酸钠；然后加入过量的 H_2SO_4 使其转化为 $Al_2(SO_4)_3$，水浴加热蒸发浓缩，室温结晶制成 $Al_2(SO_4)_3\cdot 18H_2O$ 晶体；将 $Al_2(SO_4)_3\cdot 18H_2O$ 晶体和 K_2SO_4 晶体分别制成等体积饱和溶液，混合后就有 $KAl(SO_4)_2\cdot 12H_2O$ 晶体生成。有关反应如下：

$$2Al+2NaOH+6H_2O \xlongequal{} 2NaAl(OH)_4+3H_2\uparrow$$

$$2Al(OH)_3+3H_2SO_4 \xlongequal{} Al_2(SO_4)_3+6H_2O$$

$$Al_2(SO_4)_3+K_2SO_4+24H_2O \xlongequal{} 2KAl(SO_4)_2\cdot 12H_2O$$

三、实验仪器与药品

① 仪器：电陶炉、烧杯、量筒、电子天平、减压过滤装置、蒸发皿。

② 药品：铝屑(s)、NaOH(2mol/L)、K_2SO_4(s)、H_2SO_4(6mol/L)、滤纸、尼龙线。

四、实验内容

1. $Al_2(SO_4)_3$ 的制备

在通风橱中，将 0.50g 铝屑分 4 次放入盛有 20mL 2mol/L NaOH 溶液的烧杯中，至不再有气泡产生时，加入 10mL 纯净水，减压过滤。将滤液转移至 100mL 蒸发皿中，滴加 6mol/L H_2SO_4，在生成白色沉淀后，继续加入 6mol/L H_2SO_4 并水浴加热。溶液澄清后，停止加入 H_2SO_4，当蒸发皿内溶液的体积为原体积的一半左右时，停止加热。冷却至室温，减压过滤。将晶体用滤纸吸干，称重，并计算产率。

2. 硫酸铝钾的制备及晶体的培养

将 $Al_2(SO_4)_3 \cdot 18H_2O$ 和 K_2SO_4 分别配成同体积饱和溶液，然后将两饱和溶液混合，搅拌放置后就会有硫酸铝钾晶体析出。过滤，选出规整的晶体作为晶种，用细绳系好悬挂在溶液中央，盖上称量纸，让溶液自然蒸发，晶体就会逐渐长大，成为大的八面体单晶。

五、注意事项

① 在制备大晶体时，要反复滤掉未溶解的固体，溶液的浓度不能过高。

② 制备小晶体时，应慢慢降温，不能骤冷，否则晶粒太小。

六、实验数据记录与处理

将实验数据记录在表 7-10 中。

表 7-10　$KAl(SO_4)_2 \cdot 12H_2O$ 晶体的产率

$KAl(SO_4)_2 \cdot 12H_2O$ 理论产量/g	
$KAl(SO_4)_2 \cdot 12H_2O$ 实际产量/g	
$KAl(SO_4)_2 \cdot 12H_2O$ 产率/%	

七、思考题

① 在制备大晶体时，如果溶液中有许多小晶体有什么影响？

② 金属铝和氢氧化铝各具有什么性质？

实验 26　磷酸一氢钠、磷酸二氢钠的制备

一、实验目的

① 掌握磷酸一氢钠和磷酸二氢钠的制备方法，加深对磷酸盐的认识。

② 了解多元酸的解离平衡与溶液 pH 值的关系。

二、实验原理

磷酸是三元酸，在溶液中有三步解离。当用氢氧化钠或碳酸钠中和掉磷酸的一个氢离子（pH = 4.2～4.6），浓缩结晶后得到的是无色菱形晶体 $NaH_2PO_4 \cdot 2H_2O$；如果中和掉磷酸的两个氢离子（pH 值约为 9.2），浓缩结晶后得到的是无色透明单斜晶系菱形结晶 $Na_2HPO_4 \cdot 12H_2O$，它在空气中迅速风化。

磷酸二氢钠（$NaH_2PO_4 \cdot 2H_2O$）溶于水后显酸性，是因为它在水溶液中同时存在以下两个平衡：

水解平衡　　$H_2PO_4^- + H_2O \rightleftharpoons H_3PO_4 + OH^-$

解离平衡 $H_2PO_4^- \rightleftharpoons H^+ + HPO_4^{2-}$

由于 $H_2PO_4^-$ 的水解程度（$K_h^\ominus = 10^{-11}$）比解离程度（$K_{a_2}^\ominus = 6.3\times10^{-8}$）小，所以磷酸二氢钠呈弱酸性（pH=4～5）。

磷酸一氢钠（$Na_2HPO_4 \cdot 12H_2O$）溶于水后，也存在水解和解离的双重平衡：

水解平衡 $HPO_4^{2-} + H_2O \rightleftharpoons H_2PO_4^- + OH^-$

解离平衡 $HPO_4^{2-} \rightleftharpoons H^+ + PO_4^{3-}$

但由于 HPO_4^{2-} 的解离程度比水解程度小，故磷酸一氢钠溶液显弱碱性（pH=9～10）。

因此，通过控制合成时溶液的 pH 值，就可以用磷酸分别制得磷酸一氢钠和磷酸二氢钠。为了避免 $NaHCO_3$ 混入磷酸二钠盐晶体，所以，本实验制备磷酸一钠盐时，用无水碳酸钠中和磷酸；制备磷酸二钠盐时，改用 NaOH 中和磷酸。

在磷酸盐（包括 Na_3PO_4、Na_2HPO_4、NaH_2PO_4）溶液中，加入 $AgNO_3$ 皆生成 Ag_3PO_4 黄色沉淀。

三、实验仪器与药品

① 仪器：电子天平、烧杯、减压过滤装置、量筒（10mL）、蒸发皿、电陶炉、pH 试纸、滤纸、试管。

② 药品：无水 Na_2CO_3(C. P.)、$NaH_2PO_4 \cdot 2H_2O$(A. R.)、H_3PO_4(C. P. 含量大于85%)、HCl(2mol/L)、NaOH(2mol/L、6mol/L)、$AgNO_3$(0.1mol/L)、无水乙醇(l)。

四、实验内容

1. $NaH_2PO_4 \cdot 2H_2O$ 的制备

取 3mL 磷酸于 100mL 烧杯中，加入 10mL 纯净水，搅匀，加热至 60～70℃。少量多次加入无水 Na_2CO_3（待反应完全后再加），至溶液的 pH 值为 4～5。将溶液转到蒸发皿中，水浴加热浓缩至表面有较多的晶膜出现。冷却至室温，可加入几粒 $NaH_2PO_4 \cdot 2H_2O$ 晶体作为晶种，析出晶体后，减压过滤。晶体用少量无水乙醇洗涤 2～3 次，用滤纸吸干，称重。

2. 产品（$NaH_2PO_4 \cdot 2H_2O$）检验

① 用 pH 试纸检验 $NaH_2PO_4 \cdot 2H_2O$ 产品水溶液的酸碱性。

② 取绿豆粒大的 $NaH_2PO_4 \cdot 2H_2O$ 产品于试管中，加入几滴 2mol/L HCl，观察有无气泡产生。

③ 取少量产品 $NaH_2PO_4 \cdot 2H_2O$ 产品于试管中，加入少量纯净水溶解，加入 0.1mol/L $AgNO_3$ 溶液，观察沉淀的颜色。

3. $Na_2HPO_4 \cdot 12H_2O$ 的制备

取 2mL 化学纯的磷酸于 100mL 烧杯中，加入 5mL 纯净水，搅匀，用 NaOH 溶液调节溶液的 pH 值至 9.2。将溶液转到蒸发皿中，水浴加热浓缩至表面有微晶出现。冷却至室温，减压过滤。晶体用少量无水乙醇洗涤 2～3 次，用滤纸吸干后，称重。

4. 产品（$Na_2HPO_4 \cdot 12H_2O$）检验

① 用 pH 试纸检验产品 $Na_2HPO_4 \cdot 12H_2O$ 水溶液的酸碱性。

② 取绿豆粒大的产品 $Na_2HPO_4 \cdot 12H_2O$ 置于试管中，加少量的纯净水溶解后加入 0.1mol/L $AgNO_3$ 溶液，观察沉淀的颜色。

五、注意事项

本实验需要用到电陶炉，温度较高，请谨慎小心操作。

六、实验数据记录与处理

将实验数据及有关实验现象记录在表 7-11 和表 7-12 中。

表 7-11　磷酸一氢钠、磷酸二氢钠的制备

产品	理论产量/g	实际产量/g	产率/%
$NaH_2PO_4 \cdot 2H_2O$			
$Na_2HPO_4 \cdot 12H_2O$			

表 7-12　磷酸一氢钠、磷酸二氢钠的检验实验现象

产品	0.1mol/L $AgNO_3$	2mol/L HCl	酸碱性
$NaH_2PO_4 \cdot 2H_2O$			
$Na_2HPO_4 \cdot 12H_2O$		—	

七、思考题

① 如何制备磷酸一氢钠和磷酸二氢钠?

② 磷酸一氢钠和磷酸二氢钠的水溶液是否都具有酸性，为什么?

实验 27　硫酸亚铁铵的制备

一、实验目的

① 巩固水浴加热和减压过滤等基本操作。

② 制备硫酸亚铁铵，了解复盐的一般特征。

二、实验原理

硫酸亚铁铵又称摩尔盐，易溶于水但不溶于乙醇，是浅绿色单斜晶体。它在空气中比一般的亚铁铵盐稳定，不易被氧化。在定量分析中常用来配制亚铁离子的标准溶液。

在 0～50℃的温度范围内，硫酸亚铁铵在水中的溶解度比组成它的每一组分的溶解度都小，因此，将等物质的量的 $FeSO_4$ 与 $(NH_4)_2SO_4$ 溶液混合，加热浓缩，冷却结晶，便可得到硫酸亚铁铵复盐：

$$FeSO_4+(NH_4)_2SO_4+6H_2O = (NH_4)_2SO_4 \cdot FeSO_4 \cdot 6H_2O$$

三、实验仪器与药品

① 仪器：电子天平、减压过滤装置、100mL 容量瓶、烧杯、电陶炉、蒸发皿、玻璃棒、滤纸、表面皿、称量纸、药匙。

② 药品：$(NH_4)_2SO_4$(s)、$FeSO_4 \cdot 7H_2O$(s)、H_2SO_4(3mol/L)、KSCN [25%(质量分数)]、Fe^{3+} 标准溶液(20mg/L)、无水乙醇(l)。

③ 标准溶液：含 Fe^{3+} 2mg/L、4mg/L、8mg/L、16mg/L。

四、实验内容

① 称取 8.5～8.8g $FeSO_4 \cdot 7H_2O$ 固体放入烧杯中，再加入 3mol/L H_2SO_4 5mL 于烧杯中搅拌，再加入 4.0g $(NH_4)_2SO_4$ 和 20mL 纯净水，水浴加热搅拌使其溶解。

② 将溶液转移至蒸发皿中，水浴加热，蒸发浓缩至溶液表面出现晶膜为止。冷却至室温，减压过滤。用少量乙醇洗涤晶体两次，把晶体取出放在表面皿上晾干，称重，计算

产率。

③ 产品质量检验：称取 2g 产品，加入 2mL 3mol/L H_2SO_4 溶液及 10mL 不含氧的纯净水溶解，转移至 100mL 容量瓶中，再加入 2mL 25%的 KSCN 溶液，最后用不含氧的纯净水定容，摇匀。与标准溶液对比，确定产品质量。

五、注意事项

① 使用天平时不要把药品撒到天平上，并保持天平的整洁。

② 减压过滤时一定要拿住吸滤瓶和布氏漏斗，防止滑落摔碎。

③ 溶样时先加酸后加水。

④ 产品回收。

六、实验数据记录与处理

将实验数据和相关实验现象记录在表 7-13 和表 7-14 中。

表 7-13 硫酸亚铁铵的制备

硫酸亚铁铵的理论产量/g	
硫酸亚铁铵的实际产量/g	
产率/%	

表 7-14 产品质量检验

Fe^{3+}含量的测定	Fe^{3+}(2mg/L)	Fe^{3+}(4mg/L)	Fe^{3+}(8mg/L)	Fe^{3+}(16mg/L)
产品				

七、思考题

① 本实验中为什么用乙醇洗涤晶体？

② 硫酸亚铁铵的理论产量是多少？

实验 28 纳米四氧化三铁粒子及磁流体的制备

一、实验目的

① 了解用共沉淀法制备纳米四氧化三铁粒子的原理和方法。

② 了解磁流体的制备原理和方法。

③ 掌握无机制备中的部分操作。

二、实验原理

有关纳米粒子的制备方法及其性能研究备受学者的重视，这不仅因为纳米粒子在基础研究方面意义重大，而且在实际应用中前景广阔。在磁记录材料方面，磁性纳米粒子有望取代传统的微米级磁粉。Fe_3O_4 超细粉体由于化学稳定性好，原料易得，价格低廉，已成为无机颜料中较重要的一种，被广泛应用于涂料、油墨等领域；而在电子工业中超细 Fe_3O_4 是磁记录材料，用于高密度磁记录材料的制备，也是气、湿敏材料的重要组成部分；超细 Fe_3O_4 粉体还可作为微波吸收材料及催化剂。另外，使用超细 Fe_3O_4 粉体可制成磁流体。

Fe_3O_4 纳米粒子的制备方法有很多，大体分为两类：一是物理方法，如高能机械球磨法；二是化学方法，如化学共沉淀法、溶胶-凝胶法、水热合成法、热分解法及微乳液法等。但各种方法各有利弊，物理方法无法进一步获得超细而且粒径分布窄的磁粉，并且还会带来研磨介质的污染问题；溶胶-凝胶法、热分解法多采用有机物为原料，成本较高，且有毒害作用；水热合成法虽容易获得纯相的纳米粉体，但是反应过程中温度的高低、升温速度、搅拌速度以及反应时间的长短等因素均会对粒径大小和粉末的磁性能产生影响。

本实验是采用共沉淀法（将沉淀剂加入 Fe^{2+} 和 Fe^{3+} 混合溶液中）制备纳米 Fe_3O_4 颗粒。

共沉淀法：将两种或两种以上金属离子组成一种可溶性盐溶液，然后加入一定量的某种沉淀剂，金属离子会以沉淀物的形式析出或结晶，接着对所得到的沉淀物进行脱水或热分解，就可以得到纳米微粉。该制备方法不仅原料易得且价格低廉，而且设备要求简单、反应条件温和（在常温常压下以水为溶剂）。

采用化学共沉淀法制备纳米磁性四氧化三铁是将二价铁盐和三价铁盐溶液按一定比例混合，将碱性沉淀剂加入上述铁盐混合溶液中，搅拌、反应一段时间即可得纳米磁性 Fe_3O_4 粒子，其反应式如下：

$$Fe^{2+}+Fe^{3+}+OH^- = Fe(OH)_2/Fe(OH)_3 \quad \text{（形成共沉淀）}$$

$$Fe(OH)_2+Fe(OH)_3 = FeOOH+Fe_3O_4 \text{（pH 值小于 7.5）}$$

$$FeOOH+Fe^{2+} = Fe_3O_4+H^+ \quad \text{（pH 值大于 9.2）}$$

① 磁流体：纳米的磁性粒子包裹一层长链的表面活性剂，均匀地分散在基液中形成的一种均匀稳定的胶体溶液。具有液体的流动性和固体的磁性，且具有特殊的磁、光、电现象，在光调制、光开关、光隔离器和传感器等领域有着重要的应用前景。

② 磁流体组成：由纳米磁性颗粒、基液和表面活性剂组成。

③ 磁性颗粒：Fe_3O_4、Fe_2O_3 等。

④ 基液：水、有机溶剂、油等。

⑤ 表面活性剂：如油酸等防止纳米粒子团聚。

本实验采用 Fe_3O_4、水、油酸钠制备磁流体。

三、实验仪器与药品

① 仪器：烧杯、电子天平、恒温水浴锅、pH 试纸、磁铁、试管、研钵、烘箱、表面皿、减压抽滤装置、滤纸。

② 药品：$(NH_4)_2Fe(SO_4)_2$(s)、$FeCl_3$(s)、NaOH(2mol/L)、HCl(2mol/L)、油酸钠、乙醇(l)、油酸。

四、实验内容

1. 纳米磁性 Fe_3O_4 粒子的制备

称取 1.96g $(NH_4)_2Fe(SO_4)_2$ 加入装有 12mL 2mol/L HCl 的 100mL 小烧杯中，搅拌溶解。然后向其中加入 2.36g $FeCl_3$，待完全溶解后，在 60℃恒温水浴条件下，边搅拌边滴加约 45mL 2mol/L 的 NaOH 溶液，直至 pH 值约为 11（10～11），反应液的颜色发生棕黄→红褐→黑的变化，继续搅拌 10min。待反应完成后，用强磁铁进行磁分离并弃去上层浑浊液（磁性不足产物），用少量纯净水反复洗涤至溶液显中性，以洗去粒子表面未反应的杂质，直至洗出的液体清澈。减压抽滤，用乙醇洗涤 2～3 次，所得黑色固体产物即为纳米磁性 Fe_3O_4 粒子，烘干，称重，计算产率。

2. 铁磁流体的制备

① 将步骤 1 中得到的磁性粒子研细，加入适量油酸钠，分散均匀，即得黑色铁磁流体。

② 取一支样品管，装入 2/3 体积的水，滴加 3～5 滴铁磁流体，用强磁铁吸引，观察

现象。

五、注意事项

① 使用天平时不要把药品撒到天平上，并保证天平的整洁。

② 本实验需要用到恒温水浴锅，温度较高，请谨慎小心操作。

③ 实验完毕后，请仔细清理使用过的玻璃仪器。

六、实验数据记录与处理

将实验数据记录在表 7-15 中。

表 7-15　纳米四氧化三铁粒子的制备

产品	理论产量/g	实际产量/g	产率/%
Fe_3O_4			

七、思考题

① 本实验中油酸钠起什么作用?

② 可否采用高温烘干产品?

阅读 3　中国盐湖事业的拓荒者——柳大纲院士

毛泽东同志说过，新中国是“一穷二白”的，当时中国的科学事业也可以此来形容。在这种情况下，柳大纲先生怀着满腔的报国热情，在解放前夕从美国回到了这片热土，成为第一代新中国化学事业的拓荒者。

1971 年，柳大纲先生恢复工作后的第一件事，就是制订化学所的发展规划，筹谋化学所的发展大计。柳大纲所长常常说，化学是一门实验科学。正是由于他对化学科学本质的认识和对中国国情的深刻了解，以及他以天下为己任的胸怀，才能将基础研究和应用研究辩证地统一起来，把化学学科的进步与国民经济的建设有机地结合起来。柳大纲所长高瞻远瞩，统领全局，同当时的化学所领导一起确立了规划的大纲，确立了化学所今后发展的基本框架。

后来，化学所在科研领域的研究工作获得很大发展，先后取得了一批重要的科技成果。如分子反应动力学，现在已发展成分子反应动力学国家重点实验室，分子反应动力学和动态与稳态结构化学研究工作分别获得科学院科技进步一等奖和自然科学二等奖；“有关生物大分子方面的光电子能谱研究”获 1981 年卫生部二等奖；“光电子能谱应用基础理论研究”获 1990 年中国科学院自然科学奖三等奖。在应用研究方面，聚丙烯纤维和催化剂在我国实现了产业化，由此衍生的细旦丝及降温母粒的研发工作也都取得了重大成果，并先后获得国家科技进步奖一等奖一项、国家科技进步奖三等奖一项、国家发明三等奖一项、中国科学院科技进步奖一等奖六项、中国科学院自然科学奖一等奖两项；腐植酸及将腐植酸用作植物生长调节剂、石油钻井泥浆处理等研究，都取得了重要的应用成果。

柳大纲先生不仅是一位优秀的科学家，更是一位优秀的科学工作组织者和管理者，是新中国化学事业的拓荒者和开创者。柳大纲先生一生留下的科学著作和文字记录材料不多，但他对我国化学科学事业的发展与进步所做出的重大贡献，在化学界却是尽人皆知的。柳大纲先生的名字就是矗立在我们心中的一座丰碑。

阅读 4　无机合成化学创始人——徐如人

徐如人，浙江上虞人，一生致力于化学科教事业，取得了丰硕的成果。他是国际著名的分子筛与多孔材料学家，是我国“无机合成化学”学科的创建者和奠基人，是水热合成化学的开拓者，在国际上首次提出现代无机合成化学学科的科学体系。1991 年徐如人当选为中国科学院院士，2003 年当选为第三世界科学院院士。

解放后，国家建设东北需要大批优秀人才，当时东北工作环境十分艰苦，可徐如人却毅然来到了东北。1952 年，全国高校院系调整，徐如人积极响应国家建设东北的号召来到长春，在老一辈化学家唐敖庆和关实之等人的直接指导下，参与了东北人民大学化学系的创建工作。

徐如人从教 60 多年来，共讲授了十几门课程，在他所讲过的课程中，几乎没有一门课程是在重复别人的内容去讲授的，基本上都是他凭借自己的毅力、水平克服常人难以想象的困难，伏案苦读的呕心沥血之作。他工作之初在无章可循的条件下就开始给物理系学生讲“普通化学”，给化工专修班讲“无机与分析化学”，给化学系学生讲“现代化学基础”，给哲学系学生讲“化学”以及大跃进中的“一条龙”教改课程和后来给大四学生及研究生讲“分子筛化学”与“无机合成化学”等，这些课程都是他的原创课程。东北的工作环境十分艰苦，当年从南方来的许多同事，由于地域、气候、经济条件等都陆续离开了，但徐如人坚守了下来，这一守就是 66 年，一辈子，从未离开！

徐如人创建了我国无机合成化学学科，将我国的无机合成化学推向国际前列；他引领了分子筛发展史上的第三个里程碑，促进了分子筛领域的大发展；他推动了我国分子筛以及水热合成产业的发展，支撑了早期我国石油加工工业的兴起。

如今，徐如人虽已年逾八旬，但仍工作在科研第一线，在 2017 年再版的 *Modern Inorganic Synthetic Chemistry* 一书中，在国际上提出了现代无机合成化学学科的科学体系，为我国无机合成化学的发展进一步指明了方向。

阅读 5　爱国是心灵深处的“化学反应”——申泮文

申泮文，1916 年出生于吉林省吉林市。1936 年考入南开大学化工系，1938 年转入昆明西南联合大学化学系，1940 年毕业。1946～1959 年任南开大学化学系教员、副教授；1959～1978 年任山西大学化学系副主任、教授；1978～2017 年，任南开大学化学学院教授、博士生导师。1980 年当选为中国科学院学部委员（中国科学院院士）。他曾任第三届全国人民代表大会代表，中国人民政治协商会议第五、第六、第七届全国委员会委员，国家教委第一届理科化学教学指导委员会委员，天津联合业余大学校长，天津渤海职业技术学院名誉院长，张伯苓教育思想研究会会长，南开大学新能源材料化学研究所学术委员会主席等职。

申泮文十分重视高等化学教育与教学工作，长期坚持为本科生授课，是中国执教化学基础课时间最长的化学家。因为教学成果突出，他曾连续三届（2001 年、2005 年、2009 年）获得国家级教学成果奖，所讲授和重点改革的化学课程“化学概论”，被评为国家级精品课程和国家精品资源共享课程，他个人也被评为国家级教学名师。同时，他出版书籍 70 余卷册，累计 3000 余万字，是中国著、译出版物最多的化学家之一。他统编或合编的《无机化学》和《基础无机化学》两部教材至今仍被广泛地用作教科书或教学参考书。其中，《基础无机化学》还出版了维吾尔文版，获得国家教委颁发的高等学校优秀教材一等奖。

申泮文在国内率先开展金属氢化物的科学研究，他合成并研究了一系列离子型金属氢化物，包括硼和铝的复合氢化物；合成并研究了三类主要的储氢合金，研究了若干种非晶态储氢合金的合成和结构。他开发的离子型金属氢化物的合成路线，避免了应用昂贵的金属锂，至今仍是一项具有良好应用前景的基础研究。他认为氢能在未来能源构成中必将占有重要地位。他用共沉淀还原法合成了镍基和铁基储氢合金，用置换扩散法合成了镁基储氢合金，使储氢合金的化学合成方法得以系统化，所得产品常比冶金法得到的更均匀、更易活化或活性更高，为清洁能源的开发利用做出了重要贡献。

这是一位精彩地走过了101个春秋的世纪老人，他的世界观、价值观、人生观无一不显现着中国传统优秀文化在老一辈知识分子身上的深厚积淀，他的一言一行正是对“允公允能，日新月异”这一南开精神的完美诠释。

7.2　有机化合物制备实验

实验29　溴乙烷的制备

一、实验目的

① 学习制备、纯化溴乙烷的原理。

② 掌握蒸馏装置、萃取装置及其操作。

二、实验原理

卤代烷烃是一类重要的有机合成中间体，它的制备方法有很多，例如烷烃的自由基卤化和烯烃与氢卤酸的亲电加成。但是这两种方法会生成异构体而导致产物难以分离。实验室制备卤代烷烃最常用的方法是将结构对应的醇通过亲核取代反应转变为卤代物，常用的试剂有氢卤酸、三卤化磷和氯化亚砜。

溴乙烷的制备，应采用乙醇-溴化氢法，这也是溴乙烷的工业制法。但是由于氢溴酸有毒、危险性高和易挥发的特点，本实验采用溴化钠和浓硫酸代替氢溴酸，与乙醇作用合成溴乙烷。

主反应：

$$NaBr + H_2SO_4 \longrightarrow HBr + NaHSO_4$$

$$CH_3CH_2OH + HBr \xrightarrow{H_2SO_4} C_2H_5Br + H_2O$$

副反应：

$$2C_2H_5OH \xrightarrow{H_2SO_4} C_2H_5OC_2H_5 + H_2O$$

$$2HBr + H_2SO_4(浓) \xrightarrow{H_2SO_4} Br_2 + SO_2 + 2H_2O$$

$$C_2H_5OH \longrightarrow C_2H_4 + H_2O$$

醇与氢卤酸反应存在不同的机理，伯醇按 S_N2 机理，叔醇按 S_N1 机理反应，对于仲醇可能还存在分子重排反应。酸的主要作用是使醇先质子化，将较难离去的基团—OH转变成

较易离去的 H_2O，加快反应速率。

醇和氢卤酸的反应是一个可逆反应，为了使反应平衡向右移动，可以增加醇或氢卤酸的浓度，也可以设法不断地移去生成的卤代烷或水，或两者并用。制备溴乙烷时，在增加乙醇用量的同时，把反应中生成的低沸点的溴乙烷及时地从反应混合物中蒸馏出来。

向生成物中加浓硫酸洗涤除去乙醚、乙醇、水等杂质，再进行蒸馏即可得到溴乙烷。溴乙烷可以用作制冷剂、麻醉剂、熏蒸剂，也可作为溶剂和有机合成原料。

三、实验仪器与药品

① 仪器：圆底烧瓶、蒸馏头、直形冷凝管、接引管、锥形瓶、温度计、分液漏斗、磁力搅拌加热器。

② 药品：4.0g（5mL，0.086mol）95%乙醇、7.7g（0.075mol）溴化钠、13mL 浓硫酸。

四、实验内容

① 在 50mL 圆底烧瓶中加入 5mL 95%乙醇，及 4mL 水[1]，在不断振摇和冷水冷却下，缓慢加入 10mL 浓硫酸。冷至室温后，加入 7.7g 研成细粉状的溴化钠，稍加振摇混合后，加入沸石或搅拌磁子，按图 3-45 安装常压蒸馏装置。

注意：

a. 加浓硫酸要边加边摇边冷却，充分冷却后（在冰水浴中）再加溴化钠，以防反应放热使反应物冲出。

b. 加料顺序不能颠倒，烧瓶磨口处如沾有药品应用胶头滴管吸取少量乙醇冲洗干净，使冷凝管与烧瓶紧密连接，装置的各接头处要严密不漏气。

② 接收器内放入少量冷水并浸入冷水浴中，接引管末端应浸没在接收器的冷水中[2]，以防止产品的挥发损失。接引管的支管用橡胶管导入下水道或室外。接收器外使用冷水浴。

③ 将反应混合物在加热套上小火加热，使反应平稳发生，大约 30min 后加大火，直至无油状物馏出为止[3]，停止反应。稍冷后，将瓶内物趁热倒出，以免硫酸氢钠等冷却结块不易倒出。

注意：

a. 加热要先小火，使反应平稳发生，否则蒸气会来不及冷却而逸失，而且开始时常会产生很多泡沫，若加热太剧烈会使反应物冲出。

b. 拆除热源前，应先将接收器与接引管分离，以防倒吸。

④ 将馏出液倒入分液漏斗中，分出有机层[4]，置于干燥的锥形瓶中，在冷水浴中边振摇边滴加约 3mL 浓硫酸[5]，直至锥形瓶底分出硫酸层为止。用干燥的分液漏斗分去硫酸层，将溴乙烷粗产品倒入干燥的蒸馏瓶中，加热蒸馏，接收器外用冷水浴冷却，收集 37～40℃的馏分[6]。产量约 5g，计算产率。

注意：

a. 使用分液漏斗时，注意放气！

b. 用浓硫酸洗涤时为防止产物挥发，要在冷却下操作。

【注释】

[1] 加入少量水可以防止反应进行时产生大量泡沫，减少副产物乙醚的生成和避免氢溴酸的挥发。

［2］ 接收器内预盛冷水是为了减少溴乙烷的挥发。溴乙烷在水中的溶解度是 1∶100。

［3］ 馏出液由浑浊变为澄清，表示已经蒸完。

［4］ 要尽量分去水，冷却下加硫酸，否则加硫酸洗涤时产生热量会使产物挥发损失。

［5］ 加浓硫酸可除去乙醚、乙醇和水等杂质。

［6］ 当洗涤不够时，馏分中仍可能含有少量的水和乙醇，它们分别和溴乙烷形成共沸物（溴乙烷-水，沸点 37℃，含水约 1%；溴乙烷-乙醇，沸点 37℃，含乙醇 3%）。

五、思考题

① 本实验中哪一种原料是过量的？为什么？根据哪种原料计算产率？

② 粗产物中可能有什么杂质，是如何除去的？

实验 30　正溴丁烷的制备

一、实验目的

① 学习制备、纯化正溴丁烷的原理。

② 掌握回流、蒸馏装置、萃取装置及其操作。

二、实验原理

正溴丁烷的主要合成方法是由结构对应的醇与氢溴酸作用，使醇中的羟基被溴原子所取代，得到正溴丁烷。在反应中，过量的硫酸可以起到移动平衡的作用，一方面通过产生更高浓度的氢溴酸促使反应加速；另一方面还可以将反应中生成的水质子化，阻止卤代烷通过水的亲核进攻而返回到醇。但是硫酸会使醇生成醚和烯烃等副产物，因此要控制硫酸的用量。

主反应：

$$NaBr + H_2SO_4 \longrightarrow HBr + NaHSO_4$$

$$n\text{-}C_4H_9OH + HBr \xrightarrow{H_2SO_4} n\text{-}C_4H_9Br + H_2O$$

副反应：

$$CH_3CH_2CH_2CH_2OH \xrightarrow{H_2SO_4} CH_3CH_2CH{=}CH_2 + H_2O$$

$$2n\text{-}C_4H_9OH \xrightarrow{H_2SO_4} (n\text{-}C_4H_9)_2O + H_2O$$

$$2HBr + H_2SO_4(\text{浓}) \longrightarrow Br_2 + SO_2 + 2H_2O$$

将馏出液用浓硫酸、水、碳酸氢钠溶液洗涤并干燥后，再次进行蒸馏即可得到正溴丁烷。正溴丁烷可用作塑料、医药、染料、半导体等生产的原料。

实验装置如图 7-3 所示。

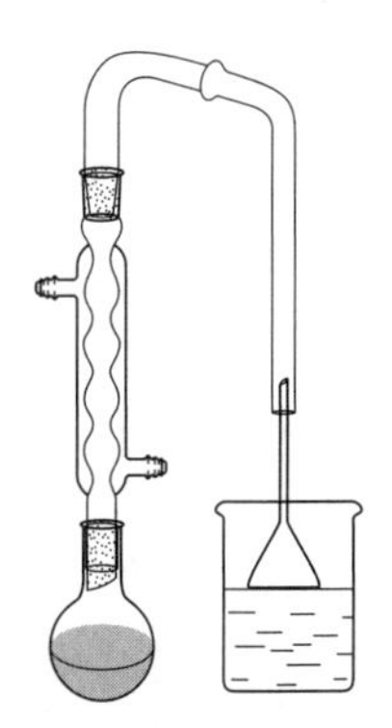

图 7-3　回流及气体吸收装置

三、实验仪器与药品

① 仪器：50mL 圆底烧瓶、球形冷凝管、蒸馏头、温度计、直形冷凝管、接引管、量筒、玻璃漏斗、分液漏斗、锥形瓶、磁力搅拌加热器。

② 药品：5.02g（6.2mL，0.068mol）正丁醇、8.3g（0.08mol）无水溴化钠、15mL（27.6g，0.28mol）浓硫酸、5%的氢氧化钠溶液、饱和碳酸氢钠溶液、无水氯化钙。

四、实验内容

① 按图 7-3 所示，在 50mL 圆底烧瓶上安装球形冷凝管，球形冷凝管

的上端管口接一气体吸收装置，用5%的氢氧化钠溶液作吸收液。

注意：安装气体吸收装置时，不能让漏斗全部浸在液面下。回流结束后，应先将气体吸收装置中的漏斗从吸收液中取出，以防倒吸。

② 在圆底烧瓶中加入10mL水，在不断振摇和冷却下，缓慢加入10mL浓硫酸。混合均匀并冷却后，依次加入6.2mL正丁醇及8.3g溴化钠，振摇混合后加入几粒沸石，连上气体吸收装置。

注意：加料顺序不能颠倒，烧瓶磨口处应用少量水冲洗干净，使冷凝管与烧瓶紧密连接，以防泄漏。

③ 小火加热使反应混合物至沸腾，保持平稳沸腾回流30～40min[1]。

④ 稍冷后，改为蒸馏装置，蒸出正溴丁烷粗产物[2]。

⑤ 将粗产物移入分液漏斗中，用10mL水洗涤[3]。分液产物转入一个干燥的分液漏斗，用5mL浓硫酸洗涤[4]。尽量分去硫酸层，有机相依次用10mL的水、饱和碳酸氢钠、水洗涤后转入干燥的锥形瓶中。

注意：洗涤时应及时放气，不然液体易冲出。

⑥ 用无水氯化钙干燥，间歇摇动锥形瓶，直至液体清亮为止。

⑦ 干燥后的产物滤入干燥的圆底烧瓶中，加热蒸馏，收集99～103℃馏分[5]，称量，计算产率。

【注释】

[1] 反应一段时间后溶液会分层，无机盐水溶液有较大的密度在下层，上层液体即是正溴丁烷。

[2] 正溴丁烷是否蒸完，可从以下几个方面判断：

a. 馏出液是否由浑浊变为澄清；

b. 烧瓶内上层油层是否消失；

c. 取一试管收集几滴馏出液，加水摇动，观察有无油珠出现。如无，则表示馏出液中已没有有机物，蒸馏完成。蒸馏不溶于水的有机物时，可常用此法检验。

[3] 如水洗后产物尚呈红色，是浓硫酸的氧化作用生成游离溴的缘故，可加入几毫升饱和亚硫酸氢钠溶液洗涤除去。

$$2NaBr + 3H_2SO_4(浓) \longrightarrow Br_2 + SO_2 + 2H_2O + 2NaHSO_4$$

$$Br_2 + 3NaHSO_3 \longrightarrow 2NaBr + NaHSO_4 + 2SO_2 + H_2O$$

[4] 浓硫酸能溶解存在于粗产物中的少量未反应的正丁醇及副产物正丁醚等杂质。在以后的蒸馏中，由于正丁醇和正溴丁烷能形成共沸物（沸点98.6℃，含正丁醇13%）而难以除去。

[5] 实验时如回流时间较长，2-溴丁烷的含量较高，但回流到一定时间后2-溴丁烷的含量就不再增加。2-溴丁烷的生成可能是由于在酸性介质中，反应也会部分以S_N1机理进行。

五、思考题

① 实验中硫酸的作用是什么？

② 各步洗涤都是为了除掉哪些杂质？

③ 用分液漏斗分液时，如果不知道产物和洗涤剂的密度，采用什么办法能够区分两者，知道产物在上层还是在下层？

实验 31　叔丁基氯的制备

一、实验目的

① 了解萃取、洗涤、干燥的方法原理。

② 练习萃取、洗涤、干燥和蒸馏的操作。

③ 学习由醇制备卤代烃的方法原理。

二、实验原理

实验室制备卤代烷烃最常用的方法是将结构对应的醇通过亲核取代反应转变为卤代物。

醇与氢卤酸反应存在不同的机理，伯醇按 S_N2 机理，叔醇按 S_N1 机理反应，对于仲醇可能还存在分子重排反应。酸的主要作用是使醇先质子化，将较难离去的基团—OH 转变成较易离去的 H_2O，加快反应速率。反应的活性顺序是：叔醇＞仲醇＞伯醇，HI＞HBr＞HCl。

叔醇在无催化剂的作用下，室温就可以与氢卤酸发生反应；仲醇需要温热和酸作催化剂以加速反应；伯醇则需要更剧烈的反应条件和更强的催化剂。

反应式：

$$(CH_3)_3COH + HCl(浓) \longrightarrow (CH_3)_3CCl + H_2O$$

三、实验仪器与药品

① 仪器：烧瓶、蒸馏头、直形冷凝管、接引管、分液漏斗、锥形瓶、磁力搅拌加热器。

② 药品：4.9g（6.3mL，0.66mol）叔丁醇、16.5mL 浓盐酸、5%碳酸氢钠溶液、无水氯化钙。

四、实验内容

① 量取 6.3mL 叔丁醇和 16.5mL 浓盐酸，置于圆底烧瓶或锥形瓶中，搅拌 10min。

② 检查分液漏斗的密闭性。在铁架台上固定一个铁圈，便于放置分液漏斗。

注意：如果叔丁醇结晶，则需水浴加热后量取；浓盐酸具有强腐蚀性和刺鼻气味，要戴手套并在通风橱内小心操作。

③ 将反应后的混合物倒入分液漏斗中，静置分层，将水相分出，有机相仍然置于分液漏斗中。

注意：及时放气！以免漏斗内压力过大，液体喷出。

④ 向分液漏斗中加入与有机相等体积的水，充分振摇，静置分层，分出水相，有机相仍然置于分液漏斗中。

⑤ 向分液漏斗中加入与有机相等体积的 5%碳酸氢钠溶液，充分振摇，静置分层，分出水相，有机相仍然置于分液漏斗中。

注意：用碳酸氢钠溶液洗涤时要注意及时放气。

⑥ 向分液漏斗中加入与有机相等体积的水，充分振摇，静置分层，分出水相。

⑦ 将洗涤后的产物转移至锥形瓶中，加入无水氯化钙干燥 30min。

⑧ 将溶液滤入圆底烧瓶，水浴加热蒸馏。接受瓶采用冷水浴，收集 48～52℃馏分，产物为 4～5g。

⑨ 称量产物体积和质量，计算产率。

五、思考题

① 洗涤粗产物时，如果碳酸氢钠的浓度过高或者时间过长有什么影响？

② 实验中未反应的叔丁醇如何除去？

实验 32　三苯甲醇的制备

一、实验目的

① 学习格氏反应原理。

② 掌握格氏试剂的制备和操作技术。

③ 练习重结晶、水蒸气蒸馏操作。

二、实验原理

Grignard 反应是合成各种结构复杂的醇的重要方法。卤代烃和卤代芳烃与金属镁在无水乙醚中反应生成羟基卤化镁，又称 Grignard 试剂。芳烃和乙烯型氯化物则需四氢呋喃作溶剂才能反应。反应过程中，起始原料中的碳原子由亲电中心变为产物中的亲核中心。

卤代烃生成 Grignard 试剂的活性次序为：RI＞RBr＞RCl。实验室通常使用活性居中的溴化物，氯化物反应较难进行，碘化物价格昂贵，且容易在金属表面发生偶联，产生副产物烃（R—R）。

醚在 Grignard 试剂的制备中有重要作用，醚分子中氧原子上的非键电子可以与试剂中带部分正电荷的镁形成配合物，使有机镁化合物稳定，并能溶于乙醚。此外，乙醚价格低廉，沸点低，反应后易除去。

Grignard 试剂中，碳金属键是极化的，带部分负电荷的碳具有亲核性，在增长碳链的方法中有重要作用。其中最重要的性质是与醛、酮、酸衍生物、环氧化合物、二氧化碳及腈发生亲核加成，生成相应的醇、羧酸和酮化合物。

$$\gt C{=}O \xrightarrow{RMgX} R-\overset{|}{\underset{|}{C}}-OMgX \xrightarrow{H_3O^+} R-\overset{|}{\underset{|}{C}}-OH$$

$$R'-\overset{O}{\overset{\|}{C}}-OCH_3 \xrightarrow{2\,RMgX} R'-\overset{R}{\underset{R}{C}}-OMgX \xrightarrow{H_3O^+} R'-\overset{R}{\underset{R}{C}}-OH$$

$$H_2C\overset{O}{-}CH_2 \xrightarrow{RMgX} RCH_2CH_2OMgX \xrightarrow{H_3O^+} RCH_2CH_2OH$$

$$CO_2 \xrightarrow{RMgX} R-\overset{O}{\overset{\|}{C}}-OMgX \xrightarrow{H_3O^+} R-\overset{O}{\overset{\|}{C}}-OH$$

$$R'-C{\equiv}N \xrightarrow{RMgX} R'-\overset{NMgX}{\overset{\|}{C}}-R \xrightarrow{H_3O^+} R'-\overset{O}{\overset{\|}{C}}-R$$

反应所产生的卤镁化合物，通常用冷的无机酸水解，即可使有机化合物游离出来。对强酸敏感的醇类化合物可用氯化铵溶液进行水解。

Grignard 试剂的制备必须在无水条件下进行，所用仪器和试剂均需干燥，因为微量水分会抑制反应的引发，而且会分解形成的 Grignard 试剂而影响产率：

$$RMgX + H_2O \longrightarrow RH + Mg(OH)X$$

此外，Grignard 试剂尚能与氧、二氧化碳作用及发生偶联反应：

$$2RMgX + O_2 \longrightarrow 2ROMgX$$

$$RMgX + RX \longrightarrow R{-}R + MgX_2$$

所以 Grignard 试剂不能长期存放。研究工作中，有时需要在惰性气体保护下反应。用乙醚作溶剂时，由于醚具有较高的蒸气压可以排出反应器中大部分的空气。用活泼的卤代烃和碘化物制备 Grignard 试剂，偶联反应是主要的副反应，可以采取搅拌、控制卤代烃的滴加速度和降低溶液浓度等措施减少副反应的发生。

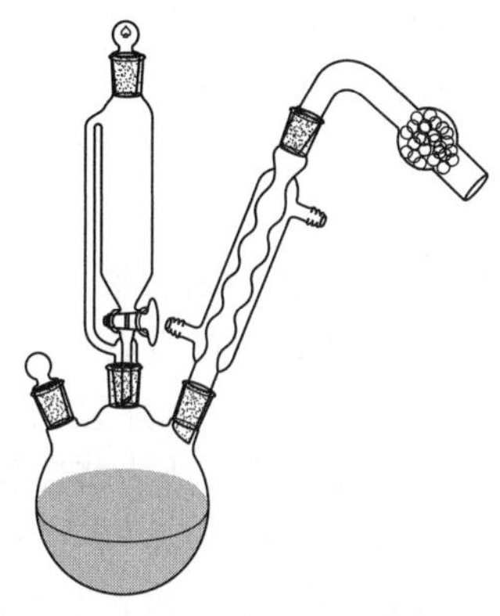

图 7-4　三苯甲醇合成装置

制备 Grignard 试剂的反应是一个放热反应，所以卤代烃的滴加速度不宜过快，必要时可用冷水冷却。当反应开始后，调节卤代烃的滴加速度，使反应物保持微沸。对活性较差的卤化物或反应不易发生时，可加入少许碘粒、1,2-二溴乙烷或事先制好的 Grignard 试剂引发反应。

反应装置如图 7-4 所示。

三、实验方法

（一）方法一：苯基溴化镁与苯甲酸乙酯反应

反应式：

$$C_6H_5Br + Mg \xrightarrow{\text{无水乙醚}} C_6H_5MgBr$$

$$2C_6H_5MgBr + C_6H_5COOC_2H_5 \xrightarrow{\text{无水乙醚}} (C_6H_5)_3C{-}OMgBr$$

$$(C_6H_5)_3C{-}OMgBr \xrightarrow{NH_4Cl,\ H_2O} (C_6H_5)_3C{-}OH$$

1.实验仪器与药品

① 仪器：圆底烧瓶、球形冷凝管、恒压滴液漏斗、干燥管、蒸馏头、接引管、磁力加热搅拌器。

② 药品：0.75g(0.032mol) 镁屑、5g(3.5mL，0.032mol) 溴苯、2g(1.9mL，0.013mol) 苯甲酸乙酯、无水乙醚、4g 氯化铵、乙醇。

2.实验内容

（1）苯基溴化镁的制备

在 100mL 三口烧瓶[1] 中放入 0.75g 镁屑[2]、一小粒碘和搅拌磁子，按图 7-4 在烧瓶上安装球形冷凝管和恒压滴液漏斗。在球形冷凝管上口安装氯化钙干燥管，在恒压滴液漏斗中混合 5g 溴苯和 16mL 乙醚[3]。

先将 1/3 的混合液滴入烧瓶中。数分钟后即见镁屑表面有气泡产生，溶液轻微浑浊，碘的颜色开始消失。若不发生反应，可用手掌或水浴温热。反应开始后开始搅拌，缓缓滴加剩余的溴苯乙醚溶液，滴加速度保持溶液呈微沸状态。滴加完毕后，在水浴中继续回流 0.5h，使镁屑作用完全。

（2）三苯甲醇的制备

将已制好的苯基溴化镁试剂置于冷水浴中，在搅拌下由滴液漏斗滴加 1.9mL 苯甲酸乙酯和 7mL 乙醚混合液。控制滴加速度，保持反应平稳进行。滴加完毕后，在热水浴中继续回流 0.5h，使反应完全，这时可观察到反应物明显地分为两层。将反应物改为冰水浴冷却，一边搅拌，一边滴加氯化铵配成的饱和水溶液（约 15mL），分解加成产物[4]。

将反应装置改为蒸馏装置，水浴蒸去乙醚。再将残余物进行水蒸气蒸馏，以除去未反应的溴苯和联苯等副产物。瓶中剩余物冷却后变为固体，抽滤收集。

粗产物可用 80%乙醇重结晶，干燥后产量为 2～2.5g。

（3）薄层色谱鉴定

用滴管吸取少许水解后的醚溶液于干燥锥形瓶中，在硅胶 G 层板上点样。选体积比 1∶1 的甲苯-石油醚作展开剂。在紫外灯下观察，从上到下有四个点，分别是联苯、苯甲酸乙酯、二苯甲酮和三苯甲醇，用铅笔做好记号，计算 R_f 值。

（4）三苯甲基碳正离子

在一洁净、干燥的试管中，加少许三苯甲醇（约 0.2g）及 2mL 冰醋酸，温热使其溶解，向试管中加 2～3 滴浓硫酸，立即生成橙红色溶液。然后加入 2mL 水，颜色消失，并有白色沉淀生成。解释观察到的现象，并写出所发生变化的反应方程式。

（二）方法二：二苯甲酮与苯基溴化镁的反应

反应式：

$$C_6H_5MgBr + (C_6H_5)_2C{=}O \xrightarrow{\text{无水乙醚}} (C_6H_5)_3C{-}OMgBr$$

$$(C_6H_5)_3C{-}OMgBr \xrightarrow{NH_4Cl,\ H_2O} (C_6H_5)_3C{-}OH$$

1.实验仪器与药品

① 仪器：圆底烧瓶、冷凝管、恒压滴液漏斗、干燥管、蒸馏头、接引管、磁力加热搅拌器。

② 药品：0.5g（0.02mol）镁屑、3.3g（2.1mL，0.02mol）溴苯、3.7g（0.02mol）二苯甲酮、无水乙醚、4g 氯化铵、乙醇。

2.实验内容

① 仪器装置及操作见方法一。

② 取 0.5g 镁屑和 2.1mL 溴苯溶于 12mL 无水乙醚中，制成 Grignard 试剂后，搅拌下滴加 3.7g 二苯甲酮于 12mL 无水乙醚中。滴加完毕后，回流 0.5 小时，然后用氯化铵配成的饱和水溶液（约 16mL）分解加成产物。水浴蒸出乙醚，然后改为水蒸气蒸馏除去副产物，冷却抽滤得固体粗产物。用 80%乙醇重结晶，得到纯净三苯甲醇晶体，产量为 2～3g。

【注释】

［1］ 本实验所用仪器及试剂必须充分干燥。

［2］ 镁屑不宜采用长期放置的。如长期放置，镁屑表面有一层氧化膜，可采用下列方法除去：用 5%盐酸溶液作用数分钟，抽滤除去酸液后，依次用水、乙醇、乙醚洗涤。抽干后置于干燥器内备用。也可以用镁带代替镁屑，使用前用细砂纸擦亮，切成小段。

［3］ Grignard 试剂反应仪器应在反应前干燥。有时作为补救和进一步措施清除仪器形成的水膜，可将已加入镁屑和碘粒的三口烧瓶加热几分钟，使之彻底干燥。烧瓶冷却时可通过氯化钙吸入干燥空气，在加入溴苯醚溶液前，需将烧瓶冷至室温，熄灭周围火源。

［4］ 如反应中絮状的氢氧化镁没有完全溶解，可以加入少量稀盐酸使其全部溶解。

四、思考题

① 本实验溴苯加入太快或一次加入，有什么影响？

② 如果苯甲酸乙酯和乙醚中含有乙醇，对反应有何影响？

③ 用混合溶剂重结晶时，能否加入大量不良溶剂，使产物全部析出？

实验 33 二苯甲醇的制备

一、实验目的

① 学习用还原法由酮制备仲醇的原理和方法。

② 进一步巩固萃取、重结晶操作。

二、实验原理

二苯甲酮可以通过多种方法还原得到二苯甲醇，实验室中常采用在碱性醇溶液中，用锌粉还原二苯甲酮制备二苯甲醇的方法。对于小量合成，硼氢化钠是非常理想的还原剂。理论上，1mol 硼氢化钠能还原 4mol 醛酮。硼氢化钠（$NaBH_4$）是温和的还原剂，常用于醛酮的还原，反应可在乙醇或水-有机溶剂两相体系中进行。氢化铝锂（$LiAlH_4$）是还原性非常强的还原剂，反应需在严格的无水条件下和非质子性溶剂（四氢呋喃）中进行。金属氢化物具有还原反应条件温和、副反应少、产率高及立体选择性好的优点。

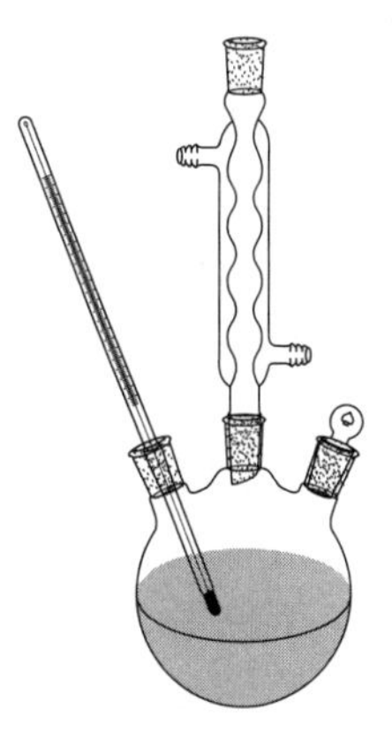

图 7-5 回流控温装置

反应装置如图 7-5 所示。

三、实验方法

（一）方法一：硼氢化钠还原

反应式：

$$4(C_6H_5)_2C{=}O + NaBH_4 \longrightarrow Na^+B^-[OCH(C_6H_5)_2]_4$$

$$Na^+B^-[OCH(C_6H_5)_2]_4 \xrightarrow{H_2O} 4(C_6H_5)_2CHOH$$

1. 实验仪器与药品

① 仪器：三口烧瓶、球形冷凝管、蒸馏头、接引管、温度计、磁力加热搅拌器。

② 药品：1.83g（0.01mol）二苯甲酮、0.20g（0.54mol）硼氢化钠、乙醇、10%盐酸、石油醚（30～60℃）。

2.实验内容

① 按图7-5在装有球形冷凝管、温度计的50mL三口烧瓶中，加入磁力搅拌子、1.83g二苯甲酮、10mL95%乙醇，加热令固体全部溶解。

② 冷至室温，在搅拌下分批加入0.2g硼氢化钠，此时可观察到有气泡产生，溶液变热，控制反应温度不超过50℃。

注意：硼氢化钠有腐蚀性，勿与皮肤接触！

③ 加毕，继续回流20min，此过程中有大量气泡放出。待冷至室温后，加入10mL冷水摇匀，以分解过量的硼氢化钠。然后逐滴加入10%盐酸1.5～2.5mL，直至反应停止。

④ 改为蒸馏装置，蒸出大部分乙醇。当反应液冷却后，抽滤，用水洗涤产物，干燥。得针状结晶约1g。粗产物可用石油醚重结晶。

（二）方法二：锌粉还原

反应式：

$$C_6H_5COC_6H_5 \xrightarrow{Zn+NaOH} C_6H_5CH(OH)C_6H_5$$

1.实验仪器与药品

① 仪器：球形冷凝管、锥形瓶、吸滤瓶、布氏漏斗、磁力加热搅拌器。

② 药品：1.83g（0.01mol）二苯甲酮、2g锌粉、2.0g（0.05mol）氢氧化钠、乙醇、浓盐酸、石油醚（30～60℃）。

2.实验内容

① 在装有球形冷凝管的锥形瓶中，依次加入2.0g氢氧化钠、1.83g二苯甲酮、2g锌粉和20mL 95%乙醇，充分振摇搅拌后反应，反应微微放热。20min后，在80℃水浴上加热5min，使反应完全。

② 真空抽滤，用乙醇洗涤。滤液倒入置于冰水浴的烧杯中，烧杯预先装有80mL冷水，振荡混匀后，用浓盐酸酸化，pH=5～6[1]，析出固体，真空抽滤。

③ 粗产物在红外灯下干燥，干燥后，得针状结晶约1g。粗产物可用15mL石油醚重结晶。

【注释】

[1] 酸化时酸性不宜太强，否则难以析出固体。

四、思考题

① 本实验完成后，加水煮沸目的何在？

② 硼氢化钠和氢化锂铝在还原性和操作上有什么不同？

实验34 β-萘乙醚的制备

一、实验目的

① 学习由醇脱水制备β-萘乙醚的方法和原理。

② 学习用威廉姆逊反应制备β-萘乙醚的方法和原理。

二、实验原理

由卤代烷和硫酸酯与醇钠或酚钠反应制备醚的方法称为Williamson合成法。通过这种方法既可以合成分子量较大的单醚、混合醚，也可以合成烷基芳香醚。单醚，如乙醚，常通过醇脱水的方法来制备。由于硫酸二甲酯和硫酸二乙酯毒性很大，故常以卤代烃和醇钠通过威廉姆逊反应制备混合醚。

$$RX + R'OM \xrightarrow{\text{威廉姆逊反应}} ROR' + MX$$

反应机理是烷氧基（酚氧基）负离子对卤代烃或硫酸酯的亲核取代反应（S_N2）。由于烷氧负离子是较强的碱，与卤代烃反应时伴随有消除反应的产物烯烃，而三级卤代烃主要生成烯烃。因此，用威廉姆逊法制醚，不用三级卤代烃，一般都采用一级卤代烃。

直接连在芳环上的卤素不活泼，不易被亲核试剂取代，并且酚的酸性比醇强，易成盐。所以，由芳烃和脂肪烃组成的混醚，不用卤代芳烃和脂肪醇钠制备，而是用相应的酚钠和脂肪卤代烃制备。酚的钠盐可用苯酚和氢氧化钠制备。

$$ArOH + NaOH \rightleftharpoons ArONa + H_2O$$

β-萘乙醚属于芳基烷基混合醚，如果用硫酸脱水法制备，伴随反应的副产物有乙醚、乙烯等。由于这些副产物都属于低沸点化合物，易于分离。所以，像*β*-萘乙醚这类醚，既可以用硫酸脱水法制备，又可以通过威廉姆逊反应合成。

硫酸脱水法反应式：

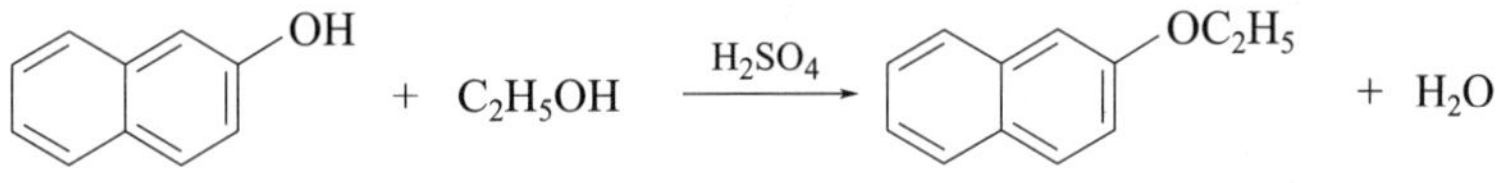

$$C_{10}H_7OH + C_2H_5OH \xrightarrow{H_2SO_4} C_{10}H_7OC_2H_5 + H_2O$$

威廉姆逊法反应式：

$$C_{10}H_7OH + NaOH \longrightarrow C_{10}H_7ONa + H_2O$$

$$C_{10}H_7ONa + C_2H_5Br \longrightarrow C_{10}H_7OC_2H_5 + NaBr$$

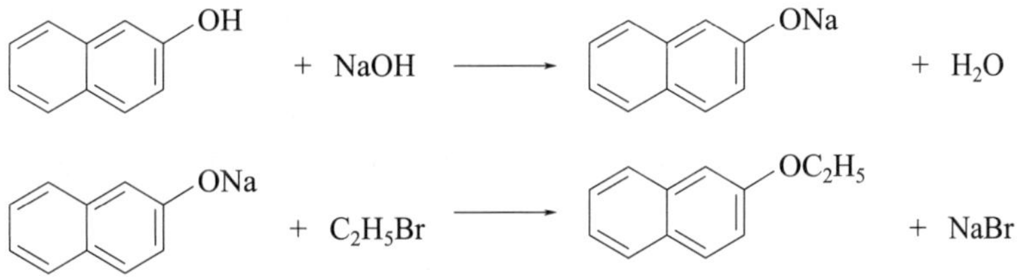

β-萘乙醚又称橙花醚，是一种合成醚，它的稀溶液具有微弱的类似橙花和洋槐花的香气，在极稀时具有类似草莓、菠萝的香甜味，可用于调配洗涤剂和皂用香精以及一些低级花露水。主要用作调配橙花、草莓味等香料，也可直接作为橙花精使用。*β*-萘乙醚是白色片状晶体，如果将它加入一些易挥发的香料中，会减慢这些香料的挥发速度，因而*β*-萘乙醚又常常用作定香剂。

反应装置如图 7-6 所示。

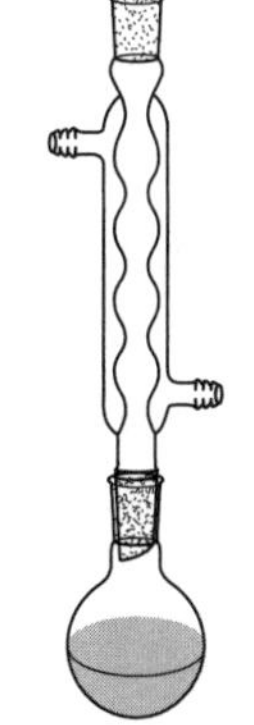

图 7-6　回流装置

三、实验仪器与药品

① 仪器：圆底烧瓶、球形冷凝管、蒸馏头、直形冷凝管、接液管、布氏漏斗、抽滤瓶、磁力搅拌加热器。

② 药品：*β*-萘酚、无水乙醇、浓硫酸、5%氢氧化钠溶液、溴乙烷。

四、实验内容

1. 硫酸脱水法

① 向 25mL 圆底烧瓶中加入 2.9g *β*-萘酚[1] 和 6mL 无水乙醇，振摇令*β*-萘酚溶解。然

后一边振摇，一边缓慢滴加 1mL 浓硫酸。混合均匀后，加入沸石，安装球形冷凝管，在 120℃油浴中加热回流 2h。

② 反应结束后，将反应液倒入装有 30mL 冰水的烧杯中，有沉淀析出，过滤。

③ 将粗产物研细后，用 7～8mL 5%的 NaOH 溶液洗涤，抽滤。再用水洗涤两次（2×10mL），抽滤。

注意：每次洗涤时，都要用玻璃棒充分搅拌，以除去杂质。

④ 得到粗 β-萘乙醚，干燥后称重。

⑤ 粗产物可用乙醇重结晶，得到白色片状晶体。计算产率。

2.威廉姆逊法

① 在 50mL 圆底烧瓶中，加入 20mL 无水乙醇和 0.9g 研细的氢氧化钠[2]，振摇。待氢氧化钠溶解后，再加入 2.9g β-萘酚，最后加入 1.5mL 溴乙烷[3] 和几粒沸石。按图 7-6 安装球形冷凝管，水浴加热回流 2h。

注意：水浴加热时温度不宜过高，否则会有溴乙烷蒸气逸出。

② 反应结束后，稍冷，改为蒸馏装置，蒸馏回收未反应的乙醇。

③ 将反应瓶中的残留物倒入 30mL 冰水中，冷却，过滤。得到的粗产物用水洗涤两次，每次用 10mL。

注意：洗涤时，要用玻璃棒充分搅拌，以除去杂质。

④ 抽滤，得到粗 β-萘乙醚，干燥后称重。

⑤ 粗产物可用乙醇重结晶，得到白色片状晶体。计算产率。

【注释】

[1] β-萘酚有毒，对皮肤、黏膜有强烈刺激作用，量取时要当心。若触及皮肤，应立即用肥皂清洗。

[2] 也可以用氢氧化钾代替，但是得到的粗产物熔点低，后处理很难。

[3] 溴乙烷蒸气有麻醉性，对眼睛和呼吸系统有刺激性，使用时要注意。

五、思考题

① 什么是 Williamson 醚合成法？对原料有什么要求？

② 使用硫酸脱水法制 β-萘乙醚时会生成哪些副产物？

③ 为什么要用稀氢氧化钠溶液洗涤粗产物？

④ 以威廉姆逊法制备 β-萘乙醚时，为什么用乙醇溶解氢氧化钠，是否可以使用氢氧化钠水溶液？

⑤ 以威廉姆逊法制备 β-萘乙醚的后处理中，为什么要先蒸出乙醇？如果不蒸出乙醇，而是将溶液直接倒入冷水中，对实验结果会有什么影响？

⑥ 除了用重结晶方法提纯 β-萘乙醚外，还可以用什么方法？

实验 35 正丁醚的制备

一、实验目的

① 了解醚的制备原理和实验方法。

② 了解油水分离器的使用。

③ 了解共沸蒸馏。

二、实验原理

伯醇发生分子间脱水是制备单纯醚常用的方法。本实验中，正丁醚是通过正丁醇在浓硫酸催化下发生分子间脱水而制得的。浓硫酸的作用是将醇羟基质子化转变为更好离去的基团。

油水分离器（见图 7-7）主要用于化学实验中分离反应生成的水，通过回流的方式使溶剂或反应物与水共沸把水带出来，利用有机相与水不互溶且密度不同，使反应生成的水沉于油水分离器下部，而上层的有机相不断流回到反应器中继续反应。

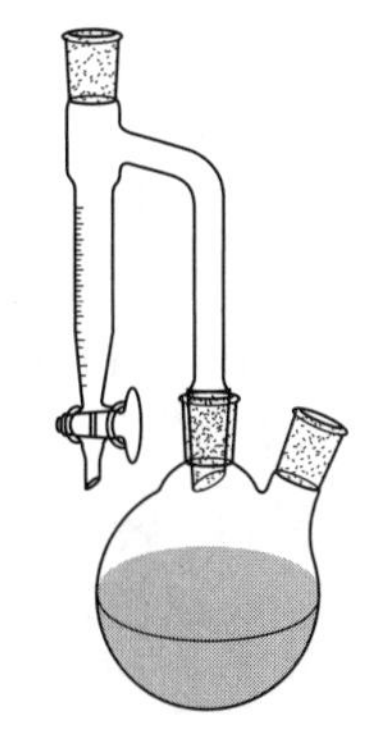

图 7-7 油水分离装置

由于反应物正丁醇和生成物正丁醚的沸点较高，且两者几乎不溶于水，密度比水小，故可在有回流装置中加一个油水分离器，使正丁醇等浮于水层之上，不断返回到反应器中继续反应。并且可以根据蒸出水分的多少判断反应进行的程度。反应液用水、氢氧化钠溶液、饱和氯化钙溶液洗涤后，用氯化钙干燥，再进行蒸馏即可得到正丁醚。

反应式：

$$2CH_3CH_2CH_2CH_2OH \xrightleftharpoons{H_2SO_4, 135℃} CH_3CH_2CH_2CH_2OCH_2CH_2CH_2CH_3$$

副反应：

$$CH_3CH_2CH_2CH_2OH \xrightarrow{H_2SO_4} CH_3CH_2CH{=}CH_2 + H_2O$$

三、实验仪器与药品

① 仪器：三口烧瓶、油水分离器、球形冷凝管、温度计、分液漏斗、圆底烧瓶、蒸馏头、空气冷凝管、接引管、锥形瓶、磁力搅拌加热器。

② 药品：24.33g（30mL，0.328mol）正丁醇、4.5mL 浓硫酸、无水氯化钙、15mL 5%氢氧化钠溶液、15mL 饱和氯化钙溶液。

四、实验内容

① 在 100mL 三口烧瓶中，加入 30mL 正丁醇、4.5mL 浓硫酸，搅拌均匀，在三口烧瓶的一端装上温度计，温度计水银球要伸入液面以下；在中间的口装上油水分离器，油水分离器中放入（$V-4$）mL 水[1,2]，油水分离器的上端再接一个球形冷凝管；三口烧瓶另一个端口用塞子塞紧。

注意：加入硫酸后要振荡，使反应物混合均匀。否则加热后，局部浓硫酸过浓，会使反应液变黑，最好使用磁力搅拌。

② 用加热器小火加热，使反应物保持微沸状态，回流分水。反应产物经冷凝后流入油水分离器中，水沉于下层，有机相浮于上层。当累积到一定程度后，有机相就会通过油水分离器支管口流回到三口烧瓶中继续参与反应。

③ 反应大约 1.5h 后，三口烧瓶中液体温度可达到 134～136℃[3]。当油水分离器全部被水充满时即可停止反应，此时溶液呈棕黄色。若继续加热，则反应液变黑并有较多副产物烯烃生成。

④ 待反应液冷却后倒入装有 50mL 水的分液漏斗中，充分振摇，静置分层，弃掉下层液体，将上层液体依次用 25mL 水、15mL 5%氢氧化钠溶液[4]、15mL 水和 15mL 饱和氯化钙溶液[5] 洗涤，最后用 1～2g 无水氯化钙干燥。

⑤ 干燥后的产物滤入 50mL 圆底烧瓶中，进行常压蒸馏，收集沸点在 140～144℃之间的馏分，产量为 7～8g。称重，计算产率。

【注释】

[1] 也可以用饱和食盐水代替水，可以降低正丁醇和正丁醚在水中的溶解度。

[2] 本实验根据理论计算失水体积为 3mL，但实际分出水的体积略大于计算量，故油水分离器放满水后先放掉约 4.0mL 水。

[3] 制备正丁醚的较适宜温度是 130～140℃，但开始回流时，很难达到这个温度，这是因为正丁醚可与水形成共沸点物（沸点 94.1℃，含水 33.4%）；另外，正丁醚与水及正丁醇形成三元共沸物（沸点 90.6℃，含水 29.9%，正丁醇 34.6%）；正丁醇也可与水形成共沸物（沸点 93℃，含水 44.5%）。所以反应温度在 90～100℃之间，实际反应时温度在 100～115℃，半小时之后才可达到 130℃以上。

[4] 在碱洗过程中，不要太剧烈地摇动分液漏斗，否则会生成乳浊液而难以分离。

[5] 饱和氯化钙溶液的作用是除去过量的醇。氯化钙和醇形成复合物。

五、思考题

① 如何得知反应已经比较完全？

② 试计算制备正丁醚时理论上应分出多少体积的水？实际往往超过理论值，为什么？

③ 反应物冷却后为什么要倒入 50mL 水中？各步的洗涤目的是什么？

实验 36 苯甲醇和苯甲酸的制备

一、实验目的

① 学习在浓碱条件下发生 Cannizzaro 反应的原理和实验方法。

② 熟练掌握蒸馏和重结晶的操作。

二、实验原理

芳香醛和其他无 α-活泼氢的醛在强碱存在下发生自身的氧化还原，生成一分子醇和一分子酸，称为 Cannizzaro 反应。

反应式：

$$2C_6H_5CHO + KOH \longrightarrow C_6H_5CH_2OH + C_6H_5COOK$$

$$C_6H_5COOK \xrightarrow{H^+} C_6H_5COOH$$

用苯甲醛和浓碱制备苯甲醇和苯甲酸是典型的 Cannizzaro 反应，反应中通常使用 50% 的强碱，其中碱的物质的量要比醛的多出一倍以上。这是因为如果碱的量少反应不完全，会导致未反应的醛与生成的醇混在一起，难以分离。产物用醚萃取，进一步蒸馏得到苯甲醇；调节酸度得到苯甲酸沉淀。

三、实验仪器与药品

① 仪器：锥形瓶、分液漏斗、量筒、玻璃漏斗、烧瓶、磁力搅拌加热器、布氏漏斗、安全瓶。

② 药品：10.5g（10mL，0.1mol）苯甲醛、9g 氢氧化钾、饱和亚硫酸氢钠溶液、10% 碳酸钠溶液、盐酸、无水硫酸镁、乙醚。

四、实验内容

① 将 9mL 水加入锥形瓶中，逐渐加入 9g 氢氧化钾配制成溶液。

② 冷却，加入 10mL 新蒸馏的苯甲醛，加完后盖上橡胶塞子振摇锥形瓶，使充分反应。如果温度太高可用冷水冷却。放置 24h 以上。

③ 向锥形瓶中加入约 30mL 水，不断振摇直至苯甲酸盐全部溶解。

④ 将溶液转移至分液漏斗，用 10mL 乙醚萃取，萃取三次，分出的水相置于烧杯中留待进一步处理。

⑤ 将乙醚萃取的有机相依次分别用 5mL 饱和亚硫酸氢钠、5mL10％碳酸钠溶液和 10mL 冷水洗涤，弃去水相，最后用无水硫酸镁干燥有机相。

⑥ 将干燥后的有机相滤入 50mL 烧瓶中，水浴蒸馏回收乙醚。

⑦ 将直形冷凝管换成空气冷凝管继续蒸馏，收集 198～205℃的馏分。也可以用减压蒸馏蒸出产物，产量为 3～4g。

⑧ 向步骤④的烧杯中慢慢滴加盐酸（10～15mL），边加入边搅拌，同时用 pH 试纸检查溶液 pH 值为 4 即可。

⑨ 冷水冷却至固体完全析出，减压抽滤，用少量冷水洗涤 2 次，用玻璃塞挤压水分，转移固体至蒸发皿，晾干，称量，计算产率。

五、思考题

① 苯甲醛使用前为什么要蒸馏?

② 乙醚萃取液主要含有什么?

③ 用饱和亚硫酸氢钠溶液洗涤乙醚萃取液的目的是什么?

④ 简单地描述分离化合物的方法。

实验 37　己二酸的制备

一、实验目的

① 学习由环己醇制备己二酸的原理和实验方法。

② 熟练掌握抽滤、重结晶等操作。

二、实验原理

羧酸是一种重要的化工原料，制备的方法有很多，常见的是氧化法。工业上常以廉价的空气或纯氧作氧化剂，但是空气的氧化能力较弱，需要在高温、高压条件下才能发生反应。实验室常用的氧化剂有高锰酸钾、重铬酸钠、硝酸等，它们的氧化能力较强，属于通用型氧化剂。用高锰酸钾或铬酸氧化伯醇，是制备羧酸的常用方法。

以高锰酸钾为例，在不同的介质中，氧化能力是不同的。在中性介质中的氧化反应要温和一些，适用于由烯烃制备邻二醇；在碱性介质中，可以将伯醇或醛氧化为相应的酸，还可以氧化芳香烃的侧链；而在强酸性介质中，氧化能力更强，烷基芳香烃的氧化还伴随着脱羧反应。

用铬酸氧化伯醇时，中间产物醛容易与原料醇反应生成半缩醛，最后产物中也会混有少量的酯。仲醇和酮强烈氧化也能得到羧酸，但同时也会发生碳链断裂。

对于己二酸的生产，目前使用最广泛的是以环己醇或环己酮为原料的硝酸氧化工艺路线。但是，硝酸氧化法由于剧烈反应会产生戊二酸、丁二酸等副产物，并且释放出大量的

NO_2 等有毒气体，给环境带来严重污染。

本实验采用高锰酸钾将环己醇氧化为己二酸，实验过程中无有害气体放出，对环境友好，反应条件比较优化，产物收率也很高。

反应式：

$$3\ \text{C}_6\text{H}_{11}\text{OH} + 8KMnO_4 + H_2O \longrightarrow 3HOOC(CH_2)_4COOH + 8MnO_2 + 8KOH$$

己二酸（ADA）是一种重要的化工原料和合成中间体。主要用于制造锦纶、尼龙 66 和聚氨酯，还可用作增塑剂、塑料添加剂、食品添加剂，也可用于医药、农药、香料、黏合剂与助焊剂等的生产。

三、实验仪器与药品

① 仪器：温度计、100mL 三口烧瓶、滴液漏斗、抽滤瓶、磁力搅拌加热器。

② 药品：2g（2.1mL，0.02mol）环己醇、6g（0.038mol）高锰酸钾、0.55g 氢氧化钠、亚硫酸氢钠、4mL 浓盐酸、活性炭。

四、实验内容

① 将 0.55g 氢氧化钠和 50mL 水置于三口烧瓶中，开动磁力搅拌，加入 6g 高锰酸钾至全溶。

② 用滴液漏斗慢慢滴加 2.1mL 环己醇[1]，控制温度在 45℃左右，必要时用冷水降温。用 5mL 温水冲洗盛装环己醇的容器并慢慢加入烧瓶中。

注意：一定要严格控制反应温度！该反应为强放热反应，一旦温度偏高反应则难以控制，会使反应物冲出反应器。

③ 滴加完毕后继续搅拌 10min 左右，待温度开始下降时再用 50℃水浴加热并不断搅拌使完全反应，观察到有大量二氧化锰凝胶[2]。

④ 用玻璃棒蘸取反应液点在滤纸上，若出现紫色环，可加入少量亚硫酸氢钠直至不再出现紫色环。

⑤ 趁热抽滤，并用少量热水洗涤 MnO_2 滤渣[3] 3 次，每次用水 5～10mL。

⑥ 向滤液中加入 4mL 浓盐酸酸化。

⑦ 加热浓缩滤液至 20～30mL，稍冷，加活性炭脱色，趁热过滤。注意浓缩时加热不要过猛，以防液体溅出。

⑧ 冷却滤液[4] 30min 左右，减压抽滤得白色结晶。干燥后重为 1.5～2g，测定熔点。

【注释】

[1] 环己醇常温下较为黏稠，可加入适量水搅拌，便于滴加。

[2] 二氧化锰胶体受热后产生胶凝作用而沉淀下来，便于过滤分离。

[3] MnO_2 滤渣中容易夹杂己二酸盐，可以用碳酸钠溶液或热水洗涤。

[4] 为提高产率，最好用冰水冷却溶液以降低己二酸在水中的溶解度。

五、思考题

① 本实验使用什么方法精制己二酸？

② 用 $KMnO_4$ 氧化法制备己二酸，怎样判断反应是否完全？若 $KMnO_4$ 过量将如何处理？

③ 制备己二酸时，为什么必须严格控制滴加环己醇的速度和反应的温度？

实验 38　乙酸乙酯的制备

一、实验目的

① 了解制备、纯化乙酸乙酯的原理。

② 掌握回流装置、萃取装置及其操作。

二、实验原理

乙醇和乙酸在酸催化作用下发生酯化反应生成乙酸乙酯。酸可使羧酸的羰基质子化以提高反应活性。一般实验室制备乙酸乙酯常采用浓硫酸作为催化剂，但本实验采用强酸型离子交换树脂作为催化剂，更为安全、环保。整个反应是可逆的，为了使反应向正方向进行，通常采用过量的羧酸或醇，或者移去反应中生成的酯或水，或者二者同时采用。在工业上，一般采用加入过量酸，使乙醇完全转化，避免由于乙醇和水以及乙酸乙酯形成共沸物给分离带来困难。本实验采用加入过量醇，因为醇与反应生成的水形成共沸物，可以带出体系的水，有利于生成酯。

反应式：

$$CH_3COOH + CH_3CH_2OH \underset{110\sim120℃}{\overset{H^+}{\rightleftharpoons}} CH_3COOC_2H_5 + H_2O$$

反应物经萃取洗涤、干燥、蒸馏纯化。

乙酸乙酯可以作为黏合剂、萃取剂等，广泛用作生产香料等的原料。

三、实验仪器与药品

① 仪器：圆底烧瓶、球形冷凝管、分液漏斗、蒸馏头、冷凝管、接引管、锥形瓶、pH 试纸、磁力搅拌加热器。

② 药品：7.5g（7.2mL，0.0125mol）乙酸、9.2g（11.5mL，0.0185mol）乙醇、4mL 硫酸、饱和碳酸钠溶液、饱和氯化钠溶液、饱和氯化钙溶液、无水硫酸镁。

四、实验内容

① 将 1.3g 强酸型离子交换树脂、8.0mL 乙酸、12.2mL 乙醇加入 50mL 圆底烧瓶中，开动搅拌，按图 7-6 安装球形冷凝管，加热，回流 30min[1]。

② 冷却，将回流装置改为蒸馏装置，用锥形瓶接收馏出物。加热蒸馏，控制温度在 75～80℃直至不再有液体流出。

③ 用滴管向锥形瓶中滴加饱和碳酸钠溶液，边加边摇动锥形瓶，直至无气体产生，且用 pH 试纸检验呈中性。

④ 将溶液转移至分液漏斗，振荡，静置，分去水相。

⑤ 用 5mL 饱和氯化钠溶液洗涤有机相[2]，分去水相。

⑥ 每次用 5mL 饱和氯化钙溶液洗涤有机相两次，分去水相。

⑦ 有机相转移至干燥的锥形瓶中，加无水硫酸镁干燥[3]。

⑧ 干燥 30min 后，将有机相转移至 25mL 烧瓶中，蒸馏，收集 73～78℃的馏分[4]，产量为 5～6g。称量产品，记录数据，计算产率。

【注释】

[1]　也可用浓硫酸作催化剂，方法如下：向烧瓶中加入 7.2mL 乙酸、11.5mL 乙醇，开动搅拌，慢慢加入 4mL 浓硫酸，安装回流装置，加热回流 30min。

［2］ 碳酸钠必须洗去，否则下一步用饱和氯化钙溶液洗涤除去醇时，会产生絮状物沉淀，造成分离困难。为减小酯在水中的溶解度（每 17 份水溶解一份乙酸乙酯），用饱和氯化钠溶液洗涤。

［3］ 由于水和乙醇、乙酸乙酯形成共沸物，故干燥前就是澄清透亮溶液，因此，不能以产品是否澄清透明作为干燥好的标准，应以干燥剂加入后的吸水情况而定。干燥期间不时摇动。如果干燥不够，会使沸点降低，影响产率。

［4］ 乙酸乙酯和水、乙醇形成二元或三元共沸物的组成及沸点如下：

沸点/℃	组成/%		
	乙酸乙酯	乙醇	水
70.2	82.6	8.4	9.0
70.4	91.9	—	8.1
71.8	69.0	31.0	—

五、思考题

① 酯化反应是可逆的，本实验采用什么办法促进酯化反应进行？

② 为什么加入饱和碳酸钠溶液？饱和碳酸钠加入量过多会出现什么结果？如何处理？

③ 进行萃取操作时水相和有机相分别是哪一层？当不能确定时怎么办？

④ 向有机相中加入饱和氯化钙出现絮状物是什么原因？如何处理？

⑤ 加入饱和食盐水的作用是什么？可以用水代替吗？

⑥ 饱和食盐水和饱和氯化钙的加入顺序可以互换吗？

⑦ 加入干燥剂的液体澄清透明，能否说明液体里的水已经除净？

⑧ 如何确定干燥剂加入量比较合适？

⑨ 蒸馏前为什么要将干燥剂滤除？

⑩ 为什么不能用无水氯化钙干燥酸性化合物和醇、酚、酰胺？

⑪ 在萃取化合物时引入了较多的水，此时应该怎样选择干燥剂？

实验 39　苯甲酸乙酯的制备

一、实验目的

① 学习羧酸酯化的反应原理。

② 了解可逆反应的特点，掌握利用平衡移动提高产率的实验方法。

③ 掌握油水分离器的使用。

二、实验原理

苯甲酸和乙醇在硫酸催化下发生酯化反应，生成苯甲酸乙酯和水。在反应体系中加入环己烷作为带水剂，与水、乙醇形成共沸物，将生成的水带出体系，使酯化反应向正方向进行。萃取产物，蒸出溶剂，再蒸馏即可得苯甲酸乙酯。苯甲酸乙酯常用于配制香料。

反应式：

$$C_6H_5COOH + C_2H_5OH \underset{}{\overset{H_2SO_4}{\rightleftharpoons}} C_6H_5COOC_2H_5 + H_2O$$

三、实验仪器与药品

① 仪器：烧瓶、油水分离器、球形冷凝管、温度计、烧杯、分液漏斗、直形冷凝管、接引管、多尾接引管、真空泵、磁力搅拌加热器。

② 药品：6g（0.05mol）苯甲酸、11.9g（15mL，0.26mol）无水乙醇、2.5mL 硫酸、10mL 环己烷、15mL 乙醚、无水氯化钙、碳酸钠。

四、实验内容

① 按图 7-7，将 6g 苯甲酸、15mL 无水乙醇、10mL 环己烷加入 50mL 烧瓶中，开动搅拌，滴加 2mL 硫酸。在烧瓶上安装分水器，分水器内预先充满水，在分水器上端安装球形冷凝管，然后从分水器中放出 4.5mL 水[1]。

② 缓慢升温直至开始回流。从烧瓶中蒸出的环己烷-乙醇-水三元共沸物经冷凝后进入分水器，分水器内液体分为三层[2]。中层越来越多，及时放出下层液体，使中层上端液面始终低于支管口。

③ 当中层液体达到 3.5～4mL 左右时，即可停止加热。回流时间为 1～2h。

④ 放出中下层液体，记录体积。继续加热，使多余的环己烷和乙醇蒸至分水器中。

⑤ 将烧瓶中残液转移至盛有 40mL 冷水的烧杯中，在搅拌下将研细的碳酸钠粉末慢慢加入烧杯中，直到没有气体产生，并用 pH 试纸检验溶液呈中性。

注意：碳酸钠不要加入太快，防止产生大量气泡。

⑥ 转移烧杯中的溶液至分液漏斗，分出粗产物[3]。加入 15mL 乙醚萃取水相，合并粗产物和乙醚层，加无水氯化钙颗粒干燥。

⑦ 将干燥后的溶液滤入烧瓶中，常压水浴蒸馏回收乙醚。

⑧ 减压蒸馏收集 115～117℃/5.0 kPa 馏分，产量约 6g。

【注释】

[1]　水-乙醇-环己烷形成三元共沸物，沸点 62.6℃，其中含水 4.8%，乙醇 19.7%，环己烷 75.5%。根据理论计算，带出水的总量约 1.6mL。

[2]　下层为原来的水，反应瓶中蒸出来的是三元共沸物，冷凝后分为两层，上层环己烷多、水少，下层环己烷少、水多。

[3]　如粗产物有絮状物，难以分离，可直接用乙醚萃取。

五、思考题

① 在本实验中环己烷有什么作用？

② 萃取后的水相里可能有什么反应物？如何回收利用？

实验 40　乙酰水杨酸的制备

一、实验目的

① 学习合成乙酰水杨酸的原理。

② 巩固减压抽滤、重结晶等操作。

③ 练习使用薄层色谱分离多种化合物。

二、实验原理

乙酰水杨酸又称阿司匹林，于 19 世纪末首次合成，已应用百年，是医药史上三大经典药物之一，至今仍是世界上应用广泛的解热、镇痛和抗炎药。乙酰水杨酸由邻羟基苯甲酸（水杨酸）和乙酸酐为原料制备。

邻羟基苯甲酸（水杨酸）具有酚羟基和羧基这两个官能团，能同时进行两种不同的酯化反应，与乙酸酐作用时可以得到乙酰水杨酸；与过量的甲醇作用，则可以得到水杨酸甲酯。反应温度过高或反应时间过长，产物乙酰水杨酸会在乙酸酐作用下进一步脱水形成副产物乙酰水杨酸酐。

乙酰水杨酸可以与碳酸氢钠反应生成水溶性钠盐，副产物不与碳酸氢钠反应，利用这样的区别可以将乙酰水杨酸与副产物分离。

反应式：

$$\text{(邻-OH)}C_6H_4CO_2H + (CH_3CO)_2O \xrightarrow{H^+} \text{(邻-}O\text{—}\underset{\underset{O}{\|}}{C}\text{—}CH_3)C_6H_4CO_2H + CH_3CO_2H$$

大部分含有酚羟基的化合物可以与三氯化铁形成具有特殊颜色的配合物，水杨酸具有这种性质。因此，可以用三氯化铁溶液检验产物中是否含有未反应的水杨酸。

三、实验仪器与药品

① 仪器：烧瓶、磁力搅拌加热器、抽滤装置、烧杯、小试管。

② 药品：2g（0.014mol）水杨酸、5.4g（5mL，0.05mol）乙酸酐、25mL 饱和碳酸氢钠溶液、1%三氯化铁溶液、浓硫酸、浓盐酸、乙醇。

四、实验内容

① 将 2g 水杨酸、5mL 乙酸酐[1,2] 加入 25mL 烧瓶中，开动磁力搅拌加热器。待水杨酸溶解后，再滴加 5 滴硫酸，按图 7-6 安装回流装置[3]。控制温度为 70℃，水浴加热 10～15min。

② 冷却至室温，向烧瓶中滴加 4～5mL 冷水，边加水边振摇，防止局部过热。控制混合物温度在室温范围内[4]。

③ 将烧瓶中混合物转移至小烧杯中，并加入 45mL 冷水，继续用冰水浴冷却 20min 左右，直至晶体完全析出。

④ 减压抽滤，用母液反复清洗烧杯，直至烧杯中的所有晶体都转移到布氏漏斗里。用少量冷水洗涤结晶 3 次，用玻璃塞挤压，将水尽量抽干，得到粗产品，产量约 1.8g。

⑤ 去除副产物。粗产物转移到烧杯中，加入 25mL 饱和碳酸氢钠溶液[5]，边加边搅拌，直至无气泡产生（天冷溶解度下降，可加适量固体碳酸氢钠粉末）。减压抽滤，副产物留在滤纸上，用 10mL 水分 2 次洗涤漏斗。合并滤液于烧杯中，加入 4mL 盐酸和 10mL 水配制的稀盐酸溶液[6]，然后将烧杯放在冷水中，搅拌均匀，乙酰水杨酸沉淀析出。减压抽滤，用少量冷水洗涤结晶 3 次，用玻璃塞挤压，将水尽量抽干，结晶转移到表面皿上铺开晾干。

⑥ 重结晶。可以用乙醇和水的混合溶剂[7] 重结晶：加热 5mL 乙醇至沸腾，将粗产物转移至乙醇中。观察产物是否溶解，如果不溶，可以再加少量乙醇直至刚好全部溶解。再向乙醇中加入热水至刚出现浑浊，继续加热至溶液澄清透明，立即撤去热源，静置冷却，过滤，干燥，称量，计算产率。

【注释】

［1］ 乙酸酐应该是新蒸馏的，收集 139～140℃之间馏分。

［2］ 为避免副反应的发生，加入固态水杨酸后，再加入 5mL 新蒸馏的液态乙酸酐，应充分振摇（可以在 70℃水浴中进行，只需 8min）使其充分或基本溶解成为均相后，再边摇边滴加 5 滴浓硫酸作催化剂。

［3］ 也可在烧瓶口覆盖保鲜膜，代替回流装置。

［4］ 滴加 4～5mL 冷水是为了让剩余的乙酸酐分解。该步的目的是终止反应，防止发生缩合反应。

［5］ 乙酰水杨酸与碳酸氢钠生成可溶性盐，而副产物聚合不能溶于碳酸氢钠溶液。

［6］ 除去水杨酸聚酯后的滤液，应该慢慢滴加稀盐酸，而且不要搅拌，让产品自然结晶。

［7］ 重结晶溶剂也可用乙酸乙酯，本实验中大约需要 4mL。

五、纯度鉴定

方法一：性质实验，颜色反应。

向小试管中加入 1mL 乙醇，然后加入几粒晶体，摇动试管使晶体溶解，加入 2 滴新制备的 1%三氯化铁溶液；向另外的小试管中加入 1%的水杨酸溶液 1mL，滴加 2 滴新制备的 1%三氯化铁溶液，观察两种溶液颜色变化。

方法二：薄层色谱（TLC）分离鉴定。

取少量产品以及水杨酸分别配成乙酸乙酯溶液，待用。将样品溶液点在硅胶板的同一条线上，在展开剂（$V_{石油醚}:V_{乙酸乙酯}:V_{冰醋酸}=30:10:1$）中展开，然后取出挥发掉溶剂，在紫外灯下观察各样品点展开后的位置，标记并计算各点的 R_f 值。

六、思考题

① 本实验加入硫酸的目的是什么?

② 粗产物中可能含有哪些化合物?

③ 碳酸氢钠有什么作用?

④ 通过本实验，你对精制化合物有了什么新的认识?

实验 41　乙酰苯胺的制备

一、实验目的

① 了解制备、纯化乙酰苯胺的原理。

② 掌握分馏装置、抽滤装置及其操作。

二、实验原理

芳胺的酰化在有机合成中有着重要的作用。芳胺容易被氧化，作为一种保护措施，一级和二级芳胺在合成中通常被转化为它们的乙酰基衍生物。同时，氨基经酰化后，降低了氨基在亲电取代反应中的活化能力，可以使反应由多元取代变为有用的一元取代。由于乙酰胺基的空间效应，往往生成对位取代产物。在合成的最后步骤中，氨基很容易通过酰胺在酸碱催化下水解重新生成。

乙酰苯胺可用作止痛剂、退热剂、防腐剂和染料中间体。它可用酰氯、酸酐或冰醋酸与苯胺加热进行酰化来制备。冰醋酸试剂易得，价格便宜，但需要较长反应时间，适合大规模制备。酸酐一般来说是比酰氯更好的酰化试剂，但是价格较贵。本实验采用冰醋酸为酰化试剂，通过分馏除去反应生成的水促进反应向正方向进行。

反应式：

$$C_6H_5NH_2 + CH_3COOH \rightleftharpoons C_6H_5NHCOCH_3 + H_2O$$

反应结束后，将反应液转移到冷水中，由于乙酰苯胺微溶于水，因此在冷水中形成大量的结晶，用减压抽滤将反应原料除去，还可以通过重结晶进一步精制。

三、实验仪器与药品

① 仪器：25mL 圆底烧瓶、刺形分馏柱、温度计、量筒、布氏漏斗、锥形瓶。

② 药品：3.06g（3mL，0.0329mol）苯胺、4.72g（4.5mL，0.0786mol）冰醋酸、锌粉。

四、实验内容

① 在 25mL 圆底烧瓶中依次加入 3mL 新蒸的苯胺[1]、4.5mL 冰醋酸和少量锌粉（约 0.03g）[2]。加入沸石或搅拌子，安装分馏装置（见图 3-47）[3]，接收器外部用冷水冷却。

② 小火加热保持微沸状态约 30min[4]。然后逐渐升高温度，保持温度计读数在 100～110℃之间，此时会有液体从支管口流出。反应约 1h 后，生成的水及大部分冰醋酸已被蒸出[5]，同时温度计读数下降，表示反应已经完成。

注意：尽量减少分馏柱上热量的损失及温度波动，如有必要应包裹分馏柱进行保温。但要注意控温，不可过高！

③ 趁热一边搅拌，一边将反应物倒入盛有 50mL 冷水的烧杯中[6]。

注意：反应物冷却后，固体产物立即析出，粘在瓶壁上不易处理，可用热水溶解；锌粉不要倒入烧杯中。

④ 冷却后抽滤，用少量冷水洗涤 2～3 次。粗产物可用水重结晶。干燥，称重，计算产率。

【注释】

[1] 久置的苯胺颜色较深，有杂质，会影响合成产物的质量。苯胺有毒，不要吸入其蒸气或接触皮肤。

[2] 加锌的目的是防止苯胺在反应中被氧化，生成有色杂质。

[3] 因属于小量制备，最好用微型分馏管代替刺形分馏柱，分馏管支管用一段橡胶管与一玻璃弯管相连。

[4] 苯胺是弱碱，生成反应慢，延长反应时间，令其充分反应。

[5] 收集醋酸和水的总体积约 2.2mL。

[6] 倒入冷水中可除去过量醋酸及未反应的苯胺，苯胺可生成醋酸盐溶于水。

五、思考题

① 反应时为什么要控制分馏柱上端的温度在 100～110℃？温度过高会怎么样？

② 根据理论计算，反应结束后应该产生几毫升水？为什么实际收集到的液体多于理论值？

③ 将反应物倒入冷水中时为什么要充分搅拌？

④ 减压抽滤除去什么杂质？

实验 42 二苯甲酮的制备

一、实验目的

① 学习傅-克酰基化反应原理和实验方法。

② 掌握萃取、蒸馏和减压蒸馏等操作技术。

二、实验原理

二苯甲酮是白色片状结晶，有玫瑰香味，能赋予香料以甜的气息，用在许多香水和皂用香精中，也是香料定香剂。二苯甲酮还是有机颜料、医药、香料、杀虫剂的中间体。它还可以作为紫外线的吸收剂（吸收紫外线波长 290～360nm）和引发剂，二苯甲酮的醇溶液在光照下不稳定，发生光化学反应后可生成频哪醇类化合物。

二苯甲酮的合成方法有很多，可以用苄氯作原料经烷基化、氧化等反应制得，也可以用苯作原料通过烷基化、水解等步骤合成，还可以由苯甲酰氯和苯发生傅-克酰基化反应直接制备二苯甲酮。

本实验通过烷基化和酰基化两种方法制备二苯甲酮，试比较两种方法的不同之处。

烷基化法反应式：

$$C_6H_6 + CCl_4 \xrightarrow{AlCl_3} (C_6H_5)_2CCl_2 \xrightarrow{H_2O} C_6H_5COC_6H_5$$

酰基化法反应式：

$$C_6H_5COCl + C_6H_6 \xrightarrow{AlCl_3} C_6H_5COC_6H_5$$

反应装置如图 7-8 所示。

三、实验仪器与药品

① 仪器：三口烧瓶、磁力搅拌加热器、滴液漏斗、温度计、球形冷凝管、Y 形管、干燥管、气体吸收装置、分液漏斗、减压蒸馏装置。

② 药品：无水苯、四氯化碳、无水三氯化铝、苯甲酰氯、5%氢氧化钠溶液、浓盐酸、无水硫酸镁、无水氯化钙。

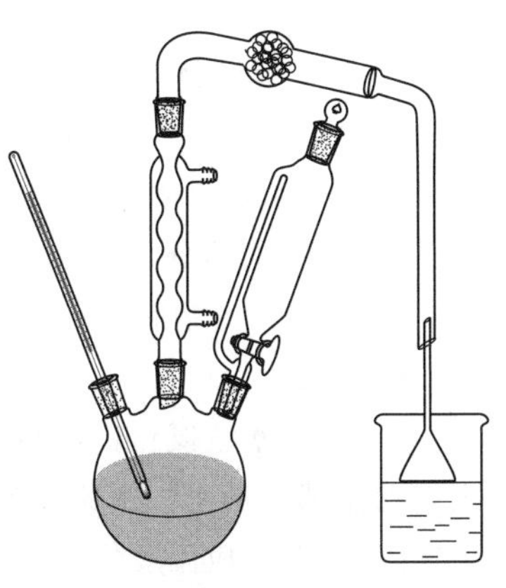

图 7-8 二苯甲酮制备反应装置

四、实验内容

1. 方法一：烷基化

① 按图 7-8 在 250mL 三口烧瓶上安装滴液漏斗、温度计和球形冷凝管。球形冷凝管上端接干燥管，里面用无水氯化钙填充，再与气体吸收装置相连。向三口烧瓶内加入搅拌磁子。

注意：仪器和药品必须全部干燥！

② 称量 6.7g 无水 $AlCl_3$[1]，迅速倒入三口烧瓶中，再向其中加入 15mL CCl_4。把三口烧瓶置于冰水浴中冷却至

10～15℃。

注意：CCl_4 有毒，避免吸入蒸气。

③ 开启磁力搅拌，将 8mL 苯和 7mL CCl_4 混合，通过滴液漏斗缓缓滴加，于 15min 内滴加完毕，维持反应温度在 5～10℃之间[2]。反应开始后，有 HCl 气体产生。保持温度在 10℃左右继续搅拌 1h。

注意：开始反应放热，温度逐渐升高，可用冰浴降温。

④ 反应结束后，改为简易水蒸气蒸馏装置，即在普通蒸馏装置的蒸馏头上安装一个滴液漏斗，向烧瓶内逐渐滴加 50mL 水，反应混合物逐渐变热[3]。控制滴加速度，保持液体沸腾，使 CCl_4 和未反应的苯蒸出。如果水量不够，可以通过滴液漏斗添加。

注意：防止液体沸腾时冲入冷凝管。

⑤ 加完水后，再小火加热 0.5h，除去残留的 CCl_4[4]，并使二氯二苯甲烷水解完全。

⑥ 稍冷，将产物倒入分液漏斗中，静置，分液。水相用蒸出的 CCl_4 萃取。合并有机相，用无水硫酸镁干燥。

⑦ 常压蒸馏除去 CCl_4，温度到达 90℃时即可停止。稍冷改为减压蒸馏，收集温度在 187～190℃/2.00 kPa（15mmHg）的馏分。

⑧ 冷却，产物固化[5]。称重，测熔点，计算产率。

2.方法二：酰基化

① 在 100mL 三口烧瓶上，安装 Y 形管、滴液漏斗、温度计和球形冷凝管。球形冷凝管上端接干燥管，里面用无水氯化钙填充，再与气体吸收装置相连。

注意：仪器和药品必须全部干燥！

② 称量 7.5g 无水 $AlCl_3$[1]，迅速倒入三口瓶烧中，再向其中加入 30mL 苯。开启搅拌，慢慢滴加 6mL 苯甲酰氯。控制滴加速度，以反应温度保持 40℃为宜，在 10min 内滴加完毕。反应开始后，有氯化氢气体产生，$AlCl_3$ 溶解，溶液颜色由无色变为黄色，最后变成褐色。

注意：苯甲酰氯有催泪刺激性，要在通风橱内量取。

③ 苯甲酰氯滴加完毕后，在 50～60℃水浴上加热 1.5～2.0h，直至没有氯化氢气体产生，反应结束。

④ 把反应后的产物倒入 50mL 冰水中，有沉淀产生。搅拌下，逐渐滴加浓盐酸，使沉淀全部溶解。

⑤ 将上述液体混合物倒入分液漏斗中，分液。依次用 15mL 水、15mL 5%的氢氧化钠溶液、15mL 水洗涤有机相，直到有机相呈中性。用无水硫酸镁干燥。

⑥ 常压蒸馏除去溶剂，稍冷改为减压蒸馏，收集温度在 187～190℃/2.00 kPa（15mmHg）的馏分。

⑦ 冷却，产物固化[5]。称重，测熔点，计算产率。

【注释】

[1] 无水三氯化铝极易潮解，与潮湿空气接触会产生氯化氢气体，因此研细、称量和投料动作都要迅速，避免长时间与空气接触。

[2] 若反应温度低于 5℃，反应缓慢；若高于 10℃，有焦油状树脂产物。

[3] 由于中间体二氯二苯甲烷的水解需要吸热，故在分解三氯化铝配合物时，不必冷

却，使中间体得以初步水解。

［4］ 大约回收 14mL CCl_4，其中会含有少量苯。

［5］ 粗产物常呈黏稠状，这是由于溶剂未除尽，或者是存在不同晶型产物，会导致熔点下降。二苯甲酮有多种晶型，α 型熔点是 49℃，β 型是 26℃，γ 型是 45～48℃，δ 型是 51℃。其中 α 型较为稳定。也可以用石油醚重结晶（30～60℃），代替减压蒸馏。

五、思考题

① 傅-克反应（Friedel-Crafts reaction）的烷基化和酰基化反应，在催化剂三氯化铝的使用上有什么不同？为什么？

② 用酰氯作酰化试剂进行傅-克反应时，为什么三氯化铝是过量的？

③ 实验中可能发生哪些副反应？在实验过程中都采取什么措施减少副反应？

④ 烷基化方法中，四氯化碳过量，与理论物料比不一致，这是为什么？如果是苯过量，会怎么样？

⑤ 酰基化反应结束后，为什么要用酸处理，目的何在？

实验 43　2-叔丁基对苯二酚的制备

一、实验目的

① 学习制备 2-叔丁基对苯二酚的反应原理和实验方法。

② 练习回流、水蒸气蒸馏等基本操作。

二、实验原理

2-叔丁基对苯二酚，又名叔丁基氢醌，简写为 TBHQ，又称特丁基对苯二酚。

TBHQ 的制备一般以对苯二酚为原料，在酸性催化剂作用下，与异丁烯、叔丁醇和甲基叔丁基醚发生烷基化反应，产物进一步纯化得到纯 TBHQ。本实验用磷酸作催化剂，以对苯二酚和叔丁醇发生烷基化反应生成 2-叔丁基对苯二酚和副产物 2,5-二叔丁基对苯二酚，后者不溶于热水，从而将二者分离。

反应式：

$$\text{HO}-C_6H_4-\text{OH} + (CH_3)_3COH \xrightarrow{H_3PO_4} \text{HO}-C_6H_3(C(CH_3)_3)-\text{OH} + H_2O$$

2-叔丁基对苯二酚常用作橡胶、塑料和食品的抗氧化剂，也可用作感光剂、化妆品添加剂。它是一种低毒、高效的抗氧化剂，对植物性油脂抗氧化有特效。

反应装置如图 7-9 所示。

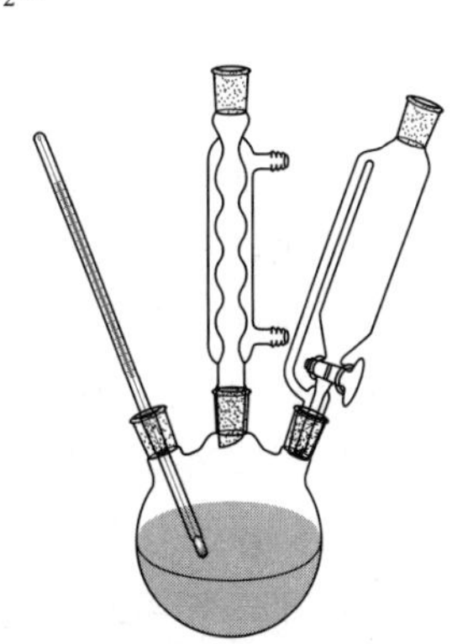

图 7-9　2-叔丁基对苯二酚制备反应装置

三、实验仪器与药品

① 仪器：三口烧瓶、温度计、球形冷凝管、恒压滴液漏斗、水蒸气蒸馏装置、玻璃漏斗。

② 药品：2.2g（0.02mol）对苯二酚、1.56g（2mL，0.021mol）叔丁醇、8mL 磷酸、10mL 甲苯。

四、实验内容

① 按图7-9将2.2g对苯二酚、8mL磷酸和10mL甲苯置于三口烧瓶中，安装温度计、球形冷凝管、恒压滴液漏斗，将2mL叔丁醇置于恒压滴液漏斗中。开动搅拌并升温。

② 控制温度在90～95℃，滴加叔丁醇，大约15min滴加完。用2mL甲苯冲洗滴液漏斗，洗液加入烧瓶中。

注意：叔丁醇滴加速度一定要慢，保证对苯二酚过量，减少副反应。

③ 当固体消失后反应结束，将反应物趁热转移到分液漏斗中，分出水相。

④ 将有机相转移到烧瓶中，加入20mL水，安装水蒸气蒸馏装置［见图3-50（a）］进行水蒸气蒸馏，蒸出甲苯和未反应的对苯二酚。

⑤ 将烧瓶中溶液趁热过滤，冷却滤液，有晶体析出，抽滤，用冷水洗涤固体2次，干燥，称重，产量约2g，计算产率。

五、思考题

① 在步骤③中，为什么固体消失后即可认为反应结束了？

② 用水蒸气蒸馏为什么可以蒸出甲苯和对苯二酚？如何判断甲苯和对苯二酚都已经被蒸出？

③ 步骤⑤中，趁热过滤后留在滤纸上的固体是什么？

实验44　乙酰二茂铁的制备

一、实验目的

① 学习金属有机化合物的制备方法，学习傅-克酰基化法制备乙酰二茂铁的原理和方法。

② 掌握重结晶、薄层色谱、柱色谱等分离提纯产物的方法和操作。

二、实验原理

二茂铁的发现与合成标志着有机金属化合物领域的开始。它是由两个环戊二烯负离子和一个亚铁离子组成的，具有反常的稳定性，耐高温400℃以上，耐紫外光的照射。在煮沸的烧碱溶液或盐酸中不溶解、不分解。它是火箭固体燃料的加速剂、汽油抗爆助燃剂；各类重质燃料、聚合物等的消烟促燃剂；硅树脂和橡胶的熟化剂、紫外光的吸收剂等。

二茂铁具有芳香性，与苯相比，它更容易发生亲电反应，如傅-克反应。傅-克反应（Friedel-Crafts reaction）是芳香族亲电取代反应，主要分为两类：烷基化反应和酰基化反应。芳香烃在无水三氯化铝等催化剂作用下，环上的氢原子能被烷基和酰基所取代，这是一个制备烷基烃和芳香酮的重要方法。烷基对芳烃有活化作用，生成物比原芳烃更活泼、更容易烷基化，从而产生多烷基芳烃；芳烃的烷基化反应是通过烷基碳正离子的形成与进攻发生的，因而产物会重排。而酰基化对芳烃有钝化作用，所以产物能停留在一取代阶段。常用的酰基化试剂有酰氯和酸酐。

二茂铁酰化反应得到乙酰二茂铁，根据催化剂和反应条件的不同，会得到不同的产物。以乙酸酐作酰化剂，三氟化硼、氢氟酸或磷酸等为催化剂时，主要生成一元取代物一乙酰二茂铁；如以酰氯或酸酐作酰化剂，无水三氯化铝为催化剂，当酰化剂与二茂铁的物质的量的比为2∶1时，反应产物以1,1′-二乙酰二茂铁为主。由于乙酰基有钝化作用，两个乙酰基并不能在同一个环上。

反应式：

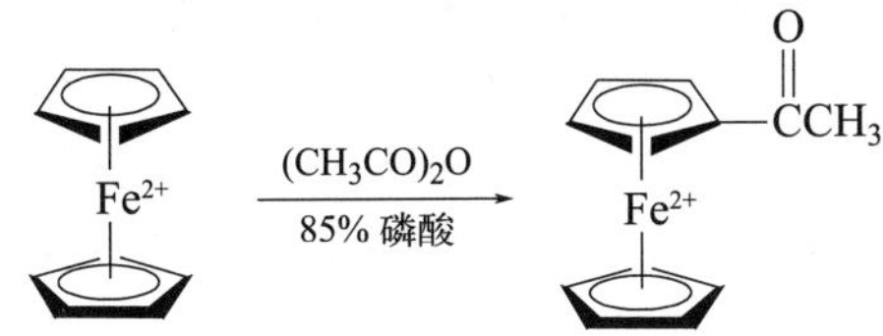

三、实验仪器与药品

① 仪器：圆底烧瓶、干燥管、布氏漏斗、吸滤瓶、色谱柱、加压球、磁力搅拌加热器。

② 药品：0.5g（0.0027mol）二茂铁、5.4g（5mL，0.05mol）乙酸酐、1mL 磷酸（85%）、氢氧化钠（6mol/L）、无水氯化钙、石油醚、乙酸乙酯、环己烷、丙酮、乙醚、硅胶、三氧化二铝。

四、实验内容

1. 乙酰二茂铁的合成

① 向 25mL 圆底烧瓶中加入 5mL 乙酸酐和搅拌磁子，开启磁力搅拌后，慢慢滴加 1mL 85%的磷酸[1,2]。滴加完毕后加入 0.5g 二茂铁，然后在烧瓶口安装氯化钙干燥管。

注意：所用仪器必须是干燥无水的。乙酸酐和磷酸有腐蚀性，使用时要注意。反应剧烈放热，控制磷酸的滴加速度。

② 水浴加热 10～20min，控制温度在 60～70℃，其间不断振摇。然后将混合物倒入盛有 20mL 冷水的烧杯中，用 5mL 冷水洗涤圆底烧瓶，洗涤液也倒入烧杯中。

注意：随时用薄层色谱检测反应进程。

③ 在搅拌下向上述烧杯中分批加入 10～15mL 的 6mol/L 氢氧化钠溶液[3]，同时，用 pH 试纸检验，溶液 pH 值在 7～8 之间即可。

注意：应该遵循少量多次的原则。如果碱加多了，可以滴加稀盐酸中和调节 pH 值。

④ 中和反应后，用冷水浴冷却，有橙黄色固体析出。减压抽滤，用冷水洗涤 2 次，玻璃塞压干。

⑤ 粗产物可用石油醚重结晶。然后干燥，称重，测熔点，计算产率。

2. 乙酰二茂铁的薄层色谱

① 取少量干燥后的粗产物和二茂铁，用乙醇[4]溶解，分别配制成质量分数为 1%的溶液。在距离薄层板上下两端各 1cm 处的地方用铅笔画一条横线，使用毛细管在薄层板上点样。

注意：如果颜色过浅，可以等前次点样干燥后，重复点样。

② 用体积比 5∶1 的石油醚-乙酸乙酯为展开剂[5]展开。

③ 待展开剂上升到距上边约 1cm 时，取出薄层板，用铅笔记录各薄层板上溶剂到达的位置和各斑点中心的位置。从上到下会出现黄色、橙色、橙红色三个点[6]，分别代表二茂铁、乙酰二茂铁和 1,1′-二乙酰基二茂铁。如果颜色较浅而看不清，可放在紫外灯下观察。

④ 计算比移值 R_f。

⑤ 可以用薄层色谱来检测反应进程。在反应的不同阶段分别取少量反应液，用薄层色谱展开，了解反应进行的程度。当黄色的二茂铁的斑点很浅时，代表反应基本完成。

3. 乙酰二茂铁的柱色谱分离

① 湿法装柱。选择合适的色谱柱，底部塞一小团棉花，铺一层 0.5cm 厚的石英砂，柱内加洗脱剂至柱身 1/4。称取适量氧化铝（或硅胶），用石油醚调成糊状，将调好的吸附剂在搅拌下缓缓加入柱中，同时打开活塞，洗脱剂流出。用洗耳球轻敲柱身，使吸附剂填充紧密没有气泡。在吸附剂上方加石英砂，必须保持洗脱剂始终不低于石英砂层。

② 因乙酰二茂铁在展开剂中溶解性不好，故可采用干法上样。取粗产品 0.1g 置于干燥的蒸发皿中，滴加约 1mL 丙酮使其溶解，再加入等量的吸附剂，搅拌均匀得黄色浆状物。在红外灯下干燥，得松散粉末状固体待用。

③ 将得到的样品-吸附剂固体粉末通过加料漏斗加入色谱柱中，确保样品层平整。上样后，可以用少量溶剂（1～2mL）冲洗柱子，以确保附着在柱壁上的样品完全沉降下去。上面再覆盖一层石英砂（或滤纸片）。

④ 先用石油醚作洗脱剂，控制流速 1～2 滴/s。当第一个浅黄色的色带流出时，换一个新的接收器，黄色的就是未反应的二茂铁。

⑤ 黄色带完全洗脱下来之后，改用体积比 5∶1 的石油醚-乙酸乙酯洗脱。橙色谱带向下移动，更换接收器，收集乙酰二茂铁。

⑥ 若有棕红色带，可用体积比（1∶1）～（1∶6）的石油醚-乙酸乙酯继续洗脱，收集溶液。

⑦ 将接收的溶液分别水浴旋转蒸发，回收溶剂，干燥后称重，用差减法计算产品质量。

【注释】

[1] 乙酸酐和磷酸接触，能更顺利地产生酰基氧离子，反应更易进行。

[2] 磷酸具有一定的氧化性，和二茂铁接触可能会令其分解，导致有棕色黏稠物质产生。

[3] 也可用碳酸氢钠粉末代替氢氧化钠溶液。注意：加碳酸氢钠粉末中和时，会产生大量气体，剧烈鼓泡，应少量多次分批加入。

[4] 也可以用丙酮或乙醚溶解。

[5] 也可以用其他展开剂，如体积比 1∶3 的乙醚-环己烷；体积比 6∶1 的石油醚-乙酸乙酯等，并作比较。

[6] 由于二茂铁颜色较浅，不易用肉眼观察，故可在紫外灯下观测，有明显斑点。

五、思考题

① 生成 1,1′-二乙酰基二茂铁时，两个酰基为什么不在同一个环上？

② 用什么方法能检测乙酰二茂铁产物中是否混有未反应的二茂铁？

实验 45　甲基橙的制备

一、实验目的

① 学习重氮化反应和偶联反应机理。

② 练习搅拌、抽滤和重结晶等操作。

二、实验原理

甲基橙是常用的酸碱指示剂和生物染色剂，pH 值变色范围是 3.1～4.4，由红色变黄色。偶氮染料可通过重氮盐与酚类或是芳胺发生偶联反应来制备。本实验是在低温、酸性条件下，对氨基苯磺酸、亚硝酸钠发生重氮化反应生成重氮盐，再与 *N*,*N*-二甲基苯胺偶合，加碱得沉淀，抽滤干燥即得甲基橙。

大部分芳基重氮盐不稳定，室温即分解放出氮气，因此必须严格控制反应温度；酸的用量一般是芳胺的 2.5～3 倍，过量的酸可以防止重氮盐与未反应的氨发生偶联反应；过量的亚硝酸可以将重氮盐氧化，因此必须及时用淀粉-碘化钾试纸检验，至试纸刚好变蓝为止。

反应式：

$$HO_3S-C_6H_4-NH_2 \longrightarrow {}^{-}O_3S-C_6H_4-\overset{+}{N}H_3 \xrightarrow{NaOH} NaO_3S-C_6H_4-NH_2 + H_2O$$

$$NaO_3S-C_6H_4-NH_2 \xrightarrow[HCl]{NaNO_2} [HO_3S-C_6H_4-\overset{+}{N}\equiv N]Cl^{-} \xrightarrow[HOAc]{C_6H_5-N(CH_3)-CH_3}$$

$$[HO_3S-C_6H_4-\overset{H}{\underset{+}{N}}=N-C_6H_4-N(CH_3)-CH_3]OAc^{-} \xrightarrow{NaOH} NaO_3S-C_6H_4-N=N-C_6H_4-N(CH_3)-CH_3$$

三、实验仪器与药品

① 仪器：烧杯、磁力搅拌加热器、布氏漏斗、抽滤瓶、循环水真空泵。

② 药品：0.87g（0.005mol）对氨基苯磺酸、0.4g（0.0058mol）亚硝酸钠、0.6g（0.65mL，0.005mol）*N*,*N*-二甲基苯胺、0.5mL 冰醋酸、17.5mL 5%氢氧化钠、浓盐酸、淀粉-碘化钾试纸。

四、实验内容

① 将 0.87g（0.005mol）对氨基苯磺酸[1]（无结晶水）、5mL 5%氢氧化钠置于烧杯中，搅拌至固体完全溶解，若不溶解可稍加热。

② 将烧杯置于冰水浴中，滴加 3mL 亚硝酸钠水溶液（0.4g/3mL），搅拌。滴加 6.5mL 稀盐酸（1.5mL 盐酸＋5mL 水），控制滴加速度，不要使溶液温度超过 5℃。滴加完盐酸后，用淀粉-碘化钾试纸检验，若试纸不变蓝色，应补加亚硝酸钠。继续搅拌 15min，以保证反应完全[2]。

③ 在搅拌下，将 0.65mL *N*,*N*-二甲基苯胺和 0.5mL 冰醋酸混合溶液加入烧杯中，加完后继续搅拌 10min。

④ 将 12.5mL 5%氢氧化钠溶液缓缓加入烧杯中，用 pH 试纸检验溶液应呈碱性。此时，反应物变为橙色，有沉淀析出[3]。

⑤ 移除冰水浴，擦干烧杯的底部，将烧杯放在多功能磁力搅拌加热器中，调整加热温度为 100℃左右加热 5min，稍冷，将烧杯置于冰浴中冷却，使甲基橙晶体完全析出。抽滤，依次用少量水、乙醇洗涤，压紧抽干，干燥得粗产品，约 1g。

⑥ 粗产品可以用 1%氢氧化钠溶液重结晶。待结晶析出完全，抽滤，依次用少量水、乙醇、乙醚洗涤[4]，压紧抽干，得片状结晶。

【注释】

[1] 对氨基苯磺酸是两性化合物，酸性比碱性强，以酸性内盐存在，所以它能与碱作用成盐而不能与酸作用成盐。

[2] 此时析出的是对氨基苯磺酸的重氮盐。这是因为重氮盐在水中可以电离，形成中性内盐，低温时难溶于水从而析出细小晶体。

[3] 若反应物含有未作用的 N,N-二甲基苯胺醋酸盐，加入氢氧化钠后，会有难溶于水的 N,N-二甲基苯胺析出，影响产物纯度。湿的甲基橙在空气中受到光照后，颜色很快变深。

[4] 重结晶操作要迅速，否则产物呈碱性，高温时易变质、变色，所以用乙醇、乙醚洗涤，以促进产物快速干燥。

五、思考题

① 在重氮盐制备前为什么还要加入氢氧化钠?

② 制备重氮盐为什么要维持 0～5℃的低温，温度高有何不良影响?

③ 用反应式解释甲基橙在酸碱条件下的变色原因。

实验 46　肉桂酸的制备

一、实验目的

① 学习用珀金反应（Perkin reaction）由芳香醛和脂肪酸酐合成 α,β-不饱和芳香醛的原理和实验方法。

② 熟悉和掌握水蒸气蒸馏、重结晶等实验操作。

二、实验原理

珀金反应（Perkin reaction）是指：芳香醛和酸酐在碱性催化剂的作用下，可以发生类似羟醛缩合的反应，生成 α,β-不饱和芳香酸。在此反应中，负碳离子产生于酸酐，所以采用的碱性催化剂必须不能与酸酐发生反应。催化剂通常是相应酸酐的羧酸钾盐或钠盐，有时也可以用碳酸钾或叔胺代替。典型的例子就是肉桂酸的制备。

反应式：

$$C_6H_5CHO+(CH_3CO_2)_2O \xrightarrow[K_2CO_3]{CH_3CO_2K\text{ 或 }} \xrightarrow{H^+} C_6H_5CH{=\!=}CHCO_2H+CH_3CO_2H$$

碱的作用是促进酸酐的烯醇化，生成醋酸酐碳负离子，碳负离子与芳醛发生亲核加成，接着是中间产物的氧酰基交换产生更稳定的 β-氧酰基丙酸负离子，最后经 β-消去产生肉桂酸盐。

三、实验仪器与药品

① 仪器：圆底烧瓶、球形冷凝管、水蒸气蒸馏装置。

② 药品：2.65g（2.5mL，0.025mol）苯甲醛、4g（3.8mL）醋酸酐、1.5g 无水醋酸钾、碳酸钠、浓盐酸。

四、实验内容

① 在 100mL 圆底烧瓶中，依次加入 1.5g 无水醋酸钾[1]、3.8mL 醋酸酐、2.5mL 苯甲醛，按图 7-6 安装回流装置，冷凝管顶端安装氯化钙干燥管。小火加热回流 1.5～2h。

② 反应完毕后，加入 20mL 水，再缓慢加入 3g 碳酸钠固体，使溶液呈微碱性，进行水蒸气蒸馏。蒸出未反应的苯甲醛，直至馏出液无油珠为止。

③ 残留液加少量活性炭，煮沸回流 10min 后趁热过滤。

④ 冷却至室温，在不断搅拌下，缓缓加入浓盐酸至酸性。冰水浴析晶，结晶全部析出后，抽滤，用少量冷水洗涤，干燥，产量约 2g。可用热水或 70%乙醇重结晶。

【注释】

［1］ 若醋酸钾含水，需焙烧。先将含水醋酸钾置于蒸发皿内，加热至熔融，蒸出水分后又结成固体。再次加强热使其融化，并不断搅拌，趁热倒在金属板上，冷却后研碎，置于干燥器中备用。

五、思考题

① 在珀金反应中，如若使用与酸酐不同的羧酸盐，会得到两种不同的芳基丙烯酸，这是为什么？

② 本实验中，若原料苯甲醛含有少量的苯甲酸，这对实验结果有何影响？

③ 水蒸气蒸馏前，用氢氧化钠溶液代替碳酸钠碱化有什么影响？

实验 47　8-羟基喹啉的制备

一、实验目的

① 学习 Skraup 反应原理和实验方法。

② 练习水蒸气蒸馏、升华和重结晶等基本操作。

二、实验原理

8-羟基喹啉易发生硝化、磺化、氧化等反应，是重要的医药中间体，也是优良的杀菌剂、杀虫剂、灭菌剂，还可用于金属离子的分离和分析。

Skraup 反应是合成喹啉类杂环化合物重要的方法，它是用无水甘油、硫酸和芳胺以及与芳胺结构对应的硝基化合物共热制得的。本实验中浓硫酸的作用是使甘油脱水生成丙烯醛，并使邻氨基酚与丙烯醛的加成产物脱水成环。硝基酚为弱氧化剂，能将成环产物氧化成8-羟基喹啉，同时本身还原为氨基酚继续参加反应。

反应式：

$$\text{(邻氨基苯酚: }-NH_2,\ OH) + \begin{matrix} CH_2OH \\ | \\ CHOH \\ | \\ CH_2OH \end{matrix} \xrightarrow[\text{(邻硝基苯酚: }-NO_2,\ OH)]{H_2SO_4} \text{(8-羟基喹啉: N, OH)}$$

三、实验仪器与药品

① 仪器：烧瓶、球形冷凝管、磁力搅拌加热器、恒压漏斗、真空泵、布氏漏斗、升华装置。

② 药品：9.5g（7.2mL，0.1mol）甘油、2.8g（0.025mol）邻氨基苯酚、1.8g（0.0123mol）邻硝基苯酚、4mL 硫酸、6mL 50%氢氧化钠溶液、饱和碳酸钠溶液。

四、实验内容

① 将商品甘油置于瓷蒸发皿中加热至 180℃，然后冷却至 100℃左右保存在硫酸干燥器

中备用。

② 称取 9.5g 上述甘油于烧瓶中，加入 1.8g 邻硝基苯酚、2.8g 邻氨基苯酚，开启搅拌，混合均匀，再慢慢加入 4mL 硫酸。

注意：药品必须按顺序加入！若瓶内温度较高，可用冰水浴降温。

③ 按图 7-6 安装回流装置，小火加热，待溶液刚刚开始微微沸腾时撤掉加热器，待反应缓和后继续加热，保持微微沸腾的状态大约 2h。

注意：反应大量放热，一定要及时移开热源，否则反应过于剧烈，溶液易冲出反应器。

④ 安装水蒸气蒸馏装置，蒸出邻硝基苯酚。

⑤ 冷却，将 6mL50％氢氧化钠溶液加入烧瓶中，充分摇匀，用 pH 试纸检查，如果 pH 值不在 7～8 之间，小心滴加饱和碳酸钠溶液调整 pH 值至 7～8[1]。

⑥ 再次进行水蒸气蒸馏，蒸出 8-羟基喹啉。

⑦ 减压抽滤沉淀，用冷水洗涤沉淀两次。

⑧ 安装升华装置，将粗产物升华提纯，收集并称量计算产率[2]。也可用重结晶法纯化产物。

【注释】

［1］ 酸碱都可以使 8-羟基喹啉成盐，一旦形成盐类，8-羟基喹啉就无法被水蒸气带出，因此 pH 值的调节一定要仔细。

［2］ 产率按邻氨基苯酚计算，不考虑部分邻硝基苯酚转化参与反应。

五、思考题

① 实验中邻硝基苯酚的作用是什么？

② 什么情况下可以进行水蒸气蒸馏？

③ 第二次水蒸气蒸馏前，如果 pH 值调节不当会对结果有什么影响？若发现 pH 值过高，应采取什么措施补救？

④ 在升华操作中时，为什么要小火加热？

⑤ 符合什么条件的固体化合物可以用升华的方法提纯？

阅读 6　格氏试剂及其发明者——格林尼亚

1. 格氏试剂的发现

格氏试剂是有机化合成中人们所熟知的最有用和功能最多的试剂之一。1849 年，英国化学家富兰克林（Edward Franklin）用金属锌和碘乙烷（CH_3CH_2I）反应，得到了乙基锌［$Zn(C_2H_5)_2$］。

1898 年，法国化学家巴比埃（Phillip Barbier）在研究金属有机化合物及其有关反应时，试图用金属镁代替锌，以便得到使用更方便、性能更好的有机合成中间体。当时格林尼亚正担任巴比埃的助手。1901 年在巴比埃指导下，格林尼亚通过大量实验最终发现卤代烷与金属镁能在绝对乙醚中反应，溶液先是变浑浊，然后开始沸腾，最后金属镁全部溶解，生成一种金属镁的有机化合物——烷基卤化镁溶液。由此一种在室温下不自燃、无需从溶液中分离出来就可直接使用的、性能优良的有机合成中间体就诞生了。后来人们就以格林尼亚的名字来命名该试剂及相关反应——格氏试剂与格氏反应。

2. 格林尼亚生平简介

格林尼亚（1871—1935，法国化学家），1871 年出生于法国一个富裕、有名望的家族。

一天，当地举办了一次盛大的宴会，格林尼亚被宴会上一位气质出众、举止优雅的姑娘所吸引。当他上前与对方攀谈时，却遭到了对方的鄙视。格林尼亚在大庭广众之下被人嘲笑，这让他感到无地自容。经过几天思考，格林尼亚幡然悔悟，决心离开家去学习，一定要做出一番成绩再回来。

格林尼亚想进里昂大学学习，但由于他基础太差，没能通过入学考试。但他强烈的求知欲和坚持不懈的精神打动了路易·波韦尔这位老教授，教授愿意指导他学习。格林尼亚知耻而后勇，经过两年刻苦努力，终于考入里昂大学。

格林尼亚格外珍惜这来之不易的求学机会，为了弥补以前荒废的时光，他在学校里夜以继日、孜孜不倦地学习。有机化学权威巴比尔教授看中了他的精神和才能，收他为学生。格林尼亚在巴比尔教授的指导下，开始从事科研工作。在他坚持不懈的努力下，最终成为杰出的化学家。

1912 年瑞典皇家科学院鉴于格林尼亚发明了格氏试剂，对当时有机化学发展产生的重要影响，决定授予他诺贝尔化学奖。

阅读 7　中国有机化学先驱——黄鸣龙

黄鸣龙（1898—1979），江苏扬州人，是著名的有机化学家，也是我国甾体激素药物工业的奠基人，1955 年当选为中国科学院学部委员（院士）。

黄鸣龙为了求学深造，曾三次远渡重洋。1949 年，新中国成立，已是天命之年的黄鸣龙激动万分，身在异国的他报效祖国之心强烈跳动——他冲破美国政府的重重阻挠，借道去欧洲讲学摆脱跟踪，辗转回国。回国后，他多次致信海外友人，鼓励他们回国。在黄鸣龙的鼓励下，一些优秀的医学家、化学家先后从国外归来。他的儿子、女儿也相继归国，投入祖国建设之中。

黄鸣龙一生的主要成就概述如下：

1. 立体化学的经典之作

他利用简单试剂推断出变质山道年 4 个立体异构体可“成圈”循环转变。

2. 黄鸣龙还原反应

1946 年，黄鸣龙在美国哈佛大学做 Kishner-Wolff 还原反应时，出现了意外情况（漏气），但他并未弃之不顾，而是继续研究下去，结果得到出乎意外的高产率。他仔细地分析原因，并经多次实验后总结如下：在将醛类或酮类的羰基还原成亚甲基时，把醛类或酮类与 NaOH 或 KOH、85%水合肼及双缩乙二醇或三缩乙二醇同置于圆底烧瓶中回流 3～4 小时便可完成。这一方法避免了 Kishner-Wolff 还原法要使用封管、金属钠和难以制备且价值昂贵的无水肼的缺点，还大大提高了产率。因此，黄鸣龙改良还原法在国际上应用广泛，并写入各国有机化学教科书中，简称黄鸣龙还原法。

对中国有机化学界来讲，这是几十年间唯一以华人命名的反应，有一层特殊的意义。黄鸣龙先生的这个发现虽属偶然，但正是由于他一贯严格的科学态度和严谨的治学精神，才没有错过这一机遇。黄鸣龙先生为此曾说道：“搞科研不能像蜻蜓点水，而要像蜜蜂采蜜，做实验要认真观察，在反应中出现异常情况，要追根到底弄明白反应结果”。

3. 中国甾体化学和甾体药物工业的奠基人

20世纪50年代，在黄鸣龙带领下，以国产薯蓣皂素为原料合成的“可的松”成功问世。它不但填补了我国甾体工业的空白，而且跨进了世界先进行列。

黄鸣龙先生孜孜以求、仔细认真的科学精神是一个榜样，也是一种鼓舞，一直激励着中国化学领域的后来者。

阅读8　坎尼扎罗

坎尼扎罗（1826—1919)，意大利著名化学家。1845年秋，坎尼扎罗前往比萨，并在著名实验家皮利亚的实验室里当助手。在皮利亚的影响下，他深深地爱上了化学这门学科。

后来，他回到意大利的亚历山大里亚工业学院进行科学研究。他发现，把苯甲醛与碳酸钾一起加热时，苯甲醛特有的苦杏仁气味很快便会消失。而且产物与原来的苯甲醛完全不同，甚至气味也变得好闻了。他对反应混合物进行定量分析，先把反应混合物分成一个个组分，然后再测定每种组分的含量。竟得到意料之外的结果：在反应过程中，碳酸钾的量没有改变，即碳酸钾只起催化剂的作用。通过进一步分析得知产物中既有苯甲酸，又有苯甲醇。1853年，坎尼扎罗公布了他的研究成果，人们把能生成这类产物的反应称为Cannizzaro反应。

坎尼扎罗最大的贡献是，宣传和发扬了阿伏伽德罗的分子学说，并于1958年写了《化学哲学教程纲要》。该论文阐明了什么是原子、分子、原子量和分子量，统一了分歧意见，为原子-分子理论的发展扫除了障碍，决定性地证明只有一门化学科学和一套原子量。

为了统一大家对元素符号、原子量、化合价、化学式的认识，1860年召开了第一次国际化学会议。共有140位化学家参加会议，除凯库勒以外，还有韦勒、利比希、杜马、门捷列夫、拜耳等著名化学家。在会议上，大家激烈争论，但仍没有取得统一的意见。坎尼扎罗也在会上做了很有力的演说，援引了阿伏伽德罗假说，阐述了怎样运用它，并说明了仔细区别原子和分子的必要性。《化学哲学教程纲要》得到了大多数人的认可，化学家们对分子式取得了一致的看法，结束了理论化学的两派“战争”。坎尼扎罗毕生致力于科学，他所做的工作使近代化学逐步进入研究原子和分子的阶段。他在化学上的杰出贡献，他的丰功伟绩受到了全世界科学家们的尊重。

此外，坎尼扎罗还对含有—OH基的有机化合物做了大量的研究，他提议把这种基团命名为“羟基”。从此以后，这个名词便为大家所采用。坎尼扎罗还研究过驱蛔虫药——山道年的组成成分，进而弄清它的结构。他使用的工具，在今天看来极为简陋，但是却正确地指出山道年属于倍半萜类。他还写出了这个化合物的结构式。此事表明，用简陋工具也能在科学上作出重大的成就，只要这些工具掌握在孜孜不倦的科学家手中。

阅读9　阿司匹林的历史

阿司匹林是家喻户晓的经典药物之一。最早将阿司匹林作为商品化药物的当属德国的拜耳公司。阿司匹林的发明思路很简单：水杨酸有止痛功效，但由于酸性较强而具有刺激性，那么通过结构修饰获得的类似物可能仍然具有药用功效，却没有如此强的酸性。事实上，也正是一个简单的化学转化——乙酰化，成功地把水杨酸这样一个“不讨好”的药剂转变成阿司匹林这一“明星药物”。虽然发明方法已很确定，不过究竟是谁发明了阿司匹林却颇有一番故事。

1897年，拜耳公司的职员费利克斯·霍夫曼（Felix Hoffman）自称，他为了给父亲的关节炎找到一种更好的药物而尝试修饰水杨酸。同时，他还为镇痛药吗啡装上了一个乙酰基，得到了另一种镇痛药——海洛因。Hoffman的这一说法得到了拜耳公司的认可，甚至在很长一段时间内，人们都认为阿司匹林就是Hoffman发明的。不过到了1949年，拜耳公司另一位员工阿图尔·艾兴格林（Arthur Eichengrün）却宣称，Hoffman是在他的指导下，并且完全采用自己提出的技术路线，才成功合成阿司匹林的。Eichengrün当时是Hoffman的领导，是他下令让Hoffman尝试水杨酸乙酰化的。只是由于Eichengrün是犹太人，拜耳公司始终不肯承认他的贡献，因而世人也未能得知这样一位人物。直到20世纪90年代，英国史学家瓦尔特·斯尼德（Walter Sneader）获得拜耳公司的特许，查阅了众多的档案，才将这一事件公诸于世。不过，直到今天Sneader的结论仍然没有得到拜耳公司的承认。

自阿司匹林问世以来，人们从未间断过对其新功效的研究。除镇痛作用外，它还有退烧、消炎的作用。1950年，阿司匹林曾作为“销量最好的止痛药”而被载入吉尼斯世界纪录。然而，阿司匹林的酸性毕竟刺激胃肠道，随着扑热息痛、布洛芬等镇痛药物相继被开发，阿司匹林便逐渐被替代，这直接导致了20世纪70年代阿司匹林的销量大幅衰退。但是，20世纪80年代初，人们惊奇地发现，阿司匹林除了可以止痛、退烧和消炎外，还具有抗凝血和舒张心血管等作用，并因此可以大大降低心血管疾病患者的死亡率，降低心肌梗死患者第二次的发病率。而且，由于阿司匹林毒副作用小，少量服用不会引起身体不适，于是阿司匹林在短暂的沉寂之后再次成为临床一线的明星药物。

阅读10　二茂铁的发现历程

1951年12月15日，Pauson和Kealy在*Nature*上发表了一篇具有划时代意义的文章，报道了一种被称为二茂铁的新型有机-铁化合物的合成方法。

其实最初，Pauson分配给Kealy的任务是合成富瓦烯，但反应并没有按照预期的方式进行。他们从产物中分离出一种橙色晶体化合物，成分为$C_{10}H_{10}Fe$，而且非常稳定。面对这样的实验结果，他们并没有因为没得到预期产物而沮丧，也没有因为这是一种未知物质而置之不理。科学家特有的执著精神和善于观察分析的能力，使他们抓住了二茂铁这个在化学中占有举足轻重地位的物质，而没有与其失之交臂。

Pauson和Kealy的发现和及时的报道使得其他化学家开始积极地对二茂铁的本质进行探索。一个活泼的环戊二烯与一个过渡金属铁一旦结合，在化学稳定性上竟然会产生巨大的转变，变得异常稳定，这确实是不同寻常的。这一点使得化学界对这种物质产生了极大的兴趣。

事实上，化学家Wilkinson与鼎鼎有名的天才有机化学家Robert Burns Woodward都任职于Harvard大学，且几乎同时开始探究二茂铁这种非常稳定的橙色晶体化合物。他们凭着丰富的经验和直觉作出了这样的判断：二茂铁的特殊化学稳定性一定与它的结构有关，并推测它不是一个具有一般共价键的化合物，即这种高度稳定的化合物不可能是Pauson和Kealy提出的传统的线型结构，而是其他比较复杂或者特殊的结构。基于在研究有机化学中培养的对物质结构的敏感性，Woodward率先指出二茂铁的芳香性，这为其结构的探索奠定了基调。然而后续的研究中，他专注于对芳香性的深入挖掘，把探索结构的道路留给了当时的无机化学家 Wilkinson。通过不断的坚持与努力，Wilkinson 等人提出了二茂铁的夹心结构，通过 X 射线衍射分析以及红外吸收光谱和偶极矩的研究，推测二茂铁是由两个环戊二烯负离子与二价铁正离子通过 d 轨道重叠而形成了一个对称的“特殊共价键”，是一类夹心面包结构的化合物。这对于化学界是一个划时代的贡献，这一成果也获得诺贝尔化学奖的青睐。

1973 年的诺贝尔化学奖授予 Cerffrey Wilkinson 与 Ernst Otto Fischer，奖励他们在探索二茂铁结构的研究中做出的贡献。

阅读 11　现代有机合成之父——伍德沃德

罗伯特·伯恩斯·伍德沃德（1917—1979）美国有机化学家，生于美国波士顿，他自幼就特别喜爱化学。1937 年，年方 20 岁的他通过了研究生考试获得博士学位。毕业后他进入哈佛大学执教，他培养的学生许多人成了化学界的知名人士，其中包括获得 1981 年诺贝尔化学奖的美国化学家霍夫曼（R. Hoffmann）。

伍德沃德是 20 世纪在有机合成化学实验和理论上，取得划时代成果的罕见有机化学家，他以极其精巧的技术，合成了胆甾醇、皮质酮、马钱子碱、利血平、叶绿素等多种复杂有机化合物。据不完全统计，他合成的各种极难合成的复杂有机化合物达 24 种以上，所以他被称为“现代有机合成之父”。

1965 年，伍德沃德因在有机合成方面的杰出贡献而荣获诺贝尔化学奖。他组织了 14 个国家的 110 位化学家，协同攻关，探索维生素 B_{12} 的人工合成问题。在他以前，这种极为重要的药物只能从动物的内脏中经人工提炼，所以价格极为昂贵，且供不应求。

维生素 B_{12} 的结构极为复杂，它含有 181 个原子，在空间呈魔毯状分布，性质极为脆弱，受强酸、强碱、高温的作用都会分解。伍德沃德设计了一个拼接式合成方案，即先合成维生素 B_{12} 的各个局部，然后再把它们对接起来。这种方法后来成了合成所有有机大分子普遍采用的方法。

合成维生素 B_{12} 的过程中，不仅存在一个创立性的合成技术问题，还遇到一个传统化学理论不能解释的有机理论问题。为此，伍德沃德参照日本化学家福井谦一提出的“前线轨道理论”，和他的学生兼助手霍夫曼一起提出了分子轨道对称守恒原理。这一理论用对称性简单直观地解释了许多有机化学过程，如电环合反应过程、环加成反应过程、σ 键迁移过程等。该原理指出，反应物分子外层轨道对称性一致时，反应就易进行，这叫“对称性允许”；反应物分子外层轨道对称性不一致时，反应就不易进行，这叫“对称性禁阻”。分子轨道理论的创立使霍夫曼和福井谦一共同获得了 1981 年诺贝尔化学奖。

伍德沃德合成维生素 B_{12} 时，共做了近千个复杂的有机合成实验，历时 11 年，终于在他谢世前几年完成了复杂的维生素 B_{12} 合成工作。

第八章

分析化学实验

实验 48 食用白醋总酸度的测定

一、实验目的

① 熟练掌握滴定管、容量瓶、移液管的使用方法和滴定操作。

② 掌握氢氧化钠标准溶液的配制和标定方法。

③ 了解强碱滴定弱酸的反应原理及指示剂的选择。

④ 学会食用白醋总酸度的测定方法。

二、实验原理

食醋中的主要成分是醋酸（有机弱酸，$K_a=1.8\times10^{-5}$），此外还含有少量的其他弱酸如乳酸等，醋酸与 NaOH 反应产物为弱酸强碱盐 NaAc。

$$HAc+NaOH \longrightarrow NaAc+H_2O$$

HAc 与 NaOH 反应产物为 NaAc，化学计量点 pH≈8.7，滴定突跃在碱性范围内（如 0.1mol/L NaOH 滴定 0.1mol/L HAc 突跃范围为 pH=7.74～9.70），在此若使用在酸性范围内变色的指示剂如甲基橙，将引起很大的滴定误差（该反应化学计量点溶液呈弱碱性，酸性范围内变色的指示剂变色时，溶液呈弱酸性，则滴定不完全）。因此在此应选择在碱性范围内（pH=8.0～9.6）变色的指示剂酚酞（指示剂的选择主要以滴定突跃范围为依据，指示剂的变色范围应全部或一部分在滴定突跃范围内，则终点误差小于 0.1%）。

因此可选用酚酞作指示剂，利用 NaOH 标准溶液测定 HAc 含量。食用白醋总酸度用 HAc 的含量（g/100mL）来表示。

三、实验仪器与药品

① 仪器：烧杯、容量瓶、锥形瓶、移液管、滴定管。

② 药品：邻苯二甲酸氢钾（s）、0.1mol/L NaOH 溶液、酚酞指示剂、食用白醋试液。

四、实验内容

① 0.1mol/L NaOH 溶液的配制与标定（参见第五章实验 4）。

② 准确吸取食用白醋试样 10.00mL 置于 250mL 容量瓶中，用新煮沸并冷却的蒸馏水稀释至刻度，摇匀。

③ 用移液管吸取 25.00mL 上述稀释后的试液于 250mL 锥形瓶中，加入 25mL 新煮沸并冷却的蒸馏水、2 滴酚酞指示剂。用上述标定的 0.1mol/L NaOH 标准溶液滴至溶液呈微

红色且 30s 不褪色即为终点。平行滴定三次。根据 NaOH 标准溶液的用量，计算食用醋的总酸度。

④ 用甲基橙作指示剂，用上述方法滴定，计算结果，比较两种指示剂滴定结果之间的差别。

五、注意事项

① 食醋中醋酸的浓度较大，故必须稀释后再进行滴定。

② 测定醋酸含量时，所用的蒸馏水不能含有二氧化碳，否则会溶于水中生成碳酸，将同时被滴定。

六、实验数据记录与处理

1. 0.1mol/L NaOH 溶液的标定

实验序号	1	2	3
称量瓶＋基准物质(倾倒前)质量 m_1/g			
称量瓶＋基准物质(倾倒后)质量 m_2/g			
基准物质 $KHC_8H_4O_4$ 质量 m/g			
消耗 NaOH 体积，终读数：V_2/mL			
初读数：V_1/mL			
消耗 NaOH 体积 V_{NaOH}/mL			
NaOH 溶液浓度 c_{NaOH}/(mol/L)			
NaOH 溶液浓度平均值 $\overline{c}$/(mol/L)			
相对平均偏差 $\frac{\overline{d}}{\overline{c}}\times100\%$			

2. 白醋总酸度的测定

实验序号	1	2	3
移取食用白醋体积 V_{HAc}/mL			
消耗 NaOH 体积，终读数：V_2/mL			
初读数：V_1/mL			
消耗 NaOH 体积 V_{NaOH}/mL			
HAc 含量 X/(g/100mL)			
HAc 含量平均值 $\overline{X}$/(g/100mL)			
相对平均偏差 $\frac{\overline{d}}{\overline{X}}\times100\%$			

3. 计算

按如下公式计算：

$$c_{NaOH}=\frac{m_{邻苯二甲酸氢钾}}{M_{邻苯二甲酸氢钾}\times V_{NaOH}\times10^{-3}}$$

$$\text{HAc 含量 } X(\text{g/100mL})=\frac{c_{NaOH}V_{NaOH}M_{HAc}}{V_{HAc}}\times\text{稀释倍数}\times10$$

七、思考题

① 滴定醋酸时为什么要用酚酞作指示剂？

② 该方法的测定原理是什么？

③ 酚酞指示剂使溶剂变红后，在空气中放置一段时间又变为无色，原因是什么？

④ 标准溶液的浓度应保留几位有效数字？

实验 49　无机氮肥中氮含量的分析（甲醛法）

一、实验目的

① 掌握用甲醛法测定铵盐中氮的原理和方法。

② 熟悉滴定操作和滴定终点的判断。

二、实验原理

铵盐是常见的无机氮肥，是强酸弱碱盐，可用酸碱滴定法测定其含量。但由于 NH_4^+ 的酸性太弱（$K_a=5.6\times10^{-10}$），直接用 NaOH 标准溶液滴定有困难，生产和实验室中广泛采用甲醛法测定铵盐中的含氮量。

甲醛法是基于甲醛与一定量铵盐作用，生成相当量的酸（H^+）和六亚甲基四铵盐（$K_a=7.1\times10^{-6}$）反应如下：

$$4NH_4^+ + 6HCHO \longrightarrow (CH_2)_6N_4H^+ + 6H_2O + 3H^+$$

由反应式可知，4mol NH_4^+ 与甲醛作用定量地生成 3mol 的 H^+ 和 1mol 质子化的 $(CH_2)_6N_4H^+$（$K_a=7.1\times10^{-6}$），即 1mol 的 NH_4^+ 转换为较强的 1mol 酸，并与 1mol 的 NaOH 完全反应。

由于在化学计量点时，溶液中存在的六亚甲基四胺是一种很弱的碱（$K_a=1.5\times10^{-9}$），溶液的 pH 值约为 8.7，故选用酚酞作指示剂。

铵盐与甲醛的反应在室温下进行较慢，加入甲醛后，需放置几分钟，使反应完全。

甲醛中常含有少量甲酸，使用前必须先以酚酞为指示剂，用 NaOH 溶液中和，否则会使测定结果偏高。

若铵盐中含有游离酸，需中和除去，即以甲基红为指示剂，用 NaOH 溶液滴定至橙黄色，加以扣除。

三、实验仪器与药品

① 仪器：烧杯、容量瓶、锥形瓶、滴定管等。

② 药品：0.1mol/L NaOH、0.1%甲基红乙醇溶液（甲基红指示剂）、0.2%酚酞乙醇溶液（酚酞指示剂）、20%甲醛溶液［甲醛（40%）与水等体积混合］、无机铵盐试样。

四、实验内容

1. NaOH 溶液浓度的标定（用邻苯二甲酸氢钾标定）

2. 甲醛溶液的处理

甲醛中常含有微量甲酸，是甲醛受空气氧化所致，应除去，否则会产生正误差。处理方法如下：取原装甲醛（40%）的上层清液于烧杯中，用水稀释一倍，加入 1～2 滴 0.2%酚酞指示剂，用 0.1mol/L NaOH 溶液中和至甲醛溶液呈淡红色。

3. 试样中含氮量的测定

准确称取（ ）～（ ）g 无机铵盐试样于烧杯中，用适量蒸馏水溶解，然后定量地移至 250mL 容量瓶中，最后用蒸馏水稀释至刻度，摇匀。用移液管移取试液 25.00mL 于锥形瓶中，加 1～2 滴甲基红指示剂，溶液呈红色，用 0.1mol/L NaOH 溶液中和至红色转为金黄色。然后加入 10mL 已中和的 1∶1 甲醛溶液，再加入 1～2 滴酚酞指示剂摇匀，静置一分钟后，用 0.1mol/L NaOH 标准溶液滴定至溶液淡红色持续半分钟不褪，即为终点。记录读数，平行测定 3 次。根据 NaOH 标准溶液的浓度和滴定消耗的体积，计算试样中氮的含量。

五、实验数据记录与处理

1. 0.1mol/L NaOH 溶液的标定

实验序号	1	2	3
称量瓶＋基准物质(倾倒前)质量 m_1/g			
称量瓶＋基准物质(倾倒后)质量 m_2/g			
基准物质 $KHC_8H_4O_4$ 质量 m/g			
消耗 NaOH 体积，终读数：V_2/mL			
初读数：V_1/mL			
消耗 NaOH 体积 V_{NaOH}/mL			
NaOH 溶液浓度 c_{NaOH}/(mol/L)			
NaOH 溶液浓度平均值 $\overline{c}$/(mol/L)			
相对平均偏差 $\frac{\overline{d}}{\overline{c}}\times 100\%$			

2. 铵盐氮含量的测定

实验序号	1	2	3
称量瓶＋铵盐(倾倒前)质量 m_1/g			
称量瓶＋铵盐(倾倒后)质量 m_2/g			
铵盐质量 m_s/g			
滴定剂 NaOH 溶液浓度 c/(mol/L)			
消耗 NaOH 体积，终读数：V_2/mL			
初读数：V_1/mL			
消耗 NaOH 体积 V_{NaOH}/mL			
氮的质量 m_N/g			
氮含量($w=m_N/m_s$)/%			
氮含量平均值 $\overline{w}$/%			
相对平均偏差 $\frac{\overline{d}}{\overline{w}}\times 100\%$			

3. 计算

按如下公式计算：

$$c_{NaOH}=\frac{m_{邻苯二甲酸氢钾}}{M_{邻苯二甲酸氢钾}V_{NaOH}\times 10^{-3}}$$

$$氮含量(\%)=\frac{c_{NaOH}V_{NaOH}M_{N}}{m_{s}}\times 100\%$$

六、思考题

① 铵盐中氮的测定为何不采用 NaOH 直接滴定法?

② 为什么中和甲醛试剂中的甲酸以酚酞作指示剂，而中和铵盐试样中的游离酸则以甲基红作指示剂?

③ NH_4HCO_3 中含氮量的测定，能否用甲醛法?

④ $(NH_4)_2SO_4$ 试样溶于水后，能否用 NaOH 溶液直接测定氮含量? 为什么?

⑤ 尿素 $CO(NH_2)_2$ 中含氮量的测定时，先加 H_2SO_4 加热消化，全部变为 $(NH_4)_2SO_4$ 后，按甲醛法同样测定，试写出含氮量的计算公式。

实验 50　混合碱的分析（双指示剂法）

一、实验目的

① 了解酸碱滴定法的应用。

② 掌握双指示剂法测定混合碱的原理和组成成分的判别及计算方法。

二、实验原理

混合碱是 Na_2CO_3 与 NaOH 或 Na_2CO_3 与 $NaHCO_3$ 的混合物。欲测定同一份试样中各组分的含量，可用 HCl 标准溶液滴定，选用两种不同指示剂分别指示第一、第二化学计量点的到达。根据到达两个化学计量点时消耗的 HCl 标准溶液的体积，便可判别试样的组成及计算各组分含量。

在混合碱试样中加入酚酞指示剂，此时溶液呈红色，用 HCl 标准溶液滴定到溶液由红色恰好变为无色时，则试液中所含 NaOH 完全被中和，Na_2CO_3 则被中和到 $NaHCO_3$，若溶液中含 $NaHCO_3$，则未被滴定。反应如下：

$$NaOH + HCl = NaCl + H_2O$$

$$Na_2CO_3 + HCl = NaCl + NaHCO_3$$

设滴定用去的 HCl 标准溶液的体积为 V_1(mL)，再加入甲基橙指示剂，继续用 HCl 标准溶液滴定到溶液由黄色变为橙色。此时试液中的 $NaHCO_3$(Na_2CO_3 第一步被中和生成的，或是试样中原本含有的）被中和成 CO_2 和 H_2O。反应如下：

$$NaHCO_3 + HCl = NaCl + CO_2 + H_2O$$

此时，又消耗的 HCl 标准溶液（即第一计量点到第二计量点消耗的）的体积为 V_2(mL)。

当 $V_1>V_2$ 时，试样为 Na_2CO_3 与 NaOH 的混合物，中和 Na_2CO_3 所需 HCl 是分两批加入的，两次用量应该相等。即滴定 Na_2CO_3 所消耗的 HCl 的体积为 $2V_2$，而中和 NaOH 所消耗的 HCl 的体积为（V_1-V_2），故计算 NaOH 和 Na_2CO_3 的含量公式应为：

$$w_{NaOH}=\frac{(V_1-V_2)c_{HCl}M_{NaOH}}{1000m_s}\times 100\%$$

$$w_{Na_2CO_3}=\frac{V_2c_{HCl}M_{Na_2CO_3}}{1000m_s}\times 100\%$$

式中，c_{HCl} 为 HCl 溶液的浓度，mol/L；M 为物质的摩尔质量，g/mol；m_s 为混合碱试样质量，g。

当 $V_1<V_2$ 时，试样为 Na_2CO_3 与 $NaHCO_3$ 的混合物，此时 V_1 为中和 Na_2CO_3 时所消耗的 HCl 的体积，故 Na_2CO_3 所消耗的 HCl 的体积为 $2V_1$，中和 $NaHCO_3$ 消耗的 HCl 的体积为（V_2-V_1），计算 $NaHCO_3$ 和 Na_2CO_3 含量的公式为：

$$w_{NaHCO_3}=\frac{(V_2-V_1)c_{HCl}M_{NaHCO_3}}{1000m_s}\times100\%$$

$$w_{Na_2CO_3}=\frac{V_1c_{HCl}M_{Na_2CO_3}}{1000m_s}\times100\%$$

三、实验仪器与药品

① 仪器：烧杯、容量瓶、锥形瓶、滴定管等。

② 药品：0.1mol/L HCl 溶液、0.2%酚酞乙醇溶液（酚酞指示剂）、0.2%甲基橙水溶液（甲基橙指示剂）、pH=8.3 的参比溶液（0.05mol/L 的 $Na_2B_4O_7$ 溶液和 0.1mol/L HCl 标准溶液，以 6∶4 比例配成缓冲溶液，加入酚酞指示剂，置于磨口瓶中，溶液为浅红色）、基准物质 Na_2CO_3、混合碱试样。

四、实验内容

1. 0.1mol/L HCl 溶液的配制与标定（以 Na_2CO_3 为基准标定）

2. 混合碱的测定（双指示剂法）

准确称取 2g 混合碱试样于 250mL 烧杯中，加水使之溶解后，定量转入 250mL 容量瓶中，用水稀至刻度，充分摇匀。

平行移取 25.00mL 上述试液三份，置于锥形瓶中，加入 3 滴酚酞指示剂，用 0.1mol/L HCl 标准溶液滴定至溶液呈浅粉色近终点时，以参比溶液为对照，缓慢滴加 HCl 标准溶液，每加一滴，均需充分摇动，慢慢滴到溶液颜色与参比溶液颜色一样为止，记录所消耗 HCl 标准液的体积 V_1 mL。

再在上述溶液中加入 2 滴甲基橙指示剂，继续用 HCl 标准溶液滴定至溶液由黄色变为橙色。接近终点时应剧烈摇动试液，以免形成 CO_2 过饱和溶液而使终点提前。记录消耗 HCl 标准溶液的体积 V_2。

平行测定三次，按消耗 HCl 标准溶液的体积 V_1 和 V_2 判断该试样的组分，计算 Na_2CO_3 和 $NaHCO_3$ 或 Na_2CO_3 与 NaOH 的含量，并计算以 Na_2O% 表示的试样总碱量。

五、实验数据记录与处理

1. 0.1mol/L HCl 溶液的标定

实验序号	1	2	3
称量瓶+基准物质(倾倒前)质量 m_1/g			
称量瓶+基准物质(倾倒后)质量 m_2/g			
基准物质 $NaCO_3$ 质量 m/g			
消耗 HCl 体积，终读数：V_2/mL			
初读数：V_1/mL			

续表

实验序号	1	2	3
消耗 HCl 体积 V_{HCl}/mL			
HCl 溶液浓度 c_{HCl}/(mol/L)			
HCl 溶液浓度平均值 $\overline{c}$/(mol/L)			
相对平均偏差 $\frac{\overline{d}}{\overline{c}}\times100\%$			

2. 混合碱的测定

实验序号	1	2	3
称量瓶＋混合碱(倾倒前)质量 m_1/g 称量瓶＋混合碱(倾倒后)质量 m_2/g 混合碱质量 m_s/g			
滴定剂 HCl 溶液浓度 c/(mol/L)			
消耗 HCl 体积，初读数：V_1/mL 初读数：V_1/mL 消耗 HCl 体积，终读数：V_2/mL 消耗 HCl 体积，终读数：V_2/mL			
Na_2CO_3，$NaHCO_3$ 质量 m_x/g			
Na_2CO_3，NaOH 质量 m_x/g			
Na_2O 含量($w=m_x/m_s$)/%			
Na_2O 含量平均值 $\overline{w}$/%			
相对平均偏差 $\frac{\overline{d}}{\overline{w}}\times100\%$			

六、思考题

① 在同一份溶液中，采用双指示剂法测定混合碱，试判断下列五种情况下，混合碱的成分是什么？

A. $V_1=0$　B. $V_2=0$　C. $V_1>V_2$　D. $V_1<V_2$　E. $V_1=V_2$

② 简述双指示剂法的优缺点。

③ 滴定混合碱，接近第一化学计量点时，若滴定速度过快，摇动锥形瓶不够，致使滴定液 HCl 局部过浓，会对测定造成什么影响？为什么？

实验 51　EDTA 溶液的配制与标定

一、实验目的

① 掌握配位滴定的原理及特点。

② 掌握标定 EDTA 的基本原理及方法。

③ 熟悉金属指示剂的使用及终点判断。

二、实验原理

乙二胺四乙酸（简称 EDTA）难溶于水，其标准溶液常用其二钠盐（EDTA・2Na・H_2O，分子量 $M=392.28$）采用间接法配制。标定 EDTA 溶液的基准物质有 Zn、ZnO、$CaCO_3$、Cu、$MgSO_4 \cdot 7H_2O$、Hg、Ni、Pb 等。

用于测定 Pb^{2+}、Bi^{3+} 含量的 EDTA 溶液可用 ZnO 或金属 Zn 作基准物进行标定。以二甲酚橙为指示剂，在 pH＝5～6 的溶液中，二甲酚橙指示剂（XO）本身显黄色，而与 Zn^{2+} 的配合物显紫红色。EDTA 能与 Zn^{2+} 形成更稳定的配合物，当使用 EDTA 溶液滴定至近终点时，EDTA 会把与二甲酚橙配位的 Zn^{2+} 置换出来，而使二甲酚橙游离，因此溶液由紫红色变为黄色。其变色原理可表示如下：

$$\text{XO(黄色)} + Zn^{2+} \rightleftharpoons \text{ZnXO(紫红色)}$$

$$\text{ZnXO(紫红色)} + \text{EDTA} \rightleftharpoons \text{Zn-EDTA(无色)} + \text{XO(黄色)}$$

EDTA 溶液若用于测定石灰石或白云石中的 CaO、MgO 的含量及测定水的硬度，最好选用 $CaCO_3$ 为基准物质进行标定。这样基准物质和被测组分含有相同的成分，使得滴定条件一致，可以减小误差。首先将 $CaCO_3$ 用 HCl 溶解后，制成 Ca^{2+} 标准溶液，调节酸度至 pH≥12，以钙指示剂作指示剂，用 EDTA 滴至溶液由酒红色变为纯蓝色。

三、实验仪器与药品

① 仪器：烧杯、容量瓶、锥形瓶、滴定管等。

② 药品：乙二胺四乙酸二钠（$Na_2H_2Y \cdot 2H_2O$）、ZnO(s)、20%六亚甲基四胺（pH＝5.5，将 20g 试剂溶于水，加 4mL 浓 HCl，稀释至 100mL）、二甲酚橙指示剂（0.2%水溶液）、1∶1 盐酸、1∶1 氨水、氨性缓冲溶液（pH＝10），将 2g NH_4Cl 溶解于少量水中，加入 10mL 氨水，用水稀释至 100mL）、铬黑 T 指示剂（1%乙醇溶液）、基准试剂 $CaCO_3$、K-B 指示剂（0.2g 酸性铬兰 K 和 0.4g 萘酚绿 B 混溶于 100mL 水中）。

四、实验内容

1. 0.02mol/L EDTA 标准溶液的配制

称取 2g 乙二胺四乙酸二钠于 250mL 烧杯中，加入 50mL 水，加热溶解后，稀释至 250mL，存于试剂瓶中或聚乙烯塑料瓶中。

2. 标准锌溶液的配制

准确称取氧化锌（　）～（　）g 于 250mL 烧杯中，盖上表面皿。从烧杯嘴滴加 5～10mL 1∶1 HCl，待 ZnO 全部溶解后，定量转移到 250mL 容量瓶中，用水稀释至刻度，摇匀。计算其准确浓度 $c_{Zn^{2+}}$(mol/L)。

3. $CaCO_3$ 标准溶液的配制

准确称取 120℃干燥过的 $CaCO_3$（　）～（　）g 于小烧杯中，加几滴水润湿，盖上表面皿，从烧杯嘴滴加 1∶1 HCl 10mL，待 $CaCO_3$ 完全溶解后，加 20mL 水，小火煮沸 2min，冷却后定量转移至 250mL 容量瓶中，稀释定容，摇匀。计算其准确浓度 c_{CaCO_3}(mol/L)。

4. EDTA 溶液浓度的标定

（1）以锌标准溶液标定 EDTA 溶液

① 以铬黑 T 为指示剂　用移液管吸取锌标准溶液 25.00mL 于 250mL 锥形瓶中，滴加 1∶1 氨水至开始出现白色沉淀，加 10mL 氨性缓冲溶液（pH＝10）、20mL 水、少许铬黑 T 指示剂，用 EDTA 标准溶液滴定至溶液由紫红色变为纯蓝色，即达终点。平行测定三次，

其滴定体积之差不超过0.04mL。根据消耗的EDTA标准溶液的体积，计算其浓度c_{EDTA}。

② 以二甲酚橙为指示剂　用移液管吸取锌标准溶液25.00mL于250mL锥形瓶中，加0.2%二甲酚橙指示剂2～3滴，然后滴加20%六亚甲基四胺至溶液呈稳定的紫红色，再多加5mL。用EDTA标准溶液滴定至溶液由紫红色变为亮黄色为终点。平行测定三次，其滴定体积之差不超过0.04mL。根据消耗的EDTA标准溶液体积，算出其浓度c_{EDTA}。

(2) 以$CaCO_3$标准溶液标定EDTA溶液

准确移取25.00mL $CaCO_3$标准溶液于250mL锥形瓶中，加入10mL氨性缓冲溶液(pH=10)，加入3滴K-B指示剂，用EDTA标准溶液滴定至溶液由紫红色变为蓝色即为终点。平行测定三次，其滴定体积之差不超过0.04mL。根据消耗的EDTA标准溶液的体积，计算其浓度c_{EDTA}。

五、实验数据记录与处理

1. 0.02mol/L EDTA溶液的标定

实验序号	1	2	3
称量瓶+基准物质(倾倒前)质量 m_1/g 称量瓶+基准物质(倾倒后)质量 m_2/g 基准物质质量 m/g			
消耗EDTA溶液体积，终读数：V_2/mL 初读数：V_1/mL 消耗EDTA溶液体积 V_{EDTA}/mL			
EDTA溶液浓度 c_{EDTA}/(mol/L)			
EDTA溶液浓度平均值 $\overline{c}$/(mol/L)			
相对平均偏差 $\frac{\overline{d}}{\overline{c}}\times100\%$			

2. 计算

以$CaCO_3$为基准物质标定EDTA溶液浓度为例，计算公式如下：

$$c_{EDTA}=\frac{m_{CaCO_3}}{M_{CaCO_3}V_{EDTA}\times10^{-3}\times10}$$

六、思考题

① EDTA标准溶液和Zn标准溶液的配制方法有何不同？

② 配制Zn标准溶液时应注意些什么？

③ 用Zn作基准物、二甲酚橙作指示剂标定EDTA溶液浓度时，溶液的酸度应控制在什么范围？如何控制？如果溶液酸性较强，怎么办？

④ 用$CaCO_3$为基准物，以钙指示剂指示终点标定EDTA时，应控制溶液的酸度为多大？为什么？如何控制？

⑤ 配位滴定中为什么要加入缓冲溶液？

实验52　自来水总硬度的测定

一、实验目的

① 掌握EDTA法测定水硬度的原理和方法。

② 学习水硬度的表示方法及常用硬度的计算方法。

二、实验原理

含有钙、镁酸盐的水叫作硬水（硬水和软水尚无明显界限，硬度小于5～6度的一般可称为软水），硬度有暂时硬度和永久硬度之分。以碳酸氢盐形式存在的钙酸盐，加热即成碳酸盐沉淀而失去硬性，这类盐所形成的硬度叫作暂时硬度，反应如下：

$$Ca(HCO_3)_2 \xrightarrow{\triangle} CaCO_3\downarrow + CO_2\uparrow + H_2O$$

$$Mg(HCO_3)_2 \xrightarrow{\triangle} MgCO_3(\text{不完全沉淀}) + CO_2\uparrow + H_2O$$

$$MgCO_3 + H_2O \longrightarrow Mg(OH)_2\downarrow + CO_2\uparrow$$

水中含有钙、镁的硫酸盐、氯化物、硝酸盐等形式的硬度称为永久硬度，它们在加热时亦不沉淀（但在锅炉运转温度下，溶解度变小析出称为锅垢）。

暂时硬度和永久硬度的总和称为“总硬”由镁离子形成的硬度称为“镁硬”，由钙离子形成的硬度称为“钙硬”。

测水的总硬度，一般采用EDTA滴定法直接测定，然后换算为相应的硬度。由于Ca^{2+}（$K_{CaY}=10^{10.7}$）和Mg（$K_{MgY}=10^{8.7}$）与EDTA的配合物的绝对稳定常数相差较小，因此用EDTA滴定的是Ca^{2+}、Mg^{2+}总量。在pH=10的氨性缓冲溶液中，以K-B作为指示剂，Ca^{2+}、Mg^{2+}与K-B形成紫色配合物，当用EDTA溶液滴定至化学计量点时，游离出金属离子指示剂，溶液呈现出纯蓝色即为终点。

水的硬度有许多表示方法，常用单位有mg/L、μg/mL。我国常用度（°）来表示。1°表示10万份水中含有1份CaO，即1L水中含有10mg CaO时为1°，即1°=10mg/L。根据下式计算水的总硬度：

$$\text{总硬度}(CaO\ mg/L)=(c_{EDTA}V_{EDTA}M_{CaO}\times 10^3)/V_{\text{水样}}$$

式中，c_{EDTA}为EDTA的浓度，mol/L；V_{EDTA}为滴定时消耗EDTA的体积，mL；M_{CaO}为CaO的摩尔质量，g/mol；$V_{\text{水样}}$为所取水样的体积，mL。

三、实验仪器与药品

① 仪器：烧杯、容量瓶、锥形瓶、滴定管等。

② 药品：0.02mol/L EDTA、1∶1 HCl、1∶1 三乙醇胺、NH_3-NH_4Cl缓冲溶液（pH=10）、$CaCO_3$(s)、K-B指示剂、732型阳离子交换树脂。

四、实验内容

1. 0.02mol/L EDTA标准溶液的配制和标定（用$CaCO_3$为基准标定）

2. 自来水总硬度的测定

移取水样100mL于250mL锥形瓶中，加入1～2滴1∶1 HCl微沸数分钟以除去CO_2，冷却后，加入3mL 1∶1三乙醇胺（若水样中含有重金属离子，则加入1mL 2% Na_2S溶液掩蔽），10mL氨性缓冲溶液，2～3滴K-B指示剂，用EDTA标准溶液滴定至溶液由紫红色变为纯蓝色，即为终点。注意接近终点时应慢滴多摇。平行测定三次，计算水的总硬度，以度（°）表示分析结果。

3. 自制简易硬水软化处理装置净水效果测定

称取10g树脂浸泡在去离子水中24h（浸泡时去离子水没过树脂后，再向其中多加入2mL去离子水），使其充分膨胀并去除杂质，而后用1∶1 HCl浸泡树脂2h，滤去酸液后用去离子水冲洗至中性。

在离子交换柱底部塞入少量脱脂棉以防树脂流出，向柱内注入约1/3去离子水，排出底部的空气，将预处理过的树脂和适量去离子水一起注入柱内，注意保持液面始终高于树脂层。

向离子交换柱中注入自来水，打开活塞，用烧杯接取过柱后的动态水，其间一直保持液面始终高于树脂层，保证自来水已流出 10min 以上后，用量筒接取 100mL 过滤水，重复步骤 2 测定过滤水的硬度。

五、注意事项

① 铬黑 T 与 Mg^{2+} 显色灵敏度高，与 Ca^{2+} 显色灵敏度低，当水样中 Ca^{2+} 含量高而 Mg^{2+} 很低时，得到不敏锐的终点，可采用 K-B 混合指示剂。

② 水样中含铁量超过 10mg/mL 时用三乙醇胺掩蔽有困难，需用蒸馏水将水样稀释到 Fe^{3+} 不超过 10mg/mL 即可。

六、实验数据记录与处理

1. EDTA 溶液的标定

实验序号	1	2	3
称量瓶＋基准物质(倾倒前)质量 m_1/g 称量瓶＋基准物质(倾倒后)质量 m_2/g 基准物质 $CaCO_3$ 质量 m/g			
消耗 EDTA 溶液体积，终读数：V_2/mL 初读数：V_1/mL 消耗 EDTA 溶液体积 V/mL			
EDTA 溶液浓度 c_{EDTA}/(mol/L)			
EDTA 溶液浓度平均值 $\overline{c}$/(mol/L)			
相对平均偏差 $\frac{\overline{d}}{\overline{c}}\times 100\%$			

2. 水硬度的测定

实验序号	1	2	3
移取水样体积 $V_{水样}$/mL			
滴定剂 EDTA 浓度 c_{EDTA}/(mol/L)			
消耗 EDTA 体积，终读数：V_2/mL 初读数：V_1/mL 消耗 EDTA 体积 V_{EDTA}/mL			
水的总硬度(CaO)X/(mg/L)			
水的总硬度的平均值 $\overline{X}$/(mg/L)			
相对平均偏差 $\frac{\overline{d}}{\overline{X}}\times 100\%$			

七、思考题

① 配制 $CaCO_3$ 溶液和 EDTA 溶液时，各采用何种天平称量？为什么？

② 铬黑 T 指示剂是怎样指示滴定终点的？

③ 以 HCl 溶液溶解 $CaCO_3$ 基准物质时，操作中应注意些什么？

④ 配位滴定中为什么要加入缓冲溶液？

⑤ 用 EDTA 法测定水的硬度时，哪些离子的存在有干扰？如何消除？

⑥ 配位滴定与酸碱滴定法相比，有哪些不同点？操作中应注意哪些问题？

实验 53　锌铋混合溶液中 Zn^{2+}、Bi^{3+} 含量的连续测定

一、实验目的

① 掌握控制溶液酸度进行多种离子连续配位滴定的原理和方法。

② 熟悉二甲酚橙指示剂的应用。

二、实验原理

如果要在同一溶液中分别测定 M、N 两种离子，须满足条件：

$\Delta\lg(cK)\geqslant5$（c 为金属离子浓度，K 为配位稳定常数）

Zn^{2+}、Bi^{3+} 均能与 EDTA 形成稳定的配合物，其 $\lg K$ 分别为 16.50 和 27.94，由于 $\Delta\lg(cK)>5$，故可控制溶液不同的酸度分别测定它们的含量。首先调节溶液的 pH＝1，以二甲酚橙（XO）为指示剂，此时 Bi^{3+} 与 XO 形成紫红色配合物，Bi^{3+}-XO 的条件稳定常数为 9.6，可准确滴定。而 Zn^{2+} 与 XO 不能形成稳定的配合物。用 EDTA 标准溶液滴定 Bi^{3+}，溶液由紫红色变为亮黄色，即为 Bi^{3+} 的滴定终点。再向这份溶液中加入六亚甲基四胺调节 pH ＝ 5～6，此时 Zn^{2+} 与 XO 形成紫红色配合物，继续用 EDTA 标准溶液滴定至溶液由紫红色变为亮黄色，即为 Zn^{2+} 的终点。

三、实验仪器与药品

① 仪器：烧杯、容量瓶、锥形瓶、滴定管等。

② 药品：0.02mol/L EDTA、ZnO(s)、0.2%二甲酚橙溶液、1∶1 HCl、20%六亚甲基四胺溶液、1∶1 氨水、锌铋混合液。

四、实验内容

1. 0.02mol/L EDTA 标准溶液的配制与标定（用基准氧化锌标定）

2. 混合溶液的测定

准确移取锌铋混合液 25.00mL，加入 1～2 滴 0.2%二甲酚橙指示剂，用 EDTA 标准溶液滴定至溶液由紫红色变为亮黄色，即为滴定 Bi^{3+} 的终点。计算混合液中 Bi^{3+} 的含量。

在测完 Bi^{3+} 的溶液中再加 2～3 滴二甲酚橙指示剂，逐滴加入 1∶1 氨水（只需几滴，用试纸检测 pH 值为 5），使溶液呈橙色，再滴加 20%六亚甲基四胺至溶液呈稳定的紫红色，并过量 5mL，用标准 EDTA 溶液滴定至溶液呈亮黄色，即为滴定的终点。平行测定 2～3 次，计算混合液中 Zn^{2+} 的含量。

五、注意事项

① pH＝1 时，$Bi(NO_3)_3$ 沉淀不会析出，二甲酚橙也不与 Zn^{2+} 配位；如果酸度太高，二甲酚橙不与 Bi^{3+} 配位，溶液呈黄色。

② Bi^{3+} 与 EDTA 反应速率较慢，故滴定速度不宜过快，且要剧烈摇动。

六、实验数据记录与处理

1. EDTA 溶液的标定

实验序号	1	2	3
称量瓶＋基准物质(倾倒前)质量 m_1/g			
称量瓶＋基准物质(倾倒后)质量 m_2/g			

续表

实验序号	1	2	3
基准物质质量 m_{ZnO}/g			
Zn^{2+} 浓度 c/(mol/L)			
消耗 EDTA 溶液体积，终读数：V_2/mL 初读数：V_1/mL 消耗 EDTA 溶液体积 V_{EDTA}/mL			
EDTA 溶液浓度 c_{EDTA}/(mol/L)			
EDTA 溶液浓度平均值 $\overline{c}$/(mol/L)			
相对平均偏差 $\frac{\overline{d}}{\overline{c}}\times100\%$			

2. 混合液的测定

实验序号	1	2	3
滴定剂 EDTA 浓度 c_{EDTA}/(mol/L)			
测 Bi^{3+} 消耗 EDTA 体积，终读数：V_2/mL 初读数：V_1/mL 第一次消耗 EDTA 体积 V_{EDTA_1}/mL			
Bi^{3+} 含量 $X_{Bi^{3+}}$/(mol/L)			
Bi^{3+} 含量平均值 $\overline{X}_{Bi^{3+}}$/(mol/L)			
相对平均偏差 $\frac{\overline{d}}{\overline{X}_{Bi^{3+}}}\times100\%$			
测 Zn^{2+} 消耗 EDTA 体积，终读数：V_2/mL 初读数：V_1/mL 第二次消耗 EDTA 体积 V_{EDTA_2}/mL			
Zn^{2+} 含量 $X_{Zn^{2+}}$/(mol/L)			
Zn^{2+} 含量平均值 $\overline{X}_{Zn^{2+}}$/(mol/L)			
相对平均偏差 $\frac{\overline{d}}{\overline{X}_{Zn^{2+}}}\times100\%$			

3. 计算

计算公式如下：

$$c_{EDTA}=\frac{m_{ZnO}}{M_{ZnO}V_{EDTA}\times10^{-3}\times10}$$

$$Bi^{3+}\text{含量(mol/L)}=\frac{c_{EDTA}V_{EDTA}}{V_{EDTA_1}}$$

$$Zn^{2+}\text{含量}(mol/L)=\frac{c_{EDTA}V_{EDTA}}{V_{EDTA_2}}$$

七、思考题

① 能否在同一份试液中先滴定 Zn^{2+}，后滴定 Bi^{3+}？

② 如果试液中含有 Fe^{3+}，一般加入抗坏血酸掩蔽，可用三乙醇胺掩蔽吗？

③ 在 pH 值约为 1 的条件下用 EDTA 标准溶液测定 Bi^{3+}，共存的 Zn^{2+} 为何不受干扰？

实验 54 “胃舒平”药片中铝、镁含量的测定

一、实验目的

① 学习药剂测定的前处理方法。

② 学习用返滴定法测定铝的方法。

③ 掌握沉淀分离的操作方法。

二、实验原理

胃舒平是一种中和胃酸的胃药，主要用于治疗胃酸过多及胃和十二指肠溃疡，它的主要成分为氢氧化铝、三硅酸镁及少量颠茄流浸膏，在加工过程中，为了使药片成型，加了大量的糊精。

药片中铝和镁的含量可用 EDTA 配位滴定法测定。测定原理是将样品溶解，分离除去不溶于水的物质，然后取试液加入过量 EDTA 溶液，调节至 pH=4 左右，煮沸使 EDTA 与铝配位，再以二甲酚橙为指示剂，用标准锌溶液回滴过量的 EDTA，测出铝含量。另取试液调节 pH 值，将铝沉淀分离后，在 pH=10 条件下以铬黑 T 为指示剂，用 EDTA 溶液滴定滤液中的镁。

三、实验仪器与药品

① 仪器：烧杯、容量瓶、锥形瓶、滴定管等。

② 药品：胃舒平片剂、0.02mol/L 锌标准溶液、0.02mol/L EDTA 标准液、0.2%二甲酚橙指示剂、20%六亚甲基四胺溶液、1∶1 HCl、1∶1 氨水、1∶2 三乙醇胺、pH=10 氨性缓冲溶液、0.2%甲基红乙醇溶液（甲基红指示剂）、铬黑 T 指示剂、NH_4Cl 固体。

四、实验内容

1. 样品处理

取胃舒平片剂 10 片，研细，从中称取 2g 左右，加入 1∶1 HCl 溶液 20mL，加水至 100mL，煮沸。冷却后过滤，并以水洗涤沉淀。收集滤液及洗涤液于 250mL 容量瓶中，稀释摇匀。

2. 铝含量的测定

移取容量瓶中试液 5.00mL，置于 250mL 锥形瓶中，加水至 25mL 左右。滴加 1∶1 氨水至刚好出现浑浊，再滴加 1∶1 HCl 溶液至沉淀恰好溶解。准确加入 0.02mol/L EDTA 标准溶液 25.00mL，再加入 20%六亚甲基四胺溶液 10mL，煮沸 10min，冷却，加入二甲酚橙指示剂 2～3 滴，以 0.02mol/L 锌标准溶液滴定至溶液由黄色变为红色，即为终点。计算每片片剂中 $Al(OH)_3$ 的含量。

3. 镁含量的测定

移取容量瓶中试液 25.00mL，滴加 1∶1 氨水至刚好出现沉淀，再滴加 1∶1 HCl 溶液至沉淀恰好溶解。加入 2g NH_4Cl，滴加 20％六亚甲基四胺溶液至沉淀出现并过量 15mL。加热至 80℃，并维持 10～15min，冷却后过滤除去 $Al(OH)_3$，以少量水洗涤沉淀数次。收集滤液与洗涤液于 250mL 锥形瓶中，加入三乙醇胺 10mL、NH_3-NH_4Cl 缓冲溶液 10mL 及甲基红指示剂 1 滴、铬黑 T 指示剂少许，以 EDTA 标准溶液滴定至溶液由暗红色转变为蓝绿色，即为终点。计算每片片剂中镁的含量（以 MgO 表示）。

五、注意事项

① 药片试样中铝镁含量可能分布不均匀，为使测定结果具有代表性，本实验取较多样品，研细混匀后再从中取样进行分析。

② 实验结果表明，用六亚甲基四胺溶液调节 pH 值分离 $Al(OH)_3$ 效果比用氨水好，可以减少 $Al(OH)_3$ 沉淀时 Mg^{2+} 的吸附。

③ 测定镁时，加入甲基红指示剂能使终点时铬黑 T 的变色更为敏锐。

六、实验数据记录与处理

1. EDTA 溶液的标定

实验序号	1	2	3
称量瓶＋基准物质(倾倒前)质量 m_1/g 称量瓶＋基准物质(倾倒后)质量 m_2/g 基准物质 ZnO 质量 m/g			
Zn^{2+} 浓度 c/(mol/L)			
消耗 EDTA 溶液体积，终读数：V_2/mL 初读数：V_1/mL 消耗 EDTA 溶液体积 V_{EDTA}/mL			
EDTA 溶液浓度 c_{EDTA}/(mol/L)			
EDTA 溶液浓度平均值 $\overline{c}$/(mol/L)			
相对平均偏差 $\frac{\overline{d}}{\overline{c}}\times 100\%$			

2. 铝含量的测定

实验序号	1	2	3
消耗 Zn^{2+} 标准溶液体积，终读数：V_2/mL 初读数：V_1/mL 消耗 Zn^{2+} 标准溶液体积 $V_{Zn^{2+}}$/mL			
Al_2O_3 含量 $X_{Al_2O_3}$/%			
Al_2O_3 含量平均值 $\overline{X}_{Al_2O_3}$/%			
相对平均偏差 $\frac{\overline{d}}{\overline{X}_{Al_2O_3}}\times 100\%$			

3.镁含量的测定

实验序号	1	2	3
消耗 EDTA 体积，终读数：V_2/mL 初读数：V_1/mL 消耗 EDTA 体积 V_{EDTA}/mL			
MgO 含量 X_{MgO}/%			
MgO 含量平均值 $\bar{X}_{MgO}$/%			
相对平均偏差$\frac{\bar{d}}{\bar{X}_{MgO}}\times 100\%$			

4.计算

计算公式如下：

$$Al_2O_3\ 含量(\%)=\frac{\frac{1}{2}(c_{EDTA}V_{EDTA}-c_{Zn^{2+}}V_{Zn^{2+}})M_{Al_2O_3}}{m_s}\times 100\%$$

$$MgO\ 含量(\%)=\frac{c_{EDTA}V_{EDTA}M_{MgO}}{m_s}\times 100\%$$

七、思考题

① 测定铝离子为什么不采用直接滴定法？

② 采用掩蔽铝的方法测定镁，可选择哪些物质作掩蔽剂？如何控制条件？

③ 在测定镁离子时，加入三乙醇胺的作用是什么？

④ 能否采用 F^- 掩蔽 Al^{3+}，而直接测定 Mg^{2+}？

实验 55　高锰酸钾标准溶液的配制与标定

一、实验目的

① 正确配制相对稳定的 $KMnO_4$ 标准溶液。

② 掌握用 $Na_2C_2O_4$ 标定 $KMnO_4$ 溶液的原理和方法。

二、实验原理

高锰酸钾是一种强氧化剂，它的氧化能力和还原产物与溶液酸度有很大关系。

在强酸性溶液中：

$$MnO_4^- + 5e^- + 8H^+ \xlongequal{} Mn^{2+} + 4H_2O \qquad E^{\ominus}=1.51V$$

在弱酸性、中性、弱碱性溶液中：

$$MnO_4^- + 3e^- + 2H_2O \xlongequal{} MnO_2 + 4OH^- \qquad E^{\ominus}=0.59V$$

在强碱性溶液中：

$$MnO_4^- + e^- \xlongequal{} MnO_4^{2-} \qquad E^{\ominus}=0.564V$$

在酸性溶液中有焦磷酸盐或氟化物存在下，MnO_4^- 被还原成 Mn(Ⅲ) 的配合物。

应用高锰酸钾法时，可根据被测物质的性质采用不同的方法。

市售 $KMnO_4$ 试剂纯度一般为 99%～99.5%，其中常含有少量的 MnO_2 和其它杂质。

蒸馏水中常含有微量还原性的有机物质，它们可与 MnO_4^- 反应而析出 $MnO(OH)_2$ 沉淀，这些生成物以及光、热、酸、碱等外界条件的改变均会促进 $KMnO_4$ 的进一步分解，因此 $KMnO_4$ 标准溶液不能直接配制成准确浓度。

为了获得相对稳定的 $KMnO_4$ 溶液，必须按照步骤中所述的方法配制。

标定 $KMnO_4$ 标准溶液的基准物很多，如 $Na_2C_2O_4$、$H_2C_2O_4 \cdot 2H_2O$、As_2O_3、$(NH_4)_2Fe(SO_4)_2$ 和纯铁丝等。其中以 $Na_2C_2O_4$ 较为常用。

在 H_2SO_4 溶液中，MnO_4^- 与 $C_2O_4^{2-}$ 的反应如下：

$$2MnO_4^- + 5C_2O_4^{2-} + 16H^+ \xlongequal{} 2Mn^{2+} + 10CO_2\uparrow + 8H_2O$$

为了使这个反应能够定量地较快地进行，应注意下列滴定条件。

（1）温度

在室温下此反应速率缓慢，常将溶液加热至 70～80℃，并趁热滴定，滴定完毕时的温度不应低于 60℃。但温度也不宜过高，若高于 90℃，则 $H_2C_2O_4$ 部分分解，导致标定结果偏高。

$$H_2C_2O_4 \xlongequal{} CO_2\uparrow + CO\uparrow + H_2O$$

（2）酸度

酸度过低，MnO_4^- 会部分被还原成 MnO_2；酸度过高，会促使 $H_2C_2O_4$ 分解，一般滴定开始时的酸度应控制在 0.5～1mol/L。为防止诱导氧化 Cl^- 的反应发生，应当在 H_2SO_4 介质中进行。

（3）滴定速度

开始滴定时，MnO_4^- 与 $C_2O_4^{2-}$ 的反应速率很慢，滴入的 $KMnO_4$ 褪色较慢。因此滴定开始阶段滴定速度不宜太快，否则滴入的 $KMnO_4$ 溶液来不及与 $C_2O_4^{2-}$ 反应，就在热的酸性溶液中发生分解，导致标定结果偏低。

$$4MnO_4^- + 12H^+ \xlongequal{} 4Mn^{2+} + 5O_2\uparrow + 6H_2O$$

（4）催化剂

滴定开始时，滴入的几滴 $KMnO_4$ 溶液褪色较慢，但随着这几滴 $KMnO_4$ 和 $Na_2C_2O_4$ 作用完毕后，滴定产物 Mn^{2+} 生成，反应速率逐渐加快。若滴定前加入几滴 $MnSO_4$ 溶液，则在滴定一开始，反应速率就很快，可见 Mn^{2+} 在此反应中起着催化剂的作用。

（5）指示剂

因为 $KMnO_4$ 本身具有颜色，溶液中稍有过量的 MnO_4^- 即可显示出粉红色，一般不必另外加入指示剂，$KMnO_4$ 可作为自身指示剂。

（6）滴定终点

用 $KMnO_4$ 溶液滴定至终点后，溶液中出现的粉红色不能持久，这是因为空气中的还原性气体和灰尘都能使 MnO_4^- 缓慢还原，故溶液的粉红色逐渐消失。所以，滴定时溶液中出现的粉红色如在 0.5～1min 内不褪色，就可认为已经到达滴定终点。

标定好的 $KMnO_4$ 溶液在放置一段时间后，若发现有 $MnO(OH)_2$ 沉淀析出，应重新过滤并标定。

三、实验仪器与药品

① 仪器：烧杯、容量瓶、锥形瓶、滴定管等。

② 药品：$KMnO_4$ 固体试剂（分析纯）、3mol/L H_2SO_4 溶液、$Na_2C_2O_4$（s，于 105℃ 干燥 2h 备用）。

四、实验内容

1. $KMnO_4$ 溶液的配制

称取稍多于理论计算用量的 $KMnO_4$ 固体约（　）g，溶于 500mL 水中，盖上表面皿，加热至沸腾，并保持微沸状态约 1h，随时补充蒸发掉的水分。冷却，将溶液在室温条件下静置 2～3 天后，用微孔玻璃漏斗过滤。滤液贮存于棕色试剂瓶中，置于暗处保存，备用。

2. 0.02mol/L $KMnO_4$ 溶液的标定

准确称取（　）～（　）g 基准物质 $Na_2C_2O_4$ 三份，分别置于 250mL 锥形瓶中，加入 50mL 水使之溶解，加入 15mL 3mol/L H_2SO_4，在水浴中加热至 70～80℃（溶液开始冒蒸汽），趁热用 0.02mol/L $KMnO_4$ 溶液滴定。第一滴 $KMnO_4$ 加入后褪色很慢，需剧烈振动，待溶液中产生了 Mn^{2+} 后，滴定速度可加快，直到溶液呈现微红色，并持续 1min 内不褪色即为终点，记录滴定所消耗的 $KMnO_4$ 标准溶液的体积。

计算 $KMnO_4$ 标准溶液的物质的量浓度和该结果的相对平均偏差。

五、实验数据记录与处理

1. 0.02mol/L $KMnO_4$ 溶液的标定

实验序号	1	2	3
称量瓶＋基准物质(倾倒前)质量 m_1/g 称量瓶＋基准物质(倾倒后)质量 m_2/g 基准物质 $Na_2C_2O_4$ 质量 $m_{Na_2C_2O_4}$/g			
消耗 $KMnO_4$ 体积，终读数：V_2/mL 初读数：V_1/mL 消耗 $KMnO_4$ 体积 V/mL			
$KMnO_4$ 浓度 c_{KMnO_4}/(mol/L)			
$KMnO_4$ 浓度平均值 $\overline{c}$/(mol/L)			
相对平均偏差 $\frac{\overline{d}}{\overline{c}}\times100\%$			

2. 计算

计算公式如下：

$$c_{KMnO_4}=\frac{2}{5}\times\frac{m_{Na_2C_2O_4}}{M_{Na_2C_2O_4}V_{KMnO_4}\times10^{-3}}$$

六、思考题

① 在配制 $KMnO_4$ 溶液时应注意哪些问题？为什么？

② 配制 $KMnO_4$ 溶液时，过滤后的滤器上沾污的产物是什么？应选用什么物质清洗干净？

③ $KMnO_4$ 溶液的配制过程中要用微孔玻璃漏斗过滤，能否用定量滤纸过滤？为什么？

④ 配制 $KMnO_4$ 溶液时，必须将 $KMnO_4$ 溶液煮沸 1～2h，其目的是什么？

⑤ 用 $Na_2C_2O_4$ 标定 $KMnO_4$ 溶液的反应条件是什么？

⑥ 为什么用 3mol/L H_2SO_4 控制溶液的酸度？

实验 56　双氧水中过氧化氢含量的测定

一、实验目的

掌握用 $KMnO_4$ 法直接测定 H_2O_2 含量的原理和方法。

二、实验原理

双氧水是医药卫生行业广泛使用的消毒剂，其主要成分 H_2O_2 的分子中有一个过氧键—O—O—，在酸性溶液中它是一个强氧化剂，但遇到氧化性更强的 $KMnO_4$ 时，H_2O_2 表现出还原性。测定过氧化氢的含量，就是利用在稀硫酸溶液中，室温条件下 $KMnO_4$ 氧化 H_2O_2。其反应式为：

$$5H_2O_2+2MnO_4^-+6H^+ \rightleftharpoons 2Mn^{2+}+5O_2\uparrow+8H_2O$$

开始时反应速率很慢，滴入第一滴溶液不容易褪色，待 Mn^{2+} 生成后（Mn^{2+} 起自动催化作用）反应速率加快。当达到化学计量点时，微过量的 $KMnO_4$ 使溶液呈微红色，滴定结束。

三、实验仪器与药品

① 仪器：烧杯、容量瓶、锥形瓶、滴定管等。

② 药品：$Na_2C_2O_4$(s)、3mol/L H_2SO_4 溶液、0.02mol/L $KMnO_4$ 溶液、3% H_2O_2 试液（市售 H_2O_2 稀释后备用）。

四、实验内容

1. 配制 0.02mol/L $KMnO_4$ 溶液 250mL（提前一周完成）

2. 用基准 $Na_2C_2O_4$ 标定 $KMnO_4$ 溶液的浓度

3. 双氧水中 H_2O_2 含量的测定

用移液管移取双氧水试液（3%）10.00mL 置于 250mL 容量瓶中，加水稀释至刻度，充分摇匀。

移取 25.00mL 上述双氧水试液三份，分别置于 250mL 锥形瓶中，加 20mL 水、10mL 3mol/L H_2SO_4 溶液，用 $KMnO_4$ 标准溶液滴定至溶液呈微红色且 30s 内不褪色即为终点。

计算试样中 H_2O_2 含量（质量浓度）和该结果的相对平均偏差。

五、实验数据记录与处理

1. 0.02mol/L $KMnO_4$ 溶液的标定

实验序号	1	2	3
称量瓶+基准物质(倾倒前)质量 m_1/g			
称量瓶+基准物质(倾倒后)质量 m_2/g			
基准物质 $Na_2C_2O_4$ 质量 m/g			
消耗 $KMnO_4$ 体积，终读数：V_2/mL			
初读数：V_1/mL			
消耗 $KMnO_4$ 体积 V/mL			
c_{KMnO_4}/(mol/L)			
$KMnO_4$ 浓度平均值 $\overline{c}$/(mol/L)			

续表

实验序号	1	2	3
相对平均偏差$\frac{\overline{d}}{c}\times 100\%$			

2. H_2O_2 含量的测定

实验序号	1	2	3
移取双氧水试样体积 $V_{H_2O_2试液}$/mL			
消耗 $KMnO_4$ 体积，终读数：V_2/mL 初读数：V_1/mL 消耗 $KMnO_4$ 体积 V_{KMnO_4}/mL			
H_2O_2 含量($X=m_x/V$)/(g/mL)			
H_2O_2 含量平均值 $\overline{X}$/(g/mL)			
相对平均偏差$\frac{\overline{d}}{\overline{X}}\times 100\%$			

3. 计算

计算公式如下：

$$H_2O_2\text{ 含量(g/mL)}=\frac{\frac{5}{2}\times c_{KMnO_4}V_{KMnO_4}M_{H_2O_2}\times 10^{-3}\times \text{稀释倍数}}{V_{H_2O_2试液}}$$

六、思考题

① 对本实验来讲，$KMnO_4$ 滴定法的优缺点是什么？

② 用 $KMnO_4$ 法测定双氧水中 H_2O_2 的含量时，为什么要在酸性条件下进行？能否用 HNO_3、HCl 或 HAc 来调节溶液的酸度？为什么？

实验 57　水样中化学需氧量（COD）的测定

一、实验目的

① 了解测定化学需氧量（COD）的含义。

② 掌握用酸性 $KMnO_4$ 法测定水样中 COD 的原理和方法。

二、实验原理

化学需氧量（COD）是量度水体受还原性物质（主要是有机物）污染程度的综合性指标，它是指水体中易被强氧化剂氧化的还原性物质所消耗的氧化剂的量，换算成相应的氧的含量（以 O_2 mg/L 计）。COD 值越高，说明水体受有机物的污染越严重。

与之相对的生化需氧量（BOD），是指在一定期间内，水体中好氧微生物在一定温度下将水中有机物分解所消耗的溶解氧的量。BOD 和 COD 的比值则说明水中微生物难以分解的有机污染物的占比。

水中除含有无机还原性物质（如 NO_2^-、S^{2-}、Fe^{2+} 等）外，还可能含有少量有机物质。有机物腐烂促使水中微生物繁殖，污染水质，影响人体健康。若水中COD量高则水体呈现黄色，并有明显的酸性，危害水生生物；工业生产上用此水，对蒸汽锅炉有腐蚀作用，还影响印染等产品质量，所以水体中COD量的测定是很重要的。

化学需氧量是1L水中还原性物质（无机或有机的）在一定条件下被氧化时所消耗的氧含量（mg）。不同的条件得出的需氧量不同，因此必须严格控制反应条件。COD的测定，根据氧化剂的不同，分为$KMnO_4$法（COD_{Mn}）和$K_2Cr_2O_7$法（COD_{Cr}）。$KMnO_4$法操作简便、快速，在一定程度上可以说明水体受有机物污染的状况，适合测定地面水、饮用水、河水等污染程度较轻的水样；而对于工业污水及生活污水等含有成分较多且复杂，污染较严重的水质则适宜采用$K_2Cr_2O_7$法测定，此法氧化率高、重现性好。

本实验采用酸性高锰酸钾法测定水中化学需氧量。

在酸性溶液中，加入过量的$KMnO_4$溶液，加热使水中有机物及还原性物质充分氧化：

$$4MnO_4^- + 5C + 12H^+ = 4Mn^{2+} + 5CO_2\uparrow + 6H_2O$$

然后剩余的$KMnO_4$用一定量的过量的$Na_2C_2O_4$还原，再以$KMnO_4$标准溶液对$Na_2C_2O_4$的过量部分进行返滴定。反应式如下：

$$2MnO_4^- + 5C_2O_4^{2-} + 16H^+ = 2Mn^{2+} + 10CO_2\uparrow + 8H_2O$$

通过计算求出水中所含有机物和无机还原性物质所消耗的$KMnO_4$量。

水样中若含Cl^-量大于300mg/L，将使测定结果偏高，可加纯水适当稀释；或加入Ag_2SO_4，使Cl^-生成沉淀；或采用碱性高锰酸钾法、重铬酸钾法，以消除干扰。

水样中如有Fe^{2+}、H_2S、NO_2^-等还原性物质，会干扰测定，但它们在室温条件下就能被$KMnO_4$氧化，因此水样在室温条件下先用$KMnO_4$溶液滴定除去干扰离子，此MnO_4^-的量不应计数。水中化学需氧量主要指有机物质所消耗的MnO_4^-的量。

水样取后应立即进行分析，如有特殊情况要放置时，可加入少量硫酸铜以抑制微生物对有机物的分解。

若水样用蒸馏水稀释，应取与水样相同量的蒸馏水，测定空白值，加以校正。

三、实验仪器与药品

① 仪器：烧杯、容量瓶、锥形瓶、滴定管。

② 药品：$KMnO_4$固体试剂（分析纯）、3mol/L H_2SO_4溶液、$Na_2C_2O_4$（s）、待测水样。

四、实验内容

1.配制0.002mol/L $KMnO_4$溶液250mL

取25.00mL已配好的0.02mol/L $KMnO_4$溶液（提前一周配制）于250mL容量瓶中，加水稀释至刻度，充分摇匀后备用。

2. 0.005mol/L $Na_2C_2O_4$标准溶液的配制

准确称取（　）g基准物质$Na_2C_2O_4$（已干燥）于100mL小烧杯中，加入40mL蒸馏水溶解，然后定量转入500mL容量瓶中，加水稀释至刻度，充分摇匀后备用。

3.用0.005mol/L $Na_2C_2O_4$标准溶液标定$KMnO_4$溶液的浓度。

4.水样的测定

① 用移液管移取25.00mL待测水样于250mL锥形瓶中，加75.00mL蒸馏水（若为污染较严重的水样取10.00mL，然后加蒸馏水至100mL）。

② 加入 8mL 3mol/L H_2SO_4 溶液，混合均匀。

③ 加入 Ag_2SO_4 溶液 2mL。

④ 准确加入 0.002mol/L $KMnO_4$ 标准溶液 10.00mL，摇匀，立即放入沸水浴中加热 30min。沸水浴的液面要高于反应溶液的液面（或立即加热至沸），从冒第一个大泡开始计时，煮沸 10min，取下锥形瓶，稍冷。

⑤ 趁热（70～80℃）准确加入 10.00mL 0.005mol/L $Na_2C_2O_4$ 标准溶液，摇匀。立即用 $KMnO_4$ 标准溶液滴定至溶液呈稳定的微红色即为终点。

⑥ 另取蒸馏水 100mL，同上述操作①～⑤，测定空白值。

平行测定三次，按原理中的化学反应方程式计算水样的化学需氧量（O_2 mg/L），以及该结果的相对平均偏差。

五、实验数据记录与处理

1. 0.005mol/L $Na_2C_2O_4$ 溶液的配制

实验序号	1	2	3
称量瓶＋基准物质(倾倒前)质量 m_1/g			
称量瓶＋基准物质(倾倒后)质量 m_2/g			
基准物质 $Na_2C_2O_4$ 质量 m/g			
$c_{Na_2C_2O_4}$/(mol/L)			

2. 0.002mol/L $KMnO_4$ 溶液的标定

实验序号	1	2	3
移取 $Na_2C_2O_4$ 溶液体积 $V_{Na_2C_2O_4}$/mL			
消耗 $KMnO_4$ 体积，终读数：V_2/mL			
初读数：V_1/mL			
消耗 $KMnO_4$ 体积 V_{KMnO_4}/mL			
$KMnO_4$ 标准溶液的浓度 c_{KMnO_4}/(mol/L)			
$KMnO_4$ 浓度平均值 $\bar{c}$/(mol/L)			
相对平均偏差 $\frac{\bar{d}}{\bar{c}}\times 100\%$			

3. 水样的测定

实验序号	1	2	3
移取待测水样体积 V_s/mL			
消耗 $KMnO_4$ 体积，终读数：V_2/mL			
初读数：V_1/mL			
消耗 $KMnO_4$ 体积 V_{KMnO_4}/mL			
移取蒸馏水体积 V/mL			

续表

实验序号	1	2	3
空白实验消耗 $KMnO_4$ 体积，终读数：V_2/mL 初读数 V_1/mL 空白实验消耗 $KMnO_4$ 体积 V'_{KMnO_4}/mL			
化学需氧量 X/(mg/L)			
化学需氧量平均值 $\overline{X}$/(mg/L)			
相对平均偏差 $\frac{d'}{\overline{X}}\times 100\%$			

4.计算

计算公式如下：

$$COD_{Mn}(mg/L)=\frac{(5n_{KMnO_4}-2n_{Na_2C_2O_4})M_{O_2}\times 1000}{4V_{水样}}$$

六、思考题

① 水样的采集与保存应当注意哪些事项？

② 当水样中 Cl^- 含量高时，能否用该法测定？为什么？

③ 水样中加入 $KMnO_4$ 煮沸时，若紫红色消失说明什么？应采取什么措施？

④ 测定水中化学需氧量有哪些方法？请用化学方程式表示。

实验 58　铁矿石中铁含量的测定

一、实验目的

① 学习矿石试样的酸溶法。

② 掌握无汞法测定铁的原理及方法。

③ 掌握氧化还原指示剂的变色原理。

④ 了解重铬酸钾废液的处理方法，增强环保意识。

二、实验原理

重铬酸钾法是测铁的国家标准方法，在测定合金、矿石、金属盐以及硅酸盐等的含铁量时具有很大实用价值。

经典的重铬酸钾法测铁时，要在浓、热 HCl 溶液中用 $SnCl_2$ 将 Fe^{3+} 还原为 Fe^{2+}，过量的 $SnCl_2$ 用 $HgCl_2$ 氧化除去。每一份试液中需加入饱和氯化汞溶液 10mL（20℃时 $HgCl_2$ 的溶解度约为 6 %～7%），约有 480mg 的汞排入下水道，而国家生态环境部门规定汞排放的允许量是 0.05mg/L，要达到此排放允许量，至少要加 9.6～10t 的水稀释。实际上，汞盐沉积在底泥和水质中，会造成严重的环境污染，有害人的健康。近年来研究了无汞测铁的许多新方法，如新重铬酸钾法、硫酸铈法和 EDTA 法等。

本实验采用重铬酸钾无汞法测定铁矿石中铁含量。

重铬酸钾是一种常用的氧化剂，在酸性溶液中与还原剂作用时，被还原为 Cr^{3+}，半反应式为：

$$Cr_2O_7^{2-}+14H^++6e^-=\!=\!=2Cr^{3+}+7H_2O \qquad E^{\ominus}=1.36V$$

实际上，在酸性溶液中 $K_2Cr_2O_7$ 还原时的条件电位 $E^{\ominus'}$ 较标准电位 $E^{\ominus}$ 小得多。例如：

在 3mol/L HCl 溶液中，$E^{\ominus'}=1.08V$；

在 3mol/L H_2SO_4 溶液中，$E^{\ominus'}=1.15V$。

溶液的酸度增加，$K_2Cr_2O_7$ 的条件电位亦随之增大。

重铬酸钾法具有如下优点：

① $K_2Cr_2O_7$ 容易提纯（含量 99.99%），在 150～180℃干燥后，可以直接配制标准溶液，不需要进行标定。

② $K_2Cr_2O_7$ 标准溶液非常稳定，可以长期保存。

③ $K_2Cr_2O_7$ 的氧化性较 $KMnO_4$ 弱，选择性比较高，在 HCl 浓度低于 3mol/L 时，$Cr_2O_7^{2-}$ 不氧化 Cl^-。因此用 $K_2Cr_2O_7$ 滴定 Fe^{2+} 可以在 HCl 介质中进行。这些都优于 $KMnO_4$ 法。

$Cr_2O_7^{2-}$ 的还原产物 Cr^{3+} 呈绿色，滴定时需用氧化还原指示剂确定终点。常用的指示剂是二苯胺磺酸钠。

铁矿石的种类很多，用来炼铁的矿物主要是磁铁矿（Fe_3O_4）、赤铁矿（Fe_2O_3）、菱铁矿（Fe_2CO_3）等。

无汞法测铁的原理是：试样经硫-磷混酸溶解后，采用 $SnCl_2$-$TiCl_3$ 联合还原，即先用 $SnCl_2$ 还原大部分的 Fe^{3+}：

$$2Fe^{3+}+SnCl_4^{2-}+2Cl^-=\!=\!=2Fe^{2+}+SnCl_6^{2-}$$

再用 $TiCl_3$ 还原剩余部分的 Fe^{3+}：

$$Fe^{3+}+Ti^{3+}+H_2O=\!=\!=Fe^{2+}+TiO^{2+}+2H^+$$

当 Fe^{3+} 定量还原为 Fe^{2+} 之后，为使反应完全，$TiCl_3$ 要过量，而过量的 $TiCl_3$ 使用钨酸钠还原，以消除过量还原剂 $TiCl_3$ 的影响。最后一滴过量的 $TiCl_3$ 溶液，即可使溶液中作为指示剂的六价钨（无色的磷钨酸）还原为蓝色的五价钨化合物（俗称“钨蓝”），故指示溶液呈现蓝色。滴入 $K_2Cr_2O_7$ 溶液，使钨蓝刚好褪色，或者以 Cu^{2+} 为催化剂，使稍过量的 Ti^{3+} 在加水稀释后，被水中溶解的氧氧化，从而消除少量还原剂的影响。

钨蓝的结构较为复杂。磷钨酸还原为钨蓝的反应可表示如下：

12-磷钨反应式为：

$$PW_{12}O_{40}^{3-}\underset{-e^-}{\overset{+e^-}{\rightleftharpoons}}\underbrace{PW_{12}O_{40}^{4-}\underset{-e^-}{\overset{+e^-}{\rightleftharpoons}}PW_{12}O_{40}^{5-}}_{\text{钨蓝}}$$

定量还原 Fe^{3+} 时，不能单用 $SnCl_2$，因在此酸度下，$SnCl_2$ 不能很好地还原 W(Ⅵ) 为 W(Ⅴ)，故溶液无明显的颜色变化；如果单用 $TiCl_3$ 为还原剂也不好，尤其是试样中铁含量较高时，会使溶液中引入较多的钛盐，当加水稀释试液时，易出现大量的四价钛盐沉淀，影响测定。

试液中 Fe^{3+} 被定量还原为 Fe^{2+} 后，加入二苯胺磺酸钠指示剂，用 $K_2Cr_2O_7$ 标准溶液滴定至溶液呈现稳定的紫色即为终点：

$$6Fe^{2+}+Cr_2O_7^{2-}+14H^+=\!=\!=6Fe^{3+}+2Cr^{3+}+7H_2O$$

三、实验仪器与药品

① 仪器：烧杯、容量瓶、锥形瓶、滴定管等。

② 药品：$K_2Cr_2O_7$ 固体试剂（分析纯）、H_2SO_4-H_3PO_4（浓酸 1∶1 混合）、3mol/L HCl 溶液、浓 HNO_3、Na_2WO_4 水溶液［(10%) 称取 10g Na_2WO_4 溶于适量的水中（若浑浊应过滤），加入 2～5mL 浓 H_3PO_4，加水稀释至 100mL］、$SnCl_2$ 溶液（10%，称取 10g $SnCl_2 \cdot H_2O$ 溶于 40mL 浓热的 HCl 中，加水稀释至 100mL）、$TiCl_3$ 溶液（1.5%，量取 10mL 原瓶装 $TiCl_3$，用 2mol/L HCl 稀释至 100mL，加少量石油醚，使之浮在 $TiCl_3$ 溶液的表层，用以隔绝空气，避免 $TiCl_3$ 氧化）、二苯胺磺酸钠指示剂溶液（0.2%水溶液）、待测铁矿石试样。

四、实验内容

1. $K_2Cr_2O_7$ 标准溶液（0.01667mol/L）的配制

准确称取（　）g $K_2Cr_2O_7$ 基准试剂于 100mL 小烧杯中，加入 20mL 蒸馏水溶解，然后定量转入 250mL 容量瓶中，加水稀释至刻度，充分摇匀后备用。

2. 铁矿石试样中含铁量的测定

① 准确称取（　）～（　）g 铁矿石试样（含 Fe 量约为 60%）三份，置于 250mL 锥形瓶中。

② 加 5mL H_2O 使试样分散开，轻轻摇匀后，加入 10mL 硫-磷混酸（如试样中含硫化物高时，同时加入约 1mL 浓 HNO_3）置于加热板上（在通风橱内），加热分解试样，直至冒 SO_3 白烟[1]。此时溶液应清亮，残渣为白色或浅色时试样分解完全[2]。取下锥形瓶，稍冷。

③ 加入 3mol/L 30mL HCl 溶液，加热至近沸，取下。

④ 60℃趁热滴加 10% $SnCl_2$ 溶液，使大部分 Fe^{3+} 还原为 Fe^{2+}，此时溶液由黄色变为浅黄色[3]；加入 1mL 10% Na_2WO_4 溶液，滴加 $TiCl_3$ 溶液至出现稳定的“钨蓝”（30s 内不褪色）为止。加入约 60mL 新鲜蒸馏水（事先煮沸除去水中的氧[4]），放置 10～20s。

⑤ 滴加 $K_2Cr_2O_7$ 标准溶液至“钨蓝”刚好褪尽（不必记录读数）。加入 6～7 滴二苯胺磺酸钠指示剂，立即用 $K_2Cr_2O_7$ 标准溶液滴定[5] 至溶液呈现稳定的紫色为终点（从步骤③开始，处理一个，立即滴定）。

五、注释

［1］　一定要冒 SO_3 白烟，因 H_2SO_4 分解温度 338℃比 HNO_3 分解温度 125℃高得多，既然浓 H_2SO_4 冒白烟分解了，表示硝酸已经赶尽。这一步处理不好，将影响下一步用还原剂预处理 Fe^{3+}。只在开始冒浓厚白烟即可，但不宜时间过长，否则 H_3PO_4 易形成焦磷酸盐粘底，包夹试样，影响分析结果。

［2］　溶解时，锥形瓶底部出现白色残渣物是 $SiO_2 \cdot nH_2O$ 或 $H_3SiO_3 \cdot nH_2O$。

［3］　$SnCl_2$ 不能加过量，否则结果偏高。如不慎过量，可滴加 2% $KMnO_4$ 溶液至呈浅黄色。

［4］　“钨蓝”是钨的低价氧化物，很不稳定，有时水中的溶解氧未除尽，加入水后钨蓝立即被氧化而消失，或者加水放置一下钨蓝消失。

［5］　还原后的 Fe^{2+} 在磷酸介质中极易被氧化，在“钨蓝”褪色 1min 内应立即滴定，放置太久测定结果偏低，如放置 5min 则偏低 0.4%。

六、实验数据记录与处理

1. $K_2Cr_2O_7$ 溶液的配制

实验序号	1	2	3
称量瓶＋基准物质(倾倒前)质量 m_1/g 称量瓶＋基准物质(倾倒后)质量 m_2/g 基准物质 $K_2Cr_2O_7$ 质量 m/g			
$K_2Cr_2O_7$ 标准溶液的浓度 $c_{K_2Cr_2O_7}$/(mol/L)			

2.铁矿石试样中含铁量的测定

实验序号	1	2	3
称量瓶＋基准物质(倾倒前)质量 m_1/g 称量瓶＋基准物质(倾倒后)质量 m_2/g 待测试样质量 m_s/g			
消耗 $K_2Cr_2O_7$ 体积，终读数：V_2/mL 初读数：V_1/mL 消耗 $K_2Cr_2O_7$ 体积 $V_{K_2Cr_2O_7}$/mL			
测得 Fe_2O_3 质量 m/g			
Fe_2O_3 含量($w=m/m_s$)/%			
Fe_2O_3 含量平均值$\overline{w}$/%			
相对平均偏差$\frac{\overline{d}}{\overline{w}}\times 100\%$			

3.计算

计算公式为：

$$Fe_2O_3\ 含量(\%)=\frac{6c_{K_2Cr_2O_7}V_{K_2Cr_2O_7}M_{Fe_2O_3}}{m_s}\times 100\%$$

七、思考题

① 分解试样时，为什么要加入硫-磷混酸及硝酸溶液？

② 试样溶解后，为什么要加热至冒白烟？若滴定过程中有硝酸会对实验结果有何影响？

③ 怎样才能合理配制 $SnCl_2$ 溶液？配制过程中为什么要加入 HCl？若要久置，$SnCl_2$ 溶液应如何配制？

④ 为什么 $SnCl_2$ 溶液应趁热滴加？应滴加到什么程度为止？

⑤ 为什么还原处理一份试样就必须立即滴定，而不能同时预处理几份又放置，然后再一份份地滴定？

实验 59　碘和硫代硫酸钠溶液的配制与标定

一、实验目的

① 掌握 I_2 和 $Na_2S_2O_3$ 溶液的配制方法与保存条件。

② 掌握标定 I_2 及 $Na_2S_2O_3$ 溶液浓度的原理和方法。

二、实验原理

碘量法是利用 I_2 的氧化性和 I^- 的还原性来进行测定的方法。碘量法中使用的标准溶液有 I_2 溶液和 $Na_2S_2O_3$ 溶液两种。

由于固体 I_2 在水中的溶解度很小且易于挥发，通常将 I_2 溶解于 KI 溶液中，此时它以 I_3^- 配离子形式存在，其半反应是：

$$I_3^- + 2e^- \xlongequal{} 3I^- \quad E^\ominus = 0.545V$$

为简化并强调化学计量关系，一般仍简写为 I_2。这个电对的电势在标准电势表中居于中间，可见 I_2 是较弱的氧化剂，I^- 则是中等强度的还原剂。

用 I_2 标准溶液直接滴定 $S_2O_3^{2-}$、As(Ⅲ)、SO_3^{2-}、Sn(Ⅱ)、维生素 C 等强还原剂，称为直接碘量法（或碘滴定法）；而利用 I^- 的还原作用，与许多氧化性物质如 MnO_4^-、$Cr_2O_7^{2-}$、H_2O_2、Cu^{2+}、Fe^{3+} 等反应定量地析出 I_2，然后用 $Na_2S_2O_3$ 标准溶液滴定 I_2，从而间接地测定这些氧化性物质，这就是间接碘量法（或称滴定碘法）。其中以间接碘量法应用最广。

I_3^-/I^- 电对可逆性好，其电位在很大的 pH 值范围内（$pH<9$）不受酸度和其他配位剂的影响，所以在选择测定条件时，只要考虑被测物质的性质就可以了。

碘量法采用淀粉为指示剂，其灵敏度高，I_2 浓度为 1×10^{-5} mol/L 即显示蓝色。当溶液呈现蓝色（直接碘量法）或蓝色消失（间接碘量法）即为终点。

综上所述，碘量法测定对象十分广泛，既可测定氧化剂，又可测定还原剂；I_3^-/I^- 电对可逆性好，副反应少；与很多氧化还原法不同，碘量法不仅可以在酸性溶液中滴定，而且可在中性或弱碱性介质中滴定；同时又有此法通用的指示剂——淀粉。因此，碘量法是一个应用十分广泛的滴定分析方法。

碘量法中两个主要误差来源是 I_2 的挥发与 I^- 被空气氧化。为防止 I_2 挥发，应加入过量 KI 使之形成 I_3^- 配离子；溶液温度切勿过高；析出 I_2 的反应最好在带塞的碘量瓶中进行，反应完全后立即滴定，滴定时切勿剧烈摇动。由于 Cu^{2+}、NO_2^- 等杂质催化空气氧化 I^-，因此，应将析出 I_2 的反应瓶置于暗处并事先除去以上杂质。采取以上措施后的碘量法是可以得到很准确的测定结果的。

1. 碘溶液的配制与标定

虽然用升华法可制得纯粹的 I_2，但 I_2 的挥发性强，准确称量困难，一般是配成大致浓度再标定。

称取一定量的 I_2，加入过量的 KI，置于研钵中，加少量水研磨，使 I_2 全部溶解，然后再将溶液稀释，倾入棕色瓶中于暗处保存。应避免 I_2 溶液与橡胶等有机物接触，也要防止 I_2 溶液见光遇热，否则浓度会发生变化。

I_2 溶液常用 As_2O_3（俗名砒霜，剧毒!）作为基准物质来标定。As_2O_3 难溶于水，但易溶于碱性溶液。在 pH＝8～9 时，I_2 快速而定量地氧化 $HAsO_2$：

$$HAsO_2 + I_2 + 2H_2O \xlongequal{} HAsO_4^{2-} + 2I^- + 4H^+$$

标定时一般先酸化试液，再加入 $NaHCO_3$，调节 pH＝8 左右。

I_2 溶液的浓度，也可用 $Na_2S_2O_3$ 标准溶液来标定。

2. 硫代硫酸钠溶液的配制与标定

结晶 $Na_2S_2O_3 \cdot 5H_2O$ 一般都含有少量的杂质，如 S、Na_2SO_3、Na_2SO_4、Na_2CO_3 及

NaCl等，同时还容易风化和潮解，因此不能直接称量配制标准溶液。已配好的 $Na_2S_2O_3$ 溶液也不稳定，主要原因有三点。

① 被酸分解，即使溶解在水中的 CO_2 也能使它发生分解：

$$Na_2S_2O_3 + CO_2 + H_2O = NaHCO_3 + NaHSO_3 + S\downarrow$$

② 微生物的作用：这是 $Na_2S_2O_3$ 分解的主要原因。

$$Na_2S_2O_3 = Na_2SO_3 + S\downarrow$$

③ 空气的氧化作用：

$$2Na_2S_2O_3 + O_2 = 2Na_2SO_4 + 2S\downarrow$$

因此，配制 $Na_2S_2O_3$ 溶液时，应采取下列措施：

① 应用新煮沸并冷却的蒸馏水配制溶液，以除去水中溶解的 CO_2 和 O_2 并杀死微物；

② 加入少量 Na_2CO_3，使溶液呈弱碱性，以抑制细菌生长；

③ 溶液应贮存于棕色试剂瓶并置于暗处，以防光照分解。

溶液放置一段时间后应重新标定，若发现溶液变浑浊表示有硫析出，应弃去重配。配制时各步操作均应非常细致，所用仪器必须洁净。

标定 $Na_2S_2O_3$ 溶液浓度的基准物有 $K_2Cr_2O_7$、KIO_3、$KBrO_3$ 和纯铜等，都采用间接法标定。以 $K_2Cr_2O_7$ 为例，在酸性溶液中与KI作用：

① $Cr_2O_7^{2-} + 6I^- + 14H^+ = 2Cr^{3+} + 3I_2 + 7H_2O$

析出的 I_2 以淀粉为指示剂，用 $Na_2S_2O_3$ 标准溶液滴定：

② $I_2 + 2S_2O_3^{2-} = S_4O_6^{2-} + 2I^-$

反应①进行较慢，为加速反应，需加入过量的KI并提高酸度。然而酸度过高又加速空气氧化 I^-：

$$4I^- + 4H^+ + O_2 = 2I_2 + 2H_2O$$

一般控制酸度为0.4mol/L左右，并在暗处放置5～10min以使反应完全（用 KIO_3 氧化时不必放置）。

反应② I_2 与 $S_2O_3^{2-}$ 的反应是碘量法中最重要的反应，酸度控制不当会影响它们的计量关系，造成误差，因此有必要着重讨论。反应②中 I_2 与 $S_2O_3^{2-}$ 的物质的量比应为1∶2。

如果该滴定反应在酸度较高的条件下进行，会发生如下反应：

$$S_2O_3^{2-} + 2H^+ = H_2SO_3 + S\downarrow$$

$$I_2 + H_2SO_3 + H_2O = SO_4^{2-} + 4H^+ + 2I^-$$

这时，I_2 与 $S_2O_3^{2-}$ 反应的物质的量比为1∶1，由此会造成误差。

若溶液pH值过高（即强碱性溶液中），则在滴定之前，I_2 会部分歧化生成 OI^- 和 IO_3^-，它们将部分地氧化 $S_2O_3^{2-}$ 为 SO_4^{2-}：

$$4I_2 + S_2O_3^{2-} + 10OH^- = 2SO_4^{2-} + 8I^- + 5H_2O$$

即部分 I_2 与 $S_2O_3^{2-}$ 按4∶1的物质的量比发生反应，这也会造成误差。

所以 I_2 和 $S_2O_3^{2-}$ 的滴定反应应在中性或弱酸性条件下进行。

标定时第一步反应的酸度较高，所以在用 $Na_2S_2O_3$ 滴定前先用蒸馏水稀释，一则降低酸度可减少空气对 I^- 的氧化，二则使 Cr^{3+} 的蓝绿色减弱，便于观察终点。淀粉应在近终点时加入，否则淀粉吸附化合物会吸留部分 I_2，致使终点提前且不明显。若滴定至终点后，溶液迅速变蓝，表示 $Cr_2O_7^{2-}$ 与 I^- 的反应未定量完成，遇此情况，实验应重做。

三、实验仪器与药品

① 仪器：研钵、棕色试剂瓶、烧杯、锥形瓶、滴定管、碘量瓶等。

② 药品：$Na_2S_2O_3 \cdot 5H_2O$ 固体试剂（分析纯）、I_2 固体试剂（分析纯）、KIO_3 或 $K_2Cr_2O_7$（s，已干燥）、As_2O_3（s，于105℃干燥2h）、KI 固体试剂（分析纯）、纯铜（s）、Na_2CO_3 固体试剂（分析纯）、$NaHCO_3$ 固体试剂（分析纯）、6mol/L HCl 溶液、6mol/L NaOH 溶液、淀粉溶液（0.5%，称取0.5g分析纯可溶性淀粉，加入100mL沸水中，搅匀，如需久置，则加入少量 HgI_2、硼酸作为防腐剂）、7mol/L $NH_3 \cdot H_2O$ 溶液、20% NH_4HF_2 溶液、8mol/L HAc 溶液、10% NH_4SCN 溶液、1∶1 $NH_3 \cdot H_2O$ 溶液、1∶1 HAc 溶液、30% H_2O_2。

四、实验内容

1. 0.05mol/L I_2 溶液的配制

称取（　）g I_2 和5g KI 置于研钵中，在通风橱内操作。加入少量蒸馏水研磨至 I_2 全部溶解后，将溶液定量转入棕色试剂瓶中，加水稀释至250mL，充分摇匀放置暗处过夜再标定。

2. 0.1mol/L $Na_2S_2O_3$ 溶液的配制

称取（　）g $Na_2S_2O_3 \cdot 5H_2O$ 于烧杯中，加入200mL新煮沸已冷却的蒸馏水，搅拌，待 $Na_2S_2O_3$ 完全溶解后，加入0.1g Na_2CO_3，然后用新煮沸已冷却的蒸馏水稀释至500mL，贮存于棕色试剂瓶中，在暗处放置3～5天后标定。

3. 0.05mol/L I_2 溶液的标定

（1）用 As_2O_3 标定

准确称取（　）～（　）g 基准 As_2O_3，置于100mL小烧杯中，加入6mol/L NaOH 溶液10mL，温热溶解，加2滴酚酞指示剂，用6mol/L HCl 中和至溶液刚好无色，然后加入2～3g $NaHCO_3$，搅拌溶解后，将溶液定量转移到250mL容量瓶中，加水稀释至刻度，摇匀。用移液管移取25.00mL上述试液三份，分别置于250mL洁净的锥形瓶中，加入50mL水、5g $NaHCO_3$，再加2mL淀粉溶液，用 I_2 标准溶液滴定至溶液呈蓝色且30s内不褪色即为终点，记录消耗 I_2 溶液的体积。平行滴定3次，计算 I_2 标准溶液的浓度。

（2）用 $Na_2S_2O_3$ 标准溶液标定

吸取25.00mL $Na_2S_2O_3$ 标准溶液三份，分别置于250mL锥形瓶中，加入50mL水、2mL淀粉溶液，用 I_2 标准溶液滴定至溶液呈蓝色且30s内不褪色即为终点。平行滴定3次，计算 I_2 标准溶液的浓度。

4. 0.1mol/L $Na_2S_2O_3$ 溶液的标定

（1）用基准 KIO_3 标定

准确称取（　）～（　）g 基准 KIO_3，置于100mL小烧杯中，加水溶解后，定量转入250mL容量瓶中，加水稀释至刻度，充分摇匀。

吸取25.00mL上述试液三份，分别置于250mL锥形瓶中，加入10mL 6mol/L HCl 溶液、1g KI，溶解后，加水稀释至120mL左右，立即用待标定的 $Na_2S_2O_3$ 溶液滴定，当溶液由棕色变为浅黄色时，加入2mL淀粉溶液，继续滴定至蓝色消失即为终点，记录消耗 $Na_2S_2O_3$ 溶液的体积。平行滴定3次，计算 $Na_2S_2O_3$ 标准溶液的浓度。

（2）用基准 $K_2Cr_2O_7$ 标定

准确称取（　）～（　）g 基准 $K_2Cr_2O_7$，置于100mL小烧杯中，加30mL蒸馏水溶解后，定量转移到 250mL 容量瓶中，加水稀释至刻度，充分摇匀。

吸取 25.00mL 上述试液三份，分别置于 250mL 碘量瓶中，加入 10mL 6mol/L HCl 溶液、1g KI，立即加盖玻璃塞，摇匀置于暗处 5～10min 后，以水冲洗瓶盖和内壁。加入 100mL 蒸馏水，用待标定的 $Na_2S_2O_3$ 溶液滴定至浅黄色，然后加入 2mL 淀粉溶液，继续用 $Na_2S_2O_3$ 溶液滴定至蓝色消失即为终点，记录消耗 $Na_2S_2O_3$ 溶液的体积。平行滴定 3 次，计算 $Na_2S_2O_3$ 标准溶液的浓度。

（3）用纯铜标定

准确称取（ ）～（ ）g 金属纯铜三份，分别置于 250mL 锥形瓶中，加入 2mL 6mol/L HCl 溶液，加热后，取下，慢慢滴加 30% H_2O_2 2～3mL（尽量少加，只要能使铜分解完全即可），用低温加热至试样完全溶解后，在大火加热将多余的 H_2O_2 分解赶尽，冷却后，加入 20mL 蒸馏水。

滴加 1∶1 氨水至溶液有沉淀生成后，加入 8mL 1∶1 HAc，10mL 20% NH_4HF_2，1g KI，用 $Na_2S_2O_3$ 滴定至溶液呈淡黄色，再加入 3mL 淀粉指示剂，继续滴定至浅蓝色，然后加入 10mL 10% NH_4SCN 溶液，继续用 $Na_2S_2O_3$ 溶液滴定至蓝色消失即为终点，记录消耗 $Na_2S_2O_3$ 溶液的体积。平行滴定 3 次，计算 $Na_2S_2O_3$ 标准溶液的浓度。

五、实验数据记录与处理

1. 用 As_2O_3 标定 I_2 溶液的浓度

实验序号	1	2	3
称量瓶+基准物质(倾倒前)质量 m_1/g 称量瓶+基准物质(倾倒后)质量 m_2/g 基准物质 As_2O_3 质量 $m_{As_2O_3}$/g			
移取 As_2O_3 溶液体积 $V_{As_2O_3}$/mL			
消耗 I_2 溶液体积，终读数：V_2/mL 初读数：V_1/mL 消耗 I_2 溶液体积 V_{I_2}/mL			
I_2 溶液浓度 c_{I_2}/(mol/L)			
I_2 溶液浓度平均值 $\bar{c}$/(mol/L)			
相对平均偏差 $\frac{\bar{d}}{\bar{c}}\times 100\%$			

2. KIO_3 标准溶液的配制

实验序号	1	2	3
称量瓶+基准物质(倾倒前)质量 m_1/g 称量瓶+基准物质(倾倒后)质量 m_2/g 基准物质 KIO_3 质量 m_{KIO_3}/g			
KIO_3 标准溶液的浓度 c_{KIO_3}/(mol/L)			

3. 用 KIO_3 标定 $Na_2S_2O_3$ 溶液的浓度

实验序号	1	2	3
移取 KIO_3 溶液体积 V_{KIO_3}/mL			
消耗 $Na_2S_2O_3$ 溶液体积，终读数：V_2/mL 初读数：V_1/mL 消耗 $Na_2S_2O_3$ 溶液体积 $V_{Na_2S_2O_3}$/mL			
$Na_2S_2O_3$ 溶液浓度 $c_{Na_2S_2O_3}$/(mol/L)			
$Na_2S_2O_3$ 溶液浓度平均值 $\overline{c}$/(mol/L)			
相对平均偏差 $\frac{\overline{d}}{\overline{c}}\times100\%$			

4. $K_2Cr_2O_7$ 标准溶液的配制

实验序号	1	2	3
称量瓶＋基准物质(倾倒前)质量 m_1/g 称量瓶＋基准物质(倾倒后)质量 m_2/g 基准物质 $K_2Cr_2O_7$ 质量 $m_{K_2Cr_2O_7}$/g			
$K_2Cr_2O_7$ 标准溶液的浓度 $c_{K_2Cr_2O_7}$/(mol/L)			

5. 用 $K_2Cr_2O_7$ 标定 $Na_2S_2O_3$ 溶液的浓度

实验序号	1	2	3
移取 $K_2Cr_2O_7$ 溶液体积 $V_{K_2Cr_2O_7}$/mL			
消耗 $Na_2S_2O_3$ 溶液体积，终读数：V_2/mL 初读数：V_1/mL 消耗 $Na_2S_2O_3$ 溶液体积 $V_{Na_2S_2O_3}$/mL			
$Na_2S_2O_3$ 溶液浓度 $c_{Na_2S_2O_3}$/(mol/L)			
$Na_2S_2O_3$ 溶液浓度平均值 $\overline{c}$/(mol/L)			
相对平均偏差 $\frac{\overline{d}}{\overline{c}}\times100\%$			

6. 用纯铜标定 $Na_2S_2O_3$ 溶液的浓度

实验序号	1	2	3
称量瓶＋基准物质(倾倒前)质量 m_1/g 称量瓶＋基准物质(倾倒后)质量 m_2/g 基准物质纯铜质量 m/g			
消耗 $Na_2S_2O_3$ 溶液体积，终读数：V_2/mL 初读数：V_1/mL 消耗 $Na_2S_2O_3$ 溶液体积 $V_{Na_2S_2O_3}$/mL			

续表

实验序号	1	2	3
$Na_2S_2O_3$ 溶液浓度 $c_{Na_2S_2O_3}$/(mol/L)			
$Na_2S_2O_3$ 溶液浓度平均值 $\overline{c}$/(mol/L)			
相对平均偏差 $\frac{\overline{d}}{\overline{c}}\times100\%$			

7. 计算

以碘酸钾为基准物质，标定 $Na_2S_2O_3$ 溶液的计算公式如下：

$$c_{Na_2S_2O_3}=\frac{6m_{KIO_3}}{M_{KIO_3}V_{Na_2S_2O_3}\times10\times10^{-3}}$$

六、思考题

① 为什么不能直接准确称量配制 $Na_2S_2O_3$ 标准溶液？如何配制一个相对稳定的 $Na_2S_2O_3$ 溶液？配制时为什么要用新煮沸并冷却的蒸馏水？

② 用 As_2O_3 标定 I_2 溶液的浓度时，为什么要加入固体 $NaHCO_3$？能否改用 Na_2CO_3，为什么？

③ 用 $K_2Cr_2O_7$ 标准溶液标定 $Na_2S_2O_3$ 溶液的浓度时，为什么滴定前需密闭放置暗处5～10min？

④ 标定 $Na_2S_2O_3$ 溶液时，为什么要加入过量的 KI？

⑤ 间接碘量法的指示剂淀粉溶液为什么要在接近滴定终点时再加入？

实验60 水果中维生素C含量的测定

一、实验目的

掌握用直接碘量法测定维生素 C 含量的原理和方法。

二、实验原理

维生素 C 又名抗坏血酸，分子式为 $C_6H_8O_6$（$M=176.12$），通常用于防治坏血病及各种慢性传染病的辅助治疗。由于维生素 C 分子中的烯二醇基具有较强的还原性，故能被 I_2 定量地氧化成二酮基：

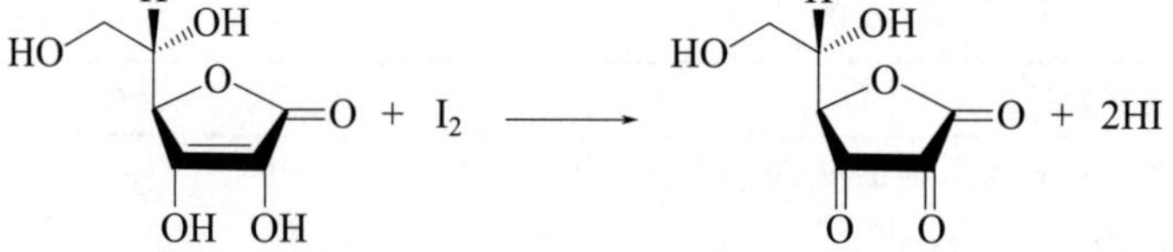

1mol 维生素 C 与 1mol I_2 定量反应，根据消耗碘滴定液的体积，即可计算维生素 C 的含量。维生素 C 的半反应为：

$$C_6H_8O_6 \longrightarrow C_6H_6O_6+2H^++2e^- \quad E^{\ominus}=+0.18V$$

维生素 C 是一种水溶性维生素，无色晶体，在化学结构上和糖类十分相似，具有酸性及较强的还原性，在空气中极易氧化，尤其在碱性条件下更甚。所以测定时加入 HAc 使溶液呈弱酸性，以减少维生素 C 的副反应，减少实验误差。

三、实验仪器与药品

① 仪器：烧杯、容量瓶、锥形瓶、滴定管、研钵、碘量瓶等。

② 药品：$Na_2S_2O_3 \cdot 5H_2O$ 固体试剂（分析纯）、KIO_3（s，已干燥）、I_2 固体试剂（分析纯）、KI 固体试剂（分析纯）、Na_2CO_3 固体试剂（分析纯）、淀粉溶液（0.5%）、2mol/L HAc 溶液、6mol/L HCl 溶液、果肉。

四、实验内容

1. 0.05mol/L $Na_2S_2O_3$ 溶液的配制与标定（用 KIO_3 基准物质标定）

2. 0.02mol/L I_2 溶液的配制与标定（用 $Na_2S_2O_3$ 标准溶液标定）

3. 维生素 C 含量的测定

用 100mL 小烧杯准确称取新捣碎的果肉（橙子、橘子、番茄等）30～50g，立即加 2mol/L HAc 10mL、淀粉溶液 2mL，立即用 I_2 标准溶液滴定至溶液呈现稳定的蓝色且 30s 内不褪色即为终点。平行测定三次。

计算果浆中维生素 C 含量（质量浓度）和该结果的相对平均偏差（要求相对平均偏差 ≤0.5%）。

五、实验数据记录与处理

1. 0.05mol/L $Na_2S_2O_3$ 溶液的标定

实验序号	1	2	3
称量瓶+基准物质(倾倒前)质量 m_1/g			
称量瓶+基准物质(倾倒后)质量 m_2/g			
基准物质 $K_2Cr_2O_7$ 质量 m/g			
$K_2Cr_2O_7$ 标准溶液的浓度 $c_{K_2Cr_2O_7}$/(mol/L)			
移取 $K_2Cr_2O_7$ 溶液体积 $V_{K_2Cr_2O_7}$/mL			
消耗 $Na_2S_2O_3$ 溶液体积，终读数：V_2/mL			
初读数：V_1/mL			
消耗 $Na_2S_2O_3$ 溶液体积 $V_{Na_2S_2O_3}$/mL			
$Na_2S_2O_3$ 溶液浓度 $c_{Na_2S_2O_3}$/(mol/L)			
$Na_2S_2O_3$ 溶液浓度平均值 $\overline{c}$/(mol/L)			
相对平均偏差 $\frac{\overline{d}}{\overline{c}} \times 100\%$			

2. 0.02mol/L I_2 溶液的配制与标定

实验序号	1	2	3
移取 $Na_2S_2O_3$ 溶液体积 V/mL			

续表

实验序号	1	2	3
消耗 I_2 溶液体积，终读数：V_2/mL 初读数：V_1/mL 消耗 I_2 溶液体积 V_{I_2}/mL			
I_2 溶液浓度 c_{I_2}/(mol/L)			
I_2 溶液浓度平均值 $\overline{c}$/(mol/L)			
相对平均偏差 $\frac{\overline{d}}{\overline{c}}\times100\%$			

3.维生素 C 含量的测定

实验序号	1	2	3
果浆体积 V/mL			
消耗 I_2 溶液体积，终读数：V_2/mL 初读数：V_1/mL 消耗 I_2 溶液体积 V_{I_2}/mL			
维生素 C 含量 X/%			
维生素 C 含量平均值 $\overline{X}$/%			
相对平均偏差 $\frac{\overline{d}}{\overline{X}}\times100\%$			

4.计算

计算公式为：

$$\text{维生素 C 含量}(\%)=\frac{c_{I_2}V_{I_2}M_{C_6H_8O_6}}{m_s}\times100\%$$

六、思考题

① 测定维生素 C 的含量为何要在 HAc 介质中进行？

② 为什么本实验可采用直接碘量法？

实验 61　铜合金中铜含量的测定

一、实验目的

① 学习铜合金试样的溶解方法和酸度调法。

② 掌握用间接碘量法测定铜含量的原理和方法。

二、实验原理

铜合金种类较多，主要有黄铜和各种青铜等。铜合金中铜的测定一般采用间接碘量法。

铜矿试样可用 HNO_3 分解，但过量的和低价氮的氧化物均能氧化 I^- 而干扰测定，因此，试样溶解后要加浓 H_2SO_4 并加热至冒白烟将它们赶尽。也可用 HCl 和 H_2O_2 分解试样：

$$Cu+2HCl+H_2O_2 = CuCl_2+2H_2O$$

分解完成后煮沸以除去过量的 H_2O_2 和部分 HCl。

间接碘量法测定铜是基于 Cu^{2+} 与过量 KI 反应定量地析出 I_2，然后用 $Na_2S_2O_3$ 标准溶液滴定 I_2，其反应方程式如下：

$$2Cu^{2+}+4I^- \rightleftharpoons 2CuI\downarrow+I_2$$

$$I_2+2S_2O_3^{2-} = 2I^-+S_4O_6^{2-}$$

Cu^{2+} 与 I^- 之间的反应是可逆的，任何引起浓度减小（如形成配合物等）或引起溶解度增加的因素均会使反应不完全。为了促使 Cu^{2+} 的还原趋于完全，必须加入过量的 KI，但 CuI 沉淀表面会吸附一些 I_2，导致结果偏低。为此常在计量点前加入硫氰酸盐，使 CuI 沉淀（$K_{sp}=1.1\times10^{-12}$）转化为溶解度更小的 CuSCN 沉淀（$K_{sp}=4.8\times10^{-15}$）：

$$CuI+SCN^- = CuSCN\downarrow+I^-$$

这样不但可以释放出被吸附的 I_2，而且反应时再生出来的 I^- 与未反应的 Cu^{2+} 发生作用。在这种情况下，可以使用较少的 KI 而使反应进行得更完全。但 NH_4SCN 只能在接近终点时加入，否则 SCN^- 可能直接还原 Cu^{2+} 而使测定结果偏低：

$$6Cu^{2+}+7SCN^-+4H_2O = 6CuSCN\downarrow+SO_4^{2-}+CN^-+8H^+$$

Cu^{2+} 与 I^- 的反应在弱酸性介质中进行。酸度过低，Cu^{2+} 易水解，使反应不完全，结果偏低，而且反应速率慢，终点拖长；酸度过高，则 I^- 被空气中的氧氧化为 I_2（Cu^{2+} 催化此反应），使结果偏高。一般加入 NH_4HF_2 缓冲溶液，其作用是：调节酸度（pH＝3.0～4.0），使 Cu^{2+} 不致水解，保证了 Cu^{2+} 与 I^- 的反应定量进行，并且此时即便有 As(Ⅴ)、Sb(Ⅴ)存在，也不能氧化 I^-；在此 pH 值下 F^- 能有效地配位 Fe^{3+}，从而消除 Fe^{3+} 的干扰。

三、实验仪器与药品

① 仪器：烧杯、容量瓶、锥形瓶、滴定管、碘量瓶等。

② 药品：$Na_2S_2O_3\cdot5H_2O$ 固体试剂（分析纯）、纯铜（s）、KI 固体试剂（分析纯）、6mol/L HCl 溶液、1∶1 $NH_3\cdot H_2O$ 溶液、1∶1 HAc 溶液、20% NH_4HF_2 溶液、10% NH_4SCN 溶液、淀粉溶液（0.5%）、30% H_2O_2、铜合金试样。

四、实验内容

1. 0.1mol/L $Na_2S_2O_3$ 溶液的配制与标定（用纯铜标定）

2. 铜合金中铜含量的测定

准确称取铜合金试样（ ）～（ ）g（含 Cu 量为 65%～70%）三份，置于 250mL 锥形瓶中，加入 10mL 6mol/L HCl，温热后滴加约 2mL 30% H_2O_2，加热使试样溶解完全后，再大火加热赶尽 H_2O_2，冷却。

加入约 60mL 蒸馏水，滴加 1∶1 $NH_3\cdot H_2O$，直到溶液中刚刚有稳定的沉淀生成，再加 8mL 1∶1 HAc，10mL 20% NH_4HF_2，1g KI，然后立即用 $Na_2S_2O_3$ 标准溶液滴定至浅黄色，加 3mL 0.5%淀粉溶液，继续滴定至溶液呈灰蓝色，加入 10mL 10% NH_4SCN 溶液，继续滴定至蓝色刚好消失即为终点。此时因有白色沉淀物存在，终点颜色呈灰白色或浅肉色。记录所消耗的 $Na_2S_2O_3$ 溶液总体积，计算试样中 Cu 含量以及结果的相对平均偏差。

五、实验数据记录与处理

1. 用纯铜标定 $Na_2S_2O_3$ 溶液的浓度

实验序号	1	2	3
称量瓶＋基准物质(倾倒前)质量 m_1/g 称量瓶＋基准物质(倾倒后)质量 m_2/g 基准物质纯铜质量 m_{Cu}/g			
消耗 $Na_2S_2O_3$ 溶液体积，终读数：V_2/mL 初读数：V_1/mL 消耗 $Na_2S_2O_3$ 溶液体积 $V_{Na_2S_2O_3}$/mL			
$Na_2S_2O_3$ 溶液浓度 $c_{Na_2S_2O_3}$/(mol/L)			
$Na_2S_2O_3$ 溶液浓度平均值 $\overline{c}$/(mol/L)			
相对平均偏差 $\frac{\overline{d}}{\overline{c}}\times 100\%$			

2.铜合金中铜含量的测定

实验序号	1	2	3
称量瓶＋铜合金(倾倒前)质量 m_1/g 称量瓶＋铜合金(倾倒后)质量 m_2/g 铜合金质量 m_s/g			
消耗 $Na_2S_2O_3$ 溶液体积，终读数：V_2/mL 初读数：V_1/mL 消耗 $Na_2S_2O_3$ 溶液体积 $V_{Na_2S_2O_3}$/mL			
测得 CuO 的质量 m_x/g			
CuO 含量($w=m_x/m_s$)/%			
CuO 含量平均值 $\overline{w}$/%			
相对平均偏差 $\frac{\overline{d}}{\overline{w}}\times 100\%$			

3.计算

计算公式为：

$$\text{CuO 含量}(\%)=\frac{c_{Na_2S_2O_3}V_{Na_2S_2O_3}M_{CuO}\times 10^{-3}}{m_s}\times 100\%$$

六、思考题

① 用 HCl-H_2O_2 溶解铜合金试样时，若 H_2O_2 未赶尽，对结果会有什么影响？

② 标定 $Na_2S_2O_3$ 溶液可选用的基准物质有哪些？为什么本实验选用纯铜？

③ 本实验加入过量 KI 的作用是什么？

④ 碘量法测铜时，加入 NH_4HF_2 的作用是什么？为什么需在临近终点时加入 NH_4SCN？

实验 62 葡萄糖口服液中葡萄糖含量的测定

一、实验目的

① 掌握用间接碘量法测定葡萄糖含量的原理和方法。

② 进一步掌握返滴定法的原理与操作。

二、实验原理

葡萄糖（$C_6H_{12}O_6$）分子中含有醛基，在碱性溶液中，能被 I_2（过量）定量地氧化成相应的一元酸，反应如下：

$$\begin{matrix} CH_2OH \\ | \\ (CHOH)_4 \\ | \\ CHO \end{matrix} + I_2 + NaOH \longrightarrow \begin{matrix} CH_2OH \\ | \\ (CHOH)_4 \\ | \\ COOH \end{matrix} + 2NaI + 2H_2O$$

未参与反应的剩余 I_2 与 NaOH 作用生成 NaIO 和 NaI，溶液经酸化后，又析出 I_2，然后用 $Na_2S_2O_3$ 标准溶液滴定析出的 I_2，可计算出糖氧化时所消耗的 I_2 量。反应式如下：

$$I_2 + 2NaOH = NaIO + NaI + H_2O$$

$$NaIO + NaI + 2HCl = 2NaCl + H_2O + I_2$$

$$I_2 + 2S_2O_3^{2-} = 2I^- + S_4O_6^{2-}$$

本实验用此方法来测定葡萄糖口服液中葡萄糖的含量。而果糖分子中含有游离酮基，乳糖和麦芽糖分子中含有游离的半缩醛羟基，因而都具有还原性，在适当条件下易被氧化，这些糖统称为还原糖。在食品分析中常用该方法测定其中还原糖。

三、实验仪器与药品

① 仪器：烧杯、容量瓶、锥形瓶、滴定管、碘量瓶等。

② 药品：$Na_2S_2O_3 \cdot 5H_2O$ 固体（分析纯）、KIO_3 固体（已干燥）、KI 固体（分析纯）、6mol/L HCl 溶液、20% NaOH 溶液、淀粉溶液（0.5%）、葡萄糖溶液（5%）。

四、实验内容

1. 0.1mol/L $Na_2S_2O_3$ 溶液的配制与标定（用基准 KIO_3 标定）

2. 葡萄糖含量的测定

用移液管移取市售葡萄糖溶液 25.00mL 置于 250mL 容量瓶中，加水稀释定容后待用。

准确称取（ ）～（ ）g 基准 KIO_3，置于 100mL 小烧杯中，加水溶解后，定量转入 250mL 容量瓶中，加水稀释至刻度，充分摇匀。

吸取 25.00mL 上述试液三份，分别置于 250mL 碘量瓶中，加入 10mL 6mol/L HCl 溶液，1g KI，立即盖好玻璃塞，摇动溶解后，以水冲洗瓶盖和内壁，准确加入 25.00mL 葡萄糖的待测稀释液，边摇边滴加 20% NaOH 溶液至溶液呈现黄色后，盖好玻璃塞，置于暗处放置 10min。以水冲洗玻璃塞并加入 4mL 6mol/L HCl 溶液，加水稀释至 120mL 左右，立即用 $Na_2S_2O_3$ 标准溶液滴定，当溶液变为浅黄色时，加入 2mL 淀粉溶液，继续滴定至蓝色消失即为终点。记录消耗 $Na_2S_2O_3$ 溶液的体积，计算葡萄糖的含量（质量浓度）及结果的相对平均偏差。

五、实验数据记录与处理

1. KIO_3 标准溶液的配制

实验序号	1	2	3
称量瓶＋基准物质(倾倒前)质量 m_1/g 称量瓶＋基准物质(倾倒后)质量 m_2/g 基准物质 KIO_3 质量 m/g			
KIO_3 标准溶液的浓度 c_{KIO_3}/(mol/L)			

2.用 KIO_3 标定 $Na_2S_2O_3$ 溶液的浓度

实验序号	1	2	3
移取 KIO_3 溶液体积 V_{KIO_3}/mL			
消耗 $Na_2S_2O_3$ 溶液体积，终读数：V_2/mL 初读数：V_1/mL 消耗 $Na_2S_2O_3$ 溶液体积 $V_{Na_2S_2O_3}$/mL			
$Na_2S_2O_3$ 溶液浓度 $c_{Na_2S_2O_3}$/(mol/L)			
$Na_2S_2O_3$ 溶液浓度平均值 $\overline{c}$/(mol/L)			
相对平均偏差 $\frac{\overline{d}}{\overline{c}}\times100\%$			

3.葡萄糖含量的测定

实验序号	1	2	3
移取葡萄糖溶液体积 V/mL			
消耗 $Na_2S_2O_3$ 溶液体积，终读数：V_2/mL 初读数：V_1/mL 消耗 $Na_2S_2O_3$ 溶液体积 $V_{Na_2S_2O_3}$/mL			
测得葡萄糖的质量 m_x/g			
葡萄糖含量($X=m_x/V$)/(g/100mL)			
葡萄糖含量的平均值 $\overline{X}$/(g/100mL)			
相对平均偏差 $\frac{\overline{d}}{\overline{X}}\times100\%$			

4.计算

计算公式如下：

$$葡萄糖含量(g/100mL)=\frac{\left(3\times\frac{m_{KIO_3}}{M_{KIO_3}}\times\frac{1}{10}-\frac{1}{2}c_{Na_2S_2O_3}V_{Na_2S_2O_3}\times10^{-3}\right)\times M_{葡萄糖}\times10}{V_{葡萄糖试液}}\times100$$

六、思考题

① 在测定步骤中，未加入葡萄糖待测液前加 HCl，在葡萄糖试液与碱反应后又加入 HCl，其作用分别是什么？写出它们相应的反应式。

② 用 $Na_2S_2O_3$ 溶液滴定前为什么要加水稀释？

③ 为什么要在溶液呈黄色时加入淀粉溶液？淀粉过早加入有什么不好？

实验 63　莫尔法测定自来水中氯离子的含量

一、实验目的

① 掌握用莫尔法测定水中微量 Cl^- 含量的原理和方法。

② 学习沉淀滴定的基本操作。

二、实验原理

某些可溶性氯化物中氯含量的测定可采用银量法测定。根据加入的指示剂不同，银量法又分为莫尔法、佛尔哈德法和法扬司法。指示剂分别是铬酸钾、铁铵矾和吸附指示剂。

莫尔法是以 $AgNO_3$ 标准溶液为滴定剂，以 K_2CrO_4 为指示剂，于中性或弱碱性溶液中测定 Cl^- 的分析方法。

由于 AgCl 的溶解度（1.3×10^{-5} mol/L）比 Ag_2CrO_4（1.3×10^{-4} mol/L）小，因此在滴定过程中，首先析出 AgCl 沉淀，计量点后稍过量的 Ag^+ 与 CrO_4^{2-} 生成砖红色的 Ag_2CrO_4 沉淀而指示终点。反应如下：

$$Ag^+ + Cl^- = AgCl\downarrow \text{（白色）}$$

$$2Ag^+ + CrO_4^{2-} = Ag_2CrO_4\downarrow \text{（砖红色）}$$

采用本法进行实验时，应注意指示剂用量和滴定酸度两个方面。

① 由于 K_2CrO_4 本身在水溶液中呈黄色，会影响终点颜色判断。实验中要求加入指示剂的量小到使指示的终点比化学计量点稍后一点，一般 CrO_4^{2-} 应控制在 5.0×10^{-3} mol/L，同时以 K_2CrO_4 为指示剂进行空白滴定，从实验终点消耗的滴定剂中减去空白消耗的滴定剂，获得真实终点。

② 因为 CrO_4^{2-} 是弱碱，所以莫尔法应在中性或弱碱性介质中进行，即 pH 值范围应该在 6.5～10.0。

若在酸性介质中，$CrO_4^{2-} \longrightarrow HCrO_4^- \longrightarrow H_2CrO_4$，$H_2CrO_4$ 的 $pK_{a_2}=6.5$，（只有当 pH>6.5 时，几乎全以 CrO_4^{2-} 的形式存在），此时 CrO_4^{2-} 浓度减小，指示终点的 Ag_2CrO_4 沉淀出现晚或甚至不出现，导致测定误差。

若滴定溶液碱性太强，则有 AgOH 甚至 Ag_2O 沉淀析出。此时 Ag_2CrO_4 的溶解度也会增大，造成终点拖后或无法确定。

然而，莫尔法只能测定 Cl^- 或 Br^-，不能测 I^-、SCN^-，因为 AgI、AgSCN 沉淀具有极强的吸附能力，使终点变色不明显，误差较大。

三、实验仪器与药品

药品：NaCl(s，NaCl 放在瓷坩埚中加热并不断搅拌，待爆炸声停止后再加热 15min，在干燥器中冷却后使用)、0.05mol/L $AgNO_3$ 溶液（称 2.2g $AgNO_3$ 溶解于 250mL 不含 Cl^- 的蒸馏水中，在棕色瓶中避光保存)、K_2CrO_4 溶液（0.5%)、待测水样。

四、实验内容

1. $AgNO_3$ 标准溶液的标定

准确称取 0.7～0.8g NaCl 基准试剂于小烧杯中，用蒸馏水溶解后定量转移至 250mL 容量瓶中，稀释至刻度，摇匀。

移取该溶液 25.00mL 置于锥形瓶中，加入 25mL H_2O，1.0mL K_2CrO_4 指示剂，在充分摇动下，用 $AgNO_3$ 溶液滴定至刚出现不褪的淡砖红色浑浊即为终点。平行测定三次，计算 $AgNO_3$ 溶液的平均浓度。

2. 自来水中 Cl^- 含量的测定

量取 100mL 自来水于锥形瓶中，加 1mL K_2CrO_4 指示剂，在不断地摇动下用 $AgNO_3$ 标准溶液滴定至呈现淡砖红色浑浊即为终点。记录消耗 $AgNO_3$ 溶液的体积，平行测定三次，计算自来水中 Cl^- 的含量和该结果的相对平均偏差。

五、实验数据记录与处理

1. $AgNO_3$ 标准溶液的标定

实验序号	1	2	3
称量瓶+基准物质(倾倒前)质量 m_1/g 称量瓶+基准物质(倾倒后)质量 m_2/g 基准物质 NaCl 质量 m_{NaCl}/g			
NaCl 浓度平均值/(mol/L)			
移取 NaCl 溶液体积 V_{NaCl}/mL			
消耗 $AgNO_3$ 体积，终读数：V_2/mL 初读数：V_1/mL 消耗 $AgNO_3$ 体积 V_{AgNO_3}/mL			
$AgNO_3$ 浓度 c_{AgNO_3}/(mol/L)			
$AgNO_3$ 浓度平均值 $\bar{c}_{AgNO_3}$/(mol/L)			
相对平均偏差 $\frac{\bar{d}}{\bar{c}}\times 100\%$			

2. 自来水中 Cl^- 含量的测定

实验序号	1	2	3
移取自来水体积 V/mL			
消耗 $AgNO_3$ 溶液体积，终读数：V_2/mL 初读数：V_1/mL			
消耗 $AgNO_3$ 溶液体积 V_{AgNO_3}/mL			
Cl^- 含量($X=m_x/V$)/(g/100mL)			
Cl^- 含量平均值 $\bar{X}$/(g/100mL)			
相对平均偏差 $\frac{\bar{d}}{\bar{X}}\times 100\%$			

3.计算

计算公式为：

$$Cl^- 含量(g/100mL)=\frac{c_{AgNO_3}V_{AgNO_3}M_{Cl}}{V_s}\times 100$$

六、思考题

① 莫尔法测定 Cl^- 时，适宜的 pH 值范围是多少？为什么？

② 以溶度积原理计算，在计量点时溶液中 Ag^+ 浓度是多少？在此时形成 Ag_2CrO_4 沉淀需要 K_2CrO_4 的浓度为多少？

③ 基准物质 NaCl 为什么要高温烘炒？如不烘炒对标定 $AgNO_3$ 有何影响？

实验 64　丁二酮肟重量法测定合金钢中的镍

一、实验目的

① 了解有机沉淀剂在重量分析中的应用。

② 学习烘干重量法的实验操作，熟悉微波炉用于干燥样品方面的特点。

二、实验原理

镍铬合金钢中含有百分之几至百分之几十的镍，可以用丁二酮肟重量法或 EDTA 配位滴定法进行测定。虽然 EDTA 容量法比较简便，但必须预先分离大量的铁，因此，在测定钢铁中高含量的镍时，仍常使用丁二酮肟重量法。

丁二酮肟是最早使用的有机试剂之一，是测定镍选择性较高的试剂。它在氨性溶液中与镍生成的配合物结构式如下：

丁二酮肟镍配合物

此沉淀呈红色，溶解度很小（$K_{sp}=2.3\times 10^{-25}$），组成恒定，烘干后即可直接称量。在酸性溶液中，丁二酮肟与钯和铂生成沉淀，在氨性溶液中与镍、亚铁生成红色沉淀，故当亚铁离子存在时，必须预先氧化以消除干扰。铁（Ⅲ）、铬、钛等虽不与丁二酮肟反应，但在氨性溶液中会生成氢氧化物沉淀，亦干扰测定，故必须加入酒石酸或柠檬酸进行掩蔽。

丁二酮肟是二元酸（以 H_2D 表示），它以 HD^- 形式与 Ni^{2+} 配位，通常要控制溶液的 pH 值为 7.0～8.0。若 pH 值过高，不但 D^{2-} 较多，而且 Ni^{2+} 与氨形成配合物，都会造成丁二酮肟镍沉淀不完全。

称样量以含 Ni 50～80mg 为宜。丁二酮肟的用量以过量 40%～80%为宜，太少则沉淀不完全，过多则在沉淀冷却时析出，造成结果严重偏高。

丁二酮肟的缺点之一是试剂本身在水中的溶解度较小，必须使用乙醇溶液。在沉淀时，溶液要充分稀释，并要使乙醇的浓度控制在 20%左右，以防止过量试剂沉淀出来。但乙醇不可过量太多，否则会增大丁二酮肟镍的溶解度。

三、实验仪器与药品

① 仪器：烧杯、微波炉、真空水泵、两个玻璃坩埚（G4A 或 P16）等。

② 药品：1%丁二酮肟（乙醇溶液）、1∶1 HCl 溶液、2mol/L HNO_3 溶液、1∶1 $NH_3 \cdot H_2O$ 溶液、50%酒石酸溶液、95%乙醇。

四、实验内容

1.坩埚恒重

以下两种方法可任选其一。

① 微波炉加热干燥：用去离子水洗净坩埚，抽滤至水雾消失。在适宜的输出功率下，第一次加热 8min（有沉淀时 10min），第二次加热 3min，在保干器中冷却时间均为 10～12min。两次称得质量之差若不超过 0.4mg，即已恒重。否则应再次加热、冷却、称重，直至恒重。微波炉的使用方法及注意事项，参阅实验室提供的操作规程。

② 电热恒温干燥箱加热干燥：控制温度为 145℃±5℃，第一次加热 1h，第二次加热 30min，在保干器中冷却时间均为 30min。两次称得质量之差若不超过 0.4mg，即已恒重。

2.溶解样品

准确称取 0.35g 镍铬合金钢试样，分别置于 250mL 烧杯中，盖上表面皿，从杯嘴处加入 20mL HCl 溶液和 20mL HNO_3 溶液，于通风橱中小火加热至完全溶解，再煮沸约 10min，以除去氮氧化物。稍冷，加水定容至 100mL。

3.制备沉淀

移取 25mL 镍铬合金试液于 250mL 锥形瓶中，加入 100mL 水、10mL 酒石酸溶液，在水浴中加热至 70℃，边搅拌边滴加氨水，调节 pH 值为 9 左右，如有少量沉淀应用慢速滤纸过滤除去。滤液用 400mL 烧杯收集，并用热水洗涤锥形瓶三次，再用热水淋洗滤纸八次，最后使溶液总体积控制在 250～300mL。

在不断搅拌下，滴加 1∶1HCl 溶液调节 pH 值为 3～4（变为深棕绿色），在水浴中加热至 70℃，再加入 20mL 乙醇和 35mL 丁二酮肟溶液，滴加 1∶1 氨水调节 pH 值为 8～9 之间，静置陈化 30min。

4.过滤、干燥、恒重

在已知干燥恒重的玻璃坩埚中进行抽滤，将全部沉淀转移至坩埚中，先用 20%乙醇溶液洗涤两次烧杯和沉淀，每次 10mL，再用温水洗涤烧杯和沉淀，少量多次，直至无 Cl^-。最后，抽干 2min 以上，至不再产生水雾。

按照实验内容 1 的操作条件，将沉淀干燥至恒重。计算料液中镍的质量体积浓度。

【附注】

丁二酮肟镍分子量为 288.91，镍的原子量为 58.69。

五、实验数据记录与处理

实验序号	1
坩埚恒重，第一次质量：m_1/g	
第二次质量：m_2/g	
两次质量之差：Δm/g	
沉淀物干燥后，沉淀物＋坩埚质量：m_3/g	
沉淀物质量：m/g	
料液中镍的质量体积浓度 m/V	

计算公式如下：

$$Ni含量(g/100mL)=\frac{m_{沉淀物}F}{V_{镍试液}}\times 100$$

$$F=\frac{m_{Ni}}{M_{丁二酮肟镍}}$$

六、思考题

① 为什么要先用20%的乙醇溶液洗涤烧杯和沉淀两次？

② 如何检查 Cl^- 是否洗净？

实验65　水泥熟料中铁、铝、钙、镁的含量测定

一、实验目的

① 学习复杂物质的样品溶解和分析方法。

② 掌握沉淀分离 Fe、Al 的方法原理。

③ 掌握酸效应在水泥分析中的应用原理。

二、实验原理

水泥主要由硅酸盐组成，试样用盐酸分解后，铁、铝、钙、镁等组分则以 Fe^{3+}、Al^{3+}、Ca^{2+}、Mg^{2+} 等离子形式存在于溶液中，它们都能与 EDTA 形成稳定的配合物，只要控制适当的酸度，就可以用 EDTA 标准溶液将它们分别滴定。

向分解后的试样溶液中加入氨水，使 Fe^{3+}、Al^{3+} 生成 $Fe(OH)_3$、$Al(OH)_3$ 沉淀与 Ca^{2+}、Mg^{2+} 分离。沉淀用盐酸溶解，调节溶液的 pH 值为 2～2.5，以磺基水杨酸钠作指示剂，用 EDTA 滴定 Fe^{3+}；然后再加入一定量过量的 EDTA，调节溶液的 pH 值在 3.0～4.0，煮沸，待 Al^{3+} 与 EDTA 完全配位后再调节溶液的 pH 值为 4.2，以 PAN 为指示剂，用 $CuSO_4$ 标准溶液滴定过量的 EDTA，然后分别计算 Fe_2O_3 和 Al_2O_3 的含量。

将分离出的含有 Ca^{2+}、Mg^{2+} 的滤液，参照“天然水总硬度的测定”的分析方法进行测定。

三、实验仪器与药品

① 仪器：烧杯、容量瓶、锥形瓶、滴定管。

② 药品：0.2%甲基红乙醇溶液、10%磺基水杨酸钠溶液、0.3% PAN 乙醇溶液、待测水泥试样、HAc-NaAc 缓冲溶液（pH=4.2，32g 无水 NaAc 溶于水中，加入 50mL 冰醋酸，用水稀释至 1L）、0.02mol/L EDTA 标准溶液、$CuSO_4 \cdot 5H_2O(s)$、1∶1 H_2SO_4、K-B 指示剂（称取 0.2g 酸性铬兰 K，0.4g 萘酚绿 B 于烧杯中，加水溶解后，稀释至 100mL）、6mol/L HCl 溶液、20% NaOH 溶液、$CaCO_3$(s，将基准 $CaCO_3$ 置于 120℃烘箱中，干燥 2h，稍冷后，置于干燥器中备用)、pH=10.0 NH_3-NH_4Cl 缓冲溶液、1∶1 $NH_3 \cdot H_2O$、水泥试样。

四、实验内容

1. 0.02mol/L EDTA 标准溶液的配制与标定

2. 0.02mol/L $CuSO_4$ 标准溶液的配制与测定

① 配制：称 5.0g $CuSO_4 \cdot 5H_2O$ 溶于水中，加 4～5 滴 1∶1 H_2SO_4，用水稀释至 1L。

② 体积比的测定：准确称取 10mL 0.02mol/L EDTA 溶液，加水稀释至 150mL 左右，

加 10mL pH=4.2 的 HAc-NaAc 缓冲溶液，加热至 80～90℃。加入 PAN 指示剂 5～6 滴，用 $CuSO_4$ 溶液滴定至紫红色且稳定即为终点。计算 1mL $CuSO_4$ 溶液相当于 EDTA 标准溶液的体积。

3. 试样的溶解

准确称取 0.23～0.25g 水泥试样，置于 250mL 烧杯中，加少量水润湿，加 15mL 6mol/L HCl，盖上表面皿，加热煮沸，待试样分解完全后，用热水稀释至 100mL 左右。加热至沸取下，加 2 滴甲基红指示剂，在搅动下慢慢加 1∶1 $NH_3 \cdot H_2O$ 至溶液呈黄色，再加热至沸，取下。待溶液澄清后，趁热用快速定量滤纸过滤，沉淀用 0.1% NH_4NO_3 热溶液充分洗涤，至流出液中无 Cl^- 为止。滤液盛于 250mL 容量瓶中，冷至室温，用水稀释至刻度，供测定 Ca^{2+}、Mg^{2+} 时用。

4. Fe_2O_3 的测定

滴加 6mol/L HCl 于滤纸上，使氢氧化物沉淀溶解于原烧杯中，滤纸用热水洗涤数次后弃去，将溶液煮沸以溶解可能存在的氢氧化物沉淀，加 10 滴磺基水杨酸钠指示剂，滴加 1∶1 $NH_3 \cdot H_2O$ 至溶液的 pH 值为 2～2.5（溶液呈紫红色），加热至 50～60℃，用 EDTA 标准溶液滴定至溶液由暗紫红色变为淡黄色为终点。记下 EDTA 标准溶液用量，平行滴定 3 次，计算试样中 Fe_2O_3 的含量。测 Fe^{3+} 后的溶液继续用于测定 Al^{3+} 用。

5. Al_2O_3 的测定

在滴定 Fe^{3+} 后的溶液中，准确加入 20mL EDTA 标准溶液，滴加 1∶1 $NH_3 \cdot H_2O$ 至溶液 pH 值约为 4，加入 10mL HAc-NaAc 缓冲溶液，煮沸 1min，取下稍冷。加 6～8 滴 PAN 指示剂，用 $CuSO_4$ 标准溶液滴定至溶液显红色即为终点。记下 $CuSO_4$ 溶液用量，平行滴定 3 次，计算试样中 Al_2O_3 的含量。

6. CaO 和 MgO 含量的测定

移取 25.00mL 分离 Fe^{3+}、Al^{3+} 后的滤液于锥形瓶中，加入 15mL pH=10 的 NH_3-NH_4Cl 缓冲溶液，再加入 2～3 滴 K-B 指示剂，用 EDTA 标准溶液滴定至溶液由紫红色变为纯蓝色即为终点。记录消耗 EDTA 标准溶液的体积 V_1，即为 Ca^{2+}、Mg^{2+} 消耗的总体积。平行滴定 3 次。

另取 25.00mL 分离 Fe^{3+}、Al^{3+} 后的滤液，依次加入 5mL 20% NaOH 溶液，20～30mL H_2O，2～3 滴 K-B 指示剂，用 EDTA 标准溶液滴定至溶液变为纯蓝色即为终点。记录 Ca^{2+} 所消耗 EDTA 标准溶液的体积 V_2，平行滴定 3 次，求 CaO 的含量。

利用差减法求 MgO 的含量。

五、实验数据记录与处理

1. EDTA 溶液的标定

实验序号	1	2	3
称量瓶+基准物质(倾倒前) m_1/g			
称量瓶+基准物质(倾倒后) m_2/g			
基准物质 $CaCO_3$ m_{CaCO_3}/g			
消耗 EDTA 溶液体积，终读数：V_2/mL			
初读数：V_1/mL			
消耗 EDTA 溶液体积 V_{EDTA}/mL			

续表

实验序号	1	2	3
c_{EDTA}/(mol/L)			
$\overline{c}_{EDTA}$/(mol/L)			
相对平均偏差$\frac{\overline{d}}{c}\times 100\%$			

2. $CuSO_4$ 溶液的测定

实验序号	1	2	3
移取 EDTA 体积 V_{EDTA}/mL			
消耗 $CuSO_4$ 溶液体积，终读数：V_2/mL 初读数：V_1/mL 消耗 $CuSO_4$ 溶液体积 V_{CuSO_4}/mL			
$CuSO_4$ 的浓度 c_{CuSO_4}/(mol/L)			
体积比			
体积比平均值			

3. Fe_2O_3 的测定

实验序号	1	2	3
称量瓶+待测试样(倾倒前)m_1/g 称量瓶+待测试样(倾倒后)m_2/g 待测试样 m_s/g			
消耗 EDTA 体积，终读数：V_2/mL 初读数：V_1/mL 消耗 EDTA 体积 V_{EDTA}/mL			
测得 Fe_2O_3 质量 m/g			
Fe_2O_3 的含量 $m_{Fe_2O_3}/m_s$			
Fe_2O_3 含量的平均值 $\overline{X}$/%			
相对平均偏差$\frac{\overline{d}}{\overline{X}}\times 100\%$			

4. Al_2O_3 的测定

实验序号	1	2	3
消耗 $CuSO_4$ 体积，终读数：V_2/mL 初读数：V_1/mL 消耗 $CuSO_4$ 体积 V_{CuSO_4}/mL			

续表

实验序号	1	2	3
Al_2O_3 的含量 $X/\%$			
Al_2O_3 含量的平均值 $\overline{X}/\%$			
相对平均偏差 $\frac{\overline{d}}{\overline{X}}\times100\%$			

5. CaO 和 MgO 含量的测定

项目	1	2	3
移取待测样品体积 V_s/mL			
第一次消耗 EDTA 体积，终读数/mL 初读数/mL 第一次消耗 EDTA 体积 V_1/mL			
第二次消耗 EDTA 体积，终读数/mL 初读数/mL 第二次消耗 EDTA 体积 V_2/mL			
CaO 的含量 $X/\%$			
相对平均偏差 $\frac{\overline{d}}{\overline{X}}\times100\%$			
MgO 的含量 $X/\%$			
相对平均偏差 $\frac{\overline{d}}{\overline{X}}\times100\%$			

6. 计算

计算公式如下：

$$Fe_2O_3\ 含量(\%)=\frac{c_{EDTA}V_{EDTA}M_{Fe_2O_3}}{m_s}\times100\%$$

$$Fe_2O_3(\%)=\frac{\frac{1}{2}(c_{EDTA}V_{EDTA}-c_{CuSO_4}V_{CuSO_4})\times M_{Al_2O_3}}{m_s}\times100\%$$

$$CaO\ 含量(\%)=\frac{c_{EDTA}V_2M_{CaO}}{m_s}\times100\%$$

$$MgO(\%)=\frac{c_{EDTA}(V_1-V_2)M_{MgO}}{m_s}\times100\%$$

六、思考题

① 用 EDTA 滴定 Al^{3+} 时，为什么要采用返滴定法？

② 在测定 Fe^{3+}、Al^{3+}、Ca^{2+}、Mg^{2+} 时，为什么要严格控制不同的 pH 值？

③ 测定 Ca^{2+}、Mg^{2+} 时，Fe^{3+}、Al^{3+} 的干扰可以采用哪些办法加以消除？

实验 66　镍、钴、铁、锌离子交换分离与测定

交换分离是将试液倾入交换柱后，柱上端的一小部分树脂与试液中的组分发生交换。接着用洗脱液进行洗脱，这时已交换的部分被洗脱下来，但遇到较下端的树脂又可能发生交换，接着又被不断流过的洗脱液所洗脱。于是在洗脱过程中，沿着交换柱不断地发生洗脱、再交换、再洗脱的过程。在这个过程中交换亲和力略有差异的各种带相同电荷的离子就分离开了，这就是离子交换分离法。分离后的离子再分别进行测定。

一、实验目的

① 了解离子交换分离法的原理和在分析上的应用。

② 了解离子交换树脂的处理方法和装交换柱等操作。

二、实验原理

Ni^{2+}、Co^{2+}、Fe^{3+}、Zn^{2+} 的分离可在浓盐酸溶液中进行。除 Ni^{2+} 外，其余三种离子都形成配阴离子 $CoCl_4^{2-}$、$FeCl_6^{3-}$、$ZnCl_4^{2-}$。把它们放入阴离子交换柱中，以 9mol/L HCl 溶液洗脱时，Ni^{2+} 不发生交换，首先从交换柱流下来。接着以 3mol/L HCl 溶液洗脱，$CoCl_4^{2-}$ 成为 Co^{2+} 被洗脱下来。再以 0.5mol/L HCl 溶液洗下 Fe^{3+}，以 0.005mol/L HCl 溶液洗下 Zn^{2+}。然后分别用 EDTA 标准溶液滴定。

三、实验仪器与药品

（1）仪器

离子交换柱、碘量瓶等。

（2）药品

① HCl 溶液：分别配制成浓度为 9mol/L、6mol/L、3mol/L、0.5mol/L、0.005mol/L HCl 溶液。

② 标准锌溶液：纯锌以 6mol/L HCl 溶液洗涤，再以水洗净，再用丙酮洗，于 110℃ 干燥数分钟。准确称取干燥的纯锌（　）～（　）g 置于烧杯中，加 5mL 6mol/L HCl 溶液，稍加热，使锌完全溶解。冷却后转移至 250mL 容量瓶中，稀释至刻度，算出标准锌溶液的准确浓度 $c_{Zn^{2+}}$(mol/L)。

③ 0.02mol/L EDTA 溶液：称取 EDTA（$Na_2H_2Y \cdot 2H_2O$）7.4g 溶于 300～400mL 温水中，冷却后稀释至 1L，摇匀。吸取标准锌溶液 25.00mL，置于锥形瓶中，加入 10mL 氨性缓冲溶液，加蒸馏水 20mL，加铬黑 T 指示剂少许，用 EDTA 标准溶液滴定至溶液由酒红色变成纯蓝色。计算 EDTA 溶液的物质的量浓度。

④ 铬黑 T 固体指示剂：1 份铬黑 T 加 100 份 NaCl，研磨均匀后保存于干燥器中备用。

二甲酚橙指示剂：0.5%水溶液。磺基水杨酸指示剂：0.5%水溶液。氨性缓冲溶液（pH=10）。六亚甲基四胺：20%水溶液。氯乙酸：2mol/L 溶液。定性鉴定用试剂：1%丁二酮肟乙醇溶液。

⑤ $(NH_4)_2Hg(SCN)_4$ 溶液：称 80g $HgCl_2$ 和 90g NH_4SCN 于 1L 水中。$K_4Fe(CN)_6$ 溶液：称 106g $K_4Fe(CN)_6$ 溶于 1L 水中。0.02%$CuSO_4$ 水溶液、3mol/L NH_4Ac 水溶液、KSCN 晶体、丙酮、6mol/L NaOH 溶液、6mol/L $NH_3 \cdot H_2O$ 溶液。

四、实验内容

1. 离子交换分离

（1）交换柱的制备

强碱性阴离子交换树脂，晾干、研磨，筛取 100～150 目，以 3mol/L HCl 溶液浸一昼夜，倾去盐酸溶液，以去离子水洗净，浸于水中备用。

取 1cm×20cm 的交换柱，底部塞以少许玻璃纤维。调节柱下端的旋塞或螺丝夹子使流速约为 0.5mL/min。待水面下降到近树脂层的上端时，加入 9mol/L HCl 溶液处理，加入的盐酸溶液的总量为 20～30mL。

（2）试样的制备

吸取试液 2mL，置于 50mL 小烧杯中，加浓盐酸 6mL，使试液中的 HCl 浓度为 9mol/L，混匀。

（3）交换反应及 Ni^{2+} 的洗脱

将试液小心加入交换柱中进行交换反应，交换柱下用 250mL 锥形瓶收集流出液，流速仍为 0.5mL/min。交换完成后以 20mL 9mol/L HCl 洗脱，开始时以少量 9mol/L HCl 洗涤盛试液用的小烧杯，每次 2～3mL，洗涤 3～4 次。洗液都倒入交换柱中，以保证试液全部转入交换柱中。然后把 9mol/L HCl 分次倒入交换柱中，每次约 5mL。收集流出液，以备测定 Ni^{2+}。待洗脱近结束时，取一滴流出液，以浓氨水碱化，再加入一滴丁二酮肟，以检验 Ni^{2+} 是否已洗脱完全。

（4）Co^{2+} 的洗脱

用 20mL 3mol/L HCl 洗脱 Co^{2+}，分 4 次进行，每次用 5mL，收集流出液于锥形瓶中以备测定 Co^{2+} 用。待洗脱接近结束时，取一滴流出液检验 Co^{2+}，于点滴板上放上数粒 KSCN 晶体，加丙酮检验 Co^{2+}。再取一滴流出液于点滴板上，加 $K_4Fe(CN)_6$ 溶液，以检验 Fe^{3+}。

若流出液中存在 Co^{2+}，表示 HCl 溶液太浓；若存在 Fe^{3+}，表示 HCl 溶液太稀；若二者都有，则可能是流速太快、柱太短、树脂的颗粒太粗等原因所致。

（5）Fe^{3+} 的洗脱

用 40mL 0.5mol/L HCl 溶液洗脱 Fe^{3+}，分数次洗脱，收集流出液以备测定 Fe^{3+}。待洗脱接近结束时，取一滴流出液检验 Fe^{3+}。再取一滴检验 Zn^{2+}，于点滴板上加一滴 NaAc 溶液，1 滴 $(NH_4)_2Hg(SCN)_4$ 和 1 滴 $CuSO_4$ 搅动。若分离不完全，则按步骤（4）处理。

（6）Zn^{2+} 的洗脱

用 50～60mL 0.005mol/L HCl 溶液洗脱 Zn^{2+}，分数次洗脱，收集流出液以备测定 Zn^{2+}。待洗脱临近结束时，取一滴流出液检验 Zn^{2+}。

2. 各组分的测定

（1）Ni^{2+} 的测定

流出液以 6mol/L NaOH 溶液中和至酚酞为指示剂的终点。由于中和热溶液温度升高，可将锥形瓶用流水冷却。滴加 6mol/L HCl 至红色褪去，再多加 5 滴。自滴定管中准确加入 20mL EDTA 标准溶液，5mL 20%六亚甲基四胺，控制溶液的 pH 值为 5～5.5。加入 4 滴二甲酚橙指示剂，此时溶液如呈紫红色或橙红色，应滴加 6mol/L HCl 至刚好变为黄色。以标准锌溶液滴定，颜色由黄绿色变为红橙色即为终点。

（2）Co^{2+} 的测定

按上述测定 Ni^{2+} 的方法同样测定流出液中的 Co^{2+}。

（3）Fe^{3+} 的测定

滴加 6mol/L $NH_3 \cdot H_2O$ 中和至刚出现 $Fe(OH)_3$ 沉淀，再滴加 3mol/L HCl 至沉淀恰好溶解，此时溶液的 pH 值为 2.0～2.5。加入 2mol/L 氯乙酸 10mL 控制 pH 值为 1.5～1.8，加热至 50～60℃，加 5%磺基水杨酸 2mL，以 0.02mol/L EDTA 标准溶液滴定至溶液由紫红色变为黄色或无色即为终点。

（4）Zn^{2+} 的测定

加入氨性缓冲溶液 10mL，加铬黑 T 固体指示剂少许，用 0.02mol/L EDTA 标准溶液滴定至溶液由酒红色变为纯蓝色即为终点。

根据测定结果计算试样中各组分的浓度。

3. 交换柱的再生

以 20～30mL 9mol/L HCl 溶液处理交换柱，使之再生，以供第二次交换实验时使用。

五、实验数据记录与处理

1. EDTA 溶液的标定

实验序号	1	2	3
称量瓶＋基准物质(倾倒前)质量 m_1/g 称量瓶＋基准物质(倾倒后)质量 m_2/g 基准物质 Zn 粉质量 m_{Zn}/g			
标准 Zn^{2+} 溶液浓度 $c_{Zn^{2+}}$/(mol/L)			
消耗 EDTA 溶液体积，终读数：V_2/mL 初读数：V_1/mL 消耗 EDTA 溶液体积 V_{EDTA}/mL			
c_{EDTA}/(mol/L)			
$\overline{c}_{EDTA}$/(mol/L)			
相对平均偏差 $\frac{\overline{d}}{\overline{c}} \times 100\%$			

2. NiO 含量的测定

实验序号	1	2	3
消耗标准 Zn^{2+} 溶液体积，终读数：V_2/mL 初读数：V_1/mL 消耗标准 Zn^{2+} 溶液体积 $V_{Zn^{2+}}$/mL			
NiO 含量 X/(g/100mL)			
NiO 含量平均值 $\overline{X}$/(g/100mL)			
相对平均偏差 $\frac{\overline{d}}{\overline{X}} \times 100\%$			

3．CoO 含量的测定

实验序号	1	2	3
消耗标准 Zn^{2+} 溶液体积，终读数：V_2/mL 初读数：V_1/mL 消耗标准 Zn^{2+} 溶液体积 $V_{Zn^{2+}}$/mL			
CoO 含量 X/(g/100mL)			
CoO 含量平均值 $\overline{X}$/(g/100mL)			
相对平均偏差 $\frac{\overline{d}}{\overline{X}}\times 100\%$			

4. Fe_2O_3 含量的测定

实验序号	1	2	3
消耗 EDTA 体积，终读数：V_2/mL 初读数：V_1/mL 消耗 EDTA 体积 V_{EDTA}/mL			
Fe_2O_3 含量 X/(g/100mL)			
Fe_2O_3 含量平均值 $\overline{X}$/(g/100mL)			
相对平均偏差 $\frac{\overline{d}}{\overline{X}}\times 100\%$			

5．ZnO 含量的测定

实验序号	1	2	3
消耗 EDTA 体积，终读数：V_2/mL 初读数：V_1/mL 消耗 EDTA 体积 V_{EDTA}/mL			
ZnO 含量 X/(g/100mL)			
ZnO 含量平均值 $\overline{X}$/(g/100mL)			
相对平均偏差 $\frac{\overline{d}}{\overline{X}}\times 100\%$			

6. 计算

计算公式如下：

$$\text{NiO 含量(g/100mL)}=\frac{(c_{EDTA}V_{EDTA}-c_{Zn^{2+}}V_{Zn^{2+}})\times M_{NiO}\times 10^{-3}}{V_s}\times 100$$

$$\text{CoO 含量(g/100mL)}=\frac{(c_{EDTA}V_{EDTA}-c_{Zn^{2+}}V_{Zn^{2+}})\times M_{CoO}\times 10^{-3}}{V_s}\times 100$$

$$Fe_2O_3\text{ 含量(g/100mL)}=\frac{c_{EDTA}V_{EDTA}M_{Fe_2O_3}\times 10^{-3}}{V_s}\times 100$$

$$\text{ZnO 含量(g/100mL)}=\frac{c_{EDTA}V_{EDTA}M_{ZnO}\times 10^{-3}}{V_s}\times 100$$

六、思考题

① 离子交换分离的原理是什么？

② 离子交换树脂应怎样处理和保存？

③ 离子交换柱应怎样安装和再生？

实验 67　邻二氮菲分光光度法测定微量铁

一、实验目的

① 掌握分光光度计的使用方法。

② 了解实验条件研究的一般方法，学会吸收曲线及标准曲线的绘制。

③ 掌握用分光光度法测定铁含量的原理和方法。

二、实验原理

根据朗伯-比尔定律：$A=\varepsilon lc$，当入射光波长 λ 及光程 l 一定时，在一定浓度范围内，有色物质的吸光度 A 与该物质的浓度 c 成正比。只要绘出以吸光度 A 为纵坐标，浓度 c 为横坐标的标准曲线，测出试液的吸光度，就可以由标准曲线查得对应的浓度值，即未知样的含量。同时，还可应用相关的回归分析软件，将数据输入计算机，得到相应的分析结果。

用分光光度法测定试样中的微量铁，可选用显色剂邻二氮菲（又称邻菲罗啉）。邻二氮菲分光光度法是化工产品中测定微量铁的通用方法，在 pH 值为 2～9 的溶液中，邻二氮菲和二价铁离子结合生成红色配合物，此配合物的 $\lg K_{稳}=21.3$，摩尔吸光系数 $\varepsilon_{510}=1.1\times10^4$ L/(mol·cm)，而 Fe^{3+} 能与邻二氮菲生成 3∶1 配合物，呈淡蓝色，$\lg K_{稳}=14.1$。所以在加入显色剂之前，应用盐酸羟胺（$NH_2OH \cdot HCl$）将 Fe^{3+} 还原为 Fe^{2+}，其反应式如下：

$$2Fe^{3+}+2NH_2OH \cdot HCl \longrightarrow 2Fe^{2+}+N_2+2H_2O+4H^{+}+2Cl^{-}$$

测定时酸度高，反应进行较慢；酸度太低，则离子易水解。本实验采用 HAc-NaAc 缓冲溶液控制溶液 pH≈5.0，使显色反应进行完全。为判断待测溶液中铁元素含量，首先需绘制标准曲线，根据标准曲线中不同浓度铁离子引起的吸光度的变化，对应实测样品中引起的吸光度，计算样品中铁离子浓度。

本方法的选择性很高，相当于含铁量 40 倍的 Sn^{2+}、Al^{3+}、Ca^{2+}、Mg^{2+}、Zn^{2+}、SiO_3^{2-}；20 倍的 Cr^{3+}、Mn^{2+}、VO^{3-}、PO_4^{3-}；5 倍的 Co^{2+}、Ni^{2+}、Cu^{2+} 等离子不干扰测定。但 Bi^{3+}、Cd^{2+}、Hg^{2+}、Zn^{2+}、Ag^{+} 等离子与邻二氮菲作用会生成沉淀干扰测定。

三、实验仪器与药品

① 仪器：烧杯、容量瓶、比色管、滴定管、分光光度计、比色皿。

② 药品：25mg/L 铁标准溶液，准确称取 0.2152g $NH_4Fe(SO_4)\cdot12H_2O$ 置于烧杯中，加 2mL 6mol/L HCl 溶解后，转移至 1L 容量瓶中，加水稀释至刻度，摇匀；10%盐酸羟胺水溶液（新配制）；1mol/L NaAc 溶液；0.15%邻二氮菲水溶液；水泥试液，0.8g 水泥，用 HCl 溶解后，定容至 1L 容量瓶中。

四、实验内容

1. 准备工作

打开仪器电源开关，预热，调节仪器。

2. 测量工作

以通过空白溶液的透射光强度为 I_0，通过待测液的透射光强度为 I，由仪器给出透射比

T，再由 T 值算出吸光度 A 值。

（1）吸收曲线的绘制和测量波长的选择

用吸量管吸取 2.00mL 铁标准溶液，注入 25mL 比色管中，加入 1.00mL 10％盐酸羟胺溶液，摇匀后放置 2min；加入 1.00mL 0.15％邻二氮菲溶液，2.00mL NaAc 溶液，以水稀释至 25mL 标线，摇匀，放置 10min。

在分光光度计上用 1cm 比色皿，采用试剂空白为参比溶液，在 440～560nm，每隔 10nm 测量一次吸光度（其中在 500～520nm 之间，每隔 2nm 测量一次）。以波长为横坐标，吸光度为纵坐标，绘制吸收曲线，选择测量的适宜波长。一般选用最大吸收波长 λ_{max} 为测定波长。

（2）显色剂条件的选择（显色剂用量）

在 6 支比色管中，各加入 2.00mL 铁标准溶液和 1.00mL 10％盐酸羟胺溶液，摇匀后放置 2min。分别加入 0.10mL、0.50mL、1.00mL、2.00mL、3.00mL 及 4.00mL 0.15％邻二氮菲溶液，2.00mL NaAc 溶液，以水稀释至 25mL 标线，摇匀后放置 10min。

在分光光度计上用 1cm 比色皿，采用试剂空白为参比溶液，测吸光度。以邻二氮菲体积为横坐标，吸光度为纵坐标，绘制吸光度-试剂用量曲线，从而确定最佳显色剂用量。

（3）溶液 pH 值的确定

取 8 支 25mL 比色管，各加入 2.00mL 铁标准溶液和 1.00mL 10％的盐酸羟胺溶液，摇匀，放置 2min。再加入特定体积［实验内容（2）中探究出的最适量］0.15％邻二氮菲，摇匀，分别加入 0.00mL、0.50mL、1.00mL、1.50mL、2.00mL、2.50mL、3.00mL NaAc 溶液，用蒸馏水稀释至 25mL 标线，摇匀后放置 10min。用 pH 计测定各溶液的 pH 值。

在分光光度计上，用 1cm 的比色皿选择适宜［由实验内容（1）所决定的］波长，以试剂空白为参比，分别测其吸光度。在坐标纸上以加入的 NaAc 溶液体积数（或 pH 值）为横坐标，相应的吸光度为纵坐标，绘制 A-pH 曲线，确定测定过程中 pH 值范围。

（4）显色时间及有色溶液的稳定性

用吸量管吸取 2.00mL 铁标准溶液于 25mL 比色管中，加入 1.00mL 10％的盐酸羟胺溶液，摇匀。再加入 1.00mL 邻二氮菲溶液，加入特定体积［实验内容（3）中探究出的］的 NaAc 溶液，以水稀释至 25mL 标线，摇匀。

在分光光度计上，用 1mL 的比色皿，以试剂空白为参比溶液，放置，每两分钟测一次，在由实验内容（1）所确定的波长下测定吸光度。以时间为横坐标，吸光度为纵坐标，绘制 A-t 吸收曲线，选择测量的最适时间。

（5）标准曲线的制作

在 6 个 25mL 的比色管中，用吸量管分别加入 0.50mL、1.00mL、1.50mL、2.00mL、2.50mL、3.00mL 铁标准溶液，各加入 1.00mL 10％盐酸羟胺，摇匀。再加入 1.00mL 0.15％的邻二氮菲溶液和 2.00mL NaAc 溶液，以蒸馏水稀释至 25mL 标线，摇匀后放置 10min。以试剂空白为参比，在实验内容（1）中所确定的波长下，用 1cm 的比色皿，测定各溶液的吸光度，绘制标准曲线。

（6）试液含铁量的测定

准确吸取 3.00mL 待测未知试液（如水样或工业盐酸、石灰石样品制备液等）代替标准溶液，按标准曲线制作的测定步骤，平行 3 次测定其吸光度。从标准曲线计算试液中铁的含量（以 mg/L 表示）。

五、实验数据记录与处理

1. 邻二氮菲-Fe^{2+}吸收曲线的绘制

波长 λ/nm											
吸光度 A											
波长 λ/nm											
吸光度 A											

2. 显色剂用量的测定

(1) 显色剂用量与吸光度的关系

邻二氮菲用量曲线：(λ=________)

邻二氮菲的体积/mL	0.10	0.50	1.00	2.00	3.00	4.00
吸光度 A						

(2) 溶液 pH 值（醋酸钠的浓度）与吸光度的关系

浓度/(μg/mL)	0.00	0.50	1.00	1.50	2.00	2.50	3.00
吸光度 A							

(3) 显色时间及有色溶液的稳定性

t/min	0	2	4	6	8	10	12	14	16	18	20
吸光度 A											

3. 标准曲线的绘制

$V_{25\mu g/mL}$/mL	0.50	1.00	1.50	2.00	2.50	3.00
吸光度 A						

六、思考题

① 邻二氮菲分光光度法测定微量铁时为何要加入盐酸羟胺溶液？

② 参比溶液的作用是什么？在本实验中可否用蒸馏水作参比？

③ 邻二氮菲与铁的显色反应，其主要条件有哪些？

实验 68　磷酸的电位滴定

一、实验目的

① 掌握电位滴定法的操作及确定计量点的方法。

② 学习用电位滴定法测定弱酸的 pK_a 的原理及方法。

二、实验原理

电位滴定法对浑浊、有色溶液的滴定有其独到的优越性，还可用来测定某些物质的电离平衡常数。通过观察电位滴定曲线，掌握多元酸分步滴定的原理和终点的确定方法。

电位滴定法是根据滴定过程中，指示电极的电位或 pH 值产生“突跃”，从而确定滴定终点的一种方法。磷酸的电位滴定，是以 NaOH 溶液为滴定剂，饱和甘汞电极为参比电极，玻璃 pH 电极为指示电极，将两电极浸入溶液中，组成电池（或使用复合电极）。指示电极的电位或 pH 值随溶液中氢离子的浓度的不同而变化。

如以滴定剂的体积为横坐标，以相应的溶液 pH 值为纵坐标，绘制 $NaOH\text{-}H_3PO_4$ 的滴定曲线（见图 8-1）。在曲线上第一化学计量点的 pH 值为 4.0～5.0，第二化学计量点的 pH 值为 9.0～10.0 范围，可观察到两个“突跃”，在突跃部分用“三切线法”作图，可以较准确地确定化学计量点。若要求更准确地确定化学计量点，则采用一级微商法 $dpH/dV\text{-}V$ 和利用二级微商法 $d^2pH/dV^2\text{-}V$ 作图法（见图 8-2）。

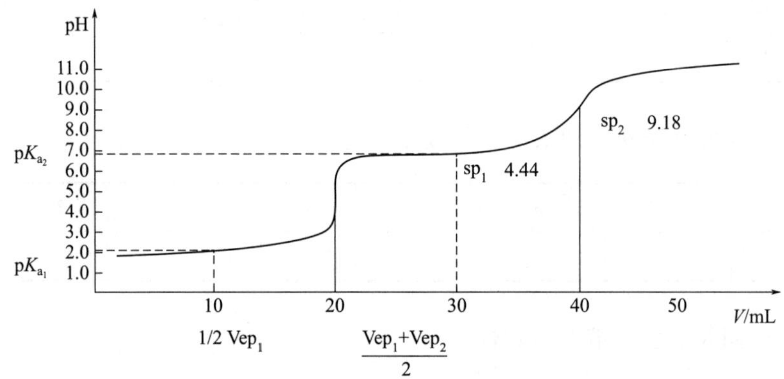

图 8-1　$NaOH\text{-}H_3PO_4$ 电位滴定曲线

sp_1—第一化学计量点；sp_2—第二化学计量点；Vep_1—第一化学计量点消耗 NaOH 的体积；Vep_2—第二化学计量点消耗 NaOH 的体积

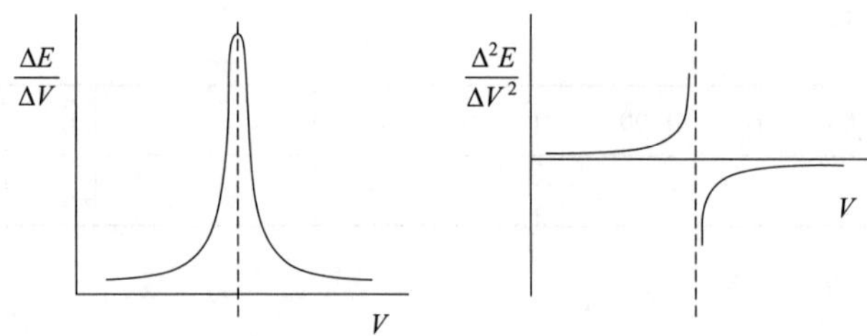

图 8-2　一级微商法 $dpH/dV\text{-}V$ 和二级微商法 $d^2pH/dV^2\text{-}V$ 图

磷酸为多元酸，其 pK_a 可用电位滴定法求得。当用 NaOH 标准液滴定至剩余 H_3PO_4 的浓度与生成 $H_2PO_4^-$ 的浓度相等，即半中和点时，溶液中氢离子浓度就是电离平衡常数 K_{a_1}。

$$H_3PO_4 + H_2O \rightleftharpoons H_3O^+ + H_2PO_4^-$$

$$K_{a_1} = \frac{[H_3O^+][H_2PO_4^-]}{[H_3PO_4]}$$

当 H_3PO_4 的一级电离释放出的 H^+ 被滴定一半时，$[H_3PO_4]=[H_2PO_4^-]$，则 $K=[H_3O^+]$，$pK_{a_1}=pH$。

同理：

$$H_2PO_4^- \rightleftharpoons HPO_4^{2-} + H_3O^+$$

$$K_{a_2}=\frac{[H_3O^+][HPO_4^{2-}]}{[H_2PO_4^-]}$$

当二级电离出的 H^+ 被中和一半时，$[H_2PO_4^-]=[HPO_4^{2-}]$，则 $K=[H_3O^+]$，$pK_{a_2}=pH$。绘制 pH-V 滴定曲线，确定化学计量点，化学计量点一半的体积（半中和点的体积）对应的 pH 值，即为 H_3PO_4 的 pK_a。

三、实验仪器与药品

① 仪器：电磁搅拌器、pHS-3C 型精密 pH 计等。

② 药品：0.1mol/L 磷酸溶液，0.1mol/L NaOH 标准溶液，pH＝4.00、6.86、9.18 标准缓冲溶液。

四、实验内容

连接好滴定装置如图 8-3 所示。

1. 用标准缓冲溶液校准 pH 计

2. 电位滴定

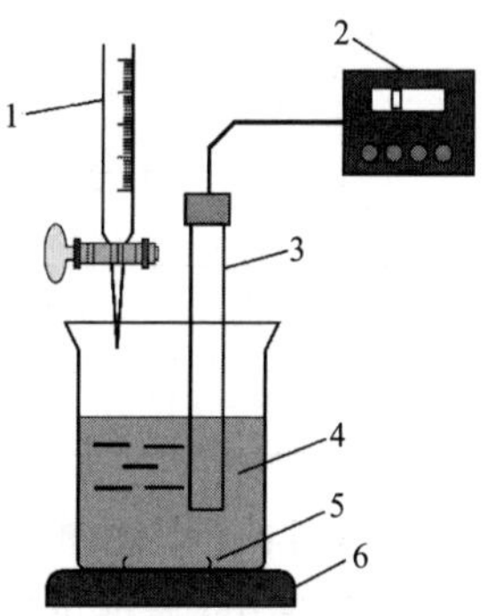

图 8-3　电位滴定装置图
1—滴定管；2—pH 计；
3—复合 pH 电极；
4—磷酸溶液；5—磁子；
6—电磁搅拌器

移取 0.1mol/L 磷酸样品溶液 10.00mL，置于 100mL 烧杯中，插入复合玻璃电极，放入搅拌磁子，滴入甲基橙和酚酞指示剂各两滴。开动搅拌器，用 0.1mol/LNaOH 标准液滴定，当 NaOH 标准液体积未达到 10.00mL 之前，每加 2.00mLNaOH 标准液记录一次 pH 值；在接近化学计量点（加入 NaOH 液时引起溶液的 pH 值变化逐渐增大）时，每次加入体积应逐渐减小；在化学计量点前后每加入一滴（如 0.05mL），记录一次 pH 值，尽量使滴加的 NaOH 标准液体积相等，特别是在“突跃”部分要多测几个点。此时可借助甲基橙指示剂的变色来判断第一化学计量点。继续滴定，当被测试溶液中出现微红色时，测量要仔细，每次滴加的 NaOH 的体积要少，直至出现第二个化学计量点时为止。继续滴定，直到测量的 pH 值约为 11.0 为止。数据记录格式见下表。

pH 值								
V_{NaOH}/mL								
pH 值								
V_{NaOH}/mL								
pH 值								
V_{NaOH}/mL								

3. NaOH 溶液的标定（用基准邻苯二甲酸氢钾标定）

4. 数据处理

① 按 pH-V，$\Delta pH/\Delta V$-V 法作图及按 $\Delta^2 pH/\Delta V^2$-V 法作图，确定计量点，并计算 H_3PO_4 的准确浓度。

② 由 pH-V 曲线找出第一个化学计量点的半中和点的 pH 值，以及第一个化学计量点到第二个化学计量点间的半中和点的 pH 值，确定出 H_3PO_4 的 pK_{a_1} 和 pK_{a_2}，计算 H_3PO_4

的 K_{a_1} 和 K_{a_2}。

【附注】

用 pH 计测量溶液的 pH 值时，必须先用 pH 标准缓冲溶液对仪器进行校准，亦称定位。

pH 标准缓冲溶液是具有准确 pH 值的专用缓冲溶液，要使用 pH 基准试剂进行配制。当进行较精确测量时，要选用接近待测溶液 pH 值的标准缓冲溶液校准 pH 计。pH 标准缓冲溶液在通常温度下的 pH 值见下表。

温度/℃	pH 标准缓冲溶液		
	0.05mol/kg 邻苯二甲酸氢钾	0.025mol/kg 混合磷酸盐	0.01mol/kg 四硼酸钠
	pH 值		
10	4.00	6.92	9.33
15	4.00	6.90	9.28
20	4.00	6.88	9.23
25	4.00	6.86	9.18
30	4.01	6.85	9.14
35	4.02	6.84	9.11

缓冲溶液一般可保存 2～3 个月，若发现浑浊、沉淀或发霉现象，则不能继续使用。

有的 pH 基准试剂有袋装产品，使用很方便，不需要进行干燥和称量，直接将袋内的试剂全部溶解并稀释至规定体积（一般为 250mL），即可使用。

五、思考题

① 用 NaOH 滴定 H_3PO_4，第一化学计量点和第二化学计量点所消耗的 NaOH 体积理应相等，为什么实际上并不相等？

② 如何根据滴定弱碱的数据求它的 K_b？

③ 磷酸的第三级电离常数 K_{a_3} 可以从滴定曲线上求得吗？

阅读 12　月球样本与分析化学

2020 年 12 月 17 日，嫦娥五号返回器携带月球样本成功着陆，探月任务获得圆满成功。这是人类时隔 44 年再次成功采集到月壤，中国也就此成为继美国和苏联之后第三个采集月球土壤的国家。而采集的月壤样本，将主要被用来研究月球的起源和演化。基于样品的重要性与珍贵性，它的物质组成与成分研究应尽可能采取无损分析的方法和策略，这就需要用到分析化学的研究方法和检测手段。可见，对宇宙奥秘的探索离不开分析化学。探月任务的圆满完成为我国成为航天强国，实现中华民族伟大复兴，为和平利用太空，推动与构建人类命运共同体做出了开拓性的贡献。

阅读 13 卢嘉锡与小数点的故事

五十年前，少年有志的卢嘉锡考上了厦门大学。

有一天上物理化学课的时候，颇有声望的区嘉炜教授在黑板上出了道题，让同学们自告奋勇回答。“这道题太难了。”全班同学面面相觑，没人敢举手，区教授正准备讲解，卢嘉锡站了起来，很有礼貌地说：“老师，让我试试吧！”他走到黑板前，只用了几分钟，就把题做出来了。

区教授看了看，严肃地说：“小数点的位置点错了，得 67 分。”卢嘉锡没想到只错了个小数点就扣了那么多分，很不服气。下课后，他找到区教授，脸都急红了。区教授望着这个只有十七岁的大学生，一股怜爱之情涌上心头，卢嘉锡是他心目中的高材生，每次考试几乎都是满分。有时，老师写了满满一黑板公式，课后他能一个不漏全背下来，但区教授考虑再三，还是把爱藏在了心底，意味深长地说：“你可不能小看这个小数点，假使你搞工程设计，差一个小数点，一座桥梁就可能塌掉。尽管你思路对了，可你不重视数量级很危险！”

卢嘉锡羞愧地点了点头，从此他把区教授的教诲牢记心头，不管干什么，都非常注意事物的量。

科研实践要摈除主观臆断，确保数据的真实性、客观性，这是一件无比严肃的事情。只有在科研工作中严谨细致，才能有所发现、有所突破。例如 Rayleigh 在经过反复试验，最终因微小的差异而发现了氩，获得了 1904 年的诺贝尔物理学奖。由此可见，在分析化学实验中培养学生树立“量”的概念，深入理解误差及数据处理的方法及应用，有利于提升科学素养和端正科学态度。

阅读 14 化学史之指示剂的发现

指示剂的发现归功于著名科学家波义耳。在 300 多年前，波义耳在一次实验中不小心把盐酸溅在紫罗兰上，从而使紫罗兰变成红色而发现了酸碱指示剂。偶然的发现，激发了科学家的探求欲望，从而开启了指示剂研究之门，波义耳还采集了牵牛花、蔷薇花、月季花……泡出了多种颜色的不同浸液，有些浸液遇酸变色，有些浸液遇碱变色。在这些浸液中，波义耳发现用石蕊苔藓提取的紫色浸液效果最好，它遇酸变红，遇碱变蓝，这就是最早的指示剂石蕊指示剂。19 世纪后，合成染料工业兴起，酚酞、甲基橙这些合成染料都能够起到指示剂的作用。后来，随着科学技术的进步和发展，用于四大滴定分析的其他指示剂相继被科学家所发现，而且一直用到今天。指示剂发现和发展的小故事，体现了科学家们善于观察、勤于思考、勇于探索和敢于创新的精神。

此外，利用指示剂的变色，如今纸尿裤行业设计了根据尿布湿度而变色的产品，这一创新极大程度上提高了婴儿的舒适度，又能让妈妈们变得轻松。这说明生活中处处皆学问，处处有化学，小创新也能成就大事业。

阅读 15 印染中的缓冲溶液

印染技术中的蓝印花布的历史可追溯至春秋战国时期，是我国古代传统的手艺人在日积月累的学习中形成的一套自有的手工印染工艺，印有民族特色图案的蓝印花布盛行于明清时期，在1300年后的今天它仍然是满怀民族情怀的国民的心头之爱，于2006年首批入选国家非物质文化遗产。

蓝印花布，“青出于蓝，而胜于蓝”正来源于此。青为蓝色，蓝为蓼蓝或蓝草，靛青这种染料提取于蓝草，而颜色却更胜于蓝草。一颗蓼蓝种子从发芽到长大，光是收割就要经过两次，然后是打靛、起缸、刻板、上桐油、做防染浆、刮防染浆、染色、晾蓝布、刮灰、清洗、晾晒、滚压、做衣。如此精湛的技艺，体现了我国的文化底蕴。然而，蓝印花布的印染工艺中最重要的环节是控制染液pH值，这是染色的关键。

那么染缸的pH值在什么范围才适合染布，一般来讲范围在11～12。而pH = 11的溶液要使用缓冲对$NaHCO_3/Na_2CO_3$来配，这就引出了缓冲溶液的概念，也验证了配位滴定中为什么要加入缓冲溶液。对于一些网络传言，如“吃碱性食物可以改善酸性体质”，用分析化学中缓冲溶液的理论知识就可以打破谣言，用科学的思维提高认知，从而加深对缓冲溶液性质的理解。

阅读16　徐梦桃的《开学第一课》

2022年北京冬奥会上，徐梦桃获得自由式滑雪女子空中技巧项目的金牌，这是我国乃至亚洲运动员在这个项目上拿到的第一枚金牌。

在《开学第一课》节目中，徐梦桃向观众分享了她夺冠背后的秘密：20年，406张战术表。对待滑雪，徐梦桃细心地测算每一次跳跃，耐心地复盘每一个问题，充分地分析每一种可能发生的情况。

徐梦桃的“做好一切准备”，就是她把握机遇、突破自我最有力的法宝。在节目中，主持人问徐梦桃：“如果你再次失败，没有成功，你会不会觉得这些工作都白做了?”徐梦桃毫不犹豫地回答说：“成功与不成功，只是一个最终结果。不要放弃你的努力，你的努力一定会在最关键的时候帮到你，要持续地让最好的自己绽放在每一个时间段。”

徐梦桃以积极乐观的心态，不断努力，不断尝试，从不停歇，才终于酝酿出胜利的光辉。没有准备，就没有机遇，量变到质变的逐渐积累过程，正如滴定分析中滴定曲线以及滴定突跃所呈现的那样，同时也验证了我们中国的一句古话：“故不积跬步，无以至千里；不积小流，无以成江海”。

阅读17　绿水青山就是金山银山

2023年8月15日，在首个全国生态日到来之际，中共中央总书记、国家主席、中央军委主席习近平作出重要指示，强调生态文明建设是关系中华民族永续发展的根本大计，是关系党的使命宗旨的重大政治问题，是关系民生福祉的重大社会问题。在全面建设社会主义现代化国家新征程上，要保持加强生态文明建设的战略定力，注重同步推进高质量发展和高水平保护。以“双碳”工作为引领，推动能耗双控逐步转向碳排放双控，持续推进生产方式和生活方式绿色低碳转型，加快推进人与自然和谐共生的现代化，全面推进美丽中国建设。

在《分析化学实验》课程学习过程中，将“绿色化学”的发展理念内植于心，提倡“绿色化学”的EHS理念，即环境（environment）、健康（health）、安全（safety）的一体化管理。目标是通过系统化的预防管理机制，彻底消除各种事故、环境和职业病隐患，帮助学生树立起风险和责任意识，防患于未然。例如，三鹿奶粉事件、镉大米、铬污染、铅中毒等公共安全事件，不仅对遵守基本的职业道德、具有底线意识起到警示作用，更要认识到测定方法本身的缺陷，强调分析化学是守住食品入口安全的最后一道防线！

第九章

物理化学实验

实验 69　阿伏伽德罗常数的测定

一、实验目的

① 了解电解 $CuSO_4$ 法测定阿伏伽德罗常数的原理和方法。

② 学习电解操作。

二、实验原理

本实验用电解法测定阿伏伽德罗常数。分别用两块铜片作阴极和阳极，用硫酸铜溶液作电解液进行电解反应。电极反应如下：

$$\text{阴极反应:} Cu^{2+} + 2e^- = Cu \downarrow$$

$$\text{阳极反应:} Cu = Cu^{2+} + 2e^-$$

即在阴极上，Cu^{2+} 得到电子析出金属铜使铜片质量增加；在阳极上，金属铜溶解成 Cu^{2+} 使铜片质量减少。若电流强度为 I(A)，则在 t(s) 内，通过的总电量是：$Q=It$（Q 的单位是 C)。如果在阴极上铜片的质量增加 m(g)，则每增加 1g 质量所需的电量为：

$$\frac{It}{m}$$

铜的摩尔质量为 63.5g/mol，所以电解析出 1mol 铜所需的电量为：

$$\frac{It}{m}\times 63.5(\text{C})$$

已知 1 个二价离子所带的电量是 $2\times 1.60\times 10^{-19}$C，所以 1mol 铜所含的原子个数为：

$$N_A=\frac{It\times 63.5}{m\times 2\times 1.60\times 10^{-19}}$$

式中，N_A 为阿伏伽德罗常数。

三、实验仪器与药品

① 仪器：分析天平、毫安表、变阻箱、直流电源、电线、开关、小烧杯、砂纸、自制橡胶电极夹、棉花。

② 药品：无水乙醇、紫铜片、$CuSO_4$ 溶液（每升含 $CuSO_4$ 125g 和比重为 1.84 的浓硫酸 25mL)。

四、实验内容

① 取两块 3cm×5cm 的紫铜片，用砂纸擦去表面杂质，用纯净水洗净，再用蘸有无水

乙醇的棉花清洗干净，晾干，分别称重（记好哪片作阴极，哪片作阳极，不可搞混）。

② 用自制的橡胶电极夹将两块铜片固定，保持铜片间距离为 1.5cm，插在 100mL 烧杯中，向烧杯中加入 $CuSO_4$ 溶液，溶液高度为铜片长度的 2/3，按图 9-1 安好装置。

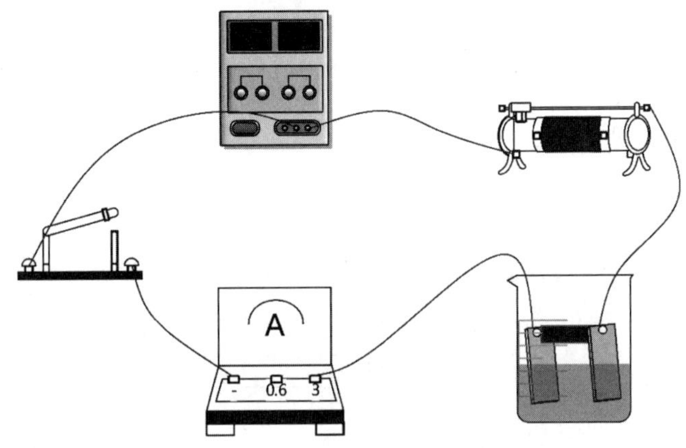

图 9-1　铜片的电解

③ 直流电源电压控制在 10 V，实验开始时，电阻控制在 90 Ω 左右，按下开关，迅速调节电阻使电流在 100mA 处，同时记下准确时间。通电 60min 后，拉开开关停止电解。在整个电解过程中，电流应保持恒定，如有变动应及时调节电阻。

④ 取出阴极和阳极的铜片，用水洗净，再用无水乙醇清洗干净，晾干后称重。

五、注意事项

① 薄铜片一定要作为阴极，否则电解过程中容易断裂。

② 连接电路时一定要使毫安表的正极与直流电源的正极相连，且导线不要浸入电解液中。

③ 电解过程中要经常观察毫安表，保证指针在 100mA 处。

④ 记录时间精确到秒。

六、实验数据记录与处理

将实验数据记录在表 9-1 中。

表 9-1　阿伏伽德罗常数的测定结果

参数	阴极增重 m/g	阳极失重 m/g
	电解后： 电解前： m=	电解前： 电解后： m=
电解时间 t/s		
电流强度 I/A		
N_A 值/mol^{-1}		
相对误差/%		

七、思考题

① 如果所用的铜片不纯或在电解过程中电流不能持续恒定，对实验结果有何影响？

② 本实验要测定哪几个物理量？如果在电解过程中电流突然变大，会对实验结果产生何种影响？

实验 70 醋酸电离常数和电离度的测定

一、实验目的

① 测定醋酸的电离度和电离常数。

② 学习正确使用 pH 计。

③ 学习正确使用电导率仪。

二、实验原理

1. pH 法基本原理

醋酸（CH_3COOH）简写为 HAc，在溶液中存在如下电离平衡：

$$HAc \rightleftharpoons H^+ + Ac^-$$

$$K_i = \frac{[H^+][Ac^-]}{[HAc]} \tag{9-1}$$

式中，$[H^+]$、$[Ac^-]$ 和 $[HAc]$ 分别为 H^+、Ac^- 和 HAc 的平衡浓度，K_i 为电离常数。HAc 的总浓度已知。H^+ 浓度可在一定温度下通过 pH 计测定溶液的 pH 值，根据 $pH=-\lg[H^+]$ 算出。进一步算出 $[Ac^-]$ 和 $[HAc]$ 值，代入式（9-1）便可求出该温度下的 K_i。

2. 电导率法基本原理

电解质溶液导电能力的大小通常以电阻 R 或电导 G 来表示，电导和电阻互为倒数，电阻的单位为欧（Ω），电导的单位为西（S）。

温度一定时，两电极间溶液的电导与电极之间的距离 l 成反比，与电极的面积 A 成正比。

$$G = \kappa \frac{A}{l} \tag{9-2}$$

式中，κ 被称作电导率，即两电极距离为 1cm，电极面积为 $1cm^2$ 时溶液的电导（单位 S/cm）。当两电极距离 l 和面积 A 一定时，l/A 为一常数，称为电极常数，标在每支电极上。

1mol 电解质溶液放置在距离为 1cm 的两平行电极间，此时溶液的电导率称为摩尔电导率 Λ_m。HAc 的摩尔电导率和电导率有如下关系：

$$\Lambda_m = \frac{1000\kappa}{nc} \tag{9-3}$$

式中，c 为电解质溶液的浓度，mol/L。

当溶液无限稀释时，测得的弱电解质的电导率为极限摩尔电导率 Λ_m^{∞}。一定温度下，弱电解质的极限摩尔电导率是定值，表 9-2 为 HAc 的极限摩尔电导率。

表 9-2 醋酸的极限摩尔电导率

t/℃	0	18	25	30
Λ_m^{∞}/[(S·cm^2)/mol]	245	349	390.7	421.8

电离度 α 等于浓度为 c 的摩尔电导率 Λ_m 和极限摩尔电导率 Λ_m^{∞} 之比。

$$\alpha = \frac{[H^+]}{c} = \frac{\Lambda_m}{\Lambda_m^{\infty}} \tag{9-4}$$

将式（9-4）代入式（9-1）得

$$K_i=\frac{c_{\alpha^2}}{1-\alpha}=\frac{c\Lambda_m^2}{\Lambda_m^\infty(\Lambda_m^\infty-\Lambda_m)} \tag{9-5}$$

将式（9-3）代入式（9-5）得

$$K_i=\frac{k^2\times 10^6}{n\Lambda_m^\infty(nc\Lambda_m^\infty-1000\kappa)} \tag{9-6}$$

所以，只要通过实验测出醋酸的电导率，便可算出一定温度下醋酸的电离常数。

三、实验仪器与药品

① 仪器：容量瓶（50mL）、移液管（25mL、10mL）、塑料烧杯、PHSJ-3F 型 pH 计、雷磁 DDS-307 电导率仪、滤纸。

② 药品：HAc（0.10mol/L）。

四、实验内容

① 分别吸取 2.50mL、5.00mL 和 25.00mL 已知浓度的 HAc 溶液于三个 50mL 容量瓶中，用纯净水稀释到刻度摇匀，并计算出各溶液的准确浓度。

② 用四个干燥的 50mL 塑料烧杯，分别取约 25mL 上述三个浓度的 HAc 溶液及未经稀释的 HAc 溶液，由稀到浓分别用 pH 计和电导率仪测定它们的 pH 值和电导率，记录数据，并计算 HAc 的电离度 α 和电离常数 K_i。

五、注意事项

① 长期未使用的玻璃电极，使用之前必须在 3mol/L 的氯化钾溶液中浸泡 24h。

② 移液管在使用前需要润洗。

③ 测完数据后要把电极洗干净，铂黑电极浸泡在纯净水中，玻璃电极浸泡在 3mol/L 的氯化钾溶液中。

六、实验数据记录与处理

将实验数据记录在表 9-3 和表 9-4 中。

表 9-3　醋酸电离常数和电离度（温度　℃）

HAc 溶液编号	c/(mol/L)	pH 值	$[H^+]$	α	K_i	K_i 平均值
1	0.1000					
2	0.0500					
3	0.0100					
4	0.00500					

表 9-4　醋酸电导率、电离常数和电离度（温度　℃）

电极常数	Λ_m^∞ [（S·cm²）/mol]	HAc 溶液编号	c/（mol/L）	k（S/cm）	α	K_i	K_i 平均值
		1	0.1000				
		2	0.0500				
		3	0.0100				
		4	0.0050				

讨论浓度对电离度和电离常数的影响。

七、思考题

① 电离度如何计算？

② 在测定醋酸溶液的 pH 值时，测定顺序为什么要由稀到浓？

③ 在配制醋酸溶液时，可否用量筒量取醋酸原液进行稀释？

实验 71　置换法测定摩尔气体常数

一、实验目的

① 学会一种测定摩尔气体常数的方法。

② 掌握理想气体状态方程和气体分压定律的应用。

③ 掌握测量气体体积的操作。

④ 学会正确使用气压计测量大气压。

二、实验原理

金属镁与稀硫酸反应可置换出氢气：$Mg + H_2SO_4 \xlongequal{} MgSO_4 + H_2\uparrow$。

称取一定质量（$m_{镁}$）的金属镁，使其与过量的稀硫酸反应，在一定温度和压力下测定被置换出来的气体的体积（$V_{气体}$），由理想气体状态方程即可计算出摩尔气体常数 R：

$$R=\frac{p_{氢气}V_{气体}}{n_{氢气}T}$$

其中，$p_{氢气}$为氢气的分压；$n_{氢气}$为一定质量（$m_{镁}$）的镁置换出氢气的物质的量；T 为温度。

三、实验仪器与药品

① 仪器：分析天平、铁架台、量气管（50mL）、滴定管夹、长颈漏斗、橡胶管、橡胶塞、试管（25mL）、烧瓶夹、砂纸。

② 药品：金属镁条、H_2SO_4（3mol/L）。

四、实验内容

1. 称量

用同一个天平准确称取两份已擦去表面氧化膜的镁条，每份质量为 0.0300～0.0500g（精确至 0.0001g）。

2. 连接测定装置

按图 9-2 所示装配好仪器，先不连接试管，往量气管 1 内装水至水面略低于刻度“0”位置。上下移动液面调节管 2 以赶尽胶管和量气管内气泡，然后将试管 3 的塞子塞紧。

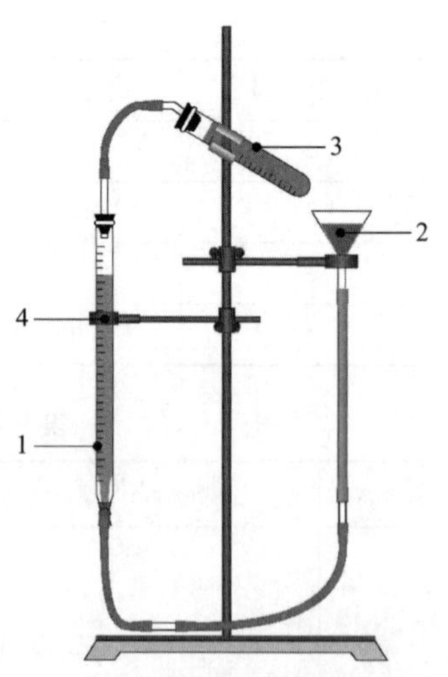

图 9-2　测定摩尔气体常数的实验装置

1—量气管；2—液面调节管；3—试管；4—烧瓶夹

3. 检查装置气密性

把液面调节管 2 上移或下移一段距离，固定在烧瓶夹 4 上，静止不动。如果量气管内液面只是在初始时稍有上升或下降，2min 后仍维持不变，表明装置不漏气。

4. 测定

把液面调节管 2 上移回原来位置，取下试管 3，沿着试管壁一侧往试管里加入 5mL 稀硫酸，把镁条用水稍稍沾湿贴于试管的另一侧，盖紧塞子。检查量气管 1 内液面可读部分体积是否大于 50mL，再次检查装置气密性。将液面调节管 2 靠近量气管右侧，使两管液面保持同一水平面，记下量气管液面位置。将试管 3 底部略微提高，让酸与镁条接触，这时反应产生的氢气进入量气管内。反应结束后，用烧杯装上冷水冷却试管至室温，使液面调节管与量气管内液面处于同一水平面，记录液面位置。2min 后，再次记录液面位置，如果两次读数一致，即表明管内气体温度与室温相同，记录室温和大气压。

五、注意事项

① 固定量气管时要使刻度面对自己，方便读数；往量气管内加水时不要加满，留有 50mL 左右可读部分体积，防止产生气体后水被压出去而无法读数。

② 打磨镁条时注意侧面也需处理，往试管壁贴镁条时，稍微往下一点，留出橡胶塞的位置。

③ 读数时两液面必须处于同一水平面。

④ 计算时注意统一单位。

六、实验数据记录与处理

将实验数据记录在表 9-5 中。

表 9-5　气体常数的测定结果

参数	镁条①	镁条②
室温 t/℃		
大气压力 p/hPa		
镁条质量 m/g		
反应前量气管液面位置 V_1/mL		
反应后量气管液面位置 V_2/mL		
收集氢气的体积 $V_{气体}$/mL		
t℃时水的饱和蒸气压 $p_{水}$/hPa		
氢气的分压 $p_{氢}=p-p_{水}$/hPa		
气体摩尔常数 R/[(Pa·m^3)/(mol·K)]		
平均气体摩尔常数 $\bar{R}$		
相对误差/%		

七、思考题

① 测定第一组数据时，最少需要检查几次装置气密性？如何检查装置气密性？

② $n_{氢气}$是如何得到的？

实验 72　气体密度法测定二氧化碳的分子量

一、实验目的

① 掌握气体的发生和净化操作。

② 掌握气体密度法测定气体分子量的原理和方法。

二、实验原理

根据阿伏伽德罗定律，同温同压同体积的两种气体质量之比等于两者间的分子量之比：

$$\frac{m_1}{m_2}=\frac{M_1}{M_2} \tag{9-7}$$

在同温同压下分别测定同体积的二氧化碳和空气（分子量为 28.98）的质量，就能算出二氧化碳的分子量：

$$M_{CO_2}=\frac{m_{CO_2}}{m_{空气}}\times 28.98 \tag{9-8}$$

设充满空气的容器的质量为：

$$G_1=m_{瓶}+m_{空气} \tag{9-9}$$

充满二氧化碳的容器的质量为：

$$G_2=m_{瓶}+m_{CO_2} \tag{9-10}$$

充满水的容器的质量为：

$$G_3=m_{瓶}+m_{水} \tag{9-11}$$

由式（9-10）－式（9-9）得：

$$m_{CO_2}=(G_2-G_1)+m_{空气} \tag{9-12}$$

由理想气体状态方程求算：

$$m_{空气}=\frac{28.98pV}{RT}$$

式中，p 和 T 分别为实验室的大气压和室温；R 为摩尔气体常数；V 为容器的容积。由式（9-11）－式（9-9）计算求得：

$$G_3-G_1=m_{水}-m_{空气}\approx m_{水} \tag{9-13}$$

因此

$$V=\frac{m_{水}}{\rho_{水}}\approx\frac{G_3-G_1}{\rho_{水}} \tag{9-14}$$

式中，$\rho_{水}$ 为水的密度。由式（9-14）计算出水的体积后，即可算出二氧化碳的分子量。

三、实验仪器与药品

① 仪器：分析天平、电子台秤、启普发生器、洗气瓶、橡胶塞、锥形瓶、火柴。

② 药品：大理石（s）、浓盐酸（工业）（l）、浓硫酸（工业）（l）、饱和 $NaHCO_3$（l）。

四、实验内容

取一个干燥的锥形瓶，用一个合适的橡胶塞塞住瓶口，在橡胶塞上做一个记号，用来标记橡胶塞塞进瓶口的位置，称得质量 G_1（精确至 0.0001g）。从启普发生器出来的 CO_2，经过净化和干燥后（见图 9-3）导入锥形瓶底部。待二氧化碳充满锥形瓶后，缓慢取出导管，用橡胶塞塞住瓶口至原记号处，称量。重复充二氧化碳的操作，直至前后两次的称量只相差 0.001～0.002g 为止，得 G_2（精确至 0.0001g）。向锥形瓶内加满水，塞好塞子至原记号处，称得质量 G_3（精确至 0.1g）。记录实验条件下的温度 T(K) 和大气压力 p(hPa)。

五、注意事项

① 测量 G_3 时，用橡胶塞盖锥形瓶时切勿用力，以免瓶口破损扎伤手。

② 本实验中使用的均为浓酸，请戴手套操作，谨慎小心。

六、实验数据记录与处理

将实验数据记录在表 9-6 中。

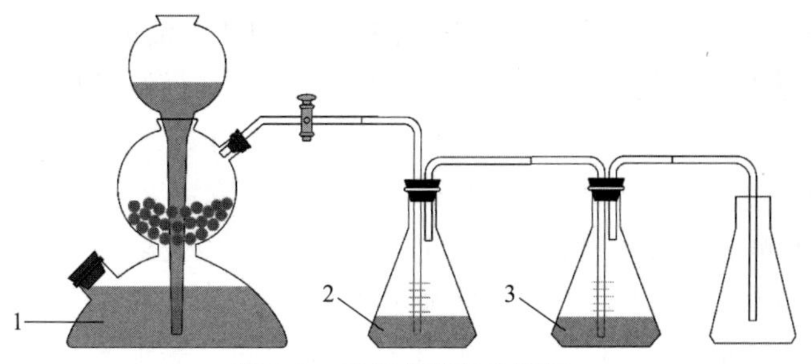

图 9-3　二氧化碳发生装置

1—浓盐酸（工业）；2—饱和 $NaHCO_3$；3—浓硫酸（工业）

表 9-6　二氧化碳的分子量测定结果

参数	数据
锥形瓶＋空气质量＝G_1/g	
锥形瓶＋二氧化碳质量＝G_2/g	第一次
	第二次
	平均值
锥形瓶＋水质量＝G_3/g	
二氧化碳体积 V/mL	
大气压强 p/hPa	
温度 T/K	
二氧化碳分子量 M	
相对误差/%	

七、思考题

① 洗气瓶瓶塞的哪根管（长或短）与液体接触才能起到净化气体的作用？

② 本次实验最少需要称量几次？分别用什么仪器称量？为什么？

实验 73　化学反应速率、反应级数和活化能的测定

一、实验目的

① 了解浓度、温度和催化剂对反应速率的影响。

② 测定过二硫酸铵与碘化钾反应的平均反应速率、反应级数、速率常数和活化能。

二、实验原理

水溶液中，过二硫酸铵与碘化钾反应的离子方程式为：

$$S_2O_8^{2-} + 3I^- \xlongequal{} 2SO_4^{2-} + I_3^- \tag{9-15}$$

该反应的平均反应速率为

$$v = \frac{-\Delta[S_2O_8^{2-}]}{\Delta t} \approx k[S_2O_8^{2-}]^m[I^-]^n$$

式中，$\Delta[S_2O_8^{2-}]$ 为 $S_2O_8^{2-}$ 在Δt 时间内物质的量浓度的改变值；$[S_2O_8^{2-}]$ 和 $[I^-]$ 分别为两种离子初始物质的量浓度；k 为反应速率常数；m 和 n 为反应级数。

为了能够测定$\Delta[S_2O_8^{2-}]$，在混合$(NH_4)_2S_2O_8$和KI溶液的同时，加入一定体积已知浓度的$Na_2S_2O_3$溶液和淀粉溶液，这样在反应式（9-15）进行的同时，也进行如下反应：

$$2S_2O_3^{2-}+I_3^- \longrightarrow S_4O_6^{2-}+3I^- \quad (9\text{-}16)$$

反应式（9-16）进行得非常快，几乎瞬间完成，而反应式（9-15）却慢得多，所以在反应开始阶段，看不到碘与淀粉作用而产生的特有的蓝色。一旦溶液中$Na_2S_2O_3$耗尽，由反应式（9-15）继续生成的碘立即使淀粉溶液显示蓝色。

由以上两个方程式可知，$S_2O_8^{2-}$物质的量浓度减少的量等于$S_2O_3^{2-}$物质的量浓度减少量的一半，即等于$S_2O_3^{2-}$物质的量的起始浓度［$S_2O_3^{2-}$］的一半：

$$\Delta[S_2O_8^{2-}]=\Delta[S_2O_3^{2-}]/2=[S_2O_3^{2-}]/2$$

记下从反应开始到溶液出现蓝色所需要的时间Δt，就可以求算反应式（9-15）的平均反应速率：

$$v=-\Delta[S_2O_8^{2-}]/\Delta t=[S_2O_3^{2-}]/2\Delta t$$

反应速率常数：

$$k=\frac{v}{[S_2O_8^{2-}]^m[I^-]^n}$$

根据阿仑尼乌斯公式：

$$\lg k=\frac{-E_a}{2.303RT}+\lg A$$

式中，E_a为反应的活化能；R为摩尔气体常数；T为热力学温度。所以只要测得不同温度时的k值，以$\lg k$对$1/T$作图可得一直线，由直线的斜率可求得反应的活化能E_a：

$$\text{斜率}=\frac{-E_a}{2.303R}$$

三、实验仪器与药品

① 仪器：恒温水浴锅、秒表、温度计（273～373K）、烧杯、量筒、试管、玻璃棒。

② 药品：KI（0.20mol/L）、$(NH_4)_2S_2O_8$（0.20mol/L）、$Na_2S_2O_3$（0.010mol/L）、淀粉［0.2%（质量分数）］、KNO_3（0.20mol/L）、$(NH_4)_2SO_4$（0.20mol/L）、$Cu(NO_3)_2$（0.020mol/L）、冰。

四、实验内容

1.浓度对反应速率的影响

分别在量筒上贴好要量取试剂的标签，以免弄乱。室温下按表9-7中实验编号1用量筒分别量取$(NH_4)_2S_2O_8$、淀粉、$Na_2S_2O_3$溶液于100mL烧杯中，用玻璃棒搅拌均匀。再量取KI溶液，迅速加到烧杯中，同时按动秒表，立即用玻璃棒将溶液搅拌均匀。观察溶液，刚一出现蓝色，立即停止计时，记录反应时间。

用同样方法对实验编号2～5进行实验。为了使溶液的离子强度和总体积保持不变，在实验编号2～5中所减少的KI或$(NH_4)_2S_2O_8$的量，分别用相同浓度的KNO_3或$(NH_4)_2SO_4$溶液补充。

2.温度对反应速率的影响

按表9-7中实验编号4的用量分别加$(NH_4)_2S_2O_8$、淀粉、$Na_2S_2O_3$和KNO_3溶液于100mL烧杯中，搅拌均匀。在一个大试管中加入KI溶液，将烧杯和试管中的溶液温度控制在高于室温10℃左右，把试管中的KI迅速倒入烧杯中，搅拌均匀，记录反应时间和温度。

分别在冰水和高于室温 20℃条件下重复上述实验，记录反应时间和温度。

3. 催化剂对反应速率的影响

按表 9-7 中实验编号 4 的用量分别加 $(NH_4)_2S_2O_8$、淀粉、$Na_2S_2O_3$ 和 KNO_3 溶液于 100mL 烧杯中，再加入 2 滴 $Cu(NO_3)_2$ 溶液，搅拌均匀，迅速加入 KI 溶液，搅拌，记录反应时间。

五、注意事项

① 在做温度对反应速率的影响时，测烧杯和试管中溶液的温度时用的是同一支温度计，所以换样测量时温度计要清洗后再使用。

② 计算物质的量时注意最终溶液的体积是多少。

③ 量取试剂时一定要看好标签，不要弄错。

六、实验数据记录与处理

将实验数据记录在表 9-7 中。

表 9-7　KI 与 $(NH_4)_2S_2O_8$ 的浓度对反应速率的影响

实验编号		1	2	3	4	5
试剂用量/mL	0.20mol/L KI	16.0	16.0	16.0	8.0	4.0
	0.2%（质量分数）淀粉	3.0	3.0	3.0	3.0	3.0
	0.010mol/L $Na_2S_2O_3$	5.0	5.0	5.0	5.0	5.0
	0.20mol/L KNO_3	0	0	0	8.0	12.0
	0.20mol/L $(NH_4)_2SO_4$	0	8.0	12.0	0	0
	0.20mol/L $(NH_4)_2S_2O_8$	16.0	8.0	4.0	16.0	16.0
试剂起始浓度/(mol/L)	$(NH_4)_2S_2O_8$					
	KI					
	$Na_2S_2O_3$					
反应速率 v						
反应时间 Δt/s						
速率常数 k						
速率常数平均值 $\overline{k}$						
反应级数 m						
反应级数 n						

① 根据表 9-7 讨论浓度对反应速率和反应速率常数的影响（见表 9-8）。

表 9-8　温度对反应速率和反应速率常数的影响

实验编号	反应温度/℃	反应时间/s	反应速率常数 k	平均反应速率 v	$1/T$	$\lg k$	E_a/(kJ/mol)
4	室温						
6	高于室温 10℃						
7	高于室温 20℃						
8	冰水混合物						

② 根据表 9-8 作图求出活化能，并讨论温度对反应速率和速率常数的影响。

③ 根据表 9-9 讨论催化剂对反应速率的影响。

表 9-9 催化剂对反应速率的影响

实验编号	加入 0.020mol/L $Cu(NO_3)_2$ 的滴数	反应时间/s
4	0	
9	2	

七、思考题

① 如果在反应过程中，KI 刚加入反应溶液就立即变色，可能是什么原因？

② 如果用量取过 $Na_2S_2O_3$ 的量筒量取 KI 进行反应，会对反应结果有什么影响？

实验 74 分光光度法测定碘酸铜溶度积

一、实验目的

① 了解分光光度法测定溶度积的原理。

② 掌握 T6 分光光度计的使用方法。

二、实验原理

碘酸铜是难溶强电解质，在水溶液中存在以下动态平衡：

$$Cu(IO_3)_2(aq) \rightleftharpoons Cu^{2+}(aq) + 2IO_3^-(aq)$$

在一定温度下，此平衡溶液中 Cu^{2+} 浓度与 IO_3^- 浓度的平方的乘积是一个常数：

$$K_{sp} = [Cu^{2+}][IO_3^-]^2$$

式中，K_{sp} 称为溶度积常数。测定平衡时 $Cu(IO_3)_2$ 饱和溶液中的 $[Cu^{2+}]$ 和 $[IO_3^-]$，便可计算出其溶度积 K_{sp}。$[Cu^{2+}]$ 可通过分光光度法进行测定，在一系列已知浓度的 Cu^{2+} 溶液中加入氨水，使 Cu^{2+} 生成蓝色 $[Cu(NH_3)_4]^{2+}$，这种配位离子对波长为 600nm 的光有强吸收，而且它对光的吸收强度（吸光度用 A 表示）与溶液的浓度成正比。由分光光度计测定 $Cu(IO_3)_2$ 饱和溶液与氨水作用所得蓝色溶液的吸光度 A，作出工作曲线并通过计算便可求出 $[Cu^{2+}]$。

利用平衡时 $[Cu^{2+}]$ 与 $[IO_3^-]$ 的关系便可求出 K_{sp}。

三、实验仪器与药品

① 仪器：循环水式真空泵、吸滤瓶、布氏漏斗、电子天平、电陶炉、吸量管（20mL、2mL）、量筒（10mL）、容量瓶（50mL）、烧杯、定量滤纸、温度计（100℃）、分光光度计、玻璃漏斗、玻璃棒。

② 药品：$CuSO_4$（0.100mol/L）、KIO_3（0.2mol/L）、$NH_3 \cdot H_2O$（6mol/L）。

四、实验内容

1. $Cu(IO_3)_2$ 固体的制备

取 5mL 0.1mol/L $CuSO_4$ 溶液与 5mL 0.2mol/L KIO_3 溶液于 100mL 烧杯中加热搅拌，静置，大量沉淀产生后，冷却至室温。减压过滤，用纯净水洗涤沉淀多次，至无 SO_4^{2-} 和 Cu^{2+} 为止，得到 $Cu(IO_3)_2$ 固体。

2. $Cu(IO_3)_2$ 饱和溶液的制备

将制得的 $Cu(IO_3)_2$ 固体溶于 30mL 纯净水中，加热配制饱和溶液，在搅拌下自然冷却至室温［由于新制备的 $Cu(IO_3)_2$ 固体配成饱和溶液需 2～3 天才能达到平衡，因此需提前配制］。用干燥的双层滤纸、玻璃漏斗进行干过滤，滤液收集于一个干燥的烧杯中。

3. 工作曲线的绘制

分别吸取 0.2mL、0.4mL、0.6mL、0.8mL 和 1.0mL 0.100mol/L $CuSO_4$ 溶液于 5 个 50mL 容量瓶中，各加入 3mL 的 6mol/L $NH_3 \cdot H_2O$ 溶液，摇匀，用纯净水稀释至刻度，摇匀。

以纯净水作参比液，选用 1mL 比色皿，在波长为 600nm 处，测定溶液的吸光度。以吸光度 A 为纵坐标，相应 Cu^{2+} 浓度为横坐标，绘制工作曲线。

4. 饱和 $Cu(IO_3)_2$ 溶液中 Cu^{2+} 浓度的测定

吸取 10.00mL 过滤后的饱和 $Cu(IO_3)_2$ 溶液于 50mL 容量瓶中，加入 6mol/L $NH_3 \cdot H_2O$ 3mL，摇匀，用水稀释至刻度，再摇匀。按与上述测定工作曲线同样的条件测定溶液的吸光度。根据工作曲线求出饱和溶液中的 $[Cu^{2+}]$。

五、注意事项

① 过滤时一定要保证漏斗、滤纸和烧杯是干燥的。

② 使用分光光度计时一定要按说明操作，比色皿使用后要清洗干净，且测样前要润洗。

六、实验数据记录与处理

将实验数据记录在表 9-10 中。

表 9-10　碘酸铜的 K_{sp}

编号	1	2	3	4	5	饱和 $Cu(IO_3)_2$ 溶液
V_{CuSO_4}/mL	0.2	0.4	0.6	0.8	1.0	
相应的 Cu^{2+} 浓度/(mol/L)	8.00×10^{-3}	1.60×10^{-3}	2.40×10^{-3}	3.20×10^{-3}	4.00×10^{-3}	
吸光度 A						
饱和溶液 Cu^{2+} 浓度/(mol/L)						
饱和溶液 IO_3^- 浓度/(mol/L)						
碘酸铜的 K_{sp}						

七、思考题

① 由新制备的碘酸铜配制碘酸铜饱和溶液时，为什么要多次洗涤碘酸铜？

② 过滤 $Cu(IO_3)_2$ 饱和溶液时，用湿滤纸或湿漏斗对实验结果有何影响？

实验 75　分光光度法测定配合物的分裂能

一、实验目的

掌握分光光度法测定配合物分裂能的原理。

二、实验原理

过渡金属离子形成配合物后，d 轨道在晶体场的影响下会发生能级分裂。

$[Ti(H_2O)_6]^{3+}$ 在八面体场的影响下，Ti^{3+} 的 5 d 轨道分裂为 2 组，分别是两个简并轨道的 e_g 轨道和三个简并轨道的 t_{2g} 轨道。Ti^{3+} 只有 1 个 d 电子，当吸收一定波长的光后，d 电子从基态 t_{2g} 轨道跃迁到 e_g 轨道，产生一个电子跃迁吸收峰，这种跃迁的能量就是分裂能 Δ(10Dq)，如图 9-4 所示。d-d 跃迁的能量差可以通过实验测定。对于配离子 $[Cr(H_2O)_6]^{3+}$ 和 $(Cr\text{-}EDTA)^-$ 来说，Cr^{3+} 含有 3 个 d 电子，d 电子同时受八面体场影响和电子之间的相互作用。这 2 种配离子吸收能量后，有三个相应的电子跃迁吸收峰，其中 2 个在可见光区。由最大波长的吸收峰对应的波长计算分裂能 Δ。

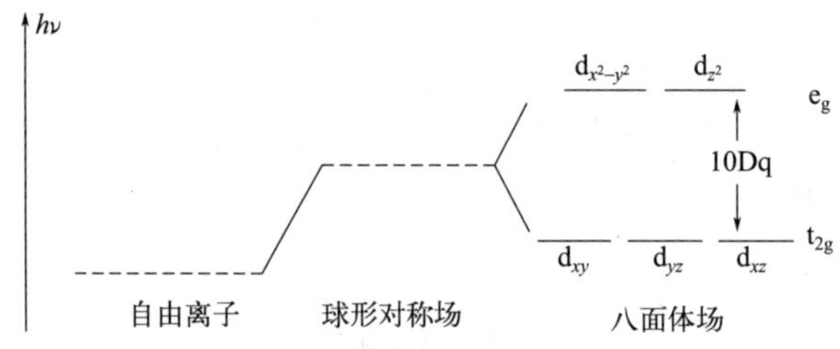

图 9-4　d 电子跃迁图

根据

$$E_{光}=E_{e_g}-E_{t_{2g}}=\Delta \tag{9-17}$$

$$E_{光}=h\nu=\frac{hc}{\lambda}\times 10^{-7}=\Delta(cm^{-1}\cdot mol^{-1}) \tag{9-18}$$

$$\Delta=\frac{hc}{\lambda}\times N_A\times 10^{-7}(cm^{-1}\cdot mol^{-1}) \tag{9-19}$$

式中，h 为普朗克常数，其值为 6.626×10^{-34} J · s；c 为光速，其值为 2.9979×10^{10} cm/s；$E_{光}$为可见光光能，cm^{-1}；ν 为频率，s^{-1}；λ 为波长，nm；N_A 为阿伏伽德罗常数，其值为 $6.023\times 10^{23}\,mol^{-1}$。因为 h 和 c 都是常数，且 1mol 电子跃迁时，$6.023\times 10^{23}\,hc=1$。

所以

$$\Delta=\frac{1}{\lambda}\times 10^{7}(cm^{-1}\cdot mol^{-1}) \tag{9-20}$$

本实验测定上述 3 种配离子在可见光区不同波长对应的吸光度 A，作 A-λ 吸收曲线，则可用曲线中最大波长吸收峰所对应的波长来计算 Δ 值。

三、实验仪器与药品

① 仪器：电子天平、分光光度计、电陶炉、烧杯、玻璃棒、滴管。

② 药品：$TiCl_3$[15%(质量分数)] 水溶液、$CrCl_3\cdot 6H_2O$(A. R.)(s)、EDTA 二钠盐(A. R.)(s)。

四、实验步骤

① $[Cr(H_2O)_6]^{3+}$溶液的配制：称量 0.15g $CrCl_3 \cdot 6H_2O$ 溶于 20mL 纯净水中。

② $(Cr\text{-}EDTA)^-$溶液的配制：称量 0.1g EDTA 二钠盐，用 25mL 纯净水加热溶解后，加入 1.5mL 的 $[Cr(H_2O)_6]^{3+}$，稍加热后得紫色的 $(Cr\text{-}EDTA)^-$溶液。

③ $[Ti(H_2O)_6]^{3+}$溶液的配制：量取 1mL $TiCl_3$[15%(质量分数)] 水溶液，用纯净水稀释至 10mL。

④ 在分光光度计的 470～660nm 波长范围内，每间隔 10nm 波长分别测定上述溶液的吸光度。

五、实验数据记录与处理

① 在表 9-11 中记录三种配离子的波长和吸光度。

表 9-11　配离子的波长和吸光度

波长 λ/nm	吸光度 (A)		
	$[Ti(H_2O)_6]^{3+}$ 470～590nm	$[Cr(H_2O)_6]^{3+}$ 560～660nm	$(Cr\text{-}EDTA)^-$ 500～600nm
470			
480			
490			
500			
510			
520			
530			
540			
550			
560			
570			
580			
590			
600			
610			
620			
630			
640			
650			
660			

② 绘制三种配离子的 A-λ 吸收曲线。

③ 计算三种离子的分裂能 Δ(10Dq)。

六、思考题

① 配合物的分裂能 Δ(10Dq) 受哪些因素影响?

② 用于测定吸收曲线的溶液浓度是否要很准确?为什么?

实验 76　燃烧热的测定

一、实验目的

① 掌握燃烧热的定义,了解恒压燃烧热与恒容燃烧热的区别与联系。

② 掌握氧弹式量热计的原理、构造及实验操作技术。

③ 学会用雷诺图解法校正温度改变值。

④ 掌握高压钢瓶的相关知识及正确的使用方法。

二、实验原理

根据热化学的定义,在一定温度及标准压力下,1mol 物质完全氧化时的反应热称作燃烧热。所谓完全氧化(燃烧)是指物质中各元素均与氧气发生完全氧化反应。C、H、N、S、Cl 等元素的完全燃烧产物规定为 $CO_2(g)$、$H_2O(l)$、$NO_2(g)$、$SO_2(g)$ 和 HCl(水溶液)等。燃烧热是热化学中重要的基本数据,一般的化学反应的热效应,往往由于反应进行得太慢或由于平衡的存在而不完全反应,不是不能直接测定,就是测不准。但可以通过盖斯(Hess)定律利用燃烧热间接求算化合物的生成热、键能等。

量热法是热力学的一种基本实验方法。由热力学第一定律可知,在系统不做非体积功的情况下,恒容条件下测得的燃烧热称为恒容燃烧热(Q_V),恒容燃烧热(Q_V)等于系统内能的变化,$Q_V=\Delta U$。恒压条件测得的燃烧热称为恒压燃烧热(Q_p),恒压燃烧热(Q_p)等于系统的焓变。

若把反应的气体和反应生成的气体都作为理想气体处理,则二者有下列关系:

$$\Delta Q_p=\Delta H=\Delta U+\Delta(pV) \tag{9-21}$$

$$Q_p=Q_V+\Delta nRT \tag{9-22}$$

式中,Δn 为反应体系中气体物质的量的变化量;R 为摩尔气体常数;T 为反应时的热力学温度。

测量热效应的仪器叫量热计,量热计的种类很多,主要有定容(弹式)和定压(火焰式)两类。前者适用于固态和液态物质的燃烧,后者适用于气态和挥发性液体物质的燃烧。量热计按其测量原理可分为补偿式和温差式,按工作方式又可分为绝热、恒温和环境恒温三种。本实验采用的氧弹式热量计是一种环境恒温式的量热计。

氧弹式量热计的基本原理是能量守恒。在盛有定量水的容器中,放入装有定量样品和氧气的密闭氧弹,然后使样品完全燃烧,放出的热量引起系统的温度上升。若已知水的质量为 m_0,仪器的水当量为 W'(量热计每升高 1℃所需的热量),燃烧前后系统的温度分别为 T_0 和 T_n。则质量为 m 的物质燃烧热 Q' 可表示为

$$Q'=(c_{水}\,m_0+W')(T_n-T_0) \tag{9-23}$$

式中,$c_{水}$ 为水的比热容。摩尔质量为 M 的物质其摩尔燃烧热 Q 为

$$Q=\frac{M}{m}(c_{水}\,m_0+W')(T_n-T_0) \tag{9-24}$$

水当量 W' 的测定方法是：用已知燃烧热的定量标准物质（一般用苯甲酸）在量热计中完全燃烧，测定其始、末温度，按式（9-23）可求 W'。一般因每次实验水的质量相同，则 $(c_{水} m_{水}+W')$ 可作为一个定值 $\overline{W}$ 来处理，$\overline{W}$ 称为量热计常数。令 $\Delta T=T_n-T_0$，故

$$Q=\frac{M}{m}\overline{W}(T_n-T_0)=\frac{M}{m}\overline{W}\Delta T \tag{9-25}$$

在精确的测量中，辐射热、燃烧丝所放出的热量及温度计本身的校正都应考虑。另外，若供燃烧用的氧气及氧弹内的空气中含有氮气时，则在燃烧过程中氮气氧化成硝酸而放出的热量亦不能略去。

本实验所用的环境恒温氧弹式量热计内部结构如图 9-5 所示。

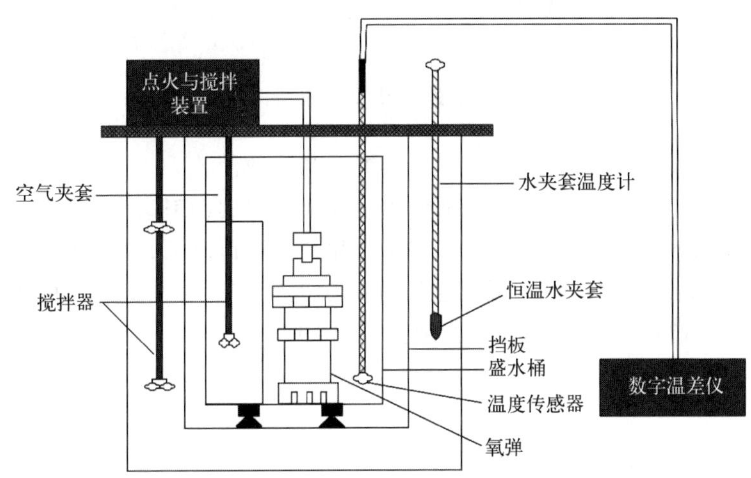

图 9-5 环境恒温氧弹式量热计的内部结构

由图 9-5 可知，氧弹式量热计设有内、外两个桶。外桶较大，盛满与室温相同温度的水，用来保持环境温度的恒定；内桶装有定量的、适合实验温度的水，内桶放在支撑垫上的空气夹套中，以减少热交换。盛水桶与套壳之间有一个高度抛光的挡板，以减少热辐射和空气的对流。氧弹放在内桶中，为了保证样品的完全燃烧，氧弹中必须充入高压氧气或其它氧化剂。因此，氧弹是一个特制的不锈钢容器，氧弹的结构如图 9-6 所示，它具有良好的密封性，且耐高压、耐腐蚀。同时粉末样品必须压成片状，以防止充氧时样品被冲散，使燃烧不完全，而引入实验误差。燃烧放出的热量不散失，不与环境发生热交换，全部传递给量热计本身和其中盛放的水，使量热计和水的温度升高。

实际上，量热计与周围环境的热交换无法完全避免，它对温度测量值的影响可用雷诺(Renolds) 温度校正图校正。具体方法如下：称取适量待测物质，估计其燃烧后使量热计中的水温升高 1.5～2.0℃。预先调节水温使其低于室温 1℃左右。将燃烧前后水温和时间记录下来，并作图，连成 $abOcd$ 曲线（图 9-7）。图中 b 点相当于开始燃烧之点，c 点为观测到的最高温度值，从相当于室温的 T 点作水平线与曲线相交于 O 点，过 O 点作垂直线 AB，此线与 ab 线和 cd 线的延长线分别交于 E、F 两点，其间的温度差即为经过校正的 ΔT。图中 EE' 为开始燃烧到体系温度上升到室温这一段时间 Δt_1 内，由环境辐射和搅拌引进的能量所造成的升温，这部分必须扣除。FF' 为体系温度由室温升高到最高点 c 这一段时间 Δt_2 内，量热计向环境辐射出热量而造成量热计温度的降低，因而，这部分必须加入。因此，EF 两

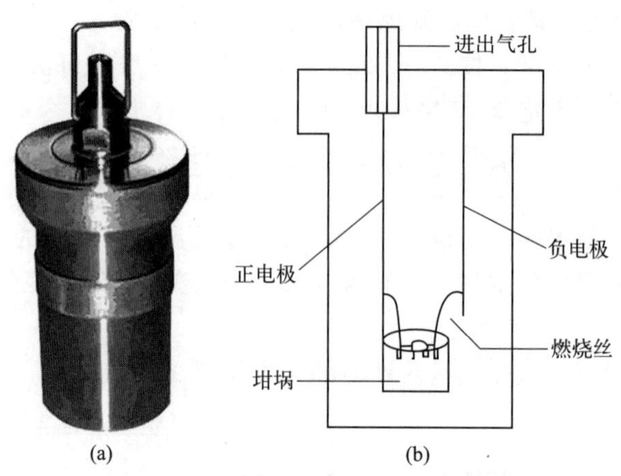

图 9-6 氧弹外观（a）及结构（b）

点的差值较客观地表示了样品燃烧使量热计温度升高的数值。

有时量热计的绝热情况良好，热量散失少，而搅拌器的功率又比较大，这样往往不断引进少量热量，使得燃烧后的温度最高点出现不明显，这种情况下 ΔT 仍然可以按照同样的方法进行校正（图 9-8）。必须注意，应用这种作图法进行校正时，量热计的温度和外界环境温度不宜相差太大（最好为 2～3℃），否则会引起误差。

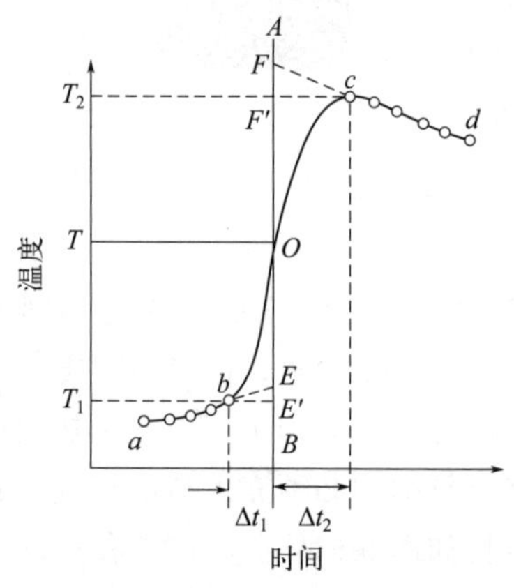

图 9-7 绝热较差时的雷诺校正图

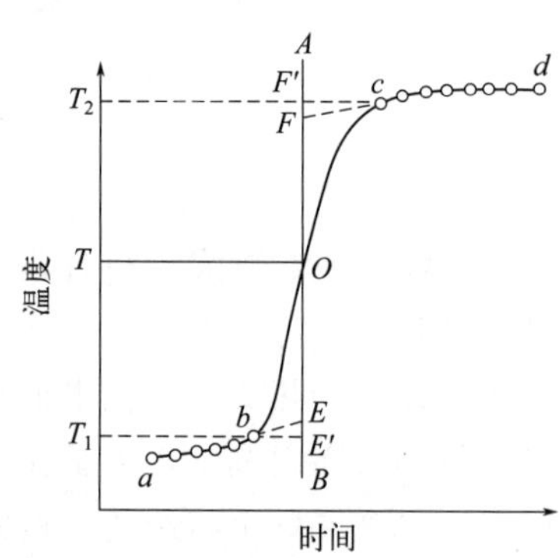

图 9-8 绝热良好时的雷诺校正图

三、实验仪器与药品

① 仪器：ZR-3R 燃烧热实验装置 1 套、氧气钢瓶及减压表 1 套、立式自动充氧器 1 台、螺旋式压片机 1 台、电子天平 1 台、万用表 1 台、量筒 10mL 和 1000mL 各 1 个、容量瓶 2000mL1 个、燃烧丝。

② 药品：苯甲酸（A. R.）、萘（A. R.）。

四、实验内容

1. 测定量热计常数 $\overline{W}$

（1）实验准备

将仪器外桶装满水，实验前用外桶搅拌器将外桶水温搅均匀。检查整理量热计及其全部附件，并擦洗干净。打开量热计电源开关预热仪器，仪器显示此时温度探头所处位置的温度。

（2）样品压片

用电子天平称取苯甲酸0.6～0.8g，压片前先擦净模具，再从模具上方将称好的苯甲酸样品倒入，徐徐旋紧压片机的螺杆，直至将样品压成光滑的片状为止（不要太紧）。抽出模底的托板，再继续向下压，使模底和样品一起脱落，并除去样品表面的碎屑。将样品在电子天平上准确称重，置于燃烧皿中。

（3）装样

将氧弹内壁和弹头的两个电极洗净擦干，再把氧弹的弹头放在弹头架上，将装有样品的燃烧皿杯放入燃烧杯架上。取1根12cm长燃烧丝，精确称重。然后用手轻轻弯成U形，中间不要形成死弯，把燃烧丝的两端分别紧绕在氧弹头中的两个电极上，并使其中间部分（约样品直径的长度）与样品紧密接触，但燃烧丝与燃烧皿杯不能相碰（装法见图9-6），用万用表测量两电极之间的电阻。把弹头放入弹杯中，旋紧氧弹盖，再用万用表测量两电极之间的电阻，如变化不大，则充氧。

（4）充氧

开启氧气钢瓶总阀，调节减压阀使其出口压力为0.5MPa。将氧弹置于充气底板上，氧弹进气口对准充氧器的出气口，手持操纵手柄，轻轻往下压，30s即可充满氧弹，然后用放气阀开启出口，借以赶出弹中空气。接着调节氧气减压阀至约2MPa，迅速压下手柄充入氧气，并保持1min。充好氧气后，再次用万用表检查两电极间的电阻，应基本不变。将氧弹放入内桶座架上。

（5）调节水温

将温差仪探头插入外桶水中，待温度稳定后，测量室温（环境温度），记录下温度，并按下“基准温度”按钮。容量瓶准确量取2800mL低于室温1K的水倒入内桶，水面盖过氧弹。如有气泡逸出，说明氧弹漏气，寻找漏气的原因并排除。连好电极，盖上盖子，装好搅拌器，将温差仪的探头插入内桶水中（探头不可碰到氧弹）。

（6）点火

按下“搅拌”按钮开始搅拌，待搅拌2～3min，温度稳定缓缓上升后，每隔30s记录一次温度读数，连续记录10组数据（后5组水温有规律微小变化）。按下“点火”按钮，当温度明显上升时，表示点火成功。其间继续每30s记录一次温度，当温度升至最高点后，再记录10次，停止实验。

停止搅拌，取出温差仪探头放入外桶水中，取出氧弹。用放气阀放出余气，打开氧弹盖。若弹中没有明显的燃烧残渣，表示燃烧完全；若留有许多黑色残渣表示燃烧不完全，实验失败，则应重做实验。残余的金属丝用电子天平称重，计算出实际燃烧掉的燃烧丝的质量。

用水冲洗氧弹及燃烧皿，倒去内桶中的水，用纱布擦干，待用。

2.测定萘的燃烧热

称取约0.6g萘，代替苯甲酸，重复上述实验。

实验完毕，用水冲洗氧弹及燃烧皿，倒去内桶中的水，用纱布擦干。依次关闭氧气钢瓶的减压阀、总阀门，关闭仪器电源。

五、注意事项

① 注意压片的紧实程度，太紧样品不易燃烧，太松则会散落。

② 氧弹充气时要注意安全，人应站在侧面，减压阀指针不可超过2MPa。

③ 在燃烧第二个样品时，内桶水须再次调节水温定量量取。

④ 待测样品需干燥，受潮的样品不易燃烧且会引入质量误差。

⑤ 注意压片前后应将压片机擦干净。

六、实验数据记录与处理

① 原始数据记录在表 9-12 中。

室温：________℃；大气压：________ kPa

表 9-12　燃烧热测定的原始实验数据

<table>
<tr><td colspan="3"></td><td colspan="3">燃烧丝 $m_{燃烧前}$/g</td><td colspan="3">燃烧丝 $m_{燃烧后}$/g</td><td colspan="3">燃烧丝 $m_{实际}$/g</td></tr>
<tr><td colspan="3">苯甲酸 m ________ g</td><td colspan="3"></td><td colspan="3"></td><td colspan="3"></td></tr>
<tr><td colspan="3">萘 m ________ g</td><td colspan="3"></td><td colspan="3"></td><td colspan="3"></td></tr>
<tr><td colspan="6">测苯甲酸时的温度</td><td colspan="6">测萘时的温度</td></tr>
<tr><td colspan="2">点火前期</td><td colspan="2">燃烧主期</td><td colspan="2">燃烧末期</td><td colspan="2">点火前期</td><td colspan="2">燃烧主期</td><td colspan="2">燃烧末期</td></tr>
<tr><td>时间</td><td>温度</td><td>时间</td><td>温度</td><td>时间</td><td>温度</td><td>时间</td><td>温度</td><td></td><td></td><td></td><td></td></tr>
<tr><td>1</td><td></td><td></td><td></td><td></td><td></td><td>1</td><td></td><td></td><td></td><td></td><td></td></tr>
<tr><td>2</td><td></td><td></td><td></td><td></td><td></td><td>2</td><td></td><td></td><td></td><td></td><td></td></tr>
<tr><td>……</td><td></td><td></td><td></td><td></td><td></td><td>……</td><td></td><td></td><td></td><td></td><td></td></tr>
<tr><td>……</td><td></td><td></td><td></td><td></td><td></td><td>……</td><td></td><td></td><td></td><td></td><td></td></tr>
</table>

② 根据表 9-12 绘制苯甲酸和萘燃烧前后的温度-时间变化曲线，采用雷诺图解法求出苯甲酸和萘燃烧前后的温差 $\Delta T_{苯甲酸}$ 和 $\Delta T_{萘}$。

③ 由 $\Delta T_{苯甲酸}$ 计算量热计常数 $\overline{W}$：

$$\overline{W}=\frac{Q_{苯甲酸V}m_{苯甲酸}+Q_{丝V}m_{丝}}{\Delta T_{苯甲酸}}\ (\text{J/℃})$$

$Q_{苯甲酸V}$ 为苯甲酸的恒容燃烧热，$Q_{苯甲酸V}=-26460\text{kJ/kg}=-3231.30\text{kJ/mol}$；$Q_{丝V}$ 为燃烧丝的恒容燃烧热，$Q_{丝V}=-3158.9\ \text{kJ/kg}$；$m_{丝}$ 为实际燃烧的燃烧丝质量。

④ 计算萘的恒容燃烧热 $Q_{萘V}$ 和恒压燃烧热 $Q_{萘p}$，并与文献值（$Q_{萘p}=-5153.85\text{kJ/mol}$）比较，计算相对误差。

$$Q_{萘V}=\frac{\overline{W}\Delta T_{萘}-Q_{丝}m_{丝}}{m_{萘}}\times M\times 10^{-3}\ (\text{kJ/mol})$$

七、思考题

① 在本实验中，哪些是系统？哪些是环境？系统和环境间有无热交换？这些热交换对实验结果有何影响？如何校正？

② 实验中哪些因素容易造成误差？如何提高实验的准确度？

③ 实验测量得到的温度改变值为什么还要经过雷诺图解法校正？哪些误差来源会影响测量结果的准确性？

④ 加入内桶水的水温为什么要比外桶水温低？低多少为宜？为什么？

⑤ 使用氧气钢瓶和氧气减压阀时要注意哪些事项？

实验 77　液体饱和蒸气压的测定

一、实验目的

① 掌握液体饱和蒸气压的概念和测定原理，学会测定饱和蒸气压实验的操作方法。

② 测定任意压力下乙醇的沸点及其饱和蒸气压。

③ 了解液体饱和蒸气压和温度的关系，应用克劳修斯-克拉贝龙（Clausius-Clapeyron）方程求摩尔汽化热。

二、实验原理

在一定温度下，纯液体与其蒸气相达平衡时的压力称作该温度下此液体的饱和蒸气压。当其饱和蒸气压等于外压时，所对应的温度即为沸点。蒸发 1mol 液体所吸收的热量称为该温度下液体的摩尔汽化热。液体的蒸气压随温度而变化，温度升高时，蒸气压增大；温度降低时，蒸气压降低，这主要与分子的动能有关。当蒸气压等于外界压力时，液体便沸腾，此时的温度称为沸点。外压不同时，液体沸点将相应改变，当外压为 1atm（101.325kPa）时，液体的沸点称为该液体的正常沸点。

饱和蒸气压 p 与沸点 T 之间的关系可用克劳修斯-克拉贝龙方程描述：

$$\frac{\mathrm{d}\ln p}{\mathrm{d}T}=\frac{\Delta H_V}{RT^2} \tag{9-26}$$

式中，p 为液体在温度 T 时的饱和蒸气压；T 为热力学温度；ΔH_V 为液体摩尔汽化热；R 为摩尔气体常数，8.314J/(mol·K)。在温度变化范围不大时，ΔH_V 可近似视为常数，当作平均摩尔汽化热。将式（9-26）积分得：

$$\lg p=\frac{-\Delta H_V}{2.303R}\times\frac{1}{T}+C \tag{9-27}$$

由式（9-27）可知，以 $\lg p$ 对 $\frac{1}{T}$ 作图，应呈现一直线，斜率为 $\frac{-\Delta H_V}{2.303R}$，由此可求出摩尔汽化热 ΔH_V。

液体饱和蒸气压的测量方法主要有三种。

① 静态法：将待测液体置于一个封闭体系中，在不同温度下，直接测定饱和蒸气压或在不同外压下测定液体相应的沸点。静态法适用于蒸气压较大的液体。静态法测量不同温度下纯液体饱和蒸气压，有升温法和降温法两种。

② 动态法：在不同外部压力下测定液体的沸点。

③ 饱和气流法：在液体表面上通过干燥的气流，调节气流速度，使之能被液体的蒸气所饱和，然后进行气体分析，计算液体的饱和蒸气压。

本实验采用静态法测定乙醇在不同温度下的饱和蒸气压，仪器装置见图 9-9。在一定温度下，当等位计（见图 9-10）A 球上部为纯乙醇蒸气，而 U 型管 BC 两液面处于同一水平面时，则 A 球上部乙醇蒸气压与施加在 C 管液面上的压力相等，可由压力计测得。

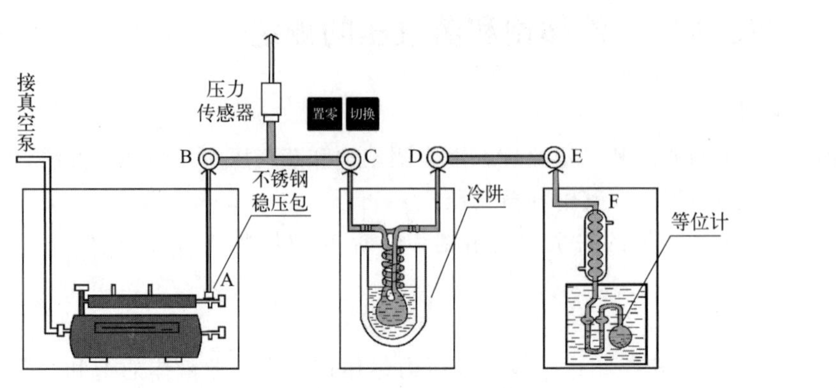

图 9-9　液体饱和蒸气压测定装置

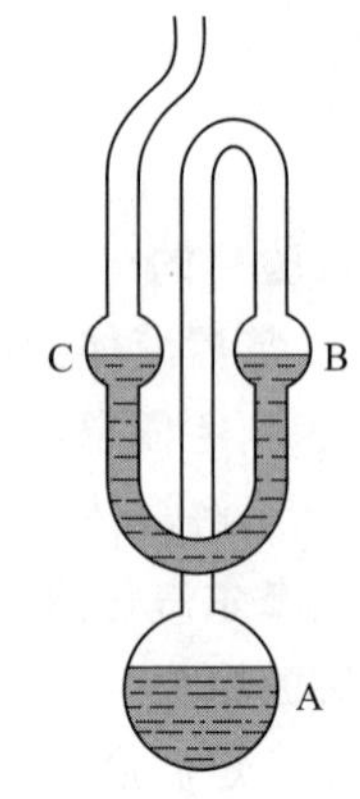

图 9-10　等压计

三、实验仪器与药品

① 仪器：液体饱和蒸气压测定装置 1 套、等位计 1 个。

② 药品：无水乙醇（A. R.）。

四、实验内容

1. 装入待测液

在等位计的 A 球中装入约 2/3 体积的无水乙醇，并在 U 型管的 B、C 中也加入适量无水乙醇。将等位计与真空系统连接好，并用十字夹将等位计夹好，保持垂直状态。

橡胶管与管路接口、玻璃仪器、数字压力计等相互连接时，接口与橡胶管一定要插牢，以不漏气为原则，保证实验系统的气密性。

2. 系统气密性检查

打开循环冷凝水，接通测定装置电源，开启搅拌器，将放气阀置于开的位置（向左旋转到底，不动为止），调压阀置于开位置（向左旋转到底，不动为止），待读数稳定后，记下数字压力计所显示的当前大气压。

将前面板“置零”键按下，使显示为“00. 00kPa”。将“真空阀”置于“开”的位置，放气阀置于“小”的位置（向右旋转到底，不动为止），此时观察到为真空压上升，等位计内样品在溢出气泡。抽气过程注意调节真空阀，防止气体排出过于剧烈。2min 后，等位计中的空气被排空，关闭“真空阀”，关闭真空泵电源，观察整个装置的气密性，若压力计数字保持不变，表明系统不漏气，可开始实验。

3. 表压 Δp 测定

调整前面板左方的水槽控制“设置”键，看到屏中光标闪烁，按“增加/停止”键，直到显示的数字为目标值。再按“移位/加热”键，光标会在相应的位置间移动，依次设置各位数字，达到目标温度数值，再按“设置”键，即可退出设置程序。此时按下“移位/加热”键，就进入加热程序，此时的加热指示灯（绿灯）亮。当“目标温度”与实际值“当前温度”一致时，将“调压阀”向右旋转，使起泡消失，观察等位计“U”型部分的液面高度。如右液面高就调“放气阀”，缓慢右旋转，直到等位计“U”型部分的液面高度一致；如左液面高，就调整“调压阀”，缓慢左调，直到等位计“U”型部分的液面高度一致。等位计“U”型部分的液面高度一致时，记下此时仪器显示的压力值，该值也是此温度的饱和蒸气压值 Δp（相对压）。

4.测定不同温度下纯液体的饱和蒸气压

依次将恒温水浴温度设定为25℃、30℃、35℃、40℃、45℃、50℃、55℃、60℃，在各个温度下测定液体的饱和蒸气压（与大气压之差Δh或Δp）。停止实验，再次读取大气压力。

实验结束，将“放气阀”左旋至最大处（开的位置），使系统内外的气压一致，关闭仪器电源和冷凝水。

5.若大气压为p_0。则$p=p_0-\Delta p$。

五、注意事项

① 整个实验过程中，应保持等位计球内液面上方的空气排尽。

② 升温过程中要调节真空系统的气压，防止等位计内液体沸腾过剧，致使等位计管内液体被抽尽。

③ 蒸气压与温度有关，故测定过程中恒温槽的温度波动需控制在±0.1K。

④ 实验过程中需防止等位计管中液体倒灌入等位计球内，带入空气，使实验数据偏大。如果发生倒灌，则必须重新排出空气。

⑤ 调压阀和真空阀在调节过程中一定要仔细、缓慢地调节。

六、实验数据记录与处理

① 将数据记录在表9-13中。

室温：________℃；大气压：________ kPa。

表9-13　液体饱和蒸气压测定实验数据

温度			表压 Δp /kPa	蒸气压 p/kPa	$\lg p$
T/℃	T/K	$1/T$/K^{-1}			

② 作出p-T图及$\lg p$-$\frac{1}{T}$图，由直线斜率求出乙醇摩尔汽化热ΔH_V，算出相对误差，讨论误差的来源。

七、思考题

① 正常沸点与沸腾温度有何区别？

② 克劳修斯-克拉贝龙方程在什么条件下才能使用？

③ 实验过程中如何防止气泡反冒？如出现这一现象如何处理？

④ 如果要测定乙醇水溶液的蒸气压，本实验的方法是否适用？

实验 78　凝固点降低法测定分子量

一、实验目的

① 用凝固点降低法测定蔗糖的分子量。

② 学会用步冷曲线对溶液凝固点进行校正。

③ 通过本实验加深对稀溶液依数性质的理解。

二、实验原理

凝固点降低法测定化合物的分子量是一个简单而又较为准确的方法。

含非挥发性溶质的两组分稀溶液，当溶质与溶剂不生成固溶体时，则溶液的凝固点低于纯溶剂的凝固点，这是稀溶液依数性的一种表现。

在一定压力下，固态纯溶剂与溶液呈平衡时的温度称为溶液的凝固点。在溶液浓度很稀时，确定溶液的种类和数量后，溶液凝固点降低值仅取决于所含溶质分子的数目。对于理想溶液，根据相平衡条件，稀溶液的凝固点降低与溶液成分关系表示为范特霍夫（Van't Hoff）凝固点降低公式。

$$\Delta T_{\mathrm{f}}=T_{\mathrm{f}}^{*}-T_{\mathrm{f}}=\frac{R(T_{\mathrm{f}}^{*})^{2}}{\Delta_{\mathrm{f}}H_{\mathrm{m,A}}}\times\frac{n_{\mathrm{B}}}{n_{\mathrm{A}}+n_{\mathrm{B}}} \tag{9-28}$$

式中，ΔT_{f} 为凝固点降低值；T_{f}^{*} 为纯溶剂的凝固点；T_{f} 为溶液的凝固点；$\Delta_{\mathrm{f}}H_{\mathrm{m,A}}$ 为溶剂 A 的摩尔凝固热；n_{A} 和 n_{B} 分别为溶剂 A 和溶质 B 的物质的量。

当溶液浓度很稀时，$n_{\mathrm{A}} \gg n_{\mathrm{B}}$，则

$$\Delta T_{\mathrm{f}}=\frac{R(T_{\mathrm{f}}^{*})^{2}}{\Delta_{\mathrm{f}}H_{\mathrm{m,A}}}\times\frac{n_{\mathrm{B}}}{n_{\mathrm{A}}}=\frac{R(T_{\mathrm{f}}^{*})^{2}}{\Delta_{\mathrm{f}}H_{\mathrm{M,A}}}\times M_{\mathrm{A}}\left(\frac{m_{\mathrm{B}}}{M_{\mathrm{B}}m_{\mathrm{A}}}\right)=K_{\mathrm{f}}\left(\frac{m_{\mathrm{B}}}{M_{\mathrm{B}}m_{\mathrm{A}}}\right)=K_{\mathrm{f}}b_{\mathrm{B}} \tag{9-29}$$

式中，m_{A} 和 m_{B} 分别为溶剂 A 和溶质 B 的质量；M_{A} 和 M_{B} 分别为溶剂和溶质的分子量；$K_{\mathrm{f}}=\frac{R(T_{\mathrm{f}}^{*})^{2}}{\Delta_{\mathrm{f}}H_{\mathrm{M,A}}}\times M_{\mathrm{A}}$，$K_{\mathrm{f}}$ 为溶剂的凝固点降低常数，(K·kg)/mol，其数值只与溶剂的性质有关；$b_{\mathrm{B}}=\frac{m_{\mathrm{B}}}{M_{\mathrm{B}}m_{\mathrm{A}}}$，$b_{\mathrm{B}}$ 为溶质 B 的质量摩尔浓度，mol/kg。

如果已知溶剂凝固点降低常数 K_{f}，并测得该溶液的凝固点降低值 ΔT_{f}，若已知溶剂和溶质的质量 m_{A} 和 m_{B}，即可计算溶质的分子量：

$$M_{\mathrm{B}}=\frac{m_{\mathrm{B}}}{b_{\mathrm{B}}m_{\mathrm{A}}}=K_{\mathrm{f}}\,\frac{m_{\mathrm{B}}}{\Delta T_{\mathrm{f}}m_{\mathrm{A}}}=K_{\mathrm{f}}\,\frac{1000}{T_{\mathrm{f}}^{*}-T_{\mathrm{f}}}\times\frac{m_{\mathrm{B}}}{m_{\mathrm{A}}} \tag{9-30}$$

凝固点降低值的多少直接反映溶液中溶质有效质点的数目。如果溶质在溶液中有解离、缔合、溶剂化和生成配合物等情况，均会影响溶质在溶剂中的表观分子量。因此，凝固点降低法还可用来测定弱电解质的电离度、溶质的缔合度、活度及活度系数等。

另外，利用凝固点降低这个性质，在科研中还可用来鉴定物质的纯度及求物质的熔化热；在冶金领域还可配制低熔点合金。

(1) 纯溶剂的步冷曲线

纯溶剂逐步冷却时，步冷曲线如图 9-11 (a) 所示，体系温度随时间均匀下降，到某一温度时有固体析出，由于结晶放出的凝固热抵消了体系降温时传递给环境的热量，因而保持

固液两相平衡；当放热与散热达到平衡时，温度不再改变，在步冷曲线上呈现出一个平台；当全部凝固后，温度又开始下降。从理论上来讲，对于纯溶剂，只要固液两相平衡共存，同时体系温度均匀，那么每次测定的凝固点值应该不变。但实际上由于过冷现象存在，往往每次测定值会有起伏。当过冷现象存在时，纯溶剂的步冷曲线如图 9-11（b）所示。即先过冷后足够量的晶体产生时，大量的凝固热使体系温度回升，回升后在某一温度维持不变，此不变的温度作为纯溶剂的凝固点。

（2）稀溶液的步冷曲线

稀溶液凝固点测定也存在上述类似现象。如果没有过冷现象存在时，溶液首先均匀降温，当某一温度有溶剂开始析出时，凝固热抵消了部分体系向环境的放热，在步冷曲线上表现为一转折点，此温度即为该平衡浓度稀溶液的凝固点。随着溶剂析出，凝固点逐渐降低。步冷曲线如图 9-11（c）所示。

但溶液的过冷现象普遍存在。当某一浓度的溶液逐渐冷却成过冷溶液，通过搅拌或加入晶种促使溶剂结晶，由结晶放出的凝固热抵消了体系降温时传递给环境的热量，体系温度回升。当凝固热与体系散热达到平衡时，温度不再回升，此固液两相共存的平衡温度即为溶液的凝固点。步冷曲线如图 9-11（d）所示。

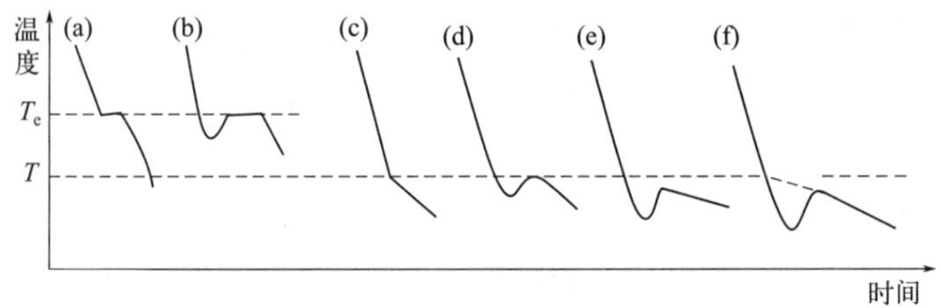

图 9-11　溶剂与溶液的步冷曲线

但过冷太厉害或寒剂温度过低，则凝固热抵偿不了散热，此时温度不能回升到凝固点，在温度低于凝固点时完全凝固，就得不到正确的凝固点。步冷曲线如图 9-11（e）所示。

上述也可从相律分析，溶剂与溶液的冷却曲线形状不同。对纯溶剂两相共存时，自由度 $f^*=1-2+1=0$，步冷曲线出现水平线段，其形状如图 9-11（a）所示。对溶液两相共存时，自由度 $f^*=2-2+1=1$，温度仍可下降，但由于溶剂凝固时放出凝固热，温度回升，回升到最高点又开始下降，所以步冷曲线不出现水平线段，如图 9-11（c）所示。由于溶剂析出后，剩余溶液浓度变大，显然回升的最高温度不是原浓度溶液的凝固点，严格的做法应作步冷曲线，并按图 9-11（f）中所示方法加以校正。但由于步冷曲线不易测出，而真正的平衡浓度又难于直接测定，故实验总是用稀溶液，并控制条件使其晶体析出量很少，所以以起始浓度代替平衡浓度，对测定结果不会产生显著影响。

三、实验仪器与药品

① 仪器：SWC-LGe 自冷式凝固点测定仪 1 套、电子天平 1 台、移液管（25mL）1 只。

② 药品：蔗糖（A. R.）。

四、实验内容

凝固点测定仪内部结构见图 9-12，SWC-LGe 自冷式凝固点测定仪实物见图 9-13。

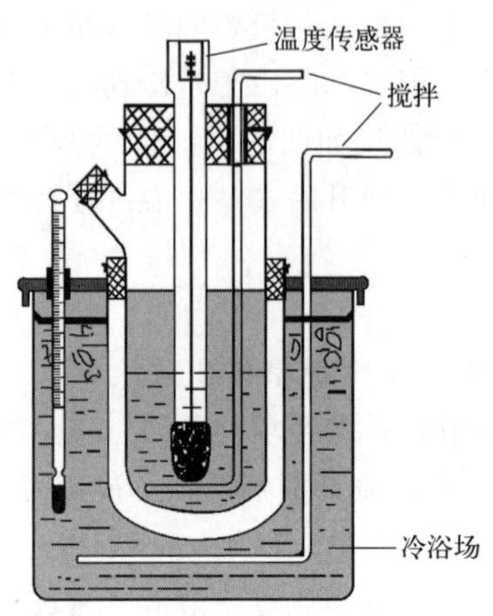

图 9-12　凝固点测定仪内部结构图

图 9-13　SWC-LGe 自冷式凝固点测定仪

1. 调节冷浴场温度

(1) 加入制冷液

关闭后面板（图 9-13）制冷电源开关，打开后面板总电源开关，开启前面板上的泵电源开关，泵开始工作后，将制冷液（水和乙二醇按 2∶1 比例的混合）加至双层杯的一半时(冷却液不得少于双层杯的一半)，停止加液。

(2) 设定冷浴场温度

首先打开后面板上制冷电源开关，制冷指示灯亮，系统将对制冷液制冷。在工作状态显示“置数”时，通过和键，设置冷浴场控温的设定值－5℃和定时时间值（一般将冷浴温度设置为低于样品凝固点值为佳）。按“置数/控温”键至控温状态，系统将自动实施数字 PID 控温，显示屏显示如下：

样品值：12.000℃
设定值：12.0℃
状态：控温60s

注：控温后的 60s，表示定时时间为 60s。

2. 溶剂凝固点的测定

(1) 近似凝固点的测定

向样品管中小心加入 25mL 纯水，将样品管放入空气套管中，一并放入试管架上。当目标温度与冷浴温度一致时，将样品管从空气套管中取出，直接放入冷浴中，并不时手动搅拌。当制冷液恒温后，手动快速搅拌样品管中的待测样品，当样品温度过冷后又回升至温度基本不变时，此时的“样品值”即为样品的初测凝固点值。

(2) 精确凝固点的测定

取出样品管，将样品管置于空气套管中，待样品管中的冰花融化后，一并放入冷浴中。插入横杆，将横杆与搅拌杆相连，调节样品管位置，将搅拌速率置于慢挡，使得搅拌自如，并用橡胶圈锁定横杆。当样品温度低于粗测凝固点约 0.2℃时，将搅拌速率置于快档，当样品过冷后温度回升至基本稳定不变后，读出凝固点值。取出样品管，点击“停止绘图”，待冰花自然融化后，再次放入空气套管中，第二次测出凝固点值。重复上述步骤，直至测出第三次凝固点值，取平均值。

3.溶液凝固点的测定

取出样品管，用同样的方法使样品管中冰完全融化。用电子天平精确称取蔗糖约 1.5g，将蔗糖加入样品管中，待全部溶解后，测定溶液的凝固点。测定方法与纯水的相同，先测溶液近似凝固点的参考温度，再精确测定，但溶液凝固点是取回升后所达到的最高温度。重复三次，取平均值作为溶液的凝固点值

实验结束后，关闭制冷电源，关闭搅拌后再关闭总电源开关。取出测定样品管，倒出溶液，清洗样品管备用。

五、注意事项

① 若样品降温较慢，建议在空气套管中加入 15mL 制冷液。

② 若样品管管壁有结冰时，一定要用搅拌杆将其刮落至融化。

③ 控温状态下，只有当冷却液温度和样品温度都低于 10℃时，加热器才开始工作并控温。

六、实验数据记录与处理

将实验数据记录在表 9-14 中。

室温：________℃；大气压：________ kPa。

表 9-14　凝固点降低实验数据

物质	质量 m/g	凝固点/℃			凝固点降低值/℃
		测量值		平均值	
水		近似凝固点			
		1			
		2			
		3			
蔗糖		近似凝固点			
		1			
		2			
		3			

根据表 9-14 中的数据计算蔗糖的分子量。

七、思考题

① 为什么要先测近似凝固点？

② 根据什么原则考虑加入溶质的量？太多或太少影响如何？

③ 测凝固点时，纯溶剂温度回升后有一恒定阶段，而溶液则没有，为什么？

④ 溶液浓度太稀或太浓对实验结果有什么影响？为什么？

⑤ 若溶质在溶液中产生解离、缔合等现象时，对实验结果有何影响？

⑥ 凝固点降低法测定分子量，选择溶剂时应考虑哪些因素？

⑦ 引起实验误差的最主要的原因是什么？

实验 79　乙醇-乙酸乙酯双液系相图

一、实验目的

① 绘制乙醇-乙酸乙酯双液系的沸点-组成图，确定其恒沸温度。

② 掌握阿贝折射仪的工作原理和使用方法。

二、实验原理

两种在常温下为液体的物质混合所组成的体系为双液系；若两个组分能按任意比例互溶，则称完全互溶双液系；若只能在一定比例范围内互溶，则称为部分互溶双液系。

液体的沸点是指液体的饱和蒸气压和外压相等时的温度，当外压为 1 个大气压（101.325kPa）时，此液体的沸点为标准沸点。在一定的外压下，纯液体的沸点有确定的值，但对于完全互溶的双液系，沸点不仅与外压有关，而且还和双液系的组成有关。在恒定压力下，表示体系沸点与组成关系的相图称为沸点-组成图，完全互溶双液系的沸点-组成图有三种类型：

① 溶液沸点介于两纯组分沸点之间［图 9-14（a）］。

② 溶液出现最高恒沸点［图 9-14（b）］。

③ 溶液出现最低恒沸点［图 9-14（c）］。

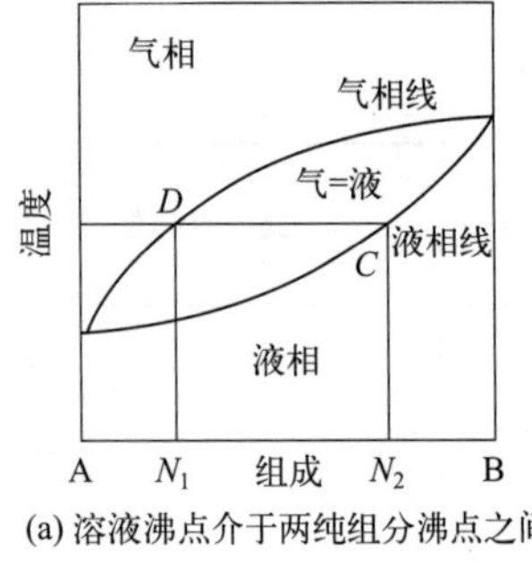

(a) 溶液沸点介于两纯组分沸点之间

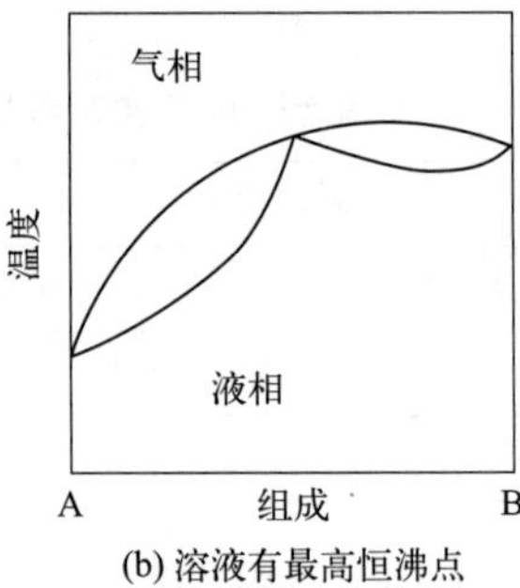

(b) 溶液有最高恒沸点

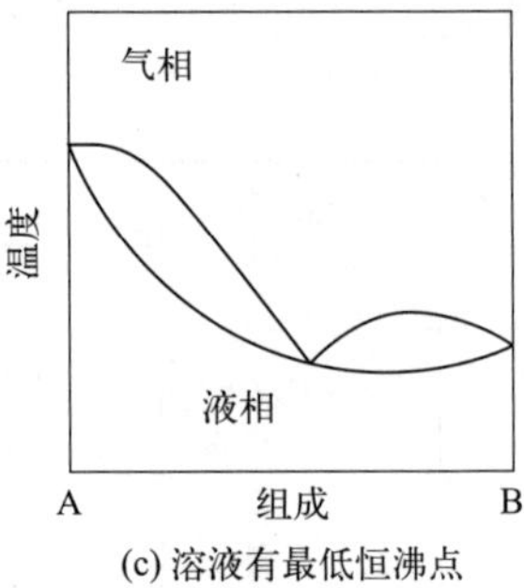

(c) 溶液有最低恒沸点

图 9-14　完全互溶双液系的沸点-组成图

图 9-14（a）类相图在体系处于沸点时，气、液两相的组成不相同，因而可以通过反复蒸馏使双液系的两个组分完全分离。

图 9-14（b）、（c）类相图的特点是气相和液相在某温度处相交，此点称为恒沸点。具有该点组成的双液系，在蒸馏时气相组成和液相组成完全相同，在整个蒸馏过程中，沸点也恒定不变。恒沸点有最高和最低之分，乙醇-乙酸乙酯所组成的体系就是具有最低恒沸点的双液系。对应于恒沸点组成的双液系，称为恒沸混合物。对图 9-14（b）、（c）类溶液反复蒸馏时，只能分离出一种纯物质和一种恒沸混合物。如要获得两纯组分，则需采取其他方法。测绘这类相图时，要求同时测定溶液的沸点及气液平衡时的两相组成。

本实验中，由于乙醇和乙酸乙酯的折射率相差较大，故溶液组成用折射率方法分析。且该方法所需样品较少，对本实验较适用。

折射率是物质的一个特征数值，溶液的折射率与组成有关。因此，测定一系列已知浓度溶液的折射率，作出在一定温度下该溶液的折射率-组成工作曲线，就可按内插法得到这种未知溶液的组成。

三、实验仪器与药品

① 仪器：ZR-Fs 双液系沸点实验装置 1 套、阿贝折射仪 1 台、超级恒温水浴 1 台、磨口瓶 50mL 6 个、移液管、滴管、烧杯 250mL 1 个、擦镜纸。

② 药品：无水乙醇（A. R.）、乙酸乙酯（A. R.）。

四、实验内容

1. 调节温度

调节超级恒温水浴温度，通恒温水于阿贝折射仪中，使其温度保持在 25℃±0.1℃。

2. 安装仪器

按图 9-15 连接仪器，将玻璃蒸馏器固定在连接支架上。接好电源，打开开关，冷凝口接上循环水。将温度计探头插入橡胶塞，使其底端处于样品 1～2mm 深处。将电极连接线接到加热电极（+）和加热电极（−）。

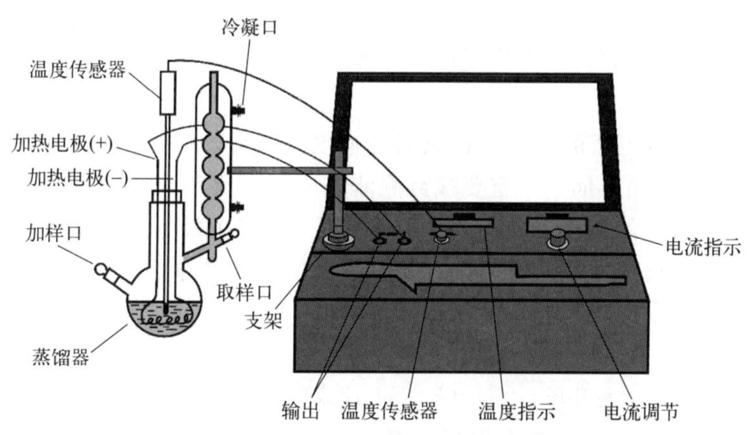

图 9-15 ZR-Fs 双液系沸点实验装置图

3. 校正阿贝折射仪

阿贝折射仪的使用与校正见第四章 4.6.3 小节。

4. 配制溶液

按下表配制六种不同浓度的溶液，分别装入 50mL 的磨口瓶。

质量分数	10%	20%	30%	45%	65%	85%
乙醇 V/mL	5.63	11.11	16.43	24.15	33.98	43.31
乙酸乙酯 V/mL	44.37	38.89	33.57	25.85	16.02	6.69

5. 测定

（1）乙醇-乙酸乙酯溶液组成与折射率的测定

把上述所配制溶液作为标准溶液，分别用阿贝折射仪测定其折射率，每一个样品测定三次，取其平均值。再查阅 25℃纯乙醇和纯乙酸乙酯的折射率，由此可得到乙醇-乙酸乙酯溶液折射率-组成工作曲线，即标准工作曲线。

（2）沸点及气液相组成的测定

检查带有温度计传感器的橡胶塞是否塞紧。从沸点仪（见图 9-16）的加样口加入待测溶液，使其液面完全没过加热丝，与温度探头刚好接触。打开冷凝水，接通电源，顺时针调节“电流调节”旋钮，调节电流至 1.3A 左右，将液体缓慢加热至沸腾。液体沸腾后，再调

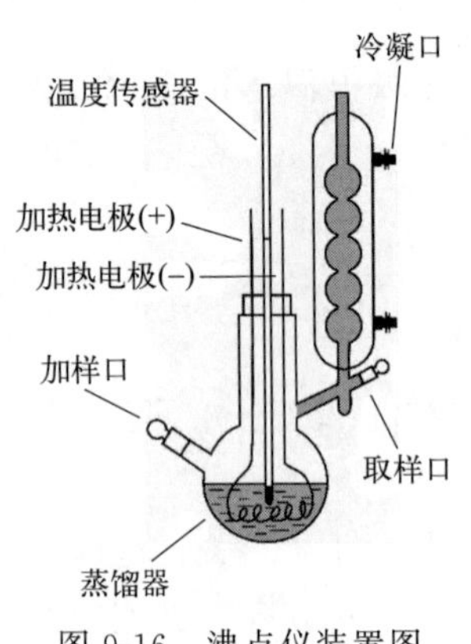

图 9-16　沸点仪装置图

节电流的大小，使蒸气不超过冷凝管高度的 1/3 为宜。

注意“温度指示”的变化情况，当温度稳定不再上升后，记下此时温度，即为该溶液的沸点。1～2min 后停止加热。

在液体沸腾时，低沸点组分首先挥发出气体，在蒸气升入冷凝管后冷却变成液体，存入取样口底部的袋状凹面中。用一支干净的短滴管从取样口吸取该袋状凹面中的气相冷凝液，然后在阿贝折射仪上测其折射率，即为平衡时气相样品的折射率。

用 250mL 烧杯，内盛冷水，套在沸点仪底部，冷却其内部液体至室温。用一支短滴管从加样口吸取容器内的溶液，然后在阿贝折射仪上测其折射率，即为平衡时液相样品的折射率。

将沸点仪中液体倒入废液缸，按步骤（2）分别测定其余待测液的沸点和气液相组成。

实验结束后，关闭电源，关闭冷凝水，清洗仪器。

五、注意事项

① 实验中通过调节电流的大小来控制回流速度的快慢，电流不可过大，能使待测液沸腾即可。加热丝不能露出液面，一定要被待测液浸没。

② 实验过程中，要保证沸点仪各个塞子密封良好，避免气体逸出挥发。

③ 测折射率的速度要尽量快，否则样品挥发后测不出结果。取样量应适当，太少不能测出数据，太多影响后续实验数据。

六、实验数据记录与处理

室温：________℃；大气压：________ kPa；阿贝折射仪温度：________℃。

① 将实验测得的折射率-组成数据列于表 9-15 中，绘制折射率-组成的标准工作曲线。

表 9-15　折射率-组成关系的数据

乙醇质量分数/%		10%	20%	30%	45%	65%	85%
折射率 n_D^{25}	1						
	2						
	3						
	平均						

② 将实验测得的沸点-组成数据列于表 9-16，并从标准工作曲线上查出各相应的气、液相组成。

表 9-16　沸点-组成关系的数据

乙醇质量分数/%	气相（g）n_g^{25}				气相组成（质量分数）/%	液相（l）n_l^{25}				液相组成（质量分数）/%	沸点/℃
	1	2	3	平均		1	2	3	平均		
10%											
20%											
30%											
45%											

续表

乙醇质量分数/%	气相（g）n_g^{25}				气相组成（质量分数）/%	液相（l）n_l^{25}				液相组成（质量分数）/%	沸点/℃
	1	2	3	平均		1	2	3	平均		
65%											
85%											

③ 查阅纯乙醇和纯乙酸乙酯的沸点，并结合气液组成及沸点，绘制乙醇-乙酸乙酯的气液平衡相图，由图确定其最低恒沸点及恒沸混合物的组成。

七、思考题

① 在测定时，有过热或分馏作用将使测得的相图产生什么变化？

② 沸点仪的取样口底部的袋状凹面的体积过大或过小，对测量有何影响？

③ 按所得相图讨论此溶液蒸馏时的分离情况。

实验 80　固体二组分相图

一、实验目的

① 用热分析方法（步冷曲线）测绘 Bi-Cd 二组分金属相图。

② 了解步冷曲线及相图中各曲线所代表的物理意义。

③ 了解 ZRSG-04 金属相图控温仪与 ZR-08 金属相图升温电炉的使用技术。

④ 了解热电偶的结构、原理、使用方法。

二、实验原理

热分析方法是绘制相图最常用的基本方法之一。该方法是通过观察被测体系冷却或加热过程中体系温度随时间变化的情况，来判断体系状态的变化，即有无相的变化。通常是将待测样品加热至全部熔融成一均匀液相，然后停止加热，让其自然冷却，等时间间隔测定其温度，可得一条温度-时间的曲线，此曲线称为步冷曲线。

步冷曲线的变化与样品体系热容、环境温差及散热速度等因素有关，但主要决定于冷却过程中是否有相变产生。若体系内不发生相变，则步冷曲线均匀地改变；若体系内发生相变，则伴随相变热的出现，改变了体系温度变化的速度，步冷曲线会出现转折点或水平段。根据不同组成样品的步冷曲线上的转折点或水平段，即可绘制相图。

图 9-17（a）中 1 线是由单一的物质 A 组成。在 a 点 A 物质的温度降到了凝固点（熔点），A 物质开始凝固，放出凝固热，放出的热量抵消了体系散失的热量。因此，在 1 线中 aa'段产生了平台。过了 a'点后，A 物质全部凝固温度又继续下降。

B 物质的步冷曲线 6 线同 1 线。2、3、4、5 线是由混合物质组成的。

3 线与 1 线相似，不同的是 cc'段的平台是由最低共熔物产生。

2 线是温度下降到 b 点时，体系中含量较多的组分（A）开始凝固并放出凝固热，使体系温度变化速度发生变化，在 2 线上产生了拐点（出现拐点和平台与物质的凝固热及体系散热速度有关）。当温度下降到 c 点时熔融液的组成恰好达到了最低共熔物的组成，而此时的温度也到了最低共熔的凝固点，最低共熔物开始凝固，产生了平台 cc'段，全部冷凝后，体系温度继续下降。

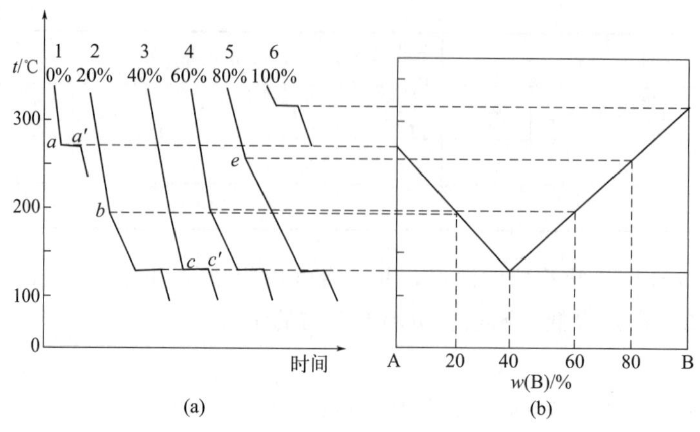

图 9-17　步冷曲线（a）和 A-B 体系相图（b）

5 线与 2 线不同的是，在 *e* 点首先析出的固体是 B 物质。

本实验是用热电偶来测 Bi-Cd 体系不同组成样品的温度，用仪器直接测出其步冷曲线，找出各组分样品的拐点与平台温度，从而作出相图。

三、实验仪器与药品

① 仪器：ZRSG-04 金属相图控温仪 1 台、ZR-08 金属相图升温电炉 1 台、热电偶 4 只、不锈钢样品管 5 个、台秤 1 台。

② 药品：Bi(A. R.)、Cd（A. R.)、硅油。

四、实验内容

1. 检查仪器

检查 ZRSG-04 金属相图控温仪与 ZR-08 金属相图升温电炉及计算机各处接口连接是否正确（图 9-18），然后接通电源开关，通电预热 2min 以上待用。

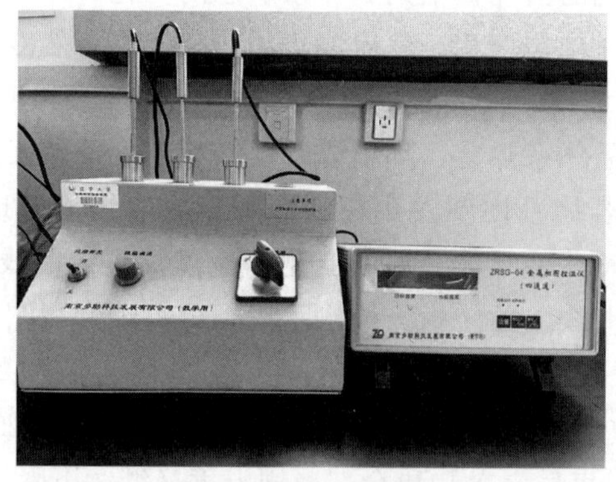

图 9-18　仪器装置

2. 测定样品的步冷曲线

(1) 样品配制（由教师完成）

用台秤称取并分别配制下表五个样品（每个样品为 120g）。

序号	1	2	3	4	5
Bi 含量/%	0	20	40	80	100

将样品分别装入不锈钢试管内，加入大约 2mL 硅油。

（2）纯物质的步冷曲线测定

① 将装有样品序号 1、5 的不锈钢管分别放入加热电炉 1、2 号内，再将对应的热电偶分别插入样品管中，记录每个热电偶编号所对应的样品组分。然后将加热电炉的开关转向 1 的位置。

② 打开控温仪电源，设置其加热温度为 350℃。启动计算机，进入桌面后，双击“金属相图测定实验系统 3.0”，点击打开界面的“新建步冷曲线文档”，选择所对应热电偶编号，再点击软件界面上方“开始”，按下控温仪上的加热开关，开始实验并记录数据。当曲线出现平台，保持一段时间后又继续下降，说明实验结束，单击“停止”，停止采集；再单击“保存”，输入本次实验数据保存的文件名，将文件保存为“. xts”类型文件。

（3）混合物质的步冷曲线测定

将装有 2、3、4 号样品的不锈钢管放入加热电炉 5、6、7 号内，将热电偶从 1、5 号样品管中取出，小心放入 2、3 号样品管中，再将另一热电偶放入 4 号样品，记录每个热电偶编号所对应的样品组分。然后将加热电炉的开关转向 2 的位置。

设置控温仪加热温度为 330℃，重复操作步骤（2）中的②。

等所有数据采集完毕，点击软件界面“打开”，将之前所保存之数据全部调出，鼠标左键移动曲线，按顺序排列好，保存步冷曲线图。

五、实验数据记录与处理

① 根据仪器提供的数据，找出各步冷曲线中的转折点和平台对应的温度值、时间，在坐标纸上作出步冷曲线。

② 根据步冷曲线，以温度为纵坐标，组成为横坐标，作出 Bi-Cd 体系相图。

六、思考题

① 简述热电偶的结构原理、种类及范围。

② 你能否在实验前，根据 Bi、Cd 两种金属所构成的二元体系粗略估计一下它们的相图是什么样子？

③ 你能否在实验前画出本实验中待测的五个样品的步冷曲线的形状及它们的相对位置？

④ 实验中步冷曲线测到什么时候该结束？

⑤ 对于不同组成的混合物的步冷曲线，其平台有什么不同？是何种原因造成的？

⑥ 绘制样品的步冷曲线时，你发现了什么现象？怎样解释？

附：热电偶

两种金属导体形成一个闭合回路（图 9-19），如果连接点温度不同，回路将产生一个与两点温度有关的电势，称为温差电势。这样一对导体就称为热电偶。若保持电偶一个连接点温度不变（如插在冰水中或置于其他恒定温度的环境中），则电偶的温差电势将随另一端（通称热端）的温度而变。若知道该电偶的热端温度与温差电势的关系，在用适当仪表测得温差电势后，便可得知热端所在环境的温度。热电偶的温差电势值在不同温度时可查有关资料。

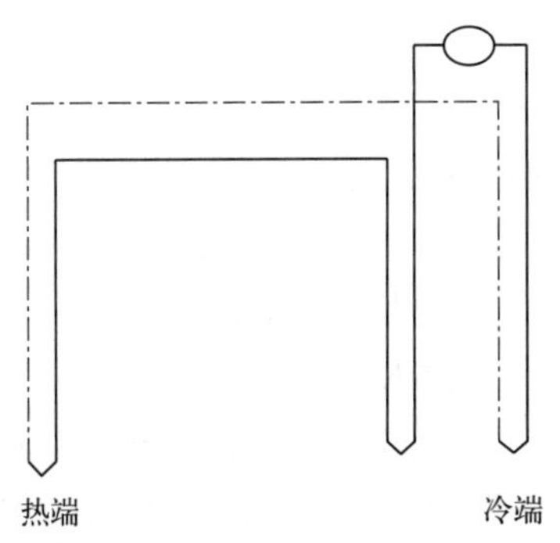

图 9-19　金属导体形成闭合回路

热电偶的温度计有如下的优点：

① 灵敏度较高。铜-康铜热电偶的灵敏度，当温度改变

1℃产生 42.8μV 的电势，用精密的电位差计测量，可测出 0.02℃的变化，如用串起来的热电偶即热电堆进行测量则可测至 0.0001℃。

② 经过精密热处理的热电偶，其温差电势-温度函数关系的重现极好，标定后可长期使用。

③ 量程宽。热电偶温度计与玻璃温度计比较，其量程很宽，仅受所选材质适应温度范围限制。如铜-康铜热电偶可量 0～350℃间温度值，而铁-康铜热电偶适于测量 200～750℃的温度值，这一特性是玻璃温度计所不及的。

④ 热电偶是实现温度转换电参量的较理想的温度变换器。

使用热电偶注意事项：

① 根据所测体系的情况，正确选择适当热电偶，如易被还原的铂-铂铑热电偶不应在还原气氛中用作低量程的热电偶。

② 为了正确反映体系温度，电偶的热端应直接与被测体系接触，且应放置在一定的部位。若不能直接接触，可将热电偶装入一套管中，再将此套管插在待测体系中，套管里可放些高沸点液体，保证接触良好。

③ 对于电偶的冷端必须使其保持一恒定的温度，通常参考温度选用 0℃的冰水混合物。

④ 由于制备或作用情况不一，故在使用前一定要校准，作出标准工作曲线。

实验 81　液相反应平衡常数的测定

一、实验目的

① 学会用化学分析法测定碘和碘化钾反应的平衡常数。

② 熟悉恒温槽的构造及使用方法。

二、实验原理

碘溶于碘化钾溶液中生成三碘化钾，在恒定的温度及压力下，当反应进行一段时间后，会达到下列平衡

$$KI + I_2 \rightleftharpoons KI_3 \tag{9-31}$$

其平衡常数 K 为

$$K = \frac{c_{KI_3}}{c_{KI}c_{I_2}} \tag{9-32}$$

实验时，待反应达到平衡后，分别测定碘、碘化钾、三碘化钾的浓度，即可算出平衡常数 K。

本实验采用 $Na_2S_2O_3$ 标准溶液滴定平衡溶液中各物质的浓度。用 $Na_2S_2O_3$ 滴定的是平衡后的混合溶液（包含反应物碘、碘化钾和产物三碘化钾），$Na_2S_2O_3$ 和碘作用，碘浓度减小，使式（9-31）表示的平衡向左移动，直至三碘化钾全部分解，测定出的碘量实际上是碘和三碘化钾的总和（设为 b）。为了测出平衡时碘的浓度，需借助碘在水和四氯化碳中的分配系数 K_d。

因碘既溶于水也溶于四氯化碳，将互不相溶的水和四氯化碳放于同一容器中，溶液将分为两层，上层为水（水相），下层为四氯化碳（有机相）。将碘放入，碘以一定的比例分别溶于两相中，恒温恒压下，碘在两相中的浓度比为常数，即分配系数 K_d。

$$K_d=\frac{c_{I_2}(CCl_4\text{ 相})}{c_{I_2}(H_2O\text{ 相})} \tag{9-33}$$

本实验配液时应先将碘溶于四氯化碳中得到饱和溶液，再将含碘的四氯化碳溶液和碘化钾溶液混合，碘将从四氯化碳（有机相）中逐渐转移到碘化钾溶液（水相）中，和碘化钾进行反应，建立两个平衡：碘在有机相和水相中的分配平衡；在水相中碘和碘化钾反应的化学平衡。平衡后，用 $Na_2S_2O_3$ 滴定有机相，得到碘在四氯化碳中的浓度，再由碘的分配系数 K_d 即可求出碘在水相中的浓度 c_{I_2}（H_2O 相），设为 a。

$$c_{I_2}(H_2O\text{ 相})=\frac{c_{I_2}(CCl_4\text{ 相})}{K_d} \tag{9-34}$$

生成的三碘化钾浓度为：

$$c_{KI_3}=b-a \tag{9-35}$$

平衡时碘化钾的浓度可由化学反应方程式求得：

	KI	+	I_2	⟶	KI_3
初态	c^0_{KI}		$c^0_{I_2}$		0
平衡态	$c^0_{KI}-x$		$c^0_{I_2}-x$		x

每消耗一摩尔 KI 即生成一摩尔 KI_3，平衡时碘化钾的浓度为：

$$c_{KI}=c^0_{KI}-c_{KI_3}=c^0_{KI}-(b-a) \tag{9-36}$$

平衡常数的计算式为：

$$K=\frac{c_{KI_3}}{c_{KI}c_{I_2}}=\frac{b-a}{[c^0_{KI}-(b-a)]\times a} \tag{9-37}$$

碘在四氯化碳和水中的分配系数可在手册中查得，或由实验直接测定，本实验选择直接测定法。

三、实验仪器与药品

① 仪器：恒温水浴装置 1 套、5mL 微量滴定管 1 支、25mL 碱式滴定管 1 支、250mL 碘瓶 2 个、250mL 锥形瓶 4 个、5mL 移液管 2 支、50mL 移液管 1 支、10mL 移液管 1 支、100mL 量筒 1 个。

② 药品：0.05mol/L $Na_2S_2O_3$、0.1mol/L KI、CCl_4 饱和碘的溶液、5%淀粉指示剂。

四、实验内容

① 调节恒温槽，使其温度恒定在 25℃±0.1℃。

② 取两支碘瓶分别标为 1、2 号，在 1 号碘瓶中加入 20mL CCl_4 含碘的饱和溶液及 150mL 蒸馏水，在 2 号碘瓶中加入 20mL CCl_4 含碘的饱和溶液及 150mL（0.1mol/L ）KI 溶液。塞紧瓶盖后振荡，放入恒温槽中恒温反应 60min。恒温期间每支碘瓶每隔 8～9min 振荡一次，最后一次振荡须将附在水层表面的 CCl_4 振荡至下层，待两层完全分离（振荡后至少放置 10min 再取样分析）。

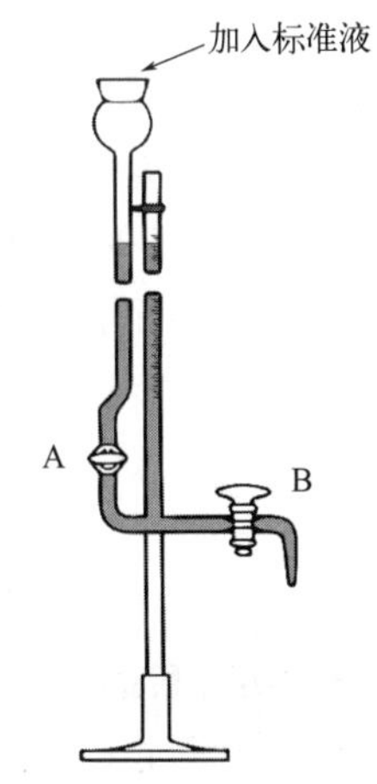

图 9-20　微量滴定管

a. 装液：如图 9-20 所示，关闭微量滴定管活塞 B，开启活塞 A，然后从上口加入标准液，标准液过了活塞 A 后，又进入（向上）滴定管，直到液面到零刻度以上，停止加液。

b. 调零：关闭活塞 A，小心开启活塞 B。刻度管的液面开始缓缓下降，直到正确的“0”刻度位置，关闭活塞B。

润洗管子时，开A关B，让溶液充满刻度管子，片刻后再将溶液放掉。再开B关A，将全部溶液放出。

c. 滴定：小心开启活塞B（A活塞已经关闭），将刻度管中的标准液小心地滴入反应液中。

d. 添加溶液：关闭活塞B，开启活塞A，步骤同a。

③ 1号碘瓶中用移液管准确吸取50mL水层溶液两份，准确吸取5mLCCl_4层溶液两份，分别放入4个锥形瓶中，用$Na_2S_2O_3$标准溶液滴定。水层溶液用微量滴定管滴定，CCl_4层溶液用25mL碱式滴定管滴定。滴定CCl_4层之前需加入20mL 0.1mol/L KI溶液，滴定至淡黄色时加入淀粉指示剂，此时溶液呈现蓝色，继续用$Na_2S_2O_3$溶液滴定直至蓝色消失。

移取CCl_4层溶液时，为防止水层溶液进入移液管，用手指塞紧移液管上端口，将移液管快速穿过水层直接插入CCl_4层底部。

④ 在2号碘瓶中用移液管准确吸取10mL水层溶液两份，准确吸取5mL CCl_4层溶液两份，分别放入4个锥形瓶中，用$Na_2S_2O_3$标准溶液滴定（各层都用微量滴定管滴定）。

滴定水层：用$Na_2S_2O_3$滴定，滴至浅黄色加淀粉指示剂，变蓝，再滴至无色停止滴定。

滴定CCl_4层：首先加20mL KI，充分振荡，滴定至上面水层至浅黄色加淀粉指示剂，变蓝，再滴至无色停止滴定（水相和有机相都是无色）。

五、实验数据记录与处理

室温：________℃；大气压：________ kPa。

表9-17　滴定时所用$Na_2S_2O_3$的体积

编号	消耗$Na_2S_2O_3$(水层)体积/mL			消耗$Na_2S_2O_3$(CCl_4层)体积/mL		
	1	2	平均	1	2	平均
1号						
2号						

① 根据1号碘瓶取样滴定数据（表9-17）按式（9-33）计算分配系数K_d。

② 根据2号碘瓶取样滴定数据（表9-17），分别按式（9-34）、式（9-35）、式（9-36）计算反应达平衡时的浓度c_{I_2}、c_{KI_3}、c_{KI}，并按式（9-37）计算平衡常数K。

六、思考题

① 本实验配液时，用什么仪器量取各溶液体积？为什么？

② 振荡时若将溶液溅出少许，或将恒温水槽中的水灌进瓶里，你将如何处理？

③ 分析CCl_4有机相时，为什么要加入KI溶液？加入量是否需要十分准确？

④ 本实验的关键是什么？

实验82　原电池电动势的测定

一、实验目的

① 测定Cu-Zn电池的电动势和Cu、Zn电极的电极电势。

② 了解可逆电池、可逆电极、盐桥等概念。

③ 学会 Cu 电极和 Zn 电极的制备和处理方法。

④ 掌握数字电位差计的测量原理和使用方法。

二、实验原理

电池由正、负两极组成，电池在放电过程中，正极发生还原反应，负极发生氧化反应。电池内部还可能发生其他反应（如发生离子迁移），电池反应是电池中所有反应的总和。

电池除可以用来作为电源外，还可用它来研究构成此电池的化学反应的热力学性质。从化学热力学知道，在恒温、恒压、可逆条件下，电池反应应该有以下关系：

$$\Delta G=-nFE \tag{9-38}$$

式中，ΔG 是电池反应自由能的增量；F 是法拉第常数（等于 96500C）；n 是参与反应电荷的物质的量；E 是电池的电动势。所以测出该电池的电动势 E 后，便可求出 ΔG，通过 ΔG 又可求出其他热力学函数。但必须注意，只有在恒温、恒压、可逆条件下，式（9-38）才能成立。这就首先要求电池反应本身是可逆的，即要求电极反应是可逆的，并且不存在任何不可逆的液接界。另外，电池还必须在可逆的情况下工作，即放电和充电过程都必须在准平衡状态下进行，此时只有无限小的电流通过电池。

因此，在用电化学方法研究化学反应的热力学性质时，所设计的电池应尽量避免出现液接界。在精确度要求不高的测量中，盐桥是指一种正负离子迁移数比较接近的盐类溶液所构成的桥，用来连接原来产生显著液接界电势的两个液体，从而使它们彼此不直接接界，如图 9-21 所示。

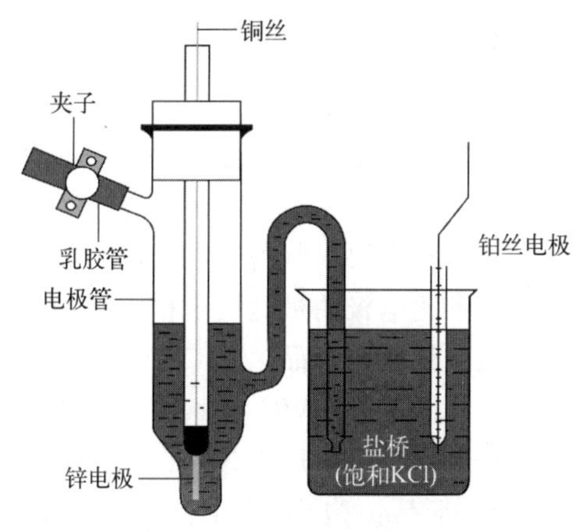

图 9-21　盐桥的示意图

常用的盐桥有 KCl（3mol/L 或饱和）。不过用了盐桥后，液接界电势一般仍在毫伏数量级，在精确测量中，还是不能满足要求。

在进行电池电动势测量时，为了使电池反应在接近热力学可逆条件下进行，不能用伏特表来测量，而要用电位差计测量。

电位差计的测量原理和使用方法见第四章 4.4 节。

原电池的电动势主要是两个电极的电极电势的代数和，如能测出电极的电势就可计算得到由它们组成的电池电动势。

由式（9-38）可推出电池的电动势以及电极电势的表达式，下面以铜-锌电池为例进行分析。

电池结构：$Zn\mid ZnSO_4(c_1)\parallel CuSO_4(c_2)\mid Cu$

负极反应：$Zn\longrightarrow Zn^{2+}(a_{Zn^{2+}})+2e^-$

正极反应：$Cu^{2+}(a_{Cu^{2+}})+2e^-\longrightarrow Cu$

总电池反应：$Zn+Cu^{2+}(a_{Cu^{2+}})\longrightarrow Zn^{2+}(a_{Zn^{2+}})+Cu$

反应的自由能变化 ΔG 为：$G=\Delta G^{\ominus}+RT\ln[(a_{Zn^{2+}}a_{Cu})/(a_{Cu^{2+}}a_{Zn})]$　(9-39)

纯固体的活度等于 1，即 $a_{Zn}=a_{Cu}=1$，代入式（9-39）得

$$\Delta G=\Delta G^{\ominus}+RT\ln(a_{Zn^{2+}}/a_{Cu^{2+}}) \tag{9-40}$$

因为 $\Delta G=-nFE$，则 $\Delta G^{\ominus}=-nFE^{\ominus}$，代入式（9-40）

得电池的电动势与活度的关系式：

$$E=E^{\ominus}-(RT/2F)\times\ln(a_{Zn^{2+}}/a_{Cu^{2+}}) \tag{9-41}$$

式中，$E^{\ominus}$ 为溶液中锌离子的活度 $a_{Zn^{2+}}$ 和铜离子的活度 $a_{Cu^{2+}}$ 均等于 1 时电池的电动势。

电池的反应由两个电极反应组成，因此电动势表达式也可以分成两项电极电势之差。若设正极的电势为 φ^{+}，负极电势为 φ^{-}，则 $E=\varphi^{+}-\varphi^{-}$，对铜-锌电池而言

$$\varphi^{+}=\varphi^{\ominus}_{Cu^{2+}}-(RT/2F)\times\ln(a_{Cu}/a_{Cu^{2+}}) \tag{9-42}$$

$$\varphi^{-}=\varphi^{\ominus}_{Zn^{2+}}-(RT/2F)\times\ln(a_{Zn}/a_{Zn^{2+}}) \tag{9-43}$$

式中，$\varphi^{\ominus}_{Cu^{2+}}$、$\varphi^{\ominus}_{Zn^{2+}}$ 为铜电极和锌电极与其活度为 1 的 Cu^{2+} 和 Zn^{2+} 达成平衡时电极电势，当温度处于 25℃时即称为该电极的标准电极电势。

在电化学中，电极电势的绝对值至今还无法测定，而是以某一电极的电极电势作为零标准，然后将其他电极与它组成电池，测定其间的电动势，则该电动势即为被测电极的电极电势。被测电极在电池中的正负极性，可由它与零标准电极两者的还原电势比较而确定。通常将氢电极在氢气压力为 1 个大气压，溶液中 a_{H^+} 为 1 时的电极电势规定为零（称为标准氢电极），然后与其他被测电极进行比较。

由于使用氢电极不方便，一般常取另外一些制备工艺简单、易于复制、电位稳定的电极作为参比电极来替代氢电极，常用的有饱和甘汞电极，此电极与标准氢电极比较而得到的电势已精确测出，见本节附录内容。

本实验中要求制备锌电极、铜电极，将它们组成电池，测量其电动势，再用饱和甘汞电极作为参比电极测量这两个单电极的电极电势。

三、实验仪器与药品

① 仪器：ZD-WC 精密数字式电子电位差计 1 台、精密稳压电源、饱和甘汞电极 1 个、电极架 3 支、吸气球 1 只、铜电极 2 个、锌电极 1 个、电极管 3 支、50 毫升烧杯 1 个。

② 药品：饱和 KCl 溶液、0.1mol/L $ZnSO_4$ 溶液、0.1mol/L $CuSO_4$、0.01mol/L $CuSO_4$ 溶液、硝酸亚汞溶液或纯金属汞、铜片（镀铜用的阳极）1 只、镀铜溶液（$CuSO_4\cdot 5H_2O$ 125g/L，H_2O 125g，H_2SO_4 25g/L，乙醇 50mL/L）、6mol/L 硫酸、6mol/L 硝酸。

四、实验内容

1. 电极制备

（1）锌电极

用稀硫酸浸洗锌表面的氧化层，然后用水洗涤，再用蒸馏水淋洗，然后浸入饱和硝酸亚汞溶液中 3～5s（或在金属汞中浸片刻）。取出后用滤纸擦拭锌电极，使锌电极表面上有一层均匀的汞齐，再用蒸馏水洗涤（用过的滤纸应投入指定的有盖广口瓶中，瓶中应该有水淹没滤纸）。把处理好的锌电板插入清洁的电极管内并塞紧，将电极管的虹吸管管口浸入盛有 0.1mol/L $ZnSO_4$ 溶液的小烧杯内，用吸气球从乳胶管抽气，将溶液吸入电极管里浸没电极并略高一点，停止抽气，旋紧活塞。电极的虹吸管内（包括管口）不可有气泡，也不能有漏液现象。

（2）铜电极

将铜电极在稀硝酸（约 6mol/L）内浸洗，取出后冲洗干净，用蒸馏水淋洗。因要制备两个铜电极，可将两个铜电极并在一起作为阴极。另取一铜棒作阳极，在镀铜溶液中进行电镀，其装置如图 9-22 所示。电镀条件为，电流密度控制在 $20mA/cm^2$ 左右，电镀约 15min，

使表面有一紧密的镀层。

电镀后，将铜电极取出，用蒸馏水淋洗，分别插入两个电极管内，同上法分别吸入0.1mol/L、0.01mol/L的$CuSO_4$溶液。

2.电池的组合

将饱和的KCl溶液注入50mL的烧杯中，制成盐桥，再将上面制备的锌电极和铜电极用盐桥连接起来，即得Cu-Zn电池装置，如图9-23所示。

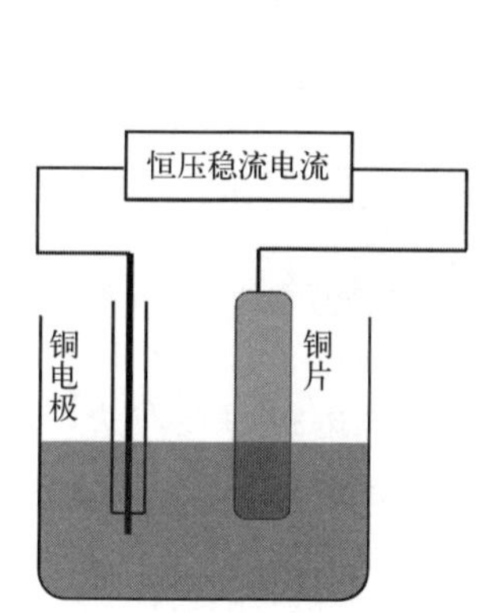

图9-22　制备铜电极的电镀装置

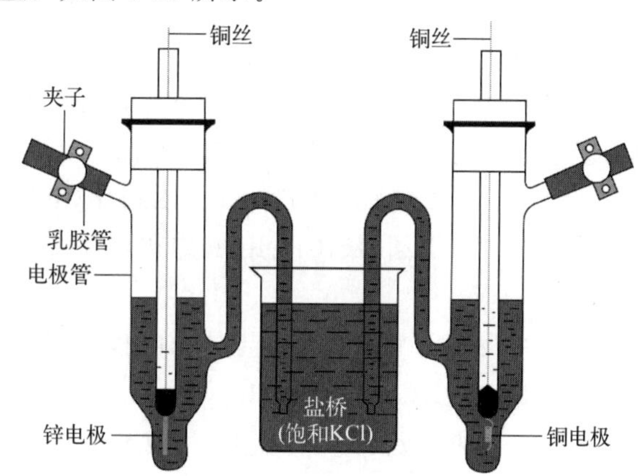

图9-23　铜-锌电池装置

同法组成下列电池：

$$Cu|CuSO_4(0.01mol/L)\parallel CuSO_4(0.1mol/L)|Cu$$

$$Zn|ZnSO_4(0.1mol/L)\parallel KCl(\text{饱和})|Hg_2Cl_2|Hg$$

$$Hg|Hg_2Cl_2|KCl(\text{饱和})\parallel CuSO_4(0.1mol/L)|Cu$$

3.电动势的测定

① 接好电动势的测量电路（ZD-WC精密数字式电子电位差计使用方法见第四章4.4节）。

② 根据本节附录标准电池电动势的温度校正公式，计算出室温下标准电池的电动势值。

③ 按室温下的标准电池电动势值对电位差计的工作电流进行标定。

④ 分别测下列各电池的电动势：

$$Zn|ZnSO_4(0.1mol/L)\parallel CuSO_4(0.1mol/L)|Cu$$

$$Cu|CuSO_4(0.01mol/L)\parallel CuSO_4(0.1mol/L)|Cu$$

$$Zn|ZnSO_4(0.1mol/L)\parallel KCl(\text{饱和})|Hg_2Cl_2|Hg$$

$$Hg|Hg_2Cl_2|KCl(\text{饱和})\parallel CuSO_4(0.1mol/L)|Cu$$

五、实验数据记录与处理

室温：________℃；大气压：________kPa。

① 按本节附录中饱和甘汞电极的电极电势温度校正公式，计算室温时饱和甘汞电极电势。

② 计算下列电池电动势的理论值：

$$Zn|ZnSO_4(0.1mol/L)\parallel CuSO_4(0.1mol/L)|Cu$$

$$Cu|CuSO_4(0.1mol/L)\parallel CuSO_4(0.01mol/L)|Cu$$

计算时，物质的浓度要用活度表示，如$a_{Zn^{2+}}=\gamma_{\pm}c_{Zn^{2+}}$，$a_{Cu^{2+}}=\gamma_{\pm}c_{Cu^{2+}}$，$\gamma_{\pm}$是离子的平均离子活度系数，浓度、温度、离子种类不同，$\gamma_{\pm}$的数值是不同的。$\gamma_{\pm}$的数值见表9-18。

表 9-18 离子平均活度系数 $\gamma_{\pm}$（25℃）

电解质	$CuSO_4$ 浓度	
	0.1mol/L	0.01mol/L
$CuSO_4$	0.16	0.40
$ZnSO_4$	0.15	0.387

将计算得的理论与实验值进行比较。

③ 根据下列电池的电动势的实验值 $E_{实}$，分别计算出锌的电极电势及铜的电极电势以及它们的标准电极电势，并与手册中查到的标准电极电势进行比较。

$$Zn|ZnSO_4(0.1mol/L)\|KCl(饱和)|Hg_2Cl_2|Hg$$

$$Hg|Hg_2Cl_2|KCl(饱和)\|CuSO_4(0.1mol/L)|Cu$$

六、思考题

① 写电池符号时，将 Zn 电极与甘汞电极组成的电池中的甘汞电极写在右边，即 $Zn|ZnSO_4(0.1mol/L)\|KCl(饱和)|Hg_2Cl_2|Hg$，而将 Cu 电极与甘汞电极组成的电池中的甘汞电极写在左边，即 $Hg|Hg_2Cl_2|KCl(饱和)\|CuSO_4(0.1mol/L)|Cu$，为什么要这样？不这样是否可以？

② 在 $\varphi=\varphi^{\ominus}-(RT/nF)\times\ln(a_{m}/a_{n})$ 表示式中 $\varphi^{\ominus}$ 所处的温度 T 与 RT/nF 中的 T 是否应一致？为什么？

附：

1. 标准电池

在电化学、热化学的测量中，电势差或电动势这个量值常常具有热力学标准的含义，要求具有较高的准确度。电势差的单位为伏特，它是一个导出单位，是以欧姆基准（标准电阻或计算电容）和安培基准（电流天平或核磁共振）为基础，通过欧姆定律来标定的。由于标准电池的电动势极为稳定，经过欧姆标准、安培基准标定后，电动势就体现了伏特这个单位的标准量值，从而成为伏特基准器，将伏特基准长期保存下来。在实际工作中，标准电池被作为电压测量的标准量具或工作量具，在直流电位差计电路中提供一个标准的参考电压。

标准电池的电动势具有很好的重现性和稳定性。所谓重现性是不管在哪一地区，只要严格地按照配方和工艺进行制作，则都能获得近乎一致的电动势，一般能重现到 0.1mV，因而易于作为伏特标准进行传递。所谓稳定性是指两种情况：一是当电位差计电路内有恒量不平衡电流通过该电池时，由于电极的可逆性好，电极电势不发生变化，电池电动势仍能保持恒定；二是能在恒温条件下在较长时期内保持电动势基本不变。但如时间过长，则会因电池内部的老化而致电动势下降，因而须定期送计量局检定。

标准电池可分饱和式、不饱和式两类。前者可逆性好，因而电动势的重现性、稳定性均好，但温度系数较大，须进行温度校正，一般用于精密测量中；后者的温度系数很小，可逆性差，用在精度要求不很高的测量中，可以免除烦琐的温度校正。

① 饱和式标准电池的结构和主要技术参数 饱和式标准电池用电化学式表示为：

$Cd\text{-}Hg(12.5\%)|CdSO_4\cdot 8/3H_2O|CdSO_4(饱和)CdSO_4\cdot 8/3H_2O|Hg_2SO_4(s)Hg$

其电池反应为：

负极：$Cd(Cd\text{-}Hg 齐)\longrightarrow Cd^{2+}+2e^-$

正极：$Hg_2SO_4+2e^- \longrightarrow 2Hg+SO_4^{2-}$

电池反应：$Cd(Cd\text{-}Hg 齐)+Hg_2SO_4 = CdSO_4+2Hg$

标准电池按其电动势稳定度被区分为若干等级，表 9-19 为我国不同等级的标准电池的基本参数及其主要特性。在物化实验的电化学测量中，用作工作量具的饱和标准电池一般为 0.01 级、0.005 级，国产型号是 BC3、EC3 等。

表 9-19　我国不同等级的标准电池的基本参数及其主要特性

类别	稳定度级别	在温度 20℃时电动势的实际值/V		在一分钟内允许通过的最大电流/μA	在一年内电动势的允许变化/μV	温度/℃		内阻值不大于/Ω		相对湿度/%	用途
						保证准确度	可使用于	新的	使用中的		
饱和	0.0002	1.0185900	1.0186800	0.1	2	15～21	15～25	700		≤80	标准量具
	0.0005	1.0185900	1.0186800	0.1	5	18～22	10～30				
	0.001	1.018590	1.018680	0.1	10	15～25	5～35	700	1500	≤80	工作量具
	0.005	1.01855	1.01862	1	50	10～30	0～40		2000		
	0.01	1.01855	1.01868	1	100	5～40	0～40		3000		
不饱和	0.005	1.01880	1.01930	1	50	15～25	10～30	500	3000	≤80	工作量具
	0.01	1.01880	1.01930	1	100	10～30	5～40				
	0.00	1.0186	1.0196	10	200	5～40	0～50				

② 饱和式标准电池的温度系数

饱和标准电池正极的温度系数约为 31.0μV/℃，负极约为 350μV/℃，由于负极的温度系数比正极的大，又处在标准氢电池电动势以下，电极电势为负值，如果温度升高 1℃，正极电极电势的升高不及负极电极电势的升高来得大，这意味着其绝对值的减小。因而整个电池的电动势的温度系数是负的。每一电池在出厂时，或计量局定期检定时均给出 20℃时的电动势数据。但标准电池作为工作量具实际应用时，不一定处于 20℃温度的环境中，因此必须通过电位差计上的专用温度校正盘进行校正。1975 年我国提出 0～40℃温度范围内饱和式标准电池的电动势-温度校正公式：

$$\Delta E_t=-39.94(t-20)-0.929(t-20)^2+0.0090(t-20)^2-0.00006(t-20)^{-4}(\mu V/℃)$$

在“使用温度范围”内偏离“标准温度＋20”时的电动势值用下式计算确定：$E_t=E+\Delta E_t$。

③ 使用和维护　标准电池在使用过程中，不可避免地会有充、放电流通过，使电极电势偏离其平衡电势值，造成电极的极化，导致整个电动势的改变。虽然饱和式标准电池的去极化能力较强，充、放电流结束后电动势的恢复较快，但仍应将通过标准电池的电流严格限制在允许的范围内，表 9-19 第 4 栏中列出了各个等级的标准电池允许通过的电流值。

由于标准电池的温度系数与正负两极都有关系，故放置时必须使两极处于同一温度。

饱和标准电池中的 $CdSO_4 \cdot 8H_2O$ 晶粒在温度波动的环境中会反复不断地溶解、再结晶，致使原来很微小的晶粒结成大块，增加了电池的内阻，降低了电位差计中检流计回路的灵敏度，因此应尽可能将标准电池置于温度波动不大的环境中。

机械振动会破坏标准电池的平衡，在使用及搬移时应尽量避免振动，绝对不允许倒置。

光会使 Hg_2SO_4 变质，此时，标准电池仍可能具有正常的电动势值，但其电动势对于温度变化的滞后特性较大，因此标准电池应避免光照。

2.电位差计

电位差计是按照补偿法（或称对消法）测量原理设计的一种平衡式电压测量仪器，所以在测量中几乎不损耗被测量对象的能量，且具有很高的精确度。它与标准电池、检流计等相配合，成为电压测量中最基本的测试设备。

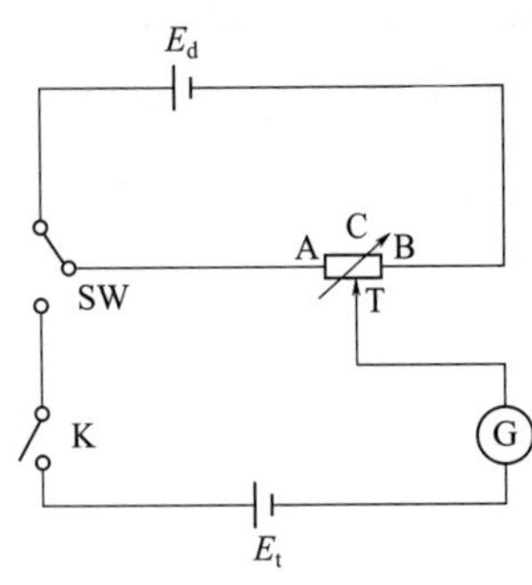

图 9-24　电位差计电路原理示意图

最简单的电位差计电路原理如图 9-24 所示，可以分为工作电流回路和测量电流回路两部分。

在工作电流回路中，工作电流 I 从工作电池 E_d 的正极流出，经过可变调定电阻 R_p、滑线电阻 R，返回 E_d 的负极。如果工作电流是稳定的，则能在滑线电阻 A、B 端形成一个稳定的电势降。要求滑线电阻丝的直径是均匀的，这样由 A～B，电阻值随长度的增加而线性增加，滑线电阻上的电势随长度按比例增加。如 $R=1500\Omega$，而又能将 R 的全长等分为 1500 小格，则每小格的电阻 $r=1\Omega$。借助调定电阻 R_p，将工作电流 I 调至 1.000mA，则整流电阻丝上的电势差 $V_{AB}=1500\text{mV}$，每小格电阻丝上的电势差为 1mV。这样的工作电流回路就变成一个测量电位差的量具，其测量范围为 0～1500mV。上述工作电流准确到 1.000mA 调节过程称为“标准”，其关键是必须使工作电流准确到 1.000mA，这只有借助于标准电池的电动势来比较，才能鉴别得出来。

图 9-24 中的测量回路由标准电池电动势 E_d、被测电动势 E_t、双打双掷开关 SW、电键 K、检流计 G、滑动触点 T 以及滑线电阻 A～C 段的电阻丝等组成。在对工作电流标定时，先将 SW 合向 E_d，如果 E_d 电动势为 1.018V，则将 T 置于滑线电阻上离 A 端 1018 小格的 C 处，如 I 调定至 1.000mA，则 A～C 段的电位差 V_{AC} 应等于 1.018V，与 E_d 值相等。由于 E_d 的极性在接法上是使之与 V_{AC} 对消，所以如将 K 按一下，检流计应显示没有电流通过，此即表明对工作电流的标定已完成。如 $I\neq1.000\text{mA}$，则 $V_{AC}\neq E_d$，检流计的指针或光点应发生偏转，根据偏转的方向可以判别调定电阻 R_p 应该增大还是减小，直至 I 值被标定为止。

标定后的工作电流回路，就可用来测量未知电动势 E_t 了。将 SW 合向 E_t，如 E_t 值无法预先估计，可将 T 置于 R 的中段，按一下 K，根据 G 的偏转方向来判断 T 应向哪个方向移动。只要 E_t 值大于 V_{AB}，并且极性未接错，则通过多次测试，必定能在 R 上找到某一处 C'，这时按一下 K，G 不偏转，此 C' 即为补偿点，证明 V'_{AC} 已与 E_t 对消，读出 A～C' 段的长度值（小格数），即得 E_t 的电动势值。

3.饱和甘汞电极

电极结构式：$KCl(4.2\text{mol/L},\gamma_{\pm}=0.579)|Hg_2Cl_2|Hg$

电极反应：$Hg_2Cl_2(s)+2e^- \longrightarrow 2Hg(l)+2Cl^-$

电极电势（25℃）

$$\varphi=\varphi^{\ominus}-(RT/F)\ln a_{Cl^-}$$

饱和甘汞电极在实验温度下（t℃）的电极电势：

$$\varphi=0.2412-6.61\times10^{-4}(t-25)-1.75\times10^{-5}(t-25)^2-9.16\times10^{-10}(t-25)$$

4. 25℃时标准电极电势及其温度系数

电极	电极反应	$\varphi^{\ominus}$/V	$(\varphi^{\ominus}/T)_p/\times10(V/K)$
Zn^{2+}/Zn	$Zn^{2+}+2e^{-}═══Zn$	−0.7828	+0.0091
Cu^{2+}/Cu	$Cu^{2+}+2e^{-}═══Cu$	+0.337	+0.008
甘汞电极	$Hg_2Cl_2+2e^{-}═══2Hg+2Cl^{-}$	+0.2680	

实验 83　电解质溶液电导的测定

一、实验目的

① 通过实验了解溶液电导、电导率和摩尔电导率的概念。

② 绘制摩尔电导率与浓度的关系图，并计算弱电解质的解离平衡常数。

二、实验原理

电解质溶液通过正、负离子的迁移来传递电流，导电能力直接与离子的迁移速度有关。衡量电解质溶液的导电能力的物理量为电导，用符号 G 表示，单位为西门子，用符号 S 表示，$S=\Omega^{-1}$。电导是电阻的倒数。当温度一定时，电导与电极间的距离成反比，与电极的横截面积成正比。当电导池形状不变时，l/A 是个常数，称为电解池常数，用符号 K_{cell} 表示。它们的关系式为：

$$G=\frac{1}{R}=\kappa\frac{A}{l}=\frac{\kappa}{K_{cell}} \tag{9-44}$$

式中，l 为电极间的距离，m；A 为电极板的横截面积，m^2；$K_{cell}=l/A$ 为电导池常数，m^{-1}；κ 为电导率，S/m。

电解质溶液电导率 κ 是两极板为单位面积，两极板间距离为单位长度时的电导，代表 $1m^3$ 电解质溶液的导电能力。电解质溶液的电导率 κ 与温度、浓度有关，在一定的温度下，电解质溶液的电导率 κ 随浓度而改变。为了比较不同浓度、不同类型的电解质溶液的电导率，引入了摩尔电导率的概念。在相距 1m 的两个平行电极之间，放置含有 1mol 某电解质的溶液，此时的电导为该溶液的摩尔电导率，用符号 Λ_m 表示，单位为 $(S\cdot m^2)/mol$，它代表电解质溶液的导电能力。它们的关系式为：

$$\Lambda_m=\frac{\kappa}{c} \tag{9-45}$$

式中，c 为电解质溶液的浓度，mol/m^3。

测得一定浓度 c 的电解质溶液的电导率 κ，即可根据式（9-45）计算出溶液的摩尔电导率 Λ_m。无论是强电解质还是弱电解质，摩尔电导率均随溶液的稀释而增大。

（1）强电解质（HCl、NaAc、$CuSO_4$、NaOH、KCl 等）

解离度 α 恒等于 1，摩尔电导率 Λ_m 只取决于离子的迁移速度。随着浓度的降低，离子之间静电引力减小，离子的迁移速度增加，摩尔电导率 Λ_m 增大。科尔劳施（Kohlrausch）进一步研究发现，在较低的浓度范围内，所有强电解质的 Λ_m 与 $\sqrt{c}$ 都近似地呈直线关系，将直线外推至纵坐标，所得截距即为无限稀释的摩尔电导率，也称为极限摩尔电导率 Λ_m^{∞}。若用公式表示为：

$$\Lambda_m = \Lambda_m^\infty - A\sqrt{c} \tag{9-46}$$

式中，A 是经验常数；Λ_m^∞ 对每种电解质在一定的温度下有一定值。弱电解质溶液无限稀释时的摩尔电导率无法用外推法求得，故式（9-46）不适用于弱电解质。

（2）弱电解质（HAc 等）

弱电解质溶液中，只有已电离部分才能承担传递电量的任务。在无限稀释的溶液中可以认为弱电解质已全部解离，此时溶液的摩尔电导率为极限摩尔电导率，而一定浓度下的摩尔电导率 Λ_m 与无限稀释的溶液中的摩尔电导率 Λ_m^∞ 是有差别的。这是由两个因素造成的：一是电解质溶液的不完全解离，二是离子间存在着相互作用力。对弱电解质来说，可以认为它的解离度 α 等于溶液在浓度为 c 时的摩尔电导率 Λ_m 和无限稀释时的摩尔电导率 Λ_m^∞ 之比，即：

$$\alpha = \frac{\Lambda_m}{\Lambda_m^\infty} \tag{9-47}$$

AB 型弱电解质在溶液中解离达到平衡时，解离平衡常数 K_c、浓度 c、解离度 α 有以下关系：

$$K_c = \frac{\frac{c}{c^\ominus}\alpha^2}{1-\alpha} \tag{9-48}$$

$$K_c = \frac{\Lambda_m^2}{\Lambda_m^\infty(\Lambda_m^\infty - \Lambda_m)} \times \frac{c}{c^\ominus} \tag{9-49}$$

或 $$c\Lambda_m = (\Lambda_m^\infty)^2 K_c \frac{1}{\Lambda_m} - \Lambda_m^\infty K_c \tag{9-50}$$

式（9-49）、式（9-50）中，$c^\ominus = 1\text{mol/L}$。

据离子独立定律，Λ_m^∞ 可以从离子的无限稀释摩尔电导率 λ_m^∞ 将计算出来，$\Lambda_m^\infty = \lambda_{m,+}^\infty + \lambda_{m,-}^\infty$，$\lambda_{m,+}^\infty$ 和 $\lambda_{m,-}^\infty$ 从手册中可查得，Λ_m 则可以从测定的电导率 κ 求得，然后算出 K_c。以 $c\Lambda_m$ 对 $1/\Lambda_m$ 作图，也可以从直线的斜率或截距求得 K_c。

本实验是应用电导率仪测定电解质溶液的电导率 κ。因乙酸是弱电解质，实验测得的乙酸溶液的电导率为乙酸和水的电导率之和，因此，$\kappa_{HAc} = \kappa_{溶液} - \kappa_{H_2O}$。

三、实验仪器与药品

① 仪器：DDSJ-308F 型电导率仪 1 台、恒温水浴 1 套、25mL 移液管 3 支、大试管 3 支。

② 药品：0.01mol/L KCl 溶液、0.1mol/L HAc 溶液。

四、实验内容

① 调节恒温槽，温度控制在 25℃±0.1℃。

② 3 支口径相同的大试管洗净、擦干或用热风吹干晾凉。用专用移液管在 2 支试管中分别装入 25.00mL 0.01mol/L KCl 溶液和 25.00mL 0.10mol/L HAc 溶液，另一支大试管装入纯电导水备用，同置于恒温槽中恒温 10 分钟。

③ 将电极用蒸馏水淋洗干净，小心地用滤纸擦干，擦干时不要触及铂电极的铂黑。随后将电极插入装有 HAc 溶液的试管里，用其轻轻地搅拌均匀溶液，待恒温后测其电导率。

用另一支 25mL 移液管将已恒温过的 25.00mL 蒸馏水装入有 HAc 溶液的试管里，用电极轻轻地搅拌均匀，待恒温后测其电导率。然后用专用 25.00mL 移液管取出 25.00mL HAc 溶液弃之，再加入 25.00mL 蒸馏水稀释一倍，再测……共测定八次，最后一次 HAc 的浓度为 $\frac{1}{128}c$。DDSJ-308F 型电导率仪的使用详见第四章 4.3.2 小节。

④ 用同样的方法、同一电极再测 0.01mol/L KCl 溶液的电导率。

五、注意事项

① 温度对溶液的电导率影响较大，因此测量时应保持恒温。

② 测量时电极要全部浸入溶液中。

六、实验数据记录与处理

室温：________℃；大气压：________ kPa。

① 将测定电导率 κ 值及计算结果列表。

② 根据上述实验数据，分别作 KCl 和 HAc 的 Λ_m-$\sqrt{c}$ 图。再将直线外推至纵坐标求出 Λ_m^{∞}，并与用文献值计算得到的 Λ_m^{∞} 比较，算出误差。

③ 以 $c\Lambda_m$ 对 $1/\Lambda_m$ 作图应为一直线，直线的斜率为 $(\Lambda_m^{\infty})^2K_c$，由此求得解离平衡常数 K_c，并求出误差。

七、思考题

① 详尽讨论实验得出的两条曲线。

② 弱电解质的解离度 α 与哪些因素有关？

③ 测电导率时为什么要恒温？实验中测电导池常数和溶液电导时，温度是否要一致？

④ 讨论产生误差的原因。

实验 84　一级反应——蔗糖的转化

一、实验目的

① 测量蔗糖转化的反应速率常数和半衰期。

② 了解该反应的反应物浓度与旋光度之间的关系。

③ 了解旋光仪的基本原理，掌握正确操作技术。

二、实验原理

蔗糖转化反应是一个二级反应：

$$\underset{(\text{蔗糖})}{C_{12}H_{22}O_{11}} + H_2O \xrightarrow{H^+} \underset{(\text{葡萄糖})}{C_6H_{12}O_6} + \underset{(\text{果糖})}{C_6H_{12}O_6}$$

在纯水中此反应的速率极慢，通常需要在 H^+ 的催化作用下进行，因此 H^+ 作为催化剂，在反应过程中其浓度可视为不变；反应时水大量存在，尽管有部分水分子参加了反应，但可近似认为整个反应过程中水浓度是恒定的。因此，蔗糖转化反应可看作一级反应。一级反应的反应速率可由式（9-51）表示：

$$\frac{dc_A}{dt} = kc_A \tag{9-51}$$

式中，k 为反应速率常数；c_A 为时间 t 时的反应物浓度。

式（9-51）积分得：

$$\ln c_A = -kt + \ln c_A^0 \tag{9-52}$$

式中，c_A^0 为反应开始时蔗糖的浓度。

当 $c_A = \frac{1}{2}c_A^0$ 时，t 可用 $t_{1/2}$ 表示，即为反应的半衰期：

$$t_{1/2} = \frac{\ln 2}{k} = \frac{0.693}{k} \tag{9-53}$$

蔗糖及其转化产物都含有不对称碳原子，它们都有旋光性。但是，它们的旋光能力不同，故可以利用体系在反应过程中旋光度的变化来衡量反应的进程。

测量物质旋光度所用的仪器称为旋光仪。溶液的旋光度与溶液中所含旋光物质的旋光能力、溶液性质、溶液浓度、旋光管长度、光源波长及温度等均有关系。当其他条件均固定时，旋光度 α 与反应物浓度 c 呈线性关系，即

$$\alpha = kc \tag{9-54}$$

式中，比例常数 k 与物质的旋光能力、溶质性质、旋光管长度、温度等有关。

物质的旋光能力用比旋光度来度量，比旋光度可用下式表示：

$$[\alpha]_D^{20} = \frac{100\alpha}{lc} \tag{9-55}$$

式中，20 为实验时温度 20℃；D 是指所用钠灯光源 D 线，波长为 589nm；α 为测得的旋光度，(°)；l 为旋光管的长度，dm；c 为浓度，g/mL。

作为反应的蔗糖是右旋性的物质，其比旋光度 $[\alpha]_D^{20}=66.60°$；生成物中葡萄糖也是右旋性的物质，其比旋光度 $[\alpha]_D^{20}=52.5°$；但果糖是左旋性物质，其比旋光度 $[\alpha]_D^{20}=-91.9°$。由于生成物中果糖的左旋性比葡萄糖右旋性大，所以生成物呈现左旋性质。因此，随着反应的进行，体系的右旋角不断减小，反应至某一瞬间，体系的旋光度恰好等于零，而后就变成左旋，直至蔗糖完全转化，这时左旋角达到最大值 α_∞。

设最初体系的旋光度为

$$\alpha_0 = k_{反} c_A^0 \text{（}t=0\text{，蔗糖尚未转化）}$$

最终体系的旋光度为

$$\alpha_\infty = k_{生} c_A^0 \text{（}t=\infty\text{，蔗糖完全转化）}$$

$k_{反}$ 和 $k_{生}$ 分别为反应物与生成物的比例常数。

当时间为 t 时，蔗糖浓度为 c_A，此时旋光度 α_t 为

$$\alpha_t = k_{反} c_A + k_{生}(c_A^0 - c_A) \tag{9-56}$$

三式联立可以解得：

$$c_A^0 = \frac{\alpha_0 - \alpha_\infty}{k_{反} - k_{生}} = k(\alpha_0 - \alpha_\infty) \tag{9-57}$$

$$c_A = \frac{\alpha_t - \alpha_\infty}{k_{反} - k_{生}} = k(\alpha_t - \alpha_\infty) \tag{9-58}$$

将式（9-57）和式（9-58）代入式（9-52）即得：

$$\lg(\alpha_t - \alpha_\infty) = \frac{-k}{2.303}t + \lg(\alpha_0 - \alpha_\infty) \tag{9-59}$$

可以看出，若以 $\lg(\alpha_t-\alpha_\infty)$ 对 t 作图为一直线，从直线的斜率可求得反应速率常数 k。

三、实验仪器与药品

① 仪器：WZZ-2B 自动指示旋光仪 1 台、超级恒温水浴 1 套、电子天平 1 台、锥形瓶 150mL 2 个、量筒 100mL 2 个。

② 药品：蔗糖（A. R.）、HCl 溶液（4.0mol/L）。

四、实验内容

1. WZZ 型-2B 自动指示旋光仪的操作

① 打开电源开关，预热 10 分钟，使钠灯光发光稳定后再工作。

② 如图 9-25 所示，按 ↵ 键进入测量界面。

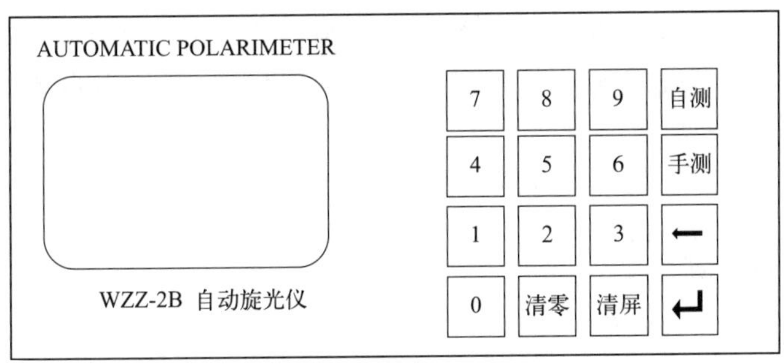

图 9-25　WZZ-2B 操作面板示意图

在测试过程中，如果出现黑屏、乱屏或者测量结束后想返回测量原始界面，请按“清屏”键。

③ 测量界面如图 9-26 所示。

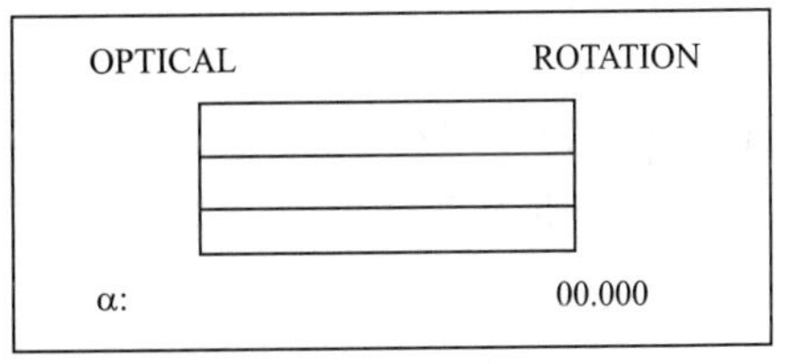

图 9-26　测量界面图

中间可显示 3 组测量数据，下方为实测数值。等 3 组数据测量完毕，α 会变为 $\bar{\alpha}$，此时显示的即为 3 组数据的平均值。

等显示数值不动后按“清零”键进行清零，然后再进行测量。

仪器提供的测量方法有两种：一种为自动测量；另一种为手动测量。

a. 自动测量　如果进入测量界面以后，按“自测”键，仪器就会自动测量 3 组数据（每组间电机正转 0.5 度左右），并在屏幕上显示平均值。若想重新测量，可直接按“自测”键。

b. 手动测量　如果进入测量界面以后，按“手测”键，然后松开按键（控制电机正转较长的角度，以检测机器的稳定性），仪器在测量一组后停下，等待用户再次按键，用户可重复该动作，直至测量次数满 3 次。满 3 次后，若继续按“手测”键，屏幕会被清掉，在第一组位置显示被测数据。

④ 将装有蒸馏水的旋光管装入样品室，盖上箱盖，待示数稳定后，按“清零”键（注意样品管中不要留有气泡，把旋光管外壳及通光面两端的水渍擦干，旋光管安放时应注意标记位置和方向）。然后将旋光管取出，倒掉蒸馏水备用。

2. 蔗糖转化过程中旋光度的测量

将恒温槽调节到反应温度（25℃），称取 10g 蔗糖于锥形瓶中，加入 50mL 蒸馏水溶解，若溶液浑浊则需过滤；在另一个锥形瓶中放入 50mL 4.0mol/L HCl。将装有上述两种溶液的锥形瓶都置于恒温槽内恒温 5～10min，然后将 HCl 注入蔗糖溶液内，混合均匀，注入 HCl 一半时开始计时，余下的一半继续倒入并摇匀，迅速用少量反应液洗涤旋光管 2 次。然后将反应液注入旋光管中，再将旋光管放入旋光仪样品箱内，记录各时刻的旋光度。第一个数据要求在反应的起始时间后 1～2min 内测出，反应开始时，每 1min 测量一次，连续测 10 次；然后每 2min 测量一次，连续测 10 次；以后反应物浓度降低，反应速率变慢，这时每隔 5min 测量一次，直到旋光度为$-2°$左右为止（注意每次测量后将样品管放回恒温槽恒温，测量时取出擦净，放入旋光仪样品箱中，采取手动测量方式）。

3. α_∞的测量

将盛有剩余反应液的锥形瓶置于 60℃水浴内恒温 30min，然后冷却至反应温度，测定α_∞值（注意水温不能太高，否则会发生副反应，溶液变黄；α_∞采取自动测量方式，取$\overline{\alpha}$）。

五、注意事项

由于反应液酸度很大，旋光管应擦拭干净，以免管外黏附的反应液腐蚀旋光仪。实验结束后必须清洗擦净旋光管，洗净量筒、锥形瓶。

六、实验数据记录与处理

室温：________℃；大气压：________ kPa。

① 自行设计表格将反应过程中测得的旋光度 α_t 和时间 t 列表，并作出 α_t-t 曲线。

② 以 $\lg(\alpha_t-\alpha_\infty)$ 对 t 作图，由直线斜率求出反应速率常数 k 和半衰期 $t_{1/2}$。

七、思考题

① 实验中，用蒸馏水校正旋光仪零点，那么蔗糖转化反应过程中所测得的旋光度 α_t 是否需要零点校正？为什么？

② 改变蔗糖溶液的初始浓度和盐酸的浓度，对测量出的速率常数 k 和半衰期 $t_{1/2}$ 值有无影响？为什么？

③ 在混合蔗糖和 HCl 溶液时，能否把蔗糖溶液注入 HCl 溶液中去？为什么？

实验 85　二级反应——乙酸乙酯皂化

一、实验目的

① 测定乙酸乙酯皂化反应的反应速率常数。

② 了解二级反应的特点，学会用图解法求出二级反应的反应速率常数。

③ 熟悉电导率仪的使用。

二、实验原理

乙酸乙酯皂化是双分子反应，其反应式为

$$CH_3COOC_2H_5+NaOH \longrightarrow CH_3COONa+C_2H_5OH$$

设在时间 t 内生成物的浓度为 x，则该反应的动力学方程为：

$$dx/dt=k(a-x)(b-x) \tag{9-60}$$

式中，a、b 分别为 $CH_3COOC_2H_5$ 和 NaOH 的起始浓度；k 为反应速率常数。

为方便处理，本实验采用相同起始浓度的 $CH_3COOC_2H_5$ 和 NaOH，即 $a=b=c_0$，则式（9-60）变为

$$dx/dt = k(c_0 - x)^2 \tag{9-61}$$

积分式（9-61）得

$$kt = \frac{x}{c_0(c_0 - x)} \tag{9-62}$$

从式（9-62）可以看出，原始浓度 c_0 是已知的，只要测出 t 时 x 值，就可求出反应速率常数 k。但由于难以测定 t 时刻的 x 值，本实验采用电导率法测量皂化反应进程中溶液的电导率。对乙酸乙酯皂化反应来说，参与导电的有 Na^+、OH^-、CH_3COO^-，Na^+ 在反应前后溶液的浓度不变，而 OH^- 的电导率大，CH_3COO^- 的电导率小。随着时间的增加，OH^- 不断减少，CH_3COO^- 不断增加。在电解质稀溶液中，可近似认为电导率 κ 和浓度 c_0 有如下正比关系，且溶液的电导率等于各电解质离子电导率之和：

$$\kappa_0 = A_1 c_0 \tag{9-63}$$

$$\kappa_\infty = A_2 c_0 \tag{9-64}$$

$$\kappa_t = A_1(c_0 - x) + A_2 x \tag{9-65}$$

A_1、A_2 是与温度、电解质性质和溶剂等因素有关的比例常数，κ_0、κ_t、κ_∞ 分别为反应起始、反应时间为 t 和反应终了时溶液的总电导率。由式（9-63）～式（9-65）可得：

$$x = c_0 \frac{\kappa_0 - \kappa_t}{\kappa_0 - \kappa_\infty} \tag{9-66}$$

将式（9-66）代入式（9-62），整理得：

$$t = \frac{1}{kc_0} \times \frac{\kappa_0 - \kappa_t}{\kappa_t - \kappa_\infty} \tag{9-67}$$

由式（9-67）可知，只要测定了 κ_0 和 κ_∞ 及一组 κ_t 值以后，利用 $\frac{\kappa_0 - \kappa_t}{\kappa_t - \kappa_\infty}$ 对 t 作图，应得一条直线，直线的斜率就是反应速率常数 k 与起始浓度 c_0 的乘积，由此可以求出反应速率常数 k。

三、实验仪器与药品

① 仪器：ZR-2Y 型乙酸乙酯皂化反应测定仪 1 台、玻璃恒温水浴 1 套、电导池 2 个、25mL 移液管 4 支。

② 药品：0.01mol/L NaOH（新配制）、0.02mol/L NaOH（新配制）、0.01mol/L NaAc（新配制）、0.02mol/L $CH_3COOC_2H_5$（新配制）。

四、实验内容

1. ZR-2Y 型乙酸乙酯皂化反应测定仪的调节

ZR-2Y 型乙酸乙酯皂化反应测定仪面板示意图如图 9-27 所示。使用时，首先接上电导电极、温度探头，然后接通电源，仪器预热数分钟，自动初始化。

电极常数的校准：用蒸馏水小心洗涤电极，用滤纸小心吸干其外表面的水（注意：绝对不可触及电极表面），将电极插入被测体系。按下“切换”键，将液晶屏幕切换到设置电极常数界面（图 9-28），在此界面下按下“移位”键，使光标移动至所需设定位置，再按下“增加”按键，使该位电极常数值与所用电极的电极常数值一致。照此法操作直至显示的电极常数每一位数值均与所用电极的电极常数一致，再按一次“切换”键，结束校准。

当电极常数的校准结束后，就可根据需要通过“切换”键来选择电导率和时间、温度及电极常数的显示，此时仪器就处于测定状态，可随时记录所需数据。

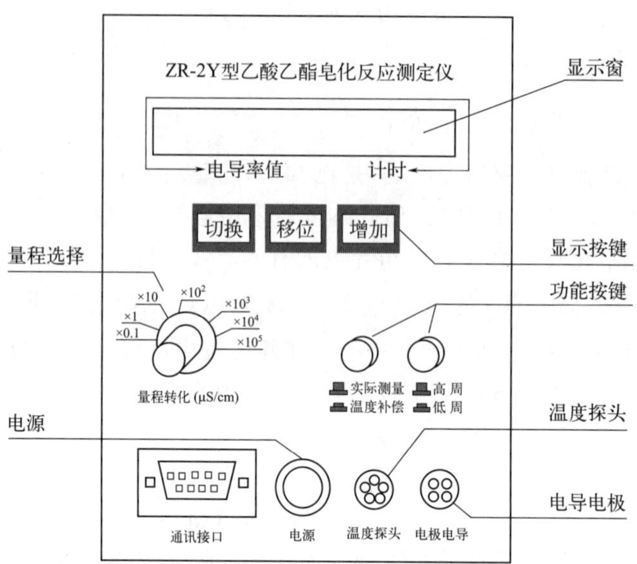

图 9-27　ZR-2Y 型乙酸乙酯皂化反应测定仪面板

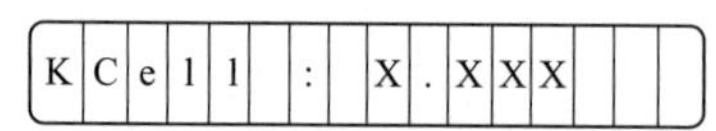

图 9-28　电极常数界面

2.κ_0 和 κ_∞ 的测定

将 0.01mol/LNaOH 和 0.01mol/L NaAc 分别装入电导池（1）的两只管中，如图 9-29 所示，液面高出铂黑 1cm 为宜，浸入 25℃恒温槽内 10min，然后用电导率仪分别测定其电导率值，即为 κ_0 和 κ_∞ 。

然后进行二次测量，测量时，每种溶液都必须更换一次，重复进行测定，两次测量误差必须在允许范围之内，否则要进行第三次测量。

每次在电导池中装新样品时，都要先用蒸馏水淋洗电导池和铂黑电极三次，然后用所测溶液淋洗三次。

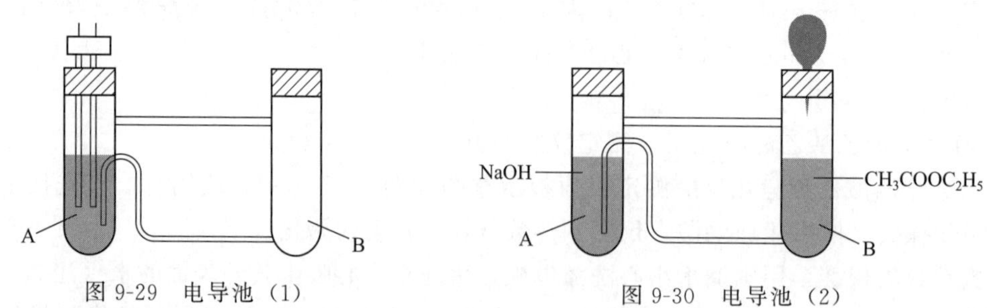

图 9-29　电导池（1）　　图 9-30　电导池（2）

3.κ_t 的测定

将铂黑电极浸入盛有蒸馏水的锥瓶中，置于恒温槽中恒温，再将电导池（2）的 A、B 两只管烘干。用移液管移取 25mL 0.02mol/L NaOH 溶液注入电导池的（2）的 A 支管中，另取一支移液管取 25mL 0.02mol/L $CH_3COOC_2H_5$ 注入 B 支管中，两个管口均用塞子塞紧，以防止 $CH_3COOC_2H_5$ 挥发。将电导池置于恒温槽中恒温 10min，在 B 支管的管口换上有孔瓶塞，用洗耳球通过小孔将 $CH_3COOC_2H_5$ 迅速压入 A 管中与 NaOH 混合，如图 9-30 所示。当 $CH_3COOC_2H_5$ 被压入一半时开始计时，再将 A 支管内的混合液抽回 B 支管中，然后再压入 A 支管中，如此来回三次，以使 NaOH 和 $CH_3COOC_2H_5$ 充分混合均匀。用滴管从 A 支管中吸取混合液若干淋洗铂黑电极，随即将铂黑电极插入 A 支管中进行电导测定。每隔 5min 测量一次，30min 后，每隔 10min 测量一次。反应进行到 1h 后，可停止测量。

重新测量 κ_0、κ_∞，看是否与反应前的测量值一致。测量完毕后，将用蒸馏水清洗后的铂黑电极浸入蒸馏水中。

实验结束后，清洗电导池，关闭仪器电源。

五、实验数据记录与处理

室温：________℃；大气压：________ kPa。

① 将 t、κ_t、$\kappa_0-\kappa_t$、$\kappa_t-\kappa_\infty$、$\dfrac{\kappa_0-\kappa_t}{\kappa_t-\kappa_\infty}$ 列成表格（表 9-20）。

恒温温度=________；κ_0=________；κ_∞=________。

表 9-20　乙酸乙酯皂化反应电导率测定数据

t/min	κ_t	$\kappa_0-\kappa_t$	$\kappa_t-\kappa_\infty$	$\dfrac{\kappa_0-\kappa_t}{\kappa_t-\kappa_\infty}$
5				
10				
15				
20				
25				
30				
40				
50				
60				

② 以 $\dfrac{\kappa_0-\kappa_t}{\kappa_t-\kappa_\infty}$ 对 t 作图，得一直线，由直线的斜率求算反应速率常数 k。

六、思考题

① 为什么本实验要在恒温条件下进行？为什么 $CH_3COOC_2H_5$ 和 NaOH 溶液在混合前还要预先恒温？

② 为什么以 0.01mol/L NaOH 和 0.01mol/L NaAc 溶液测其电导率就可以认为是 κ_0 和 κ_∞？

③ 如果 NaOH 和 $CH_3COOC_2H_5$ 起始浓度不相等，应该怎样计算 k 值？

实验 86　过氧化氢催化分解反应

一、实验目的

① 了解过氧化氢催化分解反应速率常数的测定方法。

② 熟悉一级反应的特点，了解反应浓度、温度、压力和催化剂对反应速率的影响。

③ 掌握用图解计算法求反应速率常数的方法。

二、实验原理

H_2O_2 是一种适应性广、用途多样的化学药剂，广泛用于造纸、纺织、美容化妆品、医药卫生、金属电镀等方面。H_2O_2 还是许多重要化学反应的中间产物，其分解反应是电化学反应总反应的速控步骤。

化学反应速率取决于许多因素，例如反应物浓度和压力、温度、催化剂、溶剂、酸碱度、光化反应的光强度、多相反应的分散度以及搅拌强度、微波、超声波、磁场等都可能对反应速率产生影响。

H_2O_2 分解反应式为：

$$H_2O_2 \longrightarrow H_2O + \frac{1}{2}O_2 \tag{9-68}$$

在常温下 H_2O_2 的分解反应进行得很慢，使用某些催化剂可以显著提高 H_2O_2 分解反应速率，如 Pt、Ag、MnO_2、CuO（多相催化剂）、Cu^{2+}、Fe^{3+}、Mn^{2+}、I^- 等。本实验用 I^-（具体用 KI）作为催化剂，由于反应在均相溶液中进行，故称为均相催化反应。H_2O_2 在 KI 作用下的分解反应机理为：

$$H_2O_2 + KI \longrightarrow KIO + H_2O(慢) \tag{9-69}$$

$$KIO \longrightarrow KI + \frac{1}{2}O_2(快) \tag{9-70}$$

由式（9-69）可看出，KI 和 H_2O_2 生成中间化合物，改变了反应途径，降低了反应活化能而使反应速率加快。由于反应式（9-70）的速率远较反应式（9-69）的速率快，因此反应式（9-69）成为 H_2O_2 分解的速控步骤，H_2O_2 分解反应的反应速率方程为：

$$-\frac{dc_{H_2O_2}}{dt} = k'c_{KI}c_{H_2O_2} \tag{9-71}$$

由于 KI 在反应过程中不断再生，在溶液中其浓度近似不变，则 c_{KI} 可视为常数。式（9-71）可简化为：

$$-\frac{dc_{H_2O_2}}{dt} = kc_{H_2O_2} \tag{9-72}$$

式中，$k = k'c_{KI}$。

H_2O_2 的催化分解反应为一级反应，对式（9-72）积分可得：

$$\ln\left(\frac{c_t}{c_0}\right) = -kt \tag{9-73}$$

式中，c_0 为 H_2O_2 的初始浓度；c_t 为反应至 t 时刻 H_2O_2 的浓度；k 为 H_2O_2 的催化分解反应的速率常数。

如以 $\ln c_t$ 对 t 作图得一直线，即可验证 H_2O_2 催化分解反应是一级反应。由直线斜率可求得反应速率常数 k，进而求得反应的半衰期为：

$$t_{1/2} = \frac{\ln 2}{k} = \frac{0.693}{k} \tag{9-74}$$

动力学研究通过间接测定与反应物或产物浓度呈一定数学关系的物理量随反应时间的变化来考察反应速率和机理。本实验采用测压法进行研究，实验装置图如图 9-31 所示。在等温条件下，使 H_2O_2 分解反应在一个体积固定的体系内进行，反应过程释放的 O_2 将使系统内压力增加，O_2 压力增长速率反映了 H_2O_2 的分解速率，本实验通过与反应瓶相连的微压差测定仪跟踪压力随时间的变化研究反应进程。

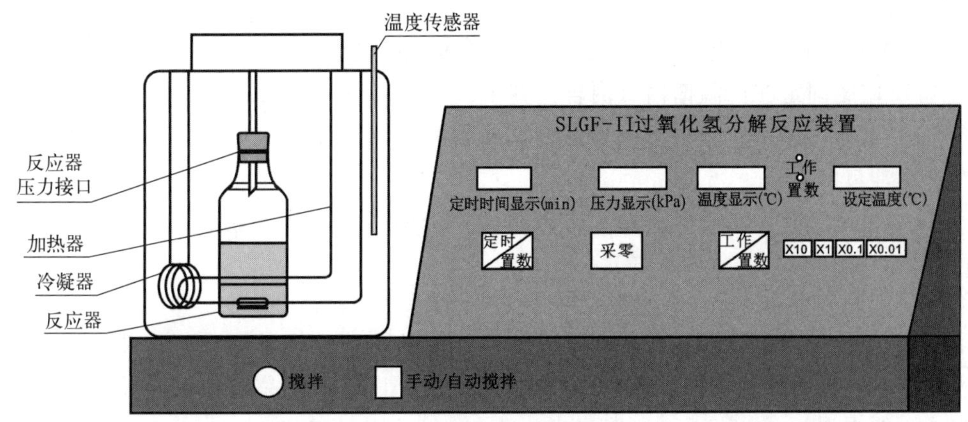

图 9-31　过氧化氢实验装置

若 p_∞ 表示 H_2O_2 全部分解时体系的最终压力增加值，p_t 表示经反应时间 t 后体系的压力增加值，根据理想气体状态方程：$pV/T=nR$，在恒温恒容条件下有 $n_{O_2,t} \propto (c_0-c_t) \propto p_t$，$n_{O_2,\infty} \propto (c_0-c_t) \propto p_\infty$。

则反应速率方程的积分式亦可表示为：

$$\ln\frac{p_\infty-p_t}{p_\infty}=-kt \tag{9-75}$$

以 $\ln[(p_\infty-p_t)/\text{Pa}]$ 对 t 作图，由直线的斜率也可求得速率常数 k。

p_∞ 可以采用以下两种方法求得：

① 外推法：以 $1/t$ 为横坐标对 p_t 作图，将直线段外推至 $1/t=0$（即 t 为∞），截距即为 p_∞，该法的前提是反应接近完全，可相对准确地推出截距。

② 加热法：即在测定若干 p_t 后，反应瓶置于 50～60℃下约 15min，促进 H_2O_2 快速完全分解，再冷却回原反应温度，记下的压力即为 p_∞。

也可以不测 p_∞，而用 Guggenheim 数据法处理。公式推导如下：

$$\ln\frac{p_\infty-p_t}{p_\infty}=-kt$$

$$p_\infty-p_t=p_\infty e^{-kt}$$

$$p_\infty-p_{t+\Delta}=p_\infty e^{-k(t+\Delta)}$$

两式相减，得　$$p_{t+\Delta}-p_t=p_\infty e^{-kt}(1-e^{-k\Delta})$$

两边取对数，得　$$\ln(p_{t+\Delta}-p_t)=-kt+\ln[p_\infty(1-e^{-k\Delta})]$$

以 $\ln[(p_{t+\Delta}-p_t)/\text{Pa}]$ 对 t 作图，由直线的斜率也可求得速率常数 k。Δ 应取半衰期的 2～3 倍，因此此法的前提是反应须进行到接近完全。为了便于数据处理，一般取相同间隔的整数时间读数。

三、实验仪器与药品

① 仪器：过氧化氢分解反应实验装置 1 套、容量瓶（100mL）1 个、移液管（20mL）3 支。

② 药品：H_2O_2 溶液（10%）、KI 溶液（0.2mol/L）。

四、实验内容

1.仪器准备

①用硅胶管将反应瓶上方压力测试口与仪器压力接口相连接。

② 将反应瓶固定在恒温槽内（内含搅拌子）。

③ 向恒温槽内加水，直至淹没反应器。将恒温槽内冷凝管接口与外接冷却液相连（一般接自来水即可）。

④ 打开仪器电源，此时仪器处于置数状态，将搅拌选择开关置于手动，调节好搅拌速度，再置于自动状态，此时搅拌停止。

2.溶液配制和准备

配制10%的H_2O_2溶液30mL，将浓度为10%的H_2O_2用移液管吸取10mL后，缓慢放入反应器中，并将浓度为0.2mol/L KI溶液约15mL放入样品管中，并插入恒温槽边沿圆孔中，以便恒温。

3.测定25℃时H_2O_2的分解速率

将恒温槽设定到25℃，按“工作/置数”键，将恒温槽置于“工作”状态。设置好定时时间为1min，此时仍应处于置数状态，定时分钟器不工作。当恒温槽温度达到25℃时，并恒温5min后，旋开反应器盖子，用移液管吸入10mL已恒温好的KI溶液，将移液管下端尽可能靠近H_2O_2液面，缓慢放入反应器中，以避免溶液相互搅拌提前反应。立即旋紧盖子（切记不得漏气），此时将压力装置采零（即把反应前体系压力看成零），并迅速将“定时/置数”置于“定时”状态，此时搅拌自动开启，定时器工作。当蜂鸣器鸣响，说明定时已到，记下此时体系压力值p_t并连续记录。当连续记录约20min后停止记录数据。测量结束后，将反应物的剩余物倒掉，仪器洗净。

4.测定35℃时H_2O_2的分解速率

调节恒温浴恒温(35±0.1)℃，重复实验步骤2、3。注意由于温度升高反应速率加快，应每隔30s读取数据一次。

测量结束后，将反应物的剩余物倒掉，仪器洗净备用，关闭超级恒温浴电源。

5.p_∞的测量

(1) 方法1

停止记录数据后，继续让溶液分解，直到溶液中无气泡产生，压力值基本稳定后，说明溶液已全部分解，停止实验，此时的压力值即为p_∞。

(2) 方法2

① 停止记录数据，按“工作/置数”键，将恒温槽置于“置数”状态，将温度设定到55℃，再按“工作/置数”键，将恒温槽置于“工作”状态，恒温10min左右，让H_2O_2完全分解。

② 按“工作/置数”键，将恒温槽置于“置数”状态，将温度设置为系统测定时的初始温度。

③ 接通冷却液，让水温降至设定温度下约2℃时关闭冷却液，按“工作/置数”键，将恒温槽置于“工作”状态，恒温至初始设定时，当压力值基本稳定后，读取压力值即为p_∞。

五、注意事项

① 数据记录时，每次读取的压力值p_t所对应的时间$t=n\Delta t$，Δt为定时时间，n为读

取 p_t 时定时循环次数。

② 也可在初始温度下继续反应，直至反应完毕，即压力值基本不变时，读取压力值，即为 p_∞ 。

六、实验数据记录与处理

① 将实验数据记录在表 9-21 中。

室温：________℃；大气压：________ kPa。

表 9-21　过氧化氢分解反应过程中压力测定数据

25℃					
t/min	p_t/kPa	$t+\Delta$/min	$p_{t+\Delta}$/kPa	$p_{t+\Delta}-p_t$/kPa	ln（$p_{t+\Delta}-p_t$）
35℃					
t/s	p_t/kPa	$t+\Delta$/s	$p_{t+\Delta}$/kPa	$p_{t+\Delta}-p_t$/kPa	ln（$p_{t+\Delta}-p_t$）

② 以 ln($p_{t+\Delta}-p_t$）对 t 作图得一直线，由直线斜率可求得反应速率常数 k。

③ 计算 298.15K 和 308.15K 时，H_2O_2 催化分解反应的半衰期。

④ 由 298.15K 和 308.15K 求出速率常数 k 值，再根据阿伦尼乌斯（Arrhenius）方程计算该反应的表观活化能 E_a，$E_a=\dfrac{RT_1T_2}{T_1-T_2}\ln\dfrac{k_2}{k_1}$。

七、思考题

① 关于求过氧化氢分解反应的速率常数实验，你能否再设计一种方案？

② 在本实验的测量过程中，如果只测得四对数据，你将怎样处理？

③ H_2O_2 及 KI 溶液的浓度及量怎样确定？

④ 本实验可否用量筒量取 H_2O_2 及 KI 液？

实验 87　溶液吸附法测定活性炭的比表面积

一、实验目的

① 用颗粒状活性炭吸附次甲基蓝测定其比表面积。

② 熟练掌握“723N 型分光光度计”的基本原理及使用方法。

二、实验原理

比表面积即 1g 固态物所具有的总表面积。它是粉末状及多孔物质的一个重要参数。

测定比表面积的方法很多。其中，溶液吸附法仪器简单、操作方便，但要保证吸附剂活性炭的孔径与吸附质次甲基蓝的分子量或截面积相对应，否则测量结果偏差较大。

次甲基蓝在所有染料中具有最大的吸附倾向，在一定浓度范围内，大多固体物质吸附次甲基蓝是单分子层，其关系符合 Langmuir 等温方程式。当原始溶液的浓度过大时会出现多分子层吸附，原始溶液浓度过小时吸附可能达不到饱和。本实验原始溶液的浓度约为 0.2%，平衡后浓度不小于 0.1%。

次甲基蓝分子具有矩形结构，如下：

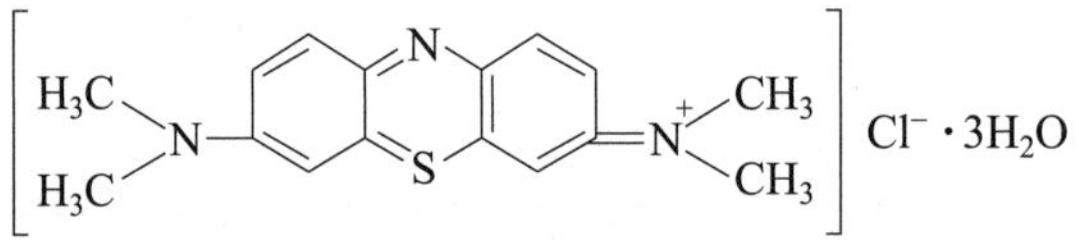

分子长 16Å，宽 8.4Å，最小厚度 4.7Å。当被吸附剂吸附时有三种取向，平面吸附投影面积为 1.35$Å^2$，侧面吸附投影面积为 75$Å^2$，端基吸附投影面积为 39.5$Å^2$。

吸附时，吸附剂不同或同种吸附剂的不同条件，吸附取向不同，投影面积不同，测得的分子投影面积也不同。因此，实验时要严格控制条件。非石墨型的活性炭对次甲基蓝的吸附是端基吸附，在单层吸附时，1mg 次甲基蓝覆盖的面积为 2.45m^2。

根据比尔吸收定律，当入射光强度为 I_0 的一定波长的单色光，入射到浓度为 c、液层厚度为 l 的一有色溶液后，其透射光强为 I，则有下式：

$$A=\lg\frac{I_0}{I}=\varepsilon lc \qquad A=\lg\frac{1}{T}$$

式中，A 为消光值或吸光度；ε 为吸光系数；T 为透光率。

对于厚度一定的液层，若浓度不同，则颜色的深度不同，色深，光通过后被吸收的就多，透过的光强就弱，反之透过的光强就强。上式 A（吸光度）值就描述了有色溶液吸收光程度。吸收定律适用于任意波长的单色光，但对同一种溶液在不同波长下，所测得的吸光度不同，为提高测量的灵敏度，工作波长一般选择最大吸光度对应的波长，即应从溶液的吸光度 A 对不同波长 λ 的工作曲线中确定。见图 9-32。

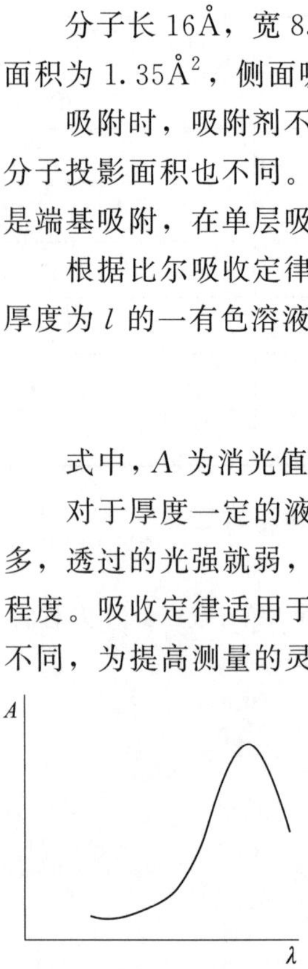

次甲基蓝溶液在可见光区有两个吸收峰，445nm 及 665nm（1m=10^9nm），但 445nm 处活性炭对吸收峰有很大干扰，故本实验选用后者，对不同仪器或其他不同条件的最佳工作波长略有差别。

本实验用“723N 型分光光度计”测定吸附前后溶液的吸光度，通过工作曲线计算吸附剂吸附次甲基蓝的量来计算活性炭的比表面积。

图 9-32　工作曲线

三、实验仪器与药品

① 仪器：723N 型分光光度计 1 台、康氏振荡器 1 台、马弗炉 1 台、坩埚、干燥器、250mL 磨口三角瓶 2 个、100mL 容量瓶 6 个、1000mL 容量瓶 2 个、漏斗。

② 药品：0.01%次甲基蓝标准液、0.2%的次甲基蓝溶液、颗粒状非石墨型活性炭。

四、实验内容

1. 活性炭的烘干

将活性炭置于坩埚中，放入 500℃的马弗炉中活化 1h（或在 300℃真空烘箱中活化 1h）后，置于干燥器中备用。

2. 溶液的吸附

精确称 0.1g 活性炭，倒入 250mL 磨口三角烧瓶中，再加入 40mL（近似为 40g）0.2%的次甲基蓝原始液，盖好盖子，放入振荡器振荡 4～6h。

3. 配制次甲基蓝标准液

用移液管分别取 2mL、4mL、5mL、6mL、8mL、10mL 的 0.01%标准次甲基蓝溶液于 100mL 容量瓶中，用蒸馏水稀释至刻度摇匀，依次配成浓度为 2μL/L、4μL/L、5μL/L、…、10μL/L 的标准溶液。

4. 稀释原始反应液

为测量原始次甲基蓝溶液的浓度，用移液管量取 0.2%原始液 5mL 到 1000mL 容量瓶中，用蒸馏水稀至刻度，摇匀待用。

5. 吸附平衡液的处理

加入活性炭的 0.2%次甲基蓝溶液振荡吸附 4～6h，平衡后，用布氏漏斗（本实验用普通漏斗即可）过滤，取 5.00mL 滤液放入 1000mL 容量瓶，稀释至刻度。

6. 选择工作波长

用 5μL/L 标准液，从 550nm 开始，每隔 10nm 测吸光度 A 直到 650nm，然后每隔 5nm 测吸光度 A 直到 675nm，测得不同波长下的吸光度 A，作 A-λ 图。由图找出最大吸光度所对应的工作波长（723N 型分光光度计的原理及使用方法详见第四章 4.7 节）。

① 预热仪器：打开电源开关，仪器预热 20min。

② 选定波长：在主菜单界面下，选择“1”按“确认”键后进入“光度计模式”，按“设置波长”键，设定波长 550nm。在“光度计模式”界面下，按“1”选择吸光度的测量。

③ 将比色皿装入空白溶液置于光路中，盖上仪器盖子，按“调零/调满度”键，调零。

④ 将装有待测液的比色皿放入其他格子内，轻轻拉动试样架拉手，使待测液处于光路中，记录吸光度 A。

⑤ 改变波长，重复②、③、④，测量不同波长下待测液的吸光度 A。

7. 测量溶液的吸光度

把工作波长设定为 6 种浓度下吸光度 A 最大的波长处，以蒸馏水为空白溶液调试 723N 型分光光度计。然后测定 6 个标准液的吸光度 A，测定稀释的原始反应液及稀释的反应平衡液的吸光度 A，记入表 9-22 中。

（注：本实验中测定都是吸光度 A）

五、实验数据记录与处理

表 9-22　5μL/L 的标准液在不同波长下的吸光度 A

波长/nm	550	560	570	580	590	600	610	620
吸光度 A								
波长/nm	630	640	650	655	660	665	670	
吸光度 A								

① 在表 9-22 中的吸光度最大的波长________下，测不同浓度的标准液的吸光度 A：

标准液	2μL/L	4μL/L	5μL/L	6μL/L	8μL/L	10μL/L	原始	平衡后
吸光度 A								

a. 作工作曲线：以 2μL/L、4μL/L、5μL/L、6μL/L、8μL/L、10μL/L 六个次甲基蓝标准溶液的浓度值与对应吸光度 A 作一曲线。

b. 求次甲基蓝原始浓度和吸附平衡液的浓度 c_0 及 c。

从工作曲线上，查出与实验测得的稀释原始液及吸附平衡液的吸光度 A 所对应的溶液浓度值，用此值乘 1000/5 即 200。

② 计算活性炭比表面积：

$$A=\frac{(c_0-c)\times G\times 2.45\times 10^3}{W}(\mathrm{m^2/g})$$

式中，A 为活性炭的比表面积，$\mathrm{m^2/g}$；c_0 为原始吸附液的浓度，%（工作曲线中查到）；c 为吸附平衡后溶液的浓度，%（工作曲线中查到）；G（40g）为加入 W 克活性炭中原始吸附次甲基蓝的重量；W 为准确称取的活性炭质量；2.45$\mathrm{m^2/mg}$ 为 1mg 次甲基蓝可覆盖活性炭样品的面积。

六、思考题

① 本实验的误差可达±10%，实验时影响测定结果的主要因素是什么？

② 为什么次甲基蓝原始溶液浓度要选择在 0.2%左右，吸附平衡后的次甲基蓝溶液浓度要在 0.1%左右？若吸附后浓度太低，在实验操作上如何改动？

③ 用分光光度计测次甲基蓝溶液浓度时为什么还将溶液再稀释到 10^{-6} 级浓度才进行测量？

实验 88　黏度法测定高聚物分子量

一、实验目的

① 测定聚乙烯醇的平均分子量。

② 掌握乌氏黏度计的使用方法。

二、实验原理

分子量是表征化合物的基本参数之一，但高聚物的分子量大小不一，一般在 $10^3\sim10^7$ 之间，所以通常所测高聚物分子量是平均分子量。高聚物分子量测定方法很多，比较起来，黏度法设备简单、操作方便，并有很好的实验精度，是常用的方法之一。黏度法可测分子量

范围为 $10^4 \sim 10^7$。

高聚物在稀溶液中的黏度，是它在流动过程中所存在的内摩擦的反映。这种内摩擦主要有：溶剂分子之间的内摩擦，又叫纯溶剂黏度 η_0；高分子与高分子之间的内摩擦；以及高分子与溶剂分子之间的内摩擦。三者总和表现为溶液的黏度 η。在同一温度下，高聚物溶液的黏度一般都比纯溶剂黏度大，$\eta > \eta_0$。其黏度增加分数称为增比黏度 η_{sp}。

$$\eta_{sp} = \frac{\eta - \eta_0}{\eta_0} = \eta_r - 1 \tag{9-76}$$

式中，η_r 为相对黏度，它表明了溶液黏度对溶剂黏度的相对值，是整个溶液的黏度行为；η_{sp} 则意味着它已扣除溶剂分子间的内摩擦效应，仅留下溶剂与高分子间以及高分子与高分子之间的内摩擦效应。显然，高聚物溶液浓度的变化将会影响 η_{sp} 的大小。浓度愈大，黏度也就愈大。为了便于比较，取单位浓度下所显示出的黏度，引入 η_{sp}/c，称比浓黏度，c 的单位是 g/mL。为了进一步消除高分子之间的内摩擦效应，当溶液无限稀释时，比浓度黏的极值为

$$\lim_{c \to 0} \frac{\eta_{sp}}{c} = [\eta] \tag{9-77}$$

或

$$\lim_{c \to 0} \frac{\ln \eta_r}{c} = [\eta] \tag{9-78}$$

$[\eta]$ 称为特性黏度，它主要反映了高聚物分子与溶剂分子间的内摩擦。高聚物分子量愈大，它与溶剂间的接触表面愈大，内摩擦就大，$[\eta]$ 也就愈大。

$[\eta]$ 和高聚物分子量间的关系可用下面的经验方程表示：

$$[\eta] = KM^{\alpha} \tag{9-79}$$

式中，M 是高聚物的平均分子量；K、α 是与温度、高聚物、溶剂性质等因素有关的常数，可通过其它方法求得。实验证明，α 值一般在 0.5～1 之间。

在测定高聚物分子的特性黏度时，以毛细管流出法的黏度计最为方便。若液体在毛细管黏度计中，因重力作用流出时，可通过泊肃叶（Poiseuille）公式计算黏度。

$$\frac{\eta}{\rho} = \frac{\pi h g r^4 t}{8LV} - m\frac{V}{8\pi L t} \tag{9-80}$$

式中，η 为液体的黏度；ρ 为液体的密度；L 为毛细管的长度；g 为重力加速度；r 为毛细管的半径；t 为流出的时间；h 为流过毛细管液体的平均液柱高度；V 为流经毛细管的液体体积；m 为毛细管末端校正的参数（一般在 $r/L \ll 1$ 时，可以取 $m=1$）。

对于一支指定的黏度计，式（9-80）可变为

$$\frac{\eta}{\rho} = \alpha t - \frac{\beta}{t} \tag{9-81}$$

式中，$\beta < 1$，当流出时间 t 在 2min 左右（大于 100s），该项可略去不计。又因实验一般采用稀溶液，所以溶液与溶剂的密度近似相等。在这些条件下，可将 η_r 写成：

$$\eta_r = \frac{\eta}{\eta_0} = \frac{t}{t_0}, \quad \eta_{sp} = \eta_r - 1 = \frac{t}{t_0} - 1 \tag{9-82}$$

式中，t 和 t_0 分别为溶液和溶剂的流出时间。

可以证明，在无限稀释下：

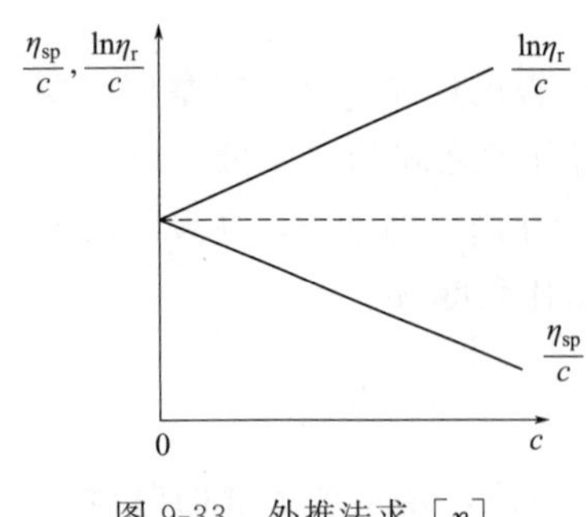

图 9-33　外推法求［η］

$$当 c \to 0 时，\lim(\eta_{sp}/c)=\lim[(\ln\eta_r)/c] \quad (9\text{-}83)$$

η_{sp}/c 与 $(\ln\eta_r)/c$ 的极限值均等于［η］，因此获得［η］的方法有两种：一种是以 η_{sp}/c 对 c 作图，外推到 $c\to 0$ 的截距值；另一种是以 $(\ln\eta_r)/c$ 作图外推到 $c\to 0$ 的截距值。两条线如图 9-33 所示。

三、实验仪器与药品

① 仪器：恒温槽 1 套、洗耳球 1 个、乌氏黏度计 1 支、秒表 1 块、10mL 移液管 2 支、5mL 移液管 1 支。

② 药品：聚乙烯醇（A. R.）。

四、实验内容

1. 高聚物溶液配制

准确称取 5g 聚乙烯醇，装入加有 200mL 去离子水的清洁烧杯中，加热至聚乙烯醇完全溶解，过滤后，加入约 800mL 水，定容于 1000mL 容量瓶中，摇匀备用。

2. 黏度计的洗涤

如果是新黏度计，先用洗液洗涤，再用自来水洗三次，最后蒸馏水洗三次，烘干。如果是用过的黏度计，先用水灌入黏度计，慢洗去残留的高分子，反复用水冲洗，然后把水倒入回收瓶中，烘干。最后再用洗液、自来水、蒸馏水洗涤，烘干。

3. 测定溶剂流出时间

本实验用乌氏黏度计，见图 9-34，它是气承式可稀释的黏度计。用移液管移取 10mL 水，从 A 管注入黏度计，于 30℃ 恒温槽恒温 5min，测定时，在 C 管上套上橡胶管，用夹子夹牢，在 B 管口上也套上橡胶管。用洗耳球将水从 4 球经 3 球、毛细管、2 球抽到 1 球。移去洗耳球和夹子，使 C 管通大气，此时 3 球内液体落回到 4 球，毛细管以下的液体悬空。毛细管以上的液体因重力下落，当液面流经 a 刻度时，立刻按秒表开始计时，液面降至 b 刻度时，再按秒表停止计时，测得液体流经 a、b 之间的时间，重复三次，相差不大于 0.5s。取平均值记为 t_0，即溶剂水的流出时间。

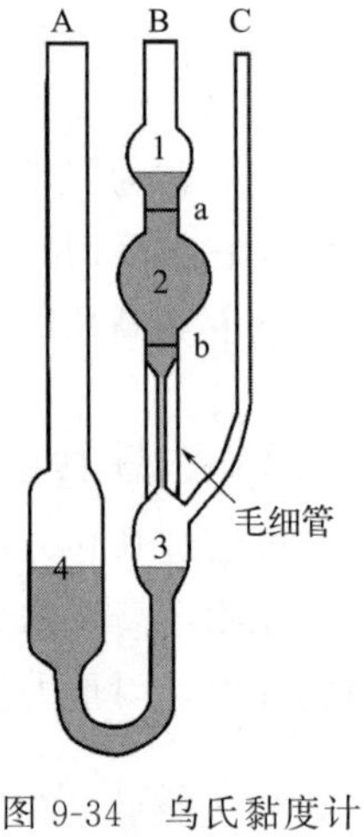

图 9-34　乌氏黏度计

4. 溶液流出时间的测定

① 测定 t_0 后倒出水，烘干，用移液管吸取已恒温好的被测溶液 10mL，注入黏度计，恒温 10min。按步骤 3，测定溶液的流出时间 t_1。

② 再用移液管吸取 5mL 水，经 A 管加入①已测完的黏度计中以稀释溶液，恒温 2min。并用此稀释液洗黏度计 2 球 2 次，使黏度计内各处浓度均匀。依上法测定流出时间 t_2。再依次加入 5mL、10mL、10mL 的水，使溶液浓度为初始浓度的 1/2、1/3、1/4，分别测出它们的流出时间 t_3、t_4、t_5。

5. 溶液流出的时间（放在 30℃ 恒温槽中）

① 10mL 聚乙烯醇溶液（$c'=1c$）：t_1、t_2、$t_3 \to \bar{t}_1$；

② 在①中加入 5mL H_2O（$c'=2c/3$）：t_1、t_2、$t_3 \to \bar{t}_2$；

③ 在②中加入 5mL H_2O（$c'=1c/2$）：t_1、t_2、$t_3 \to \bar{t}_3$；

④ 在③中加入 10mL H_2O（$c'=1c/3$）：t_1、t_2、$t_3 \to \bar{t}_4$；

⑤ 在④中加入 10mL H_2O($c'=1c/4$)：t_1、t_2、t_3→$\bar{t}_5$。

6.称重测定溶液的准确浓度

吸取 5mL 30℃恒温的溶液，移入 10mL 的小烧杯中，使溶液中水挥发除去，准确称量 5mL 溶液中溶质的重量，最后算出溶液的准确浓度。

五、实验数据记录与处理

① 为了作图方便，取 10mL 聚乙烯醇溶液，设起始浓度为 1，依次加入 5mL、5mL、10mL、10mL 水后的浓度分别为 2/3、1/2、1/3、1/4，计算各浓度的 η_r、$\ln\eta_r$、η_{sp}/c 和 $(\ln\eta_r)/c$，填入表 9-23 中。

日期________　　　　样品________

溶剂________　　　　恒温温度________

表 9-23　黏度法测聚乙烯醇分子量实验数据

		流出时间/s				η_r	$\ln\eta_r$	$\frac{\eta_{sp}}{c}$	$\frac{\ln\eta_r}{c}$
		1	2	3	平均				
溶剂	c_0								
溶液	($c'=1c$)								
	($c'=2c/3$)								
	($c'=1c/2$)								
	($c'=1c/3$)								
	($c'=1c/4$)								

② 作图，以 η_{sp}/c、$(\ln\eta_r)/c$ 对浓度 c 作图得两直线，外推至 $c\rightarrow0$，得截距 D。以真实的初始浓度除之，就得特性黏度 $[\eta]$。

③ 计算聚乙烯醇分子量。

$$[\eta]=KM^{\alpha}$$

聚乙烯醇：25℃，$K=21\times10^{-3}$mL/g，$\alpha=0.76$；30℃，$K=66.6\times10^{-3}$mL/g，$\alpha=0.64$。

六、思考题

① 乌氏黏度计的毛细管太粗、太细各有什么缺点？

② 试列举影响黏度准确测定的因素。

③ 乌氏黏度计有何优点，本实验能否除去 C 管？

实验 89　最大气泡法测定溶液表面张力

一、实验目的

① 测定不同浓度乙醇溶液的表面张力，计算吸附量。

② 掌握最大气泡法测定溶液表面张力的原理和技术。

③ 了解气液界面的吸附作用，计算表面层被吸附分子的截面积及吸附层的厚度。

二、实验原理

液体表面分子和内部分子所处的环境不同，表层分子受到向内的拉力，所以液体表面都有自动收缩的趋势。从热力学观点来看，液体表面缩小是一个自发过程，这是使体系总自由能减小的过程。欲使液体产生新的表面 Δs，就需对其做功，其大小应与 Δs 成正比：

$$-W'=\sigma\Delta s \tag{9-84}$$

如果 Δs 为 $1m^2$，则 $-W'=\sigma$ 是在恒温恒压下形成 $1m^2$ 新表面所需的可逆功，所以 σ 称为比表面吉布斯自由能，其单位为 J/m^2；也可将 σ 看作作用在界面上每单位长度边缘上的力，称为表面张力，其单位是 N/m。表面张力是液体的重要特性之一，与温度、压力以及共存的另一相的组成有关。

纯液体表面层的组成与内部的组成相同，在一定温度、压力下，纯液体的表面张力为定值，纯液体降低体系表面自由能的唯一途径是尽可能缩小表面积。对于溶液则由于溶质会影响表面张力，因此可以通过调节溶质在表面层的浓度来降低表面自由能。表面张力变化的大小决定于溶质的性质和溶质加入量的多少。溶液表面张力与其组成的关系大致有三种情况：

① 随溶质浓度增加表面张力略有升高；

② 随溶质浓度增加表面张力降低，并在开始时降得快些；

③ 溶质浓度低时表面张力就急剧下降，于某一浓度后表面张力几乎不再改变。

这种溶质在表面上的浓度与液体内部的浓度不同的现象称为溶液表面吸附。根据能量最低原理，溶质能降低溶液的表面张力时，表面层中溶质的浓度比溶液内部大；反之，溶质使溶液的表面张力升高时，它在表面层中的浓度比在溶液内部的浓度低。在指定的温度和压力下，溶质的吸附量与溶液的表面张力及溶液的浓度之间的关系遵守吉布斯（Gibbs）吸附等温方程：

$$\Gamma=-\frac{c}{RT}\left(\frac{\partial\sigma}{\partial c}\right)_T \tag{9-85}$$

式中，Γ 为溶质在表层的吸附量；σ 为表面张力；c 为吸附达到平衡时溶质在介质中的浓度。

当 $\left(\frac{\partial\sigma}{\partial c}\right)_T<0$ 时，$\Gamma>0$ 称为正吸附；当 $\left(\frac{\partial\sigma}{\partial c}\right)_T>0$ 时，$\Gamma<0$ 称为负吸附。引起溶液表面张力显著降低的物质称为表面活性物质，而引起溶液表面张力升高的物质称为非表面活性物质。通过实验若能测得表面张力与溶质浓度的关系，则可作出 σ-c 或 σ-ln$c$ 曲线，并在此曲线上任取若干点作曲线的切线，这些切线的斜率就是与其相应浓度的 $\left(\frac{\partial\sigma}{\partial c}\right)_T$ 或 $\left(\frac{\partial\sigma}{\partial \ln c}\right)_T$，将此值代入式（9-85）便可求出在此浓度时的溶质吸附量 Γ。吉布斯吸附等温式应用范围很广，但上述形式仅适用于稀溶液。

对于表面活性物质而言，被吸附的表面活性物质分子在界面层中的排列，取决于它在液层中的浓度，这可由图 9-35 看出。图 9-35 中（a）和（b）是不饱和层中分子的排列，（c）是饱和层分子的排列。当界面上被吸附分子的浓度增大时，它的排列方式在改变着，最后，当浓度足够大时，被吸附分子盖住了所有界面的位置，形成饱和吸附层，分子排列方式如图 9-35（c）所示。这样的吸附层是单分子层，随着表面活性物质的分子在界面上愈益紧密排列，则此界面表面张力下降也就逐渐减小。如果在恒温下绘成曲线 σ-c（表面张力等温线），当 c 增加时，σ 在开始时显著下降，而后下降逐渐缓慢下来，以致 σ 的变化很小，这时 σ 的数值恒定为某一常数（见图 9-36）。利用图解法进行计算十分方便，如图 9-36 所示，经过切

点 a 作与吸附曲线相切的直线，交纵坐标于 b 点。以 Z 表示切线和平行线在纵坐标上截距间的距离，显然 Z 的长度等于 $c\left(\frac{\mathrm{d}\sigma}{\mathrm{d}c}\right)_T$ 即

$$Z=-c\left(\frac{\mathrm{d}\sigma}{\mathrm{d}c}\right)_T \tag{9-86}$$

将式（9-86）代入式（9-85），得

$$\Gamma=-\frac{c}{RT}\left(\frac{\partial\sigma}{\partial c}\right)_T=\frac{Z}{RT} \tag{9-87}$$

即可求出不同浓度下的 Γ，以不同的浓度对其相应的 Γ 可作出曲线，$\Gamma=f(c)$ 称为吸附等温线。

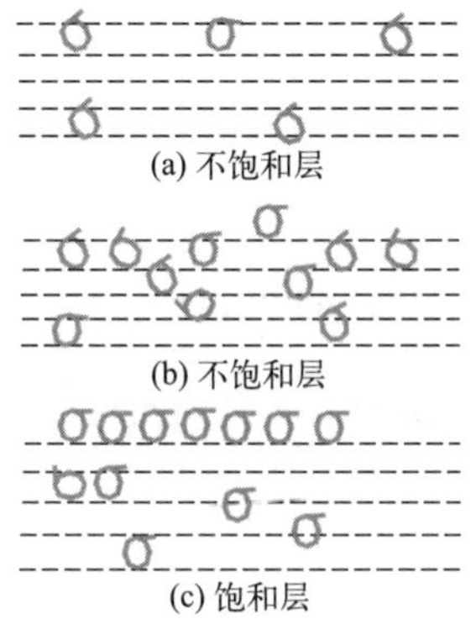

图 9-35　被吸附的分子在界面上的排列图

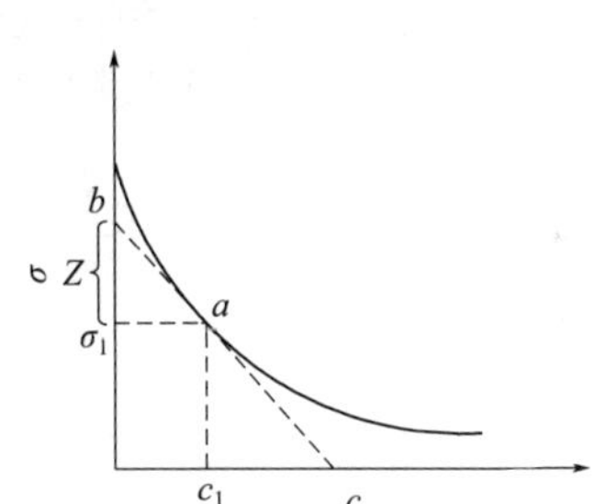

图 9-36　表面张力和浓度关系图

根据朗格谬尔（Langmuir）公式：

$$\Gamma=\Gamma_\infty\frac{Kc}{1+Kc} \tag{9-88}$$

式中，Γ_∞ 为饱和吸附量，即表面被吸附物铺满一层分子时的 Γ；K 为常数，式（9-88）可以写为如式（9-89）的形式

$$\frac{c}{\Gamma}=\frac{Kc+1}{K\Gamma_\infty}=\frac{c}{\Gamma_\infty}+\frac{1}{K\Gamma_\infty} \tag{9-89}$$

如以 $\frac{c}{\Gamma}$ 对 c 作图，图中直线斜率的倒数为 Γ_∞。

由所求得的 Γ_∞ 代入

$$s=\frac{1}{\Gamma_\infty N_A} \tag{9-90}$$

可求被吸附分子的截面积（N_A 为阿伏伽德罗常数）。

若已知溶质的密度 ρ，分子量 M，就可计算出吸附层厚度 δ

$$\delta=\frac{\Gamma_\infty M}{\rho} \tag{9-91}$$

测定溶液的表面张力有多种方法，较为常用的有最大气泡法和扭力天平法。本实验使用最大气泡法测定溶液的表面张力，其测量方法基本原理如下（参见图 9-37）。

将待测液体装于表面张力仪中，使毛细管的端面与液面相切，液面即沿毛细管上升，缓慢增加系统压力，这样毛细管内液面受到大于支管液面的压力，当此压力差——附加压力

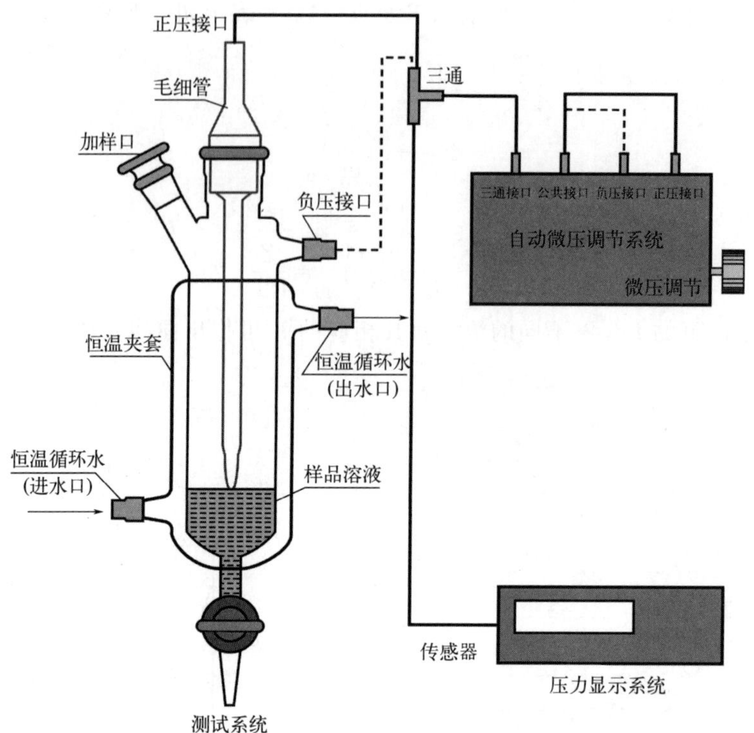

图 9-37 最大气泡法测定表面张力实验装置

（$\Delta p = p_{系统} - p_{大气}$）在毛细管端面上产生的作用力稍大于毛细管口液体的表面张力时，气泡就从毛细管口脱出。此附加压力与表面张力成正比，与气泡的曲率半径成反比，其关系式为：

$$\Delta p = \frac{2\sigma}{R} \tag{9-92}$$

式中，Δp 为附加压力；σ 为表面张力；R 为气泡的曲率半径。

如果毛细管半径很小，则形成的气泡基本上是球形的。当气泡开始形成时，表面几乎是平的，这时曲率半径最大；随着气泡的形成，曲率半径逐渐变小，直到形成半球形，这时曲率半径 R 和毛细管半径 r 相等，曲率半径达最小值，根据式（9-92），这时附加压力达最大值。气泡进一步长大，R 变大，附加压力则变小，直到气泡逸出。最大压力可由数字微压差测量仪测得。

根据式（9-92），$R=r$ 时的最大附加压力为：

$$\Delta p_{\max} = \frac{2\sigma}{r} 或 \sigma = \frac{r}{2}\Delta p_{\max} \tag{9-93}$$

实际测量时，使毛细管端口刚与液面接触，则可忽略气泡鼓泡所需克服的静压力，这样就可直接用式（9-93）进行计算。

用同一根毛细管分别测定具有不同表面张力（σ_1 和 σ_2）的溶液时，可得下列关系：

$$\sigma_1 = \frac{r}{2}\Delta p_{1\max};\sigma_2 = \frac{r}{2}\Delta p_{2\max};\frac{\sigma_1}{\sigma_2} = \frac{\Delta p_{1\max}}{\Delta p_{2\max}}$$

$$\sigma_1 = \sigma_2 \frac{\Delta p_{1\max}}{\Delta p_{2\max}} = K\Delta p_{1\max} \tag{9-94}$$

式中，K 为仪器常数。

因此，以已知表面张力的液体为标准，从式（9-94）即可求出其他液体的表面张力 σ_1。

三、实验仪器与药品

① 仪器：DP-AW-I 表面张力实验装置 1 套、洗耳球 1 个、超级恒温水浴 1 台、移液管（25mL、10mL、5mL、2mL 和 1mL）各 1 个、容量瓶（50mL）8 个、烧杯。

② 药品：无水乙醇（A. R.）。

四、实验内容

1. 配制溶液

配制体积分数分别为 5%、10%、15%、20%、25%、30%、50%、80%的乙醇水溶液各 50mL 待用。

2. 开机

调节恒温水浴至 25℃，表面张力仪接通电源，预热 10min。

3. 仪器准备

将毛细管洗净、烘干备用。将固定杆安装到仪器上，并将样品管固定调节夹安装到固定杆上。将样品管活塞放入样品管中，并将毛细管调节螺栓旋到样品管活塞中（旋入一半即可），然后将毛细管插入毛细管调节螺栓中，最后将样品管安装在样品管固定调节夹上。按图 9-37 连接好测试系统。

4. 仪器检漏

打开加样口，用滴液管把待测液缓慢注入，再将加样口活塞塞上，旋转毛细管螺栓，使毛细管管口刚好与液面相切。接入恒温水，恒温 5min 后，按“采零”键。然后把毛细管上端的活塞塞上（为防止系统漏气，毛细管活塞应涂上凡士林）。此时，打开微压调压阀（向内旋为关闭，向外旋为打开），使压力计上显示的数值以 10 个字左右变化，当毛细管产生气泡时，关闭微压调节阀。由于内部存储包压力较高，压力通过毛细管不断出泡释放压力直至毛细管不出泡为止，此时压力数值基本稳定，表示不漏气。

5. 仪器常数 K 的测量

以水作为标准液体测定其仪器常数。使毛细管垂直且毛细管端口刚好与水面相切，恒温 10min，微微打开微压调节阀，使压力计显示数值逐个增加，使气泡由毛细管尖端成单泡逸出。当气泡刚脱离毛细管管端破裂的一瞬间，蜂鸣器鸣响，显示屏上显示峰值，记录峰值 Δp_{max}，当每次显示的峰值大致相同时，连续读取三次，取其平均值。再由附表 14 中，查出实验温度时水的表面张力 σ，则可以由式（9-95）求出仪器常数 K。

$$K=\frac{\sigma_{H_2O}}{\Delta p_{max,H_2O}} \tag{9-95}$$

6. 待测溶液的表面张力测定

洗净样品和毛细管并用待测溶液润洗，加入适量样品于样品管中，按照实验步骤 5 的方法，测定已知浓度的乙醇溶液的最大压力差 Δp_{max}，代入式（9-94）计算其表面张力。测定溶液从稀到浓依次进行。

实验完毕，将毛细管上端的活塞取出，关掉电源，洗净玻璃仪器。

五、注意事项

① 起始出泡峰值可能不太稳定，等峰值稳定后再记录峰值。

② 为防止系统漏气，毛细管活塞应涂上少量凡士林。

③ 由于是微压测量，管路稍有晃动会影响系统压力，此时峰值可能会显示错误值。

④ 微压调节阀非常精密和灵敏，调节时要缓慢，不可大幅度调节。

⑤ 管路里不能有异物和液体，必须清洁干燥。

六、实验数据记录与处理

1.实验数据记录

将实验数据记录在表 9-24 中。

室温：________℃；大气压：________ kPa；实验温度：________℃。

表 9-24　不同浓度溶液的表面张力值

乙醇溶液浓度（体积分数）/%	最大压力差 Δp_{max}/Pa				K 或 σ	Γ	c/Γ
	1	2	3	平均值			
0							
5							
10							
15							
20							
25							
30							
50							
80							

2.数据处理

① 计算 25℃下，仪器常数 K 和溶液表面张力 σ。

② 根据上述计算结果，绘制 σ-c 等温线。

③ 由 σ-c 等温线作不同浓度的切线求 Z，并求出 Γ、c/Γ。

④ 绘制 Γ-c、c/Γ-c 图，由直线斜率求出 Γ_∞（单位 mol/m^2），并计算乙醇分子的截面积 s 和吸附层厚度 δ。

七、思考题

① 毛细管尖端为何必须调节得恰与液面相切？否则对实验有何影响？

② 最大气泡法测定表面张力时为什么要读最大压力差？如果气泡逸出得很快，或几个气泡一起逸出，对实验结果有无影响？

③ 哪些因素会影响表面张力的测定结果？如何减少这些因素对实验的影响？

实验 90　胶体的制备和电泳

一、实验目的

① 学会制备 $Fe(OH)_3$ 溶胶。

② 掌握电泳法测定 $Fe(OH)_3$ 溶胶电动电势的原理和方法。

二、实验原理

在胶体溶液中，由于胶体本身的电离或胶粒对某些离子的选择性吸附，胶粒的表面带有一定的电荷，同时在胶粒附近的介质中必然分散有与胶粒表面电荷符号相反而电荷数量相同的反离子，形成一个扩散双电层。

在外电场作用下，胶粒向异性电极定向泳动，这种胶粒向正极或负极移动的现象称为电泳。带荷电的胶粒与分散介质间的电势差称为电动电势，用符号 ζ 表示，电动电势的大小直接影响胶粒在电场中的移动速度。原则上，任何一种胶体的电动现象都可以用来测定电动电势，其中最方便的是用电泳现象中的宏观法来测定，也就是通过观察溶胶与另一种不含胶粒的导电液体的界面在电场中移动速度来测定电动电势。电动电势 ζ 与胶粒的性质、介质成分及胶体的浓度有关。在指定条件下，ζ 的数值可根据亥姆霍兹方程式计算。

即

$$\zeta=\frac{k\pi\eta u}{DH}(\text{静电单位})$$

或

$$\zeta=\frac{k\pi\eta u}{DH}\times 300(\mathrm{V}) \tag{9-96}$$

式中，k 为与胶粒形状有关的常数（对于球形胶粒 $k=6$，棒形胶粒 $k=4$，在实验中均按棒形粒子看待）；η 为介质的黏度，P；D 为介质的介电常数；u 为电泳速度，cm/s；H 为电位梯度，即单位长度上的电位差。

$$H=\frac{E}{300L}(\text{静电单位}/\mathrm{cm}) \tag{9-97}$$

式中，E 为外电场在两极间的电位差，V；L 为两极间的距离，cm；300 为将伏特表示的电位改成静电单位的转换系数。把式（9-96）代入式（9-97）得：

$$\zeta=\frac{4\pi\eta Lu\times 300^2}{DE}(\mathrm{V}) \tag{9-98}$$

由式（9-97）知，对于一定溶胶而言，若固定 E 和 L，测得胶粒的电泳速度（$u=dt$，d 为胶粒移动的距离，t 为通电时间），就可以求算出电动电势 ζ。

三、实验仪器与药品

① 仪器：WY-3D 电泳仪、电泳管、电导率仪、烧杯、铂电极、锥形瓶（250mL）、直尺、停表。

② 药品：$FeCl_3$（15%）溶液、0.1mol/L KCl 溶液、尿素（A.R.）、胶棉液（工业纯）。

四、实验内容

1. 水解法制备 $Fe(OH)_3$ 溶胶

① $Fe(OH)_3$ 溶胶的制备　在烧杯中，加入 220mL 蒸馏水，加热至沸，慢慢滴入 20mL（15%）$FeCl_3$ 溶液，并不断搅拌，加毕继续保持沸腾 1～2min，即可得到红棕色的 $Fe(OH)_3$ 溶胶。在室温下冷却，冷却时，为了让胶体有较好的稳定性，可以适当地加一些尿素（10g 左右）去除多余的氯离子。

② 渗析袋的制备　将约 20mL 胶棉液倒入干净的 250mL 锥形瓶中，小心转动锥形瓶使瓶内壁均匀铺展一层液膜，及时倾倒多余的胶棉液，继续转动至瓶内胶膜失去流动性为止。

将锥形瓶倒置于铁圈上，待溶剂挥发完（用手指轻触膜面，膜面不沾手为好），用蒸馏水注入胶膜与瓶壁之间，使胶膜与瓶壁分离，将其从瓶中取出，然后注入蒸馏水检查胶袋是否有漏洞，如无，则浸入蒸馏水中待用。

③ 溶胶的纯化　将冷至约50℃的 $Fe(OH)_3$ 溶胶转移到渗析袋，用约50℃的蒸馏水渗析，约10min换水1次，渗析5～6次。

④ 将渗析好的 $Fe(OH)_3$ 溶胶冷至室温，测其电导率，用0.1mol/L KCl溶液和蒸馏水配制与溶胶电导率相同的辅助液。

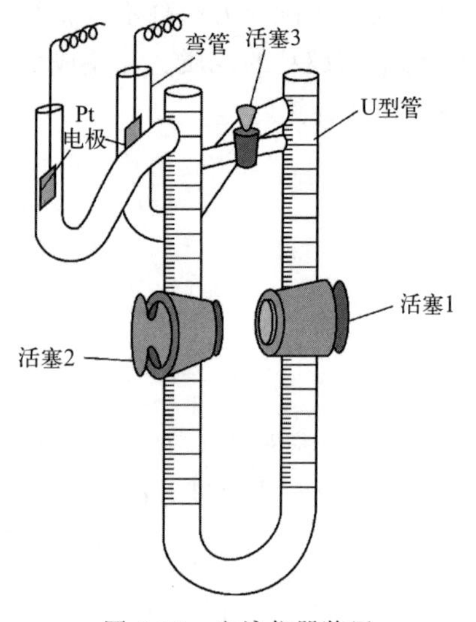

图 9-38　电泳仪器装置

2. 测量 $Fe(OH)_3$ 溶胶的电泳速度

① 电泳仪装置如图9-38所示。用洗液和蒸馏水将U型管玻璃电泳仪洗净并烘干，三个活塞上均涂一层凡士林。

② 用少量 $Fe(OH)_3$ 溶胶洗涤电泳仪2～3次，然后注入 $Fe(OH)_3$ 溶胶至液面高出活塞1、2少许，转动活塞并轻拍电泳管以赶走活塞和管壁上的气泡，关闭两活塞，倒掉多余溶液。

③ 先用蒸馏水后用辅助液把电泳仪活塞1、2以上的部分荡洗干净，然后把电泳仪固定在支架上，最后向两管内注入辅助液至液面距管口3cm。

④ 如图9-38所示，轻轻将铂电极插入支管内，并使两电极浸入液面下的深度相等。开启上部活塞3使管内两辅助液面等高，关闭活塞3保持垂直，缓慢开启活塞1、2，切勿扰动液面。

⑤ 打开电泳仪电源开关（开机请前先检查“输出调节”旋钮应在逆时针到底的位置），按下“稳压”按键，“稳压V”指示灯亮，此时仪器工作在稳压状态。顺时针缓慢调节“输出调节”旋钮，使输出电压达到150V。观察溶胶液面移动现象及电极表面现象，记录30min内界面移动的距离。记下准确的通电时间 t 和溶胶面上升的距离 d，从伏特计上读取电压 E，并且量取两电极之间的距离 L。

⑥ 实验结束后，拆除线路。用自来水洗电泳管多次，最后用蒸馏水洗一次。

五、注意事项

① 电泳仪应洗净，避免因杂质混入电解质溶液而影响溶胶的电动电势 ζ，甚至使溶胶凝聚。

② 制备 $Fe(OH)_3$ 溶胶时，$FeCl_3$ 一定要逐滴加入，并不断搅拌。

③ 纯化 $Fe(OH)_3$ 溶胶时，换水后要渗析一段时间再检查 Fe^{3+} 及 Cl^- 的存在。

④ 量取两电极间的距离时，要沿电泳管的中心线量取。

六、实验数据记录与处理

① 将实验数据记录如下：

电泳时间________s；电压________V；两电极间距离________cm；溶胶液面移动距离________cm。

② 将数据代入式（9-98）中计算电动电势 ζ。

七、思考题

① 胶粒为什么会带电？何时带正电？何时带负电？

② 为什么说电动电势的数值能影响胶体的稳定性？

③ 在实验的过程中哪些因素会影响实验的准确性？

实验 91　磁化率——配合物结构的测定

一、实验目的

① 通过测定几种物质的磁化率，计算其不成对电子数，并判断这些分子的配键类型。

② 掌握古埃法测定磁化率的原理和方法。

二、实验原理

当被测物质放入非均匀磁场中，会受到一个作用力。对于顺磁性物质，所受作用力的方向是指向场强最大的方向；而对于反磁性物质，则作用力的方向是指向场强最弱的方向。其作用力的大小与物质的磁化率成正比。

用古埃法测定磁化率时所用的磁天平如图 9-39 所示。

将装有被测物质的圆柱形样品管悬挂在天平的一个臂上，使样品管的底部处于磁铁两极的中心，即磁场强度最强处（H）。管内样品高度应足够高，使其上端处的强度为零，即此处磁场强度最弱（H_0）。此时，样品管处于非均匀磁场中，沿样品轴心方向 S，存在一磁场强度梯度 $\frac{\partial H}{\partial S}$，则作用于样品的力大小为：

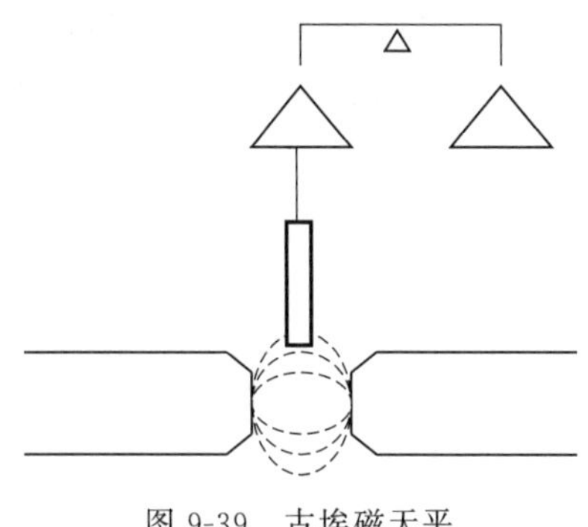

图 9-39　古埃磁天平

$$f=\int_{H}^{H_0}(X-X_0)AH\frac{\partial H}{\partial S}\mathrm{d}S \tag{9-99}$$

式中，X 为体积磁化率；X_0 为空气的磁化率；H 为磁场中心的磁场强度；H_0 为样品顶端的磁场强度；A 为样品管截面积；$\frac{\partial H}{\partial S}$为磁场强度梯度；$S$ 为样品管轴向方向。

假定空气的磁化率可以忽略，且 $H_0=0$，将式（9-99）积分得

$$f=\frac{1}{2}XH^2A \tag{9-100}$$

由天平称得装有被测样品的样品管和不装样品的空样品管在磁场与不在磁场中时质量的变化，可求出

$$f=\frac{1}{2}H^2AX=\Delta Wg \tag{9-101}$$

式中，$\Delta W=\Delta W_{样品+空管}-\Delta W_{空管}$，$g$ 为重力加速度，980.665cm/s^2。

则被测物质的体积磁化率为：

$$X=\frac{2\Delta Wg}{AH^2} \tag{9-102}$$

通常在化学研究中常用单位质量磁化率 X_m 和摩尔磁化率 X_M 来表示磁化性，其关系为：

$$X_m=\frac{X}{\rho} \tag{9-103}$$

$$X_M=\frac{MX}{\rho} \tag{9-104}$$

式中，ρ 为物质的密度；M 为分子量；H 为磁场中心的磁场强度；A 为样品管的截面积。

将式（9-102）代入式（9-103）、式（9-104）可得

$$X_m = \frac{X}{\rho} = \frac{2\Delta Whg}{WH^2} \tag{9-105}$$

$$X_M = \frac{MX}{\rho} = \frac{2\Delta WMhg}{WH^2} \tag{9-106}$$

式中，h 为样品管中样品的高度。

郎万之（LangeVin）假定分子间无相互作用，应用统计力学方法，导出了摩尔顺磁化率 X_μ 和分子永久磁矩 μ_m 之间的定量关系式：

$$X_\mu = \frac{N_A \mu_m^2}{3KT} \tag{9-107}$$

式中，N_A 为阿伏伽德罗常数；K 为玻尔兹曼常数，1.38×10^{-16} J/K；T 为绝对温度。

因为摩尔磁化率等于顺磁化率和反磁化率之和

$$X_M = X_\mu + X_f \tag{9-108}$$

通常 $X_\mu \gg |X_f|$，所以 $X_M \approx X_\mu$

则

$$X_M = X_\mu = \frac{N_A \mu_m^2}{3KT} \tag{9-109}$$

$$\mu_m^2 = \frac{3KT}{N_A} X_M \tag{9-110}$$

因此，只要实验测出 X_M，代入式（9-110）中，即可求出永久磁矩 μ_m。

另外，物质的永久磁矩 μ_m 和其所包含的未成对电子数有如下关系

$$\mu_m = \sqrt{n(n+2)}\,\mu_B \tag{9-111}$$

式中，μ_B 为玻尔磁子，$\mu_B = 9.274\times10^{-21}$ erg/G；n 为未成对电子数。

可得未成对电子数 n 为

$$n^2 + 2n - \frac{\mu_m^2}{\mu_B^2} = 0 \tag{9-112}$$

从而由 n 可判断物质的价键类型。

三、实验仪器与药品

① 仪器：ZJ-2B 型磁天平 1 台、装样品工具 1 套（研钵、角匙、小漏斗、玻璃棒）、玻璃样品管 1 支。

② 药品：$FeSO_4\cdot7H_2O$（A. R.）、$NiCl_2\cdot6H_2O$（A. R.）、$CuSO_4\cdot5H_2O$（A. R.）、$K_4Fe(CN)_6\cdot3H_2O$（A. R.）。

四、实验内容

① 接通电源，检查磁天平是否正常。通电和断电时应先将电源旋钮调到最小。励磁电流的升降平稳、缓慢，以防励磁线圈产生的反电动势将晶体管等元件击穿。

② 固定好磁天平磁极间距离，调节磁天平的励磁电流旋钮使显示的励磁电流为零，此时调节调零旋钮使所显示的磁场强度为零（磁天平的使用见第四章 4.5 节）。接通磁天平上部的电子天平电源，待有数字显示后按下“置零”键。

③ 将样品管里外用毛刷和滤纸擦干净，挂在天平下面的吊绳上，使样品管底部处于磁极中心线上，固定好磁极，关闭仪器玻璃门。在磁场强度为零时，首先称取空样品管的重量记为 $W_{空}$；然后，调节励磁电流旋钮改变磁场强度至 300mT，称取该磁场强度下空样品管在磁场中重量 $W'_{空}$。

④ 取下样品管，将事先研磨好的样品（研磨得越细越好）装入样品管中，边装边用玻璃棒压实。要求样品高度不低于 6cm（保证样品上端的磁场强度 $H_0=0$），然后用格尺量取样品的高度 h，将样品管放入磁场中，使其同样处于磁场的中心位置，称取空管加样品在磁场为 0 时重量记为 $W_{空+样品}$，调节励磁电流旋钮改变磁场强度至 300mT，称取该磁场强度下样品管在磁场中重量 $W'_{空+样品}$。注意：在磁场中称得重量时需称三次，取其中平均值。

⑤ 将样品倒入回收瓶中，同样用毛刷将样品管里外刷干净，按照步骤③重新测量空管在磁场为 0 和 300mT 下的重量，然后装入下一个样品，称取样品在有无磁场下的重量。再称其它样品，步骤同前。

五、注意事项

① 测定用的试管一定要干净。

② 标定和测定用的试剂要研细，填装时要不断地敲击桌面，使样品填装得均匀没有断层。

③ 吊绳和样品管必须垂直位于磁场中心的霍尔探头之上，样品管不能与磁铁和霍尔探头接触，相距至少 3mm。

④ 测定样品的高度前，要先将样品顶部压紧、压平，并擦去黏附在试管内壁上的样品粉末，避免在称量中丢失。

⑤ 励磁电流的变化应平稳、缓慢，调节电流时不宜过快和用力过大。

六、实验数据记录与处理

① 将上述测定结果列入表 9-25 中。

室温 $T=$________℃；磁场强度 $H=$________ mT。

表 9-25　不同磁场强度下测得的样品在磁场中的重量

样品号	$W_{空}$/g	$W'_{空}$/g	$W_{空+样品}$/g	$W'_{空+样品}$/g	ΔW/g	h/cm
		1		1		
		2		2		
		3		3		
		均		均		
		1		1		
		2		2		
		3		3		
		均		均		
		1		1		
		2		2		
		3		3		
		均		均		

② 计算出各种样品在有磁场和无磁场时的重量 ΔW 和样品重量 W。

$$\Delta W=(W'_{空+样}-W_{空+样})-(W'_{空}-W_{空})$$

$$W=W_{空+样}-W_{空}$$

③ 将各样品的实验数据和磁场强度 H 分别代入式（9-113），求摩尔磁化率

$$X_M=\frac{2\Delta WMhg}{WH^2} \tag{9-113}$$

式中，ΔW、W 由上述公式计算得到；H 为测得的磁场强度；h 为样品的高度，cm；g 为重力加速度，取 980.665cm/s^2；M 为分子量。

再根据式（9-110）求出永久磁矩 μ_m^2

$$\mu_m^2=\frac{3KT}{N_A}X_M \tag{9-114}$$

最后根据式（9-112）求出未成对电子数

$$n^2+2n-\frac{\mu_m^2}{\mu_B^2}=0 \tag{9-115}$$

④ 根据未成对电子数 n，讨论所测物质的磁性和化合物的价键类型。

七、思考题

① 简述古埃天平法测定磁化率的基本原理。

② 实验中用到的公式使用了哪些近似？

③ 从摩尔质量磁化率如何计算分子内未成对电子数及判断其配键类型？

实验 92　表面活性剂临界胶束浓度的测定

一、实验目的

① 用电导法测定十二烷基硫酸钠的临界胶束浓度。

② 了解表面活性剂的特性及胶束形成原理。

③ 掌握电导率仪的使用方法。

二、实验原理

具有明显“两亲”性质的分子，既含有亲油的足够长的（含 10～12 个碳原子）烃基，又含有亲水的极性基团（通常是离子化的），由这一类分子组成的物质称为表面活性剂，如肥皂和各种合成洗涤剂等。表面活性剂分子都是由极性部分和非极性部分组成的，若按离子的类型分类，可分为三大类：①阴离子型表面活性剂，如羧酸盐（肥皂）、烷基硫酸盐（十二烷基硫酸钠）、烷基磺酸盐（十二烷基苯磺酸钠）等；②阳离子型表面活性剂，主要是铵盐，如十二烷基二甲基叔胺和十二烷基二甲基氯化铵；③非离子型表面活性剂，如聚氧乙烯类。

表面活性剂进入水中，在低浓度时呈分子状态，并且三三两两地把亲油基团靠拢而分散在水中。当溶液浓度加大到一定程度时，许多表面活性物质的分子立刻结合成很大的基团，形成“胶束”。以胶束形式存在于水中的表面活性物质是比较稳定的。表面活性物质在水中形成胶束所需的最低浓度称为临界胶束浓度（critical micelle concentration），简称 CMC。CMC 可看作是溶液的表面活性的一种量度。因为 CMC 越小，则表示此种表面活性剂形成

胶束所需浓度越低，达到表面饱和吸附的浓度越低。也就是说只要很少的表面活性剂就可起到润湿、乳化、加溶、起泡等作用。在CMC点上，溶液的结构改变导致其物理及化学性质（如表面张力、电导率、渗透压、浑浊度、光学性质等）同浓度的关系曲线出现明显的转折，如图9-40所示。这个现象是测定CMC的重要依据，也是表面活性剂的一个重要特征。

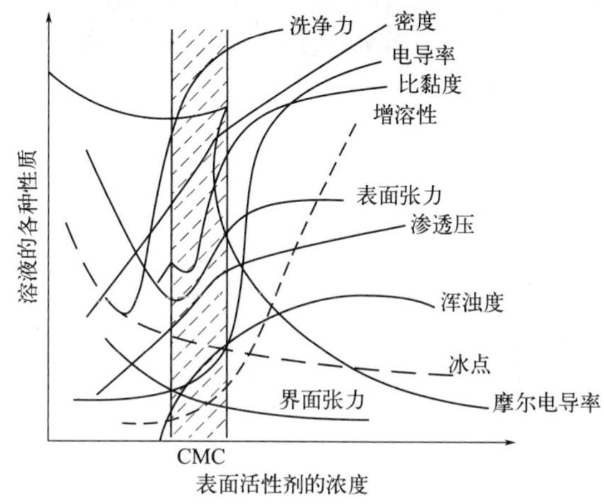

图9-40 表面活性剂物理性质与浓度的关系

这个特征行为可用生成分子聚集体或胶束来说明，如图9-41所示，当表面活性剂溶于水中后，不但定向地吸附在溶液表面，而且达到一定浓度时还会在溶液中发生定向排列而形成胶束。表面活性剂为了使自己成为溶液中的稳定分子，有可能采取两种途径：一是把亲水基留在水中，亲油基伸向油相或空气；二是让表面活性剂的亲油基团相互靠在一起，以减少亲油基与水的接触面积。前者就是表面活性剂分子吸附在界面上，其结果是降低界面张力，形成定向排列的单分子膜；后者就形成了胶束。由于胶束的亲水基方向朝外，与水分子相互吸引，使表面活性剂能稳定溶于水中。随着表面活性剂在溶液中浓度的增加，球形胶束可能转变成棒形胶束，以至层状胶束，如图9-42所示。层状胶束可用来制作液晶，它具有各向异性的性质。

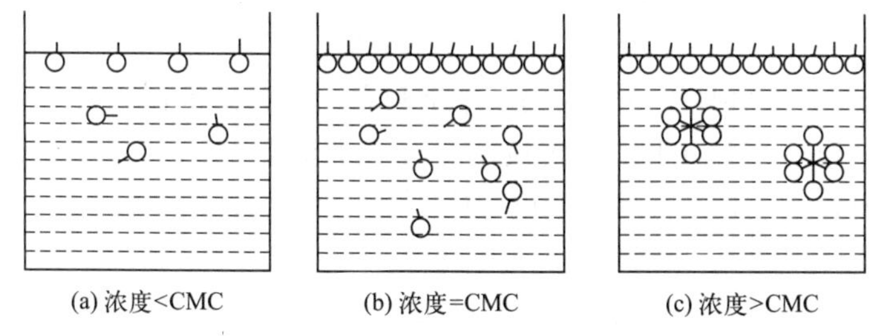

图9-41 胶束形成过程

离子型表面活性剂溶于水后能电离生成离子，故测定了电导率，并绘制表面活性剂浓度与电导率的关系曲线图，就可从图中的转折点求得临界胶束浓度（如图9-43所示）。表面活性剂的CMC与温度有关，应在恒温条件下测量。

三、实验仪器与药品

① 仪器：DDSJ-308F型电导率仪1台（附带电导电极1支）、恒温水浴1套、容量瓶

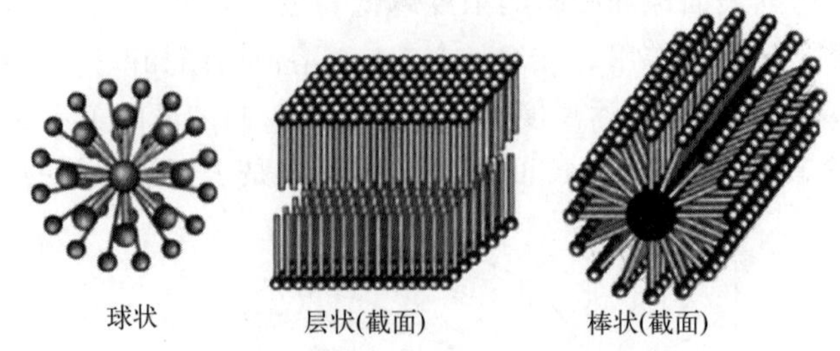

图 9-42　胶束棒状、球状和层状结构

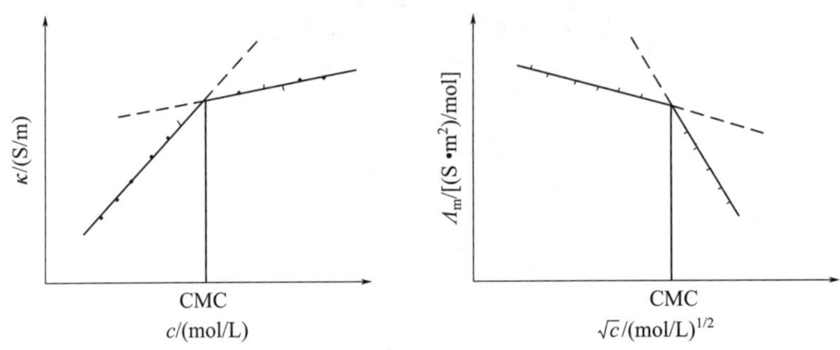

图 9-43　离子型表面活性剂溶液中 κ-c 和 Λ_m-$\sqrt{c}$ 曲线

（100mL）12 只、容量瓶（1000mL）1 只。

② 药品：氯化钾（A. R.）、十二烷基硫酸钠（A. R.）、电导水。

四、实验内容

① 用电导水或重蒸馏水准确配制 0.01mol/L 的 KCl 标准溶液。

② 取十二烷基硫酸钠在 80℃ 烘干 3h，用电导水或重蒸馏水准确配制 0.002mol/L、0.004mol/L、0.006mol/L、0.007mol/L、0.008mol/L、0.009mol/L、0.010mol/L、0.012mol/L、0.014mol/L、0.016mol/L、0.018mol/L、0.020mol/L 的十二烷基硫酸钠溶液各 100mL。

③ 打开恒温水浴调节温度至 25℃。打开电导率仪，预热 10min。

④ 用 0.001mol/L KCl 标准溶液标定电导池常数（DDSJ-308F 型电导率仪的使用见第四章 4.3 节）。

⑤ 用 DDSJ-308F 型电导率仪从稀到浓分别测定上述各溶液的电导率。用后一个溶液荡洗前一个溶液的电导池 3 次以上，各溶液测定时必须恒温 5min，每个溶液的电导率读数 3 次，取平均值。列表记录各溶液对应的电导率，换算成摩尔电导率。

⑥ 洗净电导池和电极，并测量水的电导率。

⑦ 实验结束后，关闭仪器电源，取出电极，用去离子水淋洗干净，放入去离子水中备用。

五、注意事项

① 电极不使用时应浸泡在蒸馏水中，用时用滤纸轻轻沾干水分，不可用纸擦拭电极上的铂黑（以免影响电导池常数）。

② 配制溶液时，由于有泡沫，所以应保证表面活性剂完全溶解，否则影响浓度的准确性。

③ 把电极插入待测溶液后（铂片必须完全浸入溶液中），CMC 浓度有一定的范围。

六、实验数据记录与处理

① 将所测的数据列于表 9-26 中，记录各浓度十二烷基硫酸钠水溶液电导率和摩尔电导率。

室温：________℃；大气压：________ kPa；电极常数：________。

表 9-26 各浓度十二烷基硫酸钠水溶液的电导率和摩尔电导率

溶液浓度 c/(mol/L)	电导率 κ/(S/m)				$\sqrt{c}$/(mol/L)$^{1/2}$	摩尔电导率 Λ_m/[(S/m^2)/mol]
	1	2	3	平均值		
0.002						
0.004						
0.006						
0.007						
0.008						
0.009						
0.010						
0.012						
0.014						
0.016						
0.018						
0.020						

② 作 κ-c 和 Λ_m-$\sqrt{c}$ 曲线图，由曲线转折点确定临界胶束浓度 CMC 值。

七、思考题

① 若要知道所测得的临界胶束浓度是否准确，可用什么实验方法验证？

② 非离子型表面活性剂能否用电导法测定临界胶束浓度？若不能，则可用何种方法测定？

③ 溶液的表面活性剂分子与胶束之间的平衡与浓度和温度有关：$-\frac{\mathrm{d}\ln c_{CMC}}{\mathrm{d}T}=-\frac{\Delta H}{2RT^2}$。

试问如何测出其热能效应 ΔH 值？

④ 试说出电导法测定临界胶束浓度的原理。

⑤ 实验中影响临界胶束浓度的因素有哪些？

八、讨论

表面活性剂的渗透、润湿、乳化、去污、分散、增溶和起泡作用等基本原理广泛应用于石油、煤炭、机械、化工、冶金、材料及轻工业、农业生产中，研究表面活性剂溶液的物理化学性质（吸附）和内部性质（胶束形成）有着重要意义。而临界胶束浓度（CMC）可以作为表面活性剂的表面活性的一种量度。因为 CMC 越小，则表示这种表面活性剂形成胶束所需浓度越低，达到表面（界面）饱和吸附的浓度越低。因而改变表面性质起到润湿、乳化、增溶和起泡等作用所需的浓度越低。另外，临界胶束浓度又是表面活性剂溶液性质发生显著变化的一个“分水岭”。因此，表面活性剂的大量研究工作都与各种体系的 CMC 测定有关。

测定 CMC 的方法很多，常用的有表面张力法、电导法、染料法、增溶作用法、光散射法等。这些方法，原理上都是从溶液的物理化学性质随浓度变化关系出发求得的。其中表面张力法和电导法比较简便准确。表面张力法除了可求得 CMC 之外，还可以求出表面吸附等温线，此外还有一优点，就是无论对于高表面活性还是低表面活性的表面活性剂，其 CMC 的测定都具有相似的灵敏度，此法不受无机盐的干扰，也适合非离子表面活性剂。电导法是经典方法，简便可靠，但只限于离子型表面活性剂，此法对于有较高活性的表面活性剂准确性高，但过量无机盐存在会降低测定灵敏度，因此配制溶液应该用电导水。

阅读 18　揭开溶液导电秘密的阿伦尼乌斯

斯万特·奥古斯特·阿伦尼乌斯（1859.2.19—1927.10.2），瑞典杰出的物理学家、化学家、天文学家，电离学说的创立者，也是物理化学创始人之一。1859 年 2 月 19 日，瑞典物理化学家阿伦尼乌斯出生。阿伦尼乌斯是电离理论的创立者，并因此获得 1903 年诺贝尔化学奖。他提出了温度对化学反应速率影响的著名的阿伦尼乌斯公式。他还提出了分子活化和盐的水解理论。他对宇宙化学、天体物理学和生物化学等也有研究。著有《溶液理论》《宇宙物理学教程》《免疫化学》《生物化学中定量定律》《化学原理》等书。

1. 人物简介

1876 年，阿伦尼乌斯考入乌普萨拉大学化学系，毕业后留校。1884 年以《电解质的导电性研究》论文申请博士，可是，这篇日后获得诺贝尔奖的论文仅仅被评为四等，他勉强通过答辩。这几乎使他失去担任乌普萨拉大学讲师的资格。德国著名物理化学家奥斯特瓦尔德的慧眼独识，亲点他到大学任副教授，这迫使乌普萨拉当局同意聘他为该校讲师。

1885 年，他到奥斯特瓦尔德实验室工作。1891 年担任瑞典皇家工业学院讲师，1895 年出任该院院长。1905 年，任斯德哥尔摩诺贝尔物理化学研究所所长。1900 年起，阿伦尼乌斯参与了创立诺贝尔基金会。1901 年他被选为瑞典皇家科学院院士，后一直是诺贝尔物理奖委员会委员和化学奖委员会的事实委员。1903 年被授予诺贝尔化学奖。1905 年诺贝尔物理研究所建立，阿伦尼乌斯一直担任所长，到 1927 年退休。1911 年，他被选为瑞典皇家学会会员。

2. 人物成就

阿伦尼乌斯最大的贡献是提出电离理论，阐明了溶液导电的原因。

阿伦尼乌斯同时提出了酸、碱的定义；解释了反应速率与温度的关系，提出活化能的概念及与反应热的关系“阿伦尼乌斯公式”。

他还最早从哲学的角度预言太阳的能量来自原子的反应，特别是由氢原子结合成氦原子（就好像所有的加法从 1+1 开始）。

他还发现二氧化碳有较强吸收红外辐射的能力，较早提出二氧化碳对地球温室效应影响的见解。

此外，他对彗星、北极光、冰川等的成因作了较深刻的研究，并提出了有价值的见解。他最先对血清疗法的机理作出化学解释，特别是开创免疫化学研究的航道，以及各种毒素的化学结构对人体、动物体中毒机理的研究作出了一定贡献。

3. 人物轶事

1901 年，开始首届评选诺贝尔奖的时候，阿伦尼乌斯是物理奖的 11 个候选人之一，可惜落选了。1902 年他又被提名诺贝尔化学奖，最终也没有被选上。1903 年，评奖委员会很多人都推举阿伦尼乌斯，但是，在他应获得物理奖还是化学奖上发生分歧，因为电离学说在物理学和化学两个学科中都有重要作用。最后评选委员会不得不通过投票表决。他是第一个获得这种崇高荣誉的诺贝尔的同胞。

阅读 19 朗格缪尔与表面化学

朗格缪尔（I. Langmuir，1881—1957）美国化学家、物理学家。1881 年 1 月 31 日出生于纽约，小时候虽家境贫寒，父母却经常鼓励他观察大自然，同时他也酷爱读书，劳动之余就捧起书本，使他对自然科学的兴趣日增。对他来说，兴趣是第一位的，因而他中学时的各门功课成绩相差悬殊。青年时代的朗格缪尔爱好广泛，是出色的登山运动员和优秀的飞行员，还获得过文学硕士学位。1903 年毕业于哥伦比亚大学矿学矿业学院，获冶金工程师称号。1906 年获得德国格丁根大学化学博士学位，导师为著名的化学家能斯特。同年，任美国新泽西州史蒂文森理工学院教授。三年后到通用电气公司实验室工作，直至退休。

朗格缪尔在电子发射、空间电荷现象、气体放电、表面化学等科学研究方面做出了很大贡献。他是冲氩气白炽灯、焊接金属的原子氢高温焊接法和人工降雨干冰布云法的发明人，是表面化学的开拓者，1918 年当选美国艺术与科学学院院士。1928 年，获珀金奖章。1932 年因为表面化学和热离子发射方面的研究成果获诺贝尔化学奖。1934 年获富兰克林奖章。1950 年获约翰·J·卡蒂科学奖。为了纪念他，表面化学中著名的吸附等温方程以他的名字命名，美国政府也将阿拉斯加州的一座山命名为朗格缪尔山。

在表面化学这一领域，朗格缪尔主要是对物质的表面和单分子表面膜进行了研究。1916 年提出了固体吸附气体分子的单分子层吸附理论。1917 年设计出测量水面上不溶物产生的表面压的“表面天平”(也称膜天平，朗格缪尔天平)。

水的表面张力较大，某些不溶或微溶于水的物质（有些需要溶剂的帮助）能在水面上铺展成膜，称为表面膜。其中不溶性表面活性物质在适当条件下可以形成一个分子厚度的稳定的膜，分子的极性基在水中，非极性基伸向空气，分子与分子之间靠得很紧，极性基团之间的水分子也被挤出，活性剂分子几乎都垂直定向排列在表面上，称为不溶性的单分子层表面膜。

将这种不溶性的单分子膜覆盖在干旱地区的湖泊或水库表面，可以使水的蒸发量减少 40％左右；在小溪、小沟表面覆盖不溶性表面膜，可以抑制孑孓呼吸、杀灭蚊子等。很早以前，人们就知道了不溶性表面膜的存在和作用，但直到朗格缪尔设计了膜天平，才开始对表面膜的系统研究。1920 年，他将水面上的单分子膜从溶液表面转移到固体基质的表面。1935 年，他的学生布洛杰特（K. Blodgett）将单分子膜进行不同类型的叠加，将单分子膜发展为多分子膜。为了纪念朗格缪尔和布洛杰特在膜化学方面的贡献，人们将这种固体基质上的单分子膜或多分子膜，称为 L-B 膜。L-B 膜技术提供了分子水平上控制分子排列方式的手段，使人们有可能根据需要组建分子聚集体。目前国际上对 L-B 膜的研究仍非常重视，在高新技术领域的应用取得了很大进展，已开发出不少类型的 L-B 膜，如制备化学模拟生物膜、仿生生物分子功能材料、分子电子元件等。

朗格缪尔的特质是见多识广、才能卓异、治学严谨、注重实践。他的研究成果直接促进了工业企业的科学研究和技术进步。他于 1957 年 8 月 16 日在马萨诸塞州逝世，享年 76 岁。

阅读 20 热力学奠基人——鲁道夫·克劳修斯

鲁道夫·尤利乌斯·埃马努埃尔·克劳修斯，德国物理学家和数学家，是热力学的主要奠基人之一。他重新陈述了尼古拉·卡诺的定律（又被称为卡诺循环），把热理论推至一个更真实更健全的基础。他最重要的论文于 1850 年发表，该论文是关于热的力学理论的，其中首次明确指出热力学第二定律的基本概念。他还于 1865 年引进了熵的概念。

他于 1822 年 1 月 2 日出生于普鲁士的克斯林（今波兰科沙林）的一个知识分子家庭。1840 年入柏林大学。1847 年在哈雷大学主修数学和物理学的哲学博士学位。从 1850 年起，曾先后任柏林炮兵工程学院、苏黎世工业大学、维尔茨堡大学、波恩大学物理学教授。他曾被法国科学院、英国皇家学会和彼得堡科学院选为院士或会员。因发表论文《论热的动力以及由此导出的关于热本身的诸定律》而闻名。1855 年任苏黎世工业大学教授，1867 年任德意志帝国维尔茨堡大学教授，1869 年起任波恩大学教授。1865 年和 1868 年分别当选法国科学院院士和英国皇家学会会长。

克劳修斯主要从事分子物理、热力学、蒸汽机理论、理论力学、数学等方面的研究，特别是在热力学理论、气体动理论方面建树卓著。他是历史上第一位精确表示热力学定律的科学家。1850 年他与兰金各自独立地表述了热与机械功的普遍关系——热力学第一定律，并且提出蒸汽机的理想的热力学循环（兰金-克劳修斯循环）。1850 年克劳修斯发表《论热的动力以及由此推出的关于热学本身的诸定律》的论文。他从热是运动的观点对热机的工作过程进行了新的研究。论文首先从焦耳确立的热功当量出发，将热力学过程遵守的能量守恒定律归结为热力学第一定律，指出在热机做功的过程中一部分热量被消耗了，另一部分热量从热物体传到了冷物体。这两部分热量和所产生的功之间存在关系：$\mathrm{d}Q=\mathrm{d}U+p\mathrm{d}V$。式中，$\mathrm{d}Q$ 是传递给物体的热量；$p\mathrm{d}V$ 表示所做的功；U 是克劳修斯第一次引入热力学的一个新函数，是体积和温度的函数。后来开尔文把 U 称为物体的能量，即热力学系统的内能。论文的第二部分，在卡诺定理的基础上研究了能量的转换和传递方向问题，提出了热力学第二定律最著名的表述形式（克劳修斯表述）：热不能自发地从较冷的物体传到较热的物体。因此克劳修斯是热力学第二定律的两个主要奠基人（另一个是开尔文）之一。

在发现热力学第二定律的基础上，人们期望找到一个物理量，以建立一个普适的判据来判断自发过程的进行方向。克劳修斯首先找到了这样的物理量。1854 年他发表《力学的热理论的第二定律的另一种形式》的论文，给出了可逆循环过程中热力学第二定律的数学表示形式，而引入了一个新的后来定义为熵的态参量。1865 年他发表《力学的热理论的主要方程之便于应用的形式》的论文，把这一新的态参量正式定名为熵。并将上述积分推广到更一般的循环过程，得出热力学第二定律的数学表示形式：$\leqslant 0$ 等号对应于可逆过程，不等号对应于不可逆过程。这就是著名的克劳修斯不等式。利用熵这个新函数，克劳修斯证明了：任何孤立系统中，系统的熵的总和永远不会减少，或者说自然界的自发过程是朝着熵增加的方向进行的。这就是“熵增加原理”，它是利用熵的概念所表述的热力学第二定律。后来克劳修斯不恰当地把热力学第二定律推广到整个宇宙，提出所谓“热寂说”。

克劳修斯在其他方面贡献也很大。他从理论上论证了焦耳-楞次定律。1851 年从热力学理论论证了克拉贝龙方程，故这个方程又称克拉贝龙-克劳修斯方程。1853 年他发展了温差电现象的热力学理论。1857 年他提出电解理论。1870 年他创立了统计物理中的重要定理之一——位力定理。1879 年他提出了电介质极化的理论，由此与 O. 莫索提各自独立地导出电介质的介电常数与其极化率之间的关系——克劳修斯-莫索提公式。克劳修斯主要著作有《力学的热理论》《势函数与势》《热理论的第二提议》等。

阅读 21　物理化学界的双料科学家能斯特

真正的科学家是无国界的，能斯特是全世界的。他是现代物理化学的创建人之一，也是卓越的物理学家和化学史家，他提出了热力学第三定律。

1864 年 6 月 25 日，卓越的物理学家、物理化学家和化学史家瓦尔特·赫尔曼·能斯特（Walther Hermann Nernst）出生于德国。他是现代物理化学的创建人之一。能斯特也是热力学第三定律的创始人，能斯特灯（白炽灯的前身）的创造者。能斯特在化学上最得意的成就是得出了电极电势与溶液浓度的关系式，即能斯特方程。1920 年，因在化学领域的贡献，他获当年的诺贝尔化学奖。能斯特还培养了三位诺贝尔物理奖获得者。

1. 人物生平

能斯特的父亲是地区法官，他的诞生地离哥白尼诞生地仅 20 英里。1887 年获维尔茨堡大学博士学位，他的博士论文是关于磁场中加热金属板产生的电动力。

后来能斯特到了莱比锡大学，作为威廉·奥斯特瓦尔德（Wilhelm Ostwald）的助手。当时，范特霍夫（Van′t Hof）和阿伦尼乌斯（Arrhenius）都在莱比锡。能斯特和这些化学家在一起，开始了重要的研究。去莱比锡大学的第二年，他就提出了举世瞩目的能斯特方程。

1894 年，能斯特收到慕尼黑、柏林、哥廷根三所大学的讲席教授职位邀约，他选择去了哥廷根，在哥廷根创立了物理化学与电化学研究所。

1905 年，他被任命为柏林大学教授。1906 年得出能斯特定律，即热力学第三定律，提出在绝对零度（−273℃）时物质性质上的变化。

1918 年，他研究光化学，得出了原子链式反应理论。这个理论是核反应的基础理论。

1920 年，能斯特因在热化学上的贡献而获得诺贝尔化学奖。

1924 年，成为新成立的物理化学研究所的所长，在那里工作至退休。

1933 年，他因不受纳粹的欢迎退休回到乡间别墅庄园，1941 年他死在自己的别墅中。

2. 人物轶事

门下三个诺奖

能斯特一生治学严谨，桃李满天下。他一直对“恩师”奥斯特瓦尔德的培养铭记不忘，自己也追随着导师的脚步，尽心竭力地培养、提携后辈。为支持贫困学子，他特地在莱比锡大学设立奖学金，即使周末也经常和学生们泡在一起。正是他的引导和影响，他的学生中人才辈出，先后有三位学生获得了诺贝尔物理奖（米利肯 1923，安德森 1936 年，格拉泽 1960 年），这在诺贝尔奖历史上都是罕见的。

有钱人能斯特

能斯特在哥廷根的那段时间，发明了能斯特灯。1900 年巴黎世博会的德国展区用了几千台能斯特灯作为装饰。能斯特还测试了多种电介质和金属，极大地促进了现代电灯的发展。能斯特灯因为此后钽和钨丝的发明而被商业淘汰，但至今红外光谱学中还用到能斯特灯作为光源。能斯特灯被发明之后，这项技术的销售给能斯特带来一笔不小的收入。他的同事调侃他："接着是不是要开发制造钻石了？"实心眼的能斯特回答道："不是，我现在有的是钱，买得起钻石，不需要去制造。"实在让人忍俊不禁。

晚年，他用电波放大器来取代共振板，和贝希斯坦公司及西门子公司共同研发出电钢琴，可惜并没有被音乐人接受。

爱因斯坦的忠实粉丝

1906 年，现代物理学奠基人之一的爱因斯坦曾将量子假说应用于固体比热，创建比热学说，但并未受到学界的重视。作为对比热也十分关心的科学家，为探讨比热理论，能斯特还亲自到苏黎世拜访爱因斯坦。起初他并不相信量子理论，也不认为爱因斯坦的理论能解决比热问题。1910 年，能斯特的学生林德曼发展了爱因斯坦的比热理论，让能斯特对爱因斯坦的研究产生了信心。他认为爱因斯坦的比热理论是解决比热问题的唯一途径，并公开宣布自己是量子理论的支持者。

第十章

综合实验

实验 93 分光光度法测定食品中的苏丹红

一、实验目的

① 了解苏丹红的相关性质及危害，将生活问题转化为化学问题以发展学科思维，树立食品安全和法规意识。

② 掌握用分光光度法测定苏丹红的原理和样品前处理方法，学会吸收曲线及标准曲线的绘制和实际样品分析。

③ 根据目标查阅资料，与同学合作设计、评估、完成方案，发展综合科学素养。

二、实验原理

苏丹红是一类常见的化学合成偶氮类染色剂，其着色艳丽，广泛应用于生物、日用、化学工业等领域的染色。依据化学结构不同，可将苏丹红分类为Ⅰ、Ⅱ、Ⅲ、Ⅳ（图 9-1）。这四种苏丹红在人体内的代谢产物均可致癌，因此苏丹红被认定为三类致癌物，是食品中禁用的添加剂。但由于其价格低廉、着色力强、稳定性好，常被非法商家添加到辣椒粉、辣椒酱、花椒等食品中。因此，检测食品中的苏丹红是保障食品安全的重要措施。目前，食品中苏丹红的检测一般采用高效液相色谱法或液相色谱-质谱联用法。但此法需要使用昂贵的分析仪器，操作复杂、分析成本高。因此，建立简单、准确、灵敏、快速的苏丹红检测方法十分关键。

紫外-可见分光光度法是根据物质分子对波长为 200～760nm 这一范围的电磁波的吸收特性所建立起来的一种定性、定量和结构分析方法。紫外-可见分光光度法具有灵敏、快速、操作简单、精密度高、成本低的特点，在生命科学、材料科学、环境科学、农业科学、医疗卫生、化学化工及食品科学等多个领域的科研、教学和生产工作中得到了广泛的应用。

利用紫外-可见分光光度法进行定量分析的理论依据是朗伯-比尔定律，即 $A=\varepsilon lc$。当入射光波长 λ 及光程 l 一定时，在一定浓度范围内，有色物质的吸光度 A 与该物质的浓度 c 成正比。只要绘出以吸光度 A 为纵坐标，浓度 c 为横坐标的标准曲线，测出试液的吸光度，就可以由标准曲线查得对应的浓度值，即未知样的含量。同时，还可应用相关的回归分析软件（Excel/Origin），将数据输入计算机，得到相应的分析结果。

本实验样品经溶剂提取、固相萃取净化后，以紫外-可见分光光度法实现对食品中苏丹红Ⅳ的快速测定，采用外标法定量。

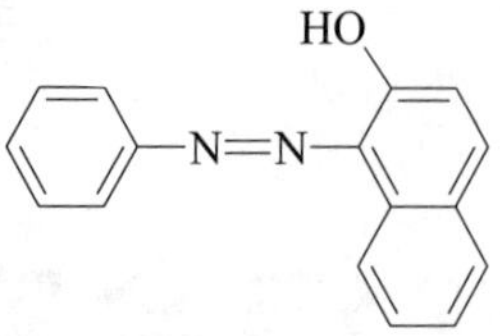

苏丹红Ⅰ 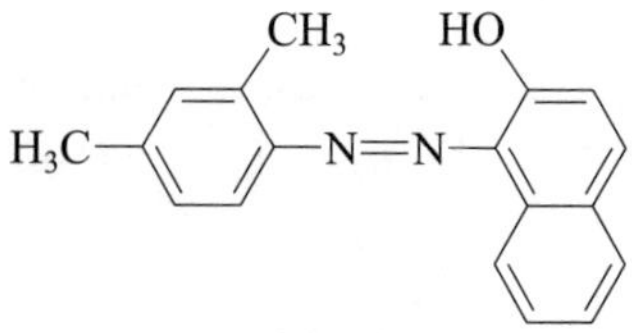　　苏丹红Ⅱ

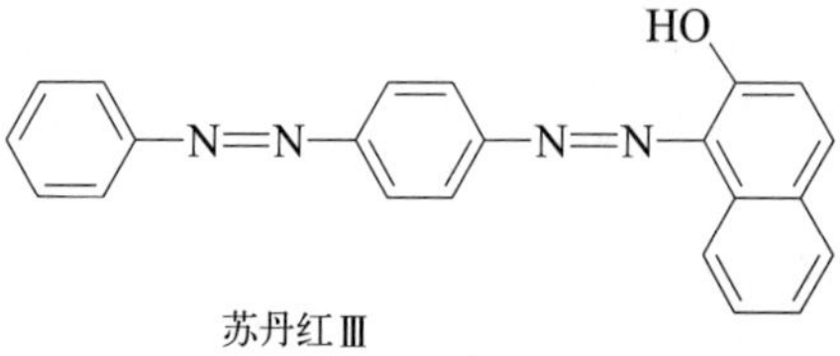

苏丹红Ⅲ 　　苏丹红Ⅳ

图 10-1　苏丹红Ⅰ、Ⅱ、Ⅲ、Ⅳ结构式

三、实验仪器与药品

1.仪器

分光光度计、分析天平、超声振荡器、离心机。

2.药品

① 苏丹红Ⅳ标准溶液（100μg/mL）：用分析天平准确称取 0.0025g 苏丹红Ⅳ，用正己烷溶解（如有不溶物可超声）后转移至 25mL 的容量瓶中，用正己烷定容后摇匀备用。

② 色谱用氧化铝（中性 100～200 目）：105℃条件下干燥 4h，于干燥器中冷却至室温，每 100g 中加入 2mL 水降活，混匀后密封，放置 12h 后使用。

③ 氧化铝色谱柱：分别在两个色谱柱（250mm×10mm）底部塞入一层脱脂棉，用玻璃棒将其表面尽量压平。之后干法装入处理过的氧化铝 4.5g，装成后氧化铝层高约 3cm，轻轻敲实氧化铝柱后，在上方加一层脱脂棉，备用。

④ 辣椒粉加标样品（250μg/g）：准确称取 0.2g 辣椒粉于 10mL 离心管中，加入 500μL 浓度为 100μg/mL 苏丹Ⅳ标准溶液，室温挥发至干燥，或在烘箱中干燥（50℃）。

⑤ 正己烷、乙酸乙酯（分析纯）。

四、实验内容

1.样品前处理

（1）提取样品中可能存在的苏丹红

准确称取 0.2g 空白辣椒粉或者加标后的辣椒粉样品于 10mL 离心管中，加入 2mL 正己烷，超声提取 1min，离心机离心 2min（转速 4000r/min），取上清液备用。

（2）分离

将制备好的氧化铝色谱柱先用 5mL 正己烷预淋洗，洗净柱中杂质。待液面降至氧化铝层上方 2mm 左右时，将上述样品提取液（空白样品/加标样品）慢慢加入氧化铝色谱柱中。为获得理想的分离效果，在全程的色谱过程中不应使柱干涸。用 8～12mL 乙酸乙酯与正己烷的混合溶液（$V_{乙酸乙酯}:V_{正己烷}=1:24$）淋洗至流出液无色，弃去流出液。再用 10mL 混合溶液（$V_{乙酸乙酯}:V_{正己烷}=1:10$）洗脱，保存洗脱液并用正己烷定容至 10mL 后待测。

2.分光光度法测定苏丹红

（1）吸收曲线的绘制和测量波长的选择

在定量分析时，首先需要测定溶液对不同波长光的吸收情况（吸收光谱），从中确定最

大吸收波长 λ_{max}。取一定浓度的苏丹红标准溶液，在光度计上用 1cm 比色皿，采用试剂空白作为参比溶液，在 440～560nm，每隔 10nm 测量一次吸光度。以波长为横坐标，吸光度为纵坐标，绘制吸收曲线，选择测量的适宜波长。一般选用最大吸收波长 λ_{max} 为测定波长。

（2）标准曲线的测定（0～10μg/mL）

在 6 个 10mL 的比色管中，用移液器（100～1000μL）分别加入 100μg/mL 苏丹红标准溶液 0μL、100μL、200μL、300μL、400μL、500μL，用正己烷定容至 5mL。以试剂空白作为参比，在 λ_{max} 波长下，用 1cm 的比色皿测定各溶液的吸光度。以吸光度 A 为 y 值，标准溶液的浓度 c 为 x 值，绘制标准曲线，求得方法的线性方程。

（3）苏丹红含量的测定

准确吸取适量样品溶液代替苏丹红标准溶液，其他步骤同上，平行三次测定其吸光度。按公式（10-1）计算样品中苏丹红的含量（w_1）：

$$w_1 = \frac{cV}{m} \times 100\% \tag{10-1}$$

式中，w_1 为样品中苏丹红含量，μg/g；c 为由标准曲线得出的样液中苏丹红的浓度，μg/mL；V 为样液定容体积，mL；m 为样品质量，g。

按式（10-2）计算加标回收率（R）：

$$R = \frac{w_1}{w_0} \times 100\% \tag{10-2}$$

式中，R 为回收率；w_1 为实验测得样品中苏丹红含量，μg/g；w_0 为样品中所加标准苏丹红含量，μg/g。

按式（10-3）计算精密度（RSD）：

$$\mathrm{RSD} = \frac{\mathrm{SD}}{\overline{w_1}} \times 100\% \tag{10-3}$$

式中，RSD 为相对标准偏差；SD 为实验测得样品中苏丹红含量的标准偏差；$\overline{w_1}$ 为实验测得样品中苏丹红含量平均值。

五、实验数据记录与处理

1. 吸收曲线的制作

	1	2	3	4	5	6	7	8	9	10	11	12	13	14	15
波长 λ/nm															
吸光度 A															
	16	17	18	19	20	21	22	23	24	25	26	27	28	29	30
波长 λ/nm															
吸光度 A															

2. 标准曲线的测定

	1	2	3	4	5	6
浓度 c/(μg/mL)						
吸光度 A						

3.实际样品分析

样品编号	1	2	3
$A_{空白}$			
$c_{空白}/(\mu g/mL)$			
$A_{加标}$			
$c_{加标}/(\mu g/mL)$			
w_1			
R			
RSD			

六、思考题

① 参比溶液的作用是什么？在本实验中选择何种参比溶液？

② 紫外分光光度计与可见分光光度计有什么区别？

【附注】

紫外-可见分光光度计的使用参见第四章4.7节。

实验94　硫酸四氨合铜的制备及铜含量的分析

一、实验目的

① 学习铜氨配合物的性质及制备方法。

② 熟悉减压过滤的装置及基本操作。

③ 掌握氧化还原滴定法和酸碱中和滴定法。

二、实验原理

一水合硫酸四氨合铜（Ⅱ）$[Cu(NH_3)_4]SO_4 \cdot H_2O$为蓝色正交晶体，在工业上用途广泛，常用作杀虫剂、媒染剂，在碱性镀铜中也常用作电镀液的主要成分，也用于制备某些含铜的化合物。本实验通过将过量氨水加入硫酸铜溶液中反应制得硫酸四氨合铜，反应式为：

$$CuSO_4 + 4NH_3 + H_2O \xlongequal{} [Cu(NH_3)_4]SO_4 \cdot H_2O$$

由于硫酸四氨合铜在加热时易失氨，所以其晶体的制备不宜选用蒸发浓缩等常规的方法。硫酸四氨合铜溶于水但不溶于乙醇，因此在硫酸四氨合铜溶液中加入乙醇，即可析出深蓝色的$[Cu(NH_3)_4]SO_4 \cdot H_2O$晶体。由于该配合物不稳定，常温下，一水合硫酸四氨合铜（Ⅱ）易于与空气中的二氧化碳、水反应生成铜的碱式盐，使晶体变成绿色粉末；在高温下分解成硫酸铵、氧化铜和水，故不宜高温干燥。

乙二胺四乙酸（简称EDTA）难溶于水，其标准溶液常用其二钠盐（$EDTA \cdot 2Na \cdot H_2O$，分子量$M=392.28$），采用间接法配制。标定EDTA溶液的基准物质有Zn、ZnO、$CaCO_3$、Cu、$MgSO_4 \cdot 7H_2O$、Hg、Ni、Pb等。

用于测定Cu^{2+}含量的EDTA溶液可用ZnO或金属Zn作基准物进行标定。以二甲酚橙为指示剂，在pH＝5～6的溶液中，二甲酚橙指示剂（XO）本身显黄色，而与Zn^{2+}的配合物显紫红色。EDTA能与Zn^{2+}形成更稳定的配合物，当使用EDTA溶液滴定至近终点时，EDTA会把与二甲酚橙配位的Zn置换出来，而使二甲酚橙游离，因此溶液由紫红色变为黄色。其变色原理可表示如下：

$$XO(黄色)+Zn^{2+}=\!=\!=ZnXO(紫红色)$$

$$ZnXO(紫红色)+EDTA=\!=\!=Zn\text{-}EDTA(无色)+XO(黄色)$$

三、实验仪器与药品

① 仪器：天平、烧杯、量筒、玻璃棒、布氏漏斗、抽滤瓶、真空泵、表面皿。

② 药品：五水硫酸铜（A. R.）、氨水（A. R.）、无水乙醇、EDTA·2Na·H_2O、20%六亚甲基四胺溶液、二甲酚橙指示剂、20%醋酸钠溶液、PAN 指示剂。

四、实验内容

1. 硫酸四氨合铜的制备

用托盘天平称取 5.0g 五水硫酸铜，放入洁净的 100mL 烧杯中，加入 15mL 去离子水，搅拌至完全溶解（未溶解完全可稍加热至全部溶解），加入 10mL 浓氨水，搅拌混合均匀（此时溶液呈深蓝色，较为不透光。若溶液中有沉淀，抽滤使溶液中不含不溶物）。沿烧杯壁慢慢滴加 20mL 无水乙醇，然后盖上表面皿静置 15min。待晶体完全析出后，减压过滤，晶体用无水乙醇洗涤 2～3 次，抽滤至干，称量。

2. 硫酸四氨合铜中铜含量的分析

（1）0.02mol/L EDTA 标准溶液的配制

称取 2g 乙二胺四乙酸二钠盐于 250mL 烧杯中，加入 50mL 水，加热溶解后，稀释至 250mL，存于试剂瓶中或聚乙烯塑料瓶中。

（2）标准锌溶液的配制

准确称取氧化锌（　）～（　）g 于 250mL 烧杯中，盖上表面皿。从烧杯嘴滴加 5～10mL 1∶1 HCl，放置至 ZnO 全部溶解后，定量转移到 250mL 容量瓶中，用水稀释至刻度，摇匀。计算其准确浓度。

（3）EDTA 溶液浓度的标定

以二甲酚橙为指示剂，用移液管吸取锌标准溶液 25.00mL 于 250mL 锥形瓶中，加 0.2%二甲酚橙指示剂 2～3 滴，然后滴加 20%六亚甲基四胺至溶液呈稳定的紫红色，再多加 5mL。

用 EDTA 标准溶液滴定至溶液由紫红色变为亮黄色为终点，平行测定三次，按 EDTA 溶液消耗的体积，算出其平均浓度。

（4）目标产物中铜含量的测定

准确称取（　）g 所合成的目标产物，加入 4mL1∶1 盐酸，完全溶解后，用水稀释，定容至 250mL 容量瓶中。准确移取 25mL 待测试液，然后加入 10mL 20%醋酸钠溶液和 6～8 滴 PAN 指示剂，用 EDTA 标准溶液滴定至终点。平行测定三次，计算产物中铜的含量及相对平均偏差。

五、注意事项

① 使用天平时不要把药品撒到天平上，并保持天平的整洁。

② 减压过滤时一定要拿住吸滤瓶和布氏漏斗，防止滑落摔碎。

③ 使用氨水需在通风橱中操作。

④ 产品回收。

六、实验数据与处理

1. EDTA 溶液的标定

实验序号	1	2	3
称量瓶＋基准物质(倾倒前)质量 m_1/g			
称量瓶＋基准物质(倾倒后)质量 m_2/g			
m_{ZnO}/g			
Zn^{2+} 浓度 c/(mol/L)			
消耗 EDTA 溶液体积，终读数：V_2/mL			
初读数：V_1/mL			
消耗 EDTA 溶液体积 V_{EDTA}/mL			
c_{EDTA}/(mol/L)			
$\overline{c}_{EDTA}$/(mol/L)			
相对平均偏差 $\frac{\overline{d}}{\overline{c}} \times 100\%$			

2. 目标产物中铜含量的测定

实验序号	1	2	3
目标产品质量 m/g			
消耗 EDTA 体积，终读数：V_2/mL			
初读数：V_1/mL			
消耗 EDTA 体积 V_{EDTA}/mL			
测得 CuO 的质量 m_x/g			
CuO 质量分数(m_x/m_s)/%			
CuO 质量分数平均值 $\overline{X}$/%			
相对平均偏差 $\frac{\overline{d}}{\overline{X}} \times 100\%$			

3. 计算

计算公式如下：

$$c_{EDTA} = \frac{m_{ZnO}}{M_{ZnO} V_{EDTA} \times 10^{-3} \times 10}$$

$$\text{CuO 质量分数}(\%) = \frac{c_{EDTA} V_{EDTA} M_{CuO} \times 10^{-3}}{m_s} \times 100\%$$

七、思考题

① 在制备硫酸四氨合铜的过程中，选择加入乙醇析出晶体，而不是蒸发浓缩的方式，为什么？

② 硫酸四氨合铜的理论产量是多少？产率是多少？写出计算过程。

③ 请说出六亚甲基四胺和醋酸钠在配位滴定中的作用，如果不加入，对实验有什么影响。

④ 除配位滴定外，是否有其他方法可以获得铜含量？请设计具体的替代方案。

实验95 三草酸合铁(Ⅲ)酸钾的合成、组分分析及光致变色特性

一、实验目的

① 了解氧化还原、配位反应在无机合成中的应用。

② 了解三草酸合铁(Ⅲ)酸钾的制备的方法。

③ 了解三草酸合铁(Ⅲ)酸钾光致变色特性及蓝晒实验原理。

二、实验原理

三草酸合铁(Ⅲ)酸钾 $K_3[Fe(C_2O_4)_3]\cdot 3H_2O$ 为翠绿色的单斜晶体,分子量491.26,易溶于水(溶解度0℃,4.7g/100g;100℃,117.7g/100g),难溶于乙醇,110℃下可失去全部结晶水,230℃时分解。此配合物是制备某些活性铁催化剂的主要原料,也是一些有机反应良好的催化剂,在工业上具有一定的应用价值。本实验以Fe(Ⅱ)盐为原料,制备三草酸合铁(Ⅲ)酸钾。

首先由硫酸亚铁与草酸反应制备草酸亚铁:

$$FeSO_4 + H_2C_2O_4 + 2H_2O \longrightarrow FeC_2O_4 \cdot 2H_2O\downarrow + H_2SO_4$$

然后在过量草酸根存在下,用过氧化氢氧化草酸亚铁即可得到三草酸合铁(Ⅲ)酸钾,同时有氢氧化铁生成:

$$6\,FeC_2O_4 \cdot 2H_2O + 3H_2O_2 + 6K_2C_2O_4 \longrightarrow 4K_3[Fe(C_2O_4)_3] + 2Fe(OH)_3\downarrow + 12H_2O$$

加入适量草酸可使 $Fe(OH)_3$ 转化为三草酸合铁(Ⅲ)酸钾配合物:

$$2Fe(OH)_3 + 3H_2C_2O_4 + 3K_2C_2O_4 \longrightarrow 2K_3[Fe(C_2O_4)_3] + 6H_2O$$

$K_3[Fe(C_2O_4)_3]\cdot 3H_2O$ 加热到100℃脱去结晶水,通过质量的变化可以确定结晶水的量。配离子的组成可通过化学分析确定,其中 $C_2O_4^{2-}$ 含量可直接由 $KMnO_4$ 标准溶液在酸性介质中滴定测得;Fe^{3+} 含量可先用过量锌粉将其还原为 Fe^{2+},然后再用 $KMnO_4$ 标准溶液滴定测得。

蓝晒是典型的光化学反应,它通过光敏物质捕捉太阳光中的紫外线,发生光化学反应。其原理为铁离子与配体如草酸盐或柠檬酸盐在紫外线的作用下发生反应被还原成亚铁离子,然后亚铁离子与铁氰化物反应生成亚铁氰化铁(又名普鲁士蓝),普鲁士蓝吸附在相纸上,显示出美丽的蓝色图像。

$K_3[Fe(C_2O_4)_3]\cdot 3H_2O$ 对光敏感,受光照射分解变为黄色。因其具有光敏性,所以常用来作为化学光量计。

在光照下容易进行下列光化学反应:

$$2[Fe(C_2O_4)_3]^{3-} \longrightarrow 2FeC_2O_4 + 3C_2O_4^{2-} + 2CO_2\uparrow$$

三草酸合铁酸钾极易感光,室温日光照射下或强光下分解生成草酸亚铁,变为黄色,进而再遇铁氰化钾生成滕氏蓝 $Fe_3[Fe(CN)_6]_2$,从而实现蓝色影像。相关反应为:

$$2[Fe(C_2O_4)_3]^{3-} \longrightarrow 2FeC_2O_4 + 3C_2O_4^{2-} + 2CO_2\uparrow$$

$$3FeC_2O_4 + K_3[Fe(CN)_6] \longrightarrow Fe_3[Fe(CN)_6]_2 + 3K_2C_2O_4$$

本实验可选用与三草酸合铁酸钾具有相同光学性质的柠檬酸铁铵进行对比实验。

三、实验仪器与药品

① 仪器:电子天平、恒温水浴锅、烧杯、减压过滤装置、表面皿、电陶炉、蒸发皿、

紫外暗箱、烘箱。

② 药品：$FeSO_4 \cdot 7H_2O$(C. P.)、H_2SO_4(3mol/L)、$H_2C_2O_4$(1mol/L)、$K_2C_2O_4$（饱和）、H_2O_2(6%)、乙醇（95%）、pH 试纸、滤纸、柠檬酸铁铵、铁氰化钾、水彩纸。

四、实验内容

1. 草酸亚铁的制备

称取 2g $FeSO_4 \cdot 7H_2O$ 晶体于烧杯中，加入 10mL 纯净水和 2～4 滴 3mol/L H_2SO_4 溶液加热使其溶解。然后加入 10mL 1mol/L $H_2C_2O_4$ 溶液，在不断搅拌下加热至沸腾，静置。待 $FeC_2O_4 \cdot 2H_2O$ 黄色晶体析出后，用倾析分离法弃去上层清液，用少量纯净水洗涤晶体 2～3 次。

2. 三草酸合铁（Ⅲ）酸钾的制备

在盛有 $FeC_2O_4 \cdot 2H_2O$ 黄色晶体的烧杯中，加入 8mL 饱和 $K_2C_2O_4$ 溶液，水浴加热至 40℃，取下，稍冷后在不断搅拌下缓慢滴加 10mL 6% H_2O_2 溶液，此时沉淀转为深棕色。将溶液加热至沸腾以除去过量的 H_2O_2，并分两次加入 4mL 1mol/L $H_2C_2O_4$ 溶液，使沉淀溶解，此时溶液呈翠绿色，pH 值为 4～5。加热浓缩，冷却，即有翠绿色 $K_3[Fe(C_2O_4)_3] \cdot 3H_2O$ 晶体析出。若冷却时不析出晶体，可加入少量 95%乙醇，就会有晶体析出。抽滤，干燥，称量，计算产率。

3. 结晶水的测定

精确称取 0.5～0.6g 已干燥的产物 2 份，分别放入 2 个已干燥的称量瓶中，置于烘箱中。在 110℃干燥 1h，再在干燥器中冷却至室温，称重。重复干燥、冷却、称重等操作直至恒重。根据称量结果，计算结晶水含量。

4. 草酸根含量的测定

准确称取 0.18～0.22g 于 110℃干燥恒重后的样品 3 份，分别放入 3 个 250mL 锥形瓶中，加入 50mL 水和 15mL 2mol/L 硫酸溶液。用 0.02mol/L $KMnO_4$ 标准溶液滴定至终点，计算草酸根的含量。滴定完的 3 份溶液保留待用。

5. 铁含量的测定

在草酸根含量测定步骤中保留的溶液中加入还原锌粉，直到黄色消失。加热溶液 2min 以上，使 Fe^{3+} 还原为 Fe^{2+}，过滤除去多余的锌粉，洗涤锌粉，使 Fe^{2+} 定量地转移到滤液中。滤液放入另一锥形瓶中，用 0.02mol/L $KMnO_4$ 标准溶液滴定至终点，计算铁的含量。根据实验结果，计算三草酸根合铁（Ⅲ）酸钾产物的化学式。

【拓展实验】

1. 三草酸合铁（Ⅲ）酸钾的光敏性研究

样品直接感光：取少量 $K_3[Fe(C_2O_4)_3] \cdot 3H_2O$ 晶体，置于表面皿上，在阳光下（或紫外曝光机）曝光 5min、10min、20min、30min，讨论曝光不同时间后，样品颜色变化，并总结其中蕴含的化学原理。

2. 蓝晒实验

① 称取 0.3g $K_3[Fe(C_2O_4)_3]$（或柠檬酸铁铵）和 0.4g $K_3[Fe(CN)_6]$ 放入烧杯中，加入 8mL 去离子水溶解，制成蓝晒液。将配好的蓝晒液均匀涂抹在滤纸（或水彩纸）上，并用纸吸去多余溶液，用吹风机或烘箱烘干滤纸（避光），得到感光相纸。

② 根据个人喜好设计遮挡物形状，将感光相纸遮挡，放置在日光下（或紫外曝光机）曝光不同的时间（5min、10min、20min、30min），漂洗，避光晾干，得到蓝色图像，考察

不同曝光时间对图像的影响。

3.防晒霜性能测试

实验步骤同上。

对凡士林和不同品牌防晒霜（分组自备）进行防晒性能测试，讨论凡士林和不同品牌防晒霜抵抗紫外线的能力差异。

五、注意事项

① 使用台秤时不要把药品撒到台秤上，并保证台秤的整洁。

② 水浴 40℃下加热后，缓慢滴加 H_2O_2，以防止 H_2O_2 分解。

③ A4 纸容易皱，水在滤纸上扩散过快，可以使用素描纸或木浆水彩纸。

④ 三草酸合铁酸钾的光致变色反应可看作定性实验，不要求精确测量。

⑤ 遮挡物建议选择如狗尾巴草等花叶有细节的植物，用碎纸团可以达到云朵的效果。

六、实验数据记录与处理

将实验数据记录在表 10-1～表 10-3 中。

表 10-1　三草酸合铁（Ⅲ）酸钾的合成

产品	理论产量/g	实际产量/g	产率/%
$K_3[Fe(C_2O_4)_3] \cdot 3H_2O$			

表 10-2　曝光不同时间的效果

时间/min	太阳光	紫外曝光机
5		
10		
20		
30		

表 10-3　不同品牌防晒霜的防晒效果

不同品牌的防晒霜	太阳光
凡士林	
防晒霜 1	
防晒霜 2	
防晒霜 3	
防晒霜 4	

注：曝光时间为 30min。

七、思考题

① 三草酸合铁（Ⅲ）酸钾具有什么性质？

② 影响三草酸合铁（Ⅲ）酸钾产率的主要因素有哪些？

③ 在制备步骤中，向最后的溶液中加入乙醇的作用是什么？能否用蒸发浓缩或蒸干溶液的方法来提高产率？

实验 96　太阳能电池的制作及性能研究

一、实验目的

① 了解二氧化钛电池的原理。

② 制作二氧化钛太阳能电池。

③ 测定二氧化钛太阳能电池的性能。

二、实验原理

二氧化钛是价带与导带之间的能隙达 3.2eV 的 N 型半导体材料，其外层电子可分为两个电子能带，分别为 Ti^{4+}-3d 轨道的导电带和 O^{2-}-2p 轨道的共价带。二氧化钛常见的晶型结构有：锐钛矿型、金红石型、板钛矿型。由于前两种结构有较佳的光学活性，故较常被应用在光催化反应中。二氧化钛随着温度的升高产生晶相的变化，在 500℃左右由锐钛矿型转变为金红石型。锐钛矿型的活性要高于金红石型。二氧化钛电池的原理如图 10-2 所示，其中 CB 为导带，VB 为价带。

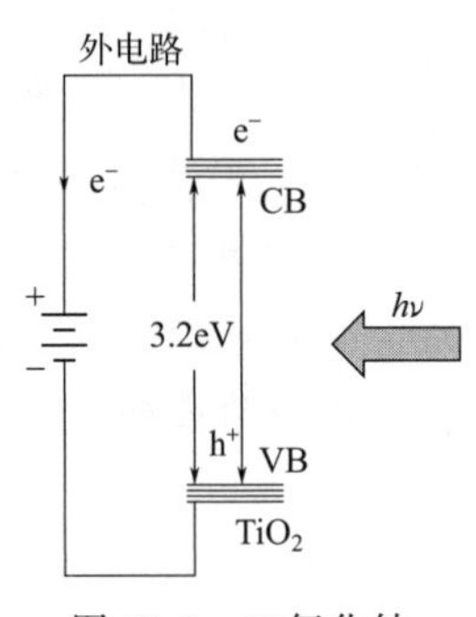

图 10-2　二氧化钛太阳能电池的原理

二氧化钛太阳能电池制造成本低、污染小、效率高、寿命长、性能稳定，光电效率稳定在 10%以上，寿命能达到 20 年以上。但由于二氧化钛禁带（E_g = 3.2eV）较宽，需要紫外光（λ=387nm）激发。而在太阳光中，紫外光只占 4.0%～5.0%，大部分为红外光（45%）和可见光（50%），导致二氧化钛太阳能电池利用太阳能效率不高。为解决上述问题，科学家已经开始采用转换发光材料、染料等与二氧化钛结合制备新型的二氧化钛电池。

三、实验仪器与药品

① 仪器：超声分散仪、万用表、烘箱、光强计、研钵、蝴蝶夹、透明胶、模拟光源、导电玻璃、铜电极、烧杯。

② 药品：无水乙醇（l）、石墨（s）、纳米锐钛矿（s）、聚乙二醇（l）、单质碘（s）、碘化钾（s）。

四、实验内容

1. 制作二氧化钛电极

① 在超声水槽内用纯净水清洗透明导电玻璃 10min，再把导电玻璃放在装有乙醇的烧杯中清洗，然后把导电玻璃放在干净的表面皿上自然晾干。

② 用万用表检测导电玻璃哪一面为导电面，将导电玻璃放于纸上，导电面朝上，在导电玻璃边缘粘上透明胶带，如图 10-4 所示。

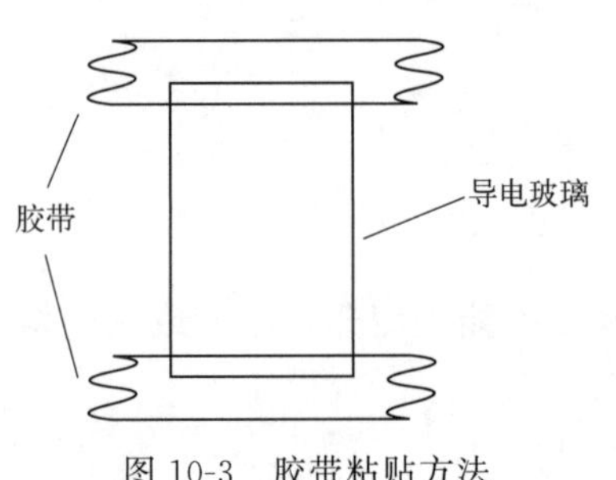

图 10-3　胶带粘贴方法

③ 在研磨后的二氧化钛（纳米锐钛矿）粉末中加入聚乙二醇，搅拌均匀后，用玻璃棒在导电面上涂上此二氧化钛浆糊，要求表面均匀平整。

④ 将胶带撕下，把涂有二氧化钛膜的导电玻璃放入烘箱中，于 200℃下加热 2h，然后降温至室温即完成。在降温过程中为保证其缓慢降温，避免温度剧烈变化造成二氧化钛薄膜脱落，请在关闭烘箱开关 30min 后再打开烘箱门。

2.制作石墨电极

① 在超声水槽内用纯净水清洗透明导电玻璃 10min，再把导电玻璃放在装有乙醇的烧杯中清洗，然后把导电玻璃放在干净的表面皿上自然晾干。

② 用万用表检测哪一面为导电面，将导电玻璃放于纸上，导电面朝上，在导电玻璃边缘粘上透明胶带。

③ 用石墨棒在导电面上均匀涂抹。

④ 将胶带撕下。

3.配制电解质溶液

取 0.998g KI 和 0.158g I_2 溶于 50mL 蒸馏水中（注：此电解质溶液应避免光照）。

4.组装太阳能电池

① 剪下两片金属片用双面胶贴在露出的导电玻璃端，作为电池的输出端。

② 将石墨电极和二氧化钛电极错开放在一起，两边用夹子固定，如图 10-4 所示。

③ 用滴管吸取少许电解质溶液，滴一两滴电解质溶液于两电极板间，让其借由毛细作用吸入整个太阳能电池中。

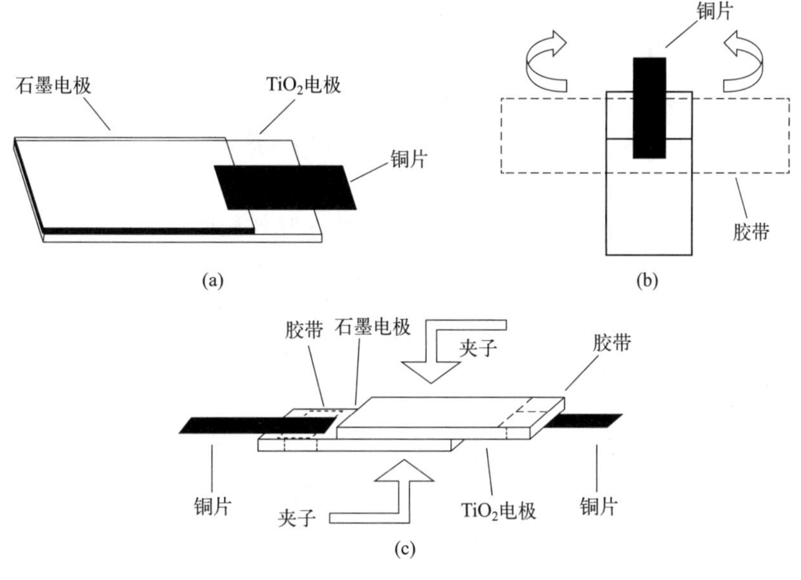

图 10-4 太阳能电池组装过程

④ 待电解质完全充满整个太阳能电池后，TiO_2 端为负极，石墨端为正极。

5.用万用表测电流和电压

将黑表笔插入 COM 插孔，红表笔插入 VΩ 插孔。将万用表的挡位置于要测量的（电压、电流）位置，红色测试笔连接石墨正极一端，黑色测试笔连接二氧化钛负极一端，读数。

6.用光伏计测定光强。

五、注意事项

① 石墨和二氧化钛浆糊应涂在导电玻璃导电面上，不要弄错了。

② 铜片只能连接单一电极，不能同时接触石墨和二氧化钛电极。

六、实验数据记录与处理

将实验数据记录在表 10-4 中。

表 10-4　二氧化钛太阳能电池的电流和电压

光的类型	光强/（$\mu W/cm^2$）	电流/A	电压/V
模拟自然光			
自然光			

七、思考题

① 二氧化钛电池有何优缺点？

② 在制作二氧化钛电池时需要注意什么？

③ 二氧化钛电池的正、负极各是什么？

实验 97　TiO_2 光催化剂的制备及其光催化降解罗丹明 B 的性能

一、实验目的

① 了解和学习半导体光催化的概念。

② 学习半导体 TiO_2 光催化的反应机理。

③ 学习 TiO_2 光催化剂的制备方法以及熟悉实验操作流程。

二、实验原理

1972 年，Fujishima 等人发现了二氧化钛半导体在紫外光照射下能够将水分解为氢气和氧气，自此，国际上开始了光催化的研究。光催化反应类型主要包括光解水制氢和光降解有机污染物。近年来，随着有机化学反应中的光催化过程的研究进展，人们指出光催化过程可以作为绿色环保的合成路线，广泛应用于食品、医药和化妆品等工业。此外，光催化反应还可用于生物体中光合系统Ⅱ的研究。

TiO_2 是常见的 N 型半导体，以其无毒、自洁、安全、化学性质稳定、催化活性高等优点，被广泛应用于能源和环境领域，诸如污水处理、染料敏化太阳能电池、传感器、电致变色器件方面等，并被公认为是应用于光催化领域最理想的半导体催化剂。TiO_2 在自然界中主要以锐钛矿（anatase，四方晶系）、金红石（rutile，四方晶系）和板钛矿（brookite，斜方晶系）3 种晶型存在，它们的基本组成结构单元是 TiO_6^{2-} 八面体。本次实验制备锐钛矿/金红石型二氧化钛，其禁带宽度约为 3.2eV。TiO_2 在光催化材料领域研究得最为广泛。近年来，人们对其微观结构进行了改良，制备了各种纳米结构的 TiO_2，例如量子点、纳米线、纳米球以及纳米管阵列等结构，以提高其光催化活性。除了以 TiO_2 为基础的光催化剂以外，其它半导体材料 ZnO、$BiVO_4$、CdS、NiO 和 WO_3 等也具有不同活性的光催化性质。

TiO_2 是纳米半导体材料在光催化领域中应用最广的材料之一，其光生电子-空穴理论的基本原理如图 10-5 所示。半导体 TiO_2 纳米粒子的能带通常由一个充满电子的低能带（价带）和一个空的高能带（导带）构成，低能带和高能带由禁带分开。当 TiO_2 纳米粒子受到大于或等于禁带宽度能量的光子照射后，电子（e^-）受激发从价带跃迁到导带，同时在价带上产生空穴（h^+）。由于半导体的能带间缺少连续区域，所产生的电子-空穴对具有较长的寿命，在磁场作用下发生分离并迁移到纳米粒子表面，参与氧化和还原反应。光生空穴具有强氧化性，可夺取吸附于 TiO_2 纳米粒子表面的有机物或溶剂分子（离子）中的电子使其活化参与反应，如与 OH^- 反应生成氧化性很高的羟基自由基（·OH），活泼的·OH 可以把许多难降解的有机物氧化成 CO_2 和 H_2O 等无机物。而吸附在 TiO_2 表面的 O_2 易与具有还原性的光致电子（e^-）生成过氧化物自由基如·O^{2-}、·HOO、·OH 等，此类物质对有机分子也具有良好的降解效果。产生的光生电子和光生空穴对一般具有较短寿命（皮秒级），同时，一部分光生电子和光生空穴对能重新复合，使光能以热能或其他形式能量散发掉。这一系列连锁反应如下所示。

$$TiO_2 + h\nu \longrightarrow TiO_2(e_{CB}^- + h_{VB}^+)$$

$$TiO_2(h_{VB}^+) + H_2O \longrightarrow TiO_2 + H^+ + \cdot OH$$

$$TiO_2(h_{VB}^+) + OH^- \longrightarrow TiO_2 + \cdot OH$$

$$TiO_2(e_{CB}^-) + O_2 \longrightarrow TiO_2 + \cdot O_2^-$$

$$\cdot O_2^- + H_2O \longrightarrow \cdot HOO + OH^-$$

$$2 \cdot OOH \longrightarrow O_2 + H_2O_2$$

$$\cdot OOH + H_2O + e^- \longrightarrow H_2O_2 + OH^-$$

$$H_2O_2 + e^- \longrightarrow \cdot OH + OH^-$$

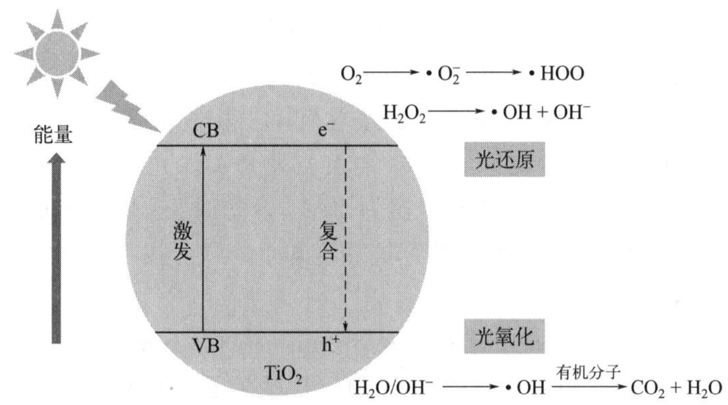

图 10-5　半导体光催化降解有机物的机理

目前，大多数光催化的研究工作都是围绕着纳米 TiO_2 等紫外光响应的光催化材料展开的。但是以 TiO_2 半导体为基础的光催化技术仍然存在着太阳能利用率低（紫外光区域的能量只占太阳光谱的 4%）、量子效率低（约 4%）等缺点，极大制约了其广泛的工业应用。寻找具有可见光响应的新型高效光催化纳米材料是国际上光催化研究的前沿，大部分工作都集中在二氧化钛的改性方面，并且取得了一些进展。如用阴离子掺杂来改进纳米 TiO_2 的光催化性能，研究人员发现氮掺杂取代部分氧得到的 $TiO_{2-x}N_x$ 纳米光催化材料，与纯 TiO_2 相比，在可见光区的光吸收有较大幅度的提高。本实验中将围绕氮掺杂 TiO_2 进行光催化降解实验。

三、实验仪器与药品

① 仪器：25mL 高压反应釜、30mm×60mm 瓷舟 1 个、马弗炉 1 台、1000μL 移液枪 1 支、500mL 烧杯 2 个、氙灯（汞灯）光源、分光光度计、石英圆底烧瓶、磁力搅拌器、小型离心机。

② 试剂：钛酸正四丁酯、浓盐酸、去离子水、无水乙醇、丙酮、盐酸、尿素。

四、实验内容

1. TiO_2 的制备

将 4mL 钛酸正四丁酯在剧烈搅拌下加入 2mL 无水乙醇中，搅拌 30min，再将 0.4mL 盐酸、1mL 二次蒸馏水和 17mL 无水乙醇的混合溶液滴加到上述溶液中，继续搅拌直至得到透明溶胶。然后将此溶胶在 110℃下干燥 6h，得到 TiO_2 干凝胶。

2. 氮掺杂 TiO_2 光催化剂的制备

以尿素为氮源，将尿素与 TiO_2 干凝胶按不同的质量比（2∶1，3∶1，4∶1）混合研磨，然后将其加入适量的水中进行超声分散，将所得混合液放入有聚四氟乙烯的高压釜中，在 180℃下反应 6h。反应产物经 110℃干燥后，在 450℃下焙烧 3h，即可得到不同 N 掺杂量的 TiO_2 纳米粒子。

3. 光催化反应器调试

将冷却水进水用橡胶管接光化学反应器的进水口，仪器的出水口用橡胶管接反应器的冷却循环入水口，其出水口导入水槽。将控制器与紫外灯管或氙灯用专用线接好，同时将仪器电源线接好。打开电源约 2min，仪器完成自检。

4. 光催化降解罗丹明 B

配制 20mg/L 的罗丹明 B 溶液作为反应溶液并加入仪器反应管中，将 25mg 氮掺杂 TiO_2 粉末加入罗丹明 B 溶液中。打开冷却水进水开关，调节磁力搅拌控制旋钮启动磁力搅拌，在避光条件下搅拌 30min 使罗丹明 B 分子在 TiO_2 微粒表面达到吸附和脱附平衡，取 1mL 混合液作为 1 号样品（对应时间零点）。打开灯丝开关，光源功率调至 300 W，即可开始光催化实验。每隔 10min 取样一组（体积为 1mL），总时长 1h，分别记为 2～7 号样品。实验结束先关闭光源，然后关磁力搅拌器开关和冷却水，最后拔下反应器电源插头。

5. 光催化降解效率的测定

将 1～7 号样品用小型离心机进行离心分离 2min（10000r/min）除去 TiO_2 微粒，将上层清液倒入比色皿，用紫外-可见分光光度计测上层清液在吸收波长 550nm 处的初始吸光度 A。

对未添加光催化剂的罗丹明 B 溶液重复上述实验，获得 7 组数据，与光催化降解数据进行对比。

五、实验数据记录与处理

催化性能用罗丹明 B 的降解率 η 来表示，根据实验步骤中光照前后罗丹明 B 溶液的吸光度 A_1、A_n，计算公式为：

$$\eta=(1-A_n/A_1)\times100\%$$

1. 降解率-时间关系

时间/min	0	10	20	30	40	50	60
光催化剂降解率 η							
无光催化剂降解率 η							

2. 降解率-时间关系曲线（图 10-6）

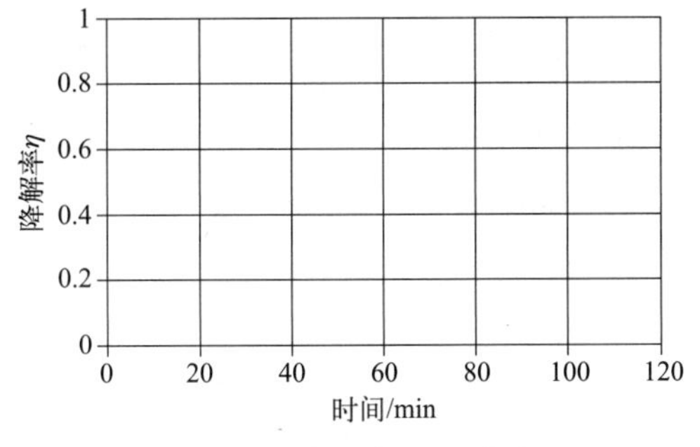

图 10-6 降解率-时间曲线

六、思考题

① 查询文献，了解二氧化钛还有哪些用途。

② 查询文献，了解哪些方法可以改善 TiO_2 的光催化性能。

③ 如何根据曲线形状判断反应级数？

实验 98 纳米氧化锌的甲醛光电气体传感性能研究

一、实验目的

① 了解半导体光电气体传感器的基本原理。

② 制作纳米氧化锌的甲醛光电气体传感器。

③ 测定纳米氧化锌材料的甲醛光电气体传感性能。

二、实验原理

甲醛作为生活中经常接触的挥发性有机化合物，主要出现在室内装修材料和各种服装材料上。早在 2004 年，甲醛就被确定为Ⅰ类致癌物。因此，需要一种安全快速的甲醛检测方法。

气体传感器是一种将气体浓度转化成对应电信号的装置，包括半导体气体传感器、电化学气体传感器、催化燃烧式气体传感器、红外线气体传感器等。本实验制作的是一种半导体气体传感器，其检测电路如图 10-7 所示。若能得到传感材料的电阻与气体浓度之间的响应曲线，则可以通过测试电路电阻的变化，确定空间范围内的甲醛气体浓度。

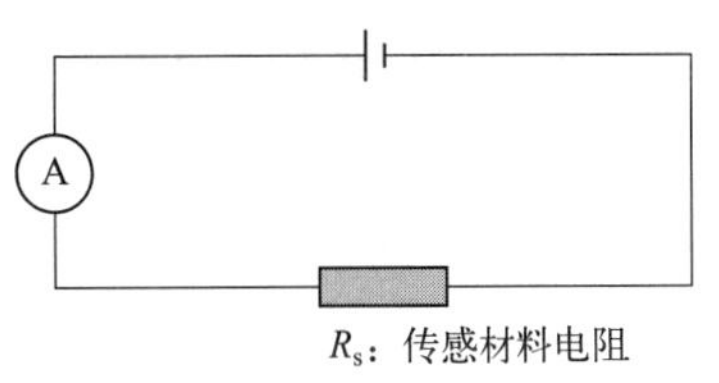

图 10-7 半导体气体传感器测试电路

氧化锌是一种宽带隙 N 型半导体材料，禁带宽度为 3.37eV。在室温下，氧化锌半导体中存在少量的自由载流子——电子和空穴。在热平衡条件下，自由载流子的浓度符合费米分布函数。氧化锌半导体受到能量大于其禁带宽度的光激发，产生光生电子和空穴对，增加了氧化锌半导体的自由载流子浓度，降低了氧化锌半导体的电阻。氧化锌吸附甲醛之后，与表面的氧负离子发生氧化还原反应 $HCHO+O^- \longrightarrow CO_2+H_2O+e^-$，在生成二氧化碳和水的同时，氧负离子会释放所捕获的电子，并将释放的电子重新注入半导体的体相，自由载流子浓度进一步升高，从而导致其电阻进一步降低，如图 10-8 所示。根据氧化锌半导体在甲醛吸附前后的电阻变化，可以将其作为传感材料应用于如图 10-7 所示的甲醛检测电路中。

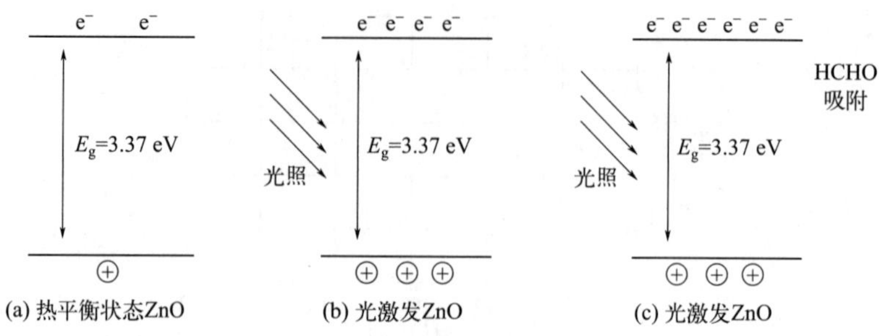

图 10-8　氧化锌半导体自由载流子浓度变化

三、实验仪器与药品

① 仪器：CHI760E 电化学工作站、超声波振荡器、气敏检测池、紫外 LED 灯、微量注射器、烧杯、电热恒温鼓风干燥箱、电子天平、箱式电阻炉、研钵、氧化铟锡（ITO）梳状电极、纯铜鳄鱼夹。

② 药品：纳米氧化锌、乙醇（AR）、丙酮（AR）、甲醛（AR）。

四、实验内容

1. 制作纳米氧化锌气体传感电极

ITO 导电玻璃是表面载有一层 ITO 导电层的普通玻璃，将其中间的导电层使用光刻机刻蚀出一段梳子状的不导电断面，即为 ITO 梳状电极，如图 10-9 所示。将 ITO 梳状电极分别用丙酮、乙醇、去离子水在超声波振荡器中清洗 20min。

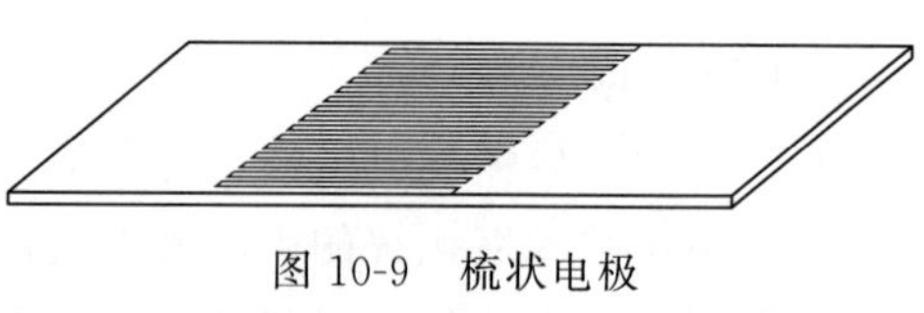

图 10-9　梳状电极

称取 50mg 纳米氧化锌样品，仔细研磨后分散于 5mL 蒸馏水中，混合均匀形成悬浮液。取 6μL 悬浮液刮涂在 ITO 梳状电极上，将 ITO 梳状电极置于 50℃烘箱中保持 2h。待水分蒸发后，将 ITO 梳状电极放入马弗炉中在空气氛围下 400℃煅烧 30min，得到氧化锌传感膜。

2. 甲醛气体传感性能测试

按图 10-10 所示将传感电极装入气敏检测池中，激发光源是波长为 365nm 的 LED 灯，打开直流电源（12V）为紫外灯和 ITO 梳状电极提供电压。当电流稳定时，记录电流表读数。通过微量注射器向容器内注入 1μL 甲醛溶液，观察电流表读数变化，待电流稳定时，记录电流表读数。继续向容器内注入 2μL、3μL、4μL 甲醛溶液，记录电流读数。

五、注意事项

① 甲醛有挥发性，应在通风橱中取用。

② 应待微量注射器中注入的甲醛小液滴完全挥发后，再读取电流。

六、实验数据记录与处理

1. 计算甲醛的浓度

甲醛的浓度可以用下面的公式计算：

$$c=\frac{vD}{MV}\times 2.46\times 103$$

式中，c 为甲醛气体浓度，$\times 10^{-6}$；v 是注入的液体甲醛体积，μL；D 是液体甲醛的密度，g/mL；M 是甲醛的分子量；V 是容器的体积，mL。

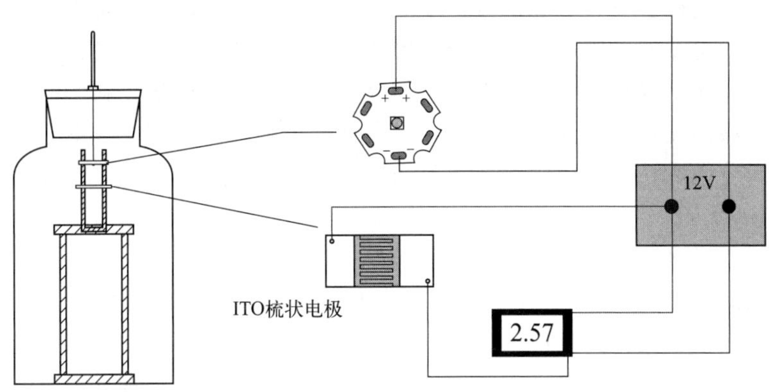

图 10-10　实验装置

2. 计算传感器的响应度

传感器的响应度为：

$$S_g = (I_b - I_a) - I_a$$

式中，S_g 为甲醛气体响应度；I_b 为甲醛气体下测得的电流值；I_a 为空气下测得的电流值。计算氧化锌样品对不同浓度甲醛的气体响应度。

3. 绘制甲醛气体响应度（S_g）-甲醛气体浓度（c）的响应曲线

$v/\mu L$	$c/\times10^{-6}$	I/mA	S_g
0			
1			
2			
3			
4			

七、思考题

① 半导体光电气体传感器有何优缺点？

② 为什么制作氧化锌甲醛光电气体传感器需要使用紫外 LED 灯作为激发光源？

实验 99　锌空气电池的组装及电池性能参数测定

一、实验目的

① 了解空气电池的构造以及组装方法。

② 掌握空气电池的放电原理。

③ 掌握 3D 打印技术。

④ 学会应用电化学工作站测量锌空气电池的性能。

二、实验原理

由于传统燃料的枯竭和随之而来的环境污染问题，开发利用丰富、清洁的可再生能源成为当务之急。在现代社会中，寻求既可持续又环保的先进能源转换设备极具挑战性。发展和制备高效、经济、稳定的电催化剂是实现高效能源转化和储存的有效途径之一。在目前已知的储能装置中，金属空气燃料电池以空气中的氧为氧化剂，将金属燃料中的化学能直接转化为电能，具有很高的能量密度及利用效率，是高性能电池的理想解决方案。与传统的氢燃料电池相比，金属空气燃料电池的优势在于制备成本低、燃料储运安全以及便于维护等。Li、Ca、Mg、Al、Fe 及 Zn 等活性金属均可被用作金属空气燃料电池的阳极材料。

在各种金属空气电池中，锂空气电池和锌空气电池受到最广泛的关注。虽然锂空气电池具有极高的理论能量密度［3500(W·h)/kg］，但锂空气电池存在安全隐患问题。而锌空气电池具有理论能量密度高、安全性高、成本低等优点，被认为是一种很有前景的新型储能技术。锌空气电池主要由金属锌电极、可支持氧气反应的空气电极和具有相应电导率的电解液组成。

锌空气电池主要有 4 种类型：

① 中性锌空气电池：结构与锌锰圆筒形电池的类同，也采用氯化铵与氯化锌为电解质，只是在炭包中以活性炭代替了二氧化锰，并在盖上或周围留有通气孔，在使用时打开。

② 纽扣式锌空气电池：结构与锌银纽扣式电池基本相同，但在正极外壳上留有小孔，使用时可打开。

③ 低功率大荷电量锌空气湿电池：将烧结或黏结式活性炭电极和板状锌电极组合成电极组，浸入盛有氢氧化钠溶液的容器中。

④ 高功率锌空气电池：一般是将薄片状黏结式活性炭电极装在电池外壁上，将锌粉电极装在电池中间，两者之间用吸液的隔膜隔离，上口装有注液塞，使用时注入氢氧化钾溶液。这种电池便于携带。低功率大荷量锌空气湿电池和高功率锌空气电池属于临时激活型，活性炭电极能反复使用，因而电池在耗尽电荷量以后，只要更换锌电极和碱液，就可重复使用。

在本实验中，以锌片作负极，铂片作正极，氢氧化钾水溶液为电解质溶液，工作原理见图 10-11。碱性锌空气电池可以表示为：

$$(-)\mathrm{Zn}|\mathrm{KOH}|\mathrm{O_2}(+)$$

放电反应原理为：

负极：$\mathrm{Zn+4OH^- \longrightarrow Zn(OH)_4^{2-}+2e^-}$　　$E^{\ominus}=-1.25\mathrm{V}$（相对于标准氢电极）

$$\mathrm{Zn(OH)_4^{2-} \longrightarrow ZnO+H_2O+2OH^-}$$

正极：$\mathrm{O_2+2H_2O+4e^- \longrightarrow 4OH^-}$　　$E^{\ominus}=0.401\mathrm{V}$（相对于标准氢电极）

总反应：$\mathrm{2Zn+O_2 \longrightarrow 2ZnO}$　　$E^{\ominus}=1.65\mathrm{V}$

充电反应原理为：

阴极：$\mathrm{ZnO+H_2O+2e^- \longrightarrow Zn+2OH^-}$

阳极：$\mathrm{4OH^- - 4e^- \longrightarrow 2H_2O+O_2}$

三、实验仪器与药品

① 仪器：CHI760E 电化学工作站、3D 打印机、烧杯、玻璃棒、简易的锌-空气电池模型、电子天平、砂纸、万用表。

② 药品：氢氧化钾（AR）、铂片、商业锌片、聚乳酸（PLA）耗材、去离子水。

四、实验内容

1. 锌-空气电池框架的 3D 打印模型制作

（1）模型设计及绘制

如图 10-12 所示，用 CAD 软件制作锌空气电池框架模型，可根据实验电极形状大小调整框架结构，电池可容纳 2cm×3cm 锌片电极、Pt 片对电极，以及 5～10mL 电解质溶液。将绘制的模型转为 stl 格式，并导入 ultimaker cura 软件，进行画图、切片、预览等操作，以 goode 格式保存到 SD 卡中（注意在保存的过程中不能出现汉字）。

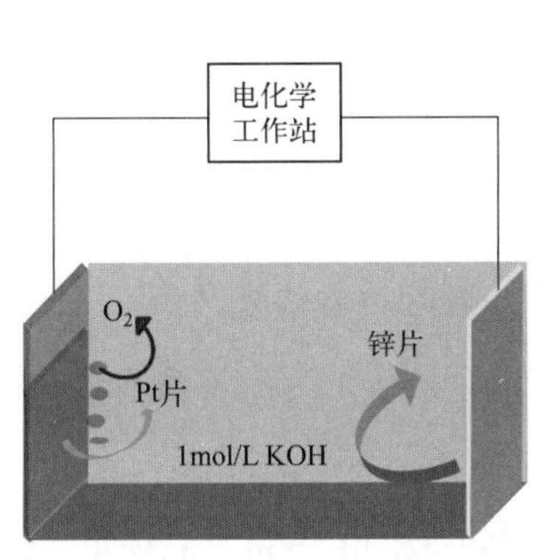

图 10-11　锌空气电池基本工作原理

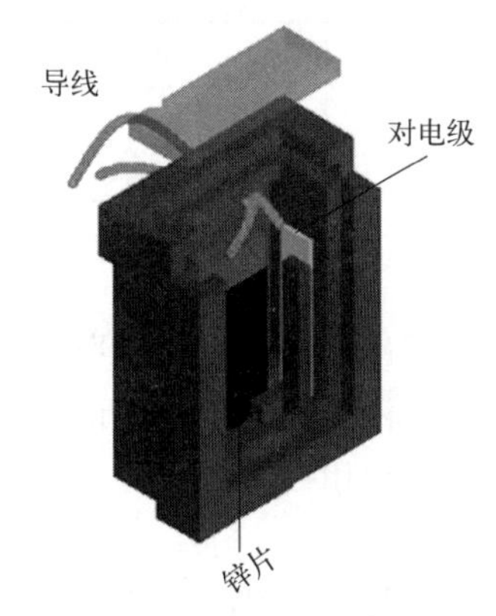

图 10-12　锌空气电池 3D 打印框架

（2）打印模型

在 3D 打印机中选择工具，然后归零→全部归零→返回→打印文件→选择所打印的文件。一般情况下，挤出温度应在 190～200℃，热床温度为 60℃。

2. 电解液的配制

本实验以 1mol/L KOH 为电解液，将 5.6g 氢氧化钾溶于 100mL 去离子水中，搅拌使其完全溶解。

3. 锌片的处理

用剪刀剪一块长为 3cm、宽为 2cm 的锌片，用砂纸打磨表面，直至露出金属光泽。依次使用去离子水、乙醇清洗锌片表面，静置待其自然晾干。

4. 电池的组装

利用焊锡（或导电铜胶带）将导线与锌片和 Pt 片对电极连接，将锌片和铂片组装在简易的锌空气电池模型中，向电池模型中加入配好的电解液，注意不要没过锌片和铂片。

5. 电阻、电压、电流的测定

用组装好的锌空气电池进行测试，对其进行电阻、电压、电流的测定。

（1）电阻的测定

将组装好的电池与万用表相连，从万用表中读出锌空气电池的电阻并记录。

（2）充电电压与放电电压的测定

采用两电极体系，以铂片作为工作电极，锌片作为对电极，1mol/L KOH 作电解液，设置恒电流为 $1mA/cm^2$，进行恒流充电和放电实验，时间为 20min，记录电压数据。调整电流为 $10mA/cm^2$，再次进行恒流充电和放电实验。

（3）短路电流与开路电压的测定

采用两电极体系，以铂片作为工作电极，锌片作为对电极，1mol/L KOH 作为电解液，在一定的电压下进行线性扫描伏安法测试，将数据结果作图（I-V）。当电压为零时，记录短路电流的值；当电流为零时，记录开路电压的值。

五、实验数据记录与处理

① 根据恒流充放电数据作图，横坐标修正为 mA·h，纵坐标为电压，记录电压稳定值。

② 根据线性扫描伏安法数据作图，确定电池的开路电压以及短路电流。

电阻/Ω	恒流充电电压/V	恒流放电电压/V	短路电流/mA	开路电压/V

六、思考题

① 依据标准电极电势和能斯特方程，计算锌空气电池理论电动势。

② 为什么测得的电压和理论电压有偏差？

③ 为什么要用砂纸打磨锌片？

实验 100　安息香及其氧化重排产物的合成与表征

芳香醇在氰化钠作用下，分子间发生缩合生成二苯羟乙酮或称安息香的反应，称为安息香缩合反应。最典型的例子是苯甲醛的缩合反应。

$$2C_6H_5CHO \xrightarrow[C_2H_5OH\text{-}H_2O]{CN^-} C_6H_5-\underset{H}{\overset{OH}{C}}-\overset{O}{\overset{\|}{C}}-C_6H_5$$

这是一个碳负离子对羰基的亲核加成反应，氰化钠是反应的催化剂。其机理如下：

$$C_6H_5-\overset{O}{\overset{\|}{C}}-H + CN^- \rightleftharpoons C_6H_5-\underset{CN}{\overset{O^-}{C}}-H \rightleftharpoons C_6H_5-\underset{CN}{\overset{OH}{C^-}} \overset{C_6H_5CH=O}{\rightleftharpoons}$$

$$C_6H_5-\underset{CN}{\overset{OH}{C}}-\underset{H}{\overset{O^-}{C}}-C_6H_5 \rightleftharpoons C_6H_5-\underset{CN}{\overset{O^-}{C}}-\underset{H}{\overset{OH}{C}}-C_6H_5 \longrightarrow C_6H_5-\overset{O}{\overset{\|}{C}}-\underset{H}{\overset{OH}{C}}-C_6H_5 + CN^-$$

决定反应速率的步骤是碳负离子对羰基的加成，接着是快速质子转移，最后是快速丧失 CN^-，即氰醇反转而生成产物二苯羟乙酮，又称苯偶姻。

CN^- 是此反应高度专一的催化剂，不仅是由于它既是一个良好的亲核体，又是一个良好的离去基团，而且由于它的吸电子能力能使芳醛与 CN^- 加成物中 C—H 键的酸性增加从而促使碳负离子的生成，CN^- 又可以通过离域化而稳定碳负离子。

除 CN^- 外，噻唑生成的季铵盐也可对安息香缩合起催化作用。如用有生物活性的维生素 B_1 的盐酸盐代替氰化物催化安息香缩合反应，反应条件温和、无毒且产率高。维生素 B_1 又称硫胺素或噻胺，它是一种辅酶，作为生物化学反应的催化剂，在生命过程中起着重要作用。其结构如下：

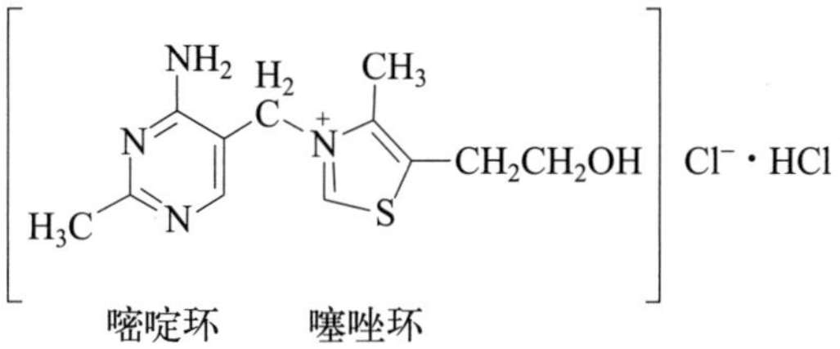

嘧啶环　噻唑环

维生素B_1

绝大多数生化过程都是在特殊条件下进行的化学反应，酶的参与可以使反应更巧妙、更有效及在更温和的条件下进行。硫胺素在生化过程中主要对α-酮酸脱羧和形成偶姻(α-羟基酮）等酶促反应发挥辅酶的作用。从化学角度看，硫胺素分子中最主要的部分是噻唑环，噻唑环C2上的质子由于受氮和硫原子的影响，具有明显的酸性，在碱的作用下，质子容易被除去，产生的碳负离子作为反应中心，形成苯偶姻。其机理如下所述（为简便起见，以下反应只写噻唑环的变化，其余部分相应用R和R′代表）。

① 在碱的作用下，产生的碳负离子和邻位带正电荷的氮原子形成稳定的两性离子内鎓盐或称叶立德（ylide）。

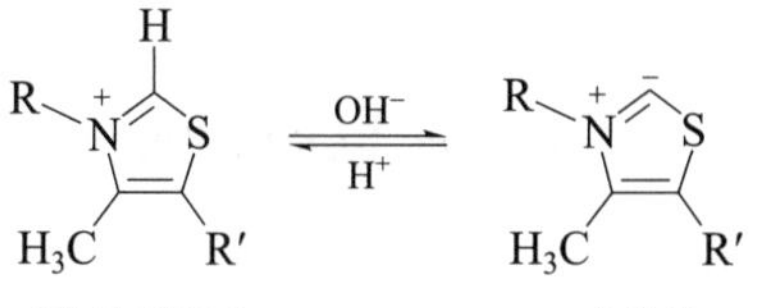

(维生素B_1)　(ylid)

② 噻唑环上碳负离子与苯甲醛的羰基发生亲核加成，形成烯醇加合物，环上带正电荷的氮原子起到了调节电荷的作用。

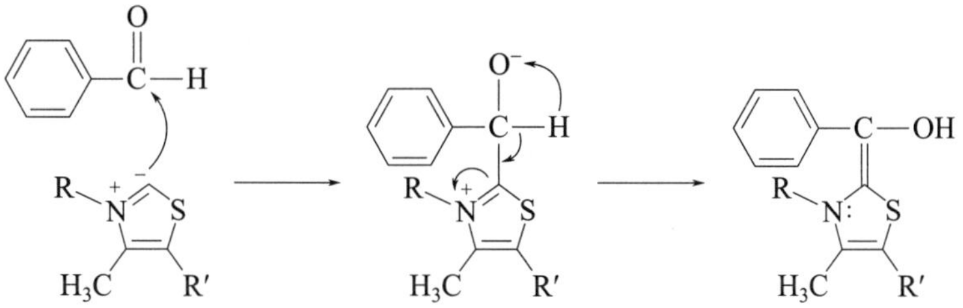

③ 烯醇加合物再与苯甲醛作用形成一个新的辅酶加合物。

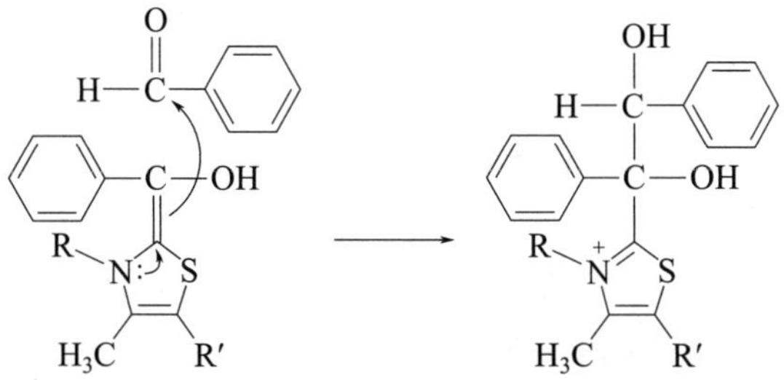

④ 辅酶加合物解离成安息香，辅酶复原。

H^+ 维生素B_1

$-H^+$ 安息香

二苯羟乙酮（安息香）在有机合成中常常被用作中间体，它既可以被氧化成 α-二酮，也可以在各种条件下被还原成二醇、烯、酮等各类型的产物。它作为双功能团化合物可以发生许多反应。本实验将在制备苯偶姻的基础上，进一步利用铜盐或硝酸将苯偶姻氧化成二苯基乙二酮，后者用浓碱处理，发生重排反应，生成二苯羟乙酸。

实验 100-1　安息香的辅酶合成

一、实验目的

① 了解安息香的辅酶合成的原理。

② 熟练使用蒸馏、重结晶、抽滤装置，熟习其操作。

③ 制备安息香。

二、实验原理

反应式为：

$$2C_6H_5CHO \xrightarrow{\text{维生素}B_1} C_6H_5-\underset{H}{\overset{OH}{\overset{|}{C}}}-\overset{O}{\overset{\|}{C}}-C_6H_5$$

三、实验仪器与药品

① 仪器：圆底烧瓶、球形冷凝管、温度计、量筒、布氏漏斗、锥形瓶。

② 药品：5.2g（5mL，0.05mol）苯甲醛[1]、0.9g 维生素 B_1（盐酸硫胺素）、95％乙醇、10％氢氧化钠溶液。

四、实验内容

① 在 50mL 圆底烧瓶中，加入 0.9g 维生素 B_1[2]、2.5mL 蒸馏水和 7.5mL 乙醇，将烧瓶置于冰水浴中冷却，同时取 25mL 10％氢氧化钠溶液于一支试管中也置于冰水浴中冷却[3]，然后在冰浴冷却下将氢氧化钠溶液在 10min 内滴加至硫胺素溶液中，并不断摇荡，调节溶液 pH 值为 9～10，此时溶液呈黄色。

② 去掉冰水浴，加入 5mL 新蒸的苯甲醛，装上球形冷凝管，加几粒沸石，将混合物置于水浴上温热 1.5h。水浴温度保持在 60～75℃，切勿将混合物加热至剧烈沸腾。此时反应

混合物呈橘黄或橘红色均相溶液。

③ 将反应混合物冷至室温，析出浅黄色结晶。然后将烧瓶置于冰水浴中冷却使结晶完全。若产物呈油状物析出，应重新加热使成均相，再慢慢冷却重新结晶。必要时可用玻璃棒摩擦瓶壁或投入晶种。

④ 抽滤，用 25mL 冷水分两次洗涤结晶。粗产物用 95%乙醇重结晶[4]。若产物呈黄色，可加入少量活性炭脱色。称重，计算产率。

⑤ 产物表征，测定熔点及红外光谱，并与安息香的已知红外光谱图对比，指出其主要吸收带的归属。

⑥ 本实验约需 4h。

【注释】

［1］ 苯甲醛中不能含有苯甲酸，用前最好经 5%碳酸氢钠溶液洗涤，而后减压蒸馏，并避光保存。

［2］ 本实验也可用氰化钠（钾）代替维生素 B_1 作催化剂进行合成。操作步骤如下：

在 50mL 圆底烧瓶中溶 0.5g（0.01mol）氰化钠于 5mL 水中，加入 10mL 95%乙醇、5mL（5g，0.05mol）新蒸的苯甲醛和几粒沸石，装上球形冷凝管，在水浴上回流 0.5h。

冷却促使结晶，必要时可用玻璃棒摩擦瓶壁或投入晶种，并将烧瓶置于冰水浴中使结晶完全。抽滤，每次用 15mL 冷的乙醇洗涤结晶两次，然后用少量水洗涤几次，压干，在空气中干燥。粗产物进一步纯化，可用 95%乙醇重结晶。

注意：氰化钠（钾）为剧毒药品，使用时必须极为小心！并在指导教师在场的情况下使用。用后必须用肥皂反复洗手。如手有伤口时，不能操作氰化钠及酸化含氰化钠的溶液。含氰化钠的滤液应倒入水槽并加以冲洗，所用仪器应用水彻底清洗。

［3］ 维生素 B_1 在酸性条件下是稳定的，但易吸水，在水溶液中易被氧化失效，光与铜、铁及锰等金属离子均可加速氧化，且噻唑环在氢氧化钠溶液中易开环失效。因此，反应前维生素 B_1 溶液及氢氧化钠溶液必须用冰水冷透。维生素 B_1 在 NaOH 溶液中的反应如下：

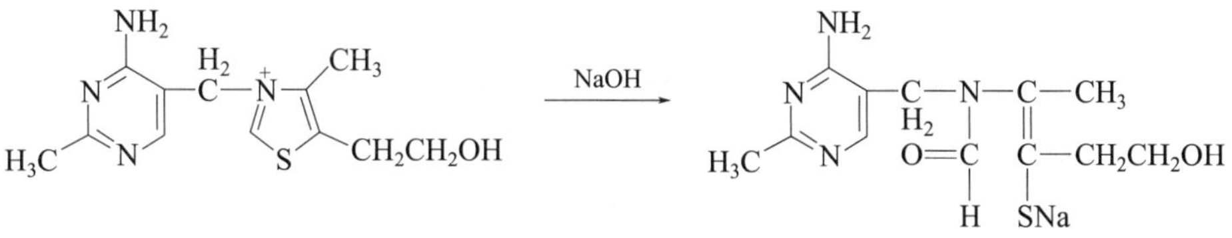

NH_2, N, H_3C, N, H_2, C, $\overset{+}{N}$, CH_3, S, CH_2CH_2OH $\xrightarrow{NaOH}$ NH_2, N, H_3C, N, C—N—C—CH_3, H_2, $O{=}C$, H, C—CH_2CH_2OH, SNa

［4］ 安息香在沸腾的 95%乙醇中的溶解度为 12～14g/100mL。

五、思考题

为什么加入苯甲醛前，反应混合物的 pH 值要保持 9～10？溶液 pH 值过低有什么不好？

实验 100-2　安息香衍生物二苯乙二酮的合成

一、实验目的

① 了解制备二苯乙二酮的原理。

② 熟练使用蒸馏、重结晶、抽滤装置，熟悉其操作。

③ 制备二苯乙二酮。

二、实验原理

安息香可以被温和的氧化剂醋酸铜氧化生成α-二酮，铜盐本身被还原成亚铜态。本实验经改进后使用催化量的醋酸铜，反应中产生的亚铜盐可不断被硝酸铵重新氧化生成铜盐，硝酸铵本身被还原为亚硝酸铵，后者在反应条件下分解为氮气和水。改进后的方法在不延长反应时间的情况下可明显节约试剂，且不影响产率及产物纯度。安息香也可用浓硝酸氧化成α-二酮，但由于释放出二氧化氮会对环境产生污染，故不采用。

反应式：

$$C_6H_5-\underset{H}{\overset{OH}{\overset{|}{C}}}-\overset{O}{\overset{\|}{C}}-C_6H_5 \xrightarrow[NH_4NO_3]{Cu(OAc)_2} C_6H_5-\overset{O}{\overset{\|}{C}}-\overset{O}{\overset{\|}{C}}-C_6H_5$$

三、实验仪器与药品

① 仪器：50mL 圆底烧瓶、球形冷凝管、温度计、量筒、布氏漏斗。

② 药品：2.15g（0.01mol）安息香（自制）、1g（0.0125mol）硝酸铵、2%醋酸铜、6.5mL 冰醋酸、一水合硫酸铜、95%乙醇。

四、实验内容

① 在 50mL 圆底烧瓶中加入 2.15g 安息香、6.5mL 冰醋酸、1g 粉状的硝酸铵和 1.3mL 2%硫酸铜溶液[1]，加入几粒沸石，装上回流冷凝管，在石棉网上缓缓加热并时刻摇荡。当反应物溶解后，开始放出氮气，继续回流 1.5h 使反应完全[2]。

② 将反应混合物冷至 50～60℃，在搅拌下倾入 10mL 冰水中，析出二苯乙二酮结晶。

③ 抽滤，用冷水充分洗涤，尽量压干。如要制备纯品，可用 75%的乙醇-水溶液重结晶，称重，计算产率。

④ 测定纯品的熔点和红外光谱，并与二苯乙二酮的已知红外光谱图对比，指出其主要吸收带的归属。

⑤ 纯二苯乙二酮为黄色结晶，熔点为 95℃。

【注释】

[1] 2%硫酸铜可用下述方法制备：溶解 2.5g 一水合硫酸铜于 100mL 10%醋酸水溶液中，充分搅拌后滤去碱性铜盐的沉淀。

[2] 可用薄层色谱法监测反应进程。每隔 15～20min 用毛细管吸取少量反应液，在薄层板上点样，用二氯甲烷作展开剂，用碘蒸气显色，观察安息香是否全部转化为二苯乙二酮。

五、思考题

用反应方程式表示硫酸铜和硝酸铵在与安息香反应过程中的变化。

实验 100-3　二苯乙醇酸的合成

一、实验目的

① 了解制备二苯乙醇酸的原理。

② 熟练使用蒸馏、重结晶、抽滤装置，熟习其操作。

③ 制备二苯乙醇酸。

二、实验原理

二苯乙二酮与氢氧化钾溶液回流，生成二苯乙醇酸盐，称为二苯乙醇酸重排。反应过程如下：

$$C_6H_5-\overset{\overset{O}{\|}}{C}-\overset{\overset{O}{\|}}{C}-C_6H_5 \xrightleftharpoons{OH^-} C_6H_5-\overset{\overset{O}{\|}}{C}-\underset{\underset{C_6H_5}{|}}{\overset{\overset{O^-}{|}}{C}}-OH \longrightarrow C_6H_5-\underset{\underset{C_6H_5}{|}}{\overset{\overset{O^-}{|}}{C}}-\overset{\overset{O}{\|}}{C}-OH \longrightarrow C_6H_5-\underset{\underset{C_6H_5}{|}}{\overset{\overset{OH}{|}}{C}}-\overset{\overset{O}{\|}}{C}-O^-$$

形成稳定的羧酸盐是反应的推动力。一旦生成羧酸盐，经酸化后即产生二苯乙醇酸。这一重排反应可普遍用于将芳香族 α-二酮转化为芳香族 α-羟基酸，某些脂肪族 α-二酮也可发生类似的反应。

二苯乙醇酸也可直接由安息香与碱性溴酸钠溶液一步反应来制备，能够得到高纯度的产物。

三、实验方法

（一）由二苯乙二酮制备

反应式：

$$C_6H_5-\overset{\overset{O}{\|}}{C}-\overset{\overset{O}{\|}}{C}-C_6H_5 \xrightarrow[C_2H_5OH\text{-}H_2O]{KOH} (C_6H_5)_2\underset{\underset{OH}{|}}{C}-CO_2K \xrightarrow{H^+} (C_6H_5)_2\underset{\underset{OH}{|}}{C}-CO_2H$$

1.实验仪器与药品

① 仪器：圆底烧瓶、球形冷凝管、温度计、量筒、布氏漏斗。

② 药品：二苯乙二酮（自制）、氢氧化钾、95%乙醇、浓盐酸。

2.实验内容

① 在25mL圆底烧瓶中溶解1.3g氢氧化钾于2.6mL水中，加1.25g二苯乙二酮溶于4mL 95%乙醇中的溶液，混合均匀后，装上球形冷凝管，在水浴上回流15min。

② 将反应混合物转移到小烧杯中，在冰水浴中放置约1h[1]，直至析出二苯乙醇酸钾盐的晶体。抽滤，并用少量冷乙醇洗涤晶体。

③ 将过滤出的钾盐溶于35mL水中，用滴管加入1滴浓盐酸，少量未反应的二苯乙二酮呈胶悬浮状，加入少量活性炭并搅拌几分钟，然后用折叠滤纸过滤。滤液用5%的盐酸酸化至刚果红试纸变蓝（约需12mL），即有二苯乙醇酸晶体析出，在冰水浴中冷却使结晶完全。

④ 抽滤，用冷水洗涤几次以除去晶体中的无机盐，粗产物干燥，称重。进一步纯化可用水重结晶，并加少量活性炭脱色，计算产率，测熔点。

⑤ 纯二苯乙醇酸为无色晶体，熔点150℃。

【注释】

[1] 可将反应混合物用表面皿盖住，放至下一次实验，二苯乙醇酸钾盐将在此段时间内结晶。

（二）由安息香制备

反应式：

$$3C_6H_5-\underset{\displaystyle |}{\overset{OH}{CH}}-\overset{O}{\overset{\|}{C}}-C_6H_5 + NaBrO_3 + 3NaOH \longrightarrow \xrightarrow{H^+} 3(C_6H_5)_2\underset{OH}{\underset{|}{C}}-CO_2H + NaBr + 3H_2O$$

1.实验仪器与药品

① 仪器：蒸发皿、试管、烧杯、温度计、量筒、布氏漏斗。

② 药品：安息香（自制）、溴酸钠、氢氧化钠、浓硫酸。

2.实验内容

① 在一小蒸发皿中放置 2.8g 氢氧化钠和 0.6g 溴酸钠溶于 6mL 水的溶液，将蒸发皿置于热水浴上，加热至 85～90℃。

② 在搅拌下分批加入 2.15g 安息香，加完后保持此温度[1] 并不断搅拌，中间需不断地补充少量水，以免反应物变得过于黏稠，直至取少量反应混合物于试管中，加水后几乎完全溶解为止。反应需 1～1.5h。

③ 用 25mL 水稀释反应混合物，置于冰水浴中冷却后滤去不溶物（副产物二苯甲醇）。滤液在充分搅拌下，慢慢加入 40%硫酸（体积比 1∶3），到恰好不释放出溴为止（约需 7mL）[2]。

④ 抽滤析出的二苯乙醇酸晶体，用少量冷水洗涤几次，压干，干燥，称重，计算产率。进一步提纯可用水重结晶，测熔点。本实验需 3～4h。

【注释】

［1］ 反应混合物切勿超过 90℃，反应温度过高易导致二苯乙醇酸分解脱羧，增加副产物二苯甲醇的生成。

［2］ 为了减小反应通过终点的危险性，酸化前可取出 2.5～3mL 滤液于试管中，剩余物用硫酸酸化至释放出微量的溴，然后从试管中加入少量事先取出的滤液除去。

四、思考题

① 如果二苯乙二酮用甲醇钠在甲醇溶液中处理，经酸化后应得到什么产物？写出产物的结构式和反应机理。

② 如何由相应的原料经二苯乙醇酸重排合成下列化合物？

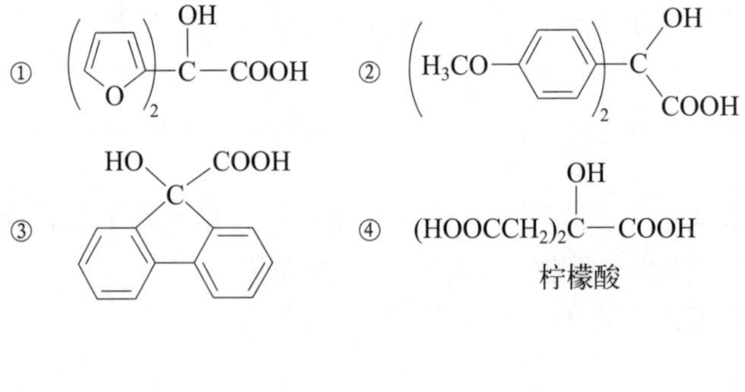

① $(\text{2-furyl})_2C(OH)-COOH$

② $(H_3CO-C_6H_4)_2C(OH)COOH$

③ 9-羟基芴-9-羧酸（HO、COOH 连于芴 9 位 C）

④ $(HOOCCH_2)_2\underset{}{\overset{OH}{\overset{|}{C}}}-COOH$

柠檬酸

第十一章

虚拟实验

实验 101　化学气相沉积——低维材料的仿真合成与表征

化学气相沉积（chemical vapor deposition，CVD）法，是气态前驱体在高温基材表面发生化学反应，进而实现固体薄膜构建及物质提纯的一种常用方法。同时，也是半导体纳米线、纳米片以及石墨烯等低维材料大面积合成的重要手段。然而该方法涉及气态原料的分解、扩散、催化、原子反应、产物结晶等一系列过程，很难从直观上理解。另外 CVD 过程涉及高温化学反应，耗时耗能，且对外部条件的变化十分敏感，难以通过一次常规实验完全掌握该项技术。

本实验以 CVD 法制备低维纳米材料为切入点，构建虚拟仿真系统。一方面，通过仿真系统的构建，可以实现学生对 CVD 过程的反复操作练习，加深对化学气相反应过程的理解；另一方面，由于低维纳米材料具有独特的物理化学性质，在能源、电子、光电器件等领域有巨大的应用潜力，近年来受到了广泛的关注与研究，通过对低维纳米材料的仿真制备与表征，可以紧跟学科发展前沿，加深学生对低维纳米材料理化性质的理解，掌握相关测试表征方法，进而熟悉大型分析仪器的工作原理，提高实际操作水平。

一、实验目的

① 理解掌握 CVD 过程的原理及影响因素。

② 熟练掌握低维纳米材料的 CVD 法合成。

③ 掌握低维纳米材料的分析表征方法。

④ 理解气态原料的分解、扩散、催化、原子反应、产物结晶等一系列过程。

⑤ 掌握易燃易爆气体的安全使用规范，规避安全风险。

⑥ 理解大型分析仪器的工作原理。

⑦ 熟悉低维纳米材料的物理化学性质，了解其潜在的应用领域。

二、实验原理

化学气相沉积是利用气态物质在基材表面发生化学反应，从而产生固态沉积物的工艺过程，是合成低维纳米材料的一种常用方法。其主要原理是，气体原料或非气态前驱体在高温、高真空条件下汽化，气体直接或在金属基材催化下分解，发生化学反应，进而在基材表面结晶生长，得到纳米材料。图 11-1 为 CVD 法在金属表面沉积制备石墨烯的过程示意图。

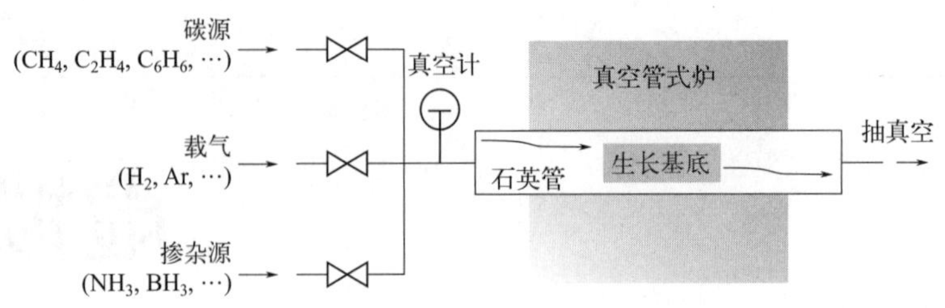

图 11-1　CVD 法制备石墨烯的过程

在金属基材上生长的低维纳米材料，一般无法直接应用到电子器件中，为了实现其在半导体等领域中的应用，必须将其从金属基底转移到绝缘基底上。低维纳米材料的转移过程，主要依据基底腐蚀原理来实现。聚合物辅助转移是目前最常用的主流方法，基本流程是在沉积了低维纳米材料的金属基材表面旋涂一层聚甲基丙烯酸甲酯（PMMA）溶液，固化得到高分子薄膜；然后将层状夹心结构置于金属刻蚀液中，除去金属基底；再用目标基底捞取低维纳米材料/PMMA 复合薄膜；最后用丙酮除去 PMMA，完成低维纳米材料的转移过程。图 11-2 为石墨烯（Gr）从铜基底转移至目标基底的流程示意图。

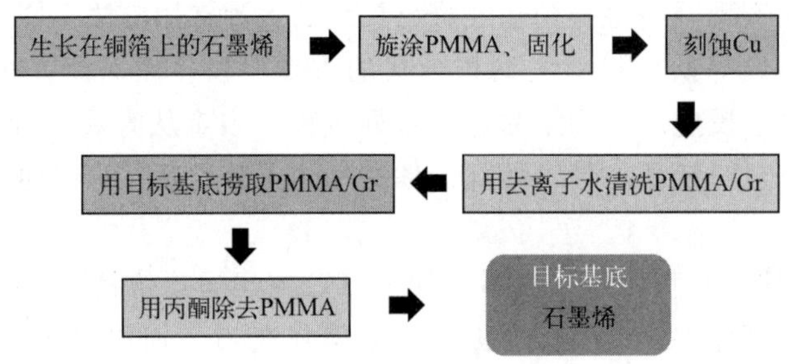

图 11-2　石墨烯基底转移流程

三、实验仪器与药品

① 仪器：真空管式炉、台式匀胶机、扫描电子显微镜、透射电子显微镜、原子力显微镜、拉曼光谱仪、铜箔、镊子、剪刀、石英舟、烧杯、培养皿、胶带、盖玻片、滴管、抛光硅片、真空干燥器、烘箱等器材。

② 药品：盐酸、蒸馏水、过硫酸铵、PMMA 溶液、丙酮等化学试剂；氢气、甲烷、氮气等气体。

四、实验内容

1. 石墨烯的 CVD 法合成

① 对衬底材料进行前处理。将铜箔在 1∶4 的盐酸中浸泡 12h，之后将其裁剪成特定尺寸（如 3cm×3cm），放入石英舟中。

② 打开真空管式炉端口，将石英舟置于石英管的正中，密封管式炉（图 11-3）。

③ 打开真空泵和管式炉出气阀，抽真空，直至压力降至 3mTorr（0.4Pa）。

④ 设置管式炉温度控制程序，将炉温升至 1000℃。

⑤ 打开氢气气路，通入 10sccm（标准 mL/min）H_2，对铜箔退火 30min。

⑥ 打开甲烷气路，通入 0.5sccm CH_4，进行 30min 的石墨烯生长。

⑦ 管式炉缓慢降温至室温，关闭氢气气路与甲烷气路。

(a)

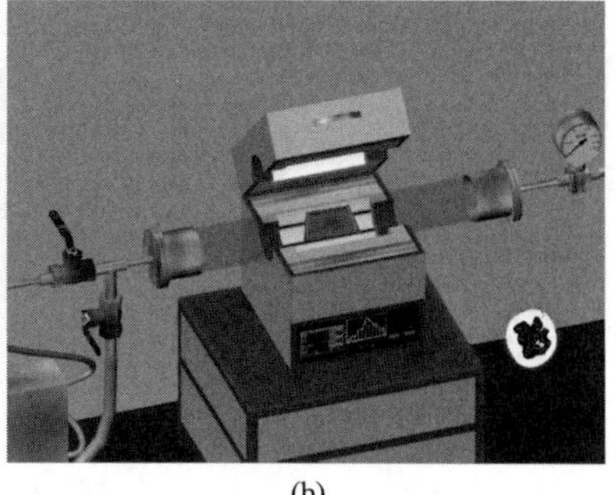
(b)

图 11-3　步骤②操作演示

⑧ 关闭出气阀和真空泵，再向管式炉内通入氮气至常压，打开炉子端口，取出样品（如图 11-4）。

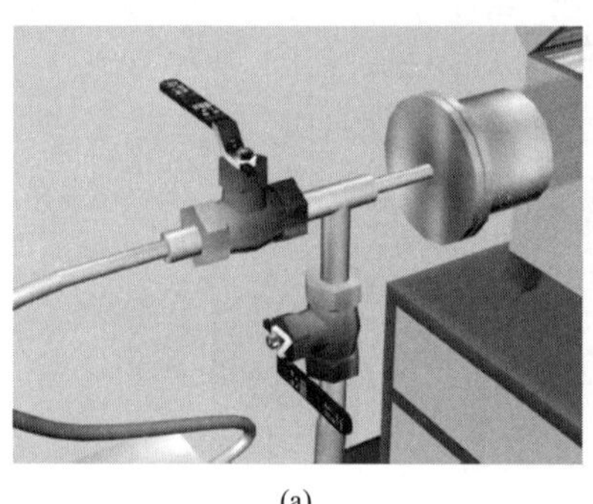
(a)

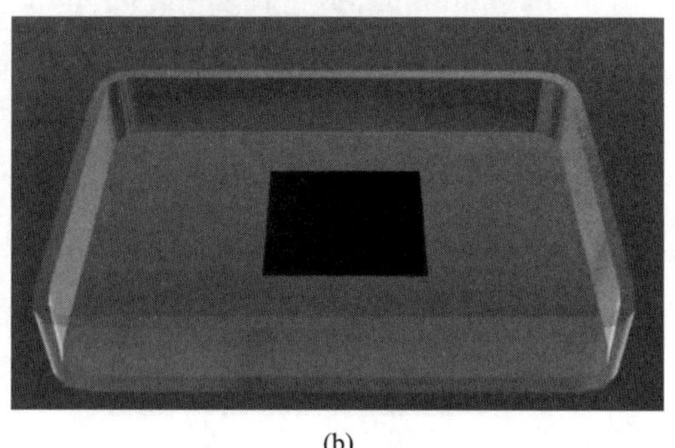
(b)

图 11-4　步骤⑧操作演示

2. 石墨烯的转移

① 裁剪合适尺寸（如 1cm×1cm）的生长有石墨烯的铜片，用两片盖玻片将其夹住压平。

② 取走一片盖玻片，用胶带粘贴铜片边缘，将其固定在另一盖玻片上。

③ 用匀胶机在铜片表面旋涂 PMMA 溶液（转速 3000r/min，PMMA 溶液浓度 30mg/mL）。

④ 旋涂结束，干燥固化后，将铜片从盖玻片上剥离下来，将粘有胶带的边缘剪去。

⑤ 将样品浸入过硫酸铵溶液中，对铜箔进行刻蚀，每 10min 用蒸馏水冲洗一次铜片背面，至铜完全除去，得到石墨烯/PMMA 的复合体。

⑥ 将固载有石墨烯的 PMMA 在蒸馏水中清洗三次，转移至二氧化硅基底上（石墨烯面与硅片抛光面接触，PMMA 面暴露），置于干燥器中 40min，再在烘箱中 135℃干燥 1h。

⑦ 干燥后，将样品在丙酮中浸泡 4h，除去表面的 PMMA，使石墨烯附着在硅片表面，完成石墨烯的转移。

3. 石墨烯的表征

① 用场发射扫描电镜观察石墨烯的微观形貌及尺寸（图 11-5）。

② 用超高分辨率透射电子显微镜观察石墨烯的原子排列、晶格缺陷。

③ 用原子力显微镜观察石墨烯的厚度、层数（图 11-6）。

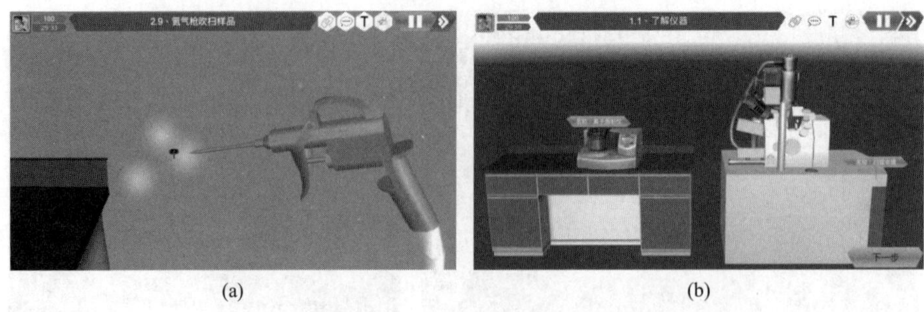

(a) (b)

图 11-5 步骤①操作演示

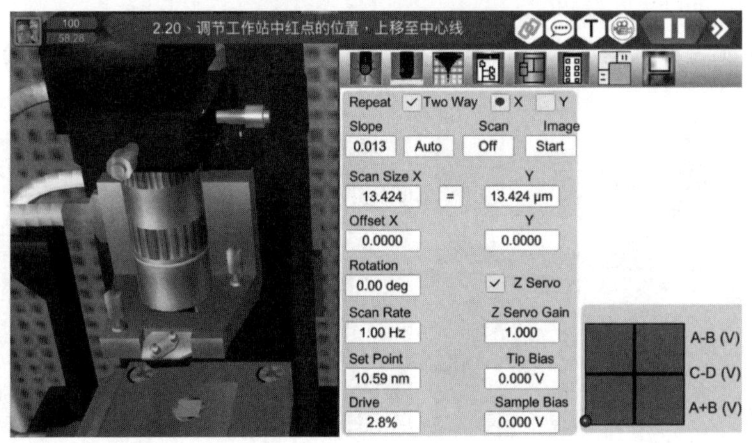

图 11-6 步骤③操作演示

④ 用拉曼光谱仪分析石墨烯的层数、缺陷等。

五、实验结果与讨论

顺利完成实验，通过本实验课程学习，掌握实验目的的知识点，正确记录和处理实验数据，并写出符合要求的实验报告。

【实验路径】

登录“国家虚拟仿真实验教学课程共享平台”，搜索“化学气相沉积——低维材料的仿真合成与表征”，找到实验，点击图标，进入实验界面，点击“我要做实验”开始实验。

实验 102 以废治废之秸秆改性吸附三稀、放射性污染离子的绿色化学创新综合虚拟仿真实验

扫码看视频

秸秆改性吸附三稀、放射性污染离子的绿色化学创新综合虚拟仿真实验

三稀离子指稀有、稀土、稀散金属离子。“以废治废之秸秆改性吸附三稀离子、放射性污染离子的绿色化学创新综合虚拟仿真实验”是对废弃秸秆改性吸附剂的制备，吸附剂构-效关系的探究以及吸附回收三稀离子、放射性污染离子的性能评价过程进行仿真模拟，并用于实验实践教学。因为在实际操作过程中，锝、砷等污染离子毒性大、放射性强，且系列实验耗时长，学生很难通过实际操作实现对相关内容的掌握。

本实验以科研成果为基础，对整个实验过程进行虚拟仿真设计。实验内容不仅包括废弃

秸秆的处理、吸附剂的制备、吸附剂的表征以及吸附剂性能评价这些常规实验流程，更是增加了对吸附剂分子结构的展示、吸附剂制备方案的设计以及不同药品的选择过程。通过该仿真系统的构建，打破实际操作过程中所带来的种种限制，实现学生对不同化学合成过程的反复操作练习，加深对以废弃秸秆为基础的生物质吸附材料制备过程的理解，进而掌握吸附材料的合成原理、影响因素和相应的去除性能，熟练掌握实验过程中的方法与技巧。主要包括：掌握真空管式炉的使用方法与操作流程；掌握不同吸附材料的制备与表征方法；掌握红外光谱仪（IR）、扫描电子显微镜（SEM）、X 射线光电子能谱仪（XPS）大型分析仪器的工作原理和虚拟操作，提高仪器实际使用效率；掌握吸附剂性能评价的一般过程。通过对虚拟实验的操作，提高自主学习能力与实际操作水平，紧跟学科发展前沿，激发科研探索精神。

一、实验目的

① 了解合成不同功能秸秆吸附材料的多种化学合成方法。

② 理解掌握秸秆改性吸附材料的制备方法。

③ 掌握改性材料的分析表征及吸附剂性能的评价。

④ 理解掌握改性吸附材料吸附三稀离子及放射性污染离子的去除机制。

⑤ 理论联系实际，了解秸秆改性材料的潜在应用价值。

⑥ 通过虚拟仿真实验，打破时空限制，提高自主学习能力和实际操作水平，激发科研探索精神。

二、实验原理

放射性离子及三稀离子的低成本、高效处理是一项具有挑战性的研究课题。“以废治废之秸秆改性吸附三稀离子、放射性污染离子的绿色化学创新综合虚拟仿真实验”是利用量大面广的农业废弃物秸秆，经化学改性来吸附三稀离子和放射性污染离子，体现了绿色、环保、环境友好之特点，极具发展前景。

该实验对废弃秸秆改性吸附剂的制备，吸附剂构-效关系的探究以及吸附回收三稀离子、放射性离子的性能评价全过程进行仿真模拟，获得了较好效果，并成功地应用于实验实践教学。因为在实际操作过程中，锝、砷等污染离子毒性大、放射性强，且系列实验耗时长，学生很难通过实际操作实现对相关内容的掌握，而利用网络技术与虚拟现实技术，开展虚拟仿真实验无疑是一条解决以上现实问题的有效途径。

整个实验操作采用非线性操作流程，不同秸秆吸附剂结构设计需选择不同的实验药品和实验方案，采用不同的制备方法和表征手段，对应不同的三稀离子或放射性污染离子的富集回收。具体应用包括稀散金属铼的吸附回收、放射性金属锝离子的吸附回收、稀土金属离子、稀贵金属离子银、有毒砷离子以及染料废水的吸附回收，如图 11-7 所示。

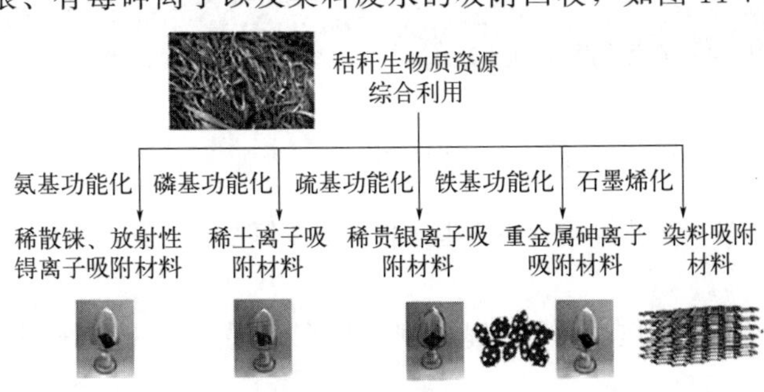

图 11-7　实验原理简图

三、实验仪器与药品

1.软件设备

连接互联网的电脑一台（Windows7，64位及以上等）、虚拟实验课程网络平台系统软件、综合化学虚拟仿真实验软件、其他开发及数值模拟软件、网络服务器、路由器。

2.实验仪器

真空管式炉、红外光谱仪、扫描电子显微镜、透射电子显微镜、X射线光电子能谱仪、拉曼光谱仪、搅拌器、有机合成装置、真空干燥器、烘箱等。

3.实验药品

秸秆、砷离子、铼离子、稀土离子、银离子、罗丹明B、硝酸、盐酸、蒸馏水、氯化铁、硫酸锰、氨基硫脲、戊二醛、二甲胺、环氧氯丙烷、磷酸二丁基溴丙基酯、丙酮、乙醇等。

四、实验内容

1.实验方法

① 实验操作系统说明：推荐使用火狐、谷歌浏览器，学习者登录系统后，点击“开始实验”，就可以进入实验。

② 首先介绍的是新手引导，对实验界面进行整体介绍，然后介绍操作控制，通过键盘的W、A、S、D来控制前进、后退、左移和右移，Z、X控制放大和缩小，鼠标右键控制角度，鼠标左键控制选取物品。

③ 主菜单说明：关于实验操作说明，操作窗口的上方为主菜单，点击“系统”菜单，教学菜单，就可以了解本实验的实验目的和实验原理；点击视角菜单，就可以将视野快速切换至相应状态。

2.交互性操作步骤

① 针对不同污染物，设计不同的秸秆吸附材料，掌握秸秆吸附材料的结构、制备吸附材料需要的原料、使用的实验仪器、可吸附的污染物等。

② 如选择砷离子，应选铁基化秸秆吸附剂。首先是炭化秸秆吸附剂的制备，掌握炭化秸秆吸附剂的制备方法、合成原理、实验操作等（图11-8）。

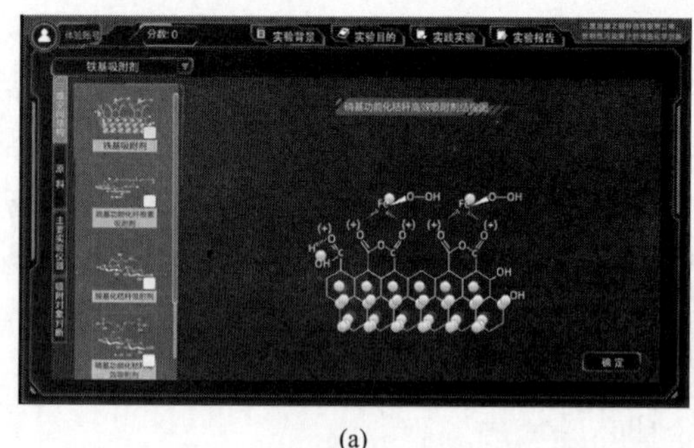

(a)

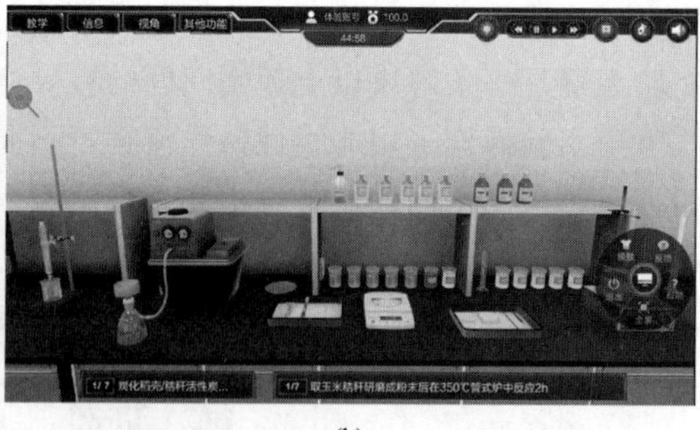

(b)

图11-8　交互性步骤②示意图

③ 以上述炭化秸秆为原料，进行铁基化秸秆吸附剂的制备，掌握铁基化秸秆吸附剂的合成原理、实验操作等。

④ 铁基化秸秆吸附剂的表征，掌握如何判断红外光谱曲线中峰与官能团的对应关系（图11-9）。

(a)

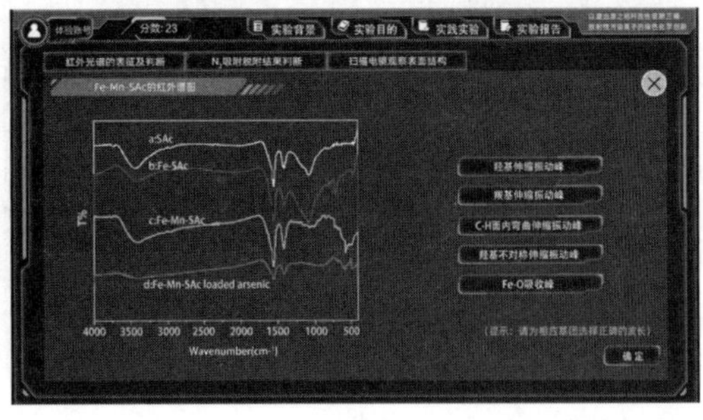

(b)

图 11-9　交互性步骤④示意图

⑤ 铁基秸秆吸附剂对砷离子的吸附性能，掌握铁基秸秆吸附剂对重金属砷离子的吸附操作和吸附能力。

⑥ 如在第①步中选择其他预处理的污染离子，则应根据污染离子设计不同的秸秆吸附剂，根据软件提示选择对应的实验药品、制备方式、表征手段以及性能评价方法。如选择银离子，应对应合成巯基化秸秆吸附剂（图 11-10）。

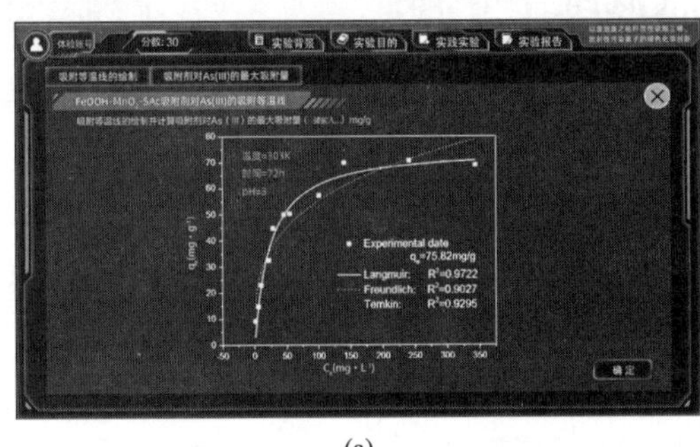

(a)

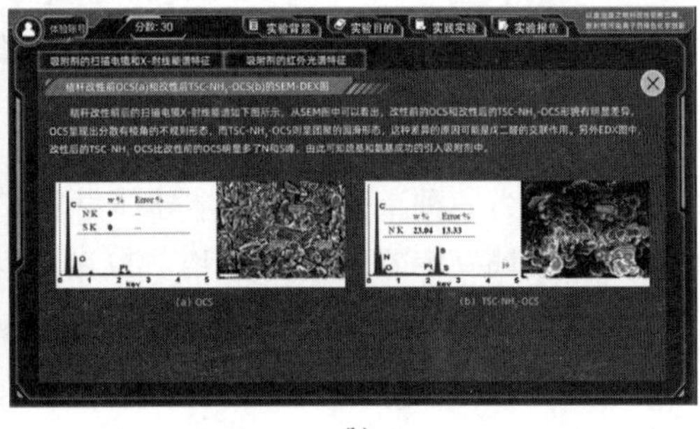

(b)

图 11-10　交互性步骤⑥示意图

⑦ 掌握巯基功能化秸秆吸附剂的合成、表征、对重金属银的吸附效果。

⑧ 如选择铼离子或锝离子去除，应选择合成氨基化秸秆吸附剂。

⑨ 氨基化秸秆吸附剂对稀散金属铼/锝的吸附，掌握氨基化秸秆吸附剂对稀散金属铼离子、放射性锝离子的吸附效果。

⑩ 如选择稀土离子回收，应选择合成磷基功能化秸秆吸附剂，掌握如何判断红外光谱曲线中峰与官能团的对应关系等（图 11-11）。

⑪ 掌握磷基秸秆吸附剂吸附稀土离子的吸附性能和原理。

⑫ 如选择染料亚甲基蓝去除，可选择合成生物质石墨烯吸附剂，掌握生物质石墨烯吸附剂的表征判断方法等。

⑬ 掌握生物质石墨烯对亚甲基蓝废液的处理，了解不同酸度条件下的去除效果等。

此外，用超高分辨率透射电子显微镜观察生物质石墨烯的原子排列、晶格缺陷，用拉曼光谱仪分析石墨烯的层数、缺陷等。

五、实验结果与讨论

顺利完成实验，通过本实验课程学习，掌握实验目的的知识点，正确记录和处理实验数据，并写出符合要求的实验报告。

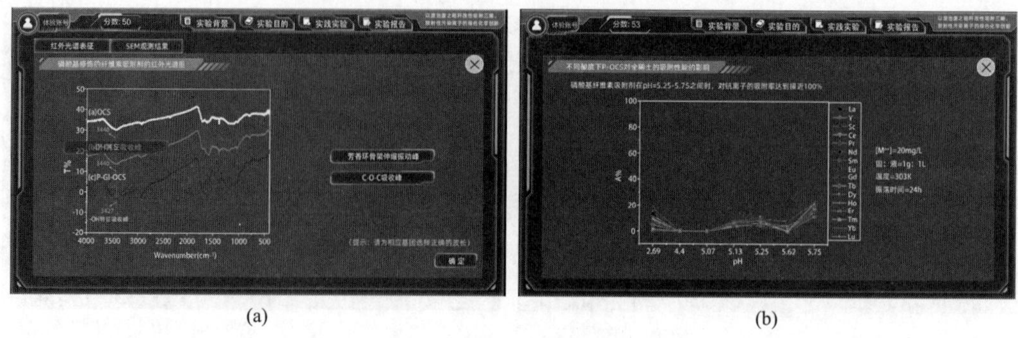

(a) (b)

图 11-11 交互性步骤⑩示意图

【实验路径】

登录“国家虚拟仿真实验教学课程共享平台”，搜索“以废治废之秸秆改性吸附三稀、放射性污染离子的绿色化学创新综合虚拟仿真实验”，找到有“省一流”标志的实验，点击图标，进入实验界面，点击“我要做实验”开始实验。

扫码看视频

量子点低维半导体材料的制备与光电表征仿真实验

实验 103 CdSe 系列量子点低维半导体材料的制备与光电表征仿真实验

量子点作为一种重要的低维半导体材料，具有独特的光学特性，在生物医药、生命科学及光学器件领域发挥着重要的作用。以胶体化学法为代表的有机金属合成方法制备的量子点，晶型良好，粒径均一，荧光性质优异，稳定性强，是该领域较经典的模型体系。然而该方法需要有毒溶剂及惰性气体参与，同时涉及高温化学反应、无水无氧操作等，对外部环境要求非常严格，不仅在实验室很难开展，也难以通过一次常规实验掌握该项技术。

鉴于此，本实验以有机金属合成法制备硒化镉量子点为切入点，构建虚拟仿真系统。一方面，通过移动仿真虚拟实验平台对有机金属合成法制备硒化镉量子点的反应过程进行模拟，帮助学生掌握硒化镉量子点制备的实验原理、操作过程及注意事项。另一方面，由于硒化镉量子点作为一种重要的低维半导体材料，具有独特的光学性能，在生物医药、生命科学、半导体器件等领域有巨大的应用潜力，近年来受到了广泛的关注与研究，通过对量子点的仿真制备与表征，加深学生对量子点低维半导体材料理化性质的理解，帮助学生熟悉大型分析仪器的工作原理及测试表征方法，提高学生实际操作水平，紧跟学科发展前沿，激发学生的科研探索精神。

一、实验目的

① 理解掌握有机金属合成法制备量子点的原理及影响因素，主要包括：在无水无氧、惰性气体氛围中制备前驱体溶液的实验过程及原理；高温条件下用热注射法注入前驱体溶液的过程及原理；溶剂配体对量子点生长的控制作用；量子点的结晶成核生长过程；反应温度、时间、溶剂配体种类及浓度对量子点形态的影响规律。

② 熟练掌握有机金属合成法，主要包括：手套箱的使用方法与操作流程；高温化学反应的安全规范；惰性气体的使用规范；热注射法制备量子点的操作规范。规避安全风险，提高实际操作成功率。

③ 掌握低维半导体材料的分析表征方法，主要包括：理解大型分析仪器的工作原理；熟练掌握表征测试用量子点样品的制备方法；掌握紫外-可见光谱仪、荧光光谱仪、扫描电子显微镜、透射电子显微镜、X 射线衍射仪、电化学工作站等大型仪器及工作站的虚拟操作，提高仪器实际使用效率。

二、实验原理

有机金属合成法又称“热注射”法，是量子点制备的经典方法之一。该方法主要是在非极性溶剂、高温（280～320℃）、严格无水无氧的条件下，通过将硒（Se）或镉（Cd）的前驱体溶液快速加到热的含有表面活性剂配位的 Cd 离子（或 Se 离子）溶液中。在反应初期，粒子快速成核，之后降低温度（260～290℃），量子点开始生长，维持一定时间（通常为 10min 左右）后，在溶液体系中达到饱和，停止反应，搅拌冷却至室温，得到量子点溶液。反应过程中可以通过系统调整反应条件来控制纳米晶的尺寸、形貌及团聚。

此法主要分为四个阶段：①准备阶段，通常在反应开始之前要通入保护气（N_2 或 Ar）并通过加热除去反应装置和有机溶剂里的水和杂质；②晶体的快速成核阶段；③晶核生长阶段；④材料的提纯阶段，即反应结束后经过离心、洗涤和干燥得到目标产物。图 11-12 为有机金属合成法制备硒化镉量子点的过程示意图。

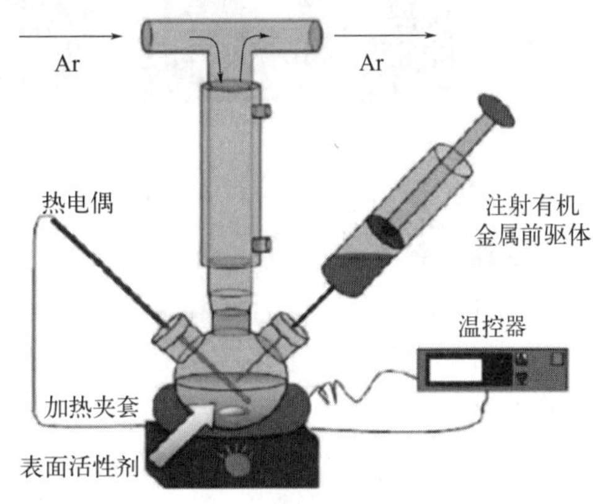

图 11-12　有机金属合成法制备硒化镉量子点的过程示意图

利用紫外-可见光谱仪、荧光光谱仪、扫描电子显微镜、透射电子显微镜、X 射线衍射仪、电化学工作站等手段对量子点的理化性质及形貌特点进行表征。图 11-13～图 11-16 为部分仪器虚拟仿真图。

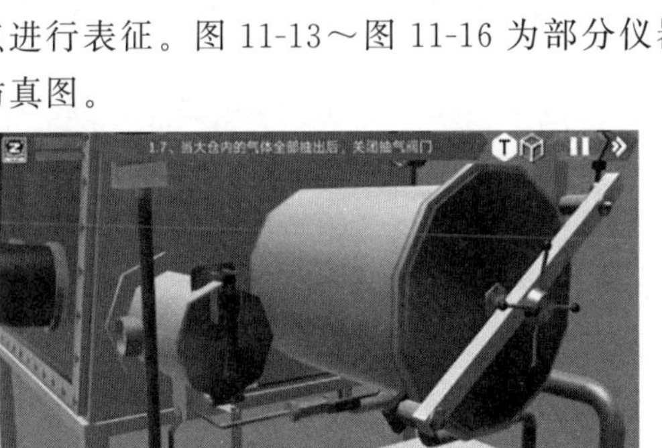
图 11-13　手套箱

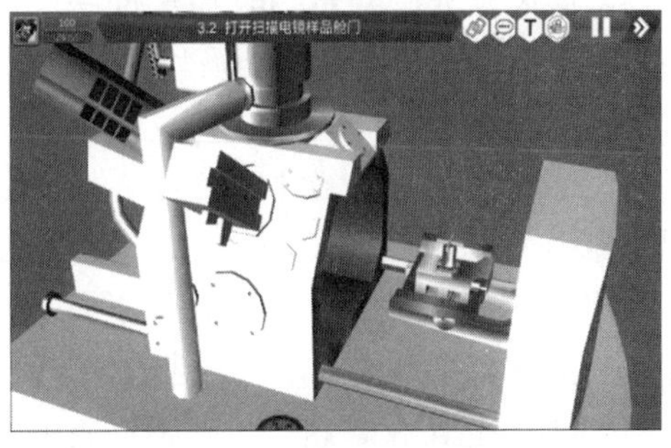
图 11-14　扫描电子显微镜

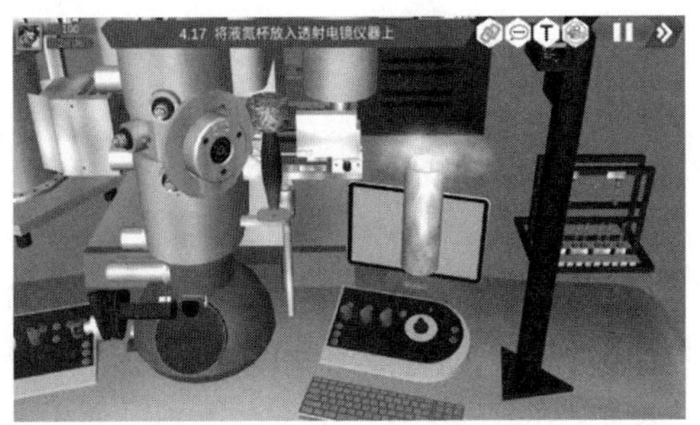
图 11-15　透射电子显微镜

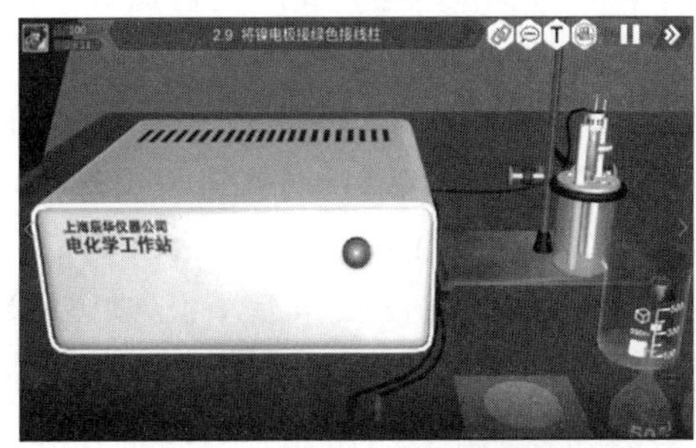

图 11-16　电化学工作站

利用热注射法制备的CdSe量子点晶型良好、粒径均一、光学性质优异、稳定性强，伴随量子点尺寸的变化（图11-17），展示了独特的光、电、热、磁等特性，在生物医药、半导体器件、生命科学等多个领域都有着广阔的应用前景。

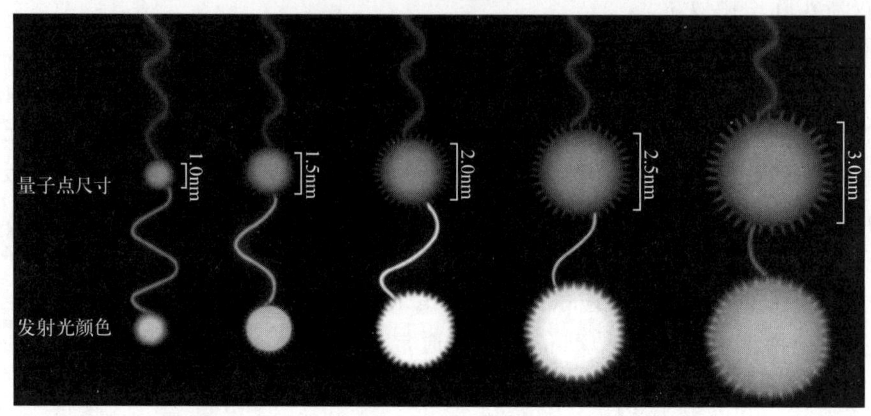

图11-17　不同粒径的量子点发射光颜色不同示意图

三、实验仪器与药品

① 仪器：手套箱、恒温磁力搅拌器、电子天平、高速冷冻离心机、超声仪、真空干燥箱、紫外-可见光谱仪、荧光光谱仪、扫描电子显微镜、透射电子显微镜、X射线衍射仪、电化学工作站等。

② 药品：梨形瓶、三口瓶、烧杯、离心管、药匙、硒粉、十八烯（ODE）、磷酸三辛酯（TOP）、氧化镉（CdO）、油酸（OA）、三正辛基氧化磷（TOPO）、十八胺（ODA）、丙酮、乙醇、去离子水、氩气等。

四、实验内容（详见mLabs操作过程）

交互性步骤共分为三个模块，具体内容如下：

1.硒前体的制备

① 在手套箱中，称取0.2843g（3.6mmol）的硒粉（Se）及1.0mL十八烯（ODE）于梨形瓶中。

② 打开氩气气路，通入氩气20min后，加入约1.2mL磷酸三辛酯（TOP）配体溶剂，并密封隔绝空气。然后，打开手套箱，取出梨形瓶。

③ 打开超声仪，超声溶解梨形瓶中的混合物，使其溶解变成澄清透明的溶液，备用。

2.硒化镉（CdSe）量子点的制备

① 在手套箱中，称取0.0771g（0.6mmol）氧化镉（CdO）、0.8mL油酸（OA）和15mL十八烯（ODE），加入25mL三口瓶中（图11-18）。

② 打开氩气气路，通氩气30min后，搅拌加热三口瓶，至液体为完全澄清状态，停止加热，然后冷却至室温。

③ 称取1.5g三正辛基氧化磷（TOPO）和4.5g十八胺（ODA），加入上述混合溶液中。

④ 继续通氩气45min后，将混合溶液加热至300℃。

⑤ 向上述混合溶液中快速注入已经制备好的硒前体溶液（实验内容1制备的）。

⑥ 反应 30s 后，关闭加热，继续搅拌冷却至室温。

⑦ 打开手套箱，取出 CdSe 溶液，将其倒入烧杯中，加适量丙酮洗涤，至溶液中出现悬浮物或沉淀，之后封烧杯口放于暗处使其完全沉淀，然后去掉上清液。

⑧ 沉淀液用去离子水和乙醇再次进行洗涤、沉淀，将沉淀溶液倒入离心管。

⑨ 打开离心机，设置 8000r/min，离心分离 30min。

⑩ 取出离心管弃掉上清液，沉淀物于 60℃干燥 7 小时，得到 CdSe 量子点粉末。

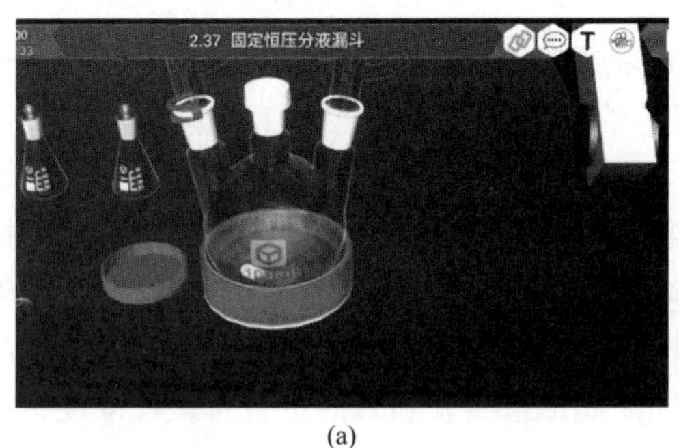

(a)

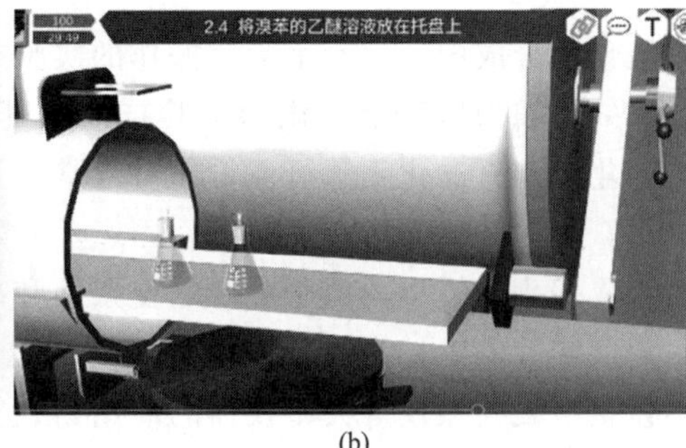

(b)

图 11-18　量子点制备步骤

3. CdSe 量子点的表征

① 用紫外-可见光谱仪（见图 11-19）测得量子点的紫外吸收光谱。

② 用荧光光谱仪（见图 11-20）测得量子点的荧光发射光谱，得到量子点的发射光谱波长范围及半峰宽等荧光特性。

③ 用扫描电子显微镜观察量子点的微观形貌及尺寸。

④ 用透射电子显微镜观察量子点粒径大小、均匀度、晶格形貌及分布情况。

⑤ 用 X 射线衍射仪进行量子点的晶格衍射分析。

⑥ 用电化学工作站测得量子点的电化学性能。

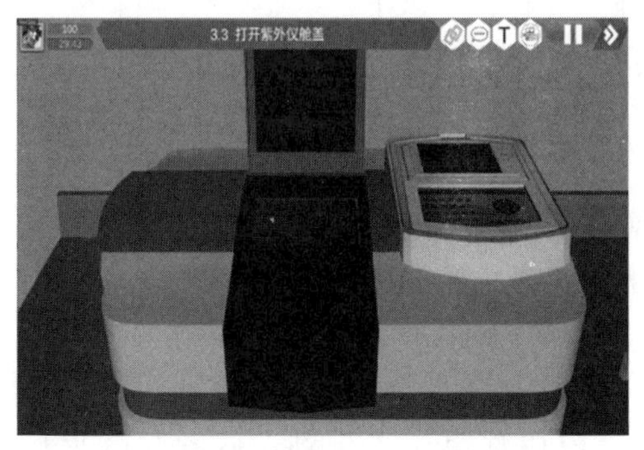

图 11-19　紫外-可见光谱仪

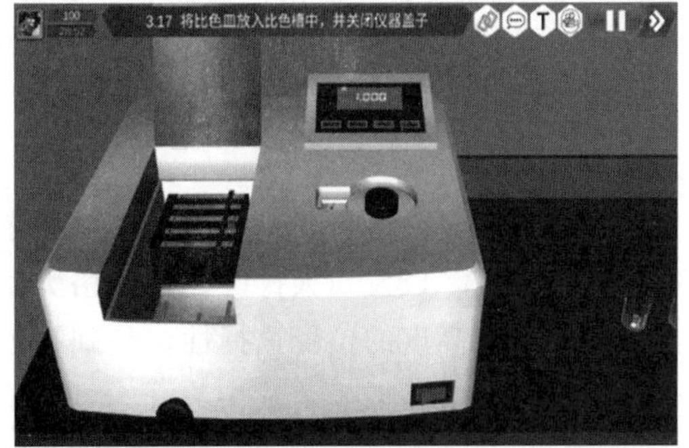

图 11-20　荧光光谱仪

五、实验结果与讨论

顺利完成实验，掌握实验目的的知识点，按要求完成实验报告。

【实验路径】

登录“国家虚拟仿真实验教学课程共享平台”，搜索“CdSe 系列量子点低维半导体材料的制备与光电表征仿真实验”，找到实验，点击图标，进入实验界面，点击“我要做实验”开始实验。

癸二烯的合成及表征移动虚拟仿真实验

实验 104 无水无氧条件下 1,3-癸二烯的合成及表征移动虚拟仿真实验

有机化学合成中用到无水无氧操作的实验越来越多，对操作的熟练和精确程度要求也越来越高，并已成为历年全国化学实验技能比赛中的重点考核内容；在工业应用领域，如制药、精细化工和石油化工等行业，能有效掌握无水无氧操作原理和技能的毕业生备受企业青睐。然而，无水无氧操作条件严苛，国产手套箱价格也高达每台 10 多万元，初学者误操作很容易造成探头的损坏，由于实验的复杂性和高昂成本，目前，国内化学类本科阶段能够开设无水无氧实验的学校为数不多。即便开设也是采取较为廉价的 Schlenk 双排管氮气置换，而且不包括核磁共振仪等大型仪器的使用与表征。此虚拟实验项目的进行可最大限度弥补现阶段实验教学及人才培养的不足。

Wittig 反应是醛或酮与三苯基磷鎓内盐（Wittig 试剂）作用生成烯烃和三苯基氧膦的一类有机化学反应，作为合成烯烃最为常用、有效的途径，在有机合成中有着举足轻重的作用，应用于许多天然产物的合成。本实验以合成 1,3-癸二烯为切入点，构建虚拟实验。这一实验包括手套箱和氮气置换的无水无氧操作要点、多种大型仪器操作模拟及表征。不但扩展了学生的学术视野，培养了学生的自主学习能力及习惯，而且能够覆盖到各层次、更多数量的学生。且移动虚拟实验可反复操作、不受时间地点限制的特点既符合现在学生的泛在化学习习惯，同时也能锻炼学生的实际动手操作能力。

一、实验目的

① 理解和掌握叶立德试剂制备条件。

② 理解和掌握 Wittig 反应机理。

③ 熟悉手套箱的使用，掌握无水无氧实验的操作。

④ 学会核磁共振仪的使用及化合物的表征方法。

⑤ 学会气相色谱仪的使用和表征方法。

二、实验原理

Wittig 反应是将带羰基的有机物中的羰基用磷叶立德试剂变为烯烃的反应，需在无水无氧条件下实现，以发明人德国化学家格奥尔格·维蒂希的姓氏命名。由于该反应产率高、条件温和，具有高度的位置选择性，受到越来越多化学家的重视，并获得 1979 年诺贝尔化学奖。维蒂希反应在烯烃合成中有十分重要的地位。1,3-癸二烯的合成反应正是由仲烃基溴（较典型）与三苯磷作用生成叶立德（Ylide，分子内两性离子）试剂，后者与醛反应（Wittig 反应）生成烯烃和三苯基氧膦。主要反应步骤如下：

首先，甲基三苯基溴化鏻脱去溴化氢，形成叶立德试剂；

其次，生成的叶立德试剂与反式 2-壬烯醛反应，生成 1,3-癸二烯。

1,3-癸二烯的制备涉及叶立德试剂与 Wittig 反应机理，反应方程式如下：

Br^- CH_3 ^+P $\xrightarrow[-HBr]{t\text{-BuOK}}$ $P{=}CH_2$

O + $P{=}CH_2$ ⟶

三、实验仪器与药品

① 仪器：手套箱、搅拌器、薄层色谱仪、旋转蒸发仪、减压蒸馏、核磁共振仪、气相色谱仪。

② 药品：甲基三苯基溴化鏻、叔丁醇钾、四氢呋喃、乙醚、戊烷。

四、实验内容

① 在手套箱中将称量好的甲基三苯基溴化鏻和叔丁醇钾放入圆底烧瓶中，密封好圆底烧瓶后，将装置安装于通风橱内（图 11-21）。

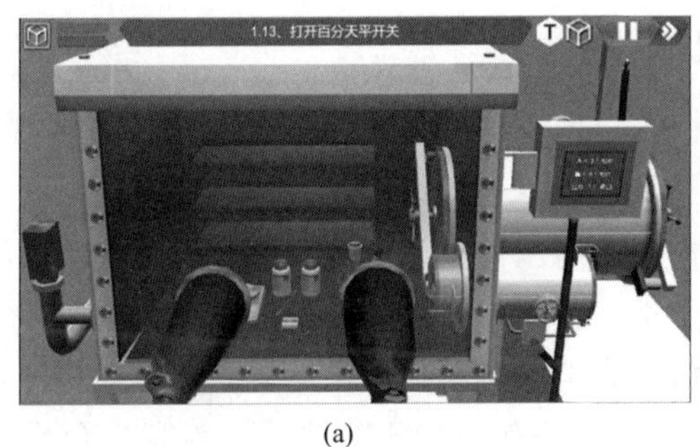

(a)

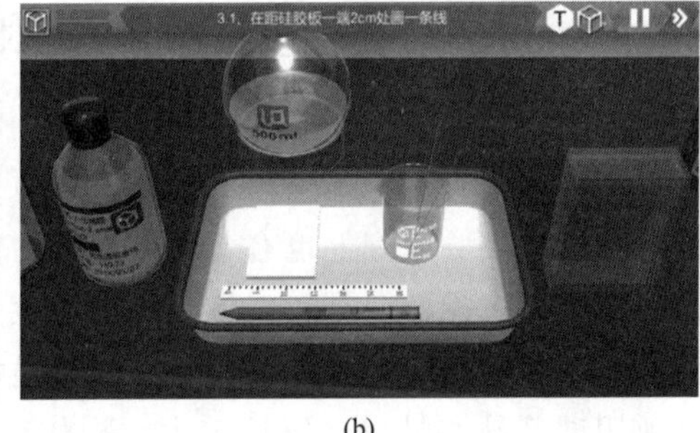

(b)

图 11-21　步骤①操作演示图

② 将圆底烧瓶连接到双排管上，烧瓶下移至冰水浴中，将装置降温至 0～5℃，同时开启搅拌。用注射器吸取 160mL 四氢呋喃，注入烧瓶中。计时 5min 后，移走冰水浴，使装置温度升至室温并不断搅拌 20～30min（图 11-22）。

③ 再次将装置降温至 0～5℃，同时开启搅拌。用注射器吸取 48.3mL 反式 2-壬烯醛溶液，缓慢加入烧瓶中，滴加过程 5min 以上。移走冰水浴，使装置温度升至室温并不断搅拌 2h（图 11-22）。

④ 用二氧化硅薄层色谱检测上述反应的生成物，用体积比为 3∶1 的正己烷和乙酸乙酯作展开剂，高锰酸钾作显色剂。

⑤ 将上述生成物通过旋转蒸发仪进行浓缩，蒸发至溶液体积变为原来的 1/3。

⑥ 向上述溶液中加入适量乙醚，生成白色沉淀，过滤，除去白色沉淀，得滤液。

⑦ 再次将得到的溶液进行旋转蒸发，然后加入戊烷，形成白色沉淀，除去白色沉淀，过滤得滤液。这两个步骤中加入乙醚和戊烷是为了除去三苯基氧膦和溴化钾等物质。

⑧ 将上述滤液转移至圆底烧瓶中，搭建减压蒸馏装置，进行减压蒸馏，最后得到无色油状液体，即目标产物 1,3-癸二烯。

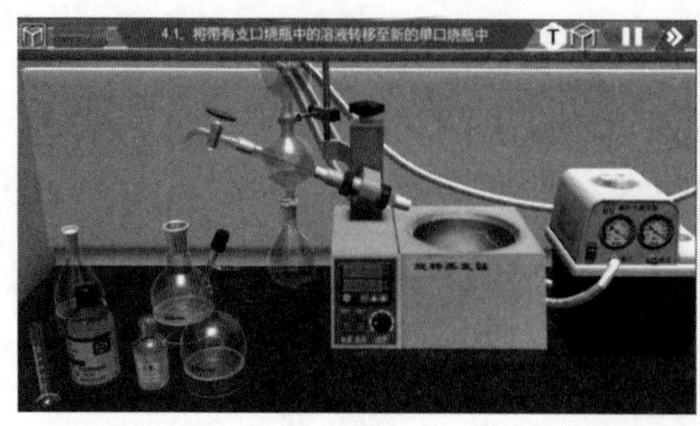

(a) 步骤②

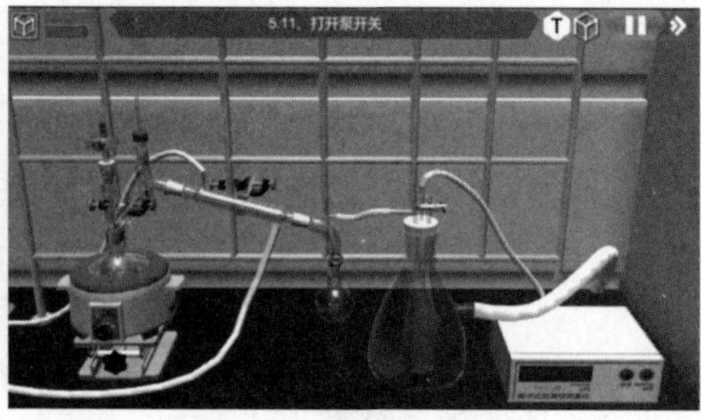

(b) 步骤③

图 11-22　步骤②、③操作演示图

⑨ 用核磁共振仪鉴定生成物 1,3-癸二烯。

⑩ 用气相色谱仪来检测生成物 1,3-癸二烯。

【实验路径】

登录“国家虚拟仿真实验教学课程共享平台”，搜索“无水无氧条件下 1,3-癸二烯的合成及表征移动虚拟仿真实验”，找到实验，点击图标，进入实验界面，点击“我要做实验”开始实验。

实验 105　易燃易爆类对苯二胺合成催化加氢实验的构建和应用

对苯二胺合成催化加氢实验的构建和应用

催化加氢反应不仅在实际工业生产中有着重要的意义，在培养学生实验操作技能和掌握实验原理上也有着不可替代的作用。高压催化加氢实验因其反应过程中的原料易燃、高压状态操作、易燃气体氢气、危险化学品雷尼镍、实验用时较长等因素，在实际本科有机化学实验教学过程中难以开展。通过仿真虚拟平台和移动化学实验客户端软件，开设一些所用试剂易燃易爆、毒性较大，操作难度高，具有一定危险性的高等有机合成实验(包括但并不仅仅局限于硝基苯胺催化加氢制对苯二胺反应，例如 Grignard 反应、Claisen 酯缩反应、高压催化反应等)，使学生在虚拟环境中安全、可靠、经济地开展实验，补齐实验条件限制导致的实验教学短板，在达到教学大纲所要求的教学效果的同时降低实验成本和危险性。

对苯二胺是一种重要的化学原料，主要用于染料及橡胶防老剂的生产。本实验以对硝基苯胺催化加氢制对苯二胺为例，通过移动仿真虚拟实验平台对催化加氢反应过程进行模拟，多种表征手段同时应用，帮助学生掌握催化加氢反应的实验原理、操作过程及注意事项，提高学生的自主学习能力，并且对提高学生在高压反应的危险操作能力方面具有普适性。在虚拟实验教学过程中，不但拓宽了学生的学术视野，激发学生的科研探索精神，促进学生综合素质的同时注重个性发展，提升人才培养的质量，而且能够覆盖到各层次、更多数量的学生。且移动虚拟实验可反复操作、不受时间地点限制，符合现在学生的泛在化学习习惯。

一、实验目的

① 学习并掌握催化加氢反应的实验原理。

② 理解实验条件对催化加氢反应的影响。

③ 认识并了解雷尼镍加氢催化剂，熟悉使用雷尼镍催化剂时的注意事项。

④ 熟悉高压反应釜的构造。

⑤ 掌握高压反应釜的操作并熟悉高压反应实验中需要注意的事项。

⑥ 掌握真空抽滤装置的使用。

⑦ 掌握检查反应装置气密性的具体操作方法。

⑧ 掌握氢气、氮气钢瓶的使用方法并熟悉使用钢瓶过程中的注意事项。

⑨ 学习核磁共振谱和红外光谱在表征有机产物过程中的重要作用。

⑩ 了解并掌握核磁共振仪、红外光谱仪、气相色谱仪的使用和相关数据的处理方法。

二、实验原理

催化加氢反应是指在加氢催化剂的作用下，分子氢被活化与某些化合物相加成的反应，广泛应用于在石油和化学工业中。常用的加氢催化剂有钨镍氧化铝、负载型贵金属催化剂、钼镍氧化铝、雷尼镍（Raney Ni）催化剂、非晶态合金催化剂等。

催化剂加氢反应的机理图解如下所示：

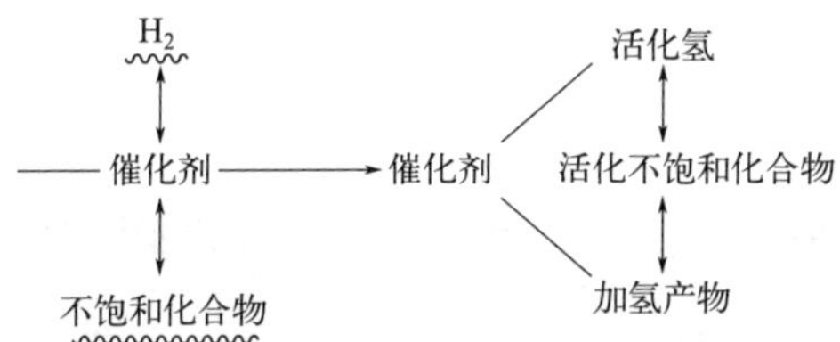

本实验以对硝基苯胺催化加氢制对苯二胺反应为例，即在水溶剂中，对硝基苯胺在雷尼镍催化剂作用下催化加氢生成对苯二胺。反应方程式如下所示：

$$\text{(}NO_2\text{, }NH_2\text{ 对位取代苯)} + 3H_2 \xrightarrow[\text{3.0 MPa 45~55℃}]{\text{雷尼镍催化剂}} \text{(}NH_2\text{, }NH_2\text{ 对位取代苯)} + 2H_2O$$

反应中所用的雷尼镍催化剂是一种由带有多孔结构的镍铝合金的细小晶粒组成的固态异相催化剂。雷尼镍催化剂化学活性高，能与空气形成爆炸性混合物，因此在反应前后的操作过程中都应极其谨慎。

三、实验仪器与药品

① 仪器：高压反应釜、真空抽滤装置、电磁搅拌水浴锅、电子分析天平、烘箱、氮气钢瓶、氢气钢瓶、核磁共振仪、红外光谱仪、气相色谱仪。

② 药品：13.8g（0.1mol）对硝基苯胺、31.7g 去离子水、0.42g 雷尼镍催化剂。

四、实验内容

① 将 13.8g（0.1mol）对硝基苯胺、31.7g 去离子水和 0.42g 雷尼镍加入高压反应釜中，用力矩扳手将高压反应釜的密封螺丝拧紧（见图 11-23）。

② 检查反应装置气密性：将氮气管线连接到高压釜的进气接口，打开进气阀通入氮气至高压反应釜上的压力表显示为 1MPa，关闭进气阀，观察压力表上的示数变化情况，确认反应装置是否漏气（见图 11-24）。

③ 氮气置换：将氮气管线连接到高压釜的进气接口，通入氮气至压力表读数为 0.5MPa 左右，然后通过泄气阀门对反应釜进行泄压（压力表读数为 0MPa 时表示泄压完全）（见图 11-25）。重复此操作六次，以保证反应釜中气体完全被氮气置换。

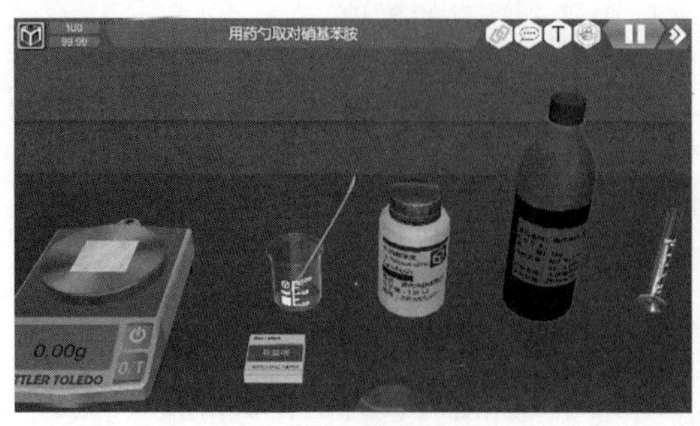

图 11-23 步骤①操作演示图

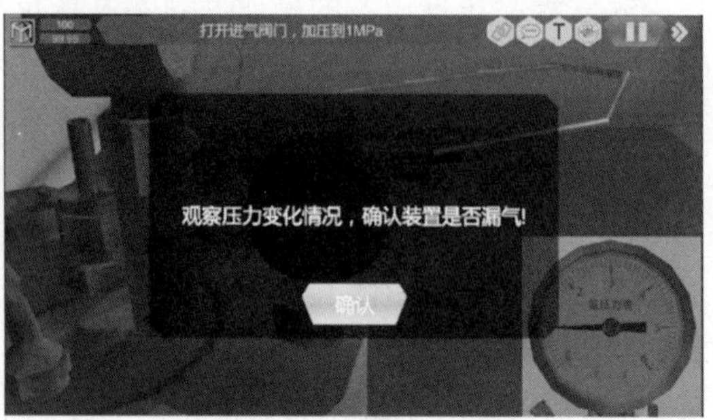

图 11-24 步骤②操作演示图

④ 加氢反应：将高压反应釜放入电磁搅拌水浴锅，并将水浴温度升至 45℃，设置搅拌速度为 1000r/min。随后将氢气管线连接到高压反应釜的进气接口，通入氢气至压力表读数为 3.0MPa 左右。将反应温度维持在 45～55℃ 反应 2h。反应期间氢气压力始终维持在 3.0MPa（见图 11-26）。

图 11-25 步骤③操作演示图

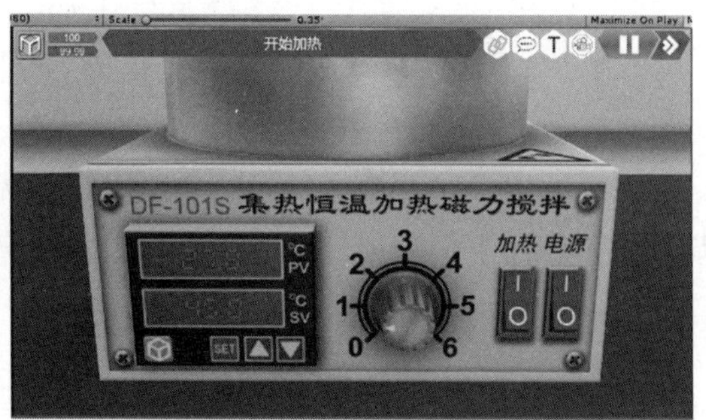

图 11-26 步骤④操作演示图

⑤ 确定反应终点：确定反应终点的方法有两种，一种是通过取样，并通过气相色谱、液相色谱或薄层色谱对样品进行分析，进而掌控整个催化加氢反应的反应进程；另一种方法是通过观察反应釜内氢气压力的变化情况，来判断催化加氢反应是否结束。例如，将氢气压力控制在 3.0MPa，关闭进气阀门，维持反应 30min，观察氢气压力是否下降。

⑥ 如果 30min 后反应釜内氢气压力不下降，表明反应不再吸收氢气。如压力有所下降，表明反应不完全，继续维持氢气 3.0MPa 一小时，重复该确认过程（见图 11-27）。此处应该注意的是，放出氢气时，需要用管线将氢气引到室外排放。

⑦ 氮气置换：当催化加氢反应结束后，将氢气管线切换为氮气管线，将釜内氢气泄出（压力表读数为 0MPa）。通入氮气至表压为 0.5MPa，然后泄压至 0MPa，重复此过程六次以保证氢气被完全置换（见图 11-28）。

⑧ 分离催化剂：将反应液转移至布氏漏斗中，抽滤，注意滤饼不能抽干，否则容易着火（见图 11-29）。在催化剂即将暴露在空气中时，补加适量 50℃ 热水，淋洗催化剂。保持催化剂湿润的情况下，将催化剂转移到合适的容器中，例如烧杯等，并加入稀盐酸对雷尼镍催化剂进行灭活处理。

⑨ 得到产品：将所得滤液，降温至 0～5℃。搅拌 1h 后过滤，用冰水淋洗滤饼后得到对二苯胺湿品。将湿品放置于 80℃ 的烘箱中干燥至恒重，称重并计算产物收率（见图 11-30）。

图 11-27　步骤⑥操作演示图

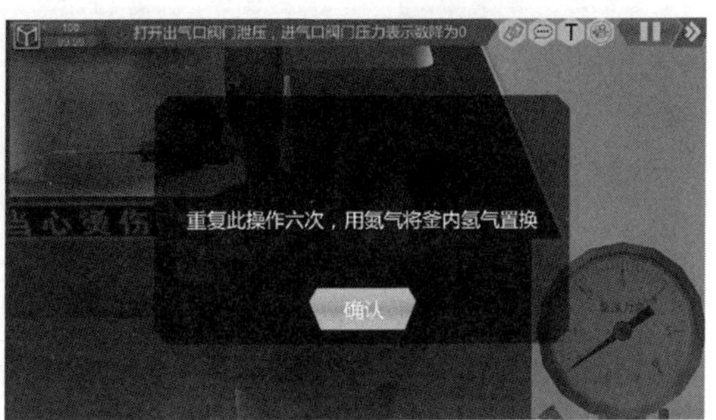

图 11-28　步骤⑦操作演示图

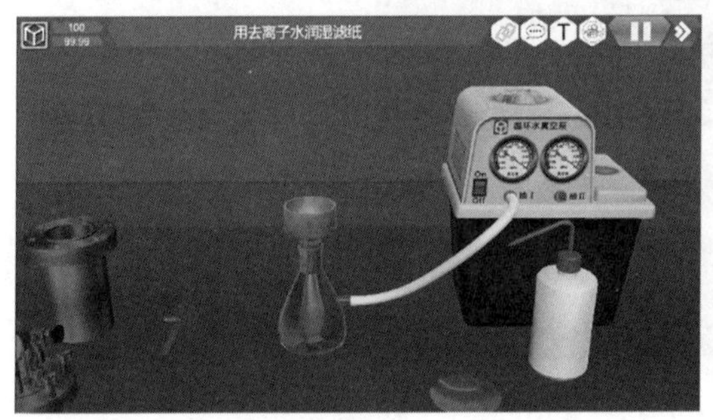

图 11-29　步骤⑧操作演示图

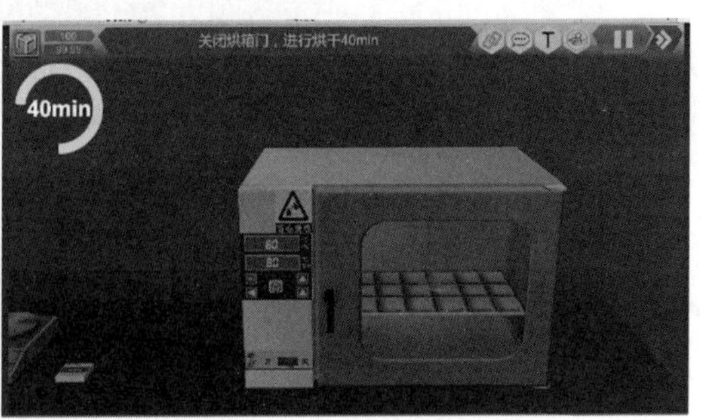

图 11-30　步骤⑨操作演示图

⑩ 用气相色谱仪检测生成物对二苯胺（见图 11-31）。

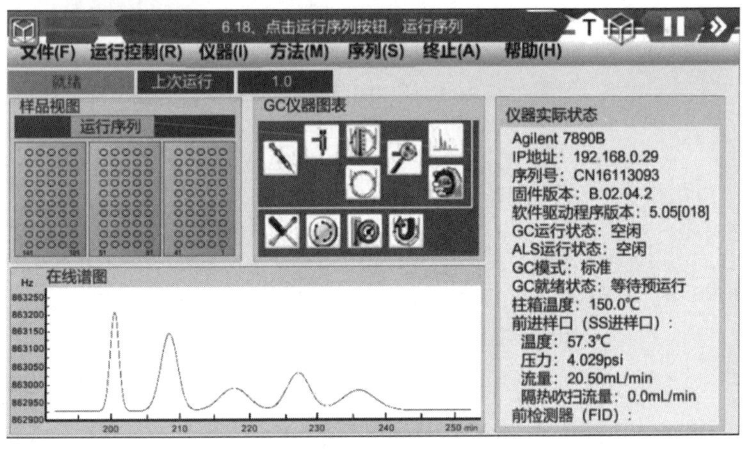

图 11-31　步骤⑩操作演示图

⑪ 用核磁共振仪对生成物对二苯胺进行表征（见图 11-32）。

⑫ 用红外光谱仪对生成物对二苯胺进行表征（见图 11-33）。

【实验路径】

登录“国家虚拟仿真实验教学课程共享平台”，搜索“易燃易爆类对苯二胺合成催化加氢实验的构建和应用”，找到实验，点击图标，进入实验界面，点击“我要做实验”开始实验。

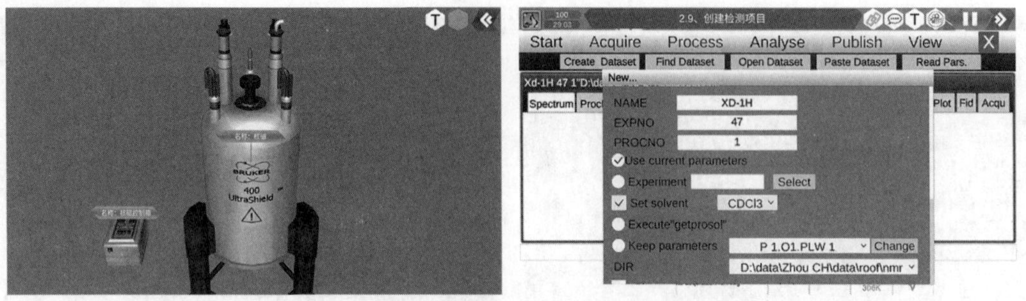

图 11-32　步骤⑪操作演示图

图 11-33　步骤⑫操作演示图

附　录

常用数据表

附表 1　原子量（2007 年）

原子序数	名称	符号	原子量	原子序数	名称	符号	原子量	原子序数	名称	符号	原子量
1	氢	H	1.00794(7)	35	溴	Br	79.904(1)	69	铥	Tm	168.93421(2)
2	氦	He	4.002602(2)	36	氪	Kr	83.798(2)	70	镱	Yb	173.054(5)
3	锂	Li	6.941(2)	37	铷	Rb	85.4678(3)	71	镥	Lu	174.9668(1)
4	铍	Be	9.012182(3)	38	锶	Sr	87.62(1)	72	铪	Hf	178.49(2)
5	硼	B	10.811(7)	39	钇	Y	88.90585(5)	73	钽	Ta	180.94788(2)
6	碳	C	12.0107(8)	40	锆	Zr	91.224(2)	74	钨	W	183.84(1)
7	氮	N	14.0067(2)	41	铌	Nb	92.90638(2)	75	铼	Re	186.207(1)
8	氧	O	15.9994(3)	42	钼	Mo	95.96(2)	76	锇	Os	190.23(3)
9	氟	F	18.9984032(5)	43	锝	Tc	[97.9072]	77	铱	Ir	192.217(3)
10	氖	Ne	20.1797(6)	44	钌	Ru	101.07(2)	78	铂	Pt	195.084(9)
11	钠	Na	22.98976928(2)	45	铑	Rh	102.90550(2)	79	金	Au	196.966569(4)
12	镁	Mg	24.3050(6)	46	钯	Pd	106.42(1)	80	汞	Hg	200.59(2)
13	铝	Al	26.9815386(8)	47	银	Ag	107.8682(2)	81	铊	Tl	204.3833(2)
14	硅	Si	28.0855(3)	48	镉	Cd	112.411(8)	82	铅	Pb	207.2(1)
15	磷	P	30.973762(2)	49	铟	In	114.818(3)	83	铋	Bi	208.98040(1)
16	硫	S	32.065(5)	50	锡	Sn	118.710(7)	84	钋	Po	[208.9824]
17	氯	Cl	35.453(2)	51	锑	Sb	121.760(1)	85	砹	At	[209.9871]
18	氩	Ar	39.948(1)	52	碲	Te	127.60(3)	86	氡	Rn	[222.0176]
19	钾	K	39.0983(1)	53	碘	I	126.90447(3)	87	钫	Fr	[223]
20	钙	Ca	40.078(4)	54	氙	Xe	131.293(6)	88	镭	Re	[226]
21	钪	Sc	44.955912(6)	55	铯	Cs	132.9054519(2)	89	锕	Ac	[227]
22	钛	Ti	47.867(1)	56	钡	Ba	137.327(7)	90	钍	Th	232.03806(2)
23	钒	V	50.9415(1)	57	镧	La	138.90547(7)	91	镤	Pa	231.03588(2)
24	铬	Cr	51.9961(6)	58	铈	Ce	140.116(1)	92	铀	U	238.02891(3)
25	锰	Mn	54.938045(5)	59	镨	Pr	140.90765(2)	93	镎	Np	[237.0482]
26	铁	Fe	55.845(2)	60	钕	Nd	144.242(3)	94	钚	Pu	[239.0642]
27	钴	Co	58.933195(5)	61	钷	Pm	[145]	95	镅	Am	[243.0614]
28	镍	Ni	58.6934(4)	62	钐	Sm	150.36(2)	96	锔	Cm	[247.0704]
29	铜	Cu	63.546(3)	63	铕	Eu	151.964(1)	97	锫	Bk	[247.0703]
30	锌	Zn	65.38(2)	64	钆	Gd	157.25(3)	98	锎	Cf	[251.0796]
31	镓	Ga	69.723(1)	65	铽	Tb	158.925359(2)	99	锿	Es	[252.0830]
32	锗	Ge	72.64(1)	66	镝	Dy	162.500(1)	100	镄	Fm	[257.0591]
33	砷	As	74.92160(2)	67	钬	Ho	164.93032(2)	101	钔	Md	[258.0984]
34	硒	Se	78.96(3)	68	铒	Er	167.259(3)	102	锘	No	[259.1010]

注：1. 本表数据源自 2007 年 IUPAC 元素周期表（IUPAC 2007standard atomic weights），以^{12}C=12 为标准。

2. 本表［　］内的原子量为放射性元素（$Z>108$）的半衰期最长的同位素质量数。

3. 原子量末位数的不确定度加注在其后的（　）内。

附表 2　部分难溶电解质的溶度积常数

化合物	K_{sp}	化合物	K_{sp}	化合物	K_{sp}
AgAc	1.94×10^{-3}	Hg_2CrO_4	2.0×10^{-9}	Hg_2SO_4	6.5×10^{-7}
AgBr	5.0×10^{-13}	$PbCrO_4$	2.8×10^{-13}	$PbSO_4$	1.6×10^{-8}
AgCl	1.8×10^{-10}	$SrCrO_4$	2.2×10^{-5}	$SrSO_4$	3.2×10^{-7}
AgI	8.3×10^{-17}	$Al(OH)_3$	1.3×10^{-33}	Ag_2S	6.3×10^{-50}
BaF_2	1.84×10^{-7}	$Be(OH)_2$	1.6×10^{-22}	CdS	8.0×10^{-27}
CaF_2	5.3×10^{-9}	$Ca(OH)_2$	5.5×10^{-6}	CoS(α-型)	4.0×10^{-21}
CuBr	5.3×10^{-9}	$Cd(OH)_2$	5.27×10^{-15}	CoS(β-型)	2.0×10^{-25}
CuCl	1.2×10^{-6}	$Co(OH)_2$(粉红)	1.09×10^{-15}	Cu_2S	2.5×10^{-48}
CuI	1.1×10^{-12}	$Co(OH)_2$(蓝色)	5.92×10^{-15}	CuS	6.3×10^{-36}
Hg_2Cl_2	1.3×10^{-18}	$Co(OH)_3$	1.6×10^{-44}	FeS	6.3×10^{-18}
Hg_2I_2	4.5×10^{-29}	$Cr(OH)_2$	2×10^{-16}	HgS(黑)	1.6×10^{-52}
HgI_2	2.9×10^{-29}	$Cr(OH)_3$	6.3×10^{-31}	HgS(红)	4×10^{-53}
$PbBr_2$	6.6×10^{-6}	$Cu(OH)_2$	2.2×10^{-20}	MnS(晶形)	2.5×10^{-13}
$PbCl_2$	1.6×10^{-5}	$Fe(OH)_2$	8.0×10^{-16}	NiS	1.07×10^{-21}
PbF_2	3.3×10^{-8}	$Fe(OH)_3$	4.0×10^{-38}	PbS	8.0×10^{-28}
PbI_2	7.1×10^{-9}	$Mg(OH)_2$	1.8×10^{-11}	SnS	1×10^{-25}
SrF_2	4.33×10^{-9}	$Mn(OH)_2$	1.9×10^{-13}	SnS_2	2×10^{-27}
Ag_2CO_3	8.45×10^{-12}	$Ni(OH)_2$	2.0×10^{-15}	ZnS	2.93×10^{-25}
$BaCO_3$	5.1×10^{-9}	$Pb(OH)_2$	1.2×10^{-15}	Ag_3PO_4	1.4×10^{-16}
$CaCO_3$	3.36×10^{-9}	$Sn(OH)_2$	1.4×10^{-28}	$AlPO_4$	6.3×10^{-19}
$CdCO_3$	1.0×10^{-12}	$Zn(OH)_2$	1.2×10^{-17}	$CaHPO_4$	1×10^{-7}
$CuCO_3$	1.4×10^{-10}	$Ag_2C_2O_4$	5.4×10^{-12}	$Ca_3(PO_4)_2$	2.0×10^{-29}
$FeCO_3$	3.13×10^{-11}	BaC_2O_4	1.6×10^{-7}	$Cd_3(PO_4)_2$	2.53×10^{-33}
Hg_2CO_3	3.6×10^{-17}	$CaC_2O_4\cdot H_2O$	4×10^{-9}	$Cu_3(PO_4)_2$	1.40×10^{-37}
$MgCO_3$	6.82×10^{-6}	CuC_2O_4	4.43×10^{-10}	$FePO_4\cdot 2H_2O$	9.91×10^{-16}
$MnCO_3$	2.24×10^{-11}	$FeC_2O_4\cdot 2H_2O$	3.2×10^{-7}	$MgNH_4PO_4$	2.5×10^{-13}
$NiCO_3$	1.42×10^{-7}	$Hg_2C_2O_4$	1.75×10^{-13}	$Mg_3(PO_4)_2$	1.04×10^{-24}
$PbCO_3$	7.4×10^{-14}	$MgC_2O_4\cdot 2H_2O$	4.83×10^{-6}	$Pb_3(PO_4)_2$	8.0×10^{-43}
$SrCO_3$	5.6×10^{-10}	$MnC_2O_4\cdot 2H_2O$	1.70×10^{-7}	$Zn_3(PO_4)_2$	9.0×10^{-33}
$ZnCO_3$	1.46×10^{-10}	PbC_2O_4	8.51×10^{-10}	$Cu_2[Fe(CN)_6]$	1.3×10^{-16}
Ag_2CrO_4	1.12×10^{-12}	$SrC_2O_4\cdot H_2O$	1.6×10^{-7}	AgSCN	1.03×10^{-12}
$Ag_2Cr_2O_7$	2.0×10^{-7}	$ZnC_2O_4\cdot 2H_2O$	1.38×10^{-9}	CuSCN	4.8×10^{-15}
$BaCrO_4$	1.2×10^{-10}	Ag_2SO_4	1.2×10^{-5}	$AgBrO_3$	5.3×10^{-5}
$CaCrO_4$	7.1×10^{-4}	$BaSO_4$	1.1×10^{-10}	$AgIO_3$	3.0×10^{-8}
$CuCrO_4$	3.6×10^{-6}	$CaSO_4$	9.1×10^{-6}	$Cu(IO_3)_2\cdot H_2O$	7.4×10^{-8}

附表 3　弱酸、弱碱的解离常数

附表 3-1　无机酸在水溶液中的解离常数（25℃）

序号	名称	化学式	K_a	pK_a
1	偏铝酸	$HAlO_2$	6.3×10^{-13}	12.20
2	亚砷酸	H_3AsO_3	6.0×10^{-10}	9.22
3	砷酸	H_3AsO_4	$6.3\times10^{-3}(K_1)$ $1.05\times10^{-7}(K_2)$ $3.2\times10^{-12}(K_3)$	2.20 6.98 11.49
4	硼酸	H_3BO_3	$5.8\times10^{-10}(K_1)$ $1.8\times10^{-13}(K_2)$ $1.6\times10^{-14}(K_3)$	9.24 12.74 13.80
5	次溴酸	$HBrO$	2.4×10^{-9}	8.62
6	氢氰酸	HCN	6.2×10^{-10}	9.21
7	碳酸	H_2CO_3	$4.2\times10^{-7}(K_1)$ $5.6\times10^{-11}(K_2)$	6.38 10.25
8	次氯酸	$HClO$	3.2×10^{-8}	7.49
9	氢氟酸	HF	6.61×10^{-4}	3.18
10	锗酸	H_2GeO_3	$1.7\times10^{-9}(K_1)$ $1.9\times10^{-13}(K_2)$	8.77 12.72
11	高碘酸	HIO_4	2.8×10^{-2}	1.55
12	亚硝酸	HNO_2	5.1×10^{-4}	3.29
13	次磷酸	H_3PO_2	5.9×10^{-2}	1.23
14	亚磷酸	H_3PO_3	$5.0\times10^{-2}(K_1)$ $2.5\times10^{-7}(K_2)$	1.30 6.60
15	磷酸	H_3PO_4	$7.52\times10^{-3}(K_1)$ $6.31\times10^{-8}(K_2)$ $4.4\times10^{-13}(K_3)$	2.12 7.20 12.36
16	焦磷酸	$H_4P_2O_7$	$3.0\times10^{-2}(K_1)$ $4.4\times10^{-3}(K_2)$ $2.5\times10^{-7}(K_3)$ $5.6\times10^{-10}(K_4)$	1.52 2.36 6.60 9.25
17	氢硫酸	H_2S	$1.3\times10^{-7}(K_1)$ $7.1\times10^{-15}(K_2)$	6.89 14.15
18	亚硫酸	H_2SO_3	$1.23\times10^{-2}(K_1)$ $6.6\times10^{-8}(K_2)$	1.91 7.18
19	硫酸	H_2SO_4	$1.0\times10^{3}(K_1)$ $1.02\times10^{-2}(K_2)$	−3.00 1.99
20	硫代硫酸	$H_2S_2O_3$	$2.52\times10^{-1}(K_1)$ $1.9\times10^{-2}(K_2)$	0.60 1.72

续表

序号	名称	化学式	K_a	pK_a
21	氢硒酸	H_2Se	$1.3\times10^{-4}(K_1)$ $1.0\times10^{-11}(K_2)$	3.89 11.00
22	亚硒酸	H_2SeO_3	$2.7\times10^{-3}(K_1)$ $2.5\times10^{-7}(K_2)$	2.57 6.60
23	硒酸	H_2SeO_4	$1\times10^{3}(K_1)$ $1.2\times10^{-2}(K_2)$	−3.00 1.92
24	硅酸	H_2SiO_3	$1.7\times10^{-10}(K_1)$ $1.6\times10^{-12}(K_2)$	9.77 11.80
25	亚碲酸	H_2TeO_3	$2.7\times10^{-3}(K_1)$ $1.8\times10^{-8}(K_2)$	2.57 7.74

附表 3-2　有机酸在水溶液中的解离常数（25℃）

序号	名称	化学式	K_a	pK_a
1	甲酸	$HCOOH$	1.8×10^{-4}	3.74
2	乙酸	CH_3COOH	1.74×10^{-5}	4.76
3	乙醇酸	$CH_2(OH)COOH$	1.48×10^{-4}	3.83
4	草酸	$(COOH)_2$	$5.4\times10^{-2}(K_1)$ $5.4\times10^{-5}(K_2)$	1.27 4.27
5	甘氨酸	$CH_2(NH_2)COOH$	1.7×10^{-10}	9.77
6	一氯乙酸	$CH_2ClCOOH$	1.4×10^{-3}	2.85
7	二氯乙酸	$CHCl_2COOH$	5.0×10^{-2}	1.30
8	三氯乙酸	CCl_3COOH	2.0×10^{-1}	0.70
9	丙酸	CH_3CH_2COOH	1.35×10^{-5}	4.87
10	丙烯酸	$CH_2=CHCOOH$	5.5×10^{-5}	4.26
11	乳酸(丙醇酸)	$CH_3CHOHCOOH$	1.4×10^{-4}	3.85
12	丙二酸	$HOCOCH_2COOH$	$1.4\times10^{-3}(K_1)$ $2.2\times10^{-6}(K_2)$	2.85 5.66
13	2-丙炔酸	$HC\equiv CCOOH$	1.29×10^{-2}	1.89
14	甘油酸	$HOCH_2CHOHCOOH$	2.29×10^{-4}	3.64
15	丙酮酸	$CH_3COCOOH$	3.2×10^{-3}	2.49
16	α-丙氨酸	CH_3CHNH_2COOH	1.35×10^{-10}	9.87
17	β-丙氨酸	$CH_2NH_2CH_2COOH$	4.4×10^{-11}	10.36
18	正丁酸	$CH_3(CH_2)_2COOH$	1.52×10^{-5}	4.82
19	异丁酸	$(CH_3)_2CHCOOH$	1.41×10^{-5}	4.85
20	3-丁烯酸	$CH_2=CHCH_2COOH$	2.1×10^{-5}	4.68
21	异丁烯酸	$CH_2=C(CH_2)COOH$	2.2×10^{-5}	4.66

续表

序号	名称	化学式	K_a	pK_a
22	反丁烯二酸(富马酸)	HOOCCH═CHCOOH	$9.3\times10^{-4}(K_1)$ $3.6\times10^{-5}(K_2)$	3.03 4.44
23	顺丁烯二酸(马来酸)	HOOCCH═CHCOOH	$1.2\times10^{-2}(K_1)$ $5.9\times10^{-7}(K_2)$	1.92 6.23
24	酒石酸	HOOCCH(OH)CH(OH)COOH	$1.04\times10^{-3}(K_1)$ $4.55\times10^{-5}(K_2)$	2.98 4.34
25	正戊酸	$CH_3(CH_2)_3COOH$	1.4×10^{-5}	4.86
26	异戊酸	$(CH_3)_2CHCH_2COOH$	1.67×10^{-5}	4.78
27	2-戊烯酸	CH_3CH_2CH═CHCOOH	2.0×10^{-5}	4.70
28	3-戊烯酸	CH_3CH═$CHCH_2COOH$	3.0×10^{-5}	4.52
29	4-戊烯酸	CH_2═$CHCH_2CH_2COOH$	2.10×10^{-5}	4.68
30	戊二酸	$HOOC(CH_2)_3COOH$	$1.7\times10^{-4}(K_1)$ $8.3\times10^{-7}(K_2)$	3.77 6.08
31	谷氨酸	$HOOCCH_2CH_2CH(NH_2)COOH$	$7.4\times10^{-3}(K_1)$ $4.9\times10^{-5}(K_2)$ $4.4\times10^{-10}(K_3)$	2.13 4.31 9.36
32	正己酸	$CH_3(CH_2)_4COOH$	1.39×10^{-5}	4.86
33	异己酸	$(CH_3)_2CH(CH_2)_3$—COOH	1.43×10^{-5}	4.85
34	(*E*)-2-己烯酸	$H(CH_2)_3CH$═CHCOOH	1.8×10^{-5}	4.74
35	(*E*)-3-己烯酸	CH_3CH_2CH═$CHCH_2COOH$	1.9×10^{-5}	4.72
36	己二酸	$HOOCCH_2CH_2CH_2CH_2COOH$	$3.8\times10^{-5}(K_1)$ $3.9\times10^{-6}(K_2)$	4.42 5.41
37	柠檬酸	$HOOCCH_2C(OH)(COOH)$ CH_2COOH	$7.4\times10^{-4}(K_1)$ $1.7\times10^{-5}(K_2)$ $4.0\times10^{-7}(K_3)$	3.13 4.76 6.40
38	苯酚	C_6H_5OH	1.1×10^{-10}	9.96
39	邻苯二酚	$(o)C_6H_4(OH)_2$	$3.6\times10^{-10}(K_1)$ $1.6\times10^{-13}(K_2)$	9.45 12.8
40	间苯二酚	$(m)C_6H_4(OH)_2$	$3.6\times10^{-10}(K_1)$ $8.71\times10^{-12}(K_2)$	9.30 11.06
41	对苯二酚	$(p)C_6H_4(OH)_2$	1.1×10^{-10}	9.96
42	2,4,6-三硝基苯酚	2,4,6-$(NO_2)_3C_6H_2OH$	5.1×10^{-1}	0.29
43	葡萄糖酸	$CH_2OH(CHOH)_4COOH$	1.4×10^{-4}	3.85
44	苯甲酸	C_6H_5COOH	6.3×10^{-5}	4.20

续表

序号	名称	化学式	K_a	pK_a
45	水杨酸	$C_6H_4(OH)COOH$	$1.05\times10^{-3}(K_1)$ $4.17\times10^{-13}(K_2)$	2.98 12.38
46	邻硝基苯甲酸	$(o)NO_2C_6H_4COOH$	6.6×10^{-3}	2.18
47	间硝基苯甲酸	$(m)NO_2C_6H_4COOH$	3.5×10^{-4}	3.46
48	对硝基苯甲酸	$(p)NO_2C_6H_4COOH$	3.6×10^{-4}	3.44
49	邻苯二甲酸	$(o)C_6H_4(COOH)_2$	$1.1\times10^{-3}(K_1)$ $4.0\times10^{-6}(K_2)$	2.96 5.40
50	间苯二甲酸	$(m)C_6H_4(COOH)_2$	$2.4\times10^{-4}(K_1)$ $2.5\times10^{-5}(K_2)$	3.62 4.60
51	对苯二甲酸	$(p)C_6H_4(COOH)_2$	$2.9\times10^{-4}(K_1)$ $3.5\times10^{-5}(K_2)$	3.54 4.46
52	1,3,5-苯三甲酸	$C_6H_3(COOH)_3$	$7.6\times10^{-3}(K_1)$ $7.9\times10^{-5}(K_2)$ $6.6\times10^{-6}(K_3)$	2.12 4.10 5.18
53	苯基六羧酸	$C_6(COOH)_6$	$2.1\times10^{-1}(K_1)$ $6.2\times10^{-3}(K_2)$ $3.0\times10^{-4}(K_3)$ $8.1\times10^{-6}(K_4)$ $4.8\times10^{-7}(K_5)$ $3.2\times10^{-8}(K_6)$	0.68 2.21 3.52 5.09 6.32 7.49
54	癸二酸	$HOOC(CH_2)_8COOH$	$2.6\times10^{-5}(K_1)$ $2.6\times10^{-6}(K_2)$	4.59 5.59
55	乙二胺四乙酸(EDTA)	$CH_2—N(CH_2COOH)_2$	$1.0\times10^{-2}(K_1)$ $2.14\times10^{-3}(K_2)$ $6.92\times10^{-7}(K_3)$ $5.5\times10^{-11}(K_4)$	2.00 2.67 6.16 10.26

附表 3-3　无机碱在水溶液中的解离常数（25℃）

序号	名称	化学式	K_b	pK_b
1	氢氧化铝	$Al(OH)_3$	$1.38\times10^{-9}(K_3)$	8.86
2	氢氧化银	$AgOH$	1.10×10^{-4}	3.96
3	氢氧化钙	$Ca(OH)_2$	$3.72\times10^{-3}(K_1)$ $3.98\times10^{-2}(K_2)$	2.43 1.40
4	氨水	NH_3+H_2O	1.78×10^{-5}	4.75
5	肼(联氨)	$N_2H_4+H_2O$	$9.55\times10^{-7}(K_1)$ $1.26\times10^{-15}(K_2)$	6.02 14.90

续表

序号	名称	化学式	K_b	pK_b
6	羟氨	NH_2OH+H_2O	9.12×10^{-9}	8.04
7	氢氧化铅	$Pb(OH)_2$	$9.55\times10^{-4}(K_1)$ $3.0\times10^{-8}(K_2)$	3.02 7.52
8	氢氧化锌	$Zn(OH)_2$	9.55×10^{-4}	3.02

附表 3-4　有机碱在水溶液中的解离常数（25℃）

序号	名称	化学式	K_b	pK_b
1	甲胺	CH_3NH_2	4.17×10^{-4}	3.38
2	尿素(脲)	$CO(NH_2)_2$	1.5×10^{-14}	13.82
3	乙胺	$CH_3CH_2NH_2$	4.27×10^{-4}	3.37
4	乙醇胺	$H_2N(CH_2)_2OH$	3.16×10^{-5}	4.50
5	乙二胺	$H_2N(CH_2)_2NH_2$	$8.51\times10^{-5}(K_1)$ $7.08\times10^{-8}(K_2)$	4.07 7.15
6	二甲胺	$(CH_3)_2NH$	5.89×10^{-4}	3.23
7	三甲胺	$(CH_3)_3N$	6.31×10^{-5}	4.20
8	三乙胺	$(C_2H_5)_3N$	5.25×10^{-4}	3.28
9	丙胺	$C_3H_7NH_2$	3.70×10^{-4}	3.43
10	异丙胺	$i\text{-}C_3H_7NH_2$	4.37×10^{-4}	3.36
11	1,3-丙二胺	$NH_2(CH_2)_3NH_2$	$2.95\times10^{-4}(K_1)$ $3.09\times10^{-6}(K_2)$	3.53 5.51
12	1,2-丙二胺	$CH_3CH(NH_2)CH_2NH_2$	$5.25\times10^{-5}(K_1)$ $4.05\times10^{-8}(K_2)$	4.28 7.39
13	三丙胺	$(CH_3CH_2CH_2)_3N$	4.57×10^{-4}	3.34
14	三乙醇胺	$(HOCH_2CH_2)_3N$	5.75×10^{-7}	6.24
15	丁胺	$C_4H_9NH_2$	4.37×10^{-4}	3.36
16	异丁胺	$i\text{-}C_4H_9NH_2$	2.57×10^{-4}	3.59
17	叔丁胺	$(CH_3)_3CNH_2$	4.84×10^{-4}	3.32
18	己胺	$H(CH_2)_6NH_2$	4.37×10^{-4}	3.36
19	辛胺	$H(CH_2)_8NH_2$	4.47×10^{-4}	3.35
20	苯胺	$C_6H_5NH_2$	3.98×10^{-10}	9.40
21	苄胺	$C_6H_5CH_2NH_2$	2.24×10^{-5}	4.65
22	环己胺	$C_6H_{11}NH_2$	4.37×10^{-4}	3.36
23	吡啶	C_5H_5N	1.48×10^{-9}	8.83
24	六亚甲基四胺	$(CH_2)_6N_4$	1.35×10^{-9}	8.87
25	2-氯酚	C_6H_5ClO	3.55×10^{-6}	5.45

续表

序号	名称	化学式	K_b	pK_b
26	3-氯酚	C_6H_5ClO	1.26×10^{-5}	4.90
27	4-氯酚	C_6H_5ClO	2.69×10^{-5}	4.57
28	邻氨基苯酚	$(o)H_2NC_6H_4OH$	5.2×10^{-5} 1.9×10^{-5}	4.28 4.72
29	间氨基苯酚	$(m)H_2NC_6H_4OH$	7.4×10^{-5} 6.8×10^{-5}	4.13 4.17
30	对氨基苯酚	$(p)H_2NC_6H_4OH$	2.0×10^{-4} 3.2×10^{-6}	3.70 5.50
31	邻甲苯胺	$(o)CH_3C_6H_4NH_2$	2.82×10^{-10}	9.55
32	间甲苯胺	$(m)CH_3C_6H_4NH_2$	5.13×10^{-10}	9.29
33	对甲苯胺	$(p)CH_3C_6H_4NH_2$	1.20×10^{-9}	8.92
34	8-羟基喹啉(20℃)	$8\text{-}HO—C_9H_6N$	6.5×10^{-5}	4.19
35	二苯胺	$(C_6H_5)_2NH$	7.94×10^{-14}	13.10
36	联苯胺	$H_2NC_6H_4C_6H_4NH_2$	$5.01\times10^{-10}(K_1)$ $4.27\times10^{-11}(K_2)$	9.30 10.37

附表 4　常用基准物质的干燥条件和应用

基准物		干燥后的组成	干燥条件/℃	标定对象
名称	分子式			
碳酸氢钠	$NaHCO_3$	Na_2CO_3	270～300	酸
无水碳酸钠	Na_2CO_3	Na_2CO_3	270～300	酸
硼砂	$Na_2B_4O_7\cdot10H_2O$	$Na_2B_4O_7\cdot10H_2O$	放在装有 NaCl 和蔗糖饱和液的干燥器中	酸
二水合草酸	$H_2C_2O_4\cdot2H_2O$	$H_2C_2O_4\cdot2H_2O$	室温空气中干燥	碱或 $KMnO_4$
邻苯二甲酸氢钾	$KHC_8H_4O_4$	$KHC_8H_4O_4$	105～110(1h)	碱
重铬酸钾	K_2CrO_7	K_2CrO_7	120(1h)	还原剂
溴酸钾	$KBrO_3$	$KBrO_3$	120(1～2h)	还原剂
碘酸钾	KIO_3	KIO_3	110	还原剂
碳酸钙	$CaCO_3$	$CaCO_3$	110	EDTA
草酸钠	$Na_2C_2O_4$	$Na_2C_2O_4$	110(2h)	$KMnO_4$

附表 5　常用的洗涤剂

名称	配制方法	备注
铬酸洗液	称取 5g 重铬酸钾，研细后慢慢加入 100mL 浓硫酸中，边加边搅，使之溶解。配制好的溶液应呈深棕色	用于洗涤油污及有机物。使用时防止被水稀释，用后回收。可反复使用，至溶液变绿色

续表

名称	配制方法	备注
$KMnO_4$ 碱性洗液	称取 4g 高锰酸钾，溶于少量水中，再加入 100mL 10%的 NaOH 溶液	用于洗涤油污及有机物。洗后玻璃器皿上的沉淀用热草酸溶液洗去
HCl-乙醇（1＋2）洗液		适用于洗涤被有机物染色的器皿
HNO_3-乙醇洗液		用于洗涤沾有有机物或油污的结构复杂的仪器，洗涤时先加 3mL 乙醇，再加 4mL 浓硝酸
合成洗涤剂或洗衣粉	将合成洗涤剂或洗衣粉用热水配成浓溶液	用于一般的洗涤

附表 6　玻璃滤器的化学洗涤液

过滤的沉淀物	有效的洗涤剂
脂肪、脂膏	四氯化碳或适当的有机溶剂
有机物质	热的铬酸洗液，或含有少量 KNO_3 和 $KClO_4$ 的浓硫酸，放置过夜
硫酸钡	用 100℃浓硫酸，或 EDTA 的氨溶液浸泡
汞渣	热浓硝酸
AgCl	氨水或硫代硫酸钠溶液
HgS	热王水
$MnO_2 \cdot nH_2O$	热草酸溶液或 $HCl+NaNO_2$ 混合溶液

附表 7　常用酸碱指示剂及配制方法

名称	变色范围（pH 值）	颜色变化	配制方法
甲酚红（第一次变色范围）	0.2～1.8	红～黄	0.1%乙醇溶液
甲酚红（第二次变色范围）	7.2～8.8	黄～紫红	0.1%乙醇溶液
百里酚蓝（第一次变色范围）	1.2～2.8	红～黄	0.1%乙醇溶液加入 0.05mol/L NaOH 4.3mL
百里酚蓝（第二次变色范围）	8.0～9.6	黄～蓝	0.1%乙醇溶液加入 0.05mol/L NaOH 4.3mL
甲基橙	3.0～4.4	红～橙黄	0.1%水溶液
溴酚蓝	3.0～4.6	黄～蓝	0.1%乙醇溶液加入 0.05mol/L NaOH 4.3mL
刚果红	3.0～5.2	蓝紫～红	0.1%水溶液
茜素红 S（第一次变色范围）	3.7～5.2	黄～紫	0.1%水溶液
茜素红 S（第二次变色范围）	10.0～12.0	紫～淡黄	0.1%水溶液
甲基红	4.4～6.2	红～黄	0.1%乙醇溶液
石蕊	5.0～8.0	红～蓝	0.1%乙醇溶液
秀百里酚蓝	7.2～8.8	黄～紫红	0.1%乙醇溶液
酚酞	8.2～10.0	无色～紫红	0.1%乙醇溶液
靛粗黄	12.0～13.0	黄～红	0.1%水溶液

附表 8　玻璃砂芯过滤器规格及使用

规格	滤板平均孔径/μm	一般用途
G1	80～120	过滤粗颗粒沉淀

续表

规格	滤板平均孔径/μm	一般用途
G2	40～80	过滤较粗颗粒沉淀
G3	15～40	过滤化学分析中一般结晶沉淀和杂质，过滤水银
G4	5～15	过滤极细颗粒沉淀
G5	2～5	过滤极细颗粒沉淀
G6	<2	滤出细菌

附表 9　某些元素水合离子的颜色

颜色	阳离子	阴离子
蓝色	$[Cu(H_2O)_4]^{2+}$、$[Cu(NH_3)_4]^{2+}$	
绿色	Fe^{2+}(浅)、Ni^{2+}	MnO_4^{2-}、CrO_2^-
紫色		MnO_4^-
黄色	Fe^{3+}	CrO_4^{2-}、$[Fe(CN)_6]^{4-}$
橙色		$Cr_2O_7{}^{2-}$
淡红	Mn^{2+}（稀溶液无色）	
无色	Na^+、K^+、Mg^{2+}、Ba^{2+}、Sr^{2+}、Ca^{2+}、Al^{3+}、Zn^{2+}、Ag^+、Pb^{2+}、Hg^{2+}、Cd^{2+}、Bi^{3+}、Sn^{2+}、Sn^{4+}	SO_4^{2-}、SO_3^{2-}、$S_2O_3^{2-}$、CO_3^{2-}、HPO_4^{2-}、PO_4^{3-}、BO_2^-、F^-、Cl^-、Br^-、I^-、S^{2-}、SCN^-、SiO_3^{2-}、$C_2O_4^{2-}$

附表 10　常用缓冲溶液

缓冲溶液组成	缓冲溶液 pH 值	缓冲溶液配制方法
磷酸盐缓冲液	2.0	甲液：取磷酸 16.6mL，加水至 1000mL，摇匀。乙液：取磷酸氢二钠 71.63g 溶于 1000mL 水中。取上述甲液 72.5mL 与乙液 27.5mL 混合，摇匀，即得
磷酸盐缓冲液	2.5	取磷酸二氢钾 100g，加水 800mL，用盐酸调节 pH 值至 2.5，用水稀释至 1000mL，即得
醋酸-锂盐	3.0	取冰醋酸 50mL，加水 800mL 混合后，用氢氧化锂调节 pH 值至 3.0，再加水稀释至 1000mL，即得
磷酸-三乙胺	3.2	取磷酸约 4mL 与三乙胺约 7mL 混合后，加 50%甲醇稀释至 1000mL，用磷酸调节 pH 值至 3.2，即得
甲酸钠	3.3	取 2mol/L 甲酸溶液 25mL，加酚酞指示液 1 滴，用 2mol/L 氢氧化钠溶液中和，再加入 2mol/L 甲酸溶液 75mL，用水稀释至 200mL，调节 pH 值至 3.25～3.30，即得
醋酸盐	3.5	取醋酸铵 25g，加水 25mL 溶解后，加 7mol/L 盐酸溶液 38mL，用 2mol/L 盐酸溶液或 5mol/L 氨溶液准确调节 pH 值至 3.5（电位法指示），用水稀释至 100mL，即得
醋酸-醋酸钠	3.6	取醋酸钠 5.1g，加冰醋酸 20mL，再加水稀释至 250mL，即得
醋酸-醋酸钠	3.7	取无水醋酸钠 20g，加水 300mL 溶解后，加溴酚蓝指示液 1mL 及冰醋酸 60～80mL，至溶液从蓝色转变为纯绿色，再加水稀释至 1000mL，即得
乙醇-醋酸铵	3.7	取 5mol/L 醋酸溶液 15.0mL，加乙醇 60mL 和水 20mL，用 10mol/L 氢氧化铵溶液调节 pH 值至 3.7，用水稀释至 1000mL，即得

续表

缓冲溶液组成	缓冲溶液 pH 值	缓冲溶液配制方法
醋酸-醋酸钠	3.8	取 2mol/L 醋酸钠溶液 13mL 与 2mol/L 醋酸溶液 87mL，加每 1mL 含铜 1mg 的硫酸铜溶液 0.5mL，再加水稀释至 1000mL，即得
柠檬酸-磷酸氢二钠	4.0	甲液：取柠檬酸 21g 或无水柠檬酸 19.2g，加水使溶解成 1000mL 柠檬酸溶液，置冰箱内保存。乙液：取磷酸氢二钠 71.63g，加水使溶解成 1000mL 溶液。取上述甲液 61.45mL 与乙液 38.55mL 混合，摇匀，即得
醋酸-醋酸钾	4.3	取醋酸钾 14g，加冰醋酸 20.5mL，再加水稀释至 1000mL，即得
醋酸-醋酸铵	4.5	取醋酸铵 7.7g，加 50mL 水溶解后，加冰醋酸 6mL 与适量的水使成 100mL，即得
醋酸-醋酸钠	4.5	取醋酸钠 18g，加冰醋酸 9.8mL，再加水稀释至 1000mL，即得
醋酸-醋酸钠	4.6	取醋酸钠 5.4g，加 50mL 水使溶解，用冰醋酸调节 pH 值至 4.6，再加水稀释至 100mL，即得
磷酸盐	5.0	取 0.2mol/L 磷酸二氢钠溶液一定量，用氢氧化钠溶液调节 pH 值至 5.0，即得
邻苯二甲酸盐	5.6	取邻苯二甲酸氢钾 10g，加水 900mL，搅拌使溶解，用氢氧化钠溶液（必要时用稀盐酸）调节 pH 值至 5.6，加水稀释至 1000mL，混匀，即得
磷酸盐	5.8	取磷酸二氢钾 8.34g 与磷酸氢二钾 0.87g，加水使溶解成 1000mL，即得
醋酸-醋酸铵	6.0	取醋酸铵 100g，加水 300mL 使溶解，加冰醋酸 7mL，摇匀，即得
醋酸-醋酸钠	6.0	取醋酸钠 54.6g，加 1mol/L 醋酸溶液 20mL 溶解后，加水稀释至 500mL，即得
柠檬酸盐	6.2	取柠檬酸 4.2g，加 1mol/L 的 20%乙醇-氢氧化钠溶液 40mL 使溶解，再用 20%乙醇稀释至 100mL，即得。柠檬酸盐缓冲液（pH 6.2）取 2.1%柠檬酸水溶液，用 50%氢氧化钠溶液调节 pH 值至 6.2，即得
磷酸盐	6.5	取磷酸二氢钾 0.68g，加 0.1mol/L 氢氧化钠溶液 15.2mL，用水稀释至 100mL，即得
磷酸盐	6.6	取磷酸二氢钠 1.74g、磷酸氢二钠 2.7g 与氯化钠 1.7g，加水使溶解成 400mL，即得
磷酸盐缓冲液（含胰酶）	6.8	取磷酸二氢钾 6.8g，加 500mL 水使溶解，用 0.1mol/L 氢氧化钠溶液调节 pH 值至 6.8；另取胰酶 10g，加水适量使溶解，将两液混合后，加水稀释至 1000mL，即得
磷酸盐	6.8	取 0.2mol/L 磷酸二氢钾溶液 250mL，加 0.2mol/L 氢氧化钠溶液 118mL，用水稀释至 1000mL，摇匀，即得
磷酸盐	7.0	取磷酸二氢钾 0.68g，加 0.1mol/L 氢氧化钠溶液 29.1mL，用水稀释至 100mL，即得
磷酸盐	7.2	取 0.2mol/L 磷酸二氢钾溶液 50mL 与 0.2mol/L 氢氧化钠溶液 35mL，加新沸过的冷水稀释至 200mL，摇匀，即得
磷酸盐	7.3	取磷酸氢二钠 1.9734g 与磷酸二氢钾 0.2245g，加水使溶解成 1000mL，调节 pH 值至 7.3，即得
巴比妥	7.4	取巴比妥钠 4.42g，加水使溶解并稀释至 400mL，用 2mol/L 盐酸溶液调节 pH 值至 7.4，过滤，即得
磷酸盐	7.4	取磷酸二氢钾 1.36g，加 0.1mol/L 氢氧化钠溶液 79mL，用水稀释至 200mL，即得
磷酸盐	7.6	取磷酸二氢钾 27.22g，加水使溶解成 1000mL，取 50mL，加 0.2mol/L 氢氧化钠溶液 42.4mL，再加水稀释至 200mL，即得

续表

缓冲溶液组成	缓冲溶液pH值	缓冲溶液配制方法
巴比妥-氯化钠	7.8	取巴比妥钠5.05g，加氯化钠3.7g及适量水使溶解，另取明胶0.5g加适量水，加热溶解后并入上述溶液中。然后用0.2mol/L盐酸溶液调节pH值至7.8，再用水稀释至500mL，即得
磷酸盐	7.8	甲液：取磷酸氢二钠35.9g，加水溶解，并稀释至500mL。乙液：取磷酸二氢钠2.76g，加水溶解，并稀释至100mL。取上述甲液91.5mL与乙液8.5mL混合，摇匀，即得
磷酸盐	7.8～8.0	取磷酸氢二钾5.59g与磷酸二氢钾0.41g，加水使溶解成1000mL，即得
三羟甲基氨基甲烷	8.0	取三羟甲基氨基甲烷12.14g，加水800mL，搅拌溶解，并稀释至1000mL，用6mol/L盐酸溶液调节pH值至8.0，即得
硼砂-氯化钙	8.0	取硼砂0.572g与氯化钙2.94g，加水约800mL溶解后，用1mol/L盐酸溶液约2.5mL调节pH值至8.0，加水稀释至1000mL，即得
氨-氯化铵	8.0	取氯化铵1.07g，加水使溶解成100mL，再加稀氨溶液（1～30mL）调节pH值至8.0，即得
三羟甲基氨基甲烷	8.1	取氯化钙0.294g，加0.2mol/L三羟甲基氨基甲烷溶液40mL使溶解，用1mol/L盐酸溶液调节pH值至8.1，加水稀释至100mL，即得
巴比妥	8.6	取巴比妥5.52g与巴比妥钠30.9g，加水使溶解成2000mL，即得
三羟甲基氨基甲烷	9.0	取三羟甲基氨基甲烷6.06g，加盐酸赖氨酸3.65g、氯化钠5.8g、乙二胺四醋酸二钠0.37g，再加水溶解成1000mL，调节pH值至9.0，即得
硼酸-氯化钾	9.0	取硼酸3.09g，加0.1mol/L氯化钾溶液500mL使溶解，再加0.1mol/L氢氧化钠溶液210mL，即得
氨-氯化铵	10.0	取氯化铵5.4g，加水20mL溶解后，加浓氨溶液35mL，再加水稀释至100mL，即得
硼砂-碳酸钠	10.8～11.2	取无水碳酸钠5.30g，加水溶解成1000mL；另取硼砂1.91g，加水溶解成100mL。临用前取碳酸钠溶液973mL与硼砂溶液27mL，混匀，即得

附表11　不同温度下水的饱和蒸气压（273～323K）　　单位：$\times10^2$ Pa

温度/K	0.0	0.2	0.4	0.6	0.8
273	6.105	6.195	6.286	6.379	6.473
274	6.567	6.663	6.759	6.858	6.958
275	7.058	7.159	7.262	7.366	7.473
276	7.579	7.687	7.797	7.907	8.019
277	8.134	8.249	8.365	8.483	8.603
278	8.723	8.846	8.970	9.095	9.222
279	9.350	9.481	9.611	9.745	9.881
280	10.017	10.155	10.295	10.436	10.580
281	10.726	10.872	11.022	11.172	11.324
282	11.478	11.635	11.792	11.952	12.114
283	12.278	12.443	12.610	12.779	12.951
284	13.124	13.300	13.478	13.658	13.839
285	14.023	14.210	14.397	14.587	14.779

续表

温度/K	0.0	0.2	0.4	0.6	0.8
286	14.973	15.171	15.369	15.572	15.776
287	15.981	16.191	16.401	16.615	16.831
288	17.049	17.269	17.493	17.719	17.947
289	18.177	18.410	18.648	18.886	19.128
290	19.372	19.618	19.869	20.121	20.377
291	20.634	20.896	21.160	21.426	21.694
292	21.968	22.245	22.523	22.805	23.090
293	23.378	23.669	23.963	24.261	24.561
294	24.865	25.171	25.482	25.797	26.114
295	26.434	26.758	27.086	27.418	27.751
296	28.088	28.430	28.775	29.124	29.478
297	29.834	30.195	30.560	30.928	31.299
298	31.672	32.049	32.432	32.820	33.213
299	33.609	34.009	34.413	34.820	35.232
300	35.649	36.070	36.496	36.925	37.358
301	37.796	38.237	38.683	39.135	39.593
302	40.054	40.519	40.990	41.466	41.945
303	42.429	42.918	43.411	43.908	44.412
304	44.923	45.439	45.958	46.482	47.011
305	47.547	48.087	48.632	49.184	49.740
306	50.301	50.869	51.441	52.020	52.605
307	53.193	53.788	54.390	54.997	55.609
308	56.229	56.854	57.485	58.122	58.766
309	59.412	60.067	60.727	61.395	62.070
310	62.751	63.437	64.131	64.831	65.537
311	66.251	66.969	67.693	68.425	69.166
312	69.917	70.673	71.434	72.202	72.977
313	73.759	74.54	75.34	76.14	76.95
314	77.78	78.61	79.43	80.29	81.14
315	81.99	82.85	83.73	84.61	85.49
316	86.39	87.30	88.21	89.14	90.07
317	91.00	91.95	92.91	93.87	94.85
318	95.83	96.82	97.81	98.82	99.83
319	100.86	101.90	102.94	103.99	105.06
320	106.12	107.20	108.30	109.39	110.48
321	111.60	112.74	113.88	115.03	161.18
322	117.35	118.52	119.71	120.91	122.11
323	123.34	124.7	125.9	127.1	128.4

注：本表摘自 R C Weast. Handbook of Chemistry and Physics，D-189，68th ed，1987—1988，并根据 1mmHg＝1.333224×10^2Pa 换算而得。

附表 12 常见有机溶剂间的共沸混合物

共沸混合物	各组分的沸点/℃	共沸物的组成(质量分数)/%	共沸物的沸点/℃
乙醇-乙酸乙酯	78.3,78.0	30∶70	72.0
乙醇-苯	78.3,80.6	32∶68	68.2
乙醇-氯仿	78.3,61.2	7∶93	59.4
乙醇-四氯化碳	78.3,77.0	16∶84	64.9
乙酸乙酯-四氯化碳	78.0,77.0	43∶57	75.0
甲醇-四氯化碳	64.7,77.0	21∶79	55.7
甲醇-苯	64.7,80.4	39∶61	48.3
氯仿-丙酮	61.2,56.4	80∶20	64.7
甲苯-乙酸	101.5,118.5	72∶28	105.4
乙醇-苯-水	78.3,80.6,100	19∶74∶7	64.9

附表 13 溶剂与水形成的二元共沸物

溶剂	沸点/℃	共沸点/℃	含水量/%	溶剂	沸点/℃	共沸点/℃	含水量/%
氯仿	61.2	56.1	2.5	甲苯	110.5	85.0	20
四氯化碳	77.0	66.0	4.0	正丙醇	97.2	87.7	28.8
苯	80.4	69.2	8.8	异丁醇	108.4	89.9	88.2
丙烯腈	78.0	70.0	13.0	二甲苯	137～140.5	92.0	37.5
二氯乙烷	83.7	72.0	19.5	正丁醇	117.7	92.2	37.5
乙腈	82.0	76.0	16.0	吡啶	115.5	94.0	42
乙醇	78.3	78.1	4.4	异戊醇	131.0	95.1	49.6
乙酸乙酯	77.1	70.4	8.0	正戊醇	138.3	95.4	44.7
异丙醇	82.4	80.4	12.1	氯乙醇	129.0	97.8	59.0
乙醚	35	34	1.0	二硫化碳	46	44	2.0
甲酸	101	107	26				

附表 14 不同温度下水的表面张力 σ

t/℃	σ/(10^{-3}N/m)	t/℃	σ/(10^{-3}N/m)	t/℃	σ/(10^{-3}N/m)
0	75.64	21	72.59	50	67.91
5	74.92	22	72.44	60	66.18
10	74.22	23	72.28	70	64.42
11	74.07	24	72.13	80	62.61
12	73.93	25	71.97	90	60.75
13	73.78	26	71.82	100	58.85
14	73.64	27	71.66	110	56.89
15	73.49	28	71.50	120	54.89
16	73.34	29	71.35	130	52.84
17	73.19	30	71.18		
18	73.05	35	70.38		
19	72.90	40	69.56		
20	72.75	45	68.74		

附表 15　水在不同温度下的折射率、黏度和介电常数

温度/℃	折射率 n_D	黏度 $\eta/10^3$ [kg/(m·s)]	介电常数 ε
0	1.33395	1.7702	87.74
5	1.33388	1.5108	85.76
10	1.33369	1.3039	83.83
15	1.33339	1.1374	81.95
20	1.33300	0.0019	80.10
21	1.33290	0.9764	79.73
22	1.33280	0.9532	79.38
23	1.33271	0.9310	79.02
24	1.33261	0.9100	78.65
25	1.33250	0.8903	78.30
26	1.33240	0.8703	77.94
27	1.33229	0.8512	77.60
28	1.33217	0.8328	77.24
29	1.33206	0.8145	76.90
30	1.33194	0.7973	76.55
35	1.33131	0.7190	74.83
40	1.33061	0.6526	73.15
45	1.32985	0.5972	71.51
50	1.32904	0.5468	69.91

附表 16　不同温度下水的密度

t/℃	ρ/(kg/m^3)	t/℃	ρ/(kg/m^3)
0	999.87	45	990.25
3.98	1000	50	988.07
5	999.99	55	985.73
10	999.73	60	983.24
15	999.13	65	980.59
18	998.62	70	977.81
20	998.23	75	974.89
25	997.07	80	971.83
30	995.67	85	968.65
35	994.06	90	965.34
38	992.99	95	961.92
40	992.24	100	958.38

附表 17　甘汞电极的电极电势与温度的关系

甘汞电极	φ/V
SCE	$0.2412-6.61\times10^{-4}(t-25)-1.75\times10^{-6}(t-25)^2-9\times10^{-10}(t-25)^3$
NCE	$0.2801-2.75\times10^{-4}(t-25)-2.50\times10^{-6}(t-25)^2-4\times10^{-9}(t-25)^3$
0.1NCE	$0.3337-8.75\times10^{-5}(t-25)-3\times10^{-6}(t-25)^2$

注：SCE 为饱和甘汞电极；NCE 为标准甘汞电极；0.1NCE 为 0.1mol/L 甘汞电极。

附表 18　常用参比电极的电极电势及温度系数

名称	体系	E/V①	(dE/dT)/(mV/K)
氢电极	$Pt,H_2\|H^+(\alpha_{H^+}=1)$	0.0000	
饱和甘汞电极	Hg,Hg_2Cl_2|饱和 KCl	0.2415	−0.761
标准甘汞电极	Hg,Hg_2Cl_2|1mol/L KCl	0.2800	−0.275
甘汞电极	Hg,Hg_2Cl_2|0.1mol/L KCl	0.3337	−0.875
银-氯化银电极	Ag,AgCl|0.1mol/L KCl	0.290	−0.3
氧化汞电极	Hg,HgO|0.1mol/L KOH	0.165	
硫酸亚汞电极	Hg,Hg_2SO_4|1mol/L H_2SO_4	0.6758	
硫酸铜电极	Cu|饱和 $CuSO_4$	0.316	−0.7

① 25℃，相对于标准氢电极（NCE）。

附表 19　KCl 溶液的电导率　　　　单位：S/cm

t/℃	c①/(mol/L)			
	1.000	0.1000	0.0200	0.0100
0	0.06541	0.00715	0.001521	0.000776
5	0.07414	0.00822	0.001752	0.000896
10	0.08319	0.00933	0.001994	0.001020
15	0.09252	0.01048	0.002243	0.001147
16	0.09441	0.01072	0.002294	0.001173
17	0.09631	0.01095	0.002345	0.001199
18	0.09822	0.01119	0.002397	0.001225
19	0.10014	0.01143	0.002449	0.001251
20	0.10207	0.01167	0.002501	0.001278
21	0.10400	0.01191	0.002553	0.001305
22	0.10594	0.01215	0.002606	0.001332
23	0.10789	0.01239	0.002659	0.001359
24	0.10984	0.01264	0.002712	0.001386
25	0.11180	0.01288	0.002765	0.001413
26	0.11377	0.01313	0.002819	0.001441
27	0.11574	0.01337	0.002873	0.001468
28	—	0.01362	0.002927	0.001496
29	—	0.01387	0.002981	0.001524
30	—	0.01412	0.003036	0.001552
35	—	0.01539	0.003312	—
36	—	0.01564	0.003368	—

①在空气中称取 74.56g KCl，溶于 18℃水中，稀释到 1L，其浓度为 1.000mol/L（密度 1.0449g/cm^3），再稀释得其他浓度溶液。

附表 20 不同温度下水和乙醇的折射率[①]

t/℃	纯水	99.8%乙醇	t/℃	纯水	99.8%乙醇
14	1.33348		34	1.33136	1.35474
15	1.33341		36	1.33107	1.35390
16	1.33333	1.36210	38	1.33079	1.35306
18	1.33317	1.36129	40	1.33051	1.35222
20	1.33299	1.36048	42	1.33023	1.35138
22	1.33281	1.35967	44	1.32992	1.35054
24	1.33262	1.35885	46	1.32959	1.34969
26	1.33241	1.35803	48	1.32927	1.34885
28	1.33219	1.35721	50	1.32894	1.34800
30	1.33192	1.35639	52	1.32860	1.34715
32	1.33164	1.35557	54	1.32827	1.34629

① 相对于空气，钠光波长 589.3nm。

附表 21 25℃下醋酸在水溶液中的电离度和解离常数

$c/(\mathrm{mol/m^3})$	α	$K_c/10^2(\mathrm{mol/m^3})$
0.1113	0.3277	1.754
0.2184	0.2477	1.751
1.028	0.1238	1.751
2.414	0.0829	1.750
5.912	0.05401	1.749
9.842	0.04223	1.747
12.83	0.03710	1.743
20.00	0.02987	1.738
50.00	0.01905	1.721
100.00	0.1350	1.695
200.00	0.00949	1.645

附表 22 25℃下某些液体的折射率

名称	n_D	名称	n_D
甲醇	1.3288(20)	四氯化碳	1.4601(20)
水	1.33252(25)	氯仿	1.4459(20)
乙醚	1.3526(20)	乙苯	1.4959(20)
丙酮	1.3588(20)	甲苯	1.4941(25)
乙醇	1.3611(20)	苯	1.5011(20)
醋酸	1.3720(20)	苯乙烯	1.5440(25)
乙酸乙酯	1.3723(20)	溴苯	1.5597(20)
正己烷	1.3727(25)	苯胺	1.5863(20)
正丁醇	1.3988(20)	环己烷	1.4235(25)

注：括号中数字为对应的温度值。

参考文献

[1] 兰州大学．有机化学实验[M]．3 版．北京：高等教育出版社，2010.

[2] 查正根，等．有机化学实验[M]．合肥：中国科技大学出版社，2010.

[3] 焦家俊．有机化学实验[M]．2 版．上海：上海交通大学出版社，2010.

[4] 林璇，谭昌会，尤秀丽，等．有机化学实验[M]．厦门：厦门大学出版社，2012.

[5] 张敏，陈杰，黄培刚，等．有机化学实验[M]．上海：上海大学出版社，2012.

[6] 丁长江．有机化学实验[M]．北京：科学出版社，2006.

[7] 何树华，朱云云，陈贞干．有机化学实验[M]．武汉：华中科技大学出版社，2012.

[8] 高占先．有机化学实验[M]．4 版．北京：高等教育出版社，2004.

[9] 李明，刘永军，王书文．有机化学实验[M]．北京：科学出版社，2010.

[10] 熊英，王晓玲，侯安新．利用简单蒸馏和分馏分离两组分液体混合物[J]．大学化学，2012，27(3)：48-52.

[11] 张宏，等．生姜挥发油的提取及其化学成分的气相色谱-质谱分析[J]．分析化学，1996，24(3)：348-352.

[12] 王箴．化工辞典[M]．4 版．北京：化学工业出版社，2000.

[13] 樊能廷．有机合成事典[M]．北京：北京理工大学出版社，1992.

[14] 张子旸，陈家华．阿司匹林——充满生机的百年经典[J]．大学化学，2010，25：57-60.

[15] 任红艳，李广洲．二茂铁化学的半个世纪历程[J]．大学化学，2003，18(6)：57-60.

[16] 韩广甸，金善炜，吴毓林．黄鸣龙——我国有机化学的一位先驱[J]．化学进展 2012，24(7)：1229-1235.

[17] 雷素范，周开亿．173 位光谱学家、化学家和物理学家等名人传略[J]．光谱实验室．1990(Z1)：19-21.

[18] 康平利，王月娇，许旭．分析化学实验[M]．沈阳：辽宁大学出版社，2020.

[19] 邓桂春．分析化学实验[M]．北京：中国石化出版社，2010.

[20] 王卫平，等．分析化学实验(英汉双语版)[M]．北京：科学出版社，2019.

[21] 刘建宇，王敏，许琳，等．分析化学实验[M]．北京：化学工业出版社，2018.

[22] 武汉大学．分析化学实验[M]．6 版．北京：高等教育出版社，2021.

[23] 熊英，高敬群．无机化学实验[M]．沈阳：辽宁大学出版社，2022.

[24] 中山大学等校．无机化学实验[M]．3 版．北京：高等教育出版社，1992.

[25] 周井炎，李德忠．基础化学实验(上册)[M]．武昌：华中科技出版社，2004.

[26] 朱湛，傅引霞．无机化学实验[M]．北京：北京理工大学出版社，2007.

[27] 翟永清，马志领，李志林．无机化学实验[M]．北京：化学工业出版社，2008.

[28] 徐家宁，门瑞芝，张寒奇．基础化学实验(上册)[M]．北京：高等教育出版社，2006.

[29] 李英生，白林，徐飞．无机化学实验[M]．北京：化学工业出版社，2007.

[30] 藤永富，徐家宁，刘玉文．无机化学实验[M]．长春：吉林大学出版社，1996.

[31] 北京大学化学系普通化学教研室．普通化学实验[M]．北京：北京大学出版社，1981.

[32] 宋天佑，程鹏，王杏乔．无机化学(上册)[M]．北京：高等教育出版社，2004.

[33] 宋天佑，徐家宁，程功臻．无机化学(下册)[M]．北京：高等教育出版社，2004.

[34] 腾永富，常文翠．无机化学实验[M]．长春：吉林大学出版社，1988.

[35] 中国科学技术大学无机化学实验课题组．无机化学实验[M]．合肥：中国科学技术大学出版社，2014.